全国本科院校机械类创新型应用人才培养规划教材

机 械 设 计

主　编　王贤民　霍仕武
副主编　高江红　陆　媛　潘金坤

内 容 简 介

本书是根据编者在机械设计教学方面的经验编写而成的。全书贯彻了教育部颁布的《高等学校机械设计课程教学基本要求》，结合了"学以致用"的办学思想，重视培养学生零部件的设计能力和总体方案的设计能力。

全书共 15 章，内容包括绪论，机械设计概论，机械零件的强度，摩擦、磨损及润滑概述，螺纹连接和螺旋传动，键、花键、无键连接和销连接，带传动，链传动，齿轮传动，蜗杆传动，滑动轴承，滚动轴承，联轴器、离合器和制动器，轴，弹簧。

本书主要用作高等工科学校机械类专业教材，也可供其他相关专业师生和工程技术人员参考使用。

图书在版编目(CIP)数据

机械设计/王贤民，霍仕武主编. —北京：北京大学出版社，2012.8
(全国本科院校机械类创新型应用人才培养规划教材)
ISBN 978-7-301-21139-7

Ⅰ.①机… Ⅱ.①王…②霍… Ⅲ.①机械设计—高等学校—教材 Ⅳ.①TH122

中国版本图书馆 CIP 数据核字(2012)第 193922 号

书　　名：	机械设计
著作责任者：	王贤民　霍仕武　主编
策 划 编 辑：	童君鑫　宋亚玲
责 任 编 辑：	宋亚玲
标 准 书 号：	ISBN 978-7-301-21139-7/TH·0309
出 版 者：	北京大学出版社
地　　址：	北京市海淀区成府路 205 号　100871
网　　址：	http://www.pup.cn　http://www.pup6.cn
电　　话：	邮购部 62752015　发行部 62750672　编辑部 62750667　出版部 62754962
电 子 邮 箱：	pup_6@163.com
印 刷 者：	三河市北燕印装有限公司
发 行 者：	北京大学出版社
经 销 者：	新华书店
	787 毫米×1092 毫米　16 开本　27 印张　630 千字
	2012 年 8 月第 1 版　2014 年 1 月第 2 次印刷
定　　价：	49.00 元

未经许可，不得以任何方式复制或抄袭本书之部分或全部内容。
版权所有，侵权必究　　举报电话：010-62752024
　　　　　　　　　　　　电子邮箱：fd@pup.pku.edu.cn

前　言

"机械设计"课程是机械工程类诸专业的主干课程之一，是培养学生机械设计能力的重要技术基础课。通过本课程的学习，可使学生了解、掌握系统的机械设计理论和方法，并具有综合运用有关课程、标准和规范等知识进行机械设计的初步能力。

本书的主要内容包含以创新精神为核心的机械设计的指导思想、基本理论和基本知识，以及机械中通用零部件的工作原理、结构类型和特点、运动特性、受载情况和失效形式、设计准则及设计计算的基本理论和方法，还包括相关的标准和规范，以及使用和维护方法。在典型零部件的设计中，主要介绍连接零件（包括螺栓连接、键连接等），传动零件（包括齿轮传动、蜗杆传动、带传动和链传动），轴系零件（包括轴、轴承、联轴器和离合器），以及其他零件的设计。通过本书的学习，将为学生进一步学习有关专业课和今后从事机械设计工作奠定良好的基础。

本书吸取了编者多年来的教学和使用教材的经验，编写时力求使学生使用方便，循序渐进，各类标准均选用最新国家标准，各章节内容根据应用情况做了适当的精简，既减轻了学生负担，又能保证有利于培养学生的设计能力。

全书由王贤民、霍仕武任主编，高江红、潘金坤、陆媛任副主编。参加本书编写的有南京工程学院王贤民（第5章、第8章、第13章、第15章、全部章节的模拟试题）、潘金坤（第7章、第11章）、陆媛（第9章）、高江红（第10章、第14章），宿迁学院霍仕武（第1章、第2章、第3章、第4章、第6章、第12章）。

由于编者水平所限，书中难免有欠妥之处，诚恳地希望广大读者提出宝贵意见。

编　者
2012年7月

目 录

第1章 绪论 ………………………………… 1
  1.1 本课程的研究对象 ……………… 2
  1.2 本课程的内容、性质与任务 …… 3
    1.2.1 本课程的内容、性质与任务 …………………………… 3
    1.2.2 本课程的特点和学习方法 ………………………… 4

第2章 机械设计概论 …………………… 6
  2.1 机器的组成 ……………………… 7
  2.2 机器的主要要求 ………………… 8
  2.3 设计机器的一般程序 …………… 10
  2.4 设计机械零件时应满足的基本要求 ………………………… 12
  2.5 机械零件的主要失效形式 ……… 14
  2.6 机械零件的设计准则 …………… 15
  2.7 机械零件的设计方法 …………… 17
  2.8 机械零件设计的一般步骤 ……… 18
  2.9 机械零件的材料及其选用 ……… 18
    2.9.1 机械零件的材料 …………… 18
    2.9.2 机械零件材料选择原则 …… 20
  2.10 机械零件设计中的标准化 …… 21
  2.11 机械现代设计方法 …………… 22

第3章 机械零件的强度 ………………… 26
  3.1 材料的疲劳特性 ………………… 27
    3.1.1 变应力 ……………………… 27
    3.1.2 材料的疲劳特性 …………… 29
  3.2 机械零件的疲劳强度计算 ……… 32
    3.2.1 影响机械零件疲劳强度的主要因素 …………………… 32
    3.2.2 机械零件的疲劳强度计算 ……………………………… 36
  3.3 机械零件的抗断裂强度 ………… 42

  3.4 机械零件的接触强度 …………… 43
  习题 …………………………………… 45

第4章 摩擦、磨损及润滑概述 ……… 46
  4.1 摩擦 ……………………………… 48
  4.2 磨损 ……………………………… 52
    4.2.1 磨损过程分析 ……………… 52
    4.2.2 磨损的分类 ………………… 53
  4.3 润滑剂、添加剂和润滑方法 …… 55
    4.3.1 润滑剂 ……………………… 55
    4.3.2 添加剂 ……………………… 60
    4.3.3 润滑方法 …………………… 60
  4.4 流体润滑原理简介 ……………… 63
    4.4.1 流体动压润滑 ……………… 63
    4.4.2 弹性流体动压润滑 ………… 63
    4.4.3 流体静压润滑 ……………… 64
  习题 …………………………………… 65

第5章 螺纹连接和螺旋传动 ………… 66
  5.1 螺纹与螺纹连接 ………………… 67
    5.1.1 螺纹的主要参数和常用类型 ………………………… 67
    5.1.2 螺纹连接的类型和标准螺纹连接件 …………………… 70
  5.2 螺纹连接的预紧 ………………… 72
  5.3 螺纹连接的防松 ………………… 74
  5.4 螺栓组连接的设计 ……………… 75
    5.4.1 螺栓组连接的布置形式 …… 76
    5.4.2 螺栓组连接的受力分析 …… 77
  5.5 螺栓连接的强度计算 …………… 81
    5.5.1 松螺栓连接的强度计算 …… 81
    5.5.2 紧螺栓连接的强度计算 …… 82
  5.6 螺纹连接件的材料及许用应力 … 86
    5.6.1 螺栓连接的材料及性能等级 ………………………… 86

5.6.2　螺栓连接件的许用应力 …… 87
5.7　提高螺纹连接强度的措施 ……… 93
5.8　螺旋传动 ……………………… 97
　　5.8.1　螺旋传动的类型和应用 …… 97
　　5.8.2　滑动螺旋传动的设计与计算 …………………… 98
　　5.8.3　滚动螺旋副-滚珠丝杠 …… 101
习题 ……………………………………… 105
模拟试题 ………………………………… 107

第6章　键、花键、无键连接和销连接 …… 110

6.1　键连接 ………………………… 111
　　6.1.1　键连接的类型、特点及应用 …………………… 111
　　6.1.2　键的选择 ………………… 113
　　6.1.3　键连接的强度计算 ……… 114
6.2　花键连接 ……………………… 117
　　6.2.1　花键连接的类型、特点和应用 …………………… 117
　　6.2.2　花键的选择和花键连接强度计算 ………………… 118
6.3　无键连接 ……………………… 119
　　6.3.1　过盈配合连接 …………… 119
　　6.3.2　型面连接 ………………… 126
　　6.3.3　胀紧连接 ………………… 127
6.4　销连接 ………………………… 128
　　6.4.1　销连接的类型 …………… 128
　　6.4.2　销的结构类型、特点及应用 …………………… 129
习题 ……………………………………… 130
模拟试题 ………………………………… 131

第7章　带传动 ……………………… 133

7.1　概述 …………………………… 134
　　7.1.1　带传动的类型、特点及应用 …………………… 135
　　7.1.2　V带的类型与结构 ……… 136
7.2　带传动工作情况的分析 ……… 138
　　7.2.1　带传动的受力分析 ……… 138
　　7.2.2　带传动的应力分析 ……… 141
　　7.2.3　带的弹性滑动和打滑 …… 142
7.3　普通V带传动的设计计算 …… 143
　　7.3.1　带传动的失效形式、设计准则和单根V带的基本额定功率 ……………… 143
　　7.3.2　单根V带的额定功率 …… 145
　　7.3.3　V带传动的设计步骤和参数选择 …………………… 146
7.4　V带轮的设计 ………………… 153
7.5　V带传动的张紧、安装与防护 … 155
7.6　同步齿形带简介 ……………… 157
习题 ……………………………………… 159
模拟试题 ………………………………… 159

第8章　链传动 ……………………… 162

8.1　链传动的特点及应用 ………… 163
8.2　滚子链与链轮的结构与尺寸 … 164
　　8.2.1　滚子链的结构与尺寸 …… 164
　　8.2.2　链轮的结构与尺寸 ……… 166
8.3　链传动的工作情况分析 ……… 169
　　8.3.1　链传动的运动不均匀性 … 169
　　8.3.2　链传动的动载荷 ………… 170
8.4　滚子链传动的设计计算 ……… 171
　　8.4.1　链传动的主要失效形式 …………………… 171
　　8.4.2　链传动的设计准则和链的额定功率曲线 ………… 172
　　8.4.3　链传动的设计步骤参数选择 …………………… 173
　　8.4.4　低速链的静强度计算 …… 175
8.5　链传动的布置、张紧、润滑与防护 …………………… 178
习题 ……………………………………… 180
模拟试题 ………………………………… 181

第9章　齿轮传动 …………………… 182

9.1　概述 …………………………… 183
　　9.1.1　齿轮传动的特点 ………… 184
　　9.1.2　齿轮传动的类型 ………… 184
9.2　齿轮传动的失效形式及设计准则 …………………… 184

9.2.1 齿轮传动的失效形式 …… 184
9.2.2 齿轮传动的计算准则 …… 187
9.3 齿轮的材料及其选择原则 …… 188
9.3.1 齿轮的常用材料及其热处理 …… 188
9.3.2 对齿轮材料的基本要求及其选择原则 …… 190
9.4 齿轮传动的计算载荷 …… 191
9.5 标准直齿圆柱齿轮传动的强度计算 …… 194
9.5.1 直齿圆柱齿轮传动的受力分析 …… 194
9.5.2 直齿圆柱齿轮传动的接触疲劳强度计算 …… 194
9.5.3 直齿圆柱齿轮传动的齿根弯曲疲劳强度计算 …… 196
9.6 齿轮传动的设计参数、许用应力与精度选择 …… 198
9.6.1 参数选择 …… 198
9.6.2 齿轮材料的许用应力 …… 199
9.6.3 齿轮传动精度 …… 203
9.6.4 直齿圆柱齿轮传动的设计计算实例 …… 203
9.7 标准斜齿圆柱齿轮传动的强度计算 …… 206
9.7.1 斜齿轮传动的受力分析 …… 206
9.7.2 斜齿轮传动的强度计算 …… 207
9.7.3 斜齿圆柱齿轮传动的设计计算实例 …… 208
9.8 标准锥齿轮传动的强度计算 …… 210
9.8.1 直齿圆锥齿轮的几何尺寸计算 …… 211
9.8.2 直齿圆锥齿轮传动的受力分析 …… 211
9.8.3 直齿圆锥齿轮传动的强度计算 …… 212
9.9 变位齿轮传动强度计算概述 …… 212
9.10 齿轮的结构设计 …… 213
9.10.1 齿轮结构的类型 …… 213
9.10.2 结构设计的内容 …… 215
9.11 齿轮传动的润滑 …… 216
9.11.1 齿轮传动的润滑 …… 216
9.11.2 齿轮传动的效率 …… 218
9.12 圆弧齿圆柱齿轮传动简介 …… 218
习题 …… 219
模拟试题 …… 221

第10章 蜗杆传动 …… 226

10.1 蜗杆传动的特点与类型 …… 227
10.1.1 蜗杆传动的特点 …… 228
10.1.2 蜗杆传动的类型 …… 228
10.2 普通圆柱蜗杆传动的主要参数和几何尺寸计算 …… 232
10.2.1 普通圆柱蜗杆传动的主要参数 …… 232
10.2.2 变位蜗杆传动 …… 235
10.2.3 普通圆柱蜗杆传动的几何尺寸计算 …… 236
10.2.4 蜗杆、蜗轮及其传动的尺寸规格的标记方法 …… 237
10.3 普通圆柱蜗杆传动的承载能力计算 …… 238
10.3.1 蜗杆传动的失效形式和设计计算准则 …… 238
10.3.2 蜗杆传动的常用材料 …… 238
10.3.3 蜗杆传动的受力分析 …… 239
10.3.4 蜗杆传动的强度计算 …… 240
10.3.5 蜗杆的刚度校核 …… 243
10.4 圆弧圆柱蜗杆传动的设计计算 …… 243
10.4.1 圆弧圆柱蜗杆传动的主要参数及几何尺寸计算 …… 243
10.4.2 圆弧圆柱蜗杆传动的主要设计内容 …… 245
10.5 普通圆柱蜗杆传动的效率、润滑及热平衡计算 …… 249
10.5.1 蜗杆传动的相对滑动速度 …… 249
10.5.2 蜗杆传动的效率 …… 250
10.5.3 蜗杆传动的润滑 …… 251

10.5.4 蜗杆传动的热平衡计算 …… 252
10.5.5 提高圆柱蜗杆传动承载能力和传动效率的措施 …… 253
10.6 圆柱蜗杆传动的精度等级和蜗杆、蜗轮结构设计 …… 254
　　10.6.1 蜗杆传动的精度等级及其选择 …… 254
　　10.6.2 蜗杆传动的结构 …… 255
习题 …… 261
模拟试题 …… 262

第 11 章　滑动轴承 …… 264

11.1 概述 …… 265
11.2 滑动轴承的主要结构形式 …… 266
11.3 滑动轴承的失效形式及常用材料 …… 267
　　11.3.1 滑动轴承的失效形式 …… 267
　　11.3.2 轴承材料 …… 268
11.4 轴瓦结构 …… 271
11.5 滑动轴承润滑剂的选用 …… 274
11.6 不完全液体润滑滑动轴承设计计算 …… 276
　　11.6.1 不完全液体润滑滑动轴承的失效形式和计算准则 …… 276
　　11.6.2 径向滑动轴承的计算 …… 277
　　11.6.3 止推滑动轴承的计算 …… 278
11.7 液体动力润滑径向滑动轴承设计计算 …… 279
　　11.7.1 液体动力润滑的形成原理 …… 279
　　11.7.2 径向滑动轴承形成流体动压润滑的过程 …… 280
　　11.7.3 流体动压润滑的基本方程 …… 280
　　11.7.4 径向滑动轴承的主要几何关系 …… 282
　　11.7.5 径向滑动轴承工作能力计算 …… 283
　　11.7.6 参数选择 …… 288
11.8 其他形式滑动轴承简介 …… 291
习题 …… 296
模拟试题 …… 297

第 12 章　滚动轴承 …… 298

12.1 概述 …… 299
12.2 滚动轴承的主要类型及其代号 …… 301
　　12.2.1 滚动轴承的类型 …… 301
　　12.2.2 滚动轴承的代号 …… 305
12.3 滚动轴承类型的选择 …… 309
12.4 滚动轴承的工作情况 …… 310
　　12.4.1 滚动轴承的工作情况分析 …… 310
　　12.4.2 滚动轴承的失效形式和计算准则 …… 312
12.5 滚动轴承尺寸的选择 …… 313
　　12.5.1 滚动轴承的基本额定寿命和基本额定动载荷 …… 313
　　12.5.2 滚动轴承的当量动载荷 …… 314
　　12.5.3 滚动轴承的寿命计算 …… 316
　　12.5.4 角接触球轴承和圆锥滚子轴承的径向载荷与轴向载荷计算 …… 317
　　12.5.5 滚动轴承的静强度计算 …… 320
12.6 轴承装置的设计 …… 322
　　12.6.1 滚动轴承的轴向定位与紧固 …… 322
　　12.6.2 滚动轴承的配置 …… 323
　　12.6.3 轴承游隙和轴系位置的调整 …… 325
　　12.6.4 滚动轴承的刚度和预紧 …… 326
　　12.6.5 滚动轴承轴系刚度和精度 …… 327
　　12.6.6 滚动轴承的配合和装拆 …… 327
　　12.6.7 滚动轴承的润滑与密封 …… 330

目录

12.7 其他 ……………………… 335
   12.7.1 滚动轴承的极限转速 … 335
   12.7.2 滚动轴承的修正额定
        寿命计算 ……………… 336
   12.7.3 特殊滚动轴承简介 …… 336
习题 …………………………………… 338
模拟试题 ……………………………… 339

第13章 联轴器、离合器和制动器 …………………………… 343

13.1 联轴器 …………………… 344
   13.1.1 刚性联轴器 …………… 344
   13.1.2 挠性联轴器 …………… 346
   13.1.3 联轴器的选择 ………… 351
13.2 离合器 …………………… 352
   13.2.1 牙嵌式离合器 ………… 352
   13.2.2 摩擦式离合器 ………… 353
13.3 制动器 …………………… 356
习题 …………………………………… 359
模拟试题 ……………………………… 359

第14章 轴 ……………………………… 361

14.1 概述 ……………………… 362
14.2 轴的材料及选择 ………… 364
   14.2.1 轴的材料与热处理 …… 364
   14.2.2 轴的材料选择 ………… 365
14.3 轴的结构设计 …………… 366
   14.3.1 轴各部分的组成 ……… 367
   14.3.2 轴上零件的周向定位和
        固定 …………………… 367
   14.3.3 轴上零件的轴向定位和
        固定 …………………… 367
   14.3.4 轴的结构工艺性 ……… 369
   14.3.5 轴的概略计算 ………… 370
   14.3.6 各轴段直径和长度确定 … 371
   14.3.7 提高轴的强度和刚度的
        措施 …………………… 373
   14.3.8 轴的结构设计实例 …… 375
14.4 轴的强度计算 …………… 378
   14.4.1 轴的弯扭合成强度
        计算 …………………… 379

   14.4.2 轴的疲劳强度安全系数
        校核计算 ……………… 383
   14.4.3 轴的静强度安全系数
        校核计算 ……………… 384
14.5 轴的刚度计算和轴的振动
     稳定性 …………………… 388
   14.5.1 轴的刚度计算 ………… 388
   14.5.2 轴的振动稳定性概念 … 389
习题 …………………………………… 392
模拟试题 ……………………………… 393

第15章 弹簧 …………………………… 395

15.1 概述 ……………………… 396
15.2 圆柱螺旋弹簧的类型与特性线、
     制造及许用应力 ………… 397
   15.2.1 弹簧的类型与特性线 … 397
   15.2.2 圆柱螺旋弹簧的结构 … 399
   15.2.3 弹簧的制造 …………… 400
   15.2.4 弹簧的材料及许用
        应力 …………………… 401
15.3 圆柱螺旋压缩(拉伸)弹簧的
     设计计算 ………………… 403
   15.3.1 弹簧应力分析与强度
        计算 …………………… 403
   15.3.2 弹簧的变形计算 ……… 404
   15.3.3 弹簧的疲劳强度计算 … 405
   15.3.4 圆柱螺旋压缩弹簧的
        稳定性计算 …………… 406
   15.3.5 圆柱螺旋弹簧的典型
        工作图 ………………… 407
15.4 圆柱螺旋扭转弹簧的设计
     计算 ……………………… 411
   15.4.1 圆柱螺旋扭转弹簧的结构
        及几何参数 …………… 411
   15.4.2 弹簧的特性曲线 ……… 412
   15.4.3 扭转弹簧的设计步骤 … 412
习题 …………………………………… 415
模拟试题 ……………………………… 416

参考文献 ……………………………… 417

第 1 章 绪 论

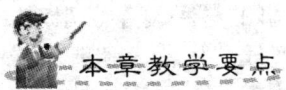 本章教学要点

知识要点	掌握程度	相关知识
机械设计的研究对象	掌握机械设计的研究对象	机器以及组成机器的机械零件、机械设计的本质
课程的内容、性质与任务以及本课程的学习方法	了解本课程的内容、性质与任务，领会本课程的学习方法	本课程的教学内容、课程的特点以及本课程的学习方法

导入案例

人类在长期的生产生活实践中，创造和生产了许许多多的机械，图1.1是海洋石油钻井平台。从古至今，从金字塔建造时的简单机械滑轮，到目前高层建筑使用的起重机械，从工业革命时的蒸汽火车到现在的高速铁路，从莱特兄弟的第一次人类起飞到今天的外太空探索，世界发生了天翻地覆的变换，这一切都与机械的发展密切相关。

工业革命以后，机械实现了飞速发展，铣床、磨床等机床相继问世，这些机器的问世对机械的发展又起到了极大的促进作用。

图1.1 "海洋石油981"钻井平台

机器是人类在生产和生活中用以替代或减轻人的体力劳动和辅助人的脑力劳动、提高生产效率和产品质量的主要工具，更是完成人类无法从事或难以从事的各种复杂、艰难、危险劳动的重要工具，如机床、汽车、起重机、运输机、自动化生产线、机器人和航天器等。在现代社会中，机器的应用随处可见。机器的设计制造水平是体现一个国家的技术乃至综合国力的重要方面，而机器的应用水平则是衡量一个国家的技术水平和现代化的重要标志。改革开放以来，我国社会主义现代化建设在各个方面都取得长足的发展，国民经济的各个生产部门正迫切要求实现机械化和自动化，特别是随着社会科学技术的发展，对机械的自动化及智能化要求越来越迫切，我国的机械产品正面临着更新换代的局面。高技术化、产品日益多样化和个性化，日益发展的极限制造技术及绿色制造技术已成为机械制造业发展的明显趋势。这一切都对机械工业和机械设计工作者提出了更新、更高的要求，而本课程就是为培养掌握机械设计基本理论和基本能力的工程技术人员而设置的一门重要课程。

1.1 本课程的研究对象

机械是机构与机器的总称。有关机构的内容在《机械原理》课程中做了讲述；本课程的研究对象是机器及组成机器的机械零部件。

机器是人们根据某种使用要求而设计和制造的一种执行机械运动的装置，可以用来变换或传递能量、物料和信息。如电动机、发电机用来变换能量；起重机、运输机用来传递物料；车床、铣床、冲床等用来变换物料的状态；计算机、收录机等用来变换信息等。

从制造和装配的角度看，任何机器的机械系统都是由一定数量的基本单元所组成，这些基本单元就是机械零件，简称零件，它们是机器中最小的独立制造单元。由一组协同工作的零件所组成的独立制造或独立装配的组合体，称为部件。零件与部件合称为零部件，可概括地分为两类：一类是各种机器中经常都能用到的零部件，称为通用零部件，如螺钉、齿轮、键等零件，离合器、滚动轴承、减速器等部件；另一类是特定类型机器中才能用到的零部件，称为专用零部件，如内燃机中的曲轴、连杆(部件)，纺织机中的织梭、纺锭，离心机中的转鼓（部件）等。本课程研究对象中所讲的机械零部件，是指普通条件下工作的一般尺寸与参数的通用零部件，专用零部件和巨型、微型及高温、高压等条件下工作的通用零部件不在其中。

机械设计是根据使用要求对机械的工作原理、结构、运动方式、力和能量的传递方式、各个零件的材料和形状尺寸、润滑方法等进行构思、分析和计算并将其转化为具体描述以作为制造依据的工作过程。机械设计的本质是由功能描述到结构描述的变换，根据实现变换步骤及状况分为更新设计和创新设计。如果实现变换的所有步骤都已知，则为更新设计；如果至少有一步未知，则为创新设计。更新设计又可分为变形设计和适应性设计。前者不改变基本原理，但在机构、结构及辅助原理方面有较大变动；后者是在原有产品基础上，仅改变一些尺寸、外形，以适应某些新情况。机械设计的目标是：在现有材料、加工能力、理论知识和计算手段等条件下，设计出性能好、制造成本低、尺寸小、质量轻、使用可靠、能耗低和环境污染少的最优产品。机械设计是创新或改造机械产品的第一步，是决定机械产品性能、质量、成本等的最主要也是最重要环节。据统计，机械产品70%的生产成本决定于设计阶段。这是因为包括材料选择，标准通用零部件选用，零件、部件、整机的结构设计与优化，工艺流程设计及成本估算等工作，在设计阶段均已完成和基本确定。因此，机械工程类专业的学生修学本课程，无疑是十分必要和非常重要的。

1.2 本课程的内容、性质与任务

1.2.1 本课程的内容、性质与任务

本课程是一门以一般通用机械零部件设计为核心，论述它们的基本设计理论与方法，用以培养学生具有一般机械设计能力的设计性课程，是机械类和近机类专业的技术基础课。本课程需要综合应用许多先修课程的知识，如机械制图、金属工艺学、理论力学、材料力学、机械原理、互换性与技术测量、工程实训等，故涉及的知识面较广，且偏重于工程应用。它将为学生以后学习有关专业课程和掌握新的机械科学技术奠定必要的基础。因此，在人才培养方案中，它是一门介于基础课与专业课之间的、具有承上启下作用的主干课程。

本课程的内容是在简要介绍整台机器设计基本知识的基础上，重点讨论一般尺寸和参数的通用零件，包括他们的基本设计理论和方法，以及有关技术资料的应用等。具体包括以下3个方面。

1. 机械设计的基本知识、基本理论和基本方法（第1～4章）

这一部分介绍了机械设计的相关知识、机械设计的基本理论及基本方法。机械设计的基本理论主要是研究机械设计的一般过程和要求，机器及零件设计的基本原则，机械零件的强度理论、材料的选用，摩擦、磨损及润滑等方面的基本学科内容。

2. 通用零部件设计（第5～15章）

具体包括以下几方面。
(1) 传动零件设计。

带传动、链传动、齿轮传动、蜗杆传动及螺旋传动的受力分析、失效分析、设计准则及承载能力设计计算，传动零件的结构设计、材料选择及润滑等。

（2）轴系零部件设计。

轴系零部件设计主要研究滑动轴承、滚动轴承、联轴器、离合器、轴的类型、特点、工作原理，轴系零部件的工作能力设计、结构设计及标准零部件选用等。

（3）连接零件设计。

连接零件设计主要研究螺纹连接、键连接、销连接及各种连接件的连接方式。

（4）其他零部件设计。

其他零部件设计主要研究弹簧。

3. 总体构思与设计

机械零件的设计计算是本课程的基本教学内容，但本课程的最终目的在于能综合运用各种机械零件、各种机构的知识以及先修的知识，来设计机械传动装置和简单机械，因此，本课程结束后，安排一次课程设计，来培养学生的总体构思与设计能力。

本课程的主要任务是通过理论教学和实践环节训练，使学生做到以下几点：

（1）树立理论联系实际的正确设计思想，提高创新思维和创新设计能力。

（2）掌握通用机械零件的设计原理、设计方法和机械设计一般规律，具有设计通用机械传动装置和简单机械的能力。

（3）具有运用机械设计手册、图册及标准、规范，查阅有关技术资料的能力。

（4）掌握典型机械零件的实验方法，获得实验技能的基本训练。

（5）了解国家当前的技术经济政策，并对机械设计的发展及现代设计方法有所了解。

在本课程的学习过程中，要综合运用先修课程中所学的有关知识与技能，结合各个教学实践环节进行基本训练，逐步提高自身的理论水平、构思能力、工程洞察能力和判断力，特别是分析问题及解决问题的能力，为顺利过渡到专业课的学习及进行产品和设备的开发与设计打下宽厚而坚实的基础。

1.2.2 本课程的特点和学习方法

与基础理论课相比较，本课程是一门综合性、实践性很强的设计性课程。因此，学生在学习时必须掌握本课程的特点，在学习方法上尽快完成由单科向综合、由抽象向具体、由理论到实践的思维方式的转变。在学习过程中应注意以下几方面问题：

（1）本课程综合性强。

本课程内容涉及多门先修课程的基本知识，涉及知识面宽，综合性强，学习中应注意及时复习、总结、深化有关内容，并注重综合应用这些知识的能力培养。

（2）本课程实践性强。

本课程教学环节除课堂教学外，还有习题课、实验课、设计性作业及课程设计等。学好教材内容是一个重要方面，但它远非课程的全部。学习本课程时必须明确，书本知识固然重要，但在工程实际中，仅靠书本知识是不能正确解决问题的，还需要掌握一定的经验资料和具有较强的工程洞察力及判断力。因此要注重实践训练，通过实践训练，进一步加深对课程内容的理解和掌握，培养和提高机械设计能力，尤其是要重视提高机械零件结构设计能力和熟练查阅、使用手册及各种技术资料的能力。

(3) 本课程设计性强。

课程内容紧密围绕零部件的设计问题。设计是本课程的核心，要掌握各种零件的设计过程。一般是先分析零件的失效形式，然后建立理论分析模型并根据失效形式建立设计准则，最后根据设计准则和零件的工作条件（包括载荷大小与性质、寿命长短、工作环境等）设计满足客户要求的零件。同时，要重视结构设计，在设计过程中，往往需要理论设计与结构设计交叉进行，否则有可能理论设计的零件不一定满足结构要求；理论设计与结构设计往往需要多次反复修改，以便尽可能达到最佳。

(4) 本课程修正系数多。

由于理论分析模型很难将实际的工作条件都考虑进去，所以往往需要用一系列的系数对理论计算结果进行修正；有些工作条件比较复杂，很难单纯用理论计算解决设计问题，此时往往要用到前人总结的经验或半经验公式。因此，对各种修正系数或者经验公式中的系数应了解其使用条件和应用范围。

(5) 本课程涉及的零部件多。

学习时应注意不同零部件在材料、结构、功能、应用、载荷、应力、失效形式及计算公式方面的差异，又要把握不同零部件设计所遵循的一些共同规律，如基本相同的设计步骤及零件分析、设计思路等。本教材在论述各类零部件设计时的思路及过程为：

① 介绍零部件的类型、构造、功能、材料、标准、优缺点、使用场合等基本知识，使学生对该类零件有初步了解；

② 论述工作情况、受力分析、应力分析、失效形式、设计准则、设计方法与步骤、参数选择原则、常用参考资料以及有关注意事项等，使学生初步掌握零部件的设计理论与方法；

③ 给出典型例题，把学生引向设计实践，并给出一定数量的习题，使学生实际运用所学的有关知识、设计理论、设计方法及参考资料，进行初步的设计训练，从而加深与巩固所学的知识与技能，进一步提高设计能力。

(6) 机械零部件是机器的基本组成部分。

在不同的机器中，同样的零部件在受力情况、设计要求及设计特点等许多方面将会有所不同，所以机械零部件的设计总是和具体机械或机电产品开发设计联系在一起。要真正学好本课程，真正掌握机械零部件设计本领，必须培养和建立整机设计概念，从产品开发设计的高度来对待机械零部件设计问题。此外，在市场竞争日趋激烈的今天，产品的开发设计离不开改进、改革与创新，学生应努力增强创新意识、培养创新能力，以创新的精神对待本课程的学习，对待机械零部件设计问题，尤其要增强市场与工程意识，从市场与工程的角度来考虑机械零部件设计问题。

第 2 章 机械设计概论

 本章教学要点

知识要点	掌握程度	相关知识
机器的组成部分	掌握机器的组成部分以及各个部分的作用	机器的组成、原动部分、传动部分、执行部分、控制系统以及辅助系统
机器的基本要求	了解机器的基本要求	使用要求、经济性要求、可靠性要求、劳动保护及环境保护要求以及其他特殊要求
设计机器的一般程序	掌握机器设计的一般程序	产品规划、方案设计、技术设计以及编制技术文件等
机械零件的基本要求	掌握设计机械零件的基本要求	强度、刚度、寿命要求、结构工艺性要求、可靠性要求、经济性要求以及质量小要求
机械零件的主要失效形式、机械零件的设计准则	掌握机械零件的主要失效形式，掌握机械零件的设计准则	机械零件的失效形式、机械零件的设计准则
机械零件的设计方法以及机械零件设计步骤	了解机械零件的设计方法，掌握机械零件的设计步骤	机械零件的设计方法、机械零件的设计步骤
机械零件的常用材料及选用原则	掌握机械零件的常用材料以及材料选用原则	机械零件常用材料及性能、机械零件材料的选用原则
机械零件设计的标准化	了解机械零件设计的标准化	机械零件设计的标准化、通用化、系列化以及贯彻"三化"的意义
机械现代设计方法	了解机械现代设计方法	机械现代设计方法

 **导入案例**

虚拟样机技术是20世纪80年代逐渐兴起、基于计算机技术的一个新概念。随着计算机技术和信息技术的飞速发展，使得我们能够在开发产品的各个阶段都能使用数字化的模型描述产品的功能及外形，并进行设计、研发、检测评估和修改产品，尤其是产品全生命周期管理及基于网络的产品描述方式，使得全球制造成为可能，并保证了产品质量。现代科学技术的飞速发展和日益激烈的市场竞争，使得产品的技术含量更高，产品结构也更复杂，产品生命周期却变得更短。在市场经济中，缩短新产品的研发时间和上市周期就成为企业竞争优势的重要体现。因此，通过计算机研发产品，并对产品数字模型进行及时分析，快速改进设计方案，全数字状态下完成产品的虚拟分析和虚拟制造，根据分析结果及时修改的产品数字化开发技术显得十分重要。

所谓虚拟样机就是在建造第一台物理样机之前，利用软件技术建立的数字化模型，即虚拟样机是一种计算机模型，它能够反映实际产品的特性，包括外观、空间关系以及运动学和动力学特性。通过对虚拟样机采用基于实体可视化的仿真分析，模拟该系统在真实工作环境下的运动和动力特性，从而修改设计方案，最终得到最优化方案。虚拟样机技术利用虚拟环境在可视化方面的优势以及可交互式探索虚拟物体功能，对产品进行几何、功能、制造等许多方面交互的建模与分析。它在CAD模型的基础上，把虚拟技术与仿真方法相结合，为产品的研发提供了一个全新的设计方法。

机械设计是指设计开发新的机器设备或改进现有的机器设备，其中包括机械零部件设计。机械设计是一项极富创造性的工作，学好本课程，掌握机械设计的基本知识、基本理论和基本方法，首先必须对机器及机械零件的主要要求、设计程序和内容、设计方法等有一定的了解和掌握。

2.1 机器的组成

机器的种类极多，其构造、性能及用途各异。但就其功能组成而言，机器是由原动机、传动机构及执行机构所组成的机械系统。一台完整的现代化机器还包括电器、控制、润滑和监测等部分，如图2.1所示。

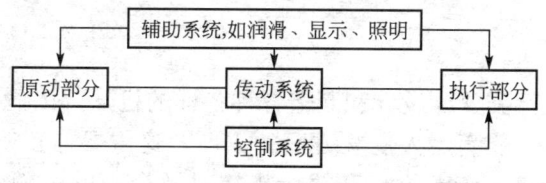

图 2.1 机器的组成

1. 原动部分

原动部分是一台机器的心脏，它给机器提供运动和动力。驱动整台机器完成预定功能。通常一台机器只有一个动力源，复杂的机器也可能有多个动力源。一般说来，它们都是把其他形式的能量转化为可利用的机械能。动力源从最早的人力、畜力，发展到风力、水利、内燃机、蒸汽机，直到今天的电动机、液压马达、步进电机等。现代机器中使用的原动机大多数是以各式各样的电动机和热力机为主。原动机绝大多数以旋转运动的形式输出一定的转矩，在少数情况下也有用直线运动电动机或液压缸以直线运动的形式输出一定的推力或拉力。

2. 执行部分

执行部分是用来完成机器预定功能的组成部分。一台机器可以只有一个执行部分，如常见的冲床、压床等；也可以有多个执行部分，如车床、铣床、刨床等。

3. 传动系统

传动系统是完成从原动机到执行部分的运动形式、运动及动力参数转变的任务。例如把旋转运动转变为直线运动、高转速转变为低转速、小扭矩转变为大扭矩等。机器的传动系统多数使用机械系统。有时也可使用气压、液压或电力传动系统。机械传动是绝大多数机器不可缺少的重要组成部分。

4. 控制系统

随着机器的功能越来越复杂，对机器的精度、自动化程度要求越来越高，为保证上述3部分能协调有序的动作，以实现自动化操作，还需设置必要的控制部分。控制部分的种类繁多，常用的有机械式控制器(离合器)、液压式控制器(各种液压控制阀)和电子式控制器等。

5. 辅助系统

辅助系统是为了改善机器的运行环境，方便使用，延长机器的使用寿命而设置的。如冷却装置、润滑装置、照明装置、显示系统等。

2.2 机器的主要要求

机械设计的最终目的是为市场提供优质高效、价廉物美的机械产品，在市场竞争中取得优势，赢得用户，取得良好的社会经济效益。尽管机器的种类繁多，但都应满足下列基本要求。

1. 使用功能要求

人们为了生产和生活需要才设计和制造各种各样的机器，因此，所设计和制造的机器应具有预期的使用功能，能满足人们某方面的需要。这主要靠正确选择机器的工作原理，正确的设计或选用原动机、传动机构和执行机构以及合理的配置辅助系统和控制系统来保证。

2. 经济性要求

机器的经济性是一个综合指标，它体现在机器设计、制造和使用全过程中，包括设计制造经济性和使用经济性。设计制造的经济性表现为机器的成本低；使用经济性表现为高生产率、高效率、较少的能源、原材料和辅助材料消耗，以及低的管理和维护费用等。设计机器应把设计、制造、使用及市场作为一个整体全面考虑。只有设计与市场信息相互吻合，在市场、设计、生产中寻求最佳关系，才能获得满意的经济效益。提高设计与制造经济性的主要途径有以下几方面。

（1）尽量采用现代设计方法，力求设计参数合理，缩短设计周期，降低设计成本。

（2）最大限度的采用标准化、系列化以及通用化的零部件。

（3）合理选用材料，改善零件的结构工艺性，尽量采用新材料、新机构、新工艺和新技术，使其用料少、质量轻、加工费用低、易于装配。

（4）合理的组织设计和制造过程。

（5）注重机器的造型设计，最大限度的赢得消费者，以便扩大销售量。

提高机器使用经济性能的主要途径有以下几方面。

（1）提高机器的机械化、自动化水平，以提高机器的生产率和生产产品的质量。

（2）选用高效率的传动系统和支撑装置，从而降低能源消耗和生产成本。

（3）注意采用适当的防护、润滑和密封装置，以延长机器的使用寿命，并避免环境污染。

3. 可靠性要求

机器在预定工作期限内必须具有一定的可靠性。机器可靠性的高低可用可靠度 R 来表示。机器的可靠度是指机器在规定的工作期限内和规定的工作条件下，无故障的完成预定功能的概率。机器在规定的工作期限和条件下丧失预定功能的概率称为不可靠度，或称破坏概率，用 F 来表示。显然，机器的可靠度与破坏概率应满足

$$R=1-F \tag{2-1}$$

提高机器可靠度的关键是提高其组成零件的可靠度。此外，从机器设计的角度考虑，确定适当的可靠性水平，力求结构简单，减少零件数目，尽可能选用标准件及可靠零件，合理地设计机器的组件和部件以及必要时选用较大的安全系数等，对提高机器的可靠度是十分有效的。

4. 劳动保护和环境保护要求

设计机器时应对劳动保护要求和环境保护要求给予高度重视，应使所设计的机器符合国家的劳动保护法规和环境保护要求。一般应从以下两个方面考虑。

（1）保证操作者安全、方便，减轻操作时的劳动强度。

具体措施有：对外露的运动件加设防护罩；减少操作动作单元、缩短动作距离；设置完善的保险、报警装置以消除和避免不正确操作引起的危害；机器设计应符合人机工程学原理，使操作简便省力，简单而重复的劳动要利用机械本身的机构来完成。

（2）改善操作者及机器的环境。

具体措施有：降低机器工作时的振动与噪声；防止有毒有害介质渗漏；进行废水、废气和废液的治理；美化机器的外形及外部色彩。

总之，应使所设计的机器符合国家的劳动保护法规要求和环境保护要求。

5. 其他特殊要求

对不同的机器，还有一些为该机器所特有的要求。例如：对食品机械有保持清洁、不

能污染产品的要求；对机床有长期保持精度的要求；对飞行器有质量小、飞行阻力小的要求；对流动使用的机械有便于安装和拆卸的要求。总之，设计机器时，在满足前述的共同的基本要求外，还应满足特殊的要求。

此外要指出，随着社会的不断进步和经济的高速增长，在许多国家和地区，机器的广泛使用使自然资源被大量的消耗和浪费，环境质量受到严重破坏。这一切使人类自身的生存受到了严重威胁，人们对此已有了较为深刻的认识，并提出了可持续发展的战略，即人类的进步必须建立在经济增长与环境保护协调的基础之上。因此，设计机器时还应考虑满足可持续发展的战略要求，采取必要措施，减少机器对环境和资源的不良影响。具体措施：广泛使用清洁能源和新能源，如太阳能、水利、风力等；采用清洁材料，即采用低污染、无毒、易分解、可回收的材料；采用绿色制造技术，无"废气、废水、废物"排放；使用清洁的产品，即使用机器过程中不污染环境，机器报废后易回收。

机械各项要求的满足，是以组成机器的机构合理选型和综合，以及组成机械的所有零件的正确设计和制造为前提。即机构选型及设计的合理性以及零件设计的好坏，将对机器使用性能的优劣起决定性作用。

2.3　设计机器的一般程序

明确机器的用途和功能以后，在调查研究国内外有关情况和资料的基础上，就可以着手进行设计工作，其主要内容是：确定机器的工作原理；进行运动和动力计算；零部件的工作能力计算；绘制总装配图以及零部件图。

机器的质量基本上是由设计质量决定的，而制造过程主要是实现设计时所规定的质量。机器设计是一项复杂的工作，必须按照科学的程序进行。根据人们长期的设计经验，设计过程大体可分为以下几个阶段。

1. **产品规划阶段**

在明确任务的基础上，广泛地开展市场调查。其内容主要包括用户对产品的功能、技术性能、价位、可维修性及外观等的具体要求，国内外同类产品的技术经济情报，现有产品的销售情况及该产品的预测，原材料及配件的供应情况，有关产品可持续发展的有关政策、法规等。针对上述技术、经济、社会等各方面的情报进行详细分析并对开发的可行性进行综合研究，提出产品开发的可行性报告。报告一般包括以下内容。

(1) 产品开发的必要性，市场需求预测。
(2) 有关产品的国内外发展水平和发展趋势。
(3) 预期达到的最低目标和最高目标，包括设计技术水平、经济、社会效益等。
(4) 在现有条件下开发的可行性论述及准备采取的措施。
(5) 提出设计、工艺等方面需要解决的关键问题。
(6) 投资费用预算及项目的进度、期限等。

在此基础上，明确地写出设计任务的全面要求及细节，最后形成设计任务书。设计任务书的具体内容主要包括产品功能、技术性能、规格及外形要求，主要参数、可靠性、寿命要求，制造技术关键，特殊材料，必要的试验项目，经济性和环保性方面的估计，基本使用要求以及完成设计任务的预期期限等。

2. 方案设计阶段

方案设计的优劣，直接关系到整台机器设计的成败。这个阶段充分体现出设计工作多解的特点。这一阶段的工作包括以下几个部分。

1) 方案设计

机器的工作原理是实现其预期功能的依据，寻求方案时，可按原动部分、传动部分和执行部分分别讨论。较为常见的办法是先从执行部分开始讨论。

(1) 拟定执行部分方案。首先确定执行机构构件的数目和运动。根据预期的机器功能，选择机器的工作原理，再进行工艺动作分析，确定出其运动形式，从而拟定所需执行构件的数目和运动。其次，选择执行机构的类型。第三，正确设计执行机构间运动的协调、配合关系。根据不同的工作原理，可以拟定出多种不同的执行机构方案。设有 N_1 种可能。

(2) 拟定传动部分方案。传动部分的方案复杂、多样，完成同一传动任务可以有多种机构及不同机构的组合来完成。设有 N_2 种可能。

(3) 拟定原动部分方案。原动部分的方案也可以有多种选择。常用的动力源有电动机（交流、直流）、热力原动机、液压马达、步进电机等。设有 N_3 种可能。

通过各部分方案分析，得到机器总体可能的方案数应为 $N=N_1\times N_2\times N_3$ 种。

2) 方案评价

依据不同的工作原理，所设计出的机器就会根本不同。同一种工作原理，也可能有多种不同的结构方案。在多方案的情况下，应对其中可行的不同方案从技术、经济及环境保护等方面进行综合评价，从中确定一个综合性能最佳的方案。

在如此众多的方案中，先从技术方面仔细分析，在技术可行的前提下，力求机构简单、传动机构顺序合理、传动比分配合理、系统效率高、实现要求精确等。对技术可行的方案，再从经济和环境保护等方面进行综合评价。从经济方面考虑，既要考虑设计、制造时的经济性，又要考虑使用时的经济性。如果机器的结构方案比较复杂，则其设计制造的成本也就会相对增大，同时其功能也将会更为齐全，生产率也高，使用经济性就会好。反过来，结构较为简单、功能不够齐全的机器，设计制造费用虽低，但使用费用会增加。因此设计时应该综合考虑，使机器的总费用趋于合理。

环境保护是设计中必须认真考虑的重要方面。对环境造成不良影响的技术方案，必须仔细分析，并提出技术上成熟的解决办法。

对机器评价时，还要对机器进行可靠性分析，从可靠性的角度来看，盲目追求复杂的结构往往是不明智的。一般说来，系统越复杂，则其可靠性越低。为了提高复杂系统的可靠性，就必须增加并联备用系统，这就不可避免地增加机器的成本。

3) 完善机构运动简图

通过方案评价，最后进行决策，确定一个技术上可行、综合性能良好的方案。按已确定的工作原理图，确定执行所需的运动和动力条件，结合预选的原动机类型和性能参数，妥善选择机构的组合参数，最后形成一个据此进行下一步设计的原理图和机构运动简图。

3. 技术设计阶段

技术设计阶段的目标是产生机器的总装配图、部件装配图和零件工作图。其主要工作有以下几方面。

(1) 机器运动学设计。首先根据机器的运转性能要求，执行部分的工作阻力、工作速度和传动部分的总效率，确定原动机的参数(功率、转速等)；其次，根据已经确定的原动机的运动规律，确定各运动构件的运动参数(位移、速度、加速度等)。

(2) 机器动力学设计。结合各部分的结构及运动参数，计算各主要零件上所受载荷的大小及性质。此时因零件的质量未知，故求出的载荷只是作用在零件上的名义载荷。

(3) 零件工作能力设计。首先根据零部件的工作特性、环境条件、失效形式，拟定设计准则；其次，从整体出发，考虑零件的体积、质量及技术经济性等，确定零部件的基本尺寸。

(4) 设计部件装配草图及总装配草图。根据已确定出的主要零部件的基本尺寸设计草图。草图需对所有零部件的外形尺寸进行结构优化，协调各零件的结构和尺寸，全面考虑零部件的结构工艺性。

(5) 主要零件的校核。草图完成后，各零件的外形尺寸、相互关系均已确定，此时可较为精确地计算出作用于零件上的载荷及影响工作能力的因素。因此，就需要对重要零件和受力较复杂的零件进行精确的校核计算，反复修改零件的结构尺寸，直至满意为止。

(6) 确定零件基本尺寸，设计零件工作图。充分考虑零件的加工、装配工艺性，反复推敲结构细节，完成零件的工作图。

(7) 绘制部件装配图及机器总装配图。按最后定型的零件工作图上的结构尺寸，绘制部件装配图及机器总装配图。通过这一过程，可以检查出零件工作图中可能隐藏的尺寸和结构上的错误。

4. 编制技术文件阶段

要编制的技术文件有机器设计说明书、使用说明书、标准件明细表、易损件(或备用件)清单及其他相关文件等。

编写设计说明书时，应包括方案选择及技术设计的全部结论性的内容。使用说明书的编写，应向用户介绍机器的性能参数范围、使用操作方法、日常保养及简单的维修方法。

实际设计工作中，上述设计步骤往往是交叉或相互平行的，并不是一成不变的。例如计算和绘图，就常常相互交叉、互为补充。一些机器的继承性设计或改型设计，则常常从技术设计开始，使整个设计步骤大为简化。机器设计过程中也少不了各种审核环节，如方案设计与技术设计的审核、工艺审核及标准化审核等。

此外，从产品开发的全过程看，完成上述设计工作后，接着是样机试制阶段，这一阶段随时都会因工艺原因修改原设计。甚至在产品推向市场一段时间后，还会根据用户反馈意见修改设计或进行改型设计。作为一名合格的设计工作者，应该将自己的设计视野延伸到制造和使用乃至报废利用的全过程，这样才能不断地改进设计，提高机器的质量，更好地满足生产及生活需要。

2.4 设计机械零件时应满足的基本要求

机器是由机械零件组成的。因此，设计的机器能否满足前述的基本要求，零件设计的好坏起着决定性的作用。为此应对机械零件提出以下基本要求。

1. 强度、刚度及寿命要求

强度是指零件抵抗破坏的能力。零件强度不足，将导致过大的塑性变形甚至断裂破坏，使机器停止工作甚至发生严重事故。采用高强度材料、增大零件截面尺寸及合理设计截面形状、采用热处理或化学处理方法、提高运动零件的制造精度以及合理配置机器中各零件的相互位置等，均有利于提高零件的强度。

刚度是指零件抵抗弹性变形的能力。零件刚度不足，将导致过大的弹性变形，引起载荷集中，影响机器工作性能，甚至造成事故。例如若机床主轴、导轨刚度不足，变形过大，将严重影响所加工零件的精度。零件的刚度分为整体变形刚度和表面接触刚度两种。增大零件的截面尺寸或增大截面惯性矩、缩短支承跨距或采用多支点结构等措施，有利于提高零件的整体刚度。增大贴合面及采用精细加工等措施，将有利于提高零件的接触刚度。一般地说，满足刚度要求的零件，也满足其强度要求。

寿命是指零件正常工作的期限。材料的疲劳、腐蚀、相对运动零件接触表面的磨损以及高温下零件的蠕变等，是影响零件寿命的主要因素。提高零件抗疲劳破坏能力的主要措施有：减小应力集中、保证零件有足够大小的尺寸及提高零件表面质量等。提高零件耐腐蚀性能的主要措施有选用耐腐蚀材料和采用各种反腐蚀的表面保护措施。

2. 结构工艺性要求

零件应具有良好的结构工艺性。也就是说，在一定的生产条件下，零件应能方便而经济的生产出来，并便于装配成机器。零件的结构工艺性应从零件的毛坯制造、机械加工过程及装配等几个生产环节加以综合考虑。因此，在进行零件的结构设计时，除满足零件功能上的要求和强度、刚度及寿命要求外，还应对零件的加工、测量、安装、维修、运输等方面的要求，予以重视，使零件的结构全面地满足以上各方面要求。

3. 可靠性要求

零件可靠性的定义与机器可靠性的定义是相同的。机器的可靠度主要是由组成机器的机械零件的可靠度来保证的。提高零件的可靠度，应从工作条件（载荷、环境、温度等）和零件性能两个方面综合考虑，使其随机变化尽可能小。同时，加强使用中的维护与检测，也可提高零件的可靠性。

4. 经济性要求

零件的经济性主要决定于零件的设计、零件的材料和加工成本。因此，提高零件的经济性主要从零件的设计方法、零件材料选择和结构工艺性3个方面加以考虑。如采用先进的设计理论和方法，采用现代化设计手段，提高设计质量和效率，缩短设计周期，降低设计费用；用廉价材料代替贵重材料；采用轻型结构和少余量、无余量毛坯；简化零件结构和改善零件结构工艺性以及尽可能采用标准零部件等。

5. 质量小要求

尽可能减少质量对绝大多数机械零件都是必要的。减少质量首先可以节约材料，另一方面对运动零件可以减小其惯性力，从而改善机器的动力性能。对于运输机械，减小零件质量就可减小机械本身的质量，从而可以增加运载量，提高机器的经济性。如从零件上应力较小处挖去部分材料,以使零件受力均匀,提高材料利用率;采用轻型薄壁的冲压件或焊接件代替铸、锻件;采用与工作载荷反方向的预载荷以及减小零件的工作载荷等。

机械零件的强度、刚度及寿命是从设计上保证它能够可靠工作的基础,而零件可靠性是保证机器正常工作的基础,零件具有良好的结构工艺性、较轻的质量及经济性是保证机器具有良好经济性的基础。在实际设计中,经常遇到基本要求不能同时满足的情况,这时应根据具体情况,合理地做出选择,保证主要的要求得到满足。

2.5 机械零件的主要失效形式

机械零件由于某种原因丧失工作能力或者达不到设计要求的性能时称为失效。机械零件的主要失效形式有以下几种。

1. 整体断裂

零件在外载荷作用下,某一危险截面上的应力超过零件材料的极限应力而引起的断裂称为整体断裂,如螺栓的断裂、齿轮轮齿的折断、轴的折断等。整体断裂分为静强度断裂和疲劳断裂两种。静强度断裂是由静应力引起的,疲劳断裂则是由于交变应力的作用引起的。据统计,机械零件的整体断裂中大部分为疲劳断裂。

整体断裂是一种严重的失效形式,它不但使零件失效,有时还会导致严重的人身及设备事故的发生。

2. 塑性变形

对于塑性材料制成的零件,当载荷过大使零件内部应力超过材料的屈服极限时,零件将产生塑性变形。塑性变形会造成零件的尺寸和形状改变,破坏零件之间的相互位置和配合关系,使零件或机器不能正常工作,例如齿轮整个轮齿发生塑性变形就会破坏正确啮合条件,在运转过程中产生剧烈振动和噪声,甚至无法运转。

3. 过大的弹性变形

机械零件受载工作时,必然会发生弹性变形。在允许范围内的微小弹性变形对机器工作影响不大,但过量的弹性变形会使零件或机器不能正常工作,有时还会造成较大的振动,致使零件损坏。例如机床主轴的过量弹性变形会降低加工精度,发电机主轴的过量弹性变形会改变定子与转子间的间隙,影响发电机性能。

4. 零件的表面破坏

表面破坏是发生在机械零件工作表面上的一种失效。表面失效将破坏表面精度,改变表面尺寸和形状,使运动性能下降,摩擦增大,能耗增加,严重时会导致零件完全不能工作。零件的表面失效主要是磨损、点蚀和腐蚀。

磨损是两个接触表面相对运动过程中,因摩擦而引起的零件表面材料丧失或转移的现象。

点蚀是在变接触应力作用下发生在零件表面的局部疲劳破坏现象。发生点蚀时,零件的局部表面上会形成麻点(凹坑),并且其发生区域会不断扩展,进而导致零件失效。

腐蚀是发生在金属表面的化学或电化学侵蚀现象。腐蚀的结果会使金属表面产生锈蚀,从而使零件表面遭到破坏。与此同时,对于受变应力的零件,还会引起腐蚀疲劳现象。

磨损、点蚀和腐蚀都是随工作时间的延续而逐渐发生的失效。

5. 破坏正常工作条件引起的失效

有些零件只有在一定的工作条件下才能正常的工作,而破坏了正常工作条件就会引起失效。例如在带传动中,若传递的载荷超过了带与带轮接触面上产生的最大摩擦力,就会产生打滑,使传动失效;在高速转动件中,若其转速与转动件系统的固有频率相同,就会发生共振,使振幅增大,以致引起断裂失效;液体润滑的滑动轴承当润滑油膜被破坏时将发生过热、胶合、磨损等。

同一种零件可能有多种失效形式,例如轴可能发生疲劳断裂,也可能发生过大的弹性变形,还可能发生共振。在各种失效形式中,到底哪一种是主要失效形式,这应根据零件的材料、具体结构和工作条件等来确定。对于载荷稳定的、一般用途的转轴,疲劳断裂是其主要失效形式;对于精密主轴,弹性变形量过大是其主要失效形式;而对于高转速的轴,发生共振,丧失振动稳定性可能是其主要失效形式。

2.6 机械零件的设计准则

为了避免零件的失效,设计机械零件时就应使其具有足够的工作能力。工作能力是指零件不发生失效的安全工作限度。它可对载荷而言,也可对变形、速度、温度、压力而言,通常是对载荷而言,故称承载能力。对于不同的失效形式,零件的承载能力也不同,应按照承载能力的最小值去设计零件,即应保证按照各种失效形式求得的最小承载能力大于或等于外加载荷。

设计机械零件时,保证零件不产生失效所依据的基本原则称为设计计算准则。主要有以下几个设计计算准则。

1. 强度准则

强度是机械零件首先应满足的基本要求。为了保证零件具有足够的强度,计算时,应该使其在载荷作用下,零件危险截面或工作表面的工作应力不超过零件的许用应力,其表达式为

$$\left.\begin{array}{l}\sigma(或\ \sigma_{ca})\leqslant [\sigma]\\ \tau(或\ \tau_{ca})\leqslant [\tau]\end{array}\right\} \tag{2-2}$$

式中,σ、τ 是零件所受的正应力、切应力;σ_{ca}、τ_{ca} 为计算应力;$[\sigma]$、$[\tau]$ 为许用正应力、许用切应力。

强度准则的另一种表达方式是使零件工作时危险剖面或工作表面上的实际安全系数 S 不小于许用安全系数 $[S]$,即

单向应力时
$$S_\sigma = \frac{\sigma_{\lim}}{\sigma} \geqslant [S_\sigma] \\ S_\tau = \frac{\tau_{\lim}}{\tau} \geqslant [S_\tau] \Bigg\} \quad (2-3)$$

复杂应力状态时
$$S = \frac{S_\sigma S_\tau}{\sqrt{S_\sigma^2 + S_\tau^2}} \quad (2-4)$$

式中，S_σ、S_τ分别为零件只受正应力σ或切应力τ时的安全系数；$\sigma_{\lim}$、$\tau_{\lim}$为极限应力。

2. 刚度准则

刚度是零件在载荷作用下抵抗变形的能力。刚度越小，则零件发生过量变形的可能性越大。为此，设计计算时应使零件工作时产生的弹性变形量 y（广义的代表一种任何形式的弹性变形量）不超过机器工作性能所允许的极限值，即许用变形量 $[y]$。其表达式为

$$y \leqslant [y] \quad (2-5)$$

弹性变形量可根据不同的变形形式由理论计算或实验方法来确定；许用变形量主要根据机器的工作要求、零件的使用场合等由理论计算或工程经验来确定其合理的数值。

3. 寿命准则

影响零件寿命的主要失效形式是腐蚀、磨损和疲劳，它们的产生机理、发展规律及对零件寿命的影响是完全不同的，应分别加以考虑。迄今为止，还未能提出有效而实用的腐蚀寿命计算方法，所以尚不能列出相应的设计准则。摩擦和磨损将会改变零件的结构形状和尺寸，削弱其强度，降低机械的精度和效率，当总磨损量超过允许值时，致使零件报废。耐磨性准则就是要求零件在整个设计寿命内总磨损量不要超过允许值。但由于有关磨损的计算尚无简单可靠的理论公式，故一般采用条件性计算。一是验算接触面比压 p，它不能超过许用值，以保证工作表面不至于由于油膜破坏而产生过度磨损；二是对于滑动速度 v 比较大的摩擦表面，为防止胶合破坏，要限制单位接触面积上单位时间产生的摩擦功不能过大。当摩擦因数为常数时，可验算 pv 值，使其不超过许用值。对于疲劳寿命计算，通常是求出零件使用寿命期内的疲劳极限作为计算依据。

4. 振动稳定性准则

对于速度较高或刚度较小的机械，在工作时易发生强烈振动现象。由于机器中存在许多周期性变化的激振源，例如齿轮的啮合、轴的偏心转动、滚动轴承的振动等。当机械或零件的固有频率 f 与上述激振源的频率 f_p 重合或成整数倍关系时，就会发生共振，导致振幅急剧增大，短期内就会使零件破坏，这不仅影响机械的正常工作，甚至还能造成破坏性事故。振动稳定性准则就是要求所设计的零件的固有频率 f 应与其工作时所受的激振频率 f_p 错开。通常只需避开一阶共振，即

$$f_p < 0.85f \text{ 或 } f_p > 1.15f \quad (2-6)$$

若不满足振动稳定性条件，可改变零件或系统的刚度或采取隔振、减振措施来改善零件的振动稳定性。例如提高零件的制造精度、提高回转零件的动平衡、增加阻尼系数、提高材料或结构的衰减系数以及采用减振、隔振装置等，都可改善零件的振动稳定性。

5. 散热性准则

机械零部件在高温条件下工作，由于过度受热，会引起润滑油失效、氧化、胶合，产生热变形，硬度降低，使零件失效或机械精度降低。因此，为保证零部件在高温下正常工作，应合理设计其结构及合理选择材料，对发热较大的零部件（蜗杆传动、滑动轴承等）还要进行热平衡计算，必要时采用冷却降温措施。

6. 可靠性准则

满足强度要求的一批完全相同的零件，由于零件的工作应力和极限应力都是随机变量，故在规定的工作条件下和规定的使用期限内，并非所有的零件都能完成规定的功能，会有一定数量的零件因丧失工作能力而失效。机械零件在规定工作条件下和规定使用时间内完成规定功能的概率称为可靠度。

设有 N_t 个零件在预定时间 t 内有 N_f 个零件失效，剩下 N_s 个零件仍能继续工作，则可靠度为

$$R = \frac{N_s}{N_t} = 1 - \frac{N_f}{N_t} \tag{2-7}$$

可靠度并不是越高越好，提出可靠性要求时，要考虑到现有的技术水平及对零件的工作要求和经济性等因素。例如在一般机械设计手册中给出的对称循环变应力下的疲劳极限 σ_{-1} 的值，是可靠度 $R=50\%$ 时的数值，如果可靠度要求高于 50%，则 σ_{-1} 的值将降低，将导致零件尺寸增大、成本增加，这对于一般用途的零件来说是没有必要的。

2.7 机械零件的设计方法

机械零件的设计方法可分为两类：一类是过去长期采用的方法称为常规（传统）设计方法；另一类是近几十年来发展起来的设计方法称为现代设计方法（在 2.11 节中作介绍）。本节主要介绍常规设计方法。

1. 理论设计

根据长期研究和实践总结出来的传统设计理论及实验数据所进行的设计，称为理论设计。理论设计的计算过程又可分为设计计算和校核计算。前者是按照已知的运动要求、载荷情况及零件的材料特性等，运用一定的理论公式设计零件的尺寸和形状的计算过程，如按转轴的强度、刚度条件计算轴的直径等；后者是先根据类比、实验等方法初步定出零件的尺寸和形状，再运用理论公式进行零件强度、刚度等的校核计算，如转轴的弯扭组合强度校核等。设计计算多用于能通过简单的力学模型进行设计的零件；校核计算则多用于结构复杂、应力分布较复杂，但又能用现有的分析方法进行计算的场合。

理论计算可得到比较精确而可靠的结果，重要的零部件大都应该选择这种设计方法。

2. 经验设计

根据对某类零件归纳出的经验公式或设计者本人的工作经验用类比法进行的设计，称为经验设计。对一些不重要的零件如不太受力的螺钉等，或者对于一些理论上不成熟或虽有理论方法但没必要进行复杂、精确计算的零部件如机架、箱体等，通常采用经验设计

方法。

3. 模型实验设计

将初步设计的零部件或机器按比例制成模型或样机进行试验，对其各方面的特性进行检验，再根据实验结果对原设计进行逐步的修改、调整，从而获得尽可能完善的设计结果，这样的设计过程称为模型实验设计。该设计方法费时、昂贵，一般只用于特别重要的设计中。一些尺寸巨大、结构复杂而又十分重要的零部件，如新型重型设备及飞机的机身、我国的神舟飞船、新型舰船的船体等设计，常采用这种设计方法。

2.8 机械零件设计的一般步骤

机械零件设计是机器设计的重要环节，由于零件种类不同，其具体的设计步骤也不太一样，但一般可按下列步骤进行。

（1）零件类型选择。根据机器的整体设计方案和零件在整机中的作用，选择零件的类型和结构。

（2）受力分析。根据零件的工作情况，建立力学模型，进行受力分析，确定名义载荷和计算载荷。

（3）材料选择。根据零件的工作条件及对零件的特殊要求，选择合适的材料及热处理方法。

（4）确定设计准则。根据工作情况，分析零件的失效形式，进而确定设计计算准则。

（5）理论计算。根据设计计算准则计算并确定零件的主要尺寸和主要参数。

（6）结构设计。按等强度原则进行零件的结构设计。设计零件结构时，一定要考虑工艺性及标准化原则的要求。

（7）校核计算。必要时进行详细的校核计算，确保重要零件的设计可靠性。

（8）绘制零件工作图。理论设计和结构设计的结果最终由零件工作图表达。零件工作图上不仅要标注详细的零件尺寸，还要标注配合尺寸的尺寸公差、必要的形位公差、表面粗糙度及技术要求。

（9）编写技术说明书及有关技术文件。将设计计算的过程整理成设计计算说明书等，作为技术文件备查。

2.9 机械零件的材料及其选用

2.9.1 机械零件的材料

机械零件的材料有金属材料、非金属材料和复合材料。

金属材料分为黑色金属材料和有色金属材料。黑色金属材料包括各种钢、铸钢和铸铁，具有良好的力学性能（如强度、塑性、韧性等），价格相对便宜容易获得，而且能满足多种性能和用途的要求。在各类钢铁材料中，由于合金钢的性能优良，因而常常用来制造重要的零件。表2-1给出了部分钢材、铸铁的牌号、力学性能及应用场合。有色金属材料包括铜合金、铝合金、轴承合金等,具有密度小、导热和导电性能良好等优点,通常还可用于有减磨耐磨及耐腐蚀要求的场合。

表2-1 常用钢、铸铁的牌号、力学性能及其应用场合(GB/T 700—1988)

材料		力学性能			应用举例
名称	牌号	抗拉强度 σ_B/MPa	屈服强度 σ_S/MPa	硬度 /HBS	
碳素结构钢	Q195	315～390	185～195	—	金属结构构件、拉杆、铆钉、心轴、垫圈、焊接件、齿轮、螺钉、盖等
	Q235	375～460	185～235	—	
	Q275	490～610	225～275	—	
优质碳素钢	25	420	235	117～170	轴、棍子、联轴器、垫圈、螺钉等
	35	530	315	≤197	轴、销、连杆、螺栓、螺母等
	45	600	355	≤197	齿轮、链轮、轴、键、销等
	50Mn	645	390	≤217	齿轮、凸轮等
合金结构钢	35SiMn	885	735	≤229	重要的齿轮、连杆、螺栓、螺母、轴等
	40Cr	980	785	≤207	
	35CrMo	980	835	≤229	
铸钢	ZG270-500	500	270	—	机架、飞轮、联轴器、齿轮、轴承箱及机座等
	ZG310-570	570	310	—	
	ZG340-640	640	340	—	
灰铸铁	HT200	220	—		底座、床身、手轮等
	HT250	270	—		齿轮、底座、气缸等
	HT300	290	—		齿轮、轴承座、机体、油缸、气缸等
球墨铸铁	QT400-15	400	250	130～180	减速器箱体、管路、阀门、盖等
	QT500-7	500	320	170～230	阀体、气缸、轴瓦等
	QT600-3	600	370	190～270	曲轴、缸体、轴瓦等

非金属材料指塑料、橡胶、合成纤维等高分子材料及陶瓷等。高分子材料有许多优点,如原料丰富、密度小,在适当的温度范围内有很好的弹性,耐腐蚀性好等;主要缺点是容易老化,其中不少材料阻燃性差,总体上讲,耐热性不好。陶瓷材料的主要特点是硬度极高、耐磨、耐腐蚀、熔点高、刚度大以及密度比钢铁低等。目前,陶瓷材料已应用于密封件、滚动轴承和切削工具等结构中。陶瓷材料的主要缺点是比较脆、断裂韧度低、价格昂贵、加工工艺性差等。

复合材料是用两种或两种以上明显不同的物理和化学性能的材料经复合工艺处理而得到所需性能的一种新型材料。例如用玻璃、石墨(碳)、硼、塑料等非金属材料可以复合成各种纤维增强复合材料。在普通碳素钢板表面贴附塑料,可以获得强度高而又耐腐蚀的塑料复合钢板,主要优点是有较高的强度和弹性模量,而质量又特别小,但也有耐热性差、导热和导电性能较差的缺点。此外,复合材料的价格比较昂贵。所以目前复合材料主要用于航空、航天等高科技领域,在民用产品中,复合材料也有一些应用。

2.9.2 机械零件材料选择原则

从各种各样的材料中选择出使用的材料,是一项受多方面因素所制约的工作。因此,如何选择零件的材料是零件设计的重要一环。选择机械零件材料的原则是所需材料应满足零件的使用要求、有良好的工艺性和经济性等。

1. 使用要求

机械零件的使用要求表现为以下几点。

(1) 零件的工作状况和受载情况,以及为避免相应的失效形式而提出的要求。

工作状况是指零件所处的环境特点、工作温度、摩擦磨损的程度等。在湿热环境或腐蚀介质中工作的零件,其材料应有良好的防锈和耐腐蚀能力,例如用不锈钢、铜合金等;工作温度对材料选择的影响,一方面要考虑互相配合的两零件的材料的线膨胀系数不能相差过大,以免在温度变化时产生过大的热应力或者使配合松动,另一方面也要考虑材料的力学性能随温度而改变的情况;在滑动摩擦下工作的零件,要提高其表面硬度,以增强耐磨性,应选择适于进行表面处理的淬火钢、渗碳钢、氮化钢等品种或选用减磨和耐磨性能好的材料。

受载情况是指载荷、应力的大小和性质。脆性材料原则上只适用于制造在静载荷下工作的零件;在有冲击的情况下,应以塑性材料作为主要使用的材料;对表面受较大接触应力的零件,应选择可以进行表面处理的材料如表面硬化钢;对受应变力的零件,应选择耐疲劳的材料;对于受冲击载荷的零件,应选择冲击韧性较高的材料;对于尺寸取决于强度而尺寸和质量又受限的零件,应选择强度较高的材料;对于尺寸取决于刚度的零件,应选择弹性模量较大的材料。

金属材料的性能一般可通过热处理加以提高和改善,因此,要充分利用热处理的手段来发挥材料的潜力;对于最常用的调质钢,由于其回火温度的不同可得到力学性能不同的毛坯。回火温度愈高,材料的硬度和刚度将愈低,而塑性愈好。所以在选择材料的品种时,应同时规定其热处理规范,并在图样上注明。

(2) 对零件尺寸和质量的限制。

零件尺寸及质量的大小与材料的品种及毛坯制造方法有关。生产铸造毛坯时一般可以不受尺寸及质量大小的限钢;而生产锻造毛坯时,则需注意锻压机械及设备的生产能力。此外,零件尺寸和质量的大小还和材料的强重比有关,应尽可能选择强重比大的材料,以便减小零件的尺寸及重量。

(3) 零件在整机及部件中的重要程度。

(4) 其他特殊要求,如需要绝缘、抗磁等。

2. 工艺要求

为使零件便于加工制造,选择材料时应考虑零件结构的复杂程度、尺寸大小及毛坯类型。对于外形复杂、尺寸较大的零件,若考虑采用铸造毛坯,则需选择铸造性能好的材料;若考虑采用焊接毛坯,则应选择焊接性能好的低碳钢。对外形简单、尺寸较小、批量较大的零件，适合冲压和模锻，应选择塑性较好的材料。对需要热处理的零件，材料应具有良好的热处理性能。此外，还应考虑材料的易加工性以及热处理后的易加工性。

3. 经济性要求

(1) 材料本身的相对价格。在满足使用要求的前提下，应尽量选用价格低廉的材料。这一点，对于大批量制造的零件尤其重要。

(2) 材料的加工费用。当零件质量不大而加工量很大时，加工费用在零件总成本中占很大比例。尽管铸铁比钢板廉价，但对于某些单件或小批量生产的箱体类零件来说，采用铸铁比采用钢板焊接的成本更高，因为后者可以省掉模具的制造费用。

(3) 节约材料。采用热处理或表面强化（喷丸、碾压等）工艺，充分发挥和利用材料潜在的力学性能；采用表面镀层（镀铬、镀铜、发黑、发蓝等）方法，以减轻腐蚀和磨损的程度，延长零件的使用寿命。

(4) 材料的利用率。采用无切削或少切削加工，如模锻、精铸、冲压等，可以提高材料利用率，同时减少切削加工工时。

(5) 节约贵重材料。采用组合结构，节约价格较高的材料，如组合式结构的蜗轮齿圈用减摩性较好但价格贵的锡青铜，轮芯采用廉价的铸铁。

(6) 节约稀有材料。如采用我国资源较丰富的锰硼系列合金钢代替资源较少的铬镍系列合金钢，采用铝青铜代替锡青铜。

(7) 材料的供应情况。应选用本地有，且便于供应的材料，以降低采购、运输、储存成本；从简化材料品种的供应和储存出发，对于小批量生产的零件，应尽可能减少同一台机器上使用材料的品种和规格，以简化供应和管理，并可使加工及热处理更容易掌握最合理的操作方法，从而提高制造质量、减少废品、提高劳动生产率。

2.10 机械零件设计中的标准化

机械零件的标准化就是对零件尺寸、规格、结构要求、材料性能、检验方法、设计方法、制图要求等，制定出大家共同遵守的标准。贯彻标准化是一项重要的技术经济政策和法规，同时也是进行现代化生产的重要手段。目前，标准化程度的高低已成为评定设计水平及产品质量的重要指标之一。

标准化工作实际上包括三方面内容，即标准化、系列化、通用化。系列化是指在同一基本结构下，规定若干个规格尺寸不同的产品，形成产品系列，以满足不同的使用条件。例如对于同一结构、同一内径的滚动轴承，制造出不同外径和宽度的产品，称为滚动轴承系列。通用化是指在同类型机械系列产品内部或在跨系列的产品之间，采用同一结构和尺寸的零部件，使有关的零部件特别是易损件，最大限度的实现通用互换。

现已发布的与机械零件设计有关的标准，从运用范围上来讲，可分为国家标准(GB)、行业标准、地方标准和企业标准4个等级。国际标准化组织还制定了国际标准(ISO)。从使用的强制性来说，可分为必须执行的标准(有关度、量、衡及涉及人身安全等)和推荐使用的标准(如标准化直径等)。

机械零件设计中贯彻标准化的重要意义是：①减轻设计工作量、缩短设计周期，有利于设计人员将主要精力用于关键零部件设计；②便于建立专门工厂采用最先进的技术大规模的生产标准零部件，有利于合理的使用原材料、节约能源、降低成本、提高质量和可靠性、提高劳动生产率；③增大互换性，便于维修；④便于产品改进，增加产品品种；⑤采用与国际标准化一致的国家标准，有利于产品走向国际市场。因此，在机械零件设计中，设计人员必须了解和掌握有关的各项标准并认真的贯彻执行，不断提高设计产品的标准化程度。

2.11 机械现代设计方法

随着科学技术的发展，新材料、新工艺、新技术的不断出现，产品的更新换代周期日益缩短，促使机械设计方法和技术现代化，以适应产品的加速开发。在这种形式下，传统的机械设计方法已不能完全适应需要，产生和发展了以动态、优化、计算机为核心的现代设计方法，如有限元分析、优化设计、可靠性设计、计算机辅助设计、摩擦学设计。除此以外，还有一些新的设计方法，如虚拟设计、概念设计、模块化设计、反求工程设计、面向产品生命周期设计、绿色设计、工业设计等。这些设计方法使得机械设计学科发生了很大变化。现介绍几种常见方法。

1. 机械优化设计

机械优化设计是将最优化数学理论（主要是数学规划理论）应用于工程设计问题，在所有可行方案中寻求最佳设计方案的一种现代设计方法。进行机械优化设计时，首先需要建立设计问题的数学模型。然后选用合适的优化方法并借助于计算机对数学模型进行寻优求解，经过对优化方案的评价与决策，以求得最佳设计方案。

在建立优化设计数学模型的过程中，把影响设计方案选取的那些参数称为设计变量。设计变量应当满足的条件称为约束条件。设计者选定来衡量设计方案优劣并期望得到改进的产品性能指标称为目标函数。设计变量、约束条件和目标函数组成了优化设计的数学模型。将数学模型和优化算法编写成计算机程序，即寻优求解。常用的优化算法有 0.618 法、Powell 法、变尺度法、惩罚函数法、基因算法等。采用优化设计方法可以在多变量、多目标的条件下，获得高效率、高精度的设计结果，从而极大地提高设计质量。

2. 计算机辅助设计

计算机辅助设计（CAD）是利用计算机运算快而准确、存储量大、逻辑判断功能强等特点进行设计信息处理，并通过人机交互作用完成设计工作的一种设计方法。它应包括分析计算、自动绘图系统和数据库 3 个方面。一个完整的机械产品 CAD 系统，应首先能够确定机械结构的最佳参数和几何尺寸，这就要求具有进行机构运动分析及综合、有限元分析和优化设计、可靠性设计等功能，然后能够由分析计算结果自动显示和绘制机械的装配图和零件图，并可进行动态修改。完善的数据库系统，可与计算机辅助制造、计算机辅助监测、计算机管理自动化结合形成计算机集成制造系统（CIMS），综合进行市场预测、产品设计、生产规划、制造和销售等一系列工作，实现人力、物力和时间等各种资源的有效利用，有效地促进现代企业生产组织、管理和实现自动化，提高企业效益。

3. 可靠性设计

可靠性设计是以概率论和数理统计为理论基础，以失效分析、失效预测及各种可靠性试验为依据，以保证产品的可靠性为目标的一种现代设计方法。其主要特点是将传统设计中是单值而实际上具有多值性的设计变量（如载荷、材料性能和应力等）如实地作为服从某种分布规律的随机变量来对待，用概率统计方法定量设计出符合机械产品可靠性指标要求的零部件和整机的有关参数和结构尺寸。可靠性设计的主要内容有：①从规定的目标可靠性出发，设计零部件和整机的有关参数及结构尺寸；②根据零部件和机器（或系统）目前的状况及失效数据，预测其可能达到的可靠性，进行可靠性预测；③根据确定的机器（或系统）可靠性，分配其组成零件或子系统的可靠性，这对复杂产品和大型系统来说尤为重要。

4. 有限元法

有限元法是随着计算机技术的发展而迅速发展起来的一种现代设计方法，是将连续体简化为有限个单元组成的离散化模型，再对这一模型进行数值求解的一种实用有效方法。其假想地把任意形状的连续体或结构分割成有限个方位不同但形状相似的小块（即单元），各单元之间仅在有限个指定点（即节点）处相互连接，并将承受的各种外载荷按某种规则移植成作用于节点处的等效力，边界约束也简化为节点约束，从而转换为一个由有限个具有一定形状规则的、仅在节点处相连接、承受外载和约束的单元组合体。然后按分块近似的思想，用一个简单的函数近似的表示每个单元位移分量的分布规律，并按弹塑性理论建立单元节点力和节点位移之间的关系。再将所有单元的这种特性关系集合起来，得到一组以节点位移为未知量的代数方程组。最后求出原有物体有限个节点处位移的近似值及其他物体参数。

5. 摩擦学设计

摩擦学设计就是运用摩擦学理论、方法、技术和数据，将摩擦和磨损减小到最低程度，从而设计出高性能、低功耗、具有足够可靠性及合适寿命的经济合理的新产品。

摩擦学是研究相互运动、相互作用表面的摩擦行为对机械系统的影响，接触表面及润滑介质的变化，失效预测及控制的理论与实践，它是以力学、流变学、表面物理与表面化学为主要理论基础，综合材料科学、工程热物理学科，以数值计算和表面技术为主要手段的边缘学科。它的基本内容是研究工程表面的摩擦、磨损及润滑问题。摩擦学研究的目的在于指导机械系统的正确设计和使用，以节约能源和减少材料消耗，进而达到提高机械装备的可靠性、工作效率和使用寿命的目的。

6. 并行设计

并行设计是一种对产品及其相关工程进行并行和集成设计的系统工作模式。其思想是在产品开发的初始阶段，即在规划和设计阶段，就以并行的方式综合考虑其寿命周期中所有后续阶段，包括工艺规划、制造、装配、试验、检验、经销、运输、使用、维修、保养直至回收处置等环节，以降低产品成本，提高产品质量。

并行设计与传统的串行设计方法相比，它强调在产品开发的初期阶段全面考虑产品寿命周期的后续活动对产品综合性能的影响因素，建立在产品寿命周期中各个阶段性能的继承和约束关系及产品各个方面属性之间的关系，以追求产品在寿命周期全过程中其综合性能最优。它借助于由各阶段专家组成的多功能设计小组，使设计过程更加协调，使产品性能更加完善。因此更好地满足用户对产品全寿命周期质量和性能的综合要求，减少产品开发过程中的返工，进而大大缩短开发周期。

7. 动态设计

动态设计是相对于静态设计而言的。动态设计是对结构动态特性，如固有频率、振型、动力响应和运动稳定性等进行分析、评价与设计，谋求系统在工作过程中，受到各种预期可能的瞬变载荷及环境作用时仍保持良好的动态性能与工作状态。

动态设计的基本思路：把产品看成是一个内部情况不明的黑箱，根据对产品功能的要求，通过外部观察，对黑箱与周围不同的信息联系进行分析，求出产品的动态特性参数，然后进一步寻求它们的机理和结构。该方法的技术内涵：建立可靠的数学模型，借助计算机技术，采用先进的科学计算方法，以试验数据为依托，全面分析研究机械系统在预期可能的各种载荷与周围介质作用下，力与运动、结构变形、内部应力以及稳定性之间的关系；据此调整参数，确保机械结构系统在实际运行中，具备优良的动态性能、足够的稳定裕度和良好的工作状态。

8. 模块化设计

模块化设计是在对一定应用范围内的不同功能或相同功能不同特性、不同规格的机械产品进行功能分析的基础上，划分并设计出一系列功能模块，然后通过模块的选择和组合构成不同产品的一种设计方法。该方法的主要目标是以尽可能少的模块种类和数量，组成种类和规格尽可能多的产品。它具有设计与制造时间短，利于产品更新换代和新产品开发，利于提高产品质量和降低成本，利于增强产品的竞争力和企业对市场的应变能力，以及便于维修等优点。

9. 工业设计

工业设计是工业社会技术产品的设计，主要研究工业产品的人机性能，首先是良好的可操作、可使用性，其次是良好的可识别和可感受性，其中包括外观造型、色彩和图标。

工业设计是在机械化、批量生产前提下产生的一种新的设计观和方法论，它将先进的科学技术与现代审美观念结合起来，使产品达到科学与美学、技术与艺术的高度统一，它是新技术、新工艺、新材料、人机工程学、价值工程学、美学、心理学、生态学、创造学、市场学、符号学等领域的全方位的、系统的设计科学。

10. 绿色设计

绿色设计是以环境资源保护为核心概念的设计过程，它要求在产品的整个寿命周期内把产品的基本属性和环境属性紧密结合，在进行设计决策时，除满足产品的物理目标外，还应满足环境目标，以达到优化设计要求。即在产品整个寿命周期内，优先考虑产品环境属性(可拆卸性、可回收性、可维护性、可重复利用性等)，并将其作为设计目标，在满足环境目标要求的同时，保证产品应有的基本性能、使用寿命和质量等。

综上所述，现代设计方法是综合应用现代各个领域科学技术的发展成果于机械设计领域所形成的设计方法，同时又是在传统的设计方法基础上形成的。与传统设计方法相比，现代设计方法有以下特点：①设计范畴的扩展化；②设计过程并行化、智能化；③设计手段的计算机化；④分析手段的精确化；⑤设计分析的动态化；⑥设计制造一体化以及产品全寿命周期的最优化；⑦注重产品的环保性、美观性及宜人性。

现代设计方法的应用弥补了传统设计方法的不足，有效地提高了设计质量，但它并不能离开或完全取代传统设计方法，目前正处在两者共存阶段。

第3章 机械零件的强度

 本章教学要点

知识要点	掌握程度	相关知识
变应力的种类及变应力的特征参数、材料的疲劳曲线及材料的极限应力图	了解变应力的种类,掌握变应力的特征参数,理解并掌握材料的疲劳曲线及材料的极限应力图	变应力的种类、变应力的特征参数、材料的疲劳曲线、材料的极限应力图及简化的极限应力图
影响机械零件强度的因素、机械零件疲劳强度的计算	掌握影响机械零件疲劳强度的因素以及机械零件疲劳强度的计算方法	影响机械零件疲劳强度的因素、零件的极限应力图、单向稳定变应力时机械零件的疲劳强度计算以及规律性单向不稳定变应力时机械零件的强度计算
零件的断裂强度及接触强度	初步掌握零件的断裂强度及接触强度计算	零件的断裂强度及接触强度

第 3 章 机械零件的强度

> **导入案例**
>
> 据资料介绍，2010 年 6 月 29 日，深圳东部华侨城公司大峡谷景区"太空迷航"项目在运行过程中，设备中三自由度运动平台的中导柱内 M16 螺丝疲劳断裂，5 座舱倾覆掉落，发生事故。事故共造成 6 人死亡、10 人受伤的严重后果。所谓疲劳破坏是指在变应力作用下，零件的应力值即使低于材料的屈服强度，也会在经受一定应力循环周期后突然断裂，而且断裂时没有明显的宏观塑性变形。

许多机械零件在工作时受变应力作用，零件经受的是一种疲劳过程，产生的破坏形式是疲劳破坏。所谓疲劳破坏是指在变应力作用下，零件的应力值即使低于材料的屈服强度，也会在经受一定应力循环周期后突然断裂，而且断裂时没有明显的宏观塑性变形。据统计，零件的疲劳断裂约占零件断裂的 80% 以上。疲劳断裂有以下特征。

(1) 疲劳断裂是损伤的累积，它的初期现象是在零件表面或表层产生初始裂纹，随着应力循环次数的增加，裂纹沿尖端扩展，直至余下的未断裂截面不足以承受外载荷时，就会发生突然断裂。

(2) 无论是塑性材料还是脆性材料，其断口均表现为无明显塑性变形的脆性突然断裂。

(3) 疲劳断裂时零件内部的最大工作应力远低于材料的强度极限，甚至远低于屈服极限。

3.1 材料的疲劳特性

3.1.1 变应力

大小或方向随时间变化而变化的应力，称为变应力。变应力可能由变载荷产生也可能由静载荷产生。如图 3.1 所示，零件所受载荷均为静载荷，但零件上 a 点应力却随时间变化。

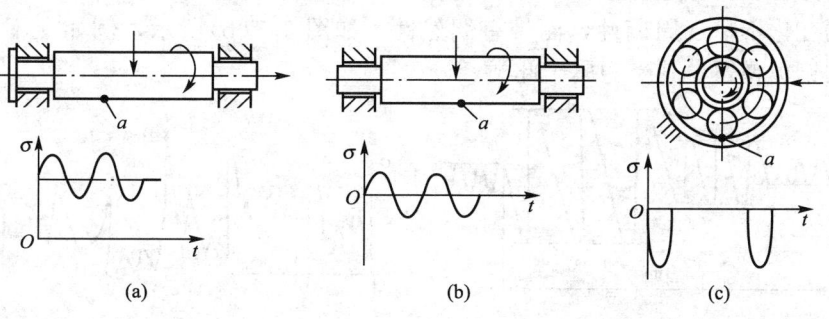

图 3.1 静载荷作用下产生变应力

1. 变应力的基本类型

变应力可分为稳定变应力和非稳定变应力两类。

1)稳定循环变应力

应力随时间按一定规律做周期性变化,而且变化幅度保持常数的变应力称为稳定循环变应力。工程中常见的几种典型稳定变应力如下。

(1)对称循环应力。

变应力的最大应力 σ_{max} 和最小应力 σ_{min} 的绝对值相等而符号相反,即 $\sigma_{max} = -\sigma_{min}$,如图 3.2(a)所示。例如转动的轴上作用一方向不变的径向力,则轴上各点的弯曲应力都属于对称循环应力,如图 3.1(b)所示。

(2)脉动循环应力。

变应力中的 $\sigma_{min} = 0$,如图 3.2(b)所示。例如齿轮轮齿单侧工作时的齿根弯曲应力属于脉动循环应力。

(3)非对称循环应力。

变应力中最大应力 σ_{max} 和最小应力 σ_{min} 的绝对值不相等,如图 3.2(c)所示。这种应力在一次循环中,σ_{max} 和 σ_{min} 可以有相同的符号(正或负)或不同的符号。

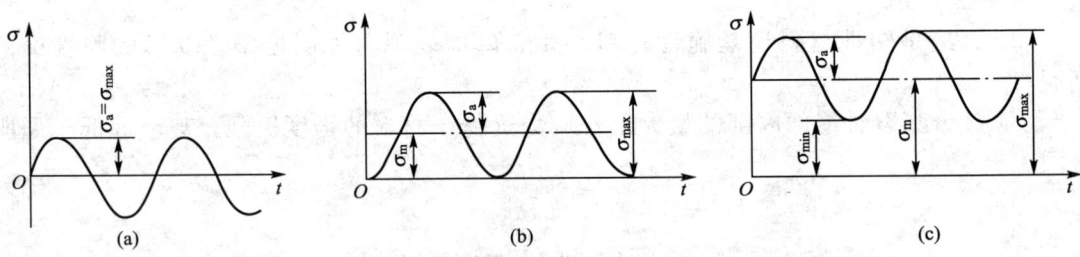

图 3.2　典型应力的应力谱

2)非稳定循环变应力

常见的非稳定循环变应力有两种。

(1)规律性非稳定变应力

应力按一定规律周期性变化,且变化幅度也是按一定规律周期性变化,如图 3.3(a)所示。如专用机床主轴所受应力、滚动轴承滚动体上某一点所受应力。

(2)随机性不稳定变应力

应力的变化不呈现周期性,而带有偶然性,如图 3.3(b)所示,例如在不平路面上行驶的汽车的钢板弹簧,其受力属于此类。

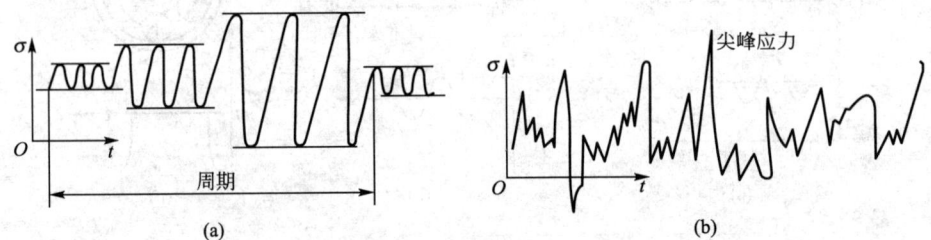

图 3.3　不稳定变应力

2. 变应力的特征参数

按正弦曲线变化的等幅循环应力是最简单的变应力,它具有变应力最基本的特征。这种应力的特征参数及其关系如下:

$$\left.\begin{array}{l}\sigma_m = \dfrac{\sigma_{max}+\sigma_{min}}{2} \\ \sigma_a = \dfrac{\sigma_{max}-\sigma_{min}}{2}\end{array}\right\} \quad (3-1)$$

$$r = \dfrac{\sigma_{min}}{\sigma_{max}} \quad (3-2)$$

式中,σ_{max}为循环中的最大应力;σ_{min}为循环中的最小应力;σ_m为平均应力,为循环中应力不变部分,即静载分量;σ_a为应力幅,为循环中应力变动部分,即动载分量;r为循环特性(应力比),为最小应力与最大应力之比。

以上 5 个参数中,任意两个参数就可以确定出变应力的类型和特征。几种典型的变应力的循环特征和应力特点见表 3-1 所示。

表 3-1 几种典型的变应力的循环特征和应力特点

循环应力名称	循环特性	应力特点	图例
对称循环	$r=-1$	$\sigma_a=\sigma_{max}=-\sigma_{min}$, $\sigma_m=0$	图 3.2(a)
脉动循环	$r=0$	$\sigma_a=\sigma_m=\dfrac{\sigma_{max}}{2}$, $\sigma_{min}=0$	图 3.2(b)
非对称循环	$-1<r<1$	$\sigma_a=\dfrac{\sigma_{max}-\sigma_{min}}{2}$, $\sigma_m=\dfrac{\sigma_{max}-\sigma_{min}}{2}$	图 3.2(c)
静应力	$r=0$	$\sigma_a=0$, $\sigma_m=\sigma_{max}=\sigma_{min}$	—

3.1.2 材料的疲劳特性

1. 材料的疲劳曲线

机械零件材料的抗疲劳性能是通过试验确定的。在材料的标准试件上施加一定循环特性的等幅应力(通常取 $r=-1$ 或 $r=0$),经过 N 次循环后不发生疲劳破坏的最大应力值称为疲劳极限 σ_{rN}。通过实验可以得到不同疲劳极限 σ_{rN} 时相应的循环次数 N,将结果绘制成曲线,称为材料的疲劳特性曲线,即 $\sigma-N$ 曲线,如图 3.4 所示。

在循环次数小于等于 10^3 时,对应于曲线 AB 段,如图 3.4 所示,极限应力基本不变,因此,当 $N\leqslant10^3$ 时,可按静应力强度计算。

在循环次数为 $10^3\sim10^4$ 时,对应于曲线 BC 段,如图 3.4 所示,随着循环次数的增加,材料疲劳破坏的最大应力将不断下降。此阶段材料试

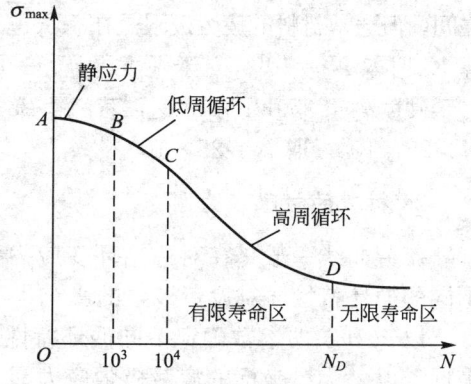

图 3.4 材料的疲劳特性曲线

件破坏时已伴随着材料的塑性变形,这一阶段的疲劳现象称为应变疲劳。由于应力循环次数相对较少,所以也叫低周循环疲劳。有些机械零件在整个使用寿命期内应力变化次数只有几百次到几千次,但应力值较大,故其疲劳属于低周疲劳范畴。例如飞机起落架、炮筒等的疲劳属于低周疲劳。绝大多数通用零件,当其承受变应力作用时,其应力循环次数一般都大于 10^4,所以低周疲劳本书不做讨论。

当 $N \geqslant 10^4$ 时,如图 3.4 所示,曲线 CD 段和 D 点以后的曲线所代表的疲劳现象,称为高周循环疲劳。高周疲劳阶段的疲劳曲线以 D 点为分界点,可以分为无限寿命区和有限寿命区。点 D 对应的疲劳极限 N_D 称为循环基数,用 N_0 表示。

1) 无限寿命区材料的疲劳特性

当 $N > N_0$ 时,疲劳极限不随应力循环次数的增加而降低,称为无限寿命区,如图 3.4 所示,D 点以后的曲线段,疲劳曲线为水平线。对应于 N_0 点的极限应力 σ_r 称为持久疲劳极限,对称循环应力时用 σ_{-1} 表示,脉动循环时用 σ_0 表示。

所谓"无限"寿命,是指零件承受的应力水平低于或等于材料的疲劳极限 σ_r,工作应力总循环次数可大于循环基数 N_0,并不是说永远不会破坏。

2) 有限寿命区

当 $10^4 \leqslant N \leqslant N_0$ 时,称为有限寿命区,如图 3.4 所示,曲线 CD 段,疲劳极限随着应力循环次数的增加而降低,该段的曲线方程为

$$\sigma_{rN}^m N = \sigma_r^m N_0 = C \tag{3-3}$$

式中,C 为实验常数;m 为材料常数,其值由试验来决定。对于钢材,在弯曲疲劳和拉压疲劳时 $m = 6 \sim 20$,$N_0 = (1 \sim 10) \times 10^6$。初步计算时,钢制零件受弯曲疲劳时,中等尺寸取 $m = 9$,$N_0 = 5 \times 10^6$;大尺寸零件取 $m = 9$,$N_0 = 10^7$。

若已知循环基数 N_0 和持久疲劳极限 σ_r,从式(3-3)可以求得循环次数 N 的疲劳极限 σ_{rN},即

$$\sigma_{rN} = \sigma_r \sqrt[m]{\frac{N_0}{N}} = \sigma_r K_N \tag{3-4}$$

式中,K_N 为寿命系数,$K_N = \sqrt[m]{\dfrac{N_0}{N}}$。

应当注意,材料的疲劳极限 σ_r 是在 $N = N_0$ 时求得的,当 $N > N_0$ 时,式(3-4)中 N 取 $N = N_0$,$K_N = 1$。当 $N < 10^3$ 时,按静强度问题处理。各种金属材料的 N_0 大致在 $10^6 \sim 25 \times 10^7$ 之间,但通常材料的疲劳极限是在 10^7(也有定义为 10^6 或 5×10^6)循环次数下得来的,所以计算 K_N 时取 $N_0 = 10^7$。对于硬度低于 350HBW 的钢,若 $N > 10^7$,取 $N = N_0 = 10^7$,$K_N = 1$;对于硬度高于 350HBW 的钢,若 $N > 25 \times 10^7$,取 $N = 25 \times 10^7$。对于有色金属也规定,若 $N > 25 \times 10^7$,取 $N = 25 \times 10^7$。

2. 材料的极限应力图

疲劳曲线一般是在对称循环变应力条件下得出的实验结果,对于非对称循环变应力,不同的循环特性 r 对疲劳极限的影响也不同,其影响可以用疲劳极限应力图表示。

以 σ_m 和 σ_a 两参数确定不同循环特性 r 时的应力水平,根据实验数据可以得到以 σ_m 为横坐标,以 σ_a 为纵坐标的疲劳极限应力图。如图 3.5(a)所示,塑性材料的疲劳极限应力图近似呈抛物线;如图 3.5(b)所示,低塑性和脆性材料的疲劳极限应力图呈直线状。曲线上

点 $A(0,\sigma_{-1})$ 的坐标表示出对称循环应力的强度，点 $B\left(\frac{\sigma_0}{2},\frac{\sigma_0}{2}\right)$ 的坐标表示出脉动循环应力的强度，点 $C(\sigma_b,0)$ 的坐标表示出静应力的强度。

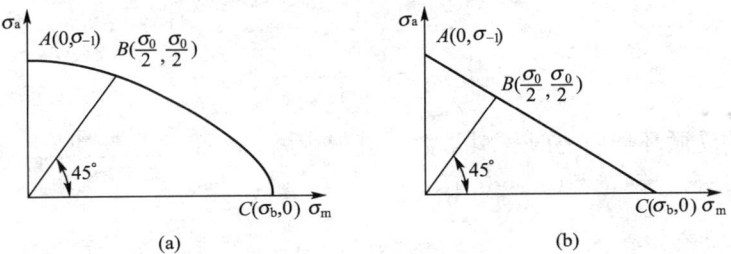

图 3.5 疲劳极限应力图

工程上为计算方便，常将塑性材料疲劳极限应力图进行简化，常用的一种简化极限应力图，如图 3.6 所示。由于对称循环变应力的平均应力 $\sigma_m=0$，最大应力等于应力幅，所以对称循环疲劳极限在图中以纵坐标轴上的 A' 点来表示。由于脉动循环变应力的平均应力及应力幅均为 $\sigma_m=\sigma_a=\frac{\sigma_0}{2}$，所以脉动循环疲劳极限以从原点 O 所作的 45°射线上的点 D' 来表示。连接 A'、D' 得到直线 $A'D'$。由于这条直线与不同循环特性时试验所求得的疲劳极限应力曲线非常接近，故用此直线代替曲线是可以的，所以直线 $A'D'$

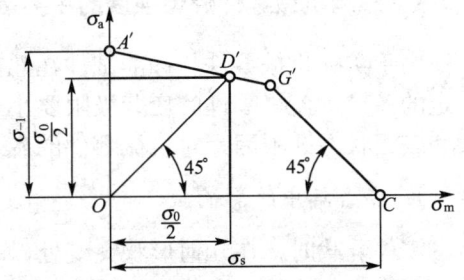

图 3.6 材料的极限应力线图

上任何一点都代表了一定循环特性时的疲劳极限。横轴上任一点都代表应力幅等于零的应力，即静应力。取点 C 的坐标值等于材料的屈服极限 σ_s，并自点 C 作一直线与直线 CO 成 45°的夹角，交 $A'D'$ 的延长线于 G' 点，则直线 CG' 上任何一点均代表 $\sigma'_{max}=\sigma'_m+\sigma'_a=\sigma_s$ 的变应力状况。这样材料的极限应力曲线即为折线 $A'G'C$。直线 CG' 称为塑性极限分界线（又称屈服极限曲线），只要零件的工作应力点(σ_m,σ_a)在 CG' 的左侧，必然有 $\sigma_m+\sigma_a<\sigma_s$，零件不会出现静强度不足的问题；直线 $A'D'$ 为材料的疲劳极限分界线（又称疲劳极限曲线），$A'D'$ 上任意一点都有 $\sigma'_{max}=\sigma'_{rm}+\sigma'_{ra}=\sigma_r$。只要零件的工作应力点$(\sigma_{rm},\sigma_{ra})$在 $A'D'$ 下面，必然有 $\sigma_{rm}+\sigma_{ra}<\sigma_r$，零件就不会出现疲劳强度不足的问题。由此可见，材料中发生的应力如处于 $OA'G'C$ 区域以内时，其最大应力既不超过疲劳极限，也不超过屈服强度，故为疲劳和塑性安全区，则不发生破坏；如发生在区域以外，为疲劳或塑性失效区，则一定发生破坏；如正好发生在折线上，则表示工作应力状况正好达到极限状态。

如图 3.6 所示，$A'(0,\sigma_{-1})$ 及 $D'\left(\frac{\sigma_0}{2},\frac{\sigma_0}{2}\right)$ 两点，可求得 $A'D'$ 的直线方程为

$$\sigma_{-1}=\sigma'_a+\frac{2\sigma_{-1}-\sigma_0}{\sigma_0}\sigma'_m=\sigma'_a+\psi_\sigma\sigma'_m \qquad (3-5)$$

$$\psi_\sigma=\frac{2\sigma_{-1}-\sigma_0}{\sigma_0} \qquad (3-6)$$

式中，ψ_σ 为试件受循环弯曲应力时材料常数，也称为平均应力折合为应力幅的等效系数。

其值由式(3-6)及试验决定。根据试验，碳钢 $\psi_\sigma \approx 0.1 \sim 0.2$；合金钢 $\psi_\sigma \approx 0.2 \sim 0.3$。

同理，可以得到切应力的疲劳极限方程为

$$\tau_{-1} = \tau_a' + \frac{2\tau_{-1} - \tau_0}{\tau_0}\tau_m' = \tau_a' + \psi_\tau \tau_m' \quad (3-7)$$

$$\psi_\tau = \frac{2\tau_{-1} - \tau_0}{\tau_0} \quad (3-8)$$

式中，ψ_τ 为试件受循环切应力时材料常数，其值由式(3-8)及试验决定。根据试验，碳钢 $\psi_\tau \approx 0.05 \sim 0.1$；合金钢 $\psi_\tau \approx 0.1 \sim 0.15$。

3.2 机械零件的疲劳强度计算

3.2.1 影响机械零件疲劳强度的主要因素

由于实际机械零件与标准试件在几何形状、尺寸大小、加工质量及环境介质等方面有一定的差异，使得零件的疲劳极限要小于材料试件的疲劳极限，尤其以应力集中、绝对尺寸和表面状态 3 项因素对机械零件的疲劳强度影响最大。

1. 应力集中的影响

零件受载时，在几何形状突变处（如圆角、键槽、孔、螺纹等）的局部应力要远远大于其名义应力，这种现象称为应力集中。常用有效应力集中系数 k_σ、k_τ 来考虑应力集中对疲劳强度的影响：

$$\left.\begin{array}{l} k_\sigma = 1 + q(\alpha_\sigma - 1) \\ k_\tau = 1 + q(\alpha_\tau - 1) \end{array}\right\} \quad (3-9)$$

式中，α_σ、α_τ 为零件几何形状的理论应力集中系数。图 3.7 所示可查取平板上过渡圆角处的理论应力集中系数 α_σ，α_τ 可从相关的应力集中系数手册中查得。

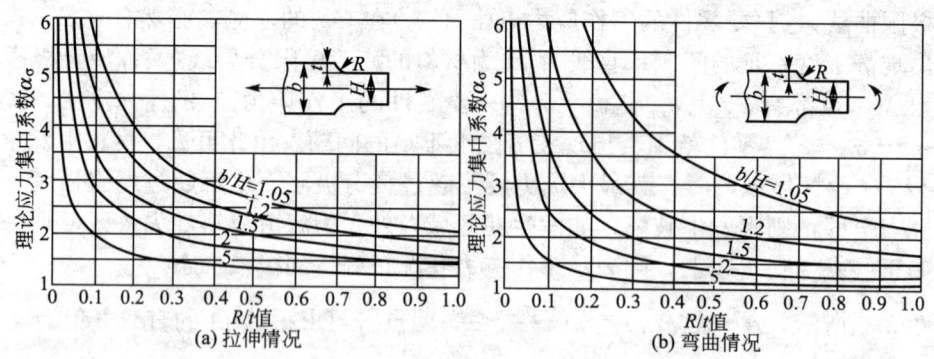

图 3.7 平板上过渡圆角处的理论应力集中系数

q 为应力集中的敏感系数，钢材的敏感系数 q 可根据强度极限查图，如图 3.8 所示。对于钢材来说，强度极限越高，q 值就越大，对应力集中越敏感。铸铁对应力集中不敏感，因而取 $q=0$，$k_\sigma = k_\tau = 1$。

同一剖面上同时有几个应力集中源时，应取其中最大的有效应力集中系数进行计算。

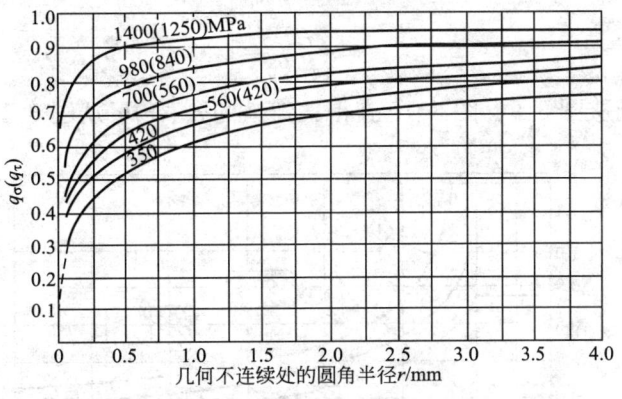

图 3.8　钢材的敏感系数

对于若干的典型零件结构，在有关文献中已直接列出了根据疲劳试验求出的有效应力集中系数值，见表 3-2～表 3-4。

表 3-2　轴上键槽处的有效应力集中系数 k_σ 和 k_τ 值

轴的材料 σ_b/MPa	500	600	700	750	800	900	1000
k_σ	1.5			1.75			2.0
k_τ		1.5	1.6		1.7	1.8	1.9

注：公称应力按照扣除键槽的净截面积求

表 3-3　外花键的有效应力集中系数 k_σ 和 k_τ

轴的材料 σ_b/MPa		400	500	600	700	800	900	1000	1200
k_σ		1.35	1.45	1.55	1.60	1.65	1.70	1.72	1.75
k_τ	矩形齿	2.10	2.25	2.36	2.45	2.55	2.65	2.70	2.80
	渐开线形齿	1.40	1.43	1.46	1.49	1.52	1.55	1.58	1.60

表 3-4　公称直径 12mm 的普通螺纹的拉压有效应力集中系数 k_σ

轴的材料 σ_b/MPa	400	600	800	1000
k_σ	3.0	3.9	4.8	5.2

2. 几何尺寸的影响

在其他条件相同时，由于零件的尺寸越大，材料的晶粒越粗，出现缺陷的概率就越大，而机械加工后表面冷作硬化层相对较薄，疲劳裂纹容易形成，所以对零件疲劳强度的不良影响越显著。截面尺寸对疲劳强度的影响可用绝对尺寸系数 ε_σ、ε_τ 表示，其值越小表示疲劳强度降低越大。绝对尺寸系数定义为直径为 d 的试件的疲劳极限 $(\sigma_{-1})_d$ 与直径 $d_0 = $ 6～10mm 的试件的疲劳极限 $(\sigma_{-1})_{d_0}$ 的比值，即

$$\left.\begin{array}{l}\varepsilon_\sigma=\dfrac{(\sigma_{-1})_d}{(\sigma_{-1})_{d_0}}\\[4pt]\varepsilon_\tau=\dfrac{(\tau_{-1})_d}{(\tau_{-1})_{d_0}}\end{array}\right\} \qquad (3-10)$$

钢材的 ε_σ、ε_τ 可分别从图 3.9、图 3.10 查得；铸铁的 ε_σ、ε_τ 可从图 3.11 查得。

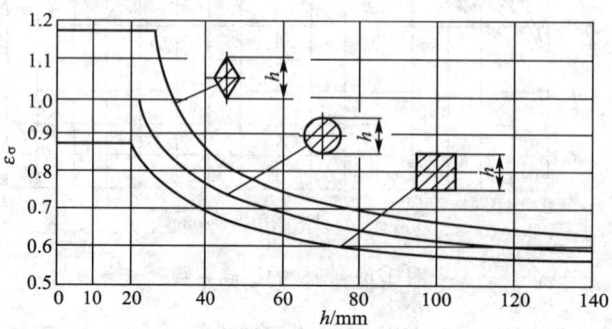

图 3.9　钢的尺寸系数

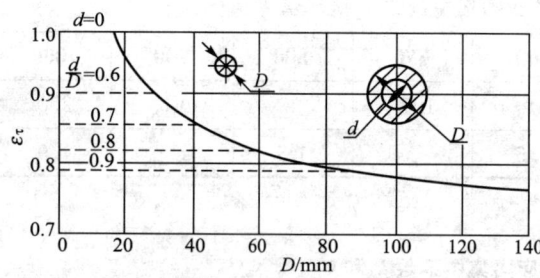

图 3.10　圆截面钢材的扭转剪切尺寸系数　　　图 3.11　铸铁的尺寸系数

螺纹连接件的尺寸系数见表 3-5；圆柱形零件的绝对尺寸系数见表 3-6。

表 3-5　螺纹连接件的尺寸系数

直径 d/mm	≤16	20	24	28	32	40	48	56	64	72	80
ε_σ	1	0.81	0.76	0.71	0.68	0.63	0.60	0.57	0.54	0.52	0.55

表 3-6　绝对尺寸系数 ε_σ、ε_τ

直径 d/mm		>20~30	>30~40	>40~50	>50~60	>60~70	>70~80	>80~100	>100~120	>120~150	>150~500
ε_σ	碳钢	0.91	0.88	0.84	0.81	0.78	0.75	0.73	0.70	0.68	0.60
	合金钢	0.83	0.77	0.73	0.70	0.68	0.66	0.64	0.62	0.60	0.54
ε_τ	各种钢	0.89	0.81	0.78	0.76	0.74	0.73	0.72	0.70	0.68	0.60

3. 表面状态的影响

零件的表面状态包括表面粗糙度及表面处理的情况。当其他条件相同时，零件的表面光滑或经过各种强化处理(氮化、渗碳、热处理、抛光、喷丸、滚压等冷作工艺等),可以提高零件的强度。表面状态对疲劳强度的影响可以用表面状态系数 β 表示,定义 β 为试件在某种状态下的疲劳极限 $(\sigma_{-1})_\beta$ 与抛光试件的疲劳极限 $(\sigma_{-1})_{\beta_0}$ 的比值,即

$$\left. \begin{array}{l} \beta_\sigma = \dfrac{(\sigma_{-1})_\beta}{(\sigma_{-1})_{\beta_0}} \\ \beta_\tau = \dfrac{(\tau_{-1})_\beta}{(\tau_{-1})_{\beta_0}} \end{array} \right\} \qquad (3-11)$$

弯曲疲劳时,钢制试件表面状态系数 β_σ 可查图 3.12,也可以查表 3-7、表 3-8,对应的 β_τ 可以按式(3-12)进行计算,也可以近似地取 $\beta_\sigma = \beta_\tau$。

$$\beta_\tau = 0.6\beta_\sigma + 0.4 \qquad (3-12)$$

铸铁零件对表面状态不敏感,计算时可取 $\beta_\sigma = \beta_\tau = 1$。

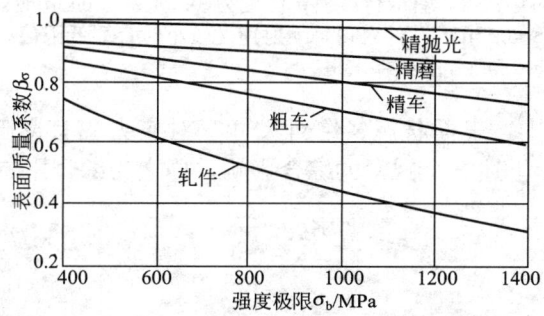

图 3.12 钢材的表面状态系数

表 3-7 加工表面的表面状态系数 β 值

表面加工方法	轴表面粗糙度 $R_a/\mu m$	σ_b/MPa		
		400	800	1200
磨削	0.4~0.2	1	1	1
车削	3.2~0.8	0.95	0.90	0.80
粗车	2.5~6.3	0.85	0.80	0.45
未加工表面		0.75	0.65	0.45

表 3-8 强化表面的表面状态系数 β 值

表面强化方法	芯部材料的强度 σ_b/MPa	σ_b/MPa		
		光轴	有应力集中的轴	
			$k_\sigma \leqslant 1.5$	$k_\tau \geqslant 1.8 \sim 2$
高频淬火	600~800	1.5~1.7	1.6~1.7	2.4~2.8
	800~1000	1.3~1.5	—	—
渗氮	900~1200	1.1~1.25	1.5~1.7	1.7~2.1

(续)

表面强化方法	芯部材料的强度 σ_b/MPa	σ_b/MPa 光轴	有应力集中的轴 $k_\sigma \leqslant 1.5$	$k_\tau \geqslant 1.8\sim 2$
渗碳淬火	400～600	1.8～2.0	3	—
	700～800	1.4～1.5	—	—
	1000～1200	1.2～1.3	2	—
喷丸处理	600～1500	1.1～1.25	1.5～1.6	1.7～2.1
滚子碾压	600～1500	1.1～1.3	1.3～1.5	1.6～2.0

注：① 数据是在实验室中用 $d=10\sim 20$mm 的试件求得，淬透深度$(0.05\sim 0.02)d$；对于大尺寸的试件，表面质量系数低些。
② 渗氮层深度为 $0.01d$ 时，宜取低限值；深度为$(0.03\sim 0,04)d$ 时，宜取高限值。
③ 数据是用 $d=8\sim 40$mm 的试件求得，喷射速度较小时宜取低限值，较大时宜取高限值。
④ 数据是用 $d=17\sim 30$mm 的试件求得。

由试验知，应力集中、表面状态、绝对尺寸只对应力幅有影响，而对平均应力无影响。通常用 K_σ、K_τ 表示上述 3 个因素的综合影响，称之为综合影响系数，即

$$K_\sigma = \frac{k_\sigma}{\beta_\sigma \varepsilon_\sigma} \tag{3-13}$$

$$K_\tau = \frac{k_\tau}{\beta_\tau \varepsilon_\tau} \tag{3-14}$$

3.2.2 机械零件的疲劳强度计算

1. 零件的极限应力图

由于综合影响系数的影响，使得零件的疲劳极限要小于材料试件的疲劳极限。如果零件的对称循环弯曲疲劳极限以 σ_{-1e} 表示，材料的对称循环弯曲疲劳极限以 σ_{-1} 表示，则在考虑了综合影响系数 K_σ 后三者的关系如下：

$$K_\sigma = \frac{\sigma_{-1}}{\sigma_{-1e}} \tag{3-15}$$

即

$$\sigma_{-1e} = \frac{\sigma_{-1}}{K_\sigma} \tag{3-16}$$

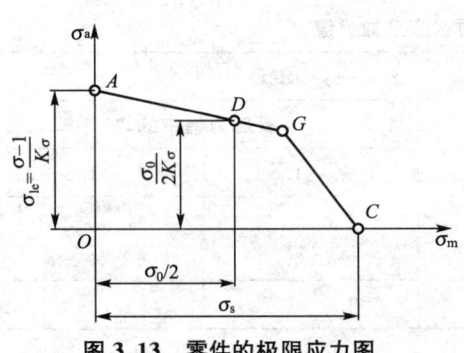

图 3.13 零件的极限应力图

对于非对称循环，K_σ 表示材料（标准试件）极限应力幅与零件极限应力幅的比值。为了得到零件的极限应力图，将材料极限应力图中的直线 $A'D'G'$ 按比例下移，成为直线 ADG，如图 3.13 所示，而材料极限应力图中的 $G'C$ 部分，由于按静应力要求考虑，所以不需要进行修正。据此在简化材料极限应力图的基础上，可作出零件的极限应力图，即由折线 $ADGC$ 表示。

直线 AG 的方程，可由 $A(0, \sigma_{-1}/K_\sigma)$，$D(\sigma_0/2, \sigma_0/2K_\sigma)$ 两点坐标求得：

$$\sigma_{-1e} = \frac{\sigma_{-1}}{K_\sigma} = \sigma'_{ae} + \psi_{\sigma e}\sigma'_{me} \quad (3-17)$$

或

$$\sigma_{-1} = K_\sigma \sigma'_{ae} + \psi_\sigma \sigma'_{me} \quad (3-18)$$

直线 GC 的方程为

$$\sigma'_{ae} + \sigma'_{me} = \sigma_S \quad (3-19)$$

式中，σ'_{ae} 为零件受循环弯曲应力时的极限应力幅，MPa；σ'_{me} 为零件受循环弯曲应力时的极限平均应力，MPa；$\psi_{\sigma e}$ 为零件受循环弯曲应力时的材料常数。

$\psi_{\sigma e}$ 可用下式计算：

$$\psi_{\sigma e} = \frac{\psi_\sigma}{K_\sigma} = \frac{1}{K_\sigma} \cdot \frac{2\sigma_{-1} - \sigma_0}{\sigma_0} \quad (3-20)$$

式中，K_σ 为弯曲疲劳极限的综合影响系数，按(3-13)计算。对于零件受切应力时，可仿照上述各式，并以 τ 替换 σ，即可得出相应的极限应力曲线方程：

$$\tau_{-1e} = \frac{\tau_{-1}}{K_\tau} \tau'_{ae} + \psi_{\tau e} \tau'_{me} \quad (3-21)$$

或

$$\tau_{-1} = K_\tau \tau'_{ae} + \psi_\tau \tau'_{me} \quad (3-22)$$

及

$$\tau'_a + \tau'_m = \tau'_S \quad (3-23)$$

式中，$\psi_{\tau e}$ 为零件受循环切应力时的材料常数，可用下式计算：

$$\psi_{\tau e} = \frac{\psi_\tau}{K_\tau} = \frac{1}{K_\tau} \cdot \frac{2\tau_{-1} - \tau_0}{\tau_0} \quad (3-24)$$

式中，ψ_τ 为试件受循环切应力时的材料常数，且 $\psi_\tau \approx 0.5\psi_\sigma$；$K_\tau$ 为剪切疲劳极限的综合影响系数，可按式(3-14)计算。

2. 单向稳定变应力时机械零件的疲劳强度计算

在零件截面上只作用有一维应力(如拉、压、弯、扭、剪等任意一种应力)称为单向应力。单向稳定变应力下，零件的疲劳强度为

$$S_{ca} = \frac{\sigma_{lim}}{\sigma} \geqslant [S] \quad (3-25)$$

式中，S_{ca} 为计算安全系数；σ_{lim} 为零件的极限应力，MPa；σ 为零件所受的实际工作应力，MPa；$[S]$ 为许用安全系数。

机械零件疲劳强度计算的一般步骤如下。

(1) 根据零件危险截面上的最大工作应力 σ_{max} 和最小工作应力 σ_{min}，求出工作应力的平均应力 σ_m 和应力幅 σ_a。

(2) 根据已知条件(σ_S、σ_{-1}、σ_0、K_σ)画出零件的极限应力图，在图的坐标上标出其工作点 M (σ_m, σ_a) 或 N，如图 3.14 所示。

(3) 在零件极限应力图 $ADGC$ 上确定相应的极限应力点 (σ'_{me}, σ'_{ae})。

(4) 计算零件的安全系数。

在强度计算时，所用的极限应力应是零件的

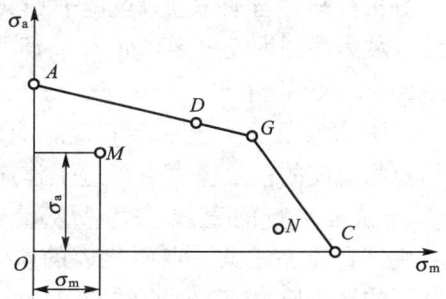

图 3.14 零件的应力在极限应力图坐标上的位置

极限应力曲线 AGC 上的某一点所代表的应力。到底用哪一个点来表示极限应力才算合适，这要根据零件应力的变化规律来定。根据零件应力的变化规律以及零件与相邻零件相互约束情况的不同，通常有下述 3 种典型的应力变化规律。

(1) 变应力的循环特性保持不变，即 $r=C$（常数），例如绝大多数转轴中的应力状态。

(2) 变应力的平均应力保持不变，即 $\sigma_m=C$，例如振动着的受载弹簧的应力状态。

(3) 变应力的最小应力保持不变，即 $\sigma_{min}=C$，例如紧螺栓连接中螺栓受轴向变载荷时的应力状态。

以下分别讨论上述这 3 种情况。

1) $r=C$ 的情况

当 $r=C$ 时，为确定与工作应力点相对应的极限应力点，可从坐标原点引出通过工作应力点 M 或 N 的射线，如图 3.15 所示，则有

$$\tan\alpha = \frac{\sigma_a}{\sigma_m} = \frac{(\sigma_{max}-\sigma_{min})/2}{(\sigma_{max}+\sigma_{min})/2} = \frac{1-r}{1+r} \qquad (3-26)$$

因 $r=C$，则 $\tan\alpha$ 为常数，直线斜率为常数，所以在此射线上任何一点所代表的应力循环都具有相同的循环特性。而射线与极限应力曲线 ADGC 的交点 M_1'（或 N_1'）所代表的应力值就是计算中所要用的极限应力。联立 AG 和 OM 两条直线方程，可求出 M_1' 点的坐标值 σ_{me}' 及 σ_{ae}'，两者相加就可以求出对应于 M 点零件的极限应力 σ_{maxe}'（疲劳极限 σ_{lim}）：

$$\sigma_{lim} = \sigma_{maxe}' = \sigma_{me}' + \sigma_{ae}' = \frac{\sigma_{-1}(\sigma_m+\sigma_a)}{k_\sigma \sigma_a + \psi_\sigma \sigma_m} = \frac{\sigma_{-1}\sigma_{max}}{k_\sigma \sigma_a + \psi_\sigma \sigma_m} \qquad (3-27)$$

于是计算安全系数 S_{ca} 和强度条件为

$$S_{ca} = \frac{\sigma_{lim}}{\sigma} = \frac{\sigma_{maxe}'}{\sigma_{max}} = \frac{\sigma_{-1}}{k_\sigma \sigma_a + \psi_\sigma \sigma_m} \geqslant [S] \qquad (3-28)$$

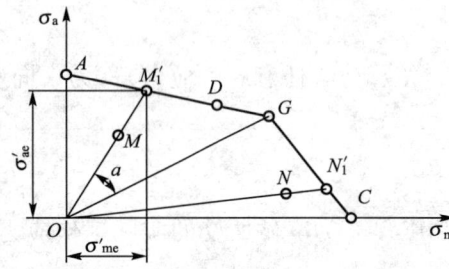

图 3.15 $r=C$ 时极限应力点零件的极限应力

分析可知，当工作应力点位于 OAG 区时，对应的极限应力为 AG 直线上的疲劳极限，故该区域为疲劳安全区，如图 3.15 所示。对应于 N 点的极限应力点 N_1'(σ_{me}', σ_{ae}') 点位于 GC 上，此时的极限应力为屈服极限 σ_S，只需要进行静强度计算。计算安全系数 S_{ca} 和强度条件为

$$S_{ca} = \frac{\sigma_{lim}}{\sigma} = \frac{\sigma_S}{\sigma_{max}} = \frac{\sigma_S}{\sigma_a+\sigma_m} \geqslant [S] \qquad (3-29)$$

分析可知，当工作应力点位于 OGC 区时，对应的极限应力为 GC 直线上的屈服极限，故该区域为静强度安全区，如图 3.15 所示。

2) $\sigma_m=C$ 的情况

如图 3.16 所示，当 $\sigma_m=C$ 时，为确定与工作应力点相对应的极限应力点，过工作应力点 M 或 N 作与纵轴平行的直线，交 ADGC 于 M_2' 或 N_2' 点，则该直线上任意一点所代表的应力循环都具有相同的平均应力值。而直线与 ADGC 的交点 M_2' 或 N_2' 所代表的应力值就是计算中所要采用的极限应力。

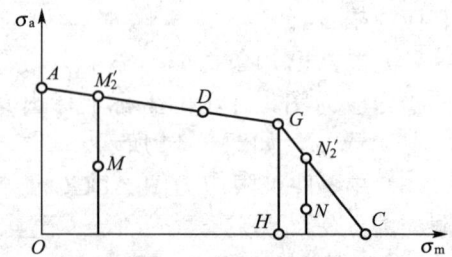

图 3.16 $\sigma_m=C$ 的极限应力图

联立 AG 和 MM'_2 两直线方程，可求出 M'_2 点的坐标值 σ'_{me} 及 σ'_{ae}，两者相加就可以求出对应于 M 点零件的极限应力 σ'_{maxe}（疲劳极限 σ_{lim}）：

$$\sigma_{lim} = \sigma'_{maxe} = \sigma'_{ae} + \sigma'_{me} = \frac{\sigma_{-1} - \psi_\sigma \sigma_m}{K_\sigma} + \sigma_m = \frac{\sigma_{-1} + (K_\sigma - \psi_\sigma)\sigma_m}{K_\sigma} \quad (3-30)$$

同时，可求出零件的极限应力幅为

$$\sigma'_{ae} = \sigma_{-1e} - \psi_{ae}\sigma_m = \frac{\sigma_{-1} - \psi_\sigma \sigma_m}{K_\sigma} \quad (3-31)$$

于是计算安全系数 S_{ca} 和强度条件为

$$S_{ca} = \frac{\sigma_{lim}}{\sigma_{max}} = \frac{\sigma'_{maxe}}{\sigma_{max}} = \frac{\sigma_{-1} + (K_\sigma - \psi_\sigma)\sigma_m}{K_\sigma(\sigma_m + \sigma_a)} \geq [S] \quad (3-32)$$

按应力幅求得的计算安全系数 S'_a 及强度条件为

$$S'_a = \frac{\sigma'_{ae}}{\sigma_a} = \frac{\sigma_{-1} - \psi_\sigma \sigma_m}{K_\sigma \sigma_a} \geq S_a \quad (3-33)$$

由于按最大应力求得的计算安全系数 S_{ca} 和按应力幅求得的计算安全系数 S'_a 是不相等的，所以应当同时校核这两种安全系数。

如图 3.16 所示，当工作应力点位于 $OAGH$ 区域时，对应的极限应力为 AG 直线上的疲劳极限，故该区域为疲劳安全区。

对应于 N 点的极限应力点 $N'_1(\sigma'_{me}, \sigma'_{ae})$ 点位于 GC 上，此时的极限应力为屈服极限 σ_S，只需进行静强度计算。计算方法与 $r=C$ 时的方法相同，即按式(3-29)计算。工作应力点位于 GHC 区域时，该区域为静强度安全区。

3）$\sigma_{min}=C$ 的情况

因为 $\sigma_{min}=\sigma_m-\sigma_a=C$，故当 $\sigma_{min}=C$ 时，为确定与工作应力点相对应的极限应力点，过工作应力点 M 或 N 作与横轴成 45°直线，交 AGC 于 M'_3 或 N'_3 点，则该直线上任意一点的最小应力均相同，所以直线与极限应力图交点 M'_3 或 N'_3 即为所求极限应力点。通过 O 点和 G 点作与横坐标轴成 45°的直线，得 OJ 和 IG，将安全区分为 3 个部分，如图 3.17 所示。

当工作应力点位于 $OJGI$ 区域内时，对应的极限应力为 AG 直线上的疲劳极限，故该区域为疲劳安全区。按上述两种分析方法可求出对应于 M 点零件的极限应力点 M'_3，位于疲劳极限 AG 上时的计算安全系数和强度条件为

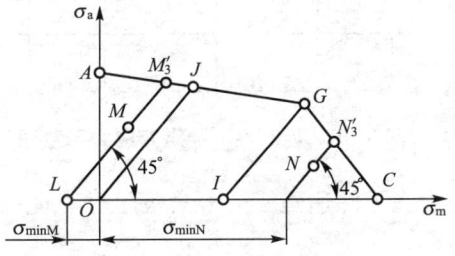

图 3.17　$\sigma_{min}=C$ 的极限应力图

$$S_{ca} = \frac{\sigma_{lim}}{\sigma_{max}} = \frac{\sigma'_{maxe}}{\sigma_{max}} = \frac{2\sigma_{-1} + (K_\sigma - \psi_\sigma)\sigma_{min}}{(K_\sigma + \psi_\sigma)(2\sigma_a + \sigma_{min})} \geq [S] \quad (3-34)$$

当工作应力点位于 IGC 区域内时，对应的极限应力为屈服点，故该区域为静强度安全区。可按式(3-29)进行静强度计算。当工作应力位于 OAJ 区域内时，σ_{min} 为负值，工程上极为罕见，故不考虑。

对于剪切变应力，只需把以上各公式中的正应力符号 σ 改为切应力 τ 即可。应当注意以下 3 方面。

(1) 当零件所受应力变化规律难以确定时，一般采用 $r=C$ 的情况计算。

(2) 上述计算均为按无限寿命进行零件设计，若按有限寿命要求设计零件时，即应力

循环次数在 $10^4 < N < N_0$ 时，上述公式中的极限应力应以有限寿命的疲劳极限 σ_{rN} 代替，即以 σ_{-1N} 代替 σ_{-1}，以 σ_{0N} 代替 σ_0。

(3) 当未知工作应力点所在工作区域时，应同时考虑可能出现的两种情况。

3. 规律性单向不稳定变应力时机械零件的强度

规律性单向不稳定变应力，其变应力参数的变化有一个简单的规律。例如，专用机床上的主轴、高炉上料机构的零件等都可以近似地看做承受规律性不稳定变应力的零件。对于这类问题，可根据疲劳损伤累积假说进行计算。

1) 疲劳损伤累积假说（Miner 假说）

如图 3.18 所示为规律性不稳定变应力的示意图，变应力 $\sigma_1, \sigma_2, \cdots, \sigma_z$ 表示循环特性为 r 时，各循环的最大应力（如对称循环的最大应力，或非对称循环变应力的等效变应力的应力幅）。$N_1, N_2, \cdots, N_z$ 为各应力发生疲劳时的循环次数；$n_1, n_2, \cdots, n_z$ 为与各应力对应的实际循环次数，如图 3.19 所示。Miner 假说认为，对于受规律性不稳定变应力作用的零件损伤积累是线性的，应力每循环一次对材料的破坏起相同的作用。大于疲劳极限 σ_r 的各应力 σ_i 每循环一次就造成一次寿命损伤，其寿命损失率分别为

$$\frac{n_1}{N_1}, \quad \frac{n_2}{N_2}, \quad \cdots, \quad \frac{n_z}{N_z}$$

小于疲劳极限 σ_r 的应力，可认为对疲劳寿命位无影响，故在计算时可不予考虑。

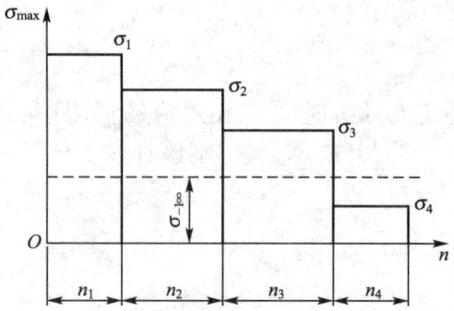

图 3.18 规律性不稳定变应力示意图

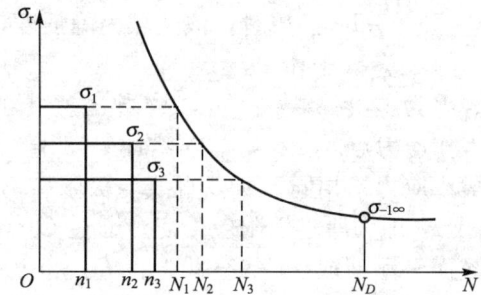

图 3.19 不稳定变应力在 σ_r-N 坐标上

当零件达到疲劳寿命极限时，理论上总寿命损伤率为 1，即

$$\frac{n_1}{N_1} + \frac{n_2}{N_2} + \cdots + \frac{n_z}{N_z} = 1 \quad 或 \quad \sum_{i=1}^{z} \frac{n_i}{N_i} = 1 \quad (3-35)$$

实际上 $\sum_{i=1}^{z} \frac{n_i}{N_i} = 0.7 \sim 2.2$，为了计算方便，通常取 1。

2) 不稳定变应力时的疲劳强度计算

由式(3-3)得

$$N_1 = N_0 \left(\frac{\sigma_{-1}}{\sigma_1}\right)^m, \quad N_2 = N_0 \left(\frac{\sigma_{-1}}{\sigma_2}\right)^m, \quad \cdots, \quad N_i = N_0 \left(\frac{\sigma_{-1}}{\sigma_i}\right)^m \quad (3-36)$$

将式(3-36)带入式(3-35)得不稳定变应力时的极限条件为

$$\sum \frac{\sigma_i^m n_i}{N_0 \sigma_{-1}^m} = 1 \quad (3-37)$$

当材料在各应力作用下未达到疲劳破坏时，则

$$\sum \frac{\sigma_i^m n_i}{N_0 \sigma_{-1}^m} < 1 \quad \text{或} \quad \frac{\sum\limits_{i=1}^{z} \sigma_i^m n_i}{N_0} < \sigma_{-1}^m \tag{3-38}$$

令

$$\sigma_{\text{ca}} = \sqrt[m]{\frac{1}{N_0} \sum_{i=1}^{z} \sigma_i^m n_i} \tag{3-39}$$

式中，σ_{ca} 为材料的不稳定变应力的计算应力，MPa。

由此可得计算安全系数及强度条件为

$$S_{\text{ca}} = \frac{\sigma_{-1}}{\sigma_{\text{ca}}} \geqslant [S] \tag{3-40}$$

对于受对称循环变应力的零件，其强度条件为

$$S_{\text{ca}} = \frac{\sigma_{-1}}{\sigma_{\text{cae}}} = \frac{\sigma_{-1}}{\sqrt[m]{\dfrac{1}{N_0} \sum\limits_{i=1}^{z} (K_\sigma \sigma_i)^m n_i}} = \frac{\sigma_{-1}}{K_\sigma \sqrt[m]{\dfrac{1}{N_0} \sum\limits_{i=1}^{z} \sigma_i^m n_i}} \geqslant [S] \tag{3-41}$$

式中，σ_{cae} 为零件的不稳定变应力的计算应力，单位为 MPa。

对于受非对称循环变应力的零件，其强度条件为

$$S_{\text{ca}} = \frac{\sigma_{-1}}{\sigma_{\text{cae}}} = \frac{\sigma_{-1}}{\sqrt[m]{\dfrac{1}{N_0} \sum\limits_{i=1}^{z} \sigma_{\text{ai}}^m}} = \frac{\sigma_{-1}}{K_\sigma \sqrt[m]{\dfrac{1}{N_0} \sum\limits_{i=1}^{z} (K_\sigma \sigma_{\text{ai}} + \psi_\sigma \sigma_{\text{mi}})^m n_i}} \geqslant [S] \tag{3-42}$$

式中，σ_{ai} 为 σ_i 的应力幅，MPa；σ_{mi} 为 σ_i 的平均应力，MPa。

对于切应力 τ 的公式相同，只需将正应力符号 σ 改为切应力 τ 即可。

[例 3.1] 45 钢经调质后的性能为：200HBW，$\sigma_{-1} = 270$ MPa，$m = 9$，$N_0 = 10^7$，现以此材料作试验件进行弯曲疲劳试验，以对称循环变应力 $\sigma_1 = 400$ MPa 作用 10^4 次，$\sigma_2 = 350$ MPa 作用 10^5 次，试计算该事件在此条件下的实际安全系数。若以后再以对称循环变应力 $\sigma_3 = 320$ MPa 作用于试件，问还能再循环多少次才会使试件破坏？

解：根据式(3-39)有

$$\sigma_{\text{ca}} = \sqrt[m]{\frac{1}{N_0} \sum_{i=1}^{z} \sigma_i^m n_i} = \sqrt[9]{\frac{1}{10^7} \times (10^4 \times 400^9 + 10^5 \times 350^9)} = 216.62 \text{MPa}$$

根据式(3-40)，试件的安全系数为

$$S_{\text{ca}} = \frac{\sigma_{-1}}{\sigma_{\text{ca}}} = \frac{270}{216.62} = 1.246$$

根据式(3-3)有

$$N_1 = N_0 \left(\frac{\sigma_{-1}}{\sigma_1}\right)^m = 10^7 \times \left(\frac{270}{400}\right)^9 = 0.029 \times 10^7$$

$$N_2 = N_0 \left(\frac{\sigma_{-1}}{\sigma_2}\right)^m = 10^7 \times \left(\frac{270}{350}\right)^9 = 0.097 \times 10^7$$

$$N_3 = N_0 \left(\frac{\sigma_{-1}}{\sigma_3}\right)^m = 10^7 \times \left(\frac{270}{320}\right)^9 = 0.217 \times 10^7$$

若要使试件破坏，则由式(3-35)得

$$\frac{10^4}{0.029 \times 10^7} + \frac{10^5}{0.097 \times 10^7} + \frac{n_3}{0.217 \times 10^7} = 1$$

求得
$$n_3 = 0.187 \times 10^7$$
即试件在对称循环变应力 $\sigma_3 = 320\text{MPa}$ 作用下，估计尚可承受 0.187×10^7 应力循环。

4. 复合稳定变应力时的疲劳强度计算

很多零件（如转轴）在工作时剖面上同时受有弯曲应力和扭转应力的作用，根据理论分析和实验研究，可推导出零件在复合稳定变应力状态下的疲劳强度安全系数计算式为

$$S_{ca} = \frac{S_\sigma S_\tau}{\sqrt{S_\sigma^2 + S_\tau^2}} \geqslant [S] \tag{3-43}$$

当零件上承受的两个变应力均为非对称循环应力时，可先由公式(3-28)分别求出

$$S_\sigma = \frac{\sigma_{-1}}{K_\sigma \sigma_a + \psi_\sigma \sigma_m}, \quad S_\tau = \frac{\tau_{-1}}{K_\tau \tau_a + \psi_\tau \tau_m}$$

然后按式(3-43)求出零件的计算安全系数。

3.3 机械零件的抗断裂强度

在工程实际中，有这样一些结构，若按常规的强度理论来分析，它们是能满足强度条件的，即工作应力小于许用应力。但在实际使用中，又往往会发生突然性的断裂。这种在工作应力小于许用应力时所发生的突然断裂，常称为低应力脆断。

通过对大量结构断裂事故分析表明，结构内部裂纹和缺陷的存在是导致低应力断裂的内在原因。对于高强度材料，一方面是它的强度高（即许用应力高），另一方面则是它抵抗裂纹扩展的能力要随着强度的增高而下降。因此，用传统的强度理论计算高强度材料结构的强度问题，就存在一定的危险性。为了解决这一问题，断裂力学便应运而生。

断裂力学是研究带有裂纹或带有尖缺口的结构或构件的强度和变形规律的学科。对于传统的强度理论，是运用应力和许用应力来度量和控制结构的强度与安全性。为了度量含裂纹结构体的强度，在断裂力学中运用了应力强度因子 ΔK 和平面应变断裂韧度 K_{ic} 两个新的度量指标，建立损伤容限为设计判据的设计方法。

疲劳裂纹的扩展速度 da/dN 可近似的用以下关系表示：

$$da/dN = c(\Delta K)^n \tag{3-44}$$

式中，a 为裂纹半长，如图 3.20 所示；N 为循环次数；c 为与材料有关的系数，如 40 钢 $c = 3.1 \times 10^{-11}$；n 为指数（结构钢 $n = 3 \sim 4$，40 钢 $n = 3$）；ΔK 为应力强度因子幅度。

$$\Delta K = \alpha \Delta \sigma \sqrt{\pi a} \tag{3-45}$$

式中，α 为几何效应因子，与零件的形状尺寸，裂纹的形状、尺寸和部位，以及载荷等因素有关。

$\Delta \sigma$ 为变应力的变化范围，$\Delta \sigma = \sigma_{\max} - \sigma_{\min}$（当最小应力为压应力时，$\sigma_{\min} = 0$）。

应力强度因子幅度 ΔK 是控制裂纹扩展速度 da/dN 的主要参数，如图 3.20 所示。

(1) 当 ΔK 小于界限应力其强度因子幅度 ΔK_{th} 时，裂纹不扩展。所以，要求无限寿命的零件，其计算判据为 $\Delta K \leqslant \Delta K_{th}$。

(2) 当 $\Delta K \geqslant \Delta K_{th}$ 时，裂纹以一定的速度扩展，由式(3-45)可得裂纹半长由 a_1 扩展到 a_2 时的循环次数（寿命）

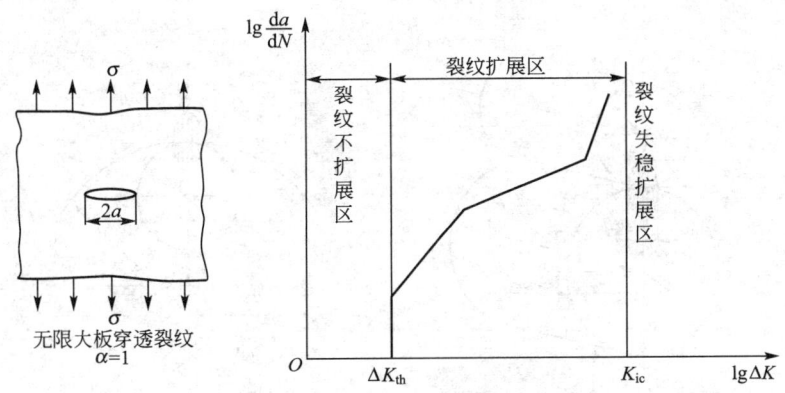

图 3.20 疲劳裂纹对零件强度的影响

$$N = \int_{N_1}^{N_2} dN = \int_{a_1}^{a_2} \frac{da}{c(\Delta K)^n} \tag{3-46}$$

式中，N_1 为裂纹初始半长为 a_1 时的循环次数；N_2 为裂纹半长扩展到 a_2 时的循环次数。

(3) 当 ΔK 增大到等于材料的断裂韧度 K_{ic} 时，裂纹达到临界尺寸 a_c，扩展速度急剧增大，发生裂纹失稳扩展断裂。

根据以上理论，允许零件在有裂纹的情况下工作，但裂纹的最大允许长度和临界长度之间要有一定的安全系数，并且零件的位置应便于检查人员直接检查，如飞机大梁、船体等，以确保在下一工作周期中不因裂纹失稳扩展引起突然断裂。

高强度材料的广泛应用，推进了断裂力学的发展。对断裂力学研究的不断深入，使其应用范围不断扩大。目前，断裂力学在工程上主要应用于估计含裂纹构件的安全性和使用寿命，确定构件在工作条件下所允许的最大裂纹尺寸，用断裂力学指导结构的安全性设计。

断裂力学自 20 世纪 50 年代诞生以来，已逐步引起学术界及工程界的广泛重视。现在，断裂力学已应用于航空、航天、交通、机械、化工等许多部门。

3.4 机械零件的接触强度

机械零件在交变接触应力的作用下，表层材料产生塑性变形，进而导致表面硬化，并在表面接触处产生初始裂纹。当润滑油被挤入初始裂纹中后，与之接触的另一零件表面在滚过该裂纹时将裂纹口封住，使裂纹中的润滑油产生很大的压力，迫使初始裂纹扩展。当裂纹扩展到一定深度后，必将导致表层材料的局部脱落，在零件表面出现鱼鳞状凹坑，这种现象称为疲劳点蚀。润滑油的黏度越低，越易进入裂纹，疲劳点蚀的发生也就越迅速。零件表面发生疲劳点蚀后，破坏了零件的光滑表面，减小了接触面积，因而降低了承载能力，并引起震动和噪声。疲劳点蚀裂纹常是齿轮、滚动轴承等零部件的主要失效形式。

如图 3.21(a)所示，为两个半径为 ρ_1 和 ρ_2 的圆柱体相接触(外接触)，在压力 F 作用下，由于材料弹性变形，接触处将变为宽度为 $2a$ 的一个狭长矩形面积。最大接触应力 σ_H 发生在接触面中线的各点上，并等于平均接触应力的 $\frac{4}{\pi}$。由赫兹(Hertz)公式得

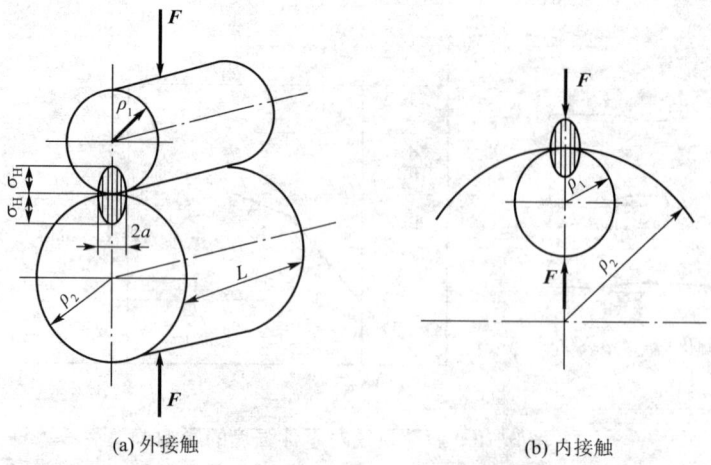

(a) 外接触   (b) 内接触

图 3.21 两圆柱体接触

$$a=\sqrt{\dfrac{4F}{\pi L}\dfrac{\dfrac{1-\mu_1^2}{E_1}+\dfrac{1-\mu_2^2}{E_2}}{\dfrac{1}{\rho_1}\pm\dfrac{1}{\rho_2}}}$$

$$\sigma_H=\dfrac{4}{\pi}\dfrac{F}{2aL}=\sqrt{\dfrac{F}{\pi L}\dfrac{\dfrac{1}{\rho_1}\pm\dfrac{1}{\rho_2}}{\dfrac{1-\mu_1^2}{E_1}+\dfrac{1-\mu_2^2}{E_2}}} \tag{3-47}$$

接触疲劳强度条件为

$$\sigma_H \leqslant [\sigma_H] \tag{3-48}$$

式中，E_1、E_2 为两圆柱体材料的弹性模量；μ_1、μ_2 为两圆柱体材料的泊松比；L 为接触宽度。

取综合曲率半径 ρ_v 为 $\dfrac{1}{\rho_v}=\dfrac{1}{\rho_1}\pm\dfrac{1}{\rho_2}$，正号用于外接触，负号用于内接触，如图 3.21(b) 所示。

当两圆柱体为钢制时，$E_1=E_2=E$；$\mu_1=\mu_2=0.3$；取 $\dfrac{F}{L}=q$，则

$$\sigma_H=0.418\sqrt{\dfrac{qE}{\rho_v}}$$

在接触点（线）连续改变位置时，对于零件上任一点处的接触应力只能在 $0\sim\sigma_H$ 之间改变，因此，接触应力是一个脉动循环应力。在做接触疲劳计算时，极限应力也应是脉动循环的极限接触应力。

接触疲劳的规律与拉压及弯曲的高周循环疲劳类似，就是在一规定的应力循环次数 N 时不产生接触疲劳破坏的最大应力 σ_H 为该材料的接触疲劳极限。σ_H 与 N 之间的关系式为

$$\sigma_H^m N = C \tag{3-49}$$

根据实验，各种材料的接触疲劳曲线也与图 3.4 相类似。同样也可以确定一个循环基数 N_0，对应的接触疲劳极限用 σ_{Hlim} 表示，则有

$$\sigma_H^m N = \sigma_{Hlim}^m N_0 \tag{3-50}$$

设计计算时所用的接触疲劳极限应力 σ_{Hlim} 用实验的方法确定,也可用接触疲劳极限与材料的表面硬度的经验关系式求得。

习　　题

3.1　稳定变应力有哪几种类型?它们的变化规律如何?

3.2　在一定循环特性下工作的金属试件,其应力循环次数与疲劳极限之间有怎样的内在联系?如何区分试件的无限工作寿命和有限工作寿命?如何计算有限寿命下工作试件的疲劳极限?

3.3　弯曲疲劳极限的综合影响系数 K_σ 的含义是什么?它与哪几个因素有关?对零件的疲劳强度和静强度各有什么影响?

3.4　某材料的对称循环弯曲疲劳极限 $\sigma_{-1}=180$MPa,取循环基数 $N_0=5\times10^6$,$m=9$,试求循环次数 N 分别为 7000、25000、62000 次时的有限寿命疲劳强度。

3.5　已知材料的力学性能 $\sigma_S=260$MPa,$\sigma_{-1}=170$MPa,$\psi_\sigma=0.2$,试绘制材料的简化应力曲线。

3.6　有一机械零件受稳定应力作用,其最大工作应力 $\sigma_{max}=240$MPa,$\sigma_{min}=-40$MPa,材料的力学性能为 $\sigma_{-1}=450$MPa,$\sigma_S=800$MPa,$\psi_\sigma=0.286$,零件危险截面上的 $k_\sigma=1.03$,$\varepsilon_\sigma=0.78$,$\beta=1$ 求:①绘制材料的简化极限应力图;②画出零件的极限应力图,并在图上标出零件的工作应力点和极限应力点($r=1$),判断该零件可能发生何种失效;③计算该截面的安全系数 S_{ca}。

3.7　45 钢经调质后的性能为:$\sigma_{-1}=300$MPa,$m=9$,$N_0=5\times10^6$,现以此材料作试验件进行弯曲疲劳试验,以对称循环变应力 $\sigma_1=450$MPa 作用 10^4 次,$\sigma_2=400$MPa 作用 2×10^4 次,试计算该事件在此条件下的实际安全系数。

第4章
摩擦、磨损及润滑概述

本章教学要点

知识要点	掌握程度	相关知识
摩擦的种类及机理	掌握摩擦的种类及摩擦的机理	干摩擦、边界摩擦、混合摩擦、流体摩擦及其产生的机理
磨损过程及磨损的分类	掌握磨损的过程、磨损类型及产生原因	磨损过程、磨损类型及产生原因
润滑剂、添加剂及润滑方法	了解润滑剂的种类及性能指标，了解添加剂的种类及作用，掌握润滑方法	润滑剂的种类及性能指标、添加剂的种类及作用、各种润滑剂的润滑方法和润滑装置以及润滑剂的选择
流体润滑原理	了解流体润滑的基本原理	流体动压润滑、弹性流体动力润滑、流体静压润滑

导入案例

齿轮啮合传动时，由于两渐开线齿廓间存在相对滑动，在载荷作用下，齿面间的灰尘、硬质颗粒会引起齿面的磨损，如图 4.1 所示。严重的磨损将导致渐开线齿形失真，齿侧间隙增大，从而产生冲击和噪声，甚至发生轮齿折断。

图 4.1　齿面磨损

摩擦、磨损和润滑是一个古老的课题，特别是工业革命以后，机器的大量使用对其产生了迫切需求，使其研究和发展进入了一个新的时期。1966 年英国的 H. Perer. Jost 先生在其著名的报告——*A Report on the Present and Industry's Needs* 中提出了"摩擦学（Tribology）"这一名词："相互作用、相对运动表面副的科学及有关技术"，标志着该领域研究的系统化和革命化进展。摩擦学的一般定义是："关于相对运动中相互作用表面的科学、技术及有关的实践"。通常也理解为包括摩擦、磨损和润滑在内的一门跨学科的科学。

在机器系统中，机器构件的运动是最基本和最重要的功能。机器构件之间的相对运动和接触作用（约束）是通过运动副来实现的，同时也在运动副中两表面之间产生摩擦、磨损和润滑等物理现象，称作摩擦副。运动副主要分为低副（理论上为面接触，如滑动轴承、导轨、制动器、密封等）和高副（理论上是线、点接触，如齿轮、凸轮等）。机器中任何一个摩擦副故障（称为摩擦学失效），都将使机器全部或相关部分产生超出设计允许的运动甚至造成功能的失效。而这种故障在概率上又远远超过由构件整体失效导致的功能丧失。同时，避免摩擦学失效，又要复杂和艰难得多。因此，摩擦副的设计就是摩擦学研究的基本问题和极其重大的课题，也是机器设计的关键技术之一。

机器除了要消耗很大一部分的能量来克服摩擦阻力外，由于机器中的摩擦副往往会较早地损坏，相应的零部件（易损件）就需要定期更换。许多机器每年制造用以更换易损件的钢材量与制造整机的相当。再加上制造、运输、存储、维修维护的费用和维修时的停机损失，构成了机器运行成本中的一个很大的份额。据统计，汽车的维护费用与油料费用相当；机器的失效报废，有 80% 以上是由磨损造成的。常见的摩擦学失效如下。

轴承因磨损而间隙变得过大，轴颈就偏离设计规定的位置，机器将失去预定的运动精度；当轴上作用有不稳定的载荷时，间隙过大直接导致轴颈与轴承表面的撞击和机器的振动；轴及轴上零件的变位，会导致许多不同类型的非法运动；摩擦形成的热膨胀使间隙变小或润滑不良，轴颈就可能与轴承咬死而完全不能旋转。

齿轮齿面或凸轮表面因磨损几何形状发生变化，结果将破坏齿轮传动的平稳性和设计所规定的从动件的运动规律，磨损还造成齿轮轮齿强度的降低和断齿。

运动副（如机床导轨等）的"爬行"是一个古典的非线性振动问题，其起因是静摩擦系数大于动摩擦系数而产生的特殊现象。解决的办法是通过改变润滑状态或表面材质匹配来改变这个问题。

流体动力径向轴承在一定条件下会产生自激振动，或称油膜振荡。由此引起的毁机等重大事故的发生已屡见不鲜。

在制动器、离合器、带传动或其他摩擦传动以及螺纹或其他借助摩擦力锁紧的连接中，有时常因为摩擦表面之间的摩擦力不足或不稳定而失效，甚至出现严重事故，例如因制动失灵造成的车辆、提升设备的重大事故。

利用接触（如内燃机的活塞环）或不接触（迷宫式）密封的表面副阻止流体泄漏时，发生碰撞、磨损使间隙增大和流体外流失控，造成机器故障甚至严重后果。

除此之外，工作物料对工作部件产生的磨损，也是摩擦学研究去解决的重要课题。例如：搅拌机叶片、水轮机叶片、球磨机磨球、破碎机工作件等。

润滑的目的是在机械设备摩擦副相对运动的表面间加入润滑剂以降低摩擦阻力和能源消耗，减少表面磨损，延长使用寿命，保证设备正常运转。

润滑的作用如下：降低摩擦；减少磨损；冷却，防止胶合；防止腐蚀。此外，润滑剂在某些场合可以起阻尼、减振或缓冲作用。润滑剂的流动，可将摩擦表面上污染物、磨屑等冲洗带走，起清洁作用。有些场合，润滑剂还可起到密封作用，减少冷凝水、灰尘及其他杂质的侵入。

正压力作用下相互接触的两个物体，在受到切向外力的作用而发生相对运动或有相对运动趋势时，接触面上就会产生抵抗运动的阻力，这一现象称为摩擦，产生的阻力叫做摩擦力。摩擦是一种不可逆过程，其结果必然导致发热、温度升高、能量损耗和摩擦表面物质的迁移或丧失，即造成接触表面的磨损。磨损将使零件的表面形状和尺寸遭到缓慢而连续的破坏，使机械的效率和可靠性逐渐降低，直至丧失原有的工作性能，甚至导致零件突然破坏，因而摩擦导致的磨损是机械设备失效的主要原因。为了控制摩擦、减小磨损、减小能量损失、提高机械效率、保证机器工作的可靠性，最有效的手段是将润滑剂施加于做相对运动的接触表面之间，这就是润滑。

摩擦对多数机械来说是有害的。但对于一些靠摩擦力工作的机械零部件，如各种摩擦传动、螺纹连接、摩擦式离合器等，则需要增大摩擦（不过仍应减小磨损）。

把研究摩擦、磨损及润滑的科学与技术统称为摩擦学。利用摩擦学知识与技术，使设计具有良好的摩擦学性能的过程称为摩擦学设计。摩擦学是一门边缘学科，涉及流体力学、固体力学、应用数学、材料科学、物理化学、冶金学、机械工程学等多学科。本章只简要介绍机械设计中有关摩擦学方面的一些基础知识。

4.1 摩　　擦

摩擦分为内摩擦和外摩擦两大类，发生在物质内部阻碍分子间相对运动的摩擦称为内摩擦；相互接触的两个物体做相对运动或有相对运动趋势时，在接触表面上产生的阻碍相对运动的摩擦称为外摩擦。仅有相对运动趋势时的摩擦称为静摩擦；相对运动时的摩擦称为动摩擦。按摩擦性质不同，动摩擦又分为滑动摩擦和滚动摩擦，两者的机理与规律完全不同。本章仅讨论滑动摩擦。

根据摩擦表面之间摩擦状态的不同，即润滑油量和油层厚度大小的不同，滑动摩擦又分为干摩擦、边界摩擦（边界润滑）、流体摩擦（流体润滑）和混合摩擦（混合润滑），如图4.2所示。

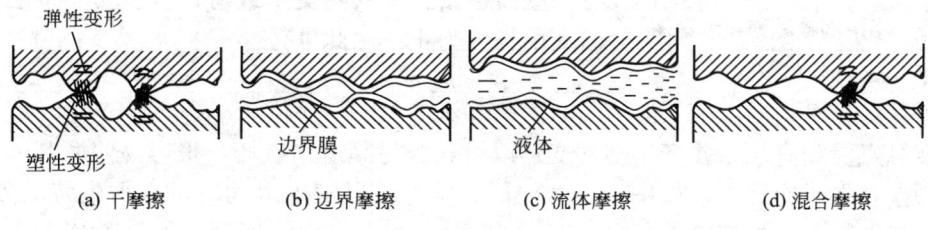

图4.2 摩擦状态

1. 干摩擦

两摩擦表面间无任何润滑剂或保护膜的纯净金属接触时的摩擦，称为干摩擦。真正的干摩擦只有在真空中才能见到，在工程实际中没有真正的干摩擦，因为暴露在大气中的任何零件的表面，不仅会因氧化而形成氧化膜，且或多或少会被含有润滑剂分子的气体所湿润或受到"污染"，这时，其摩擦系数将显著降低。在机械设计中，通常把未经人为润滑的摩擦，当做干摩擦处理，如图4.2(a)所示。干摩擦的摩擦性质取决于配对材料的性质，其摩擦阻力和摩擦功耗最大，磨损最严重，零件的使用寿命最短，应尽可能避免。

为了解释干摩擦过程中的各种现象，各种理论不断出现。早在17世纪到18世纪，阿蒙顿、库伦等人就对摩擦进行过研究，提出了关于摩擦机理的理论，称之为经典摩擦理论。该理论认为：

(1) 摩擦力的大小与接触面间的法向载荷成正比；
(2) 摩擦力的大小与接触面积的大小无关；
(3) 静摩擦极限力大于动摩擦力，动摩擦力的大小与滑动速度无关。库伦公式为：

$$F_f = fF_n \tag{4-1}$$

式中，F_f 为摩擦力；f 为摩擦系数；F_n 为法向载荷。

在工程上，除流体摩擦外，其他几种摩擦和固体润滑都使用该公式进行计算。

目前，虽然人们对摩擦现象及其机理的研究有了很大进步，出现了多种理论来阐明摩擦的本质，但尚未形成统一的理论。关于干摩擦的理论还有机械啮合理论、分子吸引理论、静电力学理论及粘附理论等。对于金属材料，特别是钢，比较多的人接受粘附理论。

机械啮合理论认为：两个粗糙表面接触时，接触点相互啮合，摩擦力等于啮合点间切向阻力的总和。根据该理论，接触表面越粗糙，摩擦力就越大。但工程实际中当表面粗糙度值小到一定程度时，表面越光滑、接触面积越大，摩擦力反而越大。此外，当滑动速度高时，摩擦力还与速度有关，这些都是该理论所不能解释的。

粘附理论认为，两摩擦面接触时，只是部分微凸体接触，实际接触面积 A_r（微凸体相

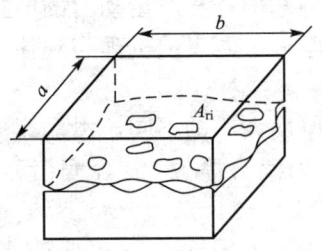

图 4.3 摩擦副接触面积示意图

接触所形成的微面积的总和)只有表面接触面积 A_0(两个金属表面互相覆盖的公称接触面积)的万分之一到百分之一,如图 4.3 所示,单位接触面积上的压力很容易达到材料的压缩屈服极限 σ_{Sy} 而产生塑性流动,致使真实接触面积随正压力的增加而增大,不仅已接触的微凸体因变形增大而增大接触面积,原来尚未接触的微凸体也会有一些残余接触来共同支承载荷,直至真实接触面积足以支承外力为止。由此可得

$$A_r = \frac{F_n}{\sigma_{Sy}} \tag{4-2}$$

在接触点受到高压力并产生塑性变形以后,脏污膜遭到破坏,很容易使两基体金属发生粘着现象,形成冷焊点,如图 4.4(a)所示。所以当发生滑动时,必须先将结点切开。如果从原界面切开,虽有摩擦但并不发生磨损,如图 4.4(b)所示;如果剪切发生在软材料上,就要产生一定的磨损,如图 4.4(c)所示。

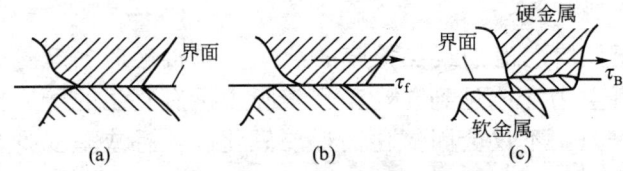

图 4.4 冷焊结点及其剪切形式

上述接触面积 A_r 仅考虑了软金属的压塑屈服极限和法向载荷,这对于静态接触情况大体上是正确的。但滑动摩擦状态时还存在切向力的作用,将引起节点处材料的流动。这时金属材料的塑性变形取决于压应力和切应力的复合作用,接触区出现结点增长现象,真实接触面积将增大。设 τ_{Bj} 为界面膜的剪切强度极限 τ_f 与两金属基体中较软者的剪切强度极限 τ_B 中的较小值,称为结点的剪切强度极限,则摩擦力 F_f 为

$$F_f \approx A_r \tau_{Bj} \tag{4-3}$$

由式(4-1)、(4-2)、(4-3)可推得摩擦系数 f 为

$$f = \frac{F_f}{F_n} = \frac{\tau_{Bj}}{\sigma_{Sy}} \tag{4-4}$$

式(4-4)表明:①摩擦系数与表观接触面积无关;②在不改变 σ_{Sy} 的前提下设法减小 τ_{Bj},可降低摩擦系数值。工程实际中根据这一理论,在硬金属基体表面涂敷一层极薄的软金属,则 τ_{Bj} 将减小,从而达到减小摩擦系数的作用。

2. 边界摩擦

两摩擦表面各附有一层极薄的边界膜,两表面仍是凸峰接触的摩擦状态称为边界摩擦,如图 4.2(b)所示。与干摩擦相比,摩擦状态有很大改善,其摩擦和磨损程度取决于边界膜的性质、材料表面机械性能和表面形貌。

当两摩擦表面存在润滑油时,由于润滑油中的脂肪酸是一种极性化合物,它的极性分子能牢固地吸附在金属表面上。单分子膜吸附在金属表面上如图 4.5(a)所示,图中。为极性原子团。这些单分子膜整齐地呈横向排列,很像一把刷子。边界摩擦类似两

把刷子间的摩擦，其模型如图 4.5(b)所示。吸附在金属表面的多层分子膜的模型如图 4.5(c)所示。分子层距离金属表面越远，吸附能力越弱，抗剪切强度越低，到若干层以后，就不再受约束。因此，摩擦因数将随着层数的增加而下降，三层时要比一层降低约一半。比较牢固地吸附在金属表面上的分子膜，称为边界膜。边界膜极薄，一个分子的长度约为 2nm（1nm=10^{-9}m）。如果边界膜有 10 层，其厚度也仅 0.02μm。

由于两金属表面的粗糙度之和一般都超过边界膜的厚度，所以发生边界摩擦时，不能完全避免金属的直接接触，这时仍有微小的摩擦力产生，其摩擦因数通常约为 0.1，同时摩擦面的磨损也是不可避免的。

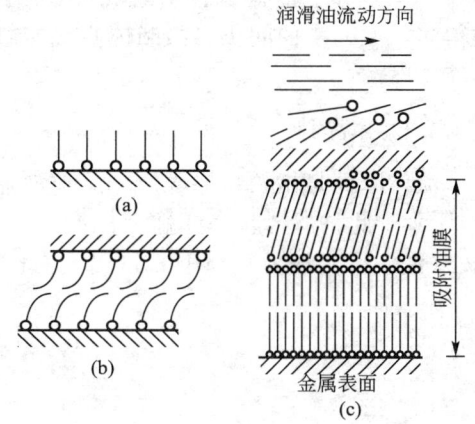

图 4.5 边界膜摩擦模型

按边界膜形成机理，边界膜有两类：吸附膜（物理吸附膜和化学吸附膜）和化学反应膜。由润滑油中脂肪酸的极性分子与金属表面相互吸引所形成的吸附膜称为物理吸附膜；由润滑油中的分子通过化学键力作用而吸附在金属表面上所形成的吸附膜称为化学吸附膜。反应膜是润滑剂中含有以原子形式存在的硫、氯、磷，在较高的温度（通常在 150～200℃）下，这些元素与金属起化学反应而产生硫、氯、磷的化合物在润滑油与金属界面处形成的薄膜。

温度对物理吸附膜影响较大，物理吸附膜的吸附强度随温度升高而降低，达到一定温度后，吸附膜发生软化、失向及脱吸现象，甚至完全破坏，故物理吸附膜适宜于在常温、轻载、低速下工作。

化学吸附膜的吸附强度比物理吸附膜高，且稳定性好，受热后的熔化温度也较高，故化学吸附膜适宜于在中等载荷、中等速度、中等温度下工作。

化学反应膜厚度较厚，所形成的金属盐具有低抗剪切强度和高熔点，比前两种吸附膜更稳定，故化学反应膜更适用于重载、高速和高温下工作的摩擦副。其性能和添加剂与金属起化学反应的性质有关。

提高边界膜的强度可以采取以下措施：合理选择摩擦副的材料和润滑剂，降低表面粗糙度，在润滑剂中加入油性添加剂和极压添加剂。

3. 混合摩擦

两表面间同时存在干摩擦、边界摩擦和液体摩擦的状态称为混合摩擦，如图 4.2(d)所示。随着摩擦面间油膜厚度的增大，表面微凸体直接接触的面积减小，油膜承载的比例增大。研究表明，在混合摩擦时，可用膜厚比 λ 来估算微凸体与油膜各自分担载荷的情况：

$$\lambda = \frac{h_{\min}}{\sqrt{R_{q1}^2 + R_{q2}^2}} \qquad (4-5)$$

式中，$h_{\min}$ 为两表面间的最小工程油膜厚度，μm；R_{q1}、R_{q2} 为两表面的轮廓均方根偏差，μm。$R_q = (1.2 \sim 1.25)R_a$，R_a 为表面粗糙度值，μm。

当 λ<0.4 时，为边界摩擦，载荷完全由微凸体承担；当 0.4≤λ≤3.0 时，为混合摩

擦;随着λ的增大,油膜承载的比例也增大,当λ=1时,微凸体承担的载荷约为总载荷的30%,所以在一定条件下,混合摩擦能有效地降低摩擦阻力,其摩擦因数要比边界摩擦小得多,但因表面间仍有微凸体直接接触,不可避免地仍有磨损存在;当λ>3~5时,则为液体摩擦。

4. 流体摩擦

流体摩擦是指两摩擦表面完全被液体层隔开、表面凸峰不直接接触的摩擦,如图4.2(c)所示。此种润滑状态亦称流体润滑,摩擦是在流体内部的分子之间进行,故摩擦系数极小(油润滑时约为0.001~0.008)。此时不会产生磨损,是理想的摩擦状态。

4.2 磨 损

4.2.1 磨损过程分析

摩擦导致零件表面材料的逐渐丧失或转移,即形成磨损。磨损改变零件的尺寸和形状,降低零件工作的可靠性,影响机器效率,甚至导致机器提前报废。因此,机械设计时应考虑如何避免或减缓磨损,以保证机器达到预期寿命。磨损量可用体积、重量或厚度来衡量。通常把单位时间内材料的磨损量称为磨损率,用ε表示。磨损率是研究磨损的重要参数。耐磨性是指磨损过程中材料抵抗脱落的能力,通常用磨损率的倒数表示。另外,也应当指出,磨损也不都是有害的,工程上有不少利用磨损作用的场合,如精加工中的磨削及抛光,机器的"磨合"过程等都是磨损有利的一面。

在一定磨损条件下,一个零件的磨损过程大致可分为3个阶段,即跑合磨损阶段、稳定磨损阶段和剧烈磨损阶段,如图4.6所示。

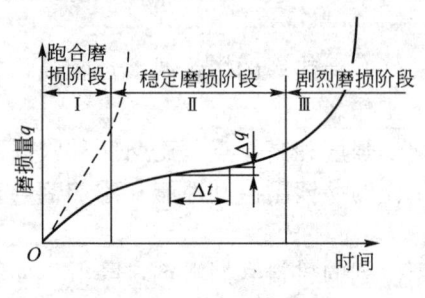

图 4.6 磨损过程

跑合又称为磨合,指机器使用前或使用初期以改善机器零件的适应性、表面形貌和摩擦相容性为特征的运行过程。由于机器加工后的表面总有一点的粗糙度,磨合阶段初期,只有很少的微凸体接触,摩擦副实际接触面积较小,压强较大,故磨损迅速。随着磨合的进行,实际接触面积增大,磨损速度逐渐减缓。磨合期应由轻至重缓慢加载,并注意润滑油的清洁,防止杂物进入摩擦面之间而造成严重磨损或剧烈发热。磨合是磨损的不稳定阶段,在整个工作时间内所占比例很小。磨合阶段结束,润滑油应全部更新。

正常情况下零件经过磨合期后即进入稳定磨损阶段,稳定磨损阶段磨损曲线的斜率近似为一常数,斜率越小磨损率越小。稳定磨损阶段零件的工作时间即为零件的使用寿命,磨损率越小,零件的使用寿命越长。

剧烈磨损阶段即零件表面的失效阶段。零件工作一定时间后,精度下降,间隙加大,润滑状态恶化,磨损速度急剧增大,从而产生振动、冲击和噪声,导致零件迅速报废。因此,一旦进入该阶段,就必须及时停机维修。

值得注意的是，零件经过跑合期进入稳定磨损阶段时，如果初期压力过大、速度过高、润滑不良时，则会立即转入剧烈磨损阶段，如图4.6所示（图中虚线），这种情况必须避免。

设计或使用机器时，应力求缩短磨合期，延长稳定磨损期，推迟剧烈磨损期的到来。

4.2.2 磨损的分类

目前关于磨损尚无统一的分类方法，但大体可概括为两类：一类是根据磨损结果对磨损表面外观的描述，如点蚀磨损、胶合磨损、擦伤磨损等；另一类是根据磨损机理，分为粘着磨损、磨粒磨损、疲劳磨损、腐蚀磨损等。本节只按后一种磨损依次进行简要说明。

1. 粘着磨损

零件表面接触时，实际上只有少数凸起的峰顶在接触，因受压力而产生弹塑性变形，导致摩擦表面的吸附膜和脏污膜破坏，同时因摩擦而产生高温，造成基体金属的"焊接"现象，使接触峰顶牢固地粘着在一起，当摩擦表面发生相对运动时，材料便从一个表面转移到另一个表面，形成粘着磨损。这种被转移的材料，有时也会再附着在原来的表面上去，出现逆转移，或脱离所粘着的表面而成为游离颗粒。载荷越大，表面温度越高，粘着现象越严重。严重的粘着磨损会导致运动副咬死。这种磨损是金属摩擦副之间最普遍的一种磨损形式。

为了减轻粘着磨损，可采取以下措施。

（1）合理选择配对材料。相同的金属互溶性强，比不同的金属粘着倾向大；多相金属比单相金属粘着倾向小；脆性材料比塑性材料的粘着能力强。进行表面处理（如表面热处理、电镀、喷涂等）可防止粘着磨损的发生。

（2）限制摩擦表面的温度，采取合适的散热措施，防止油膜破裂及金属发生熔焊。

（3）采用含油性和极压添加剂的润滑油。

（4）控制表面压强。

2. 磨粒磨损

外部进入摩擦面间的游离硬质颗粒（如尘土或磨损造成的金属微粒）或坚硬的轮廓峰尖，在较软的材料表面上犁刨出很多沟纹而引起材料脱落的现象，这样的微切削过程称为磨粒磨损。磨粒磨损与摩擦副材料的硬度和磨粒的硬度有关。

3. 疲劳磨损

在变应力作用下，如果该应力超过材料相应的接触疲劳极限，就会在摩擦副表面或表面以下一定深度处形成疲劳裂纹，随着裂纹的扩展及相互连接，金属微粒便会从零件工作表面上脱落，导致表面出现麻点状损伤现象，即形成疲劳磨损或称为疲劳点蚀。为了提高零件表面的疲劳寿命，除合理选择摩擦副材料外，还应注意采取以下措施。

（1）合理选择零件接触表面粗糙度。一般情况下，表面粗糙度数值越小，疲劳寿命越长。

（2）合理选择润滑油黏度。黏度愈低的油愈易渗入裂纹，加速裂纹扩展。黏度高的润滑油有利于接触应力均匀分布，提高抗疲劳能力。在润滑油中加入极压添加剂或固体润滑剂，能提高接触表面的抗疲劳性能。

（3）合理选择零件接触面的硬度。以轴承钢为例，硬度为 62HRC 时，抗疲劳磨损能力为最高，增加或降低表面硬度，寿命都有较大的降低。

4. 腐蚀磨损

在摩擦过程中，摩擦表面与周围介质（如空气中的酸、润滑油等）发生化学反应或电化学反应而引起的表面损伤，即腐蚀与磨损同时起作用的磨损称为腐蚀磨损。摩擦表面与环境中有腐蚀性的液体、气体或与润滑油中残存的少量有机酸和水分发生化学或电化学作用，在相对运动中造成材料损失，实际是化学腐蚀与机械磨损相继进行的过程。常见的腐蚀磨损有氧化磨损和特殊介质腐蚀磨损。

氧化磨损中，氧化膜的生成速度与时间成指数规律下降，当磨损速度小于氧化速度时，则氧化膜起保护摩擦面的作用；当磨损速度大于氧化速度的时候，则极易磨损。氧化磨损一般比较缓慢，但在高温、潮湿环境中其后果较为严重。

金属表面有可能与酸、碱、盐等特殊介质起作用而形成腐蚀磨损，其磨损机理与氧化磨损相类似，但磨损速度较大。磨损颗粒是金属与周围介质的化合物。在摩擦表面上沿滑动方向也有腐蚀磨损的痕迹，一般比氧化磨损痕迹深。

为了防止或减轻腐蚀磨损，应选择抗腐蚀能力强的材料。另外，注意降低零件工作表面温度，选择适当的润滑油种类及合理使用添加剂（如抗氧化剂、抗腐蚀剂）等都是提高抗腐蚀磨损的有效措施。

除上述 4 种基本磨损类型外，还有一些磨损现象可视为是基本磨损类型的派生或复合，如微动磨损和浸蚀磨损等。

大多数磨损常以复合形式出现，微动磨损就是一种典型的复合磨损。这种磨损发生在名义上相对静止、实际上存在微幅的相对切向振动的两个紧密接触的表面上。如轴孔的过盈配合面、螺纹连接、花键连接等。微动磨损的过程如下。

（1）接触压力使接触表面上承载凸峰塑性变形，产生粘着。微幅振动将粘着结点剪切，并产生磨屑。

（2）产生的磨屑和被剪切形成的新表面又逐渐被氧化，产生红褐色的 Fe_2O_3 氧化磨屑。

（3）这些磨屑起着磨粒的作用，使接触表面间产生磨粒磨损。如此循环不止，这就是微动磨损过程。由此可见这种磨损是由粘着磨损、腐蚀磨损和磨粒磨损复合作用的结果。

防止微动磨损的关键在于阻止接触面间的相对滑动。提高摩擦因数防止滑动，即可以抑制微动磨损。有时可以在两摩擦面间添加一种软材料（如橡胶、聚四氟乙烯垫圈）来吸收切向位移。润滑可以改善零件抗微动磨损的耐磨性，因为润滑剂可以将接触面隔开，减少粘着力，并防止零件表面氧化。采用极压添加剂或固体润滑剂都有利于降低微动磨损。

当零件与液体接触并做相对运动时，在液体与零件接触处的局部压力比其饱和蒸发压力低的情况下，将形成气泡。同时，溶解在液体中的气体也可能析出形成气泡。当气泡运行到高压区，压力超过气泡压力时，气泡溃灭，瞬间产生极大的冲击力及高温。气泡形成和溃灭的反复作用，使零件表面产生疲劳破坏，形成麻点，进而扩展成海绵状空穴，这种磨损叫做气蚀磨损。在水泵零件、水轮机叶片、燃气涡轮机叶片、火箭发动机的尾喷管及船舶螺旋桨等处，经常发生气蚀磨损。

冲蚀磨损是指流动的液体或气体中所夹带的硬物质、硬质颗粒或流体本身的冲蚀作用引起的磨损。气蚀磨损与冲蚀磨损统称为浸蚀磨损，他们都可视为疲劳磨损的一种派生形式。

一般说来，如果材料具有良好的抗腐蚀性，又有较高的强度及韧性（如不锈钢），则抗气蚀能力较好。反之，如低碳钢、铸铁等极易遭到气蚀破坏。非金属材料如橡胶、尼龙等有一定的抗气蚀能力。改进机件外形结构，使其在运动时不产生或少产生涡流，消除产生气蚀的条件，是提高抗气蚀能力的有效措施。

4.3 润滑剂、添加剂和润滑方法

4.3.1 润滑剂

润滑剂不仅可以改善摩擦状体、减小摩擦、减轻磨损，保护零件不遭受锈蚀，而且在采用循环润滑时，还能起到散热作用。此外，润滑油膜还具有缓冲、吸振的能力。使用润滑脂，既可以防止内部润滑剂外泄，又可阻止外部杂质侵入，避免加剧零件磨损，起到密封作用。

润滑剂可分为液体润滑剂、半固体润滑剂、固体润滑剂以及气体润滑剂 4 种基本类型。其中以液体润滑剂应用最为广泛。在液体润滑剂中应用最广泛的是润滑油，包括有机油、矿物油、合成油和各种乳剂。半固体润滑剂主要是各种润滑脂，它是润滑油和稠化剂的稳定混合物。固体润滑剂是可以形成固体膜以减小摩擦阻力的物质，如石墨、二硫化钼、聚四氟乙烯等。任何气体都可以成为气体润滑剂，其中用得最多的是空气，主要应用于高速、轻载的场合，如磨床高速磨头的空气轴承。

1. 液体润滑剂

液体润滑剂主要有有机油、矿物油和合成油。有机油主要是动植物油，它含有较多的硬脂肪酸，边界润滑时有很好的润滑性能，但来源有限、价格较高、稳定性较差，所以使用不多，常作为添加剂使用。矿物油主要是石油产品，具有来源广泛、成本低廉、稳定性好、黏度大小范围宽以及防腐蚀性强等特点，故应用最多。合成油是通过化学合成方法制成的新型润滑油，它能满足矿物油所不能满足的某些特殊要求，如高温、低温、高速以及重载等，主要针对某种特殊需要而生产，适应面窄、成本高，故一般机器中很少使用。

矿物油类润滑油按使用场合分为全损耗系统用油（A），齿轮油（C），压缩机油（D），内燃机油（E），液压油（H），主轴、轴承和离合器油（F）等 19 组。根据用途每类又分为若干种。每种润滑油又按质量、使用条件和用途分为几个等级，每级有不同的牌号。

润滑油的主要性能指标有以下几个。

1）黏度

黏度是流体流动时内摩擦力的量度，是润滑油选用的基本参数。黏度越高，内摩擦力越大,流动性越差。黏度是选择润滑油的依据。黏度常用的表示方法有3种。

(1) 动力黏度。如图4.7所示,在两个平行平板间充满具有一定黏度的润滑油,若平板 A 以速度 v 移动,另一平板 B 静止不动,那么粘性流体流动模型可看成是许多极薄的流体层之间的相对滑动。由于分子与平板表面的吸附作用,将使紧贴 A 板的油层以同样的速度($u=v$)随 A 板移动,而紧贴 B 板的油层则静止不动($u=0$),其他各层的流速沿 y 方向依次减小,并按线性变化,其速度的变化率 $\partial u/\partial y$ 称为速度梯度。

相邻油层间由于速度差将产生相对滑移,因而在各层的界面上就存在抵抗位移的切应力 τ。牛顿于1687年提出粘性流体的摩擦定律(简称粘性定律),即在流体中任意点处的切应力均与该处流体的速度梯度成正比,即

$$\tau=-\eta\frac{\partial u}{\partial y} \quad (4-6)$$

式中,τ 为流体单位面积上的剪切阻力,MPa,即切应力;η 为比例常数,流体的动力黏度;$\frac{\partial u}{\partial y}$ 为流体沿垂直于运动方向(即沿图中 y 轴方向或流体油膜厚度方向)的速度梯度,式中"一"号表示 u 随 y 的增大而减小。

摩擦学中把凡是服从这一粘性定律的流体都称为牛顿液体。

国际单位制(SI)中动力黏度的单位是 Pa·s。如图4.8所示,长、宽、高各为1m的液体,其上、下面发生1m/s的相对滑动速度需要的切向力为1N时,该液体的动力黏度为 $1N·s/m^2$ 或 $1Pa·s$(帕·秒)。在绝对单位制(CGS)中动力黏度的单位为 $dyn·s/cm^2$,记为 P(泊),常用它的 1% 作为黏度单位,记为 cP(厘泊),即 1P=100cP。

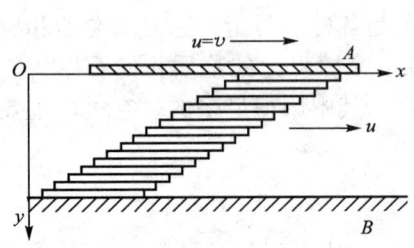

图4.7 平行平板间流体的层流流动

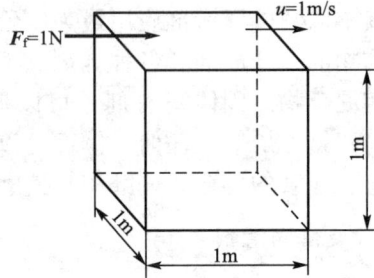

图4.8 流体的动力黏度示意图

P 和 cP 与 Pa·s 的换算关系为:$1P=10^{-1}Pa·s$,$1cP=10^{-3}Pa·s$。

(2) 运动黏度。工程中常用动力黏度 η(单位为 Pa·s)与同温度下该流体密度 ρ(单位为 kg/m^3)的比值表示黏度,称为运动黏度 v(单位为 m^2/s),即

$$v=\frac{\eta}{\rho} \quad (4-7)$$

对于矿物油,密度 $\rho=850\sim900kg/m^3$。

在 CGS 制中运动黏度的单位是 St(斯),$1St=1cm^2/s$。百分之一 St 称为 cSt(厘斯),它们之间的换算关系如下:

$1St=1cm^2/s=100cSt=10^{-4}m^2/s$,$1cSt=10^{-6}m^2/s=1mm^2/s$。

GB/T 3141—1994 规定采用润滑油在40℃时的运动黏度中心值作为润滑油的黏度等级。润滑油实际运动黏度在相应中心黏度值的 ±10% 偏差以内。常用工业润滑油的黏度分

类及相应的运动黏度值见表 4-1。例如牌号为 L-AN15 的全损耗系统用油在 40℃时的运动黏度中心值为 15mm²/s。

表 4-1 常用工业润滑油的黏度分类及相应的黏度值(GB/T 3141—1994) (mm²/s)

黏度等级	运动黏度 v_{40}		黏度等级	运动黏度 v_{40}		黏度等级	运动黏度 v_{40}	
	中心值	范围		中心值	范围		中心值	范围
2	2.2	1.98~2.42	22	22	19.8~24.2	220	220	198~242
3	3.2	2.88~3.52	32	32	28.8~35.2	320	320	288~352
5	4.6	4.14~5.06	46	46	41.4~50.6	460	460	414~506
7	6.8	6.12~7.48	68	68	61.2~74.8	680	680	612~748
10	10	9.0~11.0	100	100	90.0~110	1000	1000	900~1100
15	15	13.5~16.5	150	150	135~165	1500	1500	1350~1650

(3) 条件黏度。条件黏度是在一定条件下，利用某种规格的黏度计，通过测定润滑油穿过规定孔道的时间来进行计量的黏度。我国常用恩氏黏度作为条件黏度的单位，即 200cm³ 试验油在规定温度下(一般为 20℃、50℃、100℃)流过恩氏黏度计的小孔所需的时间与同体积蒸馏水在 20℃流过同一孔所需时间的比值，以符号 $°E_t$ 表示，其中脚标 t 表示测定时的温度。美国常用赛氏通用秒(SUS)，英国习惯用雷氏秒(R)作为条件黏度单位。运动黏度 v_t(cSt) 与条件黏度 η_E($°E_t$) 可按下列关系式进行换算(v_t 指平均温度 t 时的运动黏度)：

$$\left. \begin{array}{ll} 当 1.35 < \eta_E < 3.2 时, & v_t = 0.8\eta_E - \dfrac{8.64}{\eta_E} \\ 当 \eta_E \geqslant 3.2 时, & v_t = 0.76\eta_E - \dfrac{4.0}{\eta_E} \\ 当 \eta_E \geqslant 16.2 时, & v_t = 7.41\eta_E \end{array} \right\} \quad (4-8)$$

各种流体的黏度，特别是润滑油的黏度随温度的变化十分明显。由于油的成分及纯净程度不同，很难用一个解析式来表达各种润滑油的粘-温关系。如图 4.9 所示，几种常见润滑油的粘-温曲线。润滑油的黏度受温度影响的程度可用黏度指数(Ⅵ)表示，黏度指数值越大，表示黏度随温度变化越小，即粘-温性能越好。Ⅵ≤35 为低黏度指数；Ⅵ>35~85 为中黏度指数；Ⅵ>85~110 为高黏度指数；Ⅵ>110 为很高黏度指数。

压力对流体的影响有两方面。一是流体的密度随压力的增高而增大，不过对所有的润滑油而言，当压力在 100MPa 以下时，每增加 20MPa 的压力，油的密度才增加 1%，这种影响非常小，可不予考虑；二是压力对流体黏度的影响，这只有在压力超过 20MPa 时，黏度才随压力的增高而增大，高压时则更为显著。在一般的润滑条件下(压力不超过 20MPa)，也同样不予考虑。但在弹性流体动力润滑中，这种影响变得十分重要，不可以不考虑。

润滑油的黏度大小不仅直接影响摩擦副的运动阻力，而且对润滑油膜的形成及承载能力有决定性作用。

2) 润滑性(油性)

润滑性是指润滑油中极性分子与金属表面吸附形成油膜以减小摩擦和磨损的性能。润

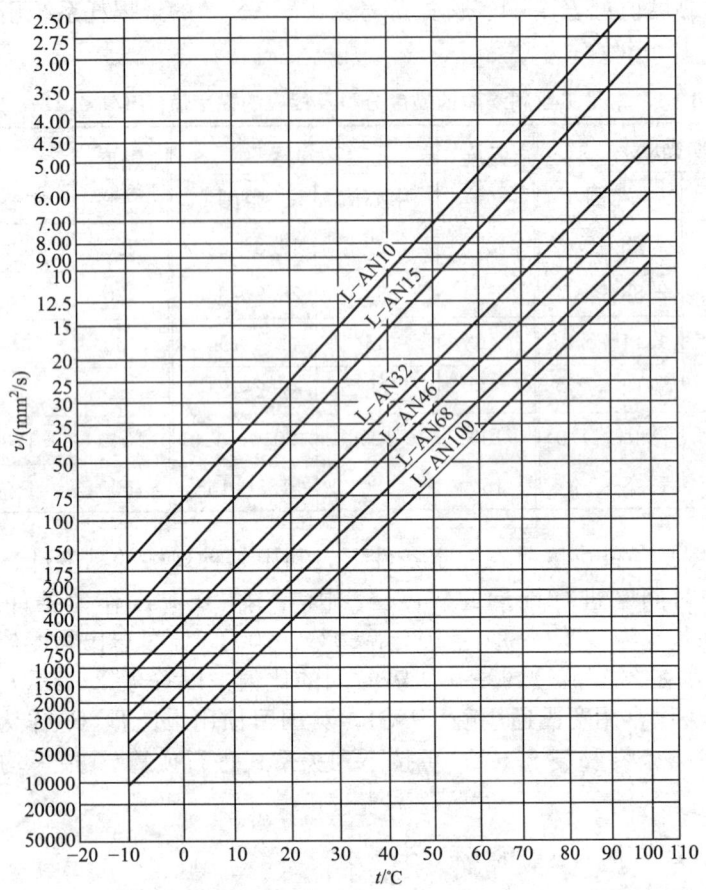

图 4.9 几种常见润滑油的粘-温曲线

滑性越好,油膜与金属表面的吸附能力越强。在低速、重载或润滑不充分场合,润滑性具有特别重要的意义。

3) 极压性

极压性是指在加入含硫、磷、氯的有机性化合物后,油中极性分子在金属表面生成抗磨、耐高压的化学反应边界膜的性能。在重载、高速、高温条件下,可改善边界润滑性能。

4) 闪点

油在标准仪器中加热所蒸发的油气一遇火焰即能发出闪光时的最低温度,称为油的闪点。它是衡量油的易燃性的指标。对于在高温下工作的机器,这是润滑油的一个十分重要的指标。通常应使工作温度比油的闪点低 20~30℃。

5) 凝点

凝点是指润滑油在规定条件下不能再自由流动时的最高温度。它是衡量润滑油低温性能的重要指标,直接影响到机器在低温下的启动性能和磨损情况。通常工作环境的最低温度应比润滑油的凝点高 5~7℃。

6) 氧化稳定性

从化学意义上讲,矿物油是很不活泼的,但当它们暴露在高温气体中时,也会发生氧化并生成硫、磷、氯的酸性化合物。这是一些胶状沉积物，它们不但腐蚀金属表面，而且加剧零件的磨损。

2. 润滑脂（半固体润滑剂）

润滑脂是在润滑油中加入稠化剂（如钙、锂、钠的金属皂基）而制成的膏状混合物，又称黄油或干油。

按用途不同，润滑脂可分为：①抗磨润滑脂，主要用于改善摩擦副的摩擦状态以减缓磨损；②防护润滑脂，用于防止零件和金属制品的腐蚀；③密封润滑脂，主要用于密封真空系统、管道配件和螺纹连接。

根据调制润滑脂所用皂基不同，润滑脂可分为：①钙基润滑脂，具有良好的抗水性，但耐热能力差，工作温度不宜超过 55～65℃；②钠基润滑脂，具有较高的耐热性，工作温度可达 120℃，但抗水性差，能与少量水乳化，从而保护金属表面免遭腐蚀。比钙基润滑脂防锈能力强；③锂基润滑脂，既能抗水，又耐高温（工作温度不宜超过 145℃），有较好的机械稳定性，是一种多用途的润滑脂；④铝基润滑脂，具有良好的抗水性，对金属表面有很高的吸附能力，可起到很好的防锈作用。

此外，还有各种复合润滑脂、高温润滑脂等种类。详见 GB/T 7631.8—1990。

润滑脂的主要性能指标有以下几个。

1) 锥入度（或稠度）

润滑脂在外力作用下抵抗变形的能力称为锥入度。这是指一个重 1.5N 的标准锥体，在 20℃恒温下，由润滑脂表面经 5s 后刺入的深度（以 0.1mm 计）。它标志着内阻力的大小和流动性的强弱，是润滑脂的一项重要指标。锥入度越小表明润滑脂越稠，越不易从摩擦表面被挤出，承载能力越强，密封性越好。但摩擦阻力越大，且不易填充到较小的摩擦间隙中去。润滑脂的牌号就是该润滑脂的锥入度等级，按锥入度自大到小分 0～9 号，共 10 个牌号。号数越大，锥入度越小，润滑脂越稠。常用 0～4 号。

2) 滴点

在规定的加热条件下，润滑脂从标准测量杯的孔口滴下第一滴液态油时的温度称为润滑脂的滴点。它决定了润滑脂的工作温度。选择润滑脂时，工作温度至少应低于滴点 20℃。

此外，还有水分、灰分、机械杂质等性能指标。

与润滑油相比，润滑脂的优点是密封简单，不需经常添加，载荷、速度、温度的变化对其影响不大；缺点是摩擦损耗大，机械效率低，常用于低速、受冲击载荷或间歇运动的场合。

3. 固体润滑剂

固体润滑剂是利用固体粉末或薄膜将摩擦表面隔开，以达到降低摩擦、减轻磨损的目的。主要用于怕污染、不易维护和特殊工况（如载荷极大、速度极低、低温、高温、抗辐射、太空或真空等）中。固体润滑剂的材料有无机化合物、有机化合物和软金属等。无机化合物有石墨、二硫化钼、二硫化钨、硼砂、一氮化硼和硫酸银等。石墨和二硫化钼都是惰性物质，热稳定性好。有机化合物有聚合物、金属皂、动物蜡和油脂等，聚合物包括聚四氟乙烯、聚氯氟乙烯、尼龙等。软金属有铅、金、银、锡和铟等。

使用固体润滑剂时，通常将润滑剂粉末与粘结剂调成混合物，用擦涂或粘接的方法在摩擦表面上形成一层约 $0.1 \sim 10 \mu m$ 的光滑薄膜。粘结剂有环氧树脂、丙烯树脂、酚醛树脂、玉米糖浆和硅酸钠等。也可将固体粉末分散于油或脂中使用。软金属固体润滑剂可用真空沉积、化学喷涂、电镀等方法获得软金属膜，膜厚约 $0.25 \sim 1\mu m$，主要用于真空和高温场合。

4. 气体润滑剂

空气、氢气、氮气、水蒸气、其他工业气体以及液态金属蒸汽等都可以作为气体润滑剂。最常用的为空气，它对环境没有污染。气体润滑剂由于黏度很低，所以摩擦阻力极小，温升很低，故特别适用高速场合。由于气体的黏度随温度变化很小，所以能在低温（-200℃）或高温（2000℃）环境中应用。但气体润滑剂的气膜厚度和承载能力都较小。

4.3.2 添加剂

在普通的润滑剂中加入某些分量虽少（从百万分之几到百分之几），但对润滑剂性能改善起巨大作用的物质，这些物质称为添加剂。使用添加剂是改善润滑剂性能的重要手段。

1. 添加剂的种类

添加剂的种类很多，常用的有油性添加剂、极压添加剂、分散净化剂、消泡添加剂、抗氧化添加剂、降凝剂、增粘剂等。

在重载摩擦副中，常用极压添加剂，它能在高温下分解出活性元素与金属表面起化学反应，生成一种低抗剪切强度的金属化合物薄膜，以增进抗粘着能力。油性添加剂也称为边界润滑添加剂，由极性很强的分子组成，在常温下也能吸附在金属表面形成边界膜。若在润滑油中同时加入油性添加剂和极压添加剂，则低温时可以靠油性添加剂的油性来获得减摩性，高温时则靠极压添加剂的化学反应膜来得到良好的减摩性。

2. 添加剂的作用

润滑剂中的各种添加剂与油或金属起不同的物理、化学反应以提高润滑性能。添加剂的作用有以下几方面。

(1) 提高润滑剂的油性、极压性和在极端工作条件下更有效的工作能力。

(2) 推迟润滑剂的老化变质，延长其正常使用寿命。

(3) 改善润滑剂的物理性能，如降低凝点、消除泡沫、提高黏度、改善其粘-温特性等。

4.3.3 润滑方法

合理选择和设计机械设备的润滑方法、润滑系统和装置对设备保持良好润滑状态和工作性能，以及获得较长使用寿命都具有重要的现实意义。

1. 润滑油润滑时的润滑方法及润滑装置

目前，机械设备所使用的润滑方法主要有分散润滑和集中润滑两大类。按润滑方式，集中润滑又分为全损耗系统、循环系统及静压系统 3 种基本类型。其中全损耗润滑系统是指润滑剂输送到润滑点以后，不再回收循环使用，常用于润滑剂回收困难或无需回收、需油量很小,或难以安装油箱或油池的场合。而循环润滑系统的润滑剂送至润滑点进行润滑以后又流回油箱再循环使用。静压系统则是用于静压流体润滑的润滑系统。

1) 手工加油润滑

每隔适当时间利用油壶或油枪向油杯内注油,或直接加在摩擦面上,这种润滑方式只能做到间歇润滑。如图 4.10 所示压配式注油杯,如图 4.11 所示旋套式注油杯。该种润滑方法简单,但维护工作量较大。由于完全是靠手工操作,若忘记及时加油则易造成发热磨损,还容易污染润滑部位。另外,手工加油不能控制油量,送油不均匀,送油的连续性和油的利用率极差。所以只能适用于小型、低速或间歇运动的摩擦副,如开式齿轮、链等。

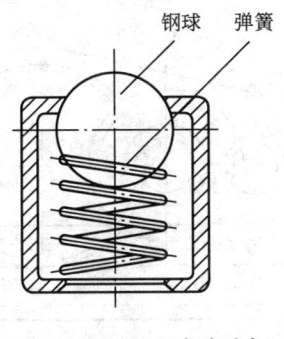

图 4.10 压配式注油杯

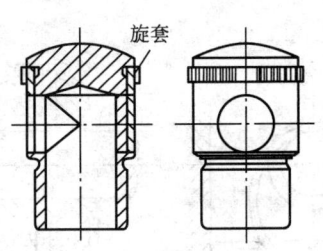

图 4.11 旋套式注油杯

2) 滴油润滑

如图 4.12 所示的针阀油杯和油芯油杯都可以做到连续滴油润滑。针阀油杯通过使手柄竖起或卧倒来控制针阀的启闭,通过调节螺母可调节油滴速度来改变供油量,并且在停车时可以扳倒油杯上端的手柄即可停止供油。油芯油杯利用油绳的毛细管和虹吸作用向摩擦面供油,停车时仍继续供油,会引起无用的消耗;供油量不大,且不宜调节供油量。

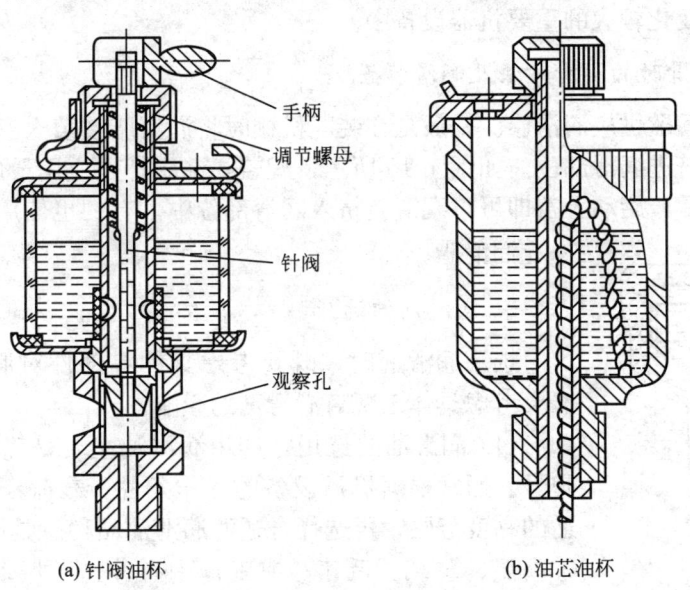

(a) 针阀油杯　　　　　　　　　(b) 油芯油杯

图 4.12 滴油润滑装置

3) 油环润滑

如图 4.13 所示为油环润滑。其装置为油环套在轴颈上，下部浸在油中。当轴颈转动时带动油环转动，将油带到轴颈表面进行润滑。轴颈转速过高或过低，油环带的油量都会不足。油环润滑通常用于连续运转和工作稳定的水平放置的轴承，转速范围为 50～3000r/min。油环润滑结构简单、供油充分、耗油量小。

4) 油池和飞溅润滑

如图 4.14 所示，油池润滑是指在闭式传动中，利用浸在油池中的回转件（如齿轮）将润滑油带到摩擦表面进行润滑。飞溅润滑是利用旋转零件飞溅出来的油滴来润滑摩擦表面，如图 4.14 所示，减速器中支承齿轮轴的轴承，往往就是借助齿轮旋转时溅起的油雾进行润滑的。

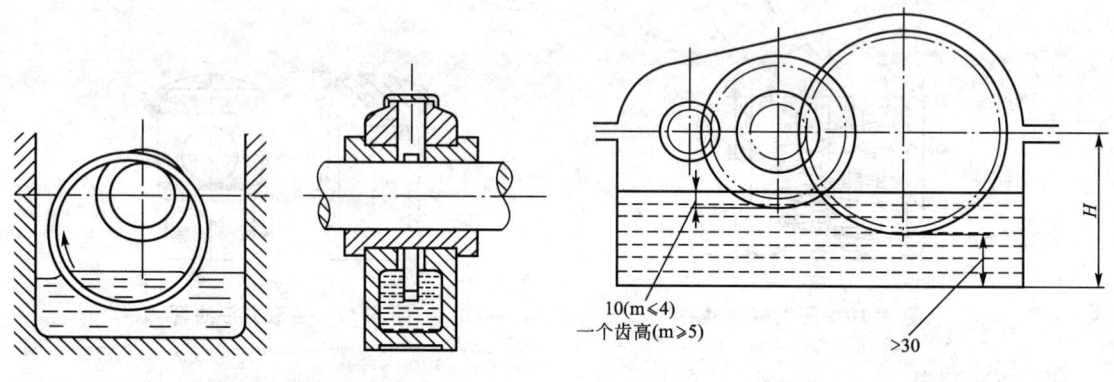

图 4.13　油环润滑　　　　　　　　图 4.14　油池润滑

5) 压力循环润滑

利用油泵将润滑油经过管路输送到润滑部位进行压力供油润滑。循环润滑不但润滑可靠，同时还起到冷却与冲洗作用。但这种润滑装置结构复杂、成本较高。因此，常用于重载、高速或载荷变化较大的重要机器设备中。

2. 润滑脂润滑时的润滑方法及润滑装置

脂润滑只能间歇供应润滑脂。一般是在装配机械时将润滑脂装填入润滑部位或用压力将润滑脂从外部挤进润滑部位。如图 4.15 所示，旋盖式油脂杯是应用最广的脂润滑装置。杯中装满润滑脂后，旋动上盖即可将润滑脂挤入润滑部位中。有的也使用油枪向润滑部位补充润滑脂。

3. 润滑剂的选择

选用润滑剂时，既要考虑具体零部件对润滑性能的要求，又要考虑具体工况对润滑剂的影响。

(1) 润滑油的选用。选用润滑油主要是确定油品的种类及牌号。通常根据机械设备的工作条件、载荷和速度，先确定合适的黏度范围，再选择合适的润滑油品种。具体的选择原则是：①高温、重载、低速，或工作中有冲击、振动、运转不平稳，并经常启动、停车、反转、变载，或摩擦副间隙较大、表面粗

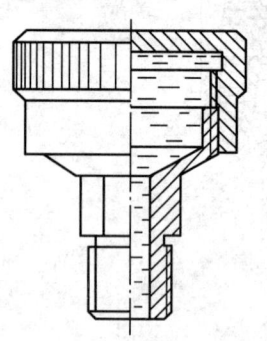

图 4.15　旋盖式油脂杯

糙时，选用黏度较高的润滑油；②高速、轻载低温、采用压力循环润滑、滴油润滑等情况下，选用黏度较低的润滑油。

(2) 润滑脂的选用。润滑脂在一般转速、温度和载荷情况下应用较为广泛，特别是滚动轴承的润滑。选用润滑脂的选择是：①高速重载（$P>4.9\times10^3$ MPa）或有严重冲击振动时，选用锥入度较小的润滑脂；中等载荷（$P=2.9\times10^3\sim4.9\times10^3$ MPa）和轻载时，一般选用 2 号脂；②温度、速度较高时，选抗氧化性好、蒸发损失小、滴点高的润滑脂；③对于滚动轴承，若 $dn<75\times10^3$ mm·r/min（d 为轴径；n 转速），选用 1 号或 2 号脂；$dn>75\times10^3$ mm·r/min 时，选用 3 号脂；④潮湿和有水环境下，选用抗水性好的润滑脂。

4.4 流体润滑原理简介

根据摩擦面间油膜形成的原理，把流体润滑分为流体动压润滑和流体静压润滑。流体动压润滑是指利用摩擦面间的相对运动而自动将粘性流体带入摩擦面，建立压力流体膜把摩擦面完全隔开并平衡外载荷。流体静压润滑是指利用外部供油（气）装置，将压力流体强制送入摩擦副之间，以建立压力流体膜。当两个受力摩擦表面做相对滚动或者滚-滑运动（如滚动轴承中滚动体与内、外圈滚道之间的接触；齿轮传动中两齿轮表面间的接触等）时，若条件合适，也能在接触处形成承载油膜。这时，接触处的弹性变形和油膜厚度彼此影响，因而把这种润滑称为弹性流体动压润滑。

4.4.1 流体动压润滑

如图 4.16 所示，A、B 两板间充满有一定黏度的流体且流体供应充足，$h_1>h_2$，B 板固定，A 板相对于 B 板以一定的速度 v 向两板间开口小的方向运动，两板间流体内部便会因流体的力学特性产生高于流体入口（h_1 处）和出口（h_2 处）压力的压力，称为动压力，动压力的合力将平衡 A 板所承受的工作载荷 F。这就是动压润滑的形成机理。

4.4.2 弹性流体动压润滑

流体动压润滑研究的是低副接触零件之间的润滑问题，把零件表面视为刚体，并认为润滑剂的黏度不随压力而变化。可是在齿轮传动、滚动轴承、

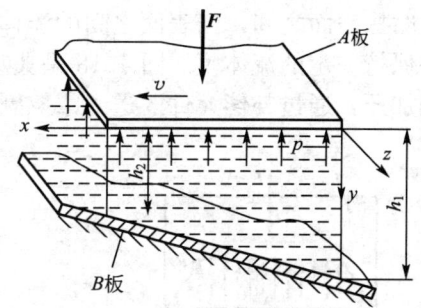

图 4.16 流体动压形成原理图

凸轮机构等高副接触中，两摩擦表面之间接触应力很大，摩擦表面间会出现不能忽略的局部弹性变形。同时，在较高压力下，润滑剂的黏度也将随压力而发生变化。

弹性流体动压润滑理论是研究在相互滚动或伴有滚动的滑动条件下，两弹性物体间的流体动压润滑膜的力学性能。把计算在油膜压力下摩擦表面变形的弹性方程、表述润滑剂黏度与压力间关系的粘压方程与流体动压润滑的主要方程结合起来，以求解油膜压力分布、油膜厚度分布等问题。

图 4.17 就是两个平行圆柱体在弹性流体动压润滑条件下，接触面的弹性变形、油膜厚度及压力分布示意图。依靠润滑剂与摩擦表面的粘附作用，两圆柱体相互滚动时将润滑

剂带入间隙。由于接触压力较高使接触面发生局部弹性变形，接触面积扩大，在接触面间形成了一个平行的缝隙，在油出口处的接触面边缘出现了使间隙变小的凸起部分（一种缩颈现象），并形成最小油膜厚度，出现了第二峰值压力。

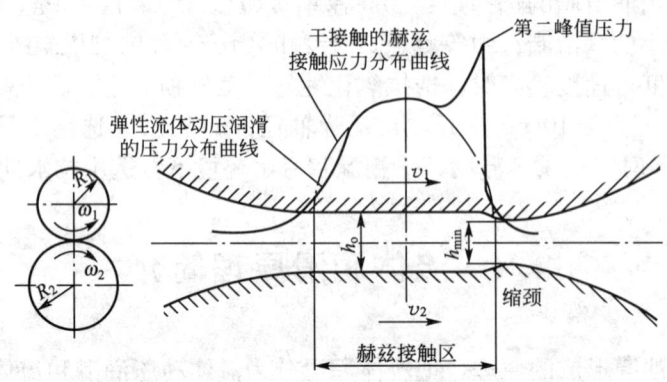

图 4.17 弹性流体动压润滑接触面的弹性变形、油膜厚度及压力分布

由于任何零件表面都有一定的粗糙度，当弹性流体动压润滑的油膜很薄时，接触表面的粗糙度对润滑性能具有决定性影响。所以要保证实现完全弹性流体动压润滑，其膜厚比 λ 必须大于 5。当膜厚比小于 5 时，总有少数轮廓凸峰会直接接触，这种状态称为部分弹性流体动压润滑状态。生产实际中绝大多数的齿轮传动、滚动轴承等都是在这种润滑状态下工作的。

4.4.3 流体静压润滑

流体静压润滑是靠压力流体源（如液压泵、气压泵等）将具有一定压力的流体强制送入两摩擦表面之间，当表面之间的流体压力之和与外载荷平衡时，就将受载的运动件托起，并保持一定的流体膜。图 4.18 是典型的流体静压润滑系统示意图，图中液压泵 6 将润滑剂加压，通过补偿元件 5 送入摩擦副间的油腔 3，环境压力包围的油封面和油腔总称为油垫，一个油垫可以有一个或几个油腔（单油腔油垫不能承受倾覆力矩）。运动件 1 上的所有载荷由油垫面上的液体静压力所平衡。油膜厚度的变化规律不仅与载荷大小有关，而且与流量补偿的性能有关。如果流量补偿随时与排出的流量相等，则油膜厚度将恒定不变，油膜就具有无穷大的刚度。如果流量补偿跟不上排出的流量，则载荷增大时油膜厚度将减小。补偿流量的装置称为补偿元件，常用的补偿元件有毛细管节流器、小孔节流器、定量泵等。补偿元件的性能对油垫承载能力和油膜刚度具有很大的影响。

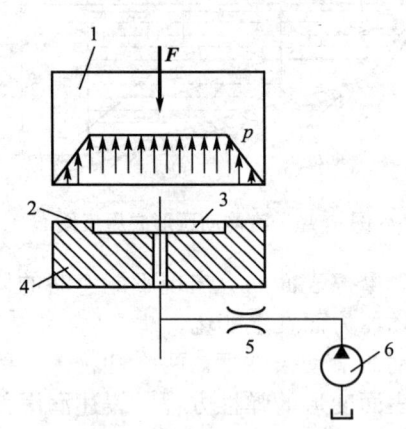

图 4.18 流体静压润滑系统示意图
1—运动件；2—封油面；3—油腔；
4—承导件；5—补偿元件；6—液压泵

流体静压润滑的主要优点：①压力油油膜的建立不受速度变化的影响，速度适用范围宽；②在正常工作情况下，启动、工作和停机时，始终不会发生金属的直接接触，故使用寿命长，精度保持性好；③油膜刚度大、运转精度高、抗震性能好；④只要合理选择参数和结构，比较容易满足设计者对承载能力、油膜刚度等性能的要求。基于上述的优点，液体静压润滑已经在重型、精密、高效率机械上成功用于轴承、导轨、蜗杆副以及传动螺旋等零部件中，并取得良好的效果。其缺点是需要一套供油系统，增加了设备的费用。

习　　题

4.1　根据摩擦状态，摩擦分为哪几种？各有何特征？

4.2　膜厚比的物理意义是什么？边界摩擦、混合摩擦和液体摩擦所对应的膜厚比范围各是多少？

4.3　什么是边界膜？简述边界膜的形成机理及提高边界膜强度的措施。

4.4　什么是磨损？零件磨损过程分为哪几个阶段？各阶段有何特征？

4.5　跑合(磨合)有何意义？

4.6　按磨损机理不同，磨损通常分为哪几种类型？各有何特点？

4.7　润滑油的黏度是如何定义的？简述润滑油的粘性定律。

4.8　润滑油及润滑脂各有哪些性能指标？如何选用润滑油及润滑脂？

4.9　在润滑油及润滑脂中加入添加剂有何作用？

4.10　流体动压润滑和流体静压润滑的油膜形成原理有何不同？流体静压润滑有何优、缺点？

4.11　流体动压润滑与弹性流体动压润滑有何本质区别？所研究的对象有何不同？

第 5 章
螺纹连接和螺旋传动

 本章教学要点

知识要点	掌握程度	相关知识
螺纹连接的主要类型、特点和应用	了解螺纹连接的主要类型、特点和应用场合	螺纹连接的主要类型有哪些,他们的特点有何不同,应用场合是什么,如何正确使用
螺纹连接的预紧和防松	理解螺纹连接的预紧和防松	螺纹连接的预紧方法,防松的目的,主要防松类型及具体方法
螺栓组连接的设计	掌握螺栓组连接的设计	螺栓组的布置形式,螺栓组的受力分析与受力形式
螺纹连接的强度计算	掌握紧螺栓连接的计算	紧螺栓连接的计算方法,受轴向载荷的紧螺栓连接的强度计算
提高螺纹连接强度的措施	掌握提高螺纹连接强度的措施	提高螺纹连接强度的措施有哪些
螺旋传动	了解螺旋传动的结构、优缺点及使用场合	螺旋传动的类型,螺旋传动的设计计算

导入案例

在机器设备上，常用螺纹与螺纹连接件实现机件与机件的连接。螺纹连接是利用螺纹零件构成的连接，其结构简单、形式多样、连接可靠、装拆方便、成本低廉，因而得到广泛的应用。图5.1是螺纹钢筋用螺纹连接的实例。和其他的连接方式相比较普通直螺纹连接套筒有节省钢材、节省电能、不受钢筋可焊性制约、不受季节影响、不用明火、施工简便、工艺性能良好和接头质量可靠度高等特点，适用于任何直径的钢筋连接，尤其适用于受拉构件的纵向受力钢筋。

螺旋传动是一种常用的传动形式，与螺纹连接相似，都是利用螺纹工作，但螺旋传动与螺纹连接用途不同，螺旋传动是利用螺杆和螺母的啮合来传递动力和运动的机械传动。主要用于将旋转运动转换成直线运动，将转矩转换成推力。图5.2是螺旋千斤顶，具有力的放大作用。

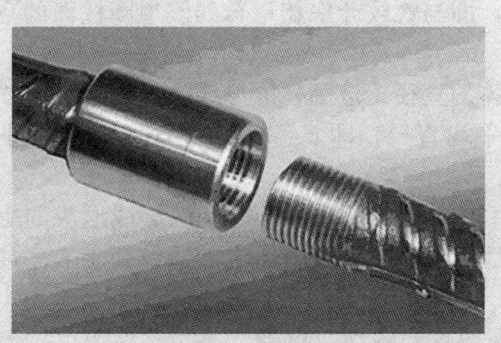
图 5.1　螺纹钢的钢筋螺纹连接

图 5.2　螺旋千斤顶

5.1　螺纹与螺纹连接

5.1.1　螺纹的主要参数和常用类型

1. 螺纹的形成

如图5.3所示，将一底边长为 πd_2 的直角三角形绕在直径为 d_2 的圆柱体上，则三角形的斜边在圆柱体表面上就形成了一条螺旋线。用不同形状的刀具沿螺旋线可切制各种不同的牙型螺纹。

2. 螺纹的主要参数

现以圆柱普通外螺纹为例说明螺纹的主要几何参数，如图5.4所示。

（1）螺纹大径 d，螺纹的最大直径，即与螺纹牙顶相重合的假想圆柱面的直径，在标准中定义为公称直径。

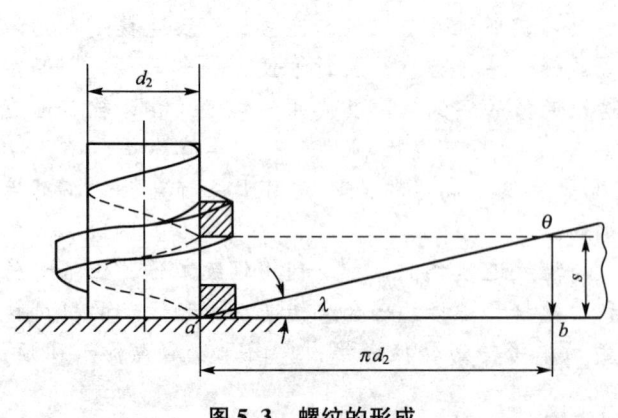 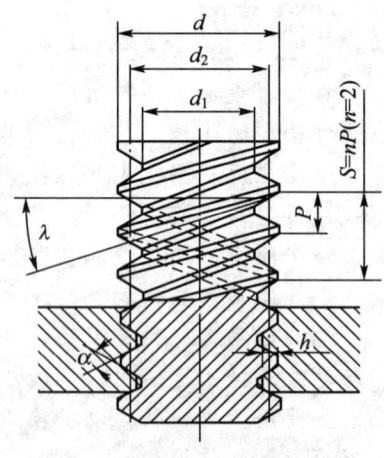

图 5.3 螺纹的形成　　　　图 5.4 螺纹的主要几何参数

(2) 螺纹小径 d_1，螺纹的最小直径，即与螺纹牙底相重合的假想圆柱面的直径，可作为强度计算中螺杆的危险截面直径。

(3) 螺纹中径 d_2，指一个假想圆柱体的直径，该圆柱的母线通过牙型上沟槽和凸起宽度相等的地方。中径近似地等于螺纹的平均直径，即 $d_2 \approx 1/2(d_1+d)$。中径是确定螺纹几何参数和配合性质的直径。

(4) 螺纹线数 n，螺纹的螺旋线数目指一根或者两根及以上螺旋线形成的螺纹。通常单根螺旋线形成的螺纹连接要求有自锁性，而多根螺旋线形成的螺纹要求效率高。为了制造方便，一般螺旋线数 n 不超过 4。

(5) 螺距 P，螺纹相邻两个牙型上对应点间的轴向距离。

(6) 导程 S，取螺纹上任一点沿同一条螺旋线转一周所移动的轴向距离。单线螺纹 $S=P$；多线螺纹 $S=nP$。

(7) 螺纹升角 λ，螺旋线的切线与垂直于螺纹轴线的平面间的夹角，在螺纹的不同直径处，螺纹升角各不相同，其展开形式如图 5.4 所示。通常按螺纹中径 d_2 计算：即

$$\lambda = \arctan \frac{S}{\pi d_2} = \arctan \frac{nP}{\pi d_2}$$

(8) 牙型角 α，螺纹轴向剖面内，螺纹牙型两侧边的夹角。

(9) 牙型半角 β，螺纹牙型的侧边与螺纹轴线的垂直平面的夹角称为牙侧角，对称牙型的牙侧角 $\beta = \alpha/2$。

(10) 接触高度 h，内外螺纹旋合后的接触面的径向高度。

3. 螺纹的常用类型

螺纹的类型很多，按用途螺纹可分为连接螺纹和传动螺纹。

按轴平面内牙型的不同分为：三角形螺纹、矩形螺纹、梯形螺纹、锯齿形螺纹，其中三角形螺纹用于连接，其他螺纹用于传动。各类螺纹的主要特点如下。

(1) 三角形螺纹。分普通三角形螺纹和管螺纹。普通三角形螺纹的牙型角为 60°，有粗牙和细牙螺纹两种，因牙型斜角大，故当量摩擦系数也较大，自锁性好，所以常用于连

接。管螺纹为英制细牙三角形螺纹，常用于有紧密性要求的管件连接，牙型角为55°。

（2）矩形螺纹。其牙型角为0°，这种螺纹的当量摩擦系数小，传动效率高，但由于定心较困难，并且螺纹的牙根强度较低，所以常被梯形螺纹所取代。

（3）梯形螺纹。其牙型角为30°，与矩形螺纹相比效率较低，但牙根强度较高，且定心性较好，常用于传动螺纹。

（4）锯齿形螺纹。两侧牙型斜角分别为3°和30°。3°的侧面为工作面，主要用来承受载荷，可得到较高的效率；30°的侧面主要用来增强牙根的强度。但该螺纹只适用于单向受载的螺旋传动。

此外还有圆锥螺纹和圆锥管螺纹。常见的螺纹牙型如图5.5所示。

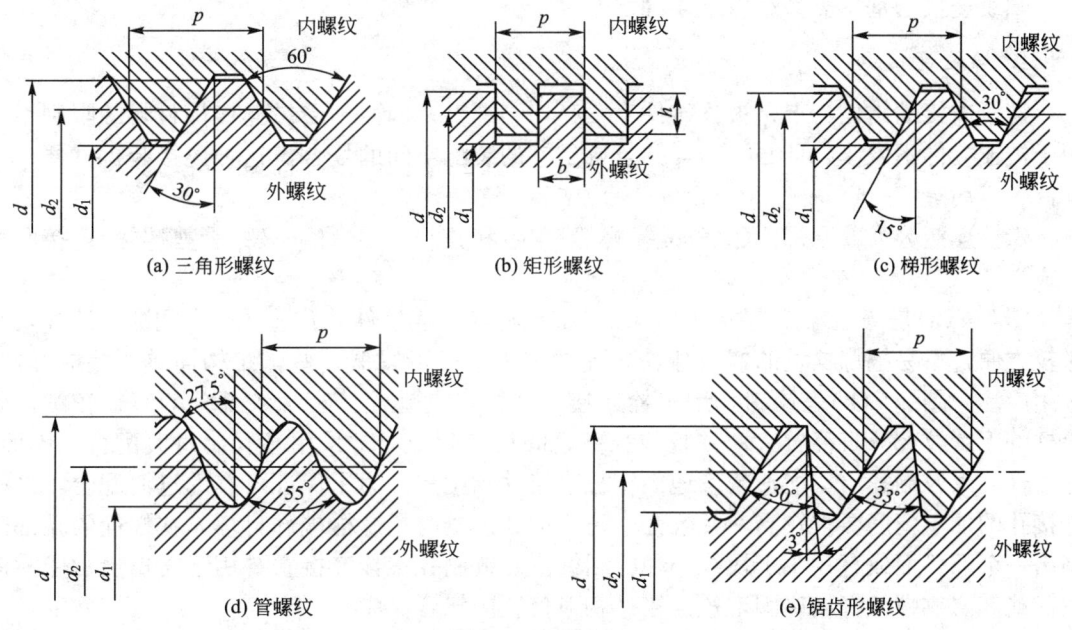

图 5.5　螺纹的类型

按旋向可分为右旋螺纹和左旋螺纹，右旋螺纹应用广泛。左旋螺纹主要用于特殊场合，如自行车的左旋螺纹脚踏装配后保证越骑越紧。

按螺旋线的数目分为单线、双线及多线螺纹，如图5.6所示。在一般条件下，单线螺纹导程小、螺纹升角小、易自锁、常用于连接；多线螺纹导程大、螺纹升角大、传动效率高，多用于传动。

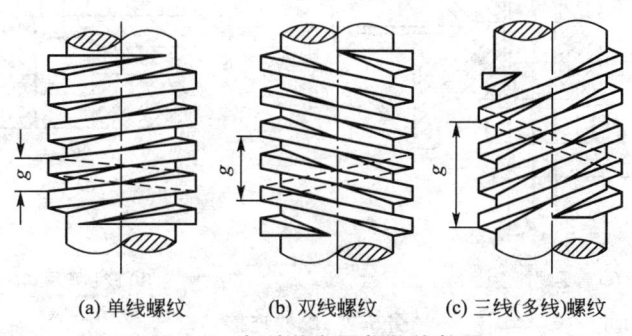

图 5.6　螺纹旋向及螺旋线数目

按回转体的内外表面分内螺纹与外螺纹,内外螺纹组成螺旋副,实现连接或传动。

按母体形状分为圆柱螺纹和圆锥螺纹。

按计量单位分为英制螺纹和公制螺纹,我国除管螺纹保留英制螺纹外,其余均为公制螺纹。

5.1.2 螺纹连接的类型和标准螺纹连接件

螺纹连接件的品种繁多,大多已经标准化。常用的螺纹连接件有螺栓、双头螺柱、螺钉、螺母、垫片等,这些零件均已经标准化了,设计时,根据工作条件和结构特点,合理地选择螺纹接件的规格、型号后进行组装。

螺纹连接的基本类型有以下 4 种。

1. 螺栓连接

螺栓连接的结构特点是被连接件上不必切制螺纹,因而不受被连接件材料的限制。常用于被连接件不太厚(可制通孔),并且有足够的装配空间的场合。这种连接装拆方便、成本低、应用最广。

螺栓连接分为普通螺栓(又称受拉螺栓)连接和铰制孔用螺栓(又称受剪螺栓)连接两种形式。

图 5.7(a)是普通螺栓连接,其特点是螺栓杆与被连接件的孔壁之间有间隙,这样安装时较方便,不易把螺栓上的螺纹碰伤,孔的加工精度可以低一些,结构简单、装拆方便、应用广泛。图 5.7(b)是铰制孔用螺栓连接,其特点是螺栓杆有螺纹部分的直径较细,螺栓杆的无螺纹部分直径较大,并且与孔壁之间没有间隙,常采用基孔制过渡配合,因而,螺栓杆装入铰制孔后,能够精确地固定被连接件的位置。为了保证可靠的过渡配合,这种连接孔的加工精度要求较高,并且为了防止拆卸连接时把螺栓端部打坏,在螺栓的端部需制出一个圆弧面或直径小于螺纹小径的圆柱头。铰制孔螺栓连接主要用于需螺栓承受横向载荷或需要靠螺栓杆精确固定被连接件相对位置的场合。

图 5.7 中螺纹余留长度 l_1:静载荷 $l_1 \geqslant (0.3 \sim 0.5)d$;变载荷、冲击载荷或弯曲载荷 $l_1 \geqslant 0.75d$;铰制孔用螺栓 $l_1 \approx 0$;螺纹伸出长度 $a=(0.2 \sim 0.3)d$;螺栓轴线到边缘的距离 $e=d+(3 \sim 6)$mm。

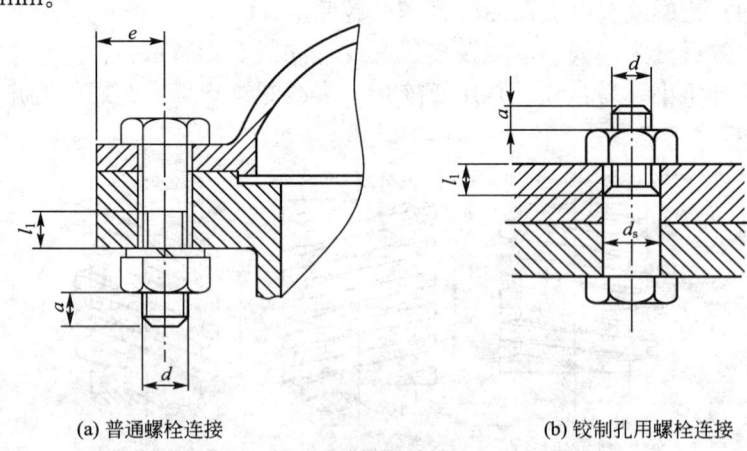

(a) 普通螺栓连接　　(b) 铰制孔用螺栓连接

图 5.7　螺栓连接

2. 双头螺柱连接

如图5.8(a)所示是双头螺柱连接,首先是将双头螺柱的一端旋紧在一个被连接件的螺纹孔中,然后将另一端穿过其他被连接件的孔,最后再旋紧螺母。这种连接主要用于被连接件之一较厚或者为了结构紧凑必须采用盲孔的场合。双头螺柱连接允许多次装拆而不损坏连接零件。

图5.8中螺纹旋入深度H,当螺孔材料为:钢或青铜$H \approx d$;铸铁$H=(1.25 \sim 1.5)d$;铝合金$H=(1.5 \sim 2.5)d$;螺纹孔深度$H_1=H+(2 \sim 2.5)d$;钻孔深度$H_2=H_1+(0.5 \sim 1)d$;

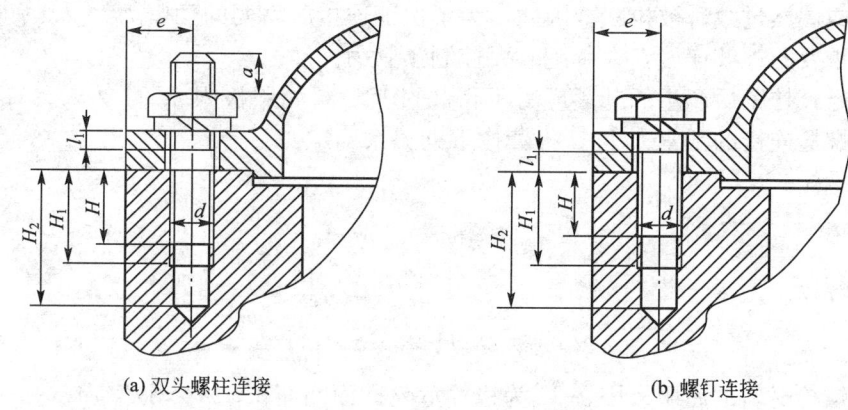

(a) 双头螺柱连接　　　　　　　　(b) 螺钉连接

图5.8　双头螺柱连接和螺钉连接

3. 螺钉连接

如图5.8(b)所示,螺钉连接是将螺钉直接旋入被连接件的螺孔中,省去了螺母,因此结构上比双头螺柱简单。也是用于被连接件之一较厚或者为了结构紧凑必须采用盲孔的场合。由于被连接件的螺纹孔磨损后修复比较困难,所以采用这种连接不宜经常装拆。

4. 紧定螺钉连接

如图5.9所示,紧定螺钉连接是利用紧定螺钉旋入并通过一个零件,其末端压紧或嵌入另一个零件,以固定两零件的相对位置,传递不大的力或力矩。多用于轴上零件的连接。

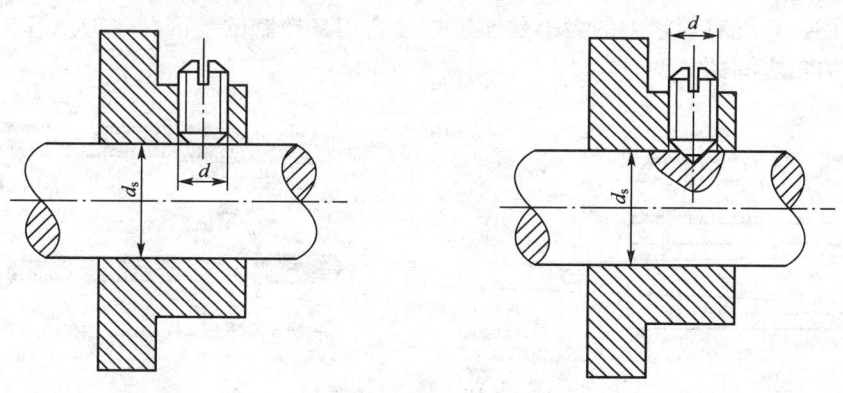

图5.9　紧定螺钉连接

5.2　螺纹连接的预紧

工程实际中，绝大多数螺纹连接在装配时都必须拧紧，使连接件承受工作载荷之前，预先受到力的作用，这个预加作用力称为预紧力。预紧力的目的在于增加连接的可靠性与紧密性，防止受载后被连接件间出现缝隙和相对滑移。经验证明：适当选取较大预紧力可提高连接件的疲劳强度，特别对于像气缸盖、管路凸缘、齿轮箱轴承盖等紧密性要求较高的螺纹连接，预紧更为重要。但过大的预紧力会导致整个连接的结构尺寸增大，也会使连接件在配合或偶然过载时被拉断。因此，为了保证连接所需要的预紧力，又不使螺纹连接件过载，对重要的螺纹连接，在装配时要控制预紧力。

通常规定，拧紧后产生的预紧应力不得超过其材料屈服极限 σ_s 的 80%。对于一般连接用的钢制螺栓连接的预紧力 F_0，推荐按下列关系确定：

碳素钢螺栓

$$F_0 \leqslant (0.6 \sim 0.7)\sigma_s A_1 \tag{5-1}$$

合金钢螺栓

$$F_0 \leqslant (0.5 \sim 0.6)\sigma_s A_1 \tag{5-2}$$

式中，σ_s 为螺栓材料的屈服极限；A_1 为螺栓危险截面的面积，$A_1 \approx \pi d_1^2/4$。

预紧力的具体数值应根据载荷性质、连接刚度等具体工作条件确定。受变载荷的螺栓连接的预紧力应比受静载荷的要大些。

控制预紧力的方法很多，通常是借助测力矩扳手（图 5.10）或定力矩扳手（图 5.11）利用控制预紧力的方法来控制预紧力的大小。测力矩扳手的工作原理是根据扳手上的弹性元件，在拧紧力的作用下所产生的弹性变形来指示拧紧力矩的大小，通过指针的指示直接读出拧紧力矩的数值。定力矩扳手可利用螺钉 4 调整弹簧 3 的压紧力，预先设置拧紧力矩的大小，当扳手力矩过大时，弹簧 3 被压缩，扳手卡盘 1 与圆柱销 2 之间打滑，从而控制拧紧力矩不超过规定值。

通常在要求不是非常高的螺纹预紧，实际运用中采用普通呆扳手，为了防止预紧力过大，对于不同直径的螺纹连接对呆扳手的力臂长度加以限制如图 5.12 所示。

综上所述，装配时预紧力的大小是通过拧紧力矩来控制的，因此，应从理论上找到预紧力与拧紧力矩之间的关系。

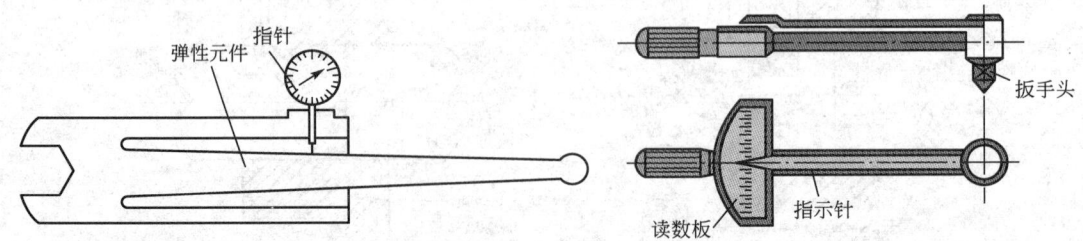

图 5.10　测力矩扳手

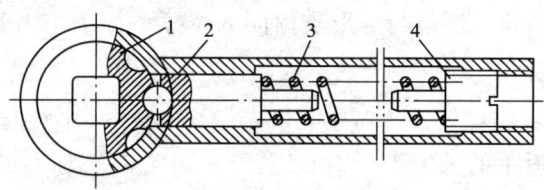

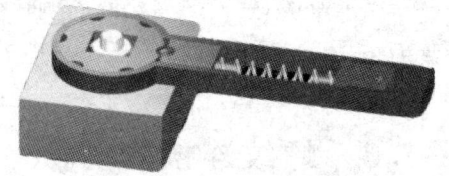

图 5.11 定力矩扳手
1—扳手卡盘；2—圆柱销；3—弹簧；4—螺钉

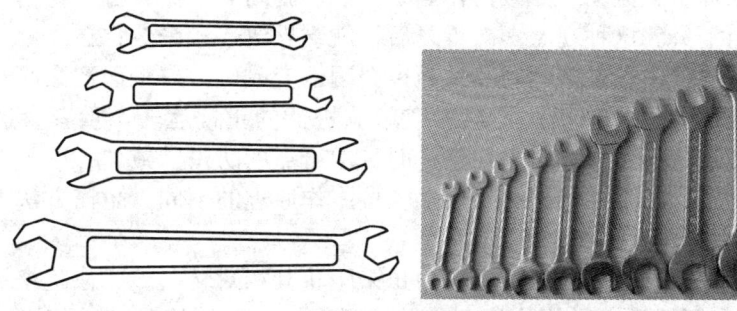

图 5.12 普通呆扳手

如图 5.13 所示，由于拧紧力矩 $T(T=FL)$ 的作用，使螺栓和被连接件之间产生预紧力 F_0。拧紧力矩 T 必须克服螺纹副之间的摩擦阻力矩 T_1 和螺母环形端面与被连接件（或垫圈）支撑面间的摩擦力矩 T_2，即

$$T=T_1+T_2 \quad (5-3)$$

螺纹副间的摩擦力矩为

$$T_1=F_0\frac{d_2}{2}\tan(\lambda+\varphi_v) \quad (5-4)$$

螺母与支撑面间的摩擦力矩为

$$T_2=\frac{1}{3}f_v F_0\frac{D_0^3-d_0^3}{D_0^2-d_0^2} \quad (5-5)$$

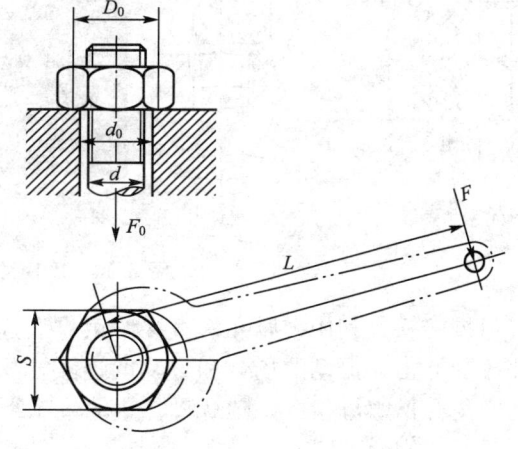

图 5.13 螺纹副的拧紧力矩

将式（5-4）、式（5-5）代入式（5-3），得：

$$T=\frac{1}{2}F_0\left[d_2\tan(\lambda+\varphi_v)+\frac{2}{3}f_v\frac{D_0^3-d_0^3}{D_0^2-d_0^2}\right] \quad (5-6)$$

对于 M10～M68 粗牙普通螺纹钢制螺栓,将其有关参数的统计平均值代入,并取螺纹副摩擦系数 $f=0.1\sim0.2$,螺母与环形支撑面的摩擦系数 $f_v=0.15$,整理后得

$$T=0.2F_0 d \tag{5-7}$$

对于一定公称直径 d 的螺栓,当所要求的预紧力 F_0 已知时,可按式(5-7)确定扳手的拧紧力矩。一般标准扳手的长度 $L\approx15d$,若拧紧力为 F,则 $T=FL$。由式(5-7)可得:$F_0\approx75F$。假定 $F=200\text{N}$,则 $F_0\approx15000\text{N}$。如果用这个预紧力拧紧 M6 以下的钢制螺栓,就可能过载拧断。因此对于重要的螺栓连接,应尽可能地不采用直径过小的螺栓,必须使用时,应严格控制其拧紧力矩。

5.3 螺纹连接的防松

螺纹连接一般都能满足自锁条件($\lambda\leq\varphi_v$),在静载荷和常温及温度变化不大的场合不会自动松脱。但在冲击、振动或变载荷作用下,螺旋副间的摩擦力极不稳定,可能在某一瞬间急剧减小以至消失。这种现象多次重复后,就会导致连接失效;在高温或温度变化较大的情况下,螺纹连接中的预紧力和摩擦力也会因蠕变或应力松弛而逐渐减小,最终导致连接失效。螺栓连接一旦出现松脱,轻者会影响机器的正常运转,重者会造成严重的事故。因此,为保证连接安全可靠必须在设计时采取可靠的防松措施。

防松的根本问题是防止螺旋副相对转动。按工作原理的不同,防松方法可分为摩擦防松、机械防松和永久防松。

摩擦防松是在螺旋副中始终保持摩擦力矩来阻止其相对转动。摩擦防松的主要形式如图 5.14 所示,有对顶螺母、弹簧垫圈、弹性锁紧螺母、防松螺母等。摩擦防松方法简单方便,但只能用于不重要场合的连接,和平稳、低速的场合。

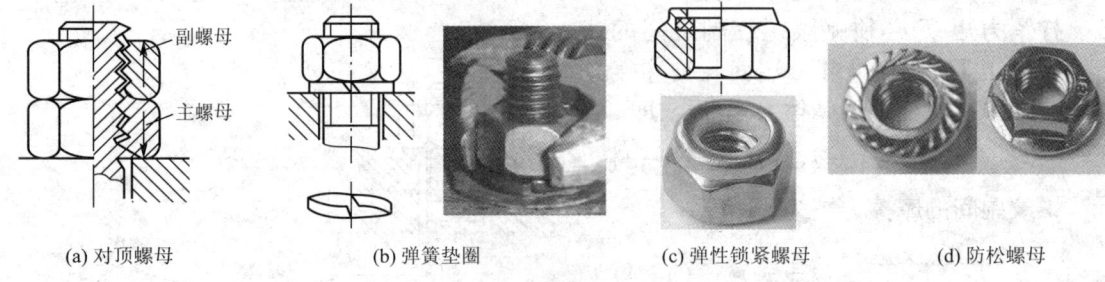

(a) 对顶螺母　　(b) 弹簧垫圈　　(c) 弹性锁紧螺母　　(d) 防松螺母

图 5.14 摩擦防松的主要形式

机械防松是利用金属元件直接约束螺纹连接件防止其相对转动,防松效果比较可靠,适用于受冲击、振动的场合和重要的连接。机械防松的主要形式如图 5.15 所示,有开口销与六角开槽螺母组合,圆螺母与止动垫圈组合,普通螺母与止动垫片组合,普通螺母与串联钢丝绳组合。

永久防松是利用焊接、冲点、粘接、冷镦螺栓头部螺纹等方法来完全破坏螺纹副的运动关系如图 5.16 所示,常用于装配后不再拆卸的场合。

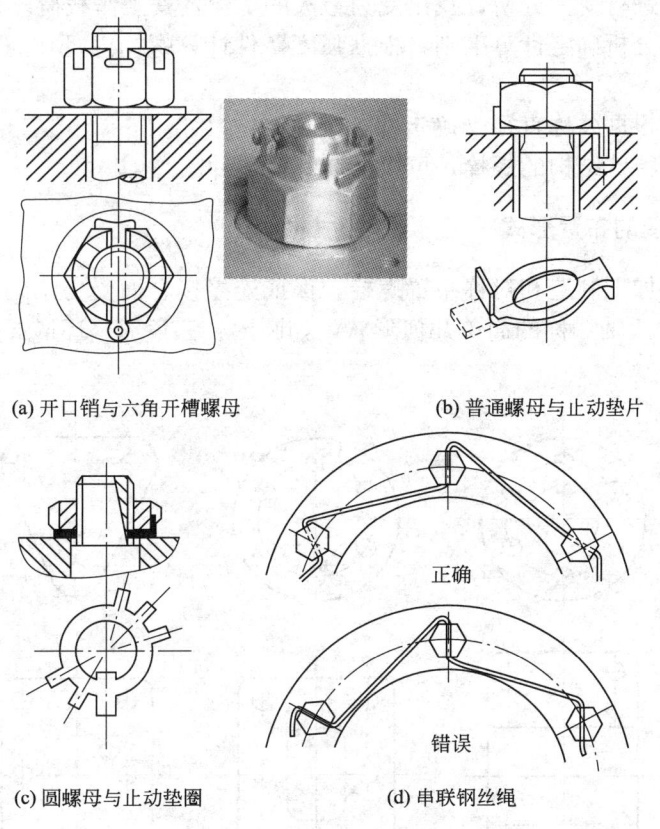

(a) 开口销与六角开槽螺母　　(b) 普通螺母与止动垫片

(c) 圆螺母与止动垫圈　　(d) 串联钢丝绳

图 5.15　机械防松的主要形式

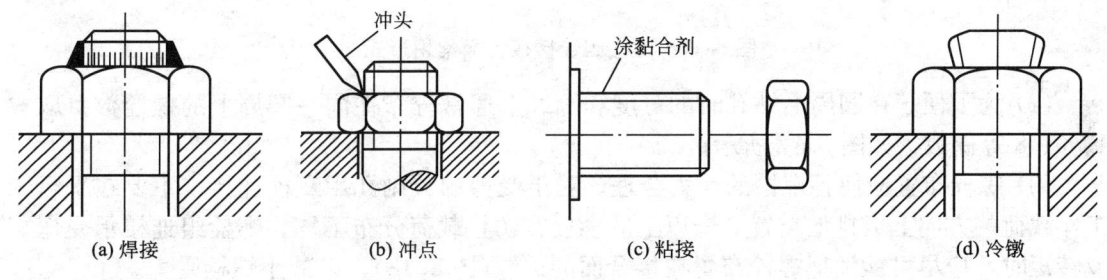

(a) 焊接　　(b) 冲点　　(c) 粘接　　(d) 冷镦

图 5.16　永久防松的主要形式

5.4　螺栓组连接的设计

在工程实际中，大多数机器的螺纹连接都是成组使用的，在设计螺栓组连接时，关键是连接的结构设计，即根据连接的结构和连接的用途，确定螺栓的数目和分布形式。

螺栓组连接的设计步骤如下。

(1) 螺栓组的结构设计，考虑连接的用途、被连接件的结构，选定接合面形状、螺栓数目、布置形式。

(2) 对螺栓组进行受力分析，找出受力最大的螺栓及其工作载荷。

(3) 进行失效分析确定计算准则，根据强度条件计算螺栓内径，通过标准化确定螺栓的公称直径 d。

(4) 查手册，根据公称直径 d 确定螺栓其他结构尺寸。

(5) 如果需要特殊结构的螺栓，可以绘制螺栓零件图。

5.4.1 螺栓组连接的布置形式

(1) 为了便于加工制造和对称布置螺栓，保证连接接合面受力均匀，通常连接接合面的几何形状都设计成轴对称的简单几何形状，如圆形、三角形、环形或矩形等，如图 5.17 所示。

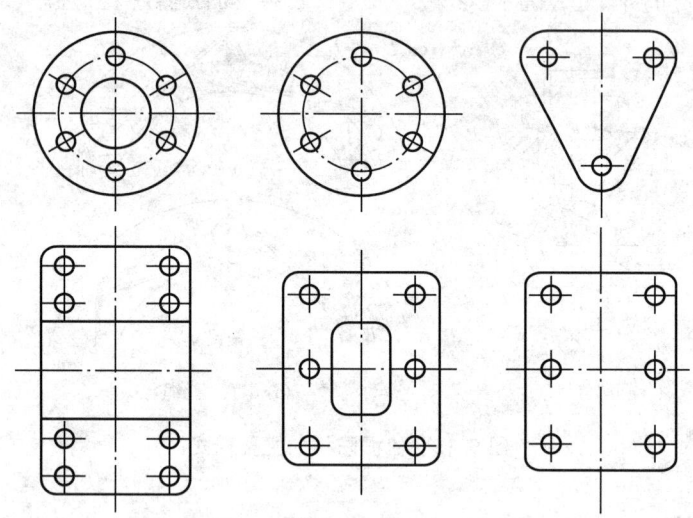

图 5.17 螺栓组连接接合面常用形式

(2) 为了便于在圆周上钻孔时的分度和画线，通常分布在同一圆周上的螺栓数目取成 4、6、8 等偶数，如图 5.17 所示。

(3) 螺栓布置应使各螺栓的受力合理。对于受剪的铰制孔用螺栓连接，不要在平行于工作载荷的方向上成排地布置 8 个以上的螺栓，防止载荷分布不均。螺栓组连接承受弯矩或转矩时，应尽可能地把螺栓布置在接合面的边缘（图 5.18），以减小螺栓受力。

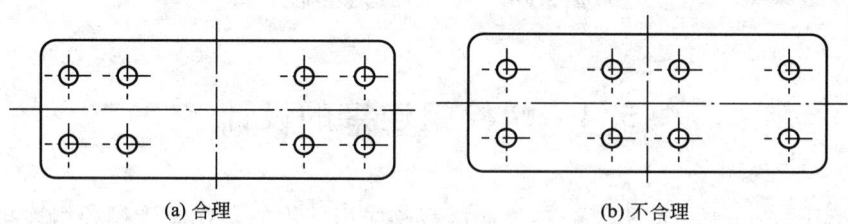

(a) 合理　　　　　　　　　　　(b) 不合理

图 5.18 接合面受弯矩或转矩时螺栓的布置

(4) 螺栓的排列应有合理的间距、边距。各螺栓之间的距离大小即要保证连接的可靠性，又要考虑装拆方便，还应留有足够的扳手空间（图 5.19），扳手空间可以查阅相关标准。对于压力容器等密封性要求较高的螺栓连接，螺栓间距 t_0 还需要满足一定的要求，见表 5-1。

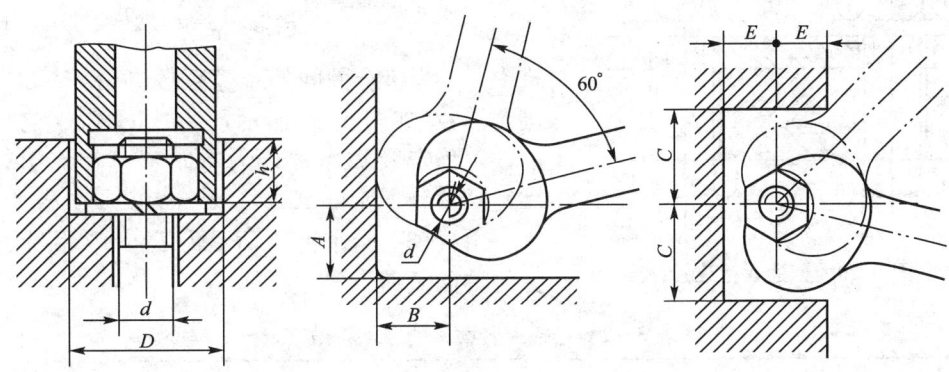

图 5.19　扳手空间尺寸

表 5-1　螺栓布置间距 t_0

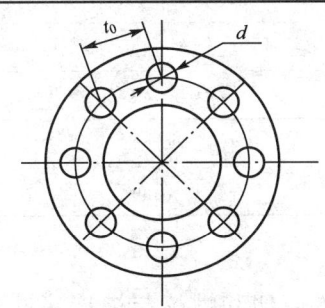

工作压力/MPa					
≤1.6	1.6~4	4~10	10~16	16~20	20~30
t_0/mm					
7d	4.5d	4.5d	4d	3.5d	3d

5.4.2　螺栓组连接的受力分析

螺栓组受力分析的目的是确定螺栓组中受力最大的螺栓及其所受工作载荷的大小，以便进行螺栓连接的强度计算，下面对几种典型螺栓组受力情况进行分析，为简化计算，分析时，假定被连接件为刚体，受载后连接接合面仍保持平面；各螺栓直径、长度、材料和预紧力大小均相同；螺栓的应变在弹性范围内。

1. 受横向载荷的螺栓组连接

如图 5.20 和图 5.21 所示，横向载荷 F_Σ 作用于螺栓组的形心，其方向与螺栓的轴线垂直。载荷可通过普通螺栓或铰制孔螺栓连接来传递，但二者的传力方式不同。

1) 普通螺栓连接

如图 5.20 所示，连接靠接合面间的摩擦力平衡外载荷，螺栓只受预紧力。设计时，通常以连接的接合面不滑移作为计算准则。根据力平衡有

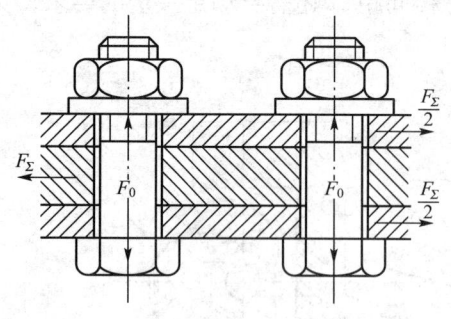

图 5.20 普通螺栓连接

$$fF_0iz \geqslant K_S F_\Sigma$$

每个螺栓所需的预紧力 F_0 为

$$F_0 \geqslant \frac{K_S F_\Sigma}{fzi} \quad (5-8)$$

式中，f 为接合面间的摩擦系数（见表 5-2）；i 为接合面数（如图 5.20 所示，$i=2$）；K_S 为考虑摩擦因数不稳定及靠摩擦传力有时不可靠而引入的可靠性系数，通常取 $K_S=1.1\sim1.3$；z 为螺栓数量。

由式（5-8）求得的预紧力 F_0 即为每个螺栓所受的轴向载荷。

表 5-2 连接接合面间的摩擦系数 f

被连接件	接合面的表面状态	摩擦系数
钢或铸铁零件	有油的机加工表面	0.06～0.11
	干燥的机加工表面	0.10～0.16
钢结构件	轧制、经钢丝刷清理浮锈	0.30～0.35
	涂敷锌漆	0.35～0.40
	经喷砂处理	0.45～0.55
铸铁对砖料、混领土或木材	干燥表面	0.40～0.45

2）铰制孔用螺栓连接

如图 5.21 所示，靠螺栓杆受剪切和螺栓与被连接件孔表面间的挤压来平衡外载荷 F_Σ。由于这种形式的连接受的预紧力很小，所以计算时忽略了预紧力和摩擦力矩的影响。假设被连接件为刚体，则各螺栓所受的剪力相等，根据力的平衡条件有

$$Fz = F_\Sigma$$

每个螺栓连接所受的横向工作载荷为

$$F = \frac{F_\Sigma}{z} \quad (5-9)$$

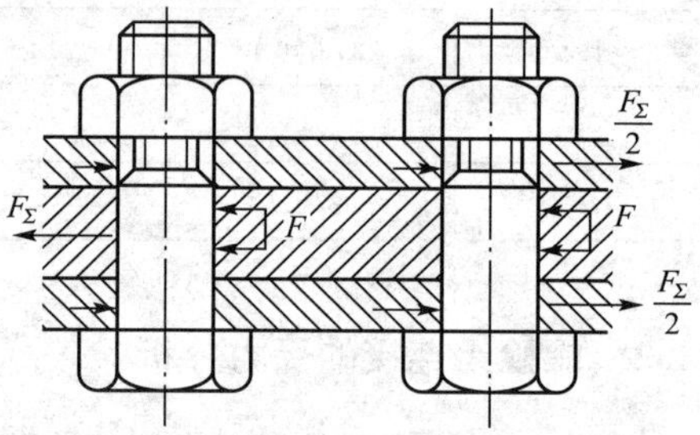

图 5.21 铰制孔螺栓连接

式中，F 为每个螺栓上所受剪力，N。

2. 受轴向载荷 F_Σ 的螺栓组连接

如图 5.22 所示，为气缸盖螺栓组连接，外载荷 F_w 通过螺栓组中心，其方向与各螺栓中心线平行。由于螺栓均匀分布，所以每个螺栓所分担的轴向工作载荷 F 相等，设螺栓数目为 z，则

$$F = \frac{F_w}{z} \quad (5-10)$$

式中，F 为作用在单个螺栓上的轴向工作载荷，N。

3. 受扭转力矩的螺栓组连接

如图 5.23 所示，为一机座的螺栓组连接，在转矩 T 的作用下，底板有绕通过螺栓组中心 O 并与接合面垂直的轴线回转的趋势，使每个螺栓连接都受有横向力。其传力方式和受横向载荷的螺栓组连接相同。为防止转动，可用普通螺栓，如图 5.23(a)，也可用铰制孔螺栓，如图 5.23(b) 来防止转动。

1) 普通螺栓连接

如图 5.23(a) 所示，假设各螺栓的预紧力均为 F_0，则各螺栓连接处产生的摩擦力均相同，并集中作用在螺栓中心处，与螺栓中心至底板旋转中心 O 的连线垂直，根据底板上各力矩平衡条件得

$$fF_0r_1 + fF_0r_2 + \cdots + fF_0r_z \geqslant K_f T$$

可得每个螺栓所需要的预紧力为

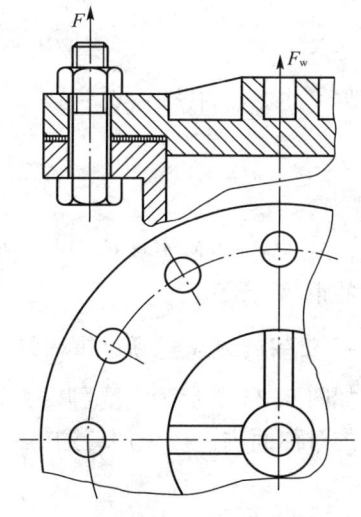

图 5.22 受轴向载荷的螺栓组连接

$$F_0 \geqslant \frac{K_f T}{fr_1 + fr_2 + \cdots + fr_z} \tag{5-11}$$

式中，r_1，r_2，…，r_z 为各螺栓中心至螺栓组形心 O 的距离，mm；K_f 为可靠性系数；f 为接合面间摩擦系数(表 5-2)。

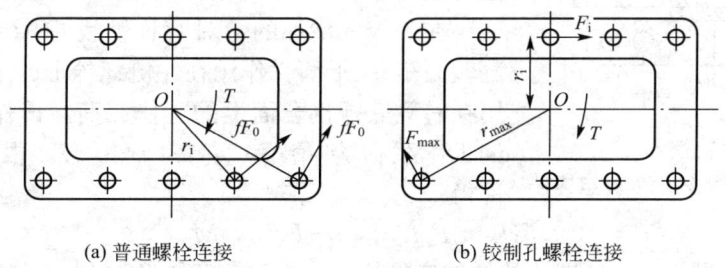

(a) 普通螺栓连接　　　　　　　(b) 铰制孔螺栓连接

图 5.23 受扭转力矩的螺栓组连接

2) 铰制孔用螺栓连接

如图 5.23(b) 所示，在扭矩 T 的作用下，各螺栓受到剪切与挤压作用，各螺栓所受的横向剪切力和该螺栓中心至底板旋转中心 O 的连线垂直。为求出工作剪力的大小，计算时假定底板为刚体，受载后接合面仍然保持为平面，则各螺栓的剪切变形量与各螺栓轴线至螺栓组中心 O 的距离成正比，即距螺栓组中心距离越远，螺栓的剪切变形量越大，如果各螺栓的剪切刚度相同，则螺栓的剪切变形量越大，其所受的工作剪力也越大。

各螺栓的工作剪力与其中心到底板旋转中心的连线垂直。根据底板的力矩平衡条件得

$$F_1 r_1 + F_2 r_2 + \cdots + F_z r_z = T \tag{5-12}$$

根据螺栓变形协调条件(各螺栓的剪切变形与其中心到底板旋转中心的距离成正比)得

$$\frac{F_1}{r_1} = \frac{F_2}{r_2} = \cdots = \frac{F_z}{r_z} = \frac{F_{\max}}{r_{\max}}$$

所以
$$F_i = \frac{F_{max}}{r_{max}} r_i \quad (i=1, 2, \cdots, z) \tag{5-13}$$

将式(5-13)代入式(5-12),可求得受力最大螺栓所受的工作剪力:
$$F_{max} = \frac{Tr_{max}}{r_1^2 + r_2^2 + \cdots + r_z^2} = \frac{Tr_{max}}{\sum_{i=1}^{z} r_i^2} \tag{5-14}$$

式中,r_{max}为受力最大螺栓中心至底板旋转中心的距离,mm;r_i为各螺栓中心至底板旋转中心的距离,mm。

4. 受翻转力矩的螺栓组连接

如图 5.24 所示为一受翻转力矩 M 的螺栓组连接。M 作用在通过 $x-x$ 轴线并垂直接合面的对称面内。机座用普通螺栓连接在底板上。计算时假设底板为刚体,被接合面是弹性体,但变形后其接合面仍保持平直,预紧后在 M 作用下有绕 $O-O$ 轴翻转的趋势。

拧紧后、工作前,螺栓受预紧力 F_0 的作用,有均匀地伸长。工作时,对称轴线左侧的螺栓被拉紧,轴向拉力和变形增大;而对称轴线右侧的螺栓被放松,使螺栓的预紧力和变形减小。对称轴线左侧的接合面被放松,压力减小;对称轴线右侧的接合面被压紧,压力增大。

在底板上增加的力对对称轴线 $O-O$ 的力矩正好与翻转力矩 M 平衡。作用在左侧螺栓上的工作载荷等于作用在右侧底板接合面上的工作载荷。设作用在各螺栓上的工作载荷为 $F_i(i=1, 2, \cdots, z)$,根据静力平衡条件得

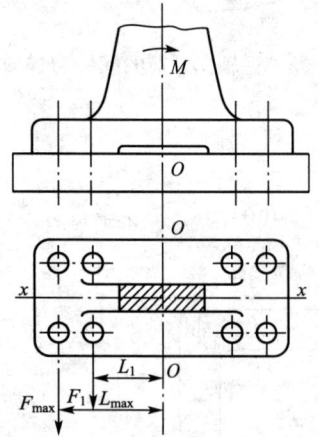

图 5.24 受翻转力矩的螺栓组连接

$$F_1 L_1 + F_2 L_2 + \cdots + F_z L_z = M \tag{5-15}$$

根据变形协调条件,各螺栓的拉伸变形增量与它到底板对称轴线 $O-O$ 的距离 L 成正比,因此,由于翻转力矩 M 的作用,各螺栓所受工作拉力的大小也与其到底板的对称线 $O-O$ 的距离 L 成正比,即

$$\frac{F_1}{L_1} = \frac{F_2}{L_2} = \cdots = \frac{F_z}{L_z} = \frac{F_{max}}{L_{max}}$$

所以
$$F_i = \frac{F_{max}}{L_{max}} L_i \quad (i=1, 2, \cdots, z) \tag{5-16}$$

将式(5-16)代入式(5-15),可求得受力最大螺栓所受的工作拉力:
$$F_{max} = \frac{ML_{max}}{L_1^2 + L_2^2 + \cdots + L_z^2} = \frac{ML_{max}}{\sum_{i=1}^{z} L_i^2} \tag{5-17}$$

式中,F_{max}为螺栓所受的最大工作载荷,N;L_{max}为受力最大螺栓中心至 $O-O$ 轴线距离,mm;L_i为各螺栓中心至 $O-O$ 轴线距离,mm。

受翻转力矩 M 的螺栓组连接除要求螺栓有足够的强度外,还应保证接合面既不出现缝隙也不被压溃。因此必须满足如下条件:

$$\sigma_{Pmax} \approx \frac{zF_0}{A} + \frac{M}{W} \leqslant [\sigma_P] \tag{5-18}$$

$$\sigma_{Pmin} \approx \frac{zF_0}{A} - \frac{M}{W} > 0 \tag{5-19}$$

式中，W 为接合面抗弯截面模量，mm^3；A 为接合面面积，mm^2；z 为螺栓个数。$[\sigma_P]$ 为接合面材料的许用挤压应力，MPa，见表 5-3。

表 5-3 接合面材料的许用挤压应力

材料	钢	铸铁	混凝土	砖	木材
$[\sigma_P]$/MPa	$0.8\sigma_S$	$(0.4\sim0.5)\sigma_B$	2~3	1.5~2	2~4

注：① σ_S 为材料的屈服极限，σ_B 为材料的强度极限，MPa；
② 连接接合面材料不同时，按强度较弱者取值；
③ 连接受静载时取大值，受变载荷时取小值。

以上介绍的是螺栓连接的 4 种最基本的形式，而实际使用中往往是以上几种受力形式的组合，不论受力状态如何复杂，通常按照静力分析方法将螺栓组的复杂受力状态简化为上述基本的受载形式，然后分别进行受力分析及向量叠加，从而有效地解决复杂的工程实际问题。

5.5 螺栓连接的强度计算

螺栓连接都是成组使用的，单个螺栓连接的工作载荷是根据螺栓组连接受力分析得到的，单个螺栓可能发生断裂的部位有螺纹根部剪切、弯曲，螺杆截面的拉伸、扭转断裂等。由于螺栓已经标准化，螺纹部分与螺杆保持等强度，因此，计算中只需考虑螺杆断面的强度。

5.5.1 松螺栓连接的强度计算

松螺栓连接装配时，螺母不需要拧紧，如图 5.25 所示，在承受工作载荷之前，螺栓不受力，这种连接的应用范围有限，例如我们常见的有螺栓拉杆、起重吊钩等。松螺栓连接时，当螺栓受到工作拉力为 F 时，则螺纹危险截面的拉伸条件为

$$\sigma = \frac{F}{\frac{\pi}{4}d_1^2} \leqslant [\sigma] \tag{5-20}$$

则

$$d_1 \geqslant \sqrt{\frac{4F}{\pi[\sigma]}} \tag{5-21}$$

式中，d_1 为螺栓危险截面的直径，mm；$[\sigma]$ 为螺栓材料的许用拉应力，MPa，对钢制螺栓 $[\sigma]=\sigma_S/S$；σ_S 为螺栓材料的屈服极限，MPa，查表 5-6；S 为安全系数，$S=1.2\sim1.7$。

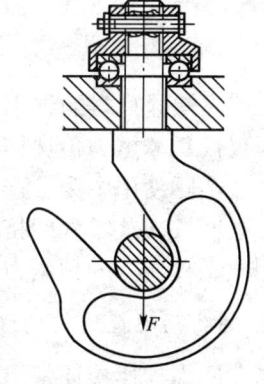

图 5.25 起重吊钩的松螺栓连接

5.5.2 紧螺栓连接的强度计算

1. 只受预紧力作用的普通螺栓连接

受横向载荷的普通螺栓连接如图 5.26 所示，在装配时必须将螺母拧紧，所以螺栓螺纹部分不仅受预紧力 F_0 所产生的拉伸应力作用，同时还受到螺纹副间的摩擦力矩 T_1 所产生的扭转剪应力的作用。

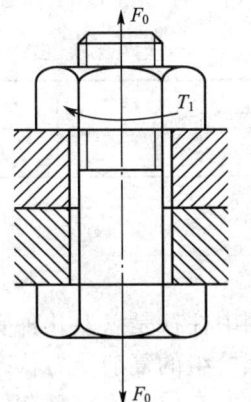

图 5.26 受横向载荷的普通螺栓连接

拉伸应力为

$$\sigma = \frac{F_0}{\frac{\pi}{4}d_1^2}$$

扭转剪应力为

$$\tau_T = \frac{T_1}{W_T} = \frac{F_0 \frac{d_2}{2}\tan(\lambda+\varphi_v)}{\frac{\pi}{16}d_1^3} = \tan(\lambda+\varphi_v)\frac{2d_2}{d_1}\frac{F_0}{\frac{\pi}{4}d_1^2}$$

对于常用螺栓为 M6～M68 钢制普通螺纹，将 d_1、d_2、λ 取平均值代入，取 $\varphi_v = \arctan f_v = \arctan 0.15$，则得 $\tau_T \approx 0.5\sigma$。

由于螺栓材料是塑性材料，且受拉伸与扭转的复合应力作用，按照塑性材料第四强度理论来确定螺栓螺纹部分的计算应力，即

$$\sigma_{ca} = \sqrt{\sigma^2 + 3\tau_T^2} \approx 1.3\sigma \tag{5-22}$$

由此可见，紧螺栓连接虽然受拉伸与扭转复合应力的作用，但计算时仍可按纯拉伸作用计算紧螺栓的强度，然后将拉应力增大 30% 来考虑扭转剪应力的影响。

危险剖面的强度条件为

$$\sigma_{ca} = \frac{1.3F_0}{\frac{\pi}{4}d_1^2} = \frac{5.2F_0}{\pi d_1^2} \leq [\sigma] \tag{5-23}$$

则

$$d_1 \geq \sqrt{\frac{5.2F_0}{\pi[\sigma]}} \tag{5-24}$$

式中，$[\sigma]$ 为螺栓材料的许用应力，MPa。

由于仅仅靠摩擦力传递横向载荷时，其螺栓直径很大，而且在冲击、振动或变载荷下不可靠。在实际使用中为了避免这种缺陷，可以采用减载装置来承受载荷如图 5.27 所示，此时连接强度按减载零件的挤压和剪切强度计算，而螺栓只起到连接作用，不再承受工作载荷，因此螺栓所受的预紧力可以减小，但连接施工时结构及工艺复杂性将增加。

2. 铰制孔用螺栓连接的强度计算

铰制孔用螺栓连接通常用来承受横向力 F_s 如图 5.28 所示，这种情况载荷是靠螺杆和被连接件孔壁间的挤压以及螺栓杆的剪切来传递载荷。因此必须按照挤压与剪切强度来计

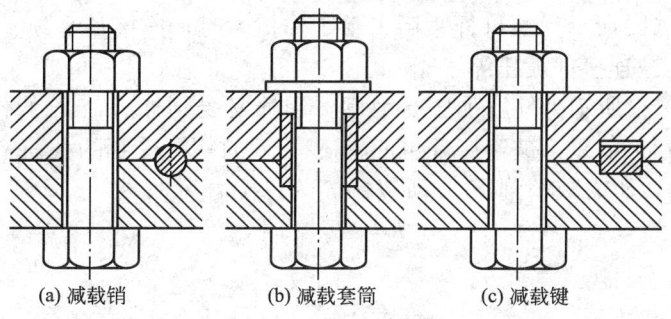

(a) 减载销　　(b) 减载套筒　　(c) 减载键

图 5.27　减载装置

算。由于装配时对螺栓施加的预紧力较小，因此计算时可以忽略接合面间的摩擦力。

连接的挤压强度条件为

$$\sigma_P = \frac{F_S}{d_0 L_{min}} \leqslant [\sigma_P] \quad (5-25)$$

螺栓杆的剪切强度条件

$$\tau = \frac{F_S}{\frac{\pi}{4}d_0^2} = \frac{4F_S}{\pi d_0^2} \leqslant [\tau] \quad (5-26)$$

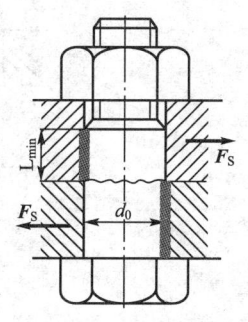

图 5.28　铰制孔用螺栓连接

式中，F_S 为螺栓所受的横向载荷，N；d_0 为铰制孔用螺栓光杆部分直径，mm；L_{min} 为螺栓光杆部分与孔壁挤压面的最小高度，mm，设计时 $L_{min} \geqslant 1.25 d_0$；$[\sigma_P]$ 为许用挤压应力，MPa；$[\tau]$ 为许用剪切应力，MPa；

3. 承受预紧力和轴向工作载荷的紧螺栓连接的强度计算

压力容器的气缸盖的螺栓连接如图 5.29 所示，装配螺栓时需要拧紧螺母，螺栓受预紧力 F_0 作用，在气缸内产生压力时，螺栓又受到轴向工作载荷 F 作用，由于螺栓与被连接件的弹性变形，此时螺栓的总拉力 F_Σ 并不等于 F_0 与 F 的简单叠加，而应从连接的受力与变形关系入手，求出螺栓总拉力的大小。

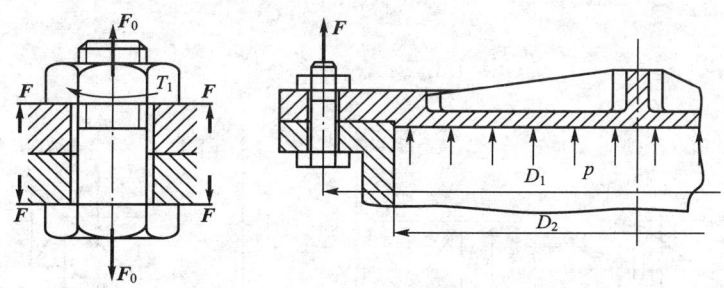

图 5.29　气缸盖的螺栓连接计算

现取螺栓组中一个螺栓来分析其受载情况。

(1) 如图 5.30(a)所示为螺母刚好与被连接件接触，但尚未拧紧的状态，此时螺栓与被连接件均不受力，也不产生变形。

（2）如图 5.30(b)所示为螺母拧紧后未受工作拉力时，连接只受预紧力 F_0 作用，此时螺栓被拉长了 λ_b，被连接件被压缩了 λ_m。

（3）如图 5.30(c)所示为气缸加压受力后，螺栓又受到外载荷 F 的作用，螺栓在外载荷 F 的作用下继续伸长 $\Delta\lambda$，被连接件也回弹 $\Delta\lambda$，此时螺栓受到的载荷增加到 F_Σ，而被连接件的压力被放松，压力减小到 F_0'。所以螺栓的总拉力为

$$F_\Sigma = F_0' + F \tag{5-27}$$

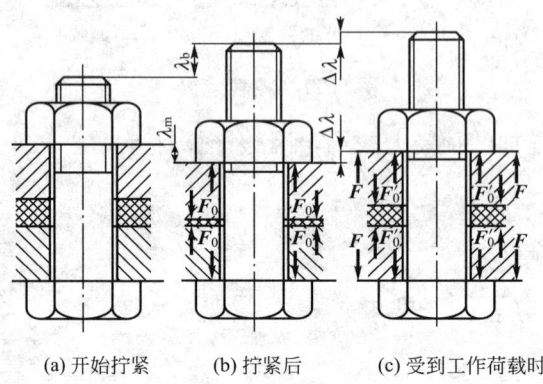

(a) 开始拧紧　　(b) 拧紧后　　(c) 受到工作荷载时

图 5.30　螺栓和被连接件的受力和变形

分析得知：螺栓共伸长 $\lambda_b + \Delta\lambda$，受到总拉力为 F_Σ，被连接件的压缩变形为 $\lambda_m - \Delta\lambda$，受到拉力为 F_0'。

当螺栓与被连接件的变形都在弹性范围内时，其受力与变形的关系也可以用图 5.31 表示。其中图(a)和图(b)分别表示螺栓和被连接件的受力与变形关系。由图可见，在拧紧螺母且尚未承受工作载荷时，螺栓和被连接件的受力均为 F_0。将图(a)和图(b)合并成图(c)，图(c)中两条受力变形线的交点 A 表示预紧后螺栓和被连接件的工作点，这时再增加轴向工作拉力 F，螺栓继续伸长 $\Delta\lambda$，其工作点移至图中 B 点；被连接件的压缩量减小了 $\Delta\lambda$，其工作点移至图中 B' 点。若以 C_1、C_2 分别表示螺栓和被连接件的刚度，则由图中几何关系可以看出

$$C_1 = \tan\theta_b = \frac{F_0}{\lambda_b} = \frac{\Delta F}{\Delta\lambda}$$

$$C_2 = \tan\theta_m = \frac{F_0}{\lambda_m} = \frac{F - \Delta F}{\Delta\lambda}$$

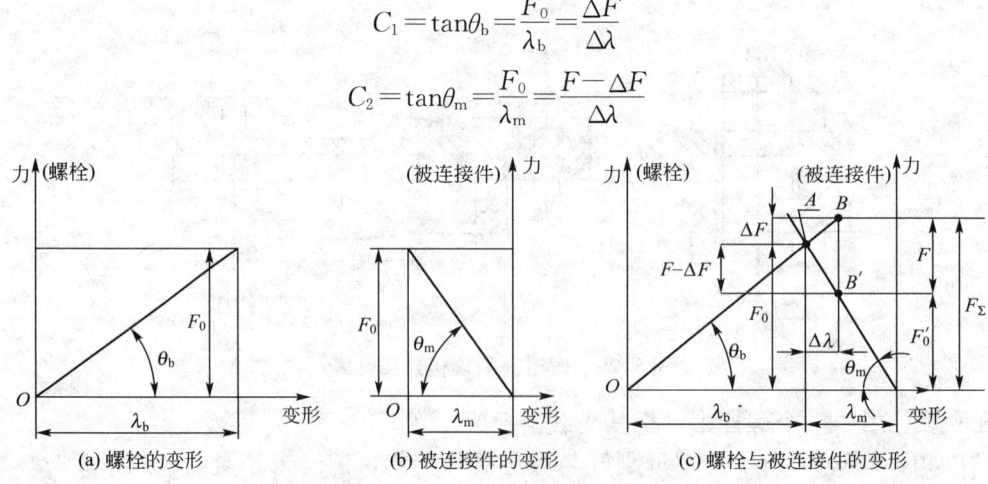

(a) 螺栓的变形　　(b) 被连接件的变形　　(c) 螺栓与被连接件的变形

图 5.31　单个紧螺栓零件的受力变形图

联立求解得
$$\Delta F = \frac{C_1}{C_1+C_2}F \tag{5-28}$$

因此
$$F_\Sigma = F_0 + \Delta F = F_0 + \frac{C_1}{C_1+C_2}F \tag{5-29}$$

$$F_\Sigma = F_0' + F \tag{5-30}$$

$$F_0 = F_0' + (F-\Delta F) = F_0' + (1-\frac{C_1}{C_1+C_2})F = F_0' + \frac{C_2}{C_1+C_2}F \tag{5-31}$$

式(5-29)是螺栓总拉力的另外一种表达形式，式中 $C_1/(C_1+C_2)$ 称为螺栓的相对刚度系数，其大小与螺栓和被连接件的材料、结构、尺寸及工作载荷的作用位置、垫片等因素有关，可以通过实验或计算求得。螺栓为钢时，通过与不用的被连接件(或加垫片)由表5-4确定相对刚度系数。

表5-4 螺栓为钢与不用的被连接件(或加垫片)的相对刚度系数 $k_C = C_1/(C_1+C_2)$

被连接件钢板间所用的垫片	相对刚度系数 $k_C = C_1/(C_1+C_2)$
金属垫片或无垫片	0.2~0.3
皮革垫片	0.7
铜皮石棉垫片	0.8
橡胶垫片	0.9

由图5.31(c)和式(5-30)可知，随着工作拉力 F 的增大，被连接件的残余预紧力 F_0' 将减小。当工作拉力 F 增大到一定值以后残余预紧力 F_0' 将减小到零。如果继续增大，被连接件间就会出现缝隙，这也是螺栓连接中的一种失效形式。因此为力保证连接的紧密性，残余预紧力 F_0' 必须大于零。残余预紧力可按表5-5选取。

表5-5 残余预紧力选取

工作情况	残余预紧力 F_0'
有紧密性要求(如气缸、压力容器)	$(1.5~1.8)F$
有冲击	$(1.0~1.5)F$
不稳定	$(0.6~1.0)F$
载荷稳定	$(0.2~0.6)F$

设计时可先根据连接的受载情况，求出螺栓的工作拉力 F，再根据连接的工作要求按表5-5选取残余预紧力 F_0'，最后按式(5-30)求出螺栓的总拉力 F_Σ，并按其进行螺栓强度计算。按式(5-31)可以求出保证残余预紧力 F_0' 的螺栓连接装配预紧力 F_0。

考虑到螺栓连接在承受工作载荷状态下可能需要补充拧紧，此时螺栓在承受总拉力 F_Σ 的同时还受到拧紧力矩的作用，为安全起见螺栓连接的强度按照式(5-32)进行。

$$\sigma_{ca} = \frac{1.3F_\Sigma}{\frac{\pi}{4}d_1^2} \leqslant [\sigma] \tag{5-32}$$

或
$$d_1 \geqslant \sqrt{\frac{5.2F_\Sigma}{\pi[\sigma]}} \tag{5-33}$$

式中符号意义同前，式(5-33)一般用于静载荷。

当轴向工作载荷在 $0 \sim F$ 变化时，螺栓受到的总拉力在 $F_0 \sim F_\Sigma$ 之间变化如图 5.31(c) 所示。因此，螺栓的拉力变幅为

$$F_a = \frac{F_\Sigma - F_0}{2} = \frac{C_1}{2(C_1+C_2)}F \tag{5-34}$$

变载荷作用的螺栓零件以疲劳强度为主，且影响疲劳强度的主要因素是应力幅，故满足的疲劳强度的条件为

$$\sigma_a = \frac{F_a}{A} = \frac{F}{\frac{\pi d_1^2}{4}} \cdot \frac{C_1}{2(C_1+C_2)} = \frac{2F}{\pi d_1^2} \cdot \frac{C_1}{C_1+C_2} \leqslant [\sigma_a] \tag{5-35}$$

式中，$[\sigma_a]$ 为螺栓受变载作用的许用应力幅，查表 5-9，其余符号同前。

5.6 螺纹连接件的材料及许用应力

5.6.1 螺栓连接的材料及性能等级

螺纹连接件常用材料的疲劳极限见表 5-6。

表 5-6 螺纹连接件常用材料的疲劳极限

材料	抗拉强度 σ_B/MPa	屈服强度 σ_S/MPa	疲劳极限/MPa	
			弯曲 σ_{-1}	拉压 σ_{-1T}
10	340~420	210	160~220	120~150
Q215	340~420	220	—	—
Q235	410~470	240	170~220	120~160
35	540	540	220~300	170~220
45	610	610	250~340	190~250
40Cr	750~1000	650~900	320~440	240~340

国家标准规定螺纹连接件按力学性能的不同分级。螺栓、螺柱和螺钉等级分为 9 级，见表 5-7；螺母等级分为 7 级，分别与相配螺栓的性能等级对应。

表 5-7 螺栓、螺柱和螺钉的机械性能等级

机械或物理性能		性能等级									
		4.6	4.8	5.6	5.8	6.8	8.8		9.8	10.9	12.9
							$d \leqslant 16$mm	$d > 16$mm			
抗拉强度 σ_B/MPa	公称	400	400	500	500	600	800	800	900	1000	1200
	min	400	420	500	520	600	800	830	900	1040	1220
屈服强度 σ_S/MPa	公称	240	—	300	—						
	min	240	—	300	—						

(续)

机械或物理性能	性能等级									
	4.6	4.8	5.6	5.8	6.8	8.8		9.8	10.9	12.9
						$d \leqslant 16mm$	$d > 16mm$			
推荐材料	低碳钢或中碳钢					低碳钢或中碳合金钢淬火并回火			低碳钢或中碳合金钢	合金钢淬火并回火
推荐螺母级别	4 或 5		5		6	8 或 9		9	12	12

注：① 本表摘自 GB/T 3098.1—2010。
② 性能等级的标记代号含义："."前的数字为公称抗拉强度极限 σ_B 的 1/100，"·"后面的数字为屈强比的 10 倍，即 $10\sigma_S/\sigma_B$。
③ 规定性能等级的螺栓、螺母在图样上只标注性能等级，不标注材料牌号

5.6.2 螺栓连接件的许用应力

螺纹连接件的许用应力与载荷性质（静、变载荷）、装配情况（松连接、紧连接）以及螺栓连接件的材料、结构尺寸等因素有关。螺纹连接件的许用应力按下式确定：

$$[\sigma] = \frac{\sigma_S}{S} \quad (5-36)$$

螺纹连接件的许用切应力 $[\tau]$ 和许用挤压应力 $[\sigma_P]$ 分别按下式确定：

$$[\tau] = \frac{\sigma_S}{S_\tau} \quad (5-37)$$

对于钢

$$[\sigma_P] = \frac{\sigma_S}{S_P} \quad (5-38)$$

对于铸铁

$$[\sigma_P] = \frac{\sigma_B}{S_P} \quad (5-39)$$

式中，σ_S、σ_B 分别为螺纹连接材料的屈服极限和强度极限见表 5-6 所；S、S_τ、S_P 为安全系数见表 5-8。

表 5-8 螺栓连接的安全系数 S

受载类型			静载荷			变载荷		
松螺栓连接			1.2～1.7					
紧螺栓连接	受轴向及横向载荷的普通螺栓连接	不控制预紧力的计算		M6～M16	M16～M30	M30～M60	M6～M16	M16～M30	M30～M60
			碳钢	5～4	4～2.5	2.5～2	碳钢	12.5～8.5	8.5	8.5～12.5
			合金钢	5.7～5	5～3.4	3.4～3	合金钢	10～6.8	6.8	6.8～10
		控制预紧力的计算	1.2～1.5			1.2～1.5 ($S_a = 2.5～4$)		
	铰制孔用螺栓连接		钢：$S_\tau = 2.5$，$S_P = 1.25$ 铸铁：$S_P = 2.0～2.5$			钢：$S_\tau = 3.5～5$，$S_P = 1.5$ 铸铁：$S_P = 2.5～3.0$		

受变载荷下螺纹连接的许用应力幅见表 5-9。

表 5-9 螺纹连接的许用应力幅 $[\sigma_a]$

$[\sigma_a]=\dfrac{\varepsilon k_m}{S_a k_\sigma}\sigma_{-1T}$	σ_{-1T}——材料在拉压对称循环下的疲劳极限，MPa S_a——应力幅安全系数，控制预紧力时 $S_a=2.5\sim 4$ ε——尺寸系数，其值为：										
	d/mm	12	16	20	24	28	32	36	42	48	56	64	70	80
	ε	1	0.87	0.81	0.76	0.71	0.68	0.65	0.62	0.60	0.57	0.54	0.52	0.50
	k_σ——螺纹的有效应力集中系数										
	材料的抗拉强度 σ_B/MPa	400		600		800		1000	
	k_σ	3.0		3.9		4.8		5.2	
	k_m——螺纹加工工艺系数，车制螺纹 $k_m=1.0$；辗压螺纹 $k_m=1.25$										

[**例 5.1**] 如图 5.32 所示的螺栓连接中，被连接的钢板厚度 $\delta=16\text{mm}$ 用两个铰制孔用螺栓固定在机架上，$F=5000\text{N}$，其他尺寸如图。板和机架材料均为 Q235。

试：(1) 分析铰制孔用螺栓的失效形式。

(2) 分析铰制孔用螺栓的受力。

(3) 按强度设计铰制孔用螺栓的直径。

(4) 若用普通螺栓，计算螺栓的直径（接合面间的摩擦系数 $f_c=0.2$，可靠系数 $K_s=1.1$）

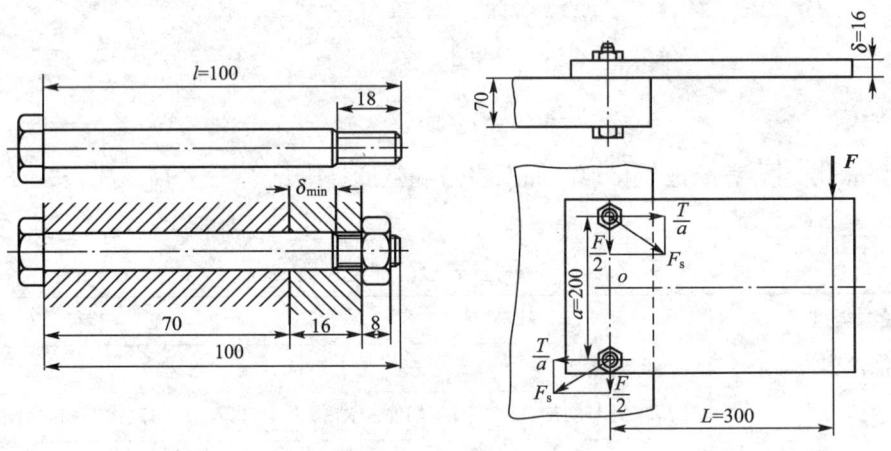

图 5.32 紧螺栓连接

解：(1) 铰制孔用螺栓的失效形式为剪切和挤压失效。

(2) 受力分析：将载荷 F 向形心 O 简化后，得横向力 $F=5000\text{N}$ 和扭矩 $T=1.5\times 10^6\text{N}\cdot\text{mm}$。

横向力 F 作用于每个螺栓的受力为

$$F_F=\frac{F}{2}=2500\text{N}$$

扭矩 T 对每个螺栓产生的横向力为

$$F_T = \frac{T}{a} = 7500\text{N}$$

所以螺栓的最大合力为

$$F_S = \sqrt{F_F^2 + F_T^2} = \sqrt{2500^2 + 7500^2} = 7906\text{N}$$

(3) 计算铰制孔螺栓的直径。

① 先按剪切强度计算螺栓的直径。

螺栓的剪切应力为

$$\tau = \frac{F_S}{\pi/4 \cdot d_0^2} \leqslant [\tau]$$

由式(5-37)和表5-7、表5-8得螺栓许用剪切应力为

$$[\tau] = \frac{\sigma_s}{S} = \frac{240}{2.5} = 96\text{MPa}$$

代入后得

$$d_0 \geqslant \sqrt{\frac{4F_S}{\pi[\tau]}} = \sqrt{\frac{4 \times 7906}{\pi \times 96}} = 10.24\text{mm}$$

粗选 M10 的六角头铰制孔用螺栓，$d_0 = 11$mm，选螺母 M10，螺母厚 $H = 8$mm。根据机架、板厚及螺母 H 选用螺栓总长度 $l = 100$mm（螺纹部分 $l_3 = 18$mm）。

② 再按挤压强度验算螺栓的强度。

根据图5.32的螺栓连接尺寸计算挤压最小高度为

$$\delta_{\min} = 100 - 18 - 70 = 12\text{mm}$$

由式(5-38)和表5-7、表5-8得螺栓许用挤压应力为

$$[\sigma_P] = \frac{\sigma_s}{S_P} = \frac{240}{1.25} = 192\text{MPa}$$

计算挤压应力为

$$\sigma_P = \frac{F_S}{d_0 \delta_{\min}} = \frac{7906}{11 \times 12} = 59.9\text{MPa} < [\sigma_P]$$

(4) 改用普通螺栓时的螺栓直径。

计算在横向力 F_S 作用下的螺栓需要的预紧力为

$$F_0 = \frac{K_S F_S}{f_c} = \frac{1.1 \times 7906}{0.2} = 43483\text{N}$$

采用控制预紧力的方法查表5-8，取安全系数 $S = 1.4$，许用应力为

$$[\sigma] = \frac{\sigma_s}{S} = \frac{240}{1.4} = 171.4\text{MPa}$$

根据紧连接螺栓直径的计算公式(5-24)得

$$d_1 \geqslant \sqrt{\frac{4 \times 1.3 F_0}{\pi[\sigma]}} = \sqrt{\frac{4 \times 1.3 \times 43483}{\pi \times 174.1}} = 20.33\text{mm}$$

查手册选取普通螺栓为 M24，其 $d_1 = 20.752$mm，螺栓直径增加很多。

[例5.2] 如图5.33所示的套筒扳手的手柄部断了，希望修复再利用，设图中拧紧力 $F = 200$N，设选用螺栓的许用应力为 $[\sigma] = 160$MPa，试选择连接用的螺栓尺寸。

解：将扳手力 F 向连接的两螺栓中心简化，如图5.34所示得

横向力为 $F = 200$N

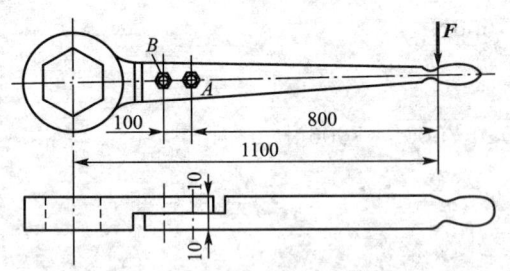

扭矩 $T=850\times F=850\times 200=170000$N
每个螺栓受到的横向力为
$$F_A=F_B=F/2=100\text{N}$$
每个螺栓在扭矩 T 作用下的横向力为
$$F_{TA}=F_{TB}=T/(2\times 50)=1700\text{N}$$
从图 5.34 中可以看出 A 螺栓受力叠加后最大,所以合力为
$$F_{\max}=F_{TA}+F_A=1700+100=1800\text{N}$$

图 5.33 套筒扳手的修复

取连接可靠系数 $K_S=1.2$,连接面间的摩擦系数 $f=0.2$,则
$$F_0 f\geqslant K_S F_{\max}$$
$$F_0\geqslant \frac{K_S F_{\max}}{f}=\frac{1.2\times 1800}{0.2}=10800\text{N}$$

根据紧连接螺栓直径的计算公式(5-24)得
$$d_1\geqslant \sqrt{\frac{5.2F_0}{\pi[\sigma]}}=\sqrt{\frac{5.2\times 10800}{\pi\times 160}}=10.57\text{mm}$$

查手册得 M12 时,$d_1=10.106$mm,M14 时,$d_1=11.835$mm 故选用两个 M14 的普通螺栓。

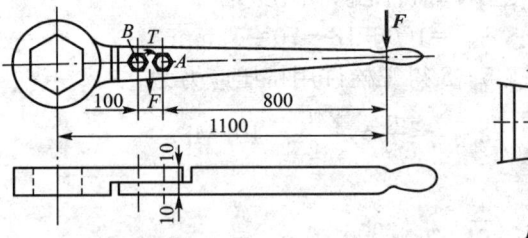
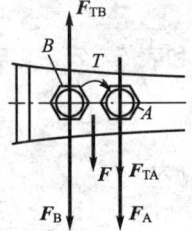

图 5.34 套筒扳手受力分析

[例 5.3] 图 5.35 所示受横向载荷的螺栓连接中采用两个 M20 的螺栓,其许用拉应力 $[\sigma]=160$MPa,被连接件接合面间的摩擦系数 $f_C=0.2$,若考虑摩擦传力的可靠系数 $K_S=1.2$,计算该连接允许传递的静载荷 Q?(M20 小径 $d_1=17.294$mm)

解:螺栓预紧后,接合面所产生的最大摩擦力必须大于或等于横向载荷,假设各螺栓所需预紧力均为 F_0,则必须满足的强度条件为
$$\sigma_{ca}=\frac{4\times 1.3F_0}{\pi d_1^2}\leqslant [\sigma]$$

图 5.35 受横向载荷的螺栓连接

所以
$$F_0\leqslant \frac{\pi d_1^2[\sigma]}{5.2}=\frac{\pi\times 17.294^2\times 160}{5.2}=28910.6\text{N}$$

由摩擦力的平衡条件(摩擦接合面 $m=2$):
$$F_0 f_C mz\geqslant K_S Q$$

得允许的最大载荷为

$$Q \leqslant \frac{F_0 f_C m z}{K_s} = \frac{28910.6 \times 0.2 \times 2 \times 2}{1.2} = 19273.7\text{N}$$

[例 5.4] 如图 5.29 所示,缸径 $D_1=500\text{mm}$,蒸汽压力 $p=1.2\text{MPa}$,螺栓分布圆直径 $D_2=640\text{mm}$。为保证气密性要求,螺栓间距不大于 150mm。试设计此气缸盖螺栓组连接。

解:(1) 确定螺栓数目。

取间距 $t=125\text{mm}$,螺栓个数 $z=\pi D_2/t=\pi \times 640/125=16.09 \approx 16$

(2) 选取螺栓性能等级 6.8 级,材料 45 钢,$\sigma_B=600\text{MPa}$,$\sigma_S=480\text{MPa}$

(3) 计算螺栓载荷。

气缸盖受到的载荷 Q 为

$$Q = \frac{\pi D_1^2}{4} p = \frac{\pi \times 500^2}{4} \times 1.2 = 235619.45\text{N}$$

$$F = \frac{Q}{z} = \frac{235619.45}{16} = 14726.22\text{N}$$

根据气密性要求,取参与预紧力为

$$F_0' = 1.5F$$

所以螺栓总载荷为

$$F_\Sigma = F + F_0' = 2.5F = 2.5 \times 14726.22 = 36815.55\text{N}$$

螺栓许用应力计算:

取安全系数 $S=3$(不控制预紧力):

$$[\sigma] = \sigma_S/S = 480/3 = 160\text{MPa}$$

(4) 计算螺栓的尺寸:

$$d_1 = \sqrt{\frac{5.2 F_\Sigma}{\pi [\sigma]}} = \sqrt{\frac{5.2 \times 36815.55}{\pi \times 160}} = 19.5156\text{mm}$$

选螺栓 M24,查机械手册,$d_1=20.752\text{mm}>19.5156\text{mm}$ 满足要求。

(5) 校核螺栓的疲劳强度。

[例 5.5] 试确定图 5.36 所示普通螺栓组连接中受力最大的螺栓所受的力,并计算螺栓直径(摩擦接合面 $m=1$,摩擦系数 $f_C=0.2$,$[\sigma]=160\text{MPa}$,可靠系数 $K_s=1.2$)。

解:

(1) 将图 5.36 中力 P 向螺栓组的对称中心简化得中心横向力 P 和扭矩 T 如图 5.37 所示,横向力 P 作用在每个螺栓的力为

$$F_1 = P/z = 6000/3 = 2000\text{N}$$

扭矩 T 作用在每个螺栓的力 F_2 计算如下:

$$T = 250P = 250 \times 6000 = 1500000\text{N} \cdot \text{mm}$$

$$r = 125/\cos 30° = 144.3\text{mm}$$

$$F_2 = T/3r = 1500000/(3 \times 144.3) = 3465\text{N}$$

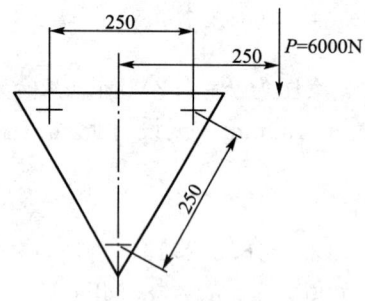
图 5.36 受复合载荷的螺栓连接

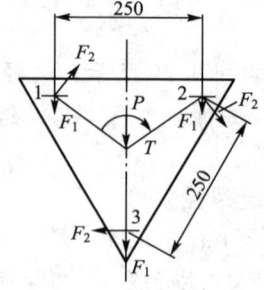
图 5.37 受复合载荷的螺栓连接受力分析

由图 5.37 可知 2 螺栓受到的合成横向力 $F_{\max}$ 最大：

$$F_{\max}=\sqrt{F_1^2+F_2^2+2\times F_1\times F_2\times\cos30°}=5292.4\text{N}$$

（2）计算螺栓直径。

由摩擦力的平衡条件（摩擦接合面 $m=1$）：

$$F_0 f_C m \geqslant K_S F_{\max}$$

$$F_0 \geqslant K_S F_{\max}/f_C m=1.2\times 5292.4/0.2=31754.4\text{N}$$

计算螺栓最小直径为

$$d_1=\sqrt{\frac{5.2F_0}{\pi[\sigma]}}=\sqrt{\frac{5.2\times 31754.4}{\pi\times 160}}=18.12\text{mm}$$

查手册螺栓 M20，$d_1=17.294$mm，M22，$d_1=19.294$mm，所以应选择 M22 的螺栓 3 个。

[**例 5.6**] 如图 5.38 所示为一固定在钢制立柱上的铸铁托架。已知：载荷 $P=4800$N，其作用线与垂直线的夹角 $\alpha=50°$，底板高度 $h=340$mm，宽 $b=150$mm，立柱的屈服极限 $\delta_s=235$MPa，托架的抗拉强度极限 $\delta_B=195$MPa，钢或铸铁零件连接接合面间的摩擦系数 $f=0.15$，螺栓的相对刚度 $k_c=0.2$，取可靠性系数是 $k_S=1.2$，取螺栓连接的许用安全系数 $[s]=1.5$，试设计此螺栓组连接。

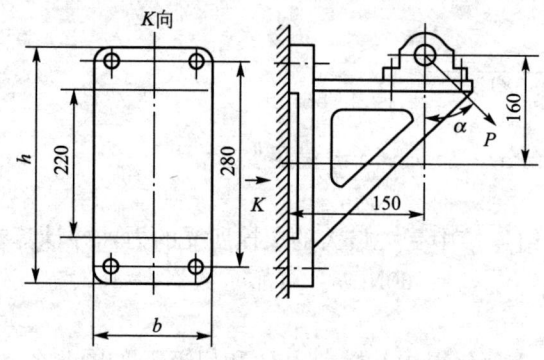
图 5.38 受翻转复合载荷的螺栓连接

解：螺栓受力分析：

将工作载荷 P 向连接板的几何形心简化，可以分别得到轴向力 F_v、横向力 F_H、翻转力矩 M 计算如下：

$$F_v=P\sin\alpha=4800\sin50°=3677\text{N}$$
$$F_H=P\cos\alpha=4800\cos50°=3085\text{N}$$
$$M=F_v\times 160+F_H\times 150=1051070\text{N}\cdot\text{mm}$$

在轴向力 F_v 的作用下，各螺栓所受的工作拉力为

$$F_1=\frac{F_v}{z}=\frac{3677}{4}=919\text{N}$$

在翻转力矩 M 的作用下，上面两螺栓受到加载作用，而下面两螺栓受到减载作用，

故上面的螺栓受力较大,所受载荷为

$$F_2 = \frac{ML_{\max}}{\sum_{i=1}^{z} L_i^2} = \frac{1051070 \times 140}{4 \times 140 \times 140} = 1877\text{N}$$

根据以上分析可见,连接板最上面两螺栓所受的轴向工作拉力为

$$F = F_1 + F_2 = 919 + 1877 = 2796\text{N}$$

在横向力 F_H 的作用下,底板连接接合面可能产生滑移,根据底板接合面不滑移条件,并考虑轴向力 F_v 对预紧力的影响,则各螺栓所需要的预紧力必须满足的条件为

$$f(zF_0 - (1-k_c)F_v) \geqslant k_s F_H$$

其中 $(zF_0 - (1-k_c)F_v)$ 为作用在整个底板上的残余预紧力,计算各螺栓所需要的预紧力为

$$F_0 \geqslant (k_s F_H/f + (1-k_c)F_v)/z = (1.2 \times 3085/0.15 + (1-0.2) \times 3677)/4 = 6905\text{N}$$

确定螺栓所受的总拉力 F_Σ:

$$F_\Sigma = F_0 + K_c F = 6905 + 0.2 \times 2796 = 7464\text{N}$$

确定螺栓直径,选择螺栓强度等级为 4.6 级,可得 $\sigma_s = 240\text{MPa}$,则螺栓材料的许用应力 $[\sigma] = \sigma_s/[s] = 240/1.5 = 160\text{MPa}$。则得所需的螺栓危险剖面的直径为

$$d_1 \geqslant \sqrt{\frac{4 \times 1.3 F_\Sigma}{\pi[\delta]}} = \sqrt{\frac{4 \times 1.3 \times 7464}{\pi \times 160}} = 8.79\text{mm}$$

查手册选用 4 个 M12 的螺栓,其 $d_1 = 10.106\text{mm}$。

5.7 提高螺纹连接强度的措施

螺栓连接强度主要取决于螺栓强度,因此研究影响螺栓强度的因素和提高螺栓强度的措施,对提高连接的可靠性有着重要意义。

影响螺栓强度的因素很多,主要涉及螺纹牙的载荷分配、应力变化幅度、应力集中、附加应力和材料的机械性能等几个方面。

1. 改善螺纹牙上载荷分布不均的现象

不论螺栓连接的具体结构如何,螺栓所受到的总拉力 F_Σ 都是通过螺栓与螺母的螺纹牙面相接触来传递的。由于螺栓和螺母的刚度和变形性质不同,即使制造和装配都很精确,各圈螺纹牙上的受力也是不同的,如图 5.39 所示。试验表明约有 1/3 的载荷集中在螺纹的第一圈。第八圈以后的螺纹几乎不受力,因此采用螺纹圈数较多的加厚螺母,并不能提高螺纹连接强度。

为了改善螺纹牙上的载荷分布不均程度,常采用悬置螺母,减小螺栓旋合段本来受力较大的几圈螺纹牙的受力面或采用钢丝螺套。

图 5.40(a)所示为悬置螺母,螺纹的旋合部分全部受拉,其变形性质与螺栓相同,从而可以减小两者的螺距变化差,使螺纹牙上的载荷分布趋于均匀。

图 5.40(b)所示为环槽螺母,这种结构可以使螺母内缘下端(螺栓旋入端)局部受拉,其作用和悬置螺母相似,但其载荷均匀效果不及悬置螺母。

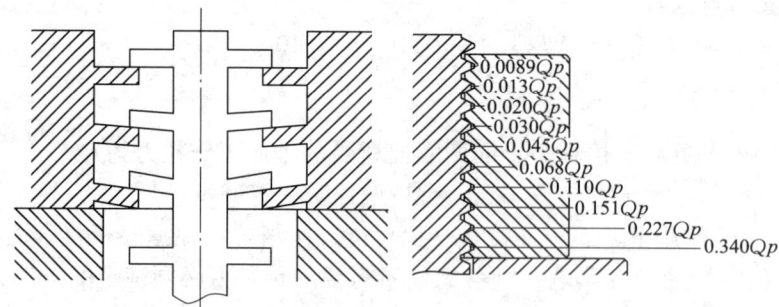

图 5.39　旋合螺纹变形与受力的分布示意图

图 5.40(c)所示为内斜螺母,螺母内缘下端(螺栓旋入端)受力大的几圈螺纹处制成 10°~15°的斜角,使螺栓螺纹牙的受力面由上而下逐渐外移。这样,螺栓旋合段下部的螺纹牙在载荷作用下,容易变形,而载荷将向上转移使载荷分布趋于均匀。

图 5.40(d)所示的螺母结构,兼有环槽螺母与内斜螺母的作用。这些特殊的螺母,由于加工比较复杂,所以只限于重要的大型的连接上用。

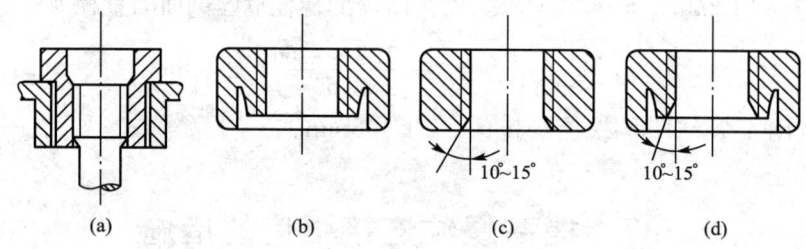

图 5.40　均载螺母结构

图 5.41 所示为钢丝螺套,它主要用来旋合轻合金的螺纹内孔,然后再旋上螺栓。因它具有一定的弹性,可以起到均载作用,再加上它还有减震的作用,故能显著提高螺纹连接的强度。

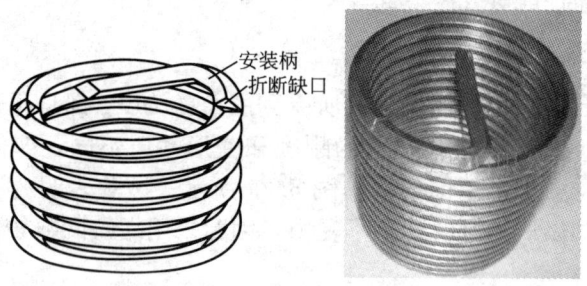

图 5.41　钢丝螺套

2. 减小应力集中的影响

在螺栓头部与螺栓杆交接处、螺纹的收尾、螺栓螺纹与螺母交接处都有应力集中如图 5.42 所示,适当增大圆角半径,可以减小应力集中,使螺栓的疲劳强度提高 30% 左右。

如图 5.43 所示在螺栓头部与螺栓杆交接处增大圆角半径、卸载槽、卸载过渡等措施都是减小应力集中的有效办法。

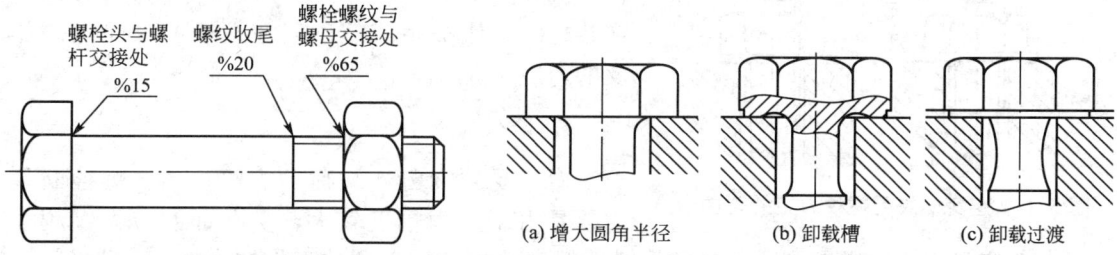

图 5.42 螺栓连接发生应力集中断裂部位

图 5.43 减少应力集中的有效办法

3. 避免附加应力

螺栓的附加应力主要是指弯曲应力。例如，螺栓受到偏心载荷如图 5.44(a)，被连接件与螺母或螺栓头部支承面不平，螺纹孔不正如图 5.44(b)，被连接件因刚度不足如图 5.44(c)等都会造成螺栓杆的附加弯曲应力。

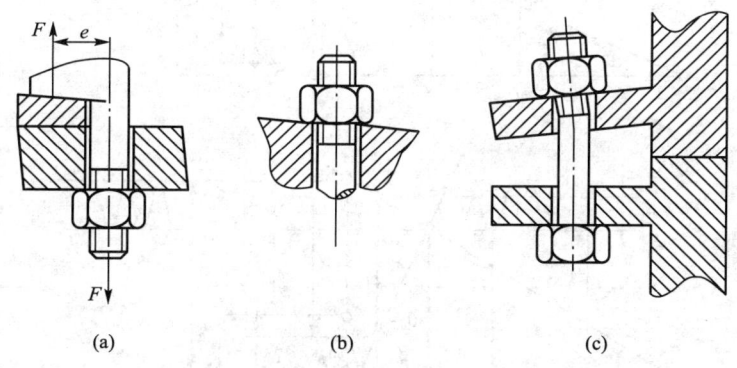

图 5.44 螺栓受附加弯曲应力的示例

避免或减小弯曲应力的结构措施如图 5.45 所示，在工艺上尽可能地保证螺纹孔的轴线与连接各支承面垂直。

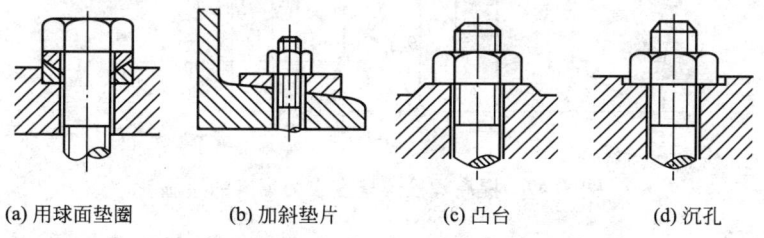

图 5.45 避免或减小弯曲应力的结构措施

4. 改善制造工艺

制造工艺对螺栓的疲劳强度有重要影响。采用冷镦螺栓头部和滚压螺纹；表面硬化工艺：氮化、氰化、碳氮共渗等处理。

此外，在螺纹拧紧时，由螺纹力矩所引起的扭转剪应力也是附加应力的一种形式，在结构上使螺栓不受螺纹力矩的影响的实例有很多种，例如图 5.46 所示对螺栓末端结构稍加改进，在装配时，用扳手或螺丝刀在螺栓的末端加一相反的力矩。

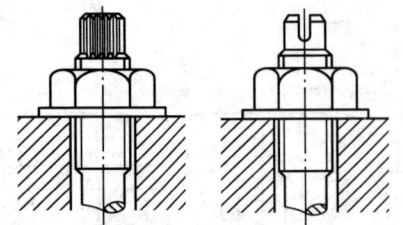

图 5.46 避免螺纹受螺纹力矩的改进措施

5. 降低应力幅

对于受到疲劳变载荷的螺纹连接，螺栓断裂主要是由于应力幅度较大，实践证明应力幅越小螺栓越不容易发生疲劳断裂，连接的可靠性越高。当螺栓受到的工作拉力在 $0 \sim F$ 之间变化时，则螺栓的总拉力在 $F_0 \sim F_\Sigma$ 之间变化。由式(5-29)可知在预紧力 F_0 不变的情况下，减小螺栓刚度 C_1 或者提高被连接件刚度 C_2 均可以达到减小总载荷 F_Σ 变动范围的目的如图 5.47 所示。

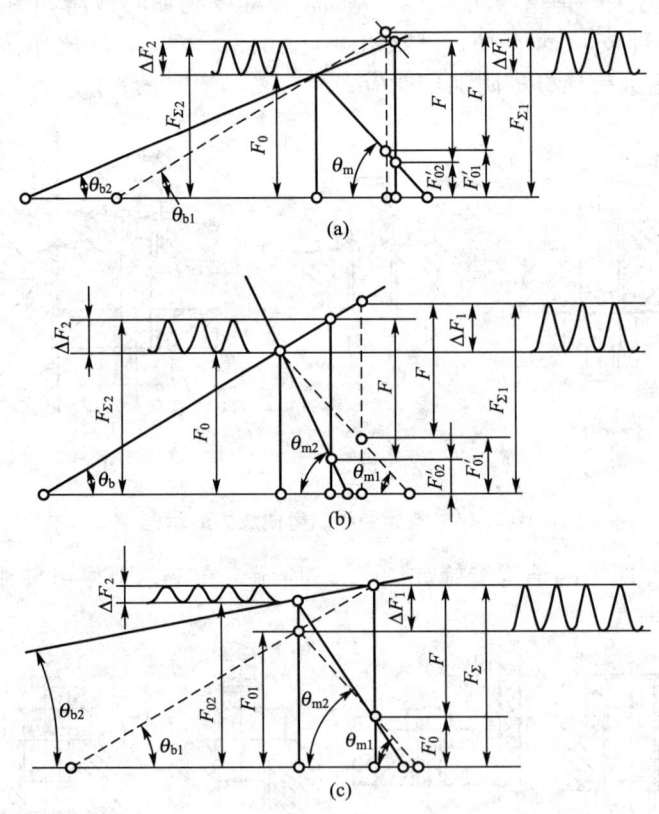

图 5.47 提高螺栓连接变应力强度的措施

在图 5.47(a)中，保持预紧力 F_0 以及外载荷 F 不变的情况下，如果只减小螺栓的刚度 C_1，则残余预紧力 F_0' 会降低，从而降低了连接的紧密性。同样在图 5.47(b)中，保持预紧力 F_0 以及外载荷 F 不变的情况下，如果只增大被连接件的刚度 C_2 则残余预紧力 F_0' 同样降低。因此为了保证不降低连接密封性，在减小螺栓的刚度 C_1 或增大被连接件的刚度 C_2 的同时应当适当增加预紧力 F_0。图 5.47(c)所示为同时减小螺栓刚度 C_1 和

增大被连接件刚度 C_2 时,适当增加预紧力 F_0 的变化情况。

在实际应用中如何降低螺栓刚度已经有很多方法,如图 5.48 所示采用了细腰螺杆或空心螺杆。如果在螺母下面安装了弹性元件(图 5.49),其效果和采用细腰螺杆或空心螺杆相似。

为增大被连接件刚度,可以不用垫片或采用刚度较大的垫片。对于需要保持紧密性的连接,从增大被连接件刚度的角度来看,采用较软的气缸垫片(图 5.50(a))并不合适,应该采用刚度较大的金属垫片。若需要密封元件,则可用密封环(图 5.50(b))代替。

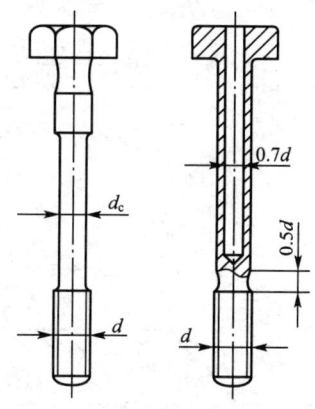

图 5.48 细腰螺杆和空心螺杆

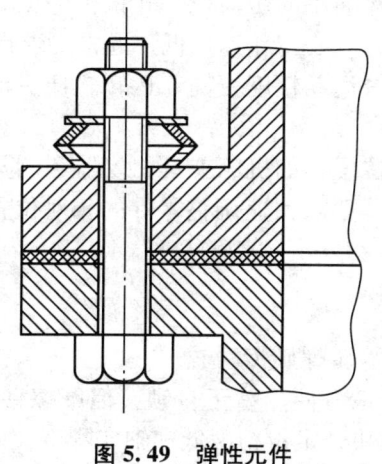

图 5.49 弹性元件

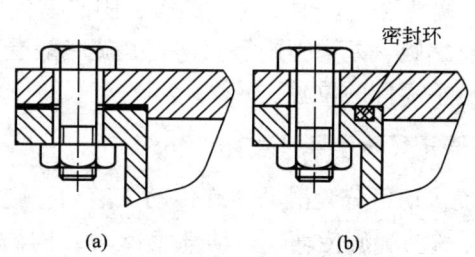

图 5.50 气缸盖的密封

5.8 螺旋传动

螺旋传动是利用螺纹副传递运动和动力的传动,螺旋副是由螺杆(或称丝杠)和螺母组成。主要用于将旋转运动变换为直线运动。也可以将直线运动变换为旋转运动,但效率很低很少采用,螺旋传动应用非常广泛。

5.8.1 螺旋传动的类型和应用

1. 螺旋传动的类型

如图 5.51 所示为各种螺旋传动的类型,其中(a)为螺杆转动并移动;(b)为螺杆转动螺母移动;(c)为螺母转动并移动;(d)为螺母转动螺杆移动。

2. 螺旋副的主要用途

螺旋副主要用于以下几个方面。

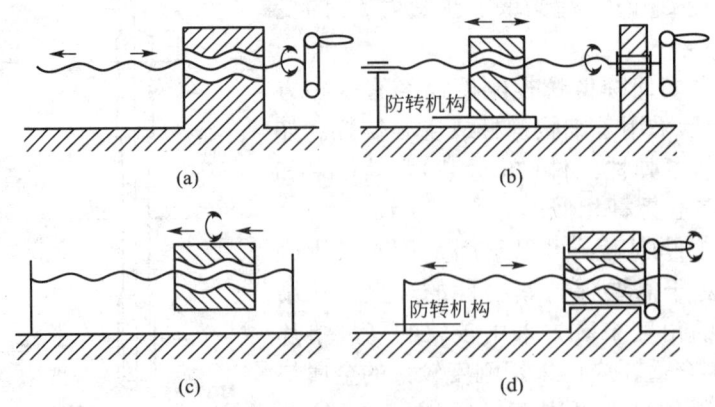

图 5.51 螺旋传动类型

(1) 传递动力,例如起重机构用的螺旋千斤顶、榨油用的压力机、轧钢机的压下螺旋等。这类螺旋主要承受很大的轴向力,一般为间隙性运动,工作速度低,通常要求自锁。

(2) 传递运动,例如机床进给螺旋,这类螺旋要求运动精度较高,运转轻便灵活,能够连续工作,运转速度高,有时也承受较大的轴向力。

(3) 调整螺旋,主要用于调整、固定零件的相对位置,如机床夹具、仪器和测量装置中的调整螺旋、差动螺旋等。这类螺旋一般受力较小,要求快速调整零件的相对位置,或者微量调整零件的位置。

3. 螺旋副的摩擦性质

螺旋传动可分为滑动螺旋传动、滚动螺旋传动和静压螺旋传动。

(1) 滑动螺旋传动,滑动螺旋传动结构简单、加工方便、易于自锁,但摩擦系数大、传动效率低(通常为30%~40%)、有侧向间隙、磨损快、定位精度低和轴向刚度较差。主要应用于螺旋千斤顶,螺旋压力机,金属切削机床的进给螺旋、分度机构和螺旋测微仪等。

(2) 滚动螺旋传动,在滚动螺旋螺杆和旋合螺母的螺纹滚道之间置有可滚动的钢球。当螺杆或螺母转动时,滚动体在螺纹滚道内滚动,将螺旋副的滑动摩擦变为滚动摩擦。滚动螺旋传动的摩擦阻力小、传动效率高(一般大于90%)、运转灵活、但结构复杂、成本高。主要应用场合为:加工中心内的传动机构、数控机床、测试机构的进给螺旋,起重机构、汽车转向器机构的传力螺旋,飞机、导弹、船舶等自控系统的传动螺旋等。

(3) 静压螺旋传动,静压螺旋传动在螺旋副中注入压力油并形成压力油膜,可使螺杆与螺母的螺纹牙表面分开。由于摩擦为油分子之间的摩擦,所以摩擦阻力特别小、传动效率高达99%、工作寿命长,但是结构复杂、制造成本高,需要一套压力稳定、温度恒定和能精细过滤的供油系统。主要用于精密机床的进给、分度机构。

5.8.2 滑动螺旋传动的设计与计算

滑动螺旋的受力状况如图 5.52 所示。滑动螺旋副的失效形式主要是螺纹牙面的磨损,因此通常根据耐磨性计算确定螺杆直径和螺母的高度。

传动螺旋的螺杆承受轴向力和转矩的联合作用，还可能出现断裂，需要校核螺杆危险截面在复合压力下的强度。在轴向力的作用下螺纹牙还可能出现剪切破坏或弯曲破坏，应校核螺纹牙的抗剪、抗弯强度。长径比较大的受压螺杆有可能产生侧弯而失稳，所以应校核其稳定性。高速转动的细长螺杆还可以发生横向振动，应校核螺杆的临界转速。另外要求自锁的螺旋应校核其自锁性。精密传导螺旋应校核螺杆的刚度，其直径大小常由刚度条件决定。设计时应根据螺旋传动的类型、工作要求及失效形式等选择不同的设计方法。

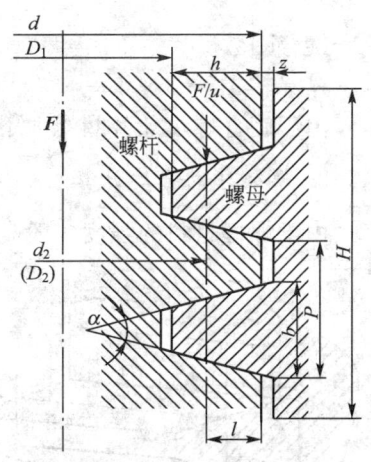

图 5.52 滑动螺旋副的受力

1. 耐磨性计算

一般螺母选用的材料比螺杆的材料软，滑动螺旋的磨损主要发生在螺母的螺纹牙表面。磨损与螺纹工作面的压力、滑动速度、表面粗糙度以及润滑状态等有关，其中以压力对磨损的影响最大。因此，进行耐磨性计算主要是限制螺纹工作面上的压力 p，使之不会超过配置材料的许用压力 $[p]$。若把旋合螺母上的一圈螺纹牙展开，它相当于根部宽度为 πD_2 的悬臂梁，如图 5.53。设轴向推力为 F，旋合圈数 $z=H/P$（H 为螺母的旋合高度，P 为螺距），则该悬臂梁上的载荷为 F/z。假设载荷均匀分布在工作牙面上，于是耐磨性校核计算式为

$$p=\frac{F}{A}=\frac{F}{\pi D_2 h z}=\frac{FP}{\pi D_2 h H}\leqslant [p] \tag{5-40}$$

令 $\psi=H/D_2$，代入式(5-40)并整理后得

$$D_2 \geqslant \sqrt{\frac{FP}{\pi h \psi [p]}} \tag{5-41}$$

式中，D_2 为螺纹中径；h 为螺纹工作高度；$[p]$ 为许用压力（表 5-10）。

表 5-10 滑动螺旋副材料的许用压力 $[p]$ 和摩擦系数 f

螺杆-螺母的材料	钢-青铜				淬火钢-青铜	钢-铸铁		钢-耐磨铸铁	钢-钢
滑动速度 $v/(\text{m/min})$	低速	≤3.0	6～12	>15	6～12	≤2.4	6～12	6～12	低速
许用压力 $[p]/\text{MPa}$	18～25	11～18	7～10	1～2	10～13	13～18	4～7	6～8	7.5～13
摩擦系数 f	0.08～0.10				0.06～0.08	0.12～0.15		0.10～0.12	0.11～0.17

矩形螺纹和梯形螺纹，取 $h=0.5P$；锯齿形螺纹，取 $h=0.75P$。ψ 越大螺纹旋合圈数越多，载荷分布越不均匀。对整体螺母，磨损后间隙不能调整，宜取 $\psi=1.2\sim1.5$；对剖分螺母，取 $\psi=2.5\sim3.5$；对传动精度较高、要求寿命较长时，允许取 $\psi=4.0$。

根据公式求得的 d_2，应按标准选取相应的标准直径 d 和螺距 P。

根据螺纹中径 d_2 计算螺母高度的计算公式为

$$H = \psi / d_2$$

旋合圈数

$$z = H/P$$

由于旋合螺纹牙各圈受力不均,圈数 z 不宜大于 10~12 圈。

2. 螺纹牙的强度计算

由于螺杆材料的强度一般高于螺母,通常只需计算螺母螺纹牙的强度。设螺杆受到的轴向载荷为 F,旋合圈数为 z,假设螺纹的各圈受载相等,均为 F/z。和耐磨性计算一样,将螺纹牙看作根部宽度为 πD 的悬臂梁(图 5.53),视载荷为作用于牙工作面中线上的集中力,于是,螺纹牙的抗剪强度校核式为

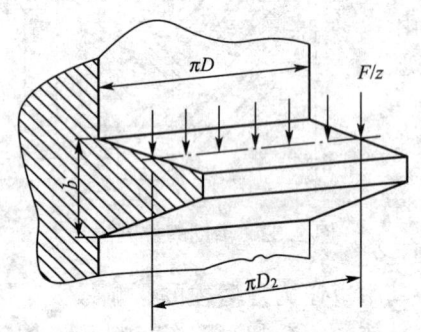

图 5.53 螺母螺纹展开后的受力

$$\tau = \frac{F/z}{\pi D b} = \frac{F}{\pi D b z} \leqslant [\tau] \tag{5-42}$$

抗弯强度校核式为

$$\sigma_b = \frac{M}{W} = \frac{\frac{F}{z} \cdot \frac{h}{2}}{\pi D b^2 / 6} = \frac{3Fh}{\pi D b^2 z} \leqslant [\sigma_b] \tag{5-43}$$

式中,b 为螺纹牙根部的厚度。矩形螺纹 $b = 0.5P$,梯形螺纹 $b = 0.65P$,30°锯齿形螺纹 $b = 0.75P$;$[\tau]$ 为螺母材料的许用剪切应力 $[\sigma_b]$ 为螺母材料的许用弯曲应力。

3. 螺杆强度校核

受力较大的螺杆需要进行强度校核。螺杆工作时受轴向力和扭矩的作用,螺杆危险截面既有轴向应力又有扭转剪应力。按照第四强度理论计算螺杆危险截面上的当量应力为

$$\sigma_{ca} = \sqrt{\sigma^2 + 3\tau^2} = \sqrt{\left(\frac{4F}{\pi d_1^2}\right)^2 + 3\left(\frac{T}{0.2 d_1^3}\right)^2} \leqslant [\sigma] \tag{5-44}$$

式中,T 为螺杆所受的扭矩,$T = F d_2 \tan(\lambda + \varphi_v)/2$,N·mm;$[\sigma]$ 为螺杆材料的许用应力,MPa,需要时查设计手册。

4. 螺杆的稳定性校核

对长径比较大的螺杆,需要进行压杆稳定性校核,校核公式为

$$\frac{F_{cr}}{F} = 2.5 \sim 4 \tag{5-45}$$

式中,F_{cr} 为螺杆的稳定临界载荷,N;F 为螺杆所受的工作压力,N。

记 I 为螺杆危险截面的轴惯性矩 $I = \frac{\pi d_1^4}{64}$;i 为危险截面的惯性半径 $i = \sqrt{I/A} = d_1/4$,单位为 mm;A 为螺杆危险截面面积 $A = \pi d_1^2 / 4$;μ 为长度系数,与螺杆两端支承形式有关,见表 5-11。

对于 $\mu l / i \geqslant 90$ 的未淬火钢和 $\mu l / i \geqslant 85$ 的淬火钢

$$F_{cr} = \frac{\pi^2 EI}{(\mu l)^2} \tag{5-46}$$

式中,E 为螺杆材料的弹性模量,MPa;l 为螺杆的最大受压长度,mm。

对于 $\mu l/i < 90$ 时的未淬火钢

$$F_{cr} = \frac{340 i^2}{i^2 + 0.00013(\mu l)^2} \frac{\pi d_1^2}{4} \qquad (5-47)$$

对于 $\mu l/i < 85$ 时的淬火钢

$$F_{cr} = \frac{480 i^2}{i^2 + 0.0002(\mu l)^2} \frac{\pi d_1^2}{4} \qquad (5-48)$$

当 $\mu l/i < 40$ 时，不必进行稳定性计算。

表 5-11 长度系数

螺杆端部结构	长度系数 μ
两端固定	0.5
一端固定、一端不完全固定	0.6
一端固定、一端铰支	0.7
两端铰支	1.0
一端固定、一端自由	2.0

注：采用滑动支承（d_0 为轴承孔直径，B 为轴承宽度）：$\frac{B}{d_0} < 1.5$ 为铰支，$\frac{B}{d_0} = 1.5 \sim 3$ 为不完全固定，$\frac{B}{d_0} > 3$ 为固定端；采用滚动支承：只有径向约束为铰支，径向与轴向均有约束为固定端。

5. 螺纹副自锁条件校核

有自锁性要求的螺旋副，螺纹的升角应满足

$$\lambda = \arctan \frac{nP}{\pi d_2} \leqslant \varphi_v \qquad (5-49)$$

式中，φ_v 为当量摩擦角，$\varphi_v = \arctan(f/\cos\beta)$；$f$ 为螺纹副的摩擦系数，见表 5-10；β 为螺纹牙形半角。

5.8.3 滚动螺旋副-滚珠丝杠

1. 滚动螺旋副的结构类型和特点

滚动螺旋传动又称滚珠丝杠传动或滚动螺旋副，其结构如图 5.54 所示。滚动螺旋副的螺杆和旋合螺母的螺纹构成钢球的滚道，滚道内的钢球使螺纹间形成滚动摩擦。滚道的法截面形状有矩形、单圆弧形和双圆弧形。

当螺杆或螺母回转时，钢球依次沿螺纹滚道滚动，螺母螺纹的钢球出口和进口用导路连接起来，通过导路使钢球连续循环运动。按钢球循环方式不同，滚动螺旋传动可分为内循环（图 5.54(a)）和外循环（图 5.54(b)）两种。内循环的螺母上开有侧孔，孔内镶有反向器，把相邻滚道连接起来，钢球从螺纹滚道进入反向器，越过螺杆牙顶，返回相邻螺纹滚道，形成循环回路。这种循环方式特点是螺母径向尺寸小，钢球循环通道短，有利于减少钢球数量，减小摩擦损失，提高传动效率。但反向器回行槽加工要求高，不宜承受重载；外循环的导路为回球槽或导管，螺母的结构简单，加工较方便，但径向尺寸较大。螺母一般以 3～5 圈螺纹为宜，圈数过多受力不均，不能提高承载能力。

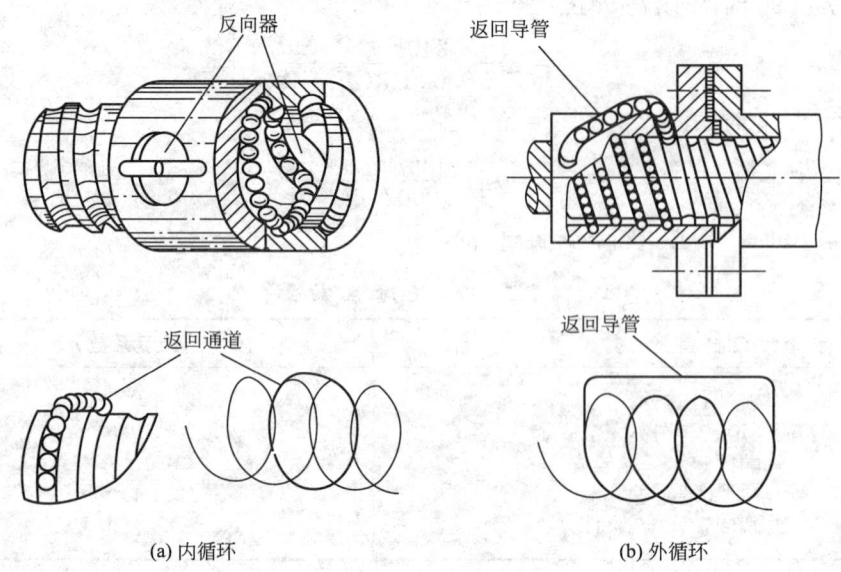

图 5.54 滚动螺旋传动

滚动螺旋通常采用双螺母结构以调整间隙,并可施加预紧力(预紧是指通过预加载荷最大限度地消除弹性变形,使它在过盈的条件下工作)。施加预紧力消除间隙时,应注意预紧力的大小,预紧力过大螺旋的摩擦转矩大,转动不灵活,效率低。预紧力太小,则螺旋刚度不够,受载后螺旋传动仍有空程。按消除轴向间隙和调整预紧方法不同,滚动螺旋有双螺母螺纹预紧(图 5.55(a))和双螺母垫片预紧(图 5.55(b))。

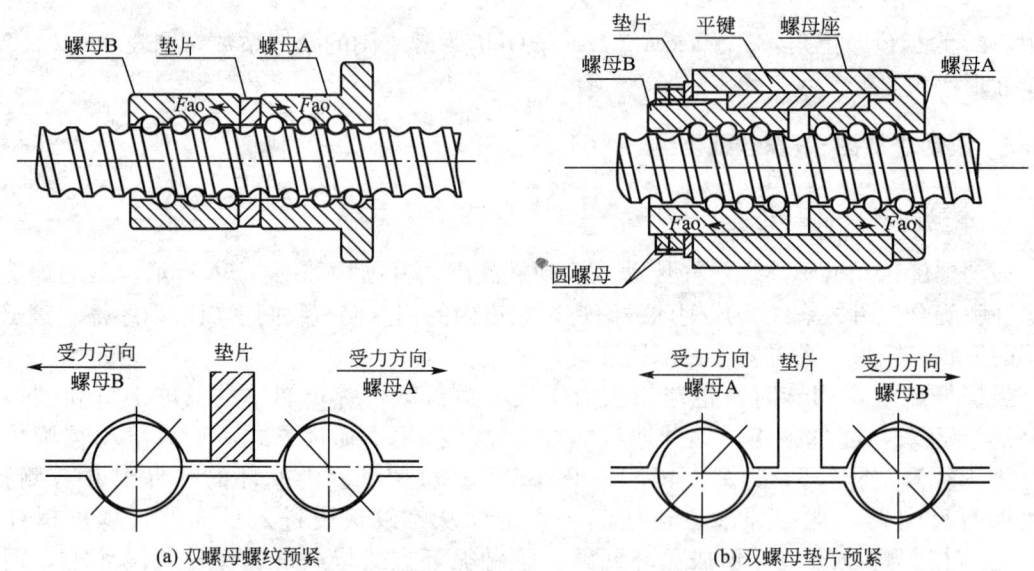

图 5.55 双螺母通知结构

滚动螺旋传动的优点是传动效率高、起动力矩小、运转灵活、工作平稳和寿命长,缺点是结构复杂、刚性和抗振性较差、不能自锁,需要防逆转装置。

2. 滚动螺旋副的主要参数和标注方法

滚动螺旋的主要参数包括精度等级、标称直径、导程、钢球直径、螺纹旋向和负载钢球的圈数等。GB/T 17587.3—1998 规定了 7 个精度等级，即 1、2、3、4、5、7、10 级，从 1 到 10 级依次降低，数控机床和精密机械可选用 2、3 级精度。

滚动螺旋副是根据其结构、规格、精度等级和螺纹旋向等特征，用代号和数字组成型号标注的。图 5.56 为滚珠丝杠特征代号的表示方法，螺旋副标注的特征代号见表 5-12。

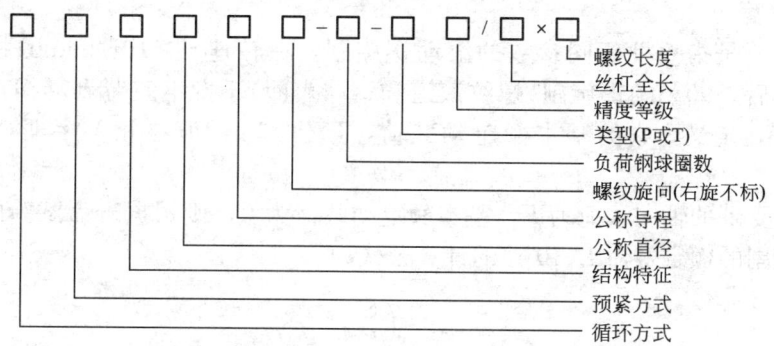

图 5.56 滚珠丝杠特征代号的表示方法

表 5-12 滚动螺旋副标注的特征代号

特	征	代号	特	征	代号
钢球循环方式	内循环	反向器浮动式	F	结构特征	导球管埋入式	M
		反向器固定式	G		导球管突出式	T
	外循环	插管式	C	螺纹旋向	右旋	不标
预紧方式	单螺母	无预紧	W		左旋	LH
		变导程自锁紧	B	负荷钢球圈数		圈数
		增大钢球直径预紧	Z			
	双螺母	垫片预紧	D	类型	定位滚动螺旋副	P
		齿差预紧	C		传动滚动螺旋副	T
		圆螺母预紧	L	精度等级		级别

示例：CDM5010-3-P3/1500×1200，C 表示为外循环插管式、D 表示双螺母垫片预紧、M 表示导珠管埋入式的滚珠丝杆副，公称直径为 50mm，基本导程为 10mm，旋向为右旋(不标)，负荷钢球圈数为 3 圈，定位滚珠丝杠副类型为 P，精度等级为 3 级，丝杠全长 1500mm，丝杠螺纹长度 1200mm。

3. 滚动螺旋副的选用计算

滚动螺旋副是由专业厂家制造的，选用时可根据工作条件选择适当的类型。选用计算包括螺旋副寿命计算、静载荷计算、螺杆强度计算、螺杆稳定性计算、横向振动计算和驱动转矩计算等。

滚动螺旋副静止或低速工作时,应按额定静载荷选择尺寸;中速工作时(大于10r/min)应按寿命和额定静载荷两种方式确定尺寸;高转速下工作时,应按寿命条件选择尺寸,并校核其载荷是否超过额定静载荷。

1) 失效形式

在载荷作用下钢球与螺纹滚道接触处将产生接触应力,当螺母或螺杆相对转动时,螺纹滚道和钢球表面上的接触应力为脉动循环应力,应力多次作用后将导致滚道或钢球表面疲劳剥落。疲劳剥落是滚动螺旋主要的正常失效形式。

2) 寿命计算

额定动载荷是指一批相同参数的滚动螺旋副,在转速 $n \geqslant 10\text{r/min}$ 的相同工作条件下运转 10^6 转后,90%的螺旋副(螺纹滚道和钢球表面)不发生疲劳剥落损伤所能承受的最大轴向载荷,定义为它的基本额定动载荷,记作 C。C 值在相关手册或工厂样本中给出。

设螺旋副受到的轴向载荷为 F,基本额定动载荷为 C,则根据寿命试验曲线的拟合公式,滚动螺旋副的额定寿命 $L(10^6 \text{r})$ 的计算公式为

$$L = \left(\frac{C}{F}\right)^3 \tag{5-50}$$

实际中常用小时表示额定寿命,若 n(单位:r/min)表示螺杆转速,考虑载荷情况及螺旋副材料硬度,式(5-50)改写为

$$L_h = \frac{10^6}{60n} \left(\frac{C}{K_F K_H F}\right)^3 \tag{5-51}$$

式中,L_h 为工作小时数;K_F 为载荷系数,见表5-13;K_H 为硬度影响系数,见表5-14。

各种机械对滚动螺旋副寿命的要求见表5-15。

表5-13 载荷系数 K_F

载荷性质	平稳或轻微冲击	中等冲击	较大冲击或振动
K_F	1.0~1.2	1.2~1.5	1.5~2.5

表5-14 硬度影响系数 K_H、K_H'

硬度/HRC	≥58	55	52.5	50	47.5	45	40
K_H	1.0	1.11	1.35	1.56	1.92	2.40	3.85
K_H'	1.0	1.11	1.40	1.67	2.10	2.65	4.50

表5-15 各种机械要求的滚动螺旋副寿命

机械种类	普通机械	普通金属切削机床	测试仪器	数控机床、精密机械	航空机械
L_h/h	5000~10000	10000		15000	1000

3) 静载荷计算

额定静载荷是指把滚动螺旋副在静态或低转速($n \leqslant 10\text{r/min}$)条件下,受接触应力最大

的钢球和滚道接触面间产生的塑性变形量之和达到钢球直径的 $1/10^4$ 时的最大轴向载荷，定义为它的额定静载荷 C_0。C_0 值在相关手册或工厂样本中给出。静载荷计算公式为

$$C_0 \geqslant K_F K_H' F \tag{5-52}$$

式中，K_F 为载荷系数，见表 5-13；K_H' 为硬度影响系数，见表 5-14。

螺杆强度计算、螺杆稳定性计算、横向振动计算和驱动转矩计算等可根据工作机类别和实际需要进行选择计算，计算方法请参照机械设计手册。

习 题

5.1 螺纹副的材料有哪些？选用螺栓材料时主要应考虑哪些问题？

5.2 松螺栓连接和紧螺栓连接的区别是什么？计算中应如何考虑这些区别？

5.3 拧紧螺母时，拧紧力矩需要克服哪些摩擦阻力矩？这时螺栓和被连接件各受什么载荷作用？

5.4 实际应用中绝大多数螺纹连接都要预紧，试问预紧的目的是什么？

5.5 螺纹连接松脱的原因是什么？试按 3 类防松原理举例说明螺纹连接的各种防松措施。

5.6 对于常用的普通螺栓，预紧后螺栓承受拉伸和扭转的复合应力，但是为什么只要将轴向拉力增大 30% 就可以按纯拉伸计算螺栓的强度？

5.7 对于受变载荷作用的螺栓，可以采取哪些措施来减小螺栓的应力幅？

5.8 为什么对于重要的螺栓连接要控制螺栓的预紧力 F_0？预紧力 F_0 的大小由哪些条件决定？控制预紧力的方法有哪些？

5.9 螺纹连接的效率与哪些因素有关？在设计普通螺纹连接时，什么时候用粗牙螺纹连接？什么时候用细牙螺纹连接？

5.10 普通螺栓、螺钉和双头螺柱分别用于什么场所？如何在螺纹连接的结构设计中防止螺栓受偏心载荷？

5.11 承受横向工作载荷的普通螺栓组与承受轴向工作载荷的普通螺栓组的连接设计过程有什么区别？

5.12 图 5.57(a)、(b)和(c)表示 3 种被连接件结构，材料均为铸铁，其形状和相关尺寸如图所示，图(c)用于经常拆卸的场合，欲用 M12 的螺纹连接件连接，采用弹簧垫圈防松。请确定连接类型，从标准中查出所用螺纹连接件(包括弹簧垫圈)的尺寸，画出正确的连接结构。

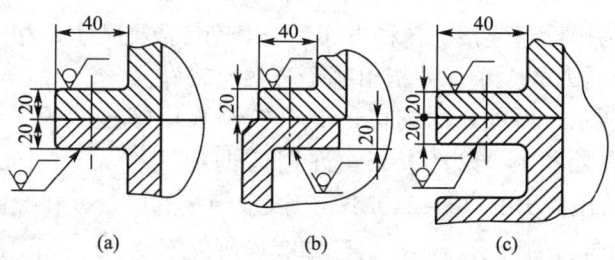

图 5.57 被连接件结构

5.13 图 5.58 所示的两根梁用 8 个 4.6 级普通螺栓与两块钢盖板相连接,梁受到的拉力 $F=28$kN,摩擦系数 $f=0.2$,控制预紧力,试确定螺栓的直径。

5.14 图 5.59 为一刚性凸缘联轴器,材料为 HT100。凸缘之间用铰制孔用螺栓连接,螺栓数目为 8,无螺纹部分直径 $d_0=17$mm,材料强度等级为 8.8。试计算联轴器能传递的转矩。若欲采用普通螺栓连接且有同样的转矩,请确定螺栓直径。

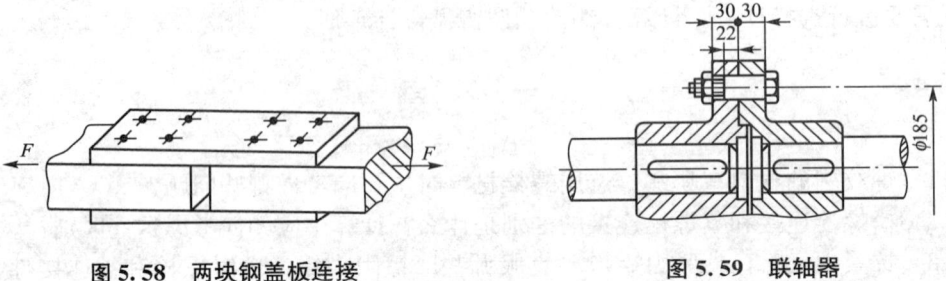

图 5.58 两块钢盖板连接   图 5.59 联轴器

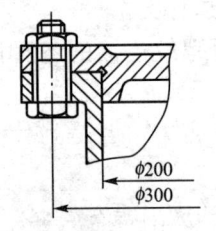

图 5.60 气缸盖的连接

5.15 图 5.60 为一发动机的气缸和气缸盖的连接结构。已知气缸内压力在 $0\sim 1$MPa 变化,螺栓弧线距离不得大于 160mm,试确定螺栓的数目与直径。

5.16 图 5.61 为起重卷筒与大齿轮间用双头螺柱连接,起重钢索拉力 $F_0=50$kN,卷筒直径 $D=400$mm,8 个螺栓均匀分布在直径 $D_0=500$mm 圆周上,螺栓性能等级 4.6 级,接合面摩擦因子 $f=0.12$,可靠度系数 $K_f=1.2$。试确定双头螺柱的直径。

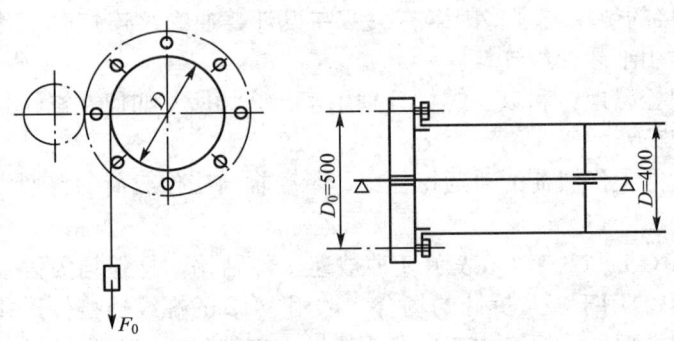

图 5.61 起重卷筒螺栓连接

5.17 图 5.62 为螺栓组连接的 3 种方案,外载荷 F_R 及尺寸 L 相同,试分析确定各方案中受力最大螺栓所受力的大小,并指出哪个方案比较好。

5.18 图 5.63 所示,厚度 δ 的钢板用 3 个铰制孔用螺栓紧固于 18 号槽钢上,已知 $F_Q=9$kN,钢板及螺栓材料均为 Q235,许用弯曲应力 $[\sigma_b]=158$MPa,许用切应力 $[\tau]=98$MPa,许用挤压应力 $[\sigma_p]=240$MPa。试求钢板的厚度 δ 和螺栓的尺寸。

5.19 有一受轴向力的紧螺栓连接,已知螺栓刚度 $C_1=0.5\times 10^6$N/mm,被连接件刚度 $C_2=10^6$N/mm,预紧力 $F_0=9000$N,螺栓所受工作载荷 $F=5400$N。要求:

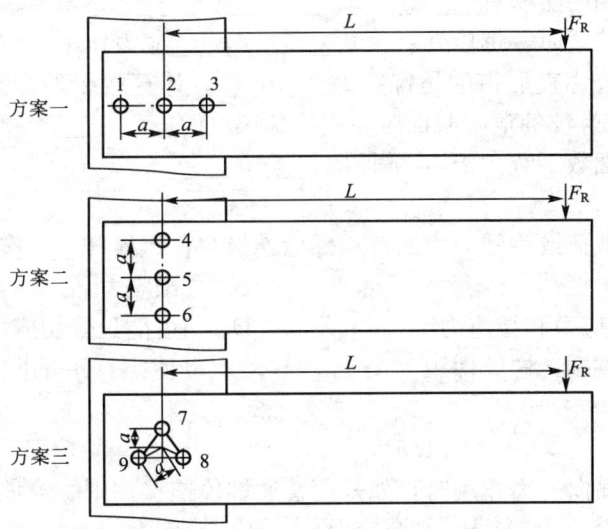

图 5.62 螺栓组连接的 3 种方案

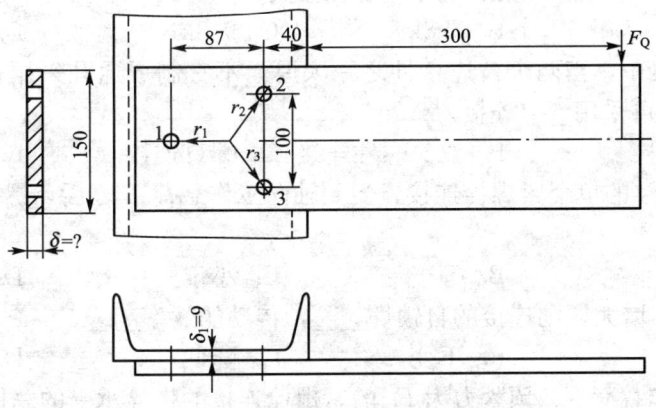

图 5.63 铰制孔用螺栓连接

(1) 按比例画出螺栓与被连接件的受力与变形关系线图；
(2) 在图上量出螺栓所受总拉力 F_Σ 及剩余预紧力 F_0'，并用计算法验证；
(3) 若工作载荷在 0～5400N 之间变化，螺栓危险剖面的面积为 110mm²，求螺栓的应力幅。

模 拟 试 题

一、填空题

1. 有一受轴向载荷的紧螺栓连接，所受的预紧力 $F_0=6000\text{N}$，工作时所受轴向工作载荷 $F=3000\text{N}$，螺栓的相对刚度 $\dfrac{C_b}{C_b+C_m}=0.2$，则该螺栓所受的总拉力 $F_\Sigma=$ _____。

2. 螺纹连接主要有 _____、_____、_____、紧定螺钉连接 4 种基本形式。

3. 螺纹连接常用的防松有_____、_____、_____ 3种。
4. 紧螺栓连接拧紧时，螺栓受_____和_____应力作用。
5. 普通螺纹的公称直径指的是螺纹的_____，计算螺纹的摩擦力矩时使用的是螺纹的_____，计算螺纹的危险截面时使用的是螺纹的_____。
6. 螺母的螺纹圈数不宜大于10的原因是_____。

二、选择题

1. 在承受横向载荷或旋转力矩的普通螺栓连接中，螺栓杆____作用。
   A. 受切向力　　　　　　　　B. 受拉应力
   C. 受扭转切应力和拉应力　　D. 即可能只受切应力又可能只受拉应力
2. 有一双线螺纹副，螺纹螺距为 2mm，转动螺母使螺杆沿轴向移动 18mm，则螺母应转____圈。
   A. 9　　　　　B. 4.5　　　　　C. 5　　　　　D. 4
3. 被连接件受横向外力作用时，如采用普通螺栓连接，则螺栓危险截面应为____。
   A. 剪应力　　　B. 复合应力　　　C. 拉应力
4. 用螺栓连接压力容器的缸盖与缸座，已知每个螺栓的轴向载荷为 3kN，预紧力为 5kN，残余预紧力 4.8kN，则螺栓的总工作拉力为____。
   A. 8kN　　　　B. 7.8kN　　　　C. 9.8kN　　　　D. 12.8kN
5. 在螺纹连接中，当两个被连接件之一太厚，不宜制成通孔采用普通螺栓连接且需经常拆卸时，往往可采用____连接。
   A. 螺栓连接　　B. 双头螺柱连接　C. 螺钉连接　　D. 紧定螺钉连接
6. 预紧力为 F_0 的单个紧螺栓连接，受到轴向工作载荷 F 之后，螺栓杆受到的总载荷 F_2 ____ F_0+F。
   A. 大于　　　　B. 等于　　　　C. 小于　　　　D. 无法确定
7. 螺纹升角 λ 增大，则连接的自锁性____，传动的效率____。
   A. 提高　　　　B. 不变　　　　C. 降低　　　　D. 无法确定
8. 受轴向工作载荷 F、预紧力为 F_0 的紧螺栓连接的螺栓承受的总拉力 F_2 等于____。
   A. $F+F_0$　　　　　　　　　B. $\frac{1}{2}(F+F_0)$
   C. $F+F_0'$（F_0'为残余预紧力）　D. $F_0+(1-k_C)F$
9. 当螺纹公称直径、牙型角、螺纹线数相同时，细牙螺纹的自锁性能比粗牙螺纹的自锁性能____。
   A. 好　　　　　B. 差　　　　　C. 相同　　　　D. 不一定
10. 用于连接的螺纹的螺纹牙型为三角形，这是因为三角形螺纹____。
    A. 牙根强度高　自锁性能好　　B. 传动效率高
    C. 防振性能好　　　　　　　　D. 自锁性能差

三、是非题

1. 在紧螺栓连接强度计算公式中，系数 1.3 是为了考虑螺母与被连接件间压力的影响。（　　）
2. 紧螺栓连接是指在受到工作载荷作用前螺栓上就已受到较大的轴向拉力作用的连接。（　　）

3. 在紧螺栓连接强度计算公式中,系数 1.3 是为了考虑扭矩的影响。(　　)
4. 在承受横向载荷的普通螺栓连接中,螺栓杆受切应力作用。(　　)
5. 受横向载荷的受拉螺栓用摩擦力承受横向载荷。(　　)
6. 受横向载荷的普通螺栓连接,螺栓受剪应力。(　　)
7. 同一公称直径的普通螺纹,粗牙螺杆的强度比细牙要高些,故粗牙的自锁性比细牙好些。(　　)

第6章

键、花键、无键连接和销连接

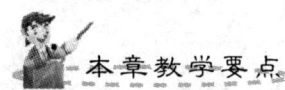 本章教学要点

知识要点	掌握程度	相关知识
键连接的功用、主要类型和应用特点	了解键连接的功用、主要类型和应用特点	平键连接、半圆键连接、楔键连接、切向键连接
键的选择及强度计算	掌握键的类型选择、键的尺寸选择以及平键连接的强度计算，了解半圆键及切向键的强度计算	键的类型选择及键的尺寸选择，平键连接、半圆键连接及切向键连接的强度计算
花键连接的类型、特点及应用，花键的选择及强度计算	了解花键连接的类型、特点及应用，掌握花键连接的强度计算	花键连接的类型、特点及应用，花键连接的强度计算
过盈配合连接、型面连接及涨紧连接	掌握过盈配合连接，了解型面连接及胀紧连接	过盈配合连接的特点、应用，过盈配合连接的装拆，过盈连接的设计计算以及提高过盈连接承载能力的措施
销连接的类型、特点及应用	了解销连接的类型、特点及应用	销连接的作用：定位、连接、安全保护，销连接的类型

导入案例

键连接、花键连接、无键连接以及销连接主要是实现轴及轴上零件的周向固定并传递转矩。其中销还可以用来固定零件的相互位置以及作为安全元件使用。

如图 6.1 所示，用联轴器连接两轴时，两半联轴器与轴采用键连接，传递扭矩。而两半联轴器则是通过销连接或者螺栓连接传递扭矩。

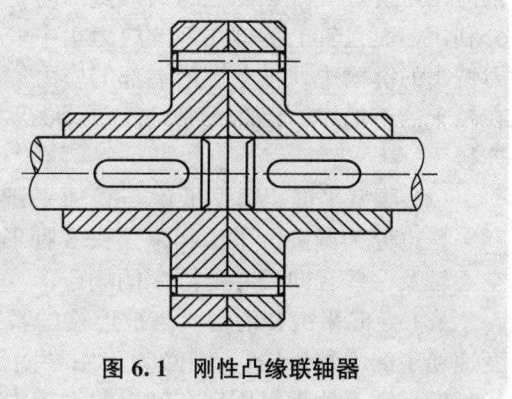

图 6.1 刚性凸缘联轴器

6.1 键 连 接

键是一种标准件，主要用来实现轴与轴上零件间的周向固定并传递转矩，其中有些类型的键还能实现轴上零件的轴向固定或轴向滑动及导向作用。

键连接分为平键连接、半圆键连接、楔键连接和切向键连接等 4 类。

6.1.1 键连接的类型、特点及应用

1. 平键连接

普通平键连接如图 6.2(a)所示。键的两侧面是工作面，工作时靠键与键槽侧面的挤压来传递扭矩，故键宽与键槽需配合。键的上表面与轮毂的键槽底面之间则有间隙。平键连接具有结构简单、装拆方便、对中性较好等优点，因而得到了广泛应用。这种键连接不能承受轴向载荷。因而对轴上零件不能起到轴向固定的作用。

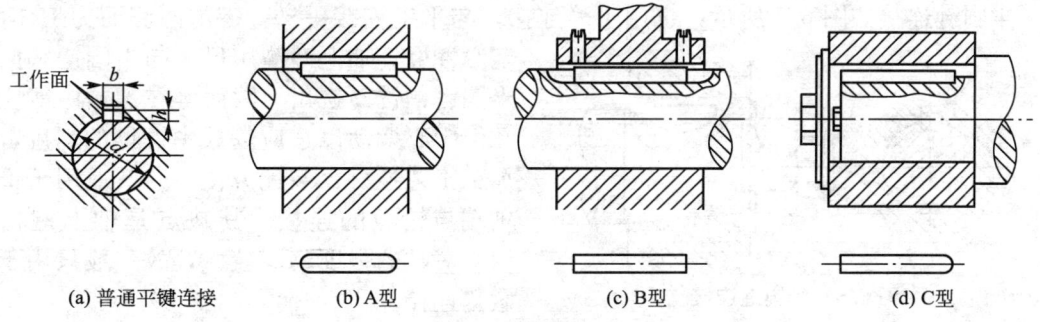

图 6.2 普通平键连接

根据用途的不同，平键分为普通平键、薄型平键、导向平键和滑键 4 种。其中普通平键和薄型平键用于静连接，导向平键和滑键用于动连接。

(1) 普通平键。普通平键按构造分，有圆头(A 型)、平头(B 型)和单圆头(C 型)3

种。圆头平键，如图 6.2(b)所示，适宜安装在轴上用端铣刀铣出的键槽中，键在键槽中轴向固定良好。缺点是键的头部侧面与轮毂上的键槽并不接触，因而键的圆头部分不能充分利用，而且轴上键槽端部的应力集中较大。平头平键，如图 6.2(c)所示，是放在用盘铣刀铣出的键槽中，轴上键槽端部的应力集中小，但对于尺寸较大的键，宜用紧定螺钉固定在轴上的键槽中，以防止松动。单圆头平键，如图 6.2(d)所示，常用于轴端与毂类零件的连接。

(2) 薄型平键。薄型平键与普通平键的区别是薄型平键的高度为普通平键的 60%～79%，也分为圆头、平头和单圆头 3 种形式，但传递转矩的能力较低，常用于薄壁结构、空心轴及一些径向尺寸受限制的场合。

(3) 导向平键和滑键。当被连接的毂类零件在工作过程中必须在轴上轴向移动时(如变速箱中的滑移齿轮)，则必须采用导向平键或滑键。导向平键，如图 6.3 所示，是一种较长的平键，用螺钉固定在轴上的键槽中，为拆卸方便，键上有起键螺纹孔，键与轴上的键槽是间隙配合，适用于轴上的零件沿轴向移动不大的场合。当轴上零件滑移的距离较大时，宜采用滑键，如图 6.4 所示，滑键固定在轮毂上，轮毂带动滑键在轴上的键槽中做轴向移动。这样，只需要在轴上铣出较长的键槽，而键可以做的较短。

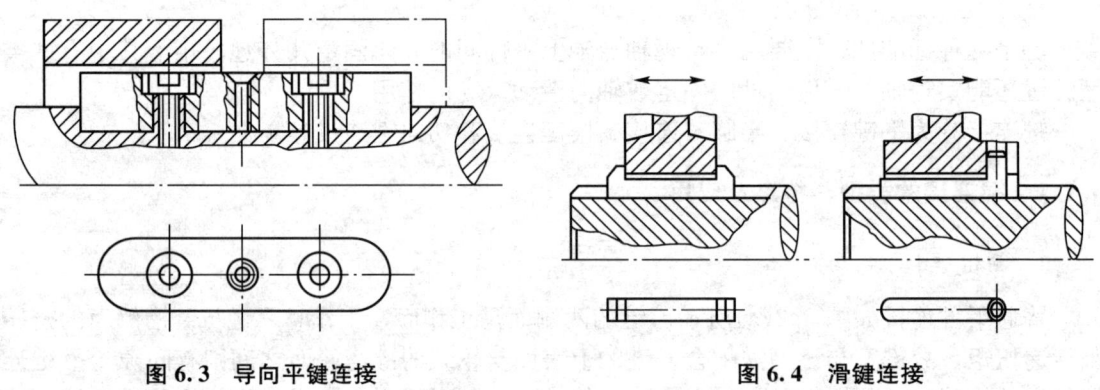

图 6.3 导向平键连接　　　　　　图 6.4 滑键连接

2. 半圆键连接

半圆键连接如图 6.5 所示，也用于静连接，与平键连接一样，键的两侧面为工作面，定心性好。轴上键槽用尺寸与半圆键相同的半圆键槽铣刀铣出，因而键在键槽中能绕其几何中心摆动以适应轮毂中键槽的斜度，故加工工艺性好，装配方便，尤其适用于锥形轴端与轮毂的连接。其缺点是轴上键槽较深，对轴的强度削弱较大，故一般只用于轻载静连接。

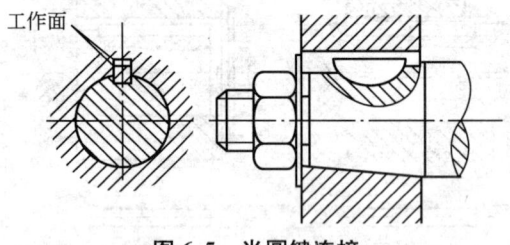

图 6.5 半圆键连接

3. 楔键连接

楔键连接如图 6.6 所示，键的工作面是上下表面，其上表面和轮毂键槽底面均具有 1∶100 的斜度，装配时需沿轴向将键楔紧。装配后，键的上、下表面分别与轮毂和轴上键槽的底面贴合，并产生很大楔紧力。工作时，依靠此楔紧力所产生的摩擦力来传递转矩，同时还可以承受单向的轴向力，对轮毂起到单向的轴向固定作用。楔键的侧面与键槽的侧面间有很小的间隙，当扭矩过大导致轴与轮毂发生转动时，键的侧面也能参加工作。因此，楔键连接在传递有冲击和振动的较大转矩时，仍能保证连接的可靠性。楔键连接的缺点是楔紧后会使轴和轮毂的配合产生偏心与偏斜，因此楔键连接适用于对零件的定心精度要求不高和转速较低的场合。

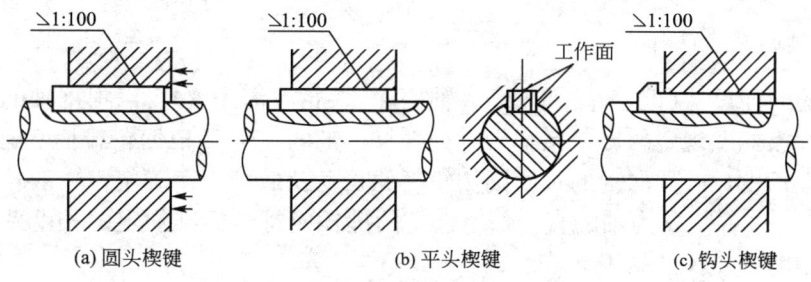

图 6.6 楔键连接

楔键分为普通楔键和钩头楔键两种。普通楔键有圆头、平头和单圆头 3 种形式。装配时，圆头楔键要先装入轴上的键槽中，然后打紧轮毂，如图 6.6(a)所示；平头、单圆头和钩头楔键是在轮毂装好后将键装入键槽并打紧，如图 6.6(b)、(c)所示。钩头楔键的钩头供拆卸时使用，安装在轴端时，应注意加装防护罩。

4. 切向键

切向键连接如图 6.7 所示。切向键是由一对斜度为 1∶100 的楔键组成的。装配时，两楔键的斜面互相贴合，分别从轮毂的两端打入，沿轴的切线方向共同楔紧在轴、毂之间。两键拼合后，相互平行的两个窄面是其工作面。切向键装配后，必须使其一个工作面通过轴线。工作时，靠工作面上的挤压力和轴与轮毂间的摩擦力来传递扭矩。用一个切向键时，只能传递单向转矩；当要传递双向转矩时，必须使用两个切向键，两个切向键之间的夹角为 120°～135°。切向键连接的优点是承载能力大，缺点是轴和轮毂的对中性差，键槽对轴的削弱较大，因此常用于直径大于 100mm、低速、重载定心要求不高的场合，例如大型矿山机械的轴毂连接。

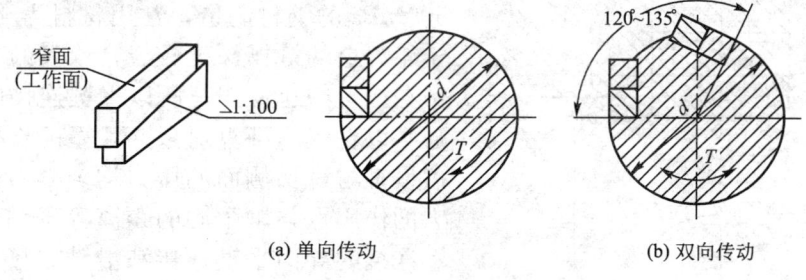

图 6.7 切向键连接

6.1.2 键的选择

键的选择包括键的类型和尺寸选择两个方面。键的类型选择根据连接的结构特点、使用要求和工作条件来选择；键是标准件，其尺寸应按强度和标准规格要求来确定。

1. 键连接的类型选择

选择键连接的类型应根据需要传递转矩的大小、载荷性质、转速高低、安装空间大小、轮毂在轴上的轴向位置、轮毂的轴向位置是否需要移动、是否需要键连接实现与轮毂的轴向固定、传动对定心精度等的要求，并结合各类型键连接的特点进行选择。

2. 键连接的尺寸选择

键连接的断面尺寸(键宽 b、键高 h、轴槽深 t、轮毂槽深 t_1)可以根据轴的直径和有关设计资料在国家标准规定的尺寸系列中进行选择，键的长度 L 根据轮毂长度确定；键长通常略短于轮毂长度，而导向键的长度则按轮毂的长度及滑移距离确定。一般轮毂的长度可取为 $L' \approx (1.5 \sim 2)d$，d 为轴的直径。所选定的键长应符合标准规定的长度系列。普通平键和普通楔键的主要尺寸见表 6-1。

表 6-1 普通平键和普通楔键的主要尺寸 （单位：mm）

轴的直径 d	6~8	>8~10	>10~12	>12~17	>17~22	>22~30	>30~38	>38~44
$b \times h$	2×2	3×3	4×4	5×5	6×6	8×7	10×8	12×8
轴的直径 d	>44~50	>50~58	>58~65	>65~75	>75~85	>85~95	>95~110	>110~130
$b \times h$	14×9	16×10	18×11	20×12	22×14	25×14	28×16	32×18
键的长度系列 L	6, 8, 10, 12, 14, 16, 18, 20, 22, 25, 28, 32, 36, 40, 45, 50, 56, 63, 70, 80, 90, 100, 110, 125, 140, 180, 200, 220, 250…							

6.1.3 键连接的强度计算

1. 平键连接的强度计算

使用表明，普通平键的主要失效形式是键、轴上键槽和轮毂上键槽三者中较弱者被压溃。经简化的平键连接受力分析如图 6.8 所示。根据有关标准规定，键用强度极限用不低于 600MPa 的钢材制造，常用材料为 45 号钢。由于轮毂上的键槽深度较浅，轮毂的材料强度通常在三者中也最弱，所以平键连接的强度计算通常以轮毂为计算对象，计算键连接的强度时假设键与键槽侧面的压力均匀分布，并假设合力的作用点与轴中心的距离等于轴半径。用于动连接的导向平键连接和滑键连接，其主要失效形式是工作表面的过渡磨损。除非有严重过载，一般不会出现键的剪断。因此，对平键连接只按工作表面的挤压强度和磨损强度计算。

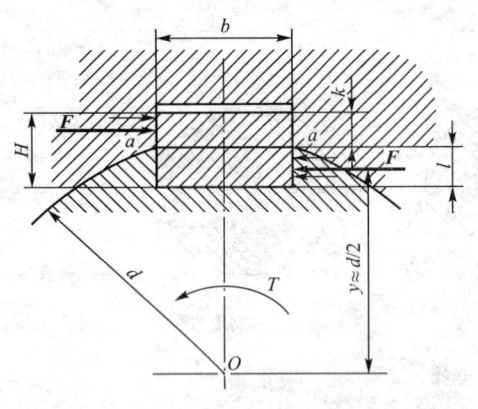

图 6.8 平键连接的受力

为简化计算，假定载荷在键的工作面上均匀分布，普通平键的强度条件为

$$\sigma_P=\frac{2T}{dkl}\leqslant[\sigma_P] \tag{6-1}$$

导向平键和滑键连接的强度条件为

$$p=\frac{2T}{dkl}\leqslant[p] \tag{6-2}$$

式中，T 为传递的转矩，N·mm；k 为键与轮毂键槽的接触高度，$k=0.5h$，h 为键的高度，mm；l 为键的工作长度，mm；圆头平键 $l=L-b$，平头平键 $l=L$，单圆头平键 $l=L-b/2$（L 为键的公称长度，b 为键的宽度，单位均为 mm）；d 为轴的直径，mm；$[\sigma_P]$ 为键、轴、轮毂三者中最弱材料的许用挤压应力，MPa，见表 6-2；$[p]$ 为键、轴、轮毂三者中最弱材料的许用压强，MPa，见表 6-2。

表 6-2 键连接的许用挤压应力、许用压强

许用值	连接工作方式	键或毂、轴的材料	载荷性质		
			静载荷	轻微冲击	冲击
$[\sigma_P]$/MPa	静连接	钢	125～150	100～120	60～90
		铸铁	70～80	50～60	30～45
$[p]$/MPa	动连接	钢	50	40	30

注：若与键有相对滑动的被连接件表面经过淬火，则动连接的许用压强 $[p]$ 可提高 2～3 倍

2. 半圆键连接的强度计算

半圆键的受力情况如图 6.9 所示（轮毂已取掉），因其只用于静连接，故主要失效形式是表面被压溃。通常按工作面的挤压应力进行强度校核计算，强度条件同式(6-1)。应该注意的是：半圆键的接触高度 k 应根据键的尺寸从标准中查取；半圆键的工作长度 l 近似地取为键的公称长度 L。

3. 楔键连接强度计算

楔键连接装配后的受力情况如图 6.10(a)所示（轮毂已取掉），其主要失效形式是相互楔紧的工作面被压溃，故应校核各工作面的挤压强度。当传递转矩时，如图 6.10(b)所示，为了简化计算，把键和轴视为一体，并将下方分布在半圆柱面上的径向压力用集中力 F 代替，由于这时轴与轮毂有相对转动趋势，轴与毂也发生了微小的扭转变形，故沿键的工作长度 l 及宽度 b 上的压力分布情况均较以前发生了变化，压力的合力 F 不再通过轴心。计算时假设压力沿键长均匀分布，沿键宽为三角形分布，取 $x\approx b/6$，$y\approx d/2$，由于键和轴一体对轴心的受力平衡条件为 $T=Fx+fFy+fFd/2$ 得到工作面上压力的合力为

$$F=\frac{T}{x+fy+f\frac{d}{2}}=\frac{6T}{b+6fd}$$

则楔键连接的挤压强度条件为

$$\sigma_P=\frac{2F}{bl}=\frac{12T}{bl(b+6fd)}\leqslant[\sigma_P] \tag{6-3}$$

式中，f 为摩擦系数，一般取 $f=0.12\sim 0.17$。

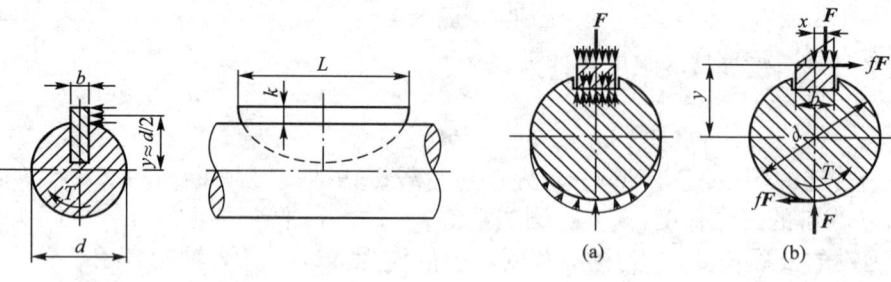

图 6.9 半圆键连接的受力情况　　图 6.10 楔键连接受力情况

4. 切向键连接强度计算

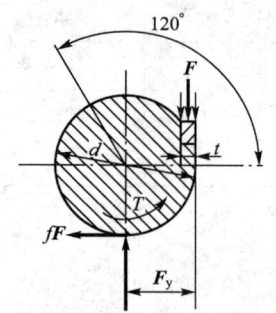

图 6.11 切向键的受力情况

切向键连接的主要失效形式是工作面的压溃。把键和轴看作一体，当键连接传递转矩时，其受力情况如图 6.11 所示。假定压力沿键的工作面均匀分布，取 $y=(d-t)/2$，$t=d/10$，按一个切向键来计算时，由键和轴一体对轴心的受力平衡条件 $T=Fy+fFd/2$ 得到工作面上压力的合力为

$$F=\frac{T}{y+f\dfrac{d}{2}}=\frac{T}{d(0.45+0.5f)}$$

则切向键连接的强度条件为

$$\sigma_P=\frac{F}{l(t-C)}=\frac{T\times 10^3}{dl(t-C)(0.45+0.5f)}\leqslant [\sigma_P] \quad (6-4)$$

式中，t 为键槽的深度，mm；C 为键的倒角，mm。

在进行强度校核后，如果强度不够，可以采用双键。

这时应该考虑键的合理布置。两个平键最好布置在沿周向相隔 180°；两个半圆键应沿轴线方向布置在同一母线上；两个楔键则应布置在沿周向相隔 90°～120°；两对切向键一般应布置在沿周向相隔 120°～135°。考虑到两键上载荷分布的不均匀性，在强度校核时只按 1.5 个键计算。如果轮毂允许适当加长，也可以相应地增加键的长度，以提高单键连接的承载能力。但由于传递转矩时键上载荷沿其长度分布不均匀，故键的长度不宜过大。当键的长度大于 $2.25d$ 时，其多出的长度实际上可认为并不承受载荷，故一般键的长度不宜超过 $(1.6\sim 1.8)d$。

[**例 6.1**] 设计一蜗轮与轴的连接，蜗轮材料为 HT250，轮毂宽度 $B=100$mm，轮毂直径 $d=58$mm，轴的材料为 45 钢，该连接传递的转矩 $T=500$N·m，工作中有轻微冲击。

解：(1) 选择键的类型　因蜗杆工作时对中性要求较高，所以选用平键连接，由于蜗轮不在轴端，故选用圆头普通平键（A 型）

(2) 确定键的尺寸　根据 $d=58$mm，从表 6-1 查得键宽 $b=16$mm，键高 $h=10$mm，由轮毂的宽度 $B=100$mm，并参考键的长度系列，取键的长度 $L=90$mm。

(3) 键连接的强度校核　键、轴的材料为钢，轮毂的材料为 HT250，许用挤压应力应按铸铁查取。由表 6-2 查得许用挤压应力 $[\sigma_P]=50\sim 60$MPa；A 型普通平键的工作长度为

$$l = L - b = 90 - 16 = 74 \text{mm}$$
$$k = h/2 = 10/2 = 5 \text{mm}$$

根据式(6-1)得

$$\sigma_P = \frac{2T}{dkl} = \frac{2 \times 500 \times 10^3}{58 \times 5 \times 74} = 46.6 \text{MPa} < [\sigma_P]$$

可知键的挤压强度足够。

故选键型号标记为：键 16×90 GB/T 1096—2003(一般 A 型键可不标出"A"，对于 B 型键或 C 型键需要将"键"标为"键 B"或"键 C")。

6.2 花键连接

6.2.1 花键连接的类型、特点和应用

花键连接是由键与轴做成一体的外花键，如图 6.12(a)所示，与具有相应凹槽的内花键如图 6.12(b)所示组成，多个键齿和凹槽在轴及轮毂的周向均匀分布。由于结构形式和制造工艺不同，与平键连接相比较，花键连接在强度、工艺和使用方面有下述一些特点。

(1) 齿数较多，接触面积较大，因而可承受较大的载荷。

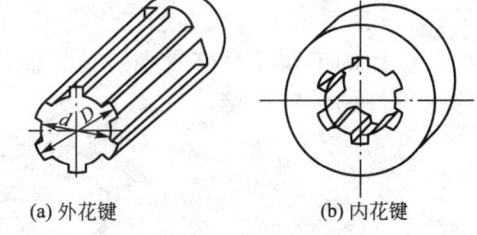

图 6.12 花键连接

(2) 齿槽较浅，齿根应力集中较小，对轴与毂的强度削弱也较小。

(3) 轴上零件与轴的对中性和导向性较好。

(4) 可用磨削的方法提高加工精度及连接质量。

(5) 齿根仍有应力集中；加工时需用专门设备、量具、刀具，成本较高。因此花键连接适用于定心精度要求高、载荷大以及尺寸较大的连接，如飞机、汽车、机床等的变速滑移齿轮机构中。

花键连接既可用作静连接也可用作动连接。按齿形不同，花键分为两类：矩形花键和渐开线花键。花键的齿数、尺寸及连接配合均按相应标准选取。

1. 矩形花键

矩形花键的键齿侧面是平行的平面，便于加工，内花键用拉床或插床加工，外花键可用铣床加工，并可用磨削的方法消除热处理变形而获得较高的加工精度。矩形花键的齿形尺寸，按齿高不同在标准 GB/T 1144—2001 中规定了两个系列：轻系列和中系列，前者适用于轻载的静连接，后者适用于中等载荷的连接。标准中规定矩形花键的定心方式为小径定心，如图 6.13 所示。

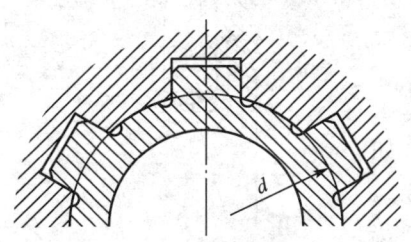

图 6.13 矩形花键连接

2. 渐开线花键

渐开线花键连接如图 6.14 所示，它的齿廓为渐开线，与矩形花键相比，渐开线花键的齿根较厚，齿根圆角大，强度高，因而具有较大的承载能力；渐开线花键可用加工渐开线齿轮的方法及设备进行加工，工艺性较好。渐开线花键靠齿面接触定心，定心精度高，有利于各齿间的均载。

国标 GB/T 3478.1—2008 规定三种圆柱直齿渐开线花键分度圆标准压力角 α_D，分别为 30°、37.5°和 45°。渐开线花键的齿根分为平齿根和圆齿根，如图 6.15 所示。渐开线花键根据 3 种齿形和两种齿根

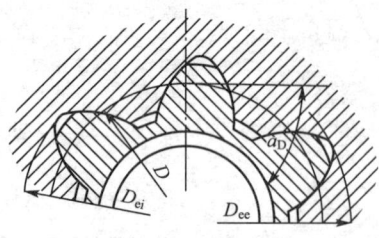

图 6.14　渐开线花键连接

规定了 4 种基本齿廓，即 30°平齿根、30°圆齿根、37.5°圆齿根和 45°圆齿根渐开线花键。30°渐开线花键应用广泛，适用于传递动力、运动，常用于滑动、浮动和静连接；30°平齿根适用于零件壁厚较薄、不能采用圆齿根的场合，或强度足够的花键，或花键的工作长度紧靠轴肩。30°圆齿根花键应力集中较小、承载能力较高，通常用于大载荷的传动轴的连接上。37.5°圆齿根适用于传递动力、运动，常用于滑动及过渡配合（例如联轴器），且适用于冷成型加工工艺。45°圆齿根，由于齿根较小、压力角大、故抗弯强度好，但齿的工作面高度较小、承载能力较低，故适用于载荷较低、直径较小的静连接及薄壁零件的轴毂连接。

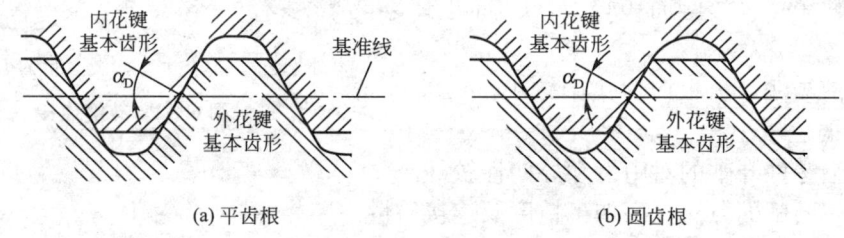

图 6.15　渐开线花键的基本齿形

6.2.2　花键的选择和花键连接强度计算

花键连接的设计与普通平键连接相似，首先根据连接的结构特点、使用要求和工作条件选定花键类型和尺寸，然后进行必要的强度校核计算。

花键的受力情况如图 6.16 所示，其主要失效形式是工作面被压溃（静连接）或工作面过渡磨损（动连接）。因此，静连接通常按工作面上的挤压应力进行强度计算，动连接则按工作面上的压力进行条件性的强度计算。

计算时，假定载荷在键的工作面上均匀分布，每个齿工作面上压力的合力 F 作用在平均直径 d_m 处，如图 6.16 所示，即传递的转矩 $T = zFd_m/2$，并引入系数 ψ 来考虑实际载荷在各花键齿上分配不均匀的影响，则花键的强度条件为

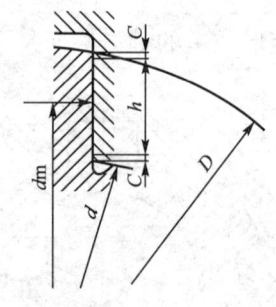

图 6.16　花键连接的受力情况

静连接
$$\sigma_P = \frac{2T}{\psi z h l d_m} \leq [\sigma_P] \tag{6-5}$$

动连接
$$p = \frac{2T}{\psi z h l d_m} \leq [p] \tag{6-6}$$

式中，T 为传递的转矩，N·mm；ψ 为载荷分配不均匀系数，与齿数多少有关，一般 $\psi=0.7\sim0.8$，齿数多时取小值；z 为花键的齿数；l 为齿的工作长度；h 为花键侧面的工作高度，矩形花键，$h=\frac{D-d}{2}-2C$，此处 D 为外花键的大径，d 为内花键的小径，C 为倒角尺寸，如图 6.16 所示，单位均为 mm；渐开线花键，$\alpha=30°$，$h=m$，$\alpha=37.5°$，$h=0.9m$，$\alpha=45°$，$h=0.8m$，m 为模数；d_m 为花键的平均直径，矩形花键 $d_m=\frac{D+d}{2}$，渐开线花键 $d_m=d=mz$，d 为分度圆直径，mm；[σ_P] 为花键连接的许用挤压应力，MPa，见表 6-3；[p] 为键连接的许用压强，MPa，见表 6-3。

表 6-3 花键连接的许用挤压应力、许用压强

许用值	连接方式	使用和制造情况	齿面未经热处理	齿面经热处理
σ_P/MPa	静连接	不良 中等 良好	35~50 60~100 80~120	40~70 100~140 120~200
[p]/MPa	空载下移动的动连接	不良 中等 良好	15~20 20~30 25~40	20~35 30~60 40~70
	负载下移动的动连接	不良 中等 良好	— — —	3~10 5~15 10~20

注：① 使用和制造不良是指受变载荷，有双向冲击、振动频率高和振幅大、润滑不良（对动连接）、材料硬度不高或精度不高等。
② 同一情况下，[σ_P] 或 [p] 的较小值用于工作时间长和重要的场合。
③ 花键材料的抗拉强度不低于 600MPa。

6.3 无键连接

凡是不用键或花键实现的轴毂连接，统称为无键连接。常见的无键连接有过盈配合连接、型面连接以及胀紧连接等。

6.3.1 过盈配合连接

1. 过盈配合连接的特点和应用

过盈配合连接是利用相互配合的零件间的装配过盈量来达到连接的目的。如图 6.17(a)所示为两光滑圆柱面的过盈配合连接，包容件的实际尺寸小于被包容件的实际尺寸。装配后，配合面产生一定的径向压力，工作时靠此压力产生的摩擦力来传递转矩或轴

向力。

过盈配合的特点是结构简单、对中性好、承载能力大、对轴及轮毂的强度削弱小、耐冲击性好。缺点是配合面加工精度要求高，承载能力和装配产生应力对实际过盈量很敏感，装拆不方便。过盈配合连接主要用于轴与毂的连接、轮圈与轮芯的连接以及滚动轴承与轴或轴承座孔的连接等。

过盈配合可以是圆柱面配合，也可以是圆锥面配合，分别称为圆柱过盈配合连接和圆锥过盈配合连接，如图 6.17(b)所示。

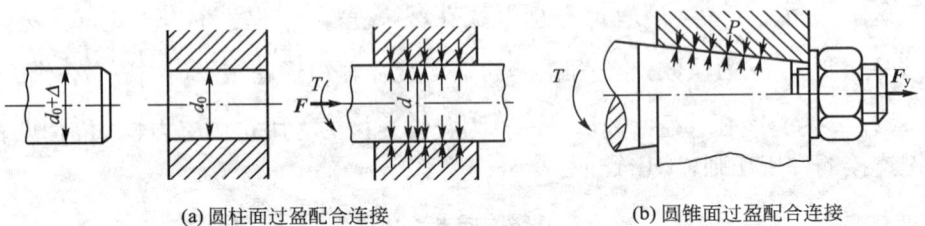

(a)圆柱面过盈配合连接　　　　　　(b)圆锥面过盈配合连接

图 6.17　过盈配合连接

2. 过盈配合连接的装配与拆卸

圆柱面过盈配合使用广泛，以下仅讨论圆柱面过盈配合连接。

(1)圆柱面过盈配合的装配。圆柱面过盈配合的装配方法有压入法和胀缩法(温差法)。

压入法是利用机械工具或压力机将被包容件直接压入包容件中。由于过盈量的存在，在压入过程中，配合表面的峰尖不可避免地要受到擦伤或压平，因而降低了连接的紧固性。通常在被包容件和包容件上做出导锥，如图 6.18 所示，并对过盈配合表面进行润滑，以方便装配、减轻损伤。如果两个被连接件的材料相同则应使它们具有不同的硬度，以避免压入过程中发生胶合。如果过盈连接的孔为盲孔，应设有排气孔。压入法一般用于尺寸及过盈量较小的连接中。

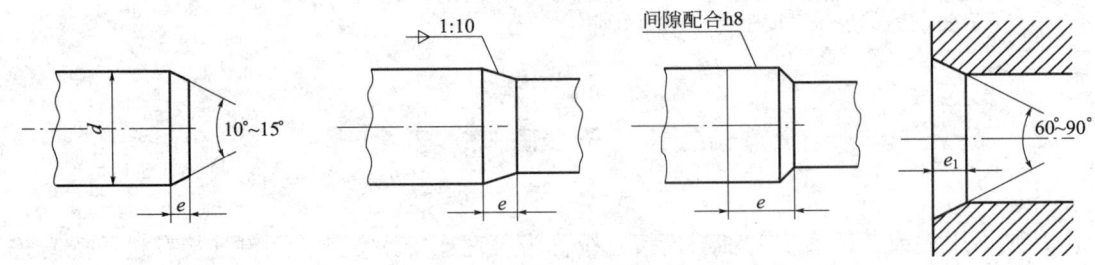

图 6.18　过盈连接件的结构

当过盈连接的连接面的长度或实际过盈量较大或连接质量要求较高时，应采用温差法装配。温差法装配是将孔零件加热使其膨胀，或将轴零件冷却使其收缩，或二者同时进行，然后进行装配，装配时配合面间无过盈。胀缩法一般是利用电炉、煤气或在热油中进行加热，对于未经热处理的零件加热时加热温度应不高于400℃，对于经过热处理的零件加热时加热温度应不高于零件的回火温度。冷却时多采用液态氮(可冷至−195℃)，低温箱(可冷至−140℃)或固态二氧化碳(俗称干冰，可冷至−79℃)等方法。加热时应防止配合面产生氧化皮。加热法常用于配合直径较大时；冷却法则常用于配合直径较小时。

(2) 圆柱面过盈配合的拆卸。对于需要多次装拆、重复使用的过盈连接，为了保证多次装拆后配合仍具有良好的紧固性，可采用液压拆卸，即在配合面间注入高压油，以胀大包容件的内径，缩小被包容件的外径，从而使连接便于拆卸，并减小配合面的损伤。为此在设计中应采取必要的结构措施，在轴和孔零件上制出油孔和环形槽，孔的直径、槽的尺寸和数量可参考有关标准，如图 6.19 所示。拆卸时，也可以同时向轴颈表面和轴端表面注入高压油，但轴向油压力要小于轴颈表面压力（约为轴颈表面压力的 1/5），以保证拆卸过程安全。图 6.20 为一种在轴颈表面和轴端表面同时加高压油的过盈连接辅助拆卸结构。在油孔处制出螺纹，拆卸时通过螺纹连接高压油管，通入高压油。为保护螺纹不被损伤，平时在螺纹孔上装有螺塞。

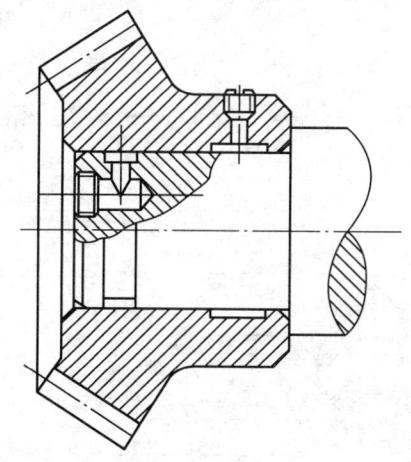
图 6.19　圆柱过盈连接液压辅助拆卸结构

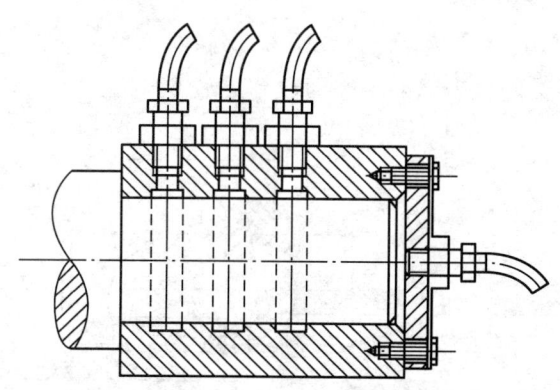
图 6.20　径向及端面加压的辅助拆卸结构

3. 过盈连接的设计计算

设计过盈连接时，一般零件材料、结构尺寸和传递载荷均已初步确定，因此其设计的主要内容有以下几方面。

(1) 按要求传递的载荷，确定配合面所需的最小压强 p_{min}。
(2) 确定为保证最小压力所需要的最小过盈量 δ_{min}，并选择公差配合。
(3) 校核连接在最大过盈时的强度。
(4) 若采用压入法，需确定过盈配合连接的最大压入力、压出力。
(5) 若采用胀缩法时，需确定包容件加热温度及被包容件冷却温度。

过盈配合连接计算的假设条件是以下几个。

(1) 连接零件中的压力处于平面应力状态（即轴向应力 $\sigma_z = 0$）。
(2) 零件应变均在弹性范围内。
(3) 材料的弹性模量为常量。
(4) 连接部分为两个等长的厚壁筒，配合面上的压力均匀分布。

下面仅介绍圆柱面过盈配合连接的计算。

(1) 确定配合面所需的最小压强 p_{min}。过盈配合连接应保证在载荷作用下连接件不发生相对运动，则配合面上所产生的摩擦阻力（或摩擦阻力矩），应大于或等于零件配合面所被传递的外力(或外力矩)。

当连接传递轴向力时，如图 6.21(a)所示，有 $\pi d l p f \geqslant F$

则
$$p_{\min}=\frac{F}{\pi d l f} \qquad (6-7)$$

当连接传递转矩时，如图 6.21(b)所示，有 $\pi d l p f \dfrac{d}{2} \geqslant T$

则
$$p_{\min}=\frac{2T}{\pi d^2 l f} \qquad (6-8)$$

当连接同时传递轴向力 F 和转矩 T 时，有 $\pi d l p f \geqslant \sqrt{F^2+\left(\dfrac{2T}{d}\right)^2}$

则
$$p_{\min}=\frac{\sqrt{F^2+\left(\dfrac{2T}{d}\right)^2}}{\pi d l f} \qquad (6-9)$$

式中，F 为轴向力，N；T 为转矩，N·mm；d、l 为配合表面的公称直径和长度，mm；f 为配合表面的摩擦因数，见表 6-4。

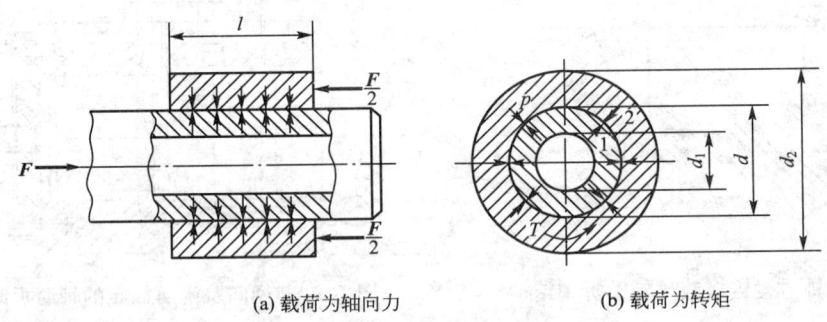

(a) 载荷为轴向力　　　　(b) 载荷为转矩

图 6.21　圆柱面过盈配合连接受力简图

表 6-4　过盈配合连接的摩擦因数 f 值

压入法			胀缩法		
零件材料	无润滑时	有润滑时	零件材料	结合方式、润滑	
钢-铸钢	0.11	0.08	钢-钢	油压扩孔，压力油为矿物油	0.125
钢-结构钢	0.10	0.07		油压扩孔，压力油为甘油，接合面排油干净	0.18
钢-优质钢	0.11	0.08		在电炉中加热包容件至300℃	0.14
钢-青铜	0.15～0.20	0.03～0.06		在电炉中加热包容件至300℃以后，接合面脱脂	0.2
钢-铸铁	0.12～0.15	0.05～0.10	钢-铸铁	油压扩孔，压力油为矿物油	0.1
铸铁-铸铁	0.15～0.25	0.15～0.10	钢-铝镁合金	无润滑	0.10～0.15

(2) 过盈配合连接的最小有效过盈量 $\delta_{\min}$。根据材料力学有关厚壁圆筒的计算理论，

在径向压强为 p 时的过盈量为 $\Delta = pd\left(\dfrac{C_1}{E_1}+\dfrac{C_2}{E_2}\right)\times 10^3$

则有，过盈配合连接传递载荷所需的最小过盈量为

$$\Delta_{\min} = p_{\min}d\left(\dfrac{C_1}{E_1}+\dfrac{C_2}{E_2}\right)\times 10^3 \tag{6-10}$$

式中，Δ、$\Delta_{\min}$ 分别为过盈配合连接的过盈量和最小过盈量，mm；E_1、E_2 分别为包容件与被包容件材料的弹性模量，MPa；C_1 为被包容件的刚性系数，$C_1=\dfrac{d^2+d_1^2}{d^2-d_1^2}-\mu_1$；$C_2$ 为包容件的刚性系数，$C_2=\dfrac{d_2^2+d^2}{d_2^2-d^2}+\mu_2$，其中 d_1、d_2 分别为被包容件和包容件的外径，mm；μ_1、μ_2 分别为被包容件与包容件材料的泊松比。对于钢 $\mu=0.3$，对于铸铁 $\mu=0.25$。

综上所述，当传递的载荷一定时，配合长度越短，所需要的最小压强就越大，当最小压强增大时，所需要的过盈量也随之增大。因此，为了避免在载荷一定时需用较大的过盈量而导致装配困难，配合长度不宜过短，一般推荐 $l\approx 0.9d$。但应注意，由于配合面上的应力分布不均匀，当 $l>0.8d$ 时，应在结构上采取措施，降低应力集中，以消除两端应力集中的影响，如在配合零件上开设减载槽等。

过盈配合如采用胀缩法装配时，最小有效过盈量 $\delta_{\min}=\Delta_{\min}$。过盈配合如采用压入法装配，在压入过程中配合表面微观凸起的峰尖将被部分压平，为保证足够的实际过盈量，应使原过盈量 $\delta_{\min}$ 大于理论最小过盈量 $\Delta_{\min}$，即

$$\delta_{\min}=\Delta_{\min}+0.8(R_{z1}+R_{z2}) \tag{6-11}$$

式中，R_{z1}、R_{z2} 分别为被包容件和包容件配合表面上轮廓的最大高度（$R_z\approx 4R_a$），μm。

需要指出的是，求出最小过盈量 $\delta_{\min}$ 后，应从国家标准中选择一个标准过盈配合，该过盈配合的最小过盈量应略大于或等于 $\delta_{\min}$。

(3) 过盈配合连接的强度计算。过盈配合连接的强度包括两个方面，即连接的强度及连接零件本身的强度。式(6-7)、(6-8)、(6-9)已经给出了连接强度的计算方法，所以下面需要解决连接零件本身强度的计算。

过盈配合装配后在配合面间产生压力，在零件材料内部会产生应力，应力沿圆周方向均有分布，应力沿直径方向分布及其与表面压力之间的关系如图 6.22 所示。如图 6.22(a)所示为空心轴过盈配合连接的应力分布，如图 6.22(b)所示为实心轴过盈配合连接的应力分布。首先按所选的过盈配合种类查出最大过盈量 $\delta_{\max}$（如果采用压入法装配，应考虑配合面被擦平的部分），将 $\delta_{\max}$ 代入式(6-10)，即

$$p_{\max}=\dfrac{\delta_{\max}}{d\left(\dfrac{C_1}{E_1}+\dfrac{C_2}{E_2}\right)\times 10^3} \tag{6-12}$$

然后按照 $p_{\max}$ 校核零件强度。

① 当孔零件为脆性材料时，可按如图 6.22 所示的最大周向拉（压）应力使用第一强度理论（最大拉应力理论）计算其强度。由图可见，其主要破坏形式是包容件内表层断裂。极限应力为零件的拉伸强度极限 σ_{b2}，强度条件为

$$p_{\max}\leqslant \dfrac{d_2^2-d^2}{d_2^2+d^2}\times\dfrac{\sigma_{b2}}{2\sim 3} \tag{6-13}$$

② 当孔零件为塑性材料时，应根据第四强度理论（形状改变比能理论）计算其强度，

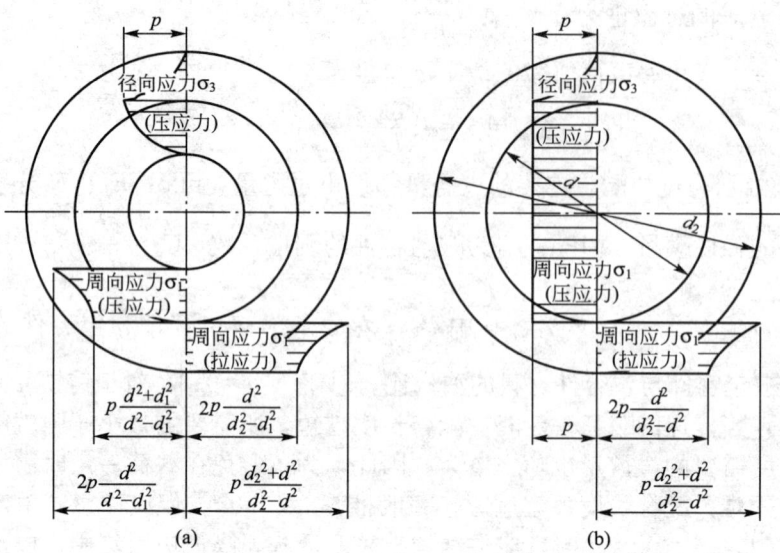

图 6.22 过盈配合中的应力分布图

危险应力在孔的内表面,极限应力为零件的屈服强度 σ_{S2},强度条件为

$$p_{\max} \leqslant \frac{d_2^2 - d^2}{\sqrt{3d_2^4 + d^4}} \times \sigma_{S2} \tag{6-14}$$

③ 脆性材料的空心轴,危险应力出现在内表面,极限应力为材料的压缩强度极限 σ_{b1},强度条件为

$$p_{\max} \leqslant \frac{d^2 - d_1^2}{2d^2} \times \frac{\sigma_{b1}}{2\sim 3} \tag{6-15}$$

④ 对于塑性材料的空心轴,危险应力仍出现在内表面。根据第四强度理论计算其强度,极限应力为材料的压缩强度极限 σ_{S1},强度条件为

$$p_{\max} \leqslant \frac{d^2 - d_1^2}{2d^2} \times \sigma_{S1} \tag{6-16}$$

(4) 过盈配合最大压入力、压出力。当采用压入法装配时,最大压入力 F_i、压出力 F_o 可按下式计算:

$$F_i = f\pi dl p_{\max} \tag{6-17}$$
$$F_o = (1.3\sim 1.5) f\pi dl p_{\max} \tag{6-18}$$

(5) 包容件加热及被包容件冷却温度。当采用胀缩法装配时,包容件的加热温度 t_2 或被包容件的冷却温度 t_1 可按下式计算:

$$t_2 = \frac{\delta_{\max} + \Delta_0}{\alpha_2 d \times 10^3} + t_0 \tag{6-19}$$

$$t_1 = -\frac{\delta_{\max} + \Delta_0}{\alpha_1 d \div 10^3} + t_0 \tag{6-20}$$

式中,Δ_0 为装配时为了避免配合面相互擦伤所需要的最小间隙,通常采用同样公称直径的间隙配合 H7/g6 的最小间隙,μm;α_1、α_2 分别为被包容件和包容件材料的线膨胀系数;t_0 为装配环境温度,℃。

4. 提高过盈配合连接承载能力的措施

过盈配合连接的强度计算公式,是在假设包容件与被包容件等长的条件下得出的,但实际应用中过盈配合连接的被包容件通常比包容件长,这就使得位于配合面端部的轴沿径向的刚度比中部大,因而径向应力也比较大,这种情况下配合面的径向应力沿轴向的分布如图 6.23 所示。由于包容件与被包容件的刚度不同,在工作载荷作用下的变形不协调,引起配合面端部发生被包容件与包容件的相对滑动,在交变载荷作用下,这种滑动会引起局部磨损并导致连接松动,进而导致被包容件疲劳强度的降低。为改变这些不利影响,在结构设计中,应采取必要的措施。

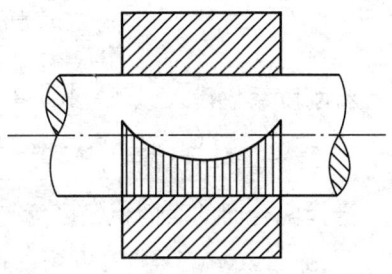

图 6.23 接合面压力沿轴向分布图

(1) 使非配合直径小于配合直径。如图 6.24(a)所示,并以较大圆弧过渡。

(2) 在被加工面上设计减载槽,如图 6.24(b)、(c)所示,必要时,减载槽应经滚压处理,以提高疲劳强度。

(3) 在包容件上设计减载槽,如图 6.24(d)所示,或减小包容件端部的厚度,如图 6.24(e)所示。

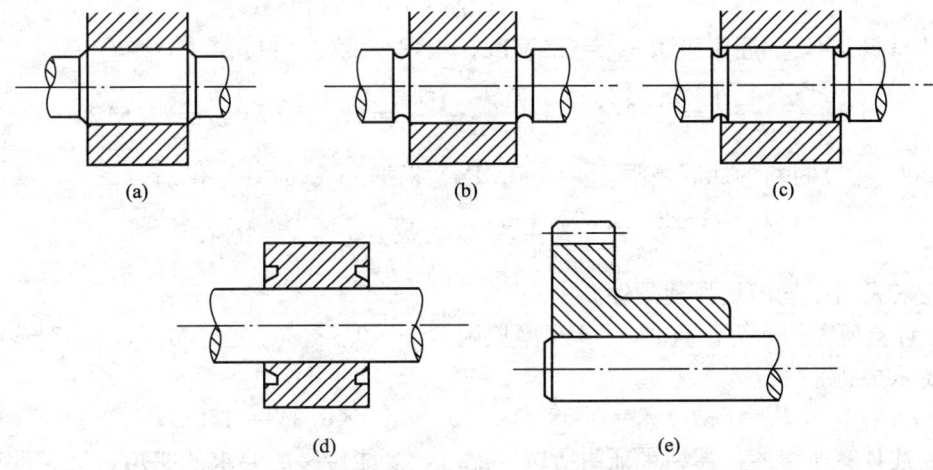

图 6.24 改善应力分布的合理结构

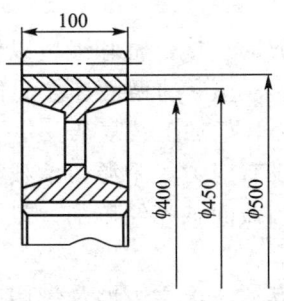

图 6.25 过盈连接组合齿轮

[例 6.2] 如图 6.25 所示为一过盈配合连接的组合齿轮结构,齿圈材料为 40Cr,轮芯材料为 ZG200-400,齿轮传递的最大扭矩为 $6×10^6$ N·mm,结构尺寸如图所示,采用压入法装配,试设计过盈配合连接并计算压入力。

解:(1) 确定配合面所需的最小压强 p_{min}。通过表 6-4 查取 $f=0.08$,根据公式(6-8)计算所需最小压强 p_{min}:

$$p_{min} \geq \frac{2T}{\pi d^2 l f} = \frac{2×6×10^6}{\pi×450^2×100×0.08} = 2.36 \text{MPa}$$

(2) 确定最小有效过盈量。根据最小压强计算最小过盈量,为此先计算齿圈与轮芯的刚度系数 C_1、C_2。查手册知，$\mu_1 = 0.28$，$\mu_2 = 0.3$，$E_1 = 1.75 \times 10^5 \text{MPa}$，$E_2 = 2.1 \times 10^5 \text{MPa}$

$$C_1 = \frac{d^2 + d_1^2}{d^2 - d_1^2} - \mu_1 = \frac{450^2 + 400^2}{450^2 - 400^2} - 0.28 = 8.25$$

$$C_2 = \frac{d_2^2 + d^2}{d_2^2 - d^2} + \mu_2 = \frac{500^2 + 450^2}{500^2 - 450^2} + 0.3 = 9.83$$

将刚度系数代入式（6-10）得

$$\Delta_{\min} = p_{\min} d \left(\frac{C_1}{E_1} + \frac{C_2}{E_2} \right) \times 10^3 = 2.36 \times 450 \times \left(\frac{8.25}{1.75 \times 10^5} + \frac{9.83}{2.1 \times 10^5} \right) \times 10^3 = 100 \mu m$$

选择配合面的表面粗糙度为轮芯 $R_{z1} = 1.6 \mu m$，齿圈 $R_{z2} = 3.2 \mu m$，最小原始过盈量

$$\delta_{\min} = \Delta_{\min} + 0.8(R_{z1} + R_{z2}) = 100 + 0.8 \times (1.6 + 3.2) \approx 104 \mu m$$

配合采用基孔制，选择齿圈里孔表面加工精度为 IT7，孔公差带为 $\phi 450_{0}^{+0.063}$，轮芯外表面的下偏差应大于 0.196，加工精度 IT6，据此选择轴的公差形式为 s6，公差带为 $\phi 450_{+0.232}^{+0.272}$，最小过盈量为 $\delta_{\min} = 232 - 63 = 169 \mu m > 104 \mu m$，最大过盈量 $\delta_{\max} = 272 - 0 = 272 \mu m$。

（3）计算过盈连接的强度。最大压强为

$$p_{\max} = \frac{\delta_{\max} - 0.8(R_{z1} + R_{z2})}{d \left(\frac{C_1}{E_1} + \frac{C_2}{E} \right) \times 10^3} = \frac{272 - 0.8 \times (1.6 + 3.2)}{450 \times \left(\frac{8.25}{1.75 \times 10^5} + \frac{9.83}{2.1 \times 10^5} \right) \times 10^3} \approx 6.34 \text{MPa}$$

齿圈材料 40Cr 的屈服极限 $\sigma_{S2} = 785 \text{MPa}$，根据公式（6-14）有

$$\frac{p_{\max} \sqrt{3 d_2^4 + d^4}}{d_2^2 - d^2} = \frac{6.34 \times \sqrt{3 \times 500^4 + 450^4}}{500^2 - 450^2} = 63.8 \text{MPa} < \sigma_2 = 785 \text{MPa}$$

ZG200-400 材料的屈服极限 $\sigma_{S1} = 200 \text{MPa}$，根据公式（6-16）有

$$\frac{2 p_{\max} d^2}{d^2 - d_1^2} = \frac{2 \times 6.34 \times 450^2}{450^2 - 400^2} = 60.4 \text{MPa} < \sigma_{S1} = 200 \text{MPa}$$

故轮芯及齿圈均满足强度条件。

（4）计算所需压入力。查表 6-4 得摩擦因数 $f = 0.08$，有公式（6-17）得到装配所需的最大压入力：

$$F_i = f \pi d l p_{\max} = 0.08 \times \pi \times 450 \times 100 \times 6.34 = 71704 \text{N}$$

由上述计算所得的计算结果证明所选的配合，既能传递所要求的扭矩，又能保证被连接零件的强度，所以是合适的。

6.3.2 型面连接

型面连接又叫成形连接，是利用非圆截面的轴与相应孔构成的连接，轴和毂可以做成柱面，如图 6.26(a) 所示，也可以做成锥面，如图 6.26(b) 所示。柱形的型面连接只能传递扭矩；锥形的型面连接除传递扭矩外，还能传递单向的轴向力，但加工较复杂。

型面连接的主要优点：装拆方便，能保证良好的对中性；没有应力集中源，承载能力大。缺点：加工工艺较为复杂，特别是为了保证配合精度，非圆截面轴先经车削，毂孔先经钻、镗或拉削，最后工序一般均要在专用机床上进行磨削加工。

型面连接常用的型面曲线有摆线、等距曲线两种。此外，方形、正六边形及带切口的非圆形截面形状，在一般工程中较为常见。

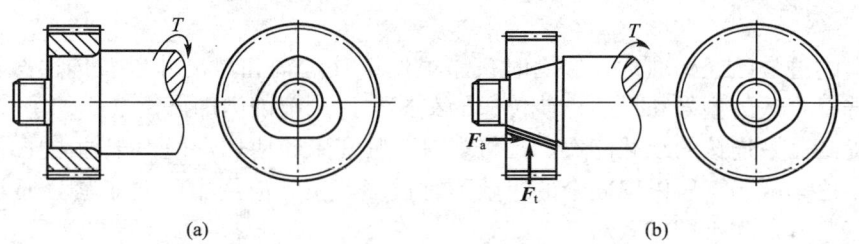

图 6.26 型面连接

6.3.3 胀紧连接

1. 胀紧连接的原理、特点及类型

胀紧连接是在轴毂之间装入一对或数对以内、外锥面相互贴合的胀紧连接套,在轴向力作用下,内套缩小、外套胀大,与轴和毂孔压紧,产生足够大的摩擦力,如图 6.27 所示。

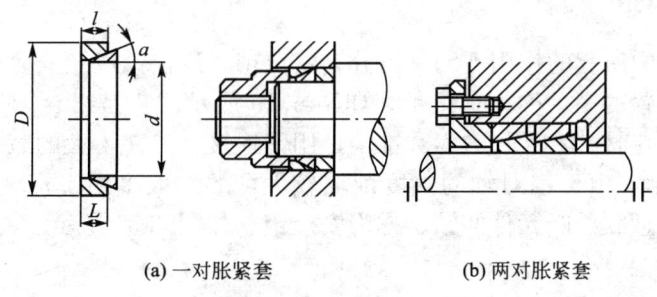

(a) 一对胀紧套　　　　(b) 两对胀紧套

图 6.27　Z1 型胀紧套连接

胀紧连接的特点:定心性好,装拆或调整轴毂间相对位置较为方便,应力集中较小,承载能力高,并且有安全保护功能。缺点是占用轴向及径向空间较大。

根据连接套的结构不同,GB/T 5876—1986 规定了 5 种型号(Z1~Z5),图 6.28 为 Z2 型及 Z3 型胀紧套连接。

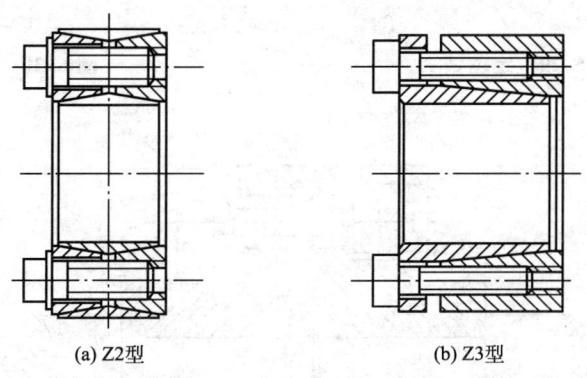

(a) Z2型　　　　(b) Z3型

图 6.28　Z2 型及 Z3 型胀紧套连接

2. 胀紧套的选用

胀紧套的型号已经标准化，选用时只需根据设计的轴和毂尺寸以及传递载荷的大小，查阅手册选择合适的型号和尺寸，使传递的载荷在许用范围内即可。

为了提高胀紧连接的承载能力，常将多对胀紧套串联使用，但由于轴向压紧力在各套之间传递中逐渐减弱，所以串联套的级数不宜过多，实际应用中单向胀紧套通常不超过 4 对，双向胀紧套通常不超过 8 对。

胀紧套的半锥角 α，如图 6.27(a) 所示，是影响胀紧连接的承载能力、自锁性能等工作性能的重要因素，单套连接中半锥角越小传递的载荷越大，但由于套的自锁使拆卸困难。多套连接的半锥角过小会使距离压紧力作用点较远的套不能充分发挥承载能力。通常 $\alpha = 12.5° \sim 17°$。

6.4 销 连 接

6.4.1 销连接的类型

根据销在连接中所起的作用不同，可分为定位销、连接销以及安全销。主要用于固定零件之间的相对位置的销，称为定位销，如图 6.29 所示，它是组合加工和装配时的重要辅助零件，图(a)为圆柱销，图(b)为圆锥销；用于连接且传递不大的载荷的销，称为连接销，如图 6.30 所示，由于销对轴的强度削弱较大，故一般多用于轻载或不重要的连接；用于安全装置中的过载剪断元件的销，称为安全销，如图 6.31 所示。

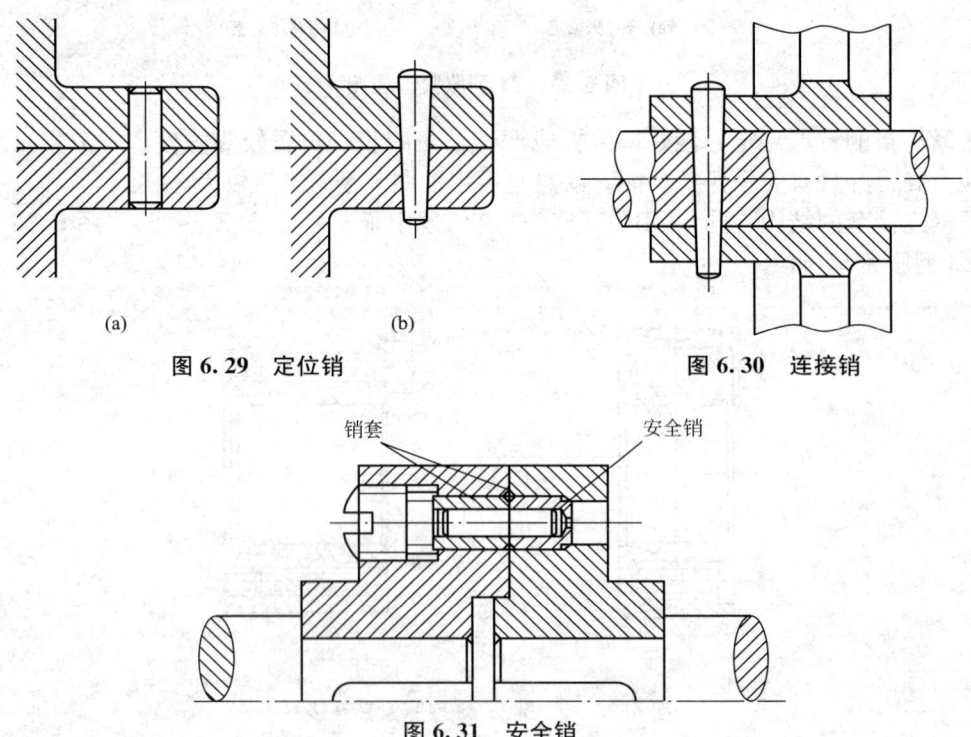

图 6.29　定位销　　　　　图 6.30　连接销

图 6.31　安全销

6.4.2 销的结构类型、特点及应用

销可分为圆柱销、圆锥销、槽销、销轴和开口销等，这些销均已标准化。

圆柱销，如图 6.29(a)所示，利用微量过盈配合固定在铰制孔中，经多次拆卸会降低其定位精度和可靠性。圆锥销，如图 6.29(b)所示，具有 1∶50 的锥度，在受横向力时可以自锁。它安装方便、定位精度高，可多次拆卸而不影响定位精度。端部带螺纹的圆锥销，如图 6.32 所示，可用于不通孔或拆卸困难的场合。开尾圆锥销，如图 6.33 所示，装入销孔后，尾端可稍张开以防止松脱，适用于冲击、振动的场合。

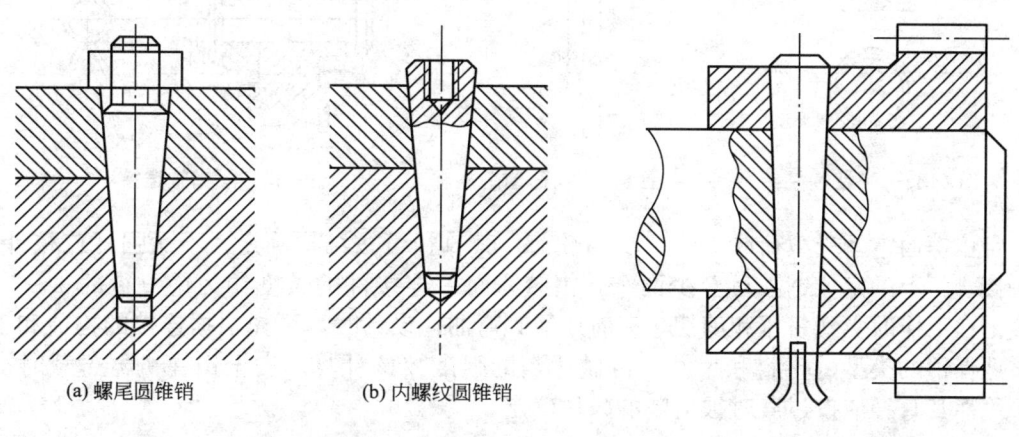

(a) 螺尾圆锥销　　　(b) 内螺纹圆锥销

图 6.32　端部带螺纹的圆锥销　　　图 6.33　开尾圆锥销

槽销用弹簧钢制造并经碾压或模锻而成，其外表面有 3 条纵向沟槽，如图 6.34 所示，将槽销打入销孔后，由于材料的弹性使销挤紧在销孔中，不易松脱，因而能承受振动和变载荷。安装槽销的孔不需要铰制，加工方便，可多次拆装。槽销近年来应用较为普遍，如槽销还可以作为键、螺栓、小轴等来使用。

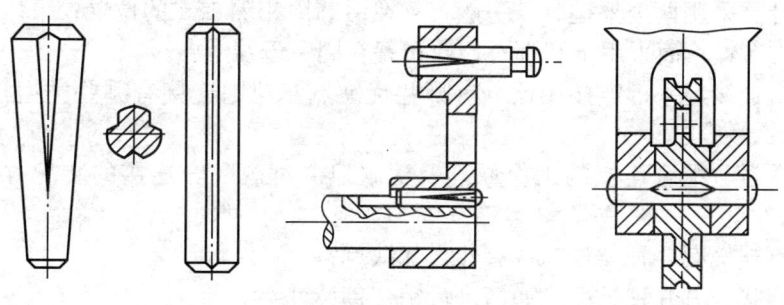

图 6.34　槽销及应用

弹性销用弹簧钢卷制而成，如图 6.35 所示，具有弹性，装入销孔后与孔壁压紧，不易松脱。它对销孔的精度要求不高，不需要铰制，互换性好，可多次装拆；但弹性销刚性较差，不适用于高精度定位。弹性销常用于有冲击、振动的场合，载荷大时可用几个销套一起使用。

开口销，如图 6.36 所示，装配后，将尾部分开，以防止脱落。

销轴用于两零件的铰接处，构成铰链连接，如图6.37所示，销轴通常用开口销锁定，工作可靠，拆卸方便。

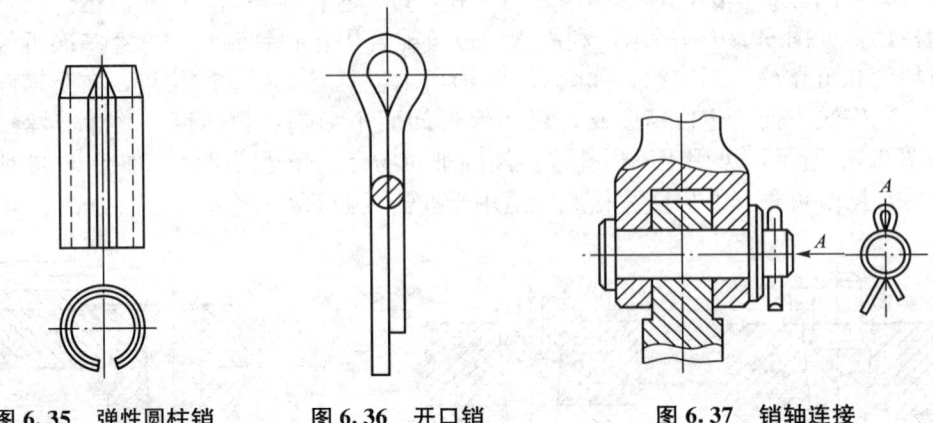

图6.35 弹性圆柱销　　　图6.36 开口销　　　图6.37 销轴连接

定位销通常不受载荷或受到很小的载荷，其直径可按结构确定，不做强度校核计算，同一接合面上的定位销数目至少两个，销装入每一连接件的长度约为销直径的1～2倍。连接销在工作时受到挤压和剪切，有时还受到弯曲，设计时，可先根据连接的构造和工作要求选择销的类型、材料和尺寸，再做适当的强度校核计算。安全销在机器过载时被剪断，因而其直径应按过载时被剪断的条件确定。

习　题

6.1　圆头、方头及单圆头平键各有何特点？分别用在什么场合？轴上键槽是如何加工的？

6.2　平键连接的失效形式是什么？平键的尺寸如何确定？

6.3　为什么采用两个平键时，一般布置在沿圆周相隔180°的位置；采用两个楔键时，相隔90°～120°布置；而采用半圆键时，却布置在同一母线上？

6.4　花键连接与平键连接相比，有哪些优缺点？花键连接有哪些类型？各有什么特点？适用于什么场合？

6.5　说明过盈配合连接的工作原理及优缺点。过盈配合连接的装配方法有哪几种？各有什么特点？

6.6　无键连接有几种类型？各有什么优缺点？

6.7　销连接有哪几种类型？如何进行销连接设计？

6.8　按结构不同，销分为哪几种？分别有哪些应用？

6.9　如图6.38所示凸缘半联轴器及圆柱齿轮，分别用键与减速器的低速轴相连接。试选择两处键的类型及尺寸，并校核其连接强度。已知轴的材料为45钢，传递的转矩$T=1000$N·m，齿轮用锻钢制造，半联轴器用灰铸铁制成，工作时有轻微冲击。

6.10　直径$d=80$mm的轴端安装一钢制齿轮，如图6.39所示，轮毂宽度$L=100$mm，工作时载荷有轻微冲击。试确定平键的尺寸，并计算其运行传递的最大转矩。

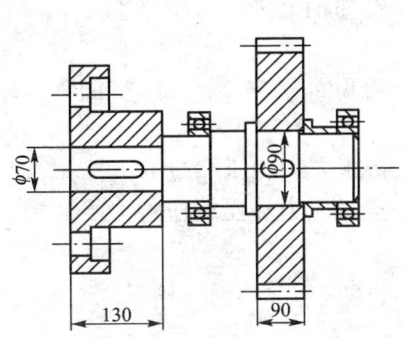

图 6.38 凸缘半联轴器及圆柱齿轮

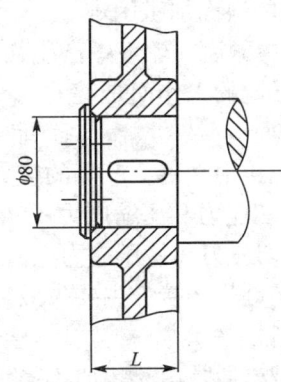

图 6.39 轴端安装钢制齿轮

6.11 变速箱中双联滑移齿轮,采用矩形花键连接。齿轮在空载下移动,工作情况良好,外径 $D=40$mm,齿轮轮毂长 $L=60$mm,轴及齿轮的材料为钢并经热处理,硬度 HRC30 如图 6.40 所示,试按传递转矩最大选择尺寸系列,求能传递转矩,并注明花键代号。

6.12 现有 45 钢制的直齿圆柱齿轮轮缘,用过盈配合连接装配在铸铁 HT150 制的轮芯上,连接尺寸如图 6.41 所示,需传递的转矩 $T=8000$N·m,常温下工作,配合表面均为精车,$R_z=6.3\mu$m,用胀缩法装配,装配后不需拆卸。试选择合适的标准配合,并计算装配时轮缘所需要的加热温度。

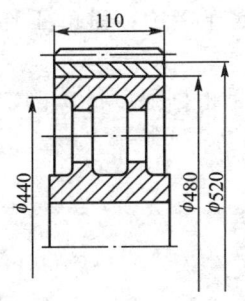

图 6.40 双联滑移齿轮

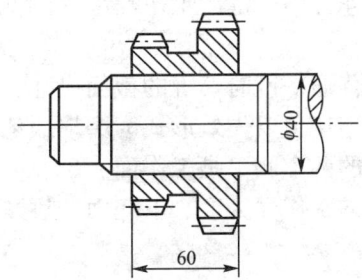

图 6.41 直齿圆柱齿轮轮缘与轮芯的连接

模 拟 试 题

6.1 填空题

1. 平键连接是靠_____来传递扭矩的,楔键连接的工作面是_____。

6.2 选择题

1. 设计键连接时,键的截面尺寸通常根据____按标准选择。
   A. 所传递转矩的大小　　　　　B. 所传递功率的大小
   C. 轮毂的长度　　　　　　　　D. 轴的直径

2. 与平键连接相比,楔键连接的主要缺点是____。

A. 键的斜面加工困难　　　　　　　B. 键安装时易损坏
　　C. 键楔紧后在轮毂中产生初应力　　D. 轴和轴上零件对中性差
3. 普通平键的工作面是键的____。
　　A. 顶面　　　　　B. 底面　　　　C. 两侧面　　　　D. 端面
4. 平键连接中，键上产生的应力为____。
　　A. 剪切应力和压缩应力　　　　　B. 挤压应力和压缩应力
　　C. 剪切应力和挤压应力　　　　　D. 接触应力和压缩应力
5. 普通平键静连接的主要失效形式是____。
　　A. 点蚀　　　　　B. 塑性变形　　　C. 折断　　　　　D. 压溃
6. 轴上键槽通常由____加工得到。
　　A. 插削　　　　　B. 拉削　　　　　C. 钻及铰　　　　D. 铣削
7. 单个平键连接如不能满足强度条件，可采用双键连接，使它们沿圆周相隔____；两个切向键连接沿圆周相隔____。
　　A. 90°　　　　　B. 120°　　　　C. 135°　　　　　D. 180°
8. 采用两个半圆键，两键通常布置成____。
　　A. 相隔 180°　　　　　　　　　　B. 相隔 120°～130°
　　C. 相隔 90°　　　　　　　　　　D. 在轴的同一母线上

6.3　是非题

1. 平键连接中，键的工作面是它的侧面；楔键连接中，键的工作面是它的顶面和底面。（　　）
2. 平键连接中，键的工作面是它的侧面和底面；楔键连接中，键的工作面是它的顶面和侧面。（　　）
3. 选用普通平键时，键的截面尺寸 $b×h$ 和键长 L 都是根据强度计算确定的。（　　）
4. 平键连接主要失效形式为磨损或剪断。（　　）
5. 平键的两个侧面是工作面。（　　）
6. 楔键的工作面为上、下底面，靠摩擦力来传递载荷。（　　）

第 7 章 带传动

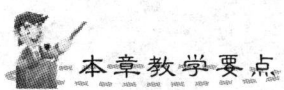 本章教学要点

知识要点	掌握程度	相关知识
带传动的类型、特点及应用，V带的类型与结构	掌握带传动的工作原理及分类；熟悉普通V带的相关技术标准	摩擦型和啮合型传动工作原理；GB/T 13575.1—2008
带传动的受力分析、应力分析、弹性滑动、打滑及滑动率	熟悉带传动的工作情况分析	初拉力、紧边拉力及松边拉力；有效拉力、最大有效拉力；带传动3种应力；带传动最大应力
V带传动的失效形式、设计准则、设计步骤和参数选择	掌握失效形式、设计准则；熟悉普通V带传动的设计计算	失效形式、原因及设计准则；基本额定功率；普通V带传动设计及参数选择
V带轮设计及带传动张紧装置	掌握普通V带轮结构设计；掌握带传动张紧装置	V带轮的材料和结构；3种常见带传动张紧装置

导入案例

图 7.1 为一由电动机驱动，经带传动、圆柱齿轮减速器、联轴器到传送带的用于输送散装物体的带式运输机。带式运输机的运输能力是由传送带的速度和单位长度上所传送物体的质量所决定的。其中传送带的速度取决于电机的转速、带传动的传动比、减速器的传动比和传送带滚筒的直径；传送带单位长度上所传送物体的质量取决于电机的额定转矩、带传动的工作能力和减速器的工作能力。带传动是机械传动中最常用的传动形式之一，带传动的类型较多，它们所具有的特点是其他许多传动形式所不能代替的。

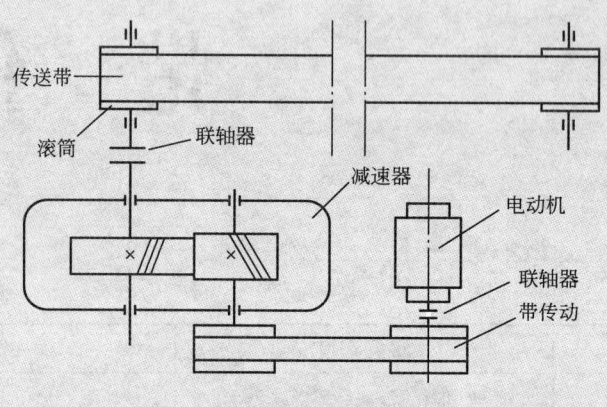

图 7.1 带式运输机

带传动和链传动都是利用中间挠性件（带或链）将主动轴的运动和动力传给从动轴，但两种传动的方式不同。带传动的中间挠性件是弹性体，称为带，受力后将发生变形。带传动分为摩擦传动和啮合传动。而链传动属于啮合传动，其中间挠性件可以近似认为是刚性体。

7.1 概　　述

带传动是一种挠性传动，如图 7.2 所示，带传动是由主动带轮、从动带轮和传动带组成的。当主动带轮转动时，利用带轮和传动带间的摩擦或啮合作用，将运动和动力通过传动带传递给从动带轮。

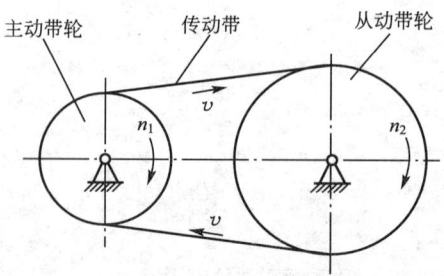

图 7.2 带传动机构运动示意图

7.1.1 带传动的类型、特点及应用

1. 带传动的分类

根据工作原理的不同,带传动分为摩擦型(图 7.3(a))和啮合型(图 7.3(b))两大类。摩擦型带传动中,传动带张紧在主动带轮和从动带轮上,带与两轮接触面之间产生压力。当主动带轮旋转时,由这个压力所产生的摩擦力拖曳带运动,同理带又拖拽从动带轮旋转,完成运动和动力的传递。

啮合型带传动一般也称为同步带传动。它通过传动带内表面上等距分布的横向齿和带轮上的相应齿槽的啮合来传递运动。与摩擦型带传动比较,同步带传动的带轮和传动带之间没有相对滑动,能够保证准确的传动比。但同步带传动对于制造和安装要求高,成本也较高。

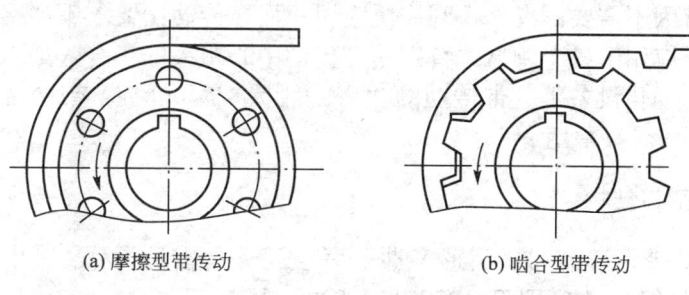

(a) 摩擦型带传动　　　　(b) 啮合型带传动

图 7.3　带传动的类型

根据带的截面形状,摩擦型带传动可分为平带传动、圆带传动、V 带传动、多楔带传动等多种形式(图 7.4)。

平带(图 7.4(a))的横截面为扁平矩形,工作面是与带轮表面相接触的内侧面。常用的平带有胶帆布带、编织带、锦纶片复合平带及高速环形胶带等,其规格可查国家标准或手册。平带传动结构简单,带长可根据需要剪裁后用接头连成封闭环形,带轮也容易制造,在传动中心距较大的情况下应用较多。

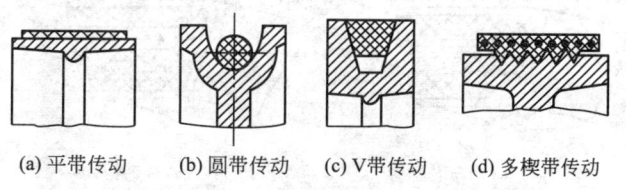

(a) 平带传动　(b) 圆带传动　(c) V带传动　(d) 多楔带传动

图 7.4　摩擦型带传动的几种类型

圆带(图 7.4(b))的横截面为圆形,其柔韧性较好,适用于带轮直径较小的场合;但承载能力较低,故只用于轻载装置中,例如缝纫机及牙科医疗器械中。

V 带(图 7.4(c))的横截面为等腰梯形,其工作面是带与带轮轮槽相接触的两侧面。V 带传动允许的传动比大、结构紧凑,且大多数 V 带已标准化。因此,V 带传动的应用比平带传动要广泛得多。

多楔带(图 7.4(d))相当于多条 V 带组合而成,工作面是带的楔面,多楔带传动兼有平带传动与 V 带传动的优点,其柔性好、摩擦力大、传递功率高,还解决了多根 V 带长短不一而使各带受力不均的问题。多楔带传动主要适用于传递动力较大而且要求结构紧凑

的场合。

2. 带传动的特点及应用

与其他传动相比，带传动是一种比较经济的传动形式。带的弹性和柔性使带传动具有以下优点：①运行平稳，噪声小；②能缓解冲击载荷；③构造简单，对制造精度要求低，特别是在中心距大的地方；④不用润滑，很干净，维护成本低；⑤过载打滑，在一般情况下，可以保护传动系统中的其他零件。

带传动的主要缺点：①带的弹性滑动，使传动效率降低；传动比不像啮合传动那样准确(同步带除外)；②带的寿命较短；③传递相同的圆周力时，轴上的压轴力和轮廓尺寸都比啮合传动大。

带传动的应用范围很广。在需要精确传动比的场合，如打印机、绘图仪、录音机等精密机械中，同步带因不需要润滑而得到广泛应用；而在传动比要求不严格的机械中，其他形式的带传动广泛应用于各个领域，特别是在传动中心距大的场合，如农业机械、食品机械、汽车工业、自动化设备等。带传动的功率一般为 $P \leqslant 50\mathrm{kW}$，带的工作速度 v 通常为 $5 \sim 25\mathrm{m/s}$，传动比 $i \leqslant 7$(常用 $i < 5$)。

7.1.2 V 带的类型与结构

V 带有普通 V 带、窄 V 带、齿形 V 带、联组 V 带等多种类型。其中，普通 V 带和窄 V 带已标准化，带的尺寸按 GB/T 13575.1—2008 规定。

标准普通 V 带是用多种材料制成的无接头环形带，其剖面为对称的梯形。如图 7.5 所示，它由弯曲时受拉伸的顶胶层 1、承受基本拉力的抗拉体 2、弯曲时受压缩的底胶层 3 和起保护作用的包布层 4 组成。顶胶层和底胶层由胶料构成，包布层由胶帆布构成。抗拉体的结构分为帘布芯(图 7.5(a))和绳芯(图 7.5(b))两种类型。帘布芯 V 带制造方便、抗拉强度高、应用较广。绳芯 V 带柔韧性好、抗弯强度高，适用于转速高、载荷不大、带轮直径较小的场合。

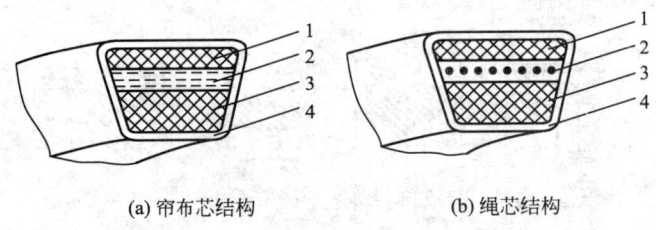

(a) 帘布芯结构　　　　　　(b) 绳芯结构

图 7.5　普通 V 带的剖面结构

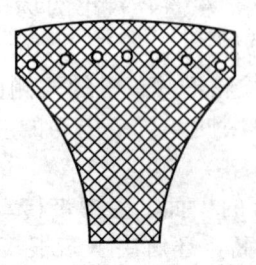

图 7.6　窄 V 带的剖面结构

窄 V 带与普通 V 带相比，其相对高度较大。当高度相同时，窄 V 带的宽度约小 1/3，其结构形式如图 7.6 所示。窄 V 带是用合成纤维绳或钢丝绳作抗拉体，除了具有普通 V 带的特点外，承载能力也是普通 V 带的 1.5～2.5 倍，最高允许带速可达 40～50m/s，适用于传递功率大而又要求传动装置紧凑的场合。

由于普通 V 带应用最广，设计方法与理论具有普遍性，故本章将重点讨论普通 V 带的设计方法，其他类似的

V 带传动设计可参阅有关标准。

依据标准，普通 V 带可分为 Y、Z、A、B、C、D、E 共 7 种型号，各型号的截面基本尺寸见表 7-1。

表 7-1 普通 V 带的截面基本尺寸

带型	节宽 b_p/mm	顶宽 b/mm	高度 h/mm	横截面积 A/mm²	楔角 α
Y	5.3	6.0	4.0	18	40°
Z	8.5	10.0	6.0	47	
A	11.0	13.0	8.0	81	
B	14.0	17.0	11.0	143	
C	19.0	22.0	14.0	237	
D	27.0	32.0	19.0	476	
E	32.0	38.0	25.0	722	

注：h/b_p 称为带的相对高度

在 V 带绕过带轮发生弯曲时，带的顶胶层伸长而变窄，底胶层缩短而变宽，V 带中长度及宽度尺寸与自由状态时相比保持不变的面（类似于梁的中性层）称为带的节面，节面的宽度称为节宽，用 b_p 表示，其尺寸见表 7-1。当传动带张紧在带轮上时，由于节面上带的长度保持不变，而 V 带都制成无接头环形带，所以国家标准中将 V 带节面上的长度即节线长度定义为 V 带的基准长度，用 L_d 表示。V 带的基准长度 L_d 已标准化，其长度系列见表 7-2。

表 7-2 普通 V 带基准长度 L_d 系列及带长修正系数 K_L

Y		Z		A		B		C		D		E	
L_d/mm	K_L	L_d/mm	K_L	L_d/mm	K_L	L_d/mm	K_L	L_d/mm	K_L	L_d/mm	K_L	L_d/mm	K_L
200	0.81	405	0.87	630	0.81	930	0.83	1565	0.82	2740	0.82	4660	0.91
224	0.82	475	0.90	700	0.83	1000	0.84	1760	0.85	3100	0.86	5040	0.92
250	0.84	530	0.93	790	0.85	1100	0.86	1950	0.87	3330	0.87	5420	0.94
280	0.87	625	0.96	890	0.87	1210	0.87	2195	0.90	3730	0.90	6100	0.96
315	0.89	700	0.99	990	0.89	1370	0.90	2420	0.92	4080	0.91	6850	0.99
355	0.92	780	1.00	1100	0.91	1560	0.92	2715	0.94	4620	0.94	7650	1.01
400	0.96	920	1.04	1250	0.93	1760	0.94	2880	0.95	5400	0.97	9150	1.05
450	1.00	1080	1.07	1430	0.96	1950	0.97	3080	0.97	6100	0.99	12230	1.11
500	1.02	1330	1.13	1550	0.98	2180	0.99	3520	0.99	6840	1.02	13750	1.15
		1420	1.14	1640	0.99	2300	1.01	4060	1.02	7620	1.05	15280	1.17
		1540	1.54	1750	1.00	2500	1.03	4600	1.05	9140	1.08	16800	1.19

（续）

Y		Z		A		B		C		D		E	
L_d/mm	K_L	L_d/mm	K_L	L_d/mm	K_L	L_d/mm	K_L	L_d/mm	K_L	L_d/mm	K_L	L_d/mm	K_L
				1940	1.02	2700	1.04	5380	1.08	10700	1.13		
				2050	1.04	2870	1.05	6100	1.11	12200	1.16		
				2200	1.06	3200	1.07	6815	1.14	13700	1.19		
				2300	1.07	3600	1.09	7600	1.17	15200	1.21		
				2480	1.09	4060	1.13	9100	1.21				
				2700	1.10	4430	1.15	10700	1.24				
						4820	1.17						
						5370	1.20						
						6070	1.24						

7.2 带传动工作情况的分析

7.2.1 带传动的受力分析

1. 初拉力、紧边拉力、松边拉力和有效拉力

带传动是靠摩擦来传递运动和动力的，所以为了使带和带轮的接触面上产生足够的摩擦力，带在安装时必须绷紧套在两个带轮上，这时带与带轮相互压紧，并在接触面之间产生一定的正压力。带传动不工作时，带的上下两边的拉力相等，称为初拉力 F_0（图7.7(a)）。

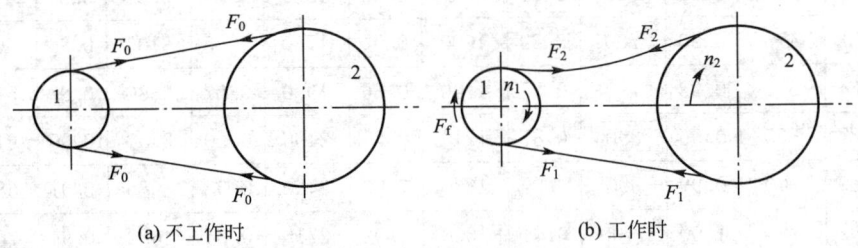

图 7.7 带传动的工作原理

带传动工作时，如图 7.7(b)所示，主动带轮 1 以转速 n_1 转动，通过带与带轮接触面间产生的摩擦力，驱动从动带轮 2 以转速 n_2 转动，此时在主动带轮一侧作用于带上的摩擦力 F_f 的方向与主动带轮的转向相同；而在从动带轮一侧作用于带上的摩擦力的方向与从动带轮的转向相反。因此带两边的拉力也相应地发生了变化，带进入主动轮的一边被进一步拉紧，拉力由 F_0 增大到 F_1，称为紧边，拉力 F_1 称为紧边拉力；带绕出主动轮的一边则被放松,拉力由 F_0 减小到 F_2,称为松边,拉力 F_2 称为松边拉力。

紧边拉力 F_1 与松边拉力 F_2 的差值称为带传动的有效拉力 F。有效拉力就是带传动传递的圆周力。即

$$F = F_1 - F_2 \tag{7-1}$$

在图 7.8 中,若取主动带轮一边的带为分离体,设主动带轮的基准直径为 d_{d1},根据力矩平衡条件可得

$$F_1 \frac{d_{d1}}{2} - F_f \frac{d_{d1}}{2} - F_2 \frac{d_{d1}}{2} = 0 \tag{7-2}$$

$$F_f = F_1 - F_2$$

式中,F_f 为传动带与带轮接触弧上各点摩擦力的总和。

由式(7-1)和式(7-2)可知

$$F = F_f = F_1 - F_2 \tag{7-3}$$

即有效拉力 F 不是集中力,而是分布在传动带与带轮接触弧上各点摩擦力的总和。

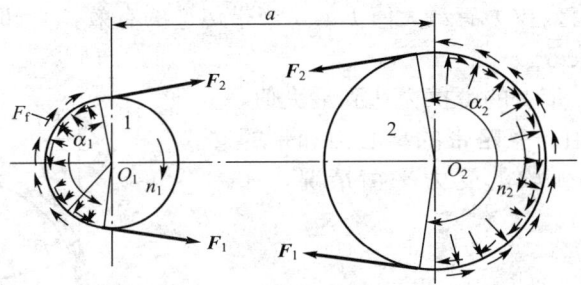

图 7.8 带与带轮的受力分析

有效拉力 F 与带传动所传递的功率 P 的关系为

$$P = \frac{Fv}{1000} \tag{7-4}$$

式中,功率 P 的单位为 kW,有效拉力 F 的单位为 N,传动带的速度 v 的单位为 m/s。

若近似认为在工作前和工作时带的总长度不变,且假设带为线弹性体,符合胡克定律,则带的紧边拉力的增加量等于松边拉力的减少量,即

$$F_1 - F_0 = F_0 - F_2$$

整理后得

$$2F_0 = F_1 + F_2 \tag{7-5}$$

将式(7-3)和式(7-5)联立,可得

$$\begin{cases} F_1 = F_0 + \dfrac{F}{2} \\ F_2 = F_0 - \dfrac{F}{2} \end{cases} \tag{7-6}$$

2. 离心拉力

实际上带是有质量的,带在传动的过程中,会产生离心拉力 F_c,分析带上的微段弧

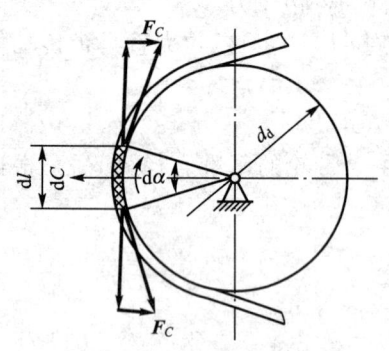

$\mathrm{d}l\left(\mathrm{d}l=\dfrac{d_{\mathrm{d}}\mathrm{d}\alpha}{2}\right)$,如图 7.9 所示,离心力为 $\mathrm{d}C$,两边离心拉力为 F_C,设带每米质量为 $m(\mathrm{kg/m})$。由带微段弧力的平衡,得到 $\mathrm{d}C=2F_C\sin\dfrac{\mathrm{d}\alpha}{2}$,微段弧的离心力 $\mathrm{d}C=m\left(\dfrac{d_{\mathrm{d}}\mathrm{d}\alpha}{2}\right)\dfrac{v^2}{d_{\mathrm{d}}/2}=mv^2\mathrm{d}\alpha$,$\alpha$ 很小时,$\sin\dfrac{\mathrm{d}\alpha}{2}\approx\dfrac{\mathrm{d}\alpha}{2}$,由以上两式得

$$F_C=mv^2 \qquad (7-7)$$

由于传动带为封闭环形,因此,离心拉力 F_C 作用于整个传动带的全长。

图 7.9 带的离心拉力计算

3. 带传动的最大有效拉力及其影响因素

式(7-3)说明,带工作时的有效拉力取决于带的有效摩擦力。由于带传动的摩擦力有极限,所以带传动的有效拉力有最大值 $F_{\max}$,当带传递的有效拉力超过 $F_{\max}$ 时,带与带轮就会发生相对滑动并失效。

带有打滑趋势时,带上的摩擦力达到最大值,有效拉力也达到最大值,忽略带的离心力和带的伸长,此时带上微小弧段的受力平衡情况,如图 7.10 所示。

由力的平衡条件:

水平方向 $\sum F_X=0$ 得

$$\mathrm{d}F_N=F\sin\dfrac{\mathrm{d}\alpha}{2}+(F+\mathrm{d}F)\sin\dfrac{\mathrm{d}\alpha}{2} \qquad (7-8)$$

垂直方向 $\sum F_Y=0$ 得

$$f\mathrm{d}F_N+F\cos\dfrac{\mathrm{d}\alpha}{2}=(F+\mathrm{d}F)\cos\dfrac{\mathrm{d}\alpha}{2} \qquad (7-9)$$

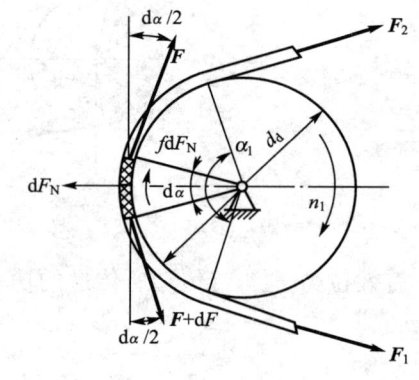

图 7.10 带的松边、紧边拉力关系计算简图

因 $\mathrm{d}\alpha$ 很小,$\sin\dfrac{\mathrm{d}\alpha}{2}\approx\dfrac{\mathrm{d}\alpha}{2}$,$\cos\dfrac{\mathrm{d}\alpha}{2}\approx 1$,略去二阶微分 $\mathrm{d}F\sin\dfrac{\mathrm{d}\alpha}{2}$,将式(7-8)代入式(7-9),得

$$\dfrac{\mathrm{d}F}{F}=f\mathrm{d}\alpha \qquad (7-10)$$

将上式两端积分得

$$\int_{F_2}^{F_1}\dfrac{\mathrm{d}F}{F}=\int_0^\alpha f\mathrm{d}\alpha$$

则

$$\dfrac{F_1}{F_2}=e^{f\alpha} \qquad (7-11)$$

式中,e 为自然对数的底;f 为摩擦系数,对于 V 带传动,应代入当量摩擦系数 f_V;α 为带轮的包角,一般取小带轮的包角 α_1,rad。

带的最大有效拉力

$$F_{max}=F_1-F_2=F_1\left(1-\frac{1}{e^{f\alpha}}\right) \tag{7-12}$$

将式(7-6)中的 F_1 代入式(7-12)，得

$$F_{max}=2F_0\frac{e^{f\alpha}-1}{e^{f\alpha}+1}=2F_0\frac{1-1/e^{f\alpha}}{1+1/e^{f\alpha}} \tag{7-13}$$

分析上式可知，带所能传递的最大有效拉力 F_{max} 与下列因素有关。

(1) 初拉力 F_0。F_{max} 与 F_0 成正比。F_0 越大，则带与带轮间正压力越大，传动时的摩擦力就越大，F_{max} 也就越大。但 F_0 过大，将导致带的磨损加剧和带的拉应力增大，带的寿命将缩短。若 F_0 过小，带的工作能力不能充分发挥，且工作时易产生跳动和打滑。

(2) 包角 α_1。F_{max} 随包角 α_1 的增大而增大。因为增大 α_1 意味着带与小带轮在整个接触弧上的摩擦力总和增加，从而可提高传动能力。

(3) 摩擦系数 f。f 越大，摩擦力就越大，F_{max} 也就越大。f 与带轮材料、轮槽的表面状况及带传动工作条件等有关。

当带传动的有效拉力 $F>F_{max}$ 时，带传动会发生打滑。

7.2.2 带传动的应力分析

带传动工作时，带中有如下3种应力。

1) 拉应力

紧边拉应力为

$$\sigma_1=F_1/A \tag{7-14}$$

松边拉应力为

$$\sigma_2=F_2/A \tag{7-15}$$

式中，A 为带的横截面积，见表7-1，mm^2。

2) 离心拉应力

离心拉应力为

$$\sigma_C=F_C/A=mv^2/A \tag{7-16}$$

离心拉应力作用于传动带的全长。

3) 弯曲应力

传动带绕在带轮上时，因带的弯曲而在此弯曲段上产生弯曲应力 σ_{b1} 和 σ_{b2}，由材料力学可知

$$\sigma_{b1}\approx E\frac{h}{d_{d1}},\quad \sigma_{b2}\approx E\frac{h}{d_{d2}} \tag{7-17}$$

式中，h 为传动带的高度，见表7-1，mm；E 为传动带的弹性模量，MPa。

因为弯曲应力与带轮的基准直径成反比，所以带在小带轮上的弯曲应力 σ_{b1} 一定大于大带轮上的弯曲应力 σ_{b2}。

图7.11表示了带传动工作时的应力分布情况。小带轮为主动时，最大应力发生在小带轮的紧边入口处(图中的 a 点)，且

$$\sigma_{max}=\sigma_1+\sigma_{b1}+\sigma_C \tag{7-18}$$

由图7.11可见，带在运动过程中，带上任意一点的应力都随其运行的位置而发生变化。带每巡行一周，相当于应力变化一个周期。显然，带是在变应力作用下工作的，所

以，当应力循环次数达到一定数值后，将引起带的疲劳破坏。

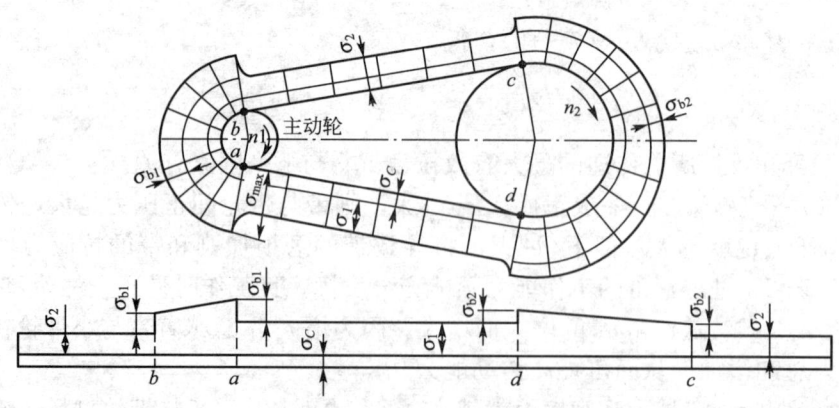

图 7.11 带的应力分布示意图

7.2.3 带的弹性滑动和打滑

1. 弹性滑动

带传动在工作时，带受到拉力后要产生弹性变形。但由于紧边和松边的拉力不同，因而弹性变形也不同。当紧边在 A_1 点绕上主动带轮时（图 7.12），其所受的拉力为 F_1，此时带的线速度 v 和主动轮的圆周速度 v_1 相等。在带由 C_1 点转到 B_1 点的过程中，带所受的拉力由 F_1 逐渐降低到 F_2，带的弹性变形也就随之逐渐减小，因而带沿带轮的运动是一面绕进、一面向后收缩，所以带的速度 v 便过渡到逐渐低于主动轮的圆周速度 v_1。这就说明了带在绕经主动轮缘的过程中，在带与主动轮缘之间发生了相对滑动。相对滑动现象也发生在从动轮上，但情况恰恰相反，带绕过从动轮时，拉力由 F_2 增大到 F_1，弹性变形随之逐渐增

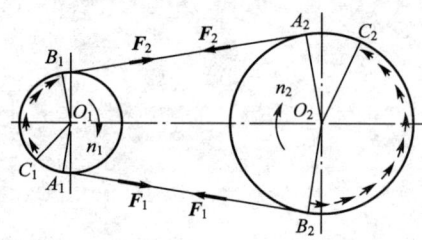

图 7.12 带传动中的弹性滑动示意图

加，因而带沿带轮的运动是一面绕进、一面向前伸长，所以带的速度便过渡到逐渐高于从动轮的圆周速度 v_2，即带与从动轮间也发生了相对滑动。这种由于带的弹性变形而引起的带与带轮间的微量滑动，称为带的弹性滑动。这是带传动正常工作时所固有的特性，是不可避免的现象。若采用弹性模量大的胶带可相应减小弹性滑动。

弹性滑动将引起下列后果：①使从动轮的圆周速度低于主动轮的圆周速度，即 $v_2 < v < v_1$，因此带传动的平均传动比不恒定；②引起带的摩擦和发热并使传动效率降低；③引起带的磨损和寿命降低。

由于弹性滑动的影响，将使从动轮的圆周速度 v_2 低于主动轮的圆周速度 v_1，其相对降低的程度用滑动率 ε 来表示：

$$\varepsilon = \frac{v_1 - v_2}{v_1} \times 100\% \qquad (7-19)$$

其中

$$v_1 = \frac{\pi d_{d1} n_1}{60 \times 1000}$$

$$v_2 = \frac{\pi d_{d2} n_2}{60 \times 1000}$$

式中，n_1、n_2 分别为主动轮和从动轮的转速，r/min；d_{d1}、d_{d2} 分别为主动轮和从动轮的基准直径，mm。

因而带传动的实际传动比为

$$i = \frac{n_1}{n_2} = \frac{d_{d2}}{(1-\varepsilon)d_{d1}} \tag{7-20}$$

在一般的带传动中，因滑动率并不大（$\varepsilon = 1\% \sim 2\%$），故可不予考虑，而取传动比为

$$i = \frac{n_1}{n_2} \approx \frac{d_{d2}}{d_{d1}} \tag{7-20a}$$

2. 打滑

实践证明，带传动在正常工作时，弹性滑动并不是发生在带与带轮的全部接触弧上，当有效拉力较小时，弹性滑动只发生在带离开主、从动轮之前的那段接触弧（图 7.12 中 $\overset{\frown}{C_1 B_1}$ 和 $\overset{\frown}{C_2 B_2}$）上，并把它们称为滑动弧，简称为动弧，其所对应的中心角则称为动角。而未发生弹性滑动的接触弧则称为静弧（图 7.13 中 $\overset{\frown}{A_1 C_1}$ 和 $\overset{\frown}{A_2 C_2}$），其所对应的中心角则称作静角。

随着有效拉力的增大，弹性滑动的区域也将扩大。当其扩大到整个接触弧时，带传动的有效拉力达到临界值 $F_{\max}$，此时，若工作载荷进一步增大，则带与带轮间就会发生显著的相对滑动，即产生打滑。打滑将使带的磨损加剧，使从动轮转速急剧降低，致使传动失效，这种现象是由于过载引起的，应当避免。

7.3 普通 V 带传动的设计计算

7.3.1 带传动的失效形式、设计准则和单根 V 带的基本额定功率

1. 带传动的失效形式和设计准则

带传动的主要失效形式是带的打滑和疲劳破坏。因此带传动的设计准则是：在保证不打滑的前提下，带传动具有一定的疲劳强度和寿命。

2. 单根 V 带的基本额定功率 P_0

由式（7-12）、式（7-14），可得 V 带传动不打滑的临界条件：

$$F_{\max} = F_1 \left(1 - \frac{1}{e^{f v \alpha}}\right) = \sigma_1 A \left(1 - \frac{1}{e^{f v \alpha}}\right) \tag{7-21}$$

由式（7-18），可得 V 带疲劳强度和寿命条件为

$$\sigma_{\max} = \sigma_1 + \sigma_{b1} + \sigma_C \leqslant [\sigma]$$

因此

$$\sigma_1 \leqslant [\sigma] - \sigma_{b1} - \sigma_C \tag{7-22}$$

式中，$[\sigma]$ 为带的许用拉应力，它与带的型号、带长、材质、结构及预期寿命等有关，由带的疲劳强度决定，并在一定条件下由试验得出，精确计算时可查阅机械设计手册。

联立式（7-4）、式（7-21）、式（7-22），可得到单根 V 带既不打滑又有一定的疲劳强

度和寿命时所能传递的功率,即最大功率为

$$P_0 = \frac{([\sigma] - \sigma_{b1} - \sigma_C)(1 - 1/e^{f v^\alpha}) A v}{1000} \tag{7-23}$$

式中,P_0 为单根 V 带所能传递的最大功率,kW。

为了方便设计计算,按照式(7-23),并由试验求得 $[\sigma]$ 后,可以得到各种型号单根普通 V 带所能传递的最大功率 P_0,称为基本额定功率,将其制成表格以供使用。它是在规定的试验条件下得到的,其试验条件为:包角 $\alpha=180°$、特定带长、平稳的工作条件。具体数据参见表 7-3。

表 7-3 单根普通 V 带的基本额定功率 P_0 (kW)

型号	小带轮的基准直径 d_{d1}/mm	\multicolumn{12}{c}{小带轮的转速 n_1/(r/min)}												
		400	730	800	980	1200	1460	1600	2000	2400	2800	3200	3600	4000
Y	20	—	—	—	0.01	0.02	0.02	0.03	0.03	0.04	0.04	0.05	0.06	0.06
	31.5	—	0.03	0.04	0.04	0.05	0.06	0.06	0.07	0.09	0.10	0.11	0.12	0.11
	40	—	0.04	0.05	0.06	0.07	0.08	0.09	0.11	0.12	0.14	0.15	0.16	0.13
	50	0.05	0.06	0.07	0.08	0.09	0.11	0.12	0.14	0.16	0.18	0.20	0.22	0.23
Z	50	0.06	0.09	0.10	0.12	0.14	0.16	0.17	0.20	0.22	0.26	0.28	0.30	0.32
	63	0.08	0.13	0.15	0.18	0.22	0.25	0.27	0.32	0.37	0.41	0.45	0.47	0.49
	71	0.09	0.17	0.20	0.23	0.27	0.31	0.33	0.39	0.46	0.50	0.54	0.58	0.61
	80	0.14	0.20	0.22	0.26	0.30	0.36	0.39	0.44	0.50	0.56	0.61	0.64	0.67
	90	0.14	0.22	0.24	0.28	0.33	0.37	0.40	0.48	0.54	0.60	0.64	0.68	0.72
A	75	0.27	0.42	0.45	0.52	0.60	0.68	0.73	0.84	0.92	1.00	1.04	1.08	1.09
	90	0.39	0.63	0.68	0.79	0.93	1.07	1.15	1.34	1.50	1.64	1.75	1.83	1.87
	100	0.47	0.77	0.83	0.97	1.14	1.32	1.42	1.66	1.87	2.05	2.19	2.28	2.34
	125	0.67	1.11	1.19	1.40	1.66	1.93	2.07	2.44	2.74	2.98	3.16	3.26	3.28
	160	0.94	1.56	1.69	2.00	2.36	2.74	2.54	3.42	3.80	4.06	4.19	4.17	3.98
B	125	0.84	1.34	1.44	1.67	1.93	2.20	2.33	2.64	2.85	2.96	2.94	2.80	2.51
	160	1.32	2.16	2.32	2.72	3.17	3.64	3.86	4.40	4.75	4.89	4.80	4.89	3.82
	200	1.85	3.06	3.30	3.86	4.50	5.15	5.46	6.13	6.47	6.43	5.95	4.98	3.47
	250	2.50	4.14	4.46	5.22	6.04	6.85	7.20	7.87	7.89	7.14	5.60	3.12	—
	280	2.89	4.77	5.13	5.93	6.90	7.78	8.13	8.60	8.22	6.80	4.26	—	—
C	200	1.39	1.92	2.41	2.87	3.30	3.80	4.07	4.66	5.29	5.86	6.07	6.28	6.34
	250	2.03	2.85	3.62	4.33	5.00	5.82	6.23	7.18	8.21	9.06	9.38	9.63	9.62
	315	2.84	4.04	5.14	6.17	7.14	8.34	8.92	10.23	11.53	12.48	12.72	12.67	12.14
	400	3.91	5.54	7.06	8.52	9.82	11.52	12.10	13.67	15.04	15.51	15.24	14.08	11.95
	450	4.51	6.40	8.20	9.81	11.29	12.98	13.80	15.39	16.59	16.41	15.57	13.29	9.64

(续)

型号	小带轮的基准直径 d_{d1}/mm	小带轮的转速 n_1/(r/min)											
		400	730	800	980	1200	1460	1600	2000	2400	2800	3200	3600	4000
D	355	5.31	7.35	9.24	10.90	12.39	14.04	14.83	16.30	17.50	16.70	15.63	12.97	—
	450	7.90	11.02	13.85	16.40	18.67	21.12	22.25	24.16	24.84	22.42	19.59	11.24	—
	560	10.76	15.07	18.95	22.38	25.22	28.28	29.55	31.00	29.67	22.08	15.13	—	—
	710	14.55	20.35	25.45	29.76	33.18	25.97	36.87	35.58	27.88	—	—	—	—
	800	16.76	23.39	29.08	33.72	37.13	39.26	39.55	35.26	21.32	—	—	—	—
E	500	10.86	14.96	18.55	21.65	24.12	26.62	27.57	28.52	25.53	16.25	—	—	—
	630	15.65	21.69	26.95	31.36	34.83	37.64	38.52	37.14	29.17	—	—	—	—
	800	21.70	30.05	37.05	42.53	46.26	47.79	47.38	39.08	16.46	—	—	—	—
	900	25.15	34.71	42.49	48.20	51.48	51.13	49.21	34.01	—	—	—	—	—
	1000	28.52	39.17	47.52	53.12	55.45	52.26	48.19	—	—	—	—	—	—

7.3.2 单根 V 带的额定功率

实际工作条件下带传动的传动比、V 带长度和带轮包角与试验条件不同，因此应对单根 V 带的基本额定功率 P_0 予以修正，从而得到实际工作条件下单根 V 带的额定功率 P_r：

$$P_r = (P_0 + \Delta P_0) K_\alpha K_L \tag{7-24}$$

式中，ΔP_0 为单根 V 带基本额定功率增量，参见表 7-4。它是考虑当传动比不等于 1 时，带绕在大带轮上产生的弯曲应力比绕在小带轮上小，而使传递的功率有所增加；K_α 为包角修正系数，见表 7-5；K_L 为长度修正系数，见表 7-2。

表 7-4 单根普通 V 带额定功率的增量 ΔP_0 (kW)

型号	传动比 i	小带轮的转速 n_1/(r/min)											
		400	730	800	980	1200	1460	1600	2000	2400	2800	3200	3600	4000
Y	1.35~1.51	0.00	0.00	0.00	0.01	0.01	0.01	0.01	0.01	0.01	0.02	0.02	0.02	0.02
	≥2	0.00	0.00	0.00	0.01	0.01	0.02	0.02	0.02	0.02	0.02	0.02	0.03	0.03
Z	1.35~1.51	0.01	0.01	0.01	0.02	0.02	0.02	0.02	0.03	0.03	0.04	0.04	0.04	0.05
	≥2	0.01	0.02	0.02	0.02	0.03	0.03	0.03	0.04	0.04	0.04	0.05	0.05	0.06
A	1.35~1.51	0.04	0.07	0.08	0.08	0.11	0.13	0.15	0.19	0.23	0.26	0.30	0.34	0.38
	≥2	0.05	0.09	0.10	0.11	0.15	0.17	0.19	0.24	0.29	0.34	0.39	0.44	0.48
B	1.35~1.51	0.10	0.17	0.20	0.23	0.30	0.36	0.39	0.49	0.59	0.69	0.79	0.89	0.99
	≥2	0.13	0.22	0.25	0.30	0.38	0.46	0.51	0.63	0.76	0.89	1.01	1.14	1.27
C	1.35~1.51	0.14	0.21	0.27	0.34	0.41	0.48	0.55	0.65	0.82	0.99	1.10	1.23	1.37
	≥2	0.18	0.26	0.35	0.44	0.53	0.62	0.71	0.83	1.06	1.27	1.14	1.59	1.76

(续)

型号	传动比 i	小带轮的转速 n_1/(r/min)												
		400	730	800	980	1200	1460	1600	2000	2400	2800	3200	3600	4000
D	1.35~1.51	0.49	0.73	0.97	1.22	1.46	1.70	1.95	2.31	1.92	3.52	3.89	4.98	—
	≥2	0.63	0.94	1.25	1.56	1.88	2.19	2.50	2.97	3.75	4.53	5.00	5.62	—
E	1.35~1.51	0.96	1.45	1.93	2.41	2.89	3.38	3.86	4.58	5.61	6.83	—	—	—
	≥2	1.24	1.86	2.48	3.10	3.72	4.34	4.96	5.89	7.21	8.78	—	—	—

表 7-5 小带轮包角系数 K_α

包角 α_1/(°)	180	175	170	165	160	155	150	145	140	135	130	125	120	115	110	105	100	95	90
K_α	1	0.99	0.98	0.96	0.95	0.93	0.92	0.91	0.89	0.88	0.86	0.84	0.82	0.80	0.78	0.76	0.74	0.72	0.69

7.3.3 V带传动的设计步骤和参数选择

1. 已知条件和设计内容

设计V带传动的已知条件：带传动的工作条件；传动位置与总体尺寸限制；所需传递的额定功率 P；小带轮转速 n_1；大带轮转速 n_2 或传动比 i。

设计内容：选择带的型号，确定基准长度、根数、传动中心距、带轮的材料、基准直径以及结构尺寸、初拉力和压轴力、张紧装置等。

2. 设计步骤和参数选择

1) 确定计算功率 P_d

计算功率 P_d 是根据所传递的功率 P 和带传动的工作条件而确定的：

$$P_d = K_A P \tag{7-25}$$

式中，P_d 为计算功率，kW；K_A 为工作情况系数，见表 7-6；P 为所需传递的额定功率，例如电动机的额定功率或名义的负载功率，kW。

表 7-6 工作情况系数 K_A

工况		K_A					
		空、轻载启动			重载启动		
		每天工作小时数/h					
		<10	10~16	>16	<10	10~16	>16
载荷变动最小	液体搅拌机、通风机和鼓风机（≤7.5kW）、离心式水泵和压缩机、轻负荷输送机	1.0	1.1	1.2	1.1	1.2	1.3
载荷变动小	带式输送机（不均匀负荷）、通风机（>7.5kW）、旋转式水泵和压缩机（非离心式）、发电机、金属切削机床、印刷机、旋转筛、锯木机和木工机械	1.1	1.2	1.3	1.2	1.3	1.4

(续)

工　况		K_A					
		空、轻载启动			重载启动		
		每天工作小时数/h					
		<10	10~16	>16	<10	10~16	>16
载荷变动较大	制砖机、斗式提升机、往复式水泵和压缩机、起重机、磨粉机、冲剪机床、橡胶机械、振动筛、纺织机械、重载输送机	1.2	1.3	1.4	1.4	1.5	1.6
载荷变动很大	破碎机（旋转式、颚式等）、磨碎机（球磨、棒磨、管磨）	1.3	1.4	1.5	1.5	1.6	1.8

注1：空、轻载启动——电动机（交流启动、三角启动、直流并励）、4缸以上的内燃机、装有离心式离合器、液力联轴器的动力机。

注2：重载启动——电动机（联机交流启动、直流复励或串励）、4缸以下的内燃机

2) 初选带的型号

根据计算功率 P_d 和小带轮转速 n_1，由选型图 7.13 初选带的型号。在两种型号交界线附近时，可以对两种型号同时进行计算，最后择优选定。

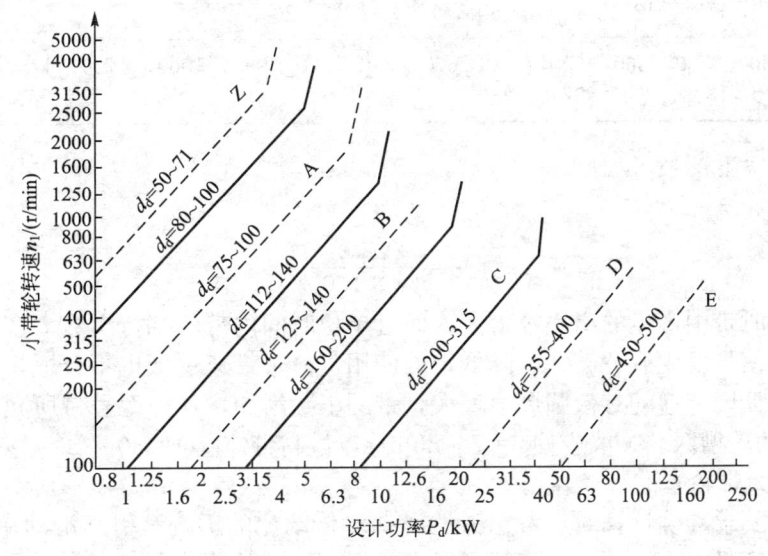

图 7.13　普通 V 带选型图

3) 确定带轮的基准直径 d_{d1} 和 d_{d2}，验算带速 v

(1) 初选小带轮的基准直径 d_{d1}。

由图 7.11 可知，3 种应力中，带的弯曲应力是引起带的疲劳破坏的重要原因。带轮直径越小，带的弯曲应力越大，因此小带轮的直径不能太小。普通 V 带轮的最小直径见表 7-7。

根据 V 带的带型，参考表 7-7 和表 7-8 确定小带轮基准直径，应使 $d_{d1} > d_{dmin}$。

表 7-7 普通 V 带轮的最小基准直径 d_{dmin} 和推荐轮槽数 z

槽型	Y	Z	A	B	C	D	E
d_{dmin}/mm	20	50	75	125	200	355	500
推荐轮槽数 z	1~3	1~4	1~6	2~8	3~9	3~9	3~9

表 7-8 普通 V 带轮的基准直径系列

带型	基准直径 d_d/mm
Y	20, 22.4, 25, 28, 31.5, 35.5, 40, 45, 50, 56, 63, 71, 80, 90, 100, 112, 125
Z	50, 56, 63, 71, 75, 80, 90, 100, 112, 125, 132, 140, 150, 160, 180, 200, 224, 250, 280, 315, 355, 400, 500, 630
A	75, 80, 85, 90, 95, 100, 106, 112, 118, 125, 132, 140, 150, 160, 180, 200, 224, 250, 280, 315, 355, 400, 450, 500, 560, 630, 710, 800
B	125, 132, 140, 150, 160, 170, 180, 200, 224, 250, 280, 315, 355, 400, 450, 500, 560, 600, 630, 710, 750, 800, 900, 1000, 1120
C	200, 212, 224, 236, 250, 265, 280, 300, 315, 335, 355, 400, 450, 500, 560, 600, 630, 710, 750, 800, 900, 1000, 1120, 1250, 1400, 1600, 2000
D	355, 375, 400, 425, 450, 475, 500, 560, 600, 630, 710, 750, 800, 900, 1000, 1060, 1120, 1250, 1400, 1500, 1600, 1800, 2000
E	500, 530, 560, 600, 630, 670, 710, 800, 900, 1000, 1120, 1250, 1400, 1500, 1600, 1800, 2000, 2240, 2500

（2）验算带速 v。

带速表达式为

$$v = \frac{\pi d_{d1} n_1}{60 \times 1000}$$

带速过高时带中产生的离心拉力大，而且单位时间内带的绕行次数太多，应力循环次数增加，容易使带发生疲劳破坏，降低带的使用寿命。带速过低也不合适，在传递功率一定时，带速过低则传递的有效圆周力增大，带的根数增加，各种型号带所允许的根数参考表 7-7 推荐的轮槽数。一般应使 $v = 5 \sim 25 \mathrm{m/s}$，最高带速 $v_{max} < 30 \mathrm{m/s}$。

（3）计算大带轮基准直径 d_{d2}。

当传动比要求准确计算时，考虑弹性滑动对传动比的影响，引入滑动率 ε，按下式计算大带轮基准直径 d_{d2}，由式（7-20）可得

$$d_{d2} = \frac{n_1}{n_2} d_{d1} (1 - \varepsilon)$$

当传动比无严格要求时，一般可忽略滑动率 ε，则

$$d_{d2} = \frac{n_1}{n_2} d_{d1}$$

d_{d2} 应按表 7-8 推荐的基准直径系列圆整。

4）确定中心距 a 和 V 带的基准长度 L_d

图 7.15 表示带传动的几何关系。带长 L_d 为

$$L_d = 2BC + \widehat{AB} + \widehat{CD} = 2\sqrt{a^2 - \left(\frac{d_{d2}-d_{d1}}{2}\right)^2} + \frac{d_{d2}}{2}(\pi+2\theta) + \frac{d_{d1}}{2}(\pi-2\theta)$$

当 θ 足够小时，以 $\theta \approx \sin\theta = \dfrac{d_{d2}-d_{d1}}{2a}$ 代入并展开简化，得

$$L_d \approx 2a + \frac{\pi}{2}(d_{d1}+d_{d2}) + \frac{(d_{d2}-d_{d1})^2}{4a} \tag{7-26}$$

小带轮包角 α_1 为

$$\alpha_1 = 180° - 2\theta \approx 180° - \frac{d_{d2}-d_{d1}}{a} \times 57.3° \tag{7-27}$$

(1) 初定中心距 a_0。

中心距小时，带传动外廓尺寸小，但小带轮包角 α_1 减小，使传动能力降低，同时带的基准长度较短，在一定带速下，单位时间内带绕过带轮的次数增多，带中应力变化次数增多，使带的疲劳寿命降低。中心距大时，有利于增大小带轮包角 α_1 和使带的应力变化减慢，但在载荷变化或高速运转时将引起带的抖动，使带的工作能力降低。

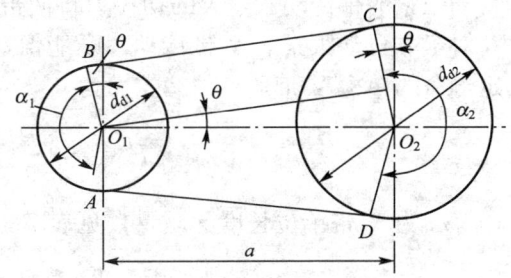

图 7.14 带传动的几何关系

一般推荐按下式初选带传动的中心距 a_0

$$0.7(d_{d1}+d_{d2}) \leqslant a_0 \leqslant 2(d_{d1}+d_{d2}) \tag{7-28}$$

(2) 确定带的基准长度 L_d。

初定中心距 a_0 后，根据式(7-26)，计算出相应的带长 L_{d0}，并由 L_{d0} 查表 7-2，圆整为基准长度 L_d。

(3) 确定中心距 a。

由于 V 带传动的中心距一般是可调整的，故实际中心距 a 可用下式近似计算：

$$a \approx a_0 + \frac{L_d - L_{d0}}{2} \tag{7-29}$$

考虑安装、调整和补偿张紧力的需要，实际中心距的调整范围为

$$\left. \begin{array}{l} a_{\min} = a - 0.015 L_d \\ a_{\max} = a + 0.03 L_d \end{array} \right\} \tag{7-30}$$

(4) 验算小带轮包角 α_1。

由图 7.14 可知，小带轮包角 α_1 小于大带轮包角 α_2。又由式(7-13)可知，小带轮上的总摩擦力相应地小于大带轮上的总摩擦力。因此，打滑只可能在小带轮上发生。为了提高带传动的工作能力，应使

$$\alpha_1 \approx 180° - \frac{d_{d2}-d_{d1}}{a} \times 57.3° \geqslant 120° \tag{7-31}$$

特殊情况下允许 $\alpha_1 \geqslant 90°$。由式(7-31)可知，设计时若小带轮包角 α_1 太小，可以通过增大中心距或减小传动比，也可通过安装张紧轮的方式来增加小带轮包角 α_1。

5）确定 V 带的根数 z。

根数的表达式为

$$z \geqslant \frac{P_d}{P_r} = \frac{P_d}{(P_0 + \Delta P_0) K_a K_L} \tag{7-32}$$

根据上式的计算值圆整根数 z。为了减少受力不均的影响，带的根数不宜过多，应满足表 7-7 所给定的范围。否则，应选择横截面较大的带型，重新设计计算。

6）确定带的初拉力 F_0

初拉力的大小是保证带传动正常工作的重要因素。初拉力过小时，带与带轮间的极限摩擦力小，带传动未达到额定载荷时就可能出现打滑；初拉力过大时，带中应力过大，将使带的寿命大大缩短，同时加大了轴和轴承的受力。实际上，由于带不是完全弹性体，对非自动张紧的带传动，过大的初拉力将使带易于松弛。

对于非自动张紧的 V 带传动，既能保证传递额定功率时不打滑，又能保证 V 带具有一定寿命的单根 V 带适宜的初拉力为

$$F_0 = 500 \frac{P_d}{vz} \left(\frac{2.5}{K_a} - 1 \right) + mv^2 \tag{7-33}$$

式中，m 为 V 带单位长度的质量，见表 7-9。

表 7-9 普通 V 带单位长度质量 m

带型	Y	Z	A	B	C	D	E
$m/(kg/m)$	0.02	0.06	0.10	0.18	0.30	0.61	0.92

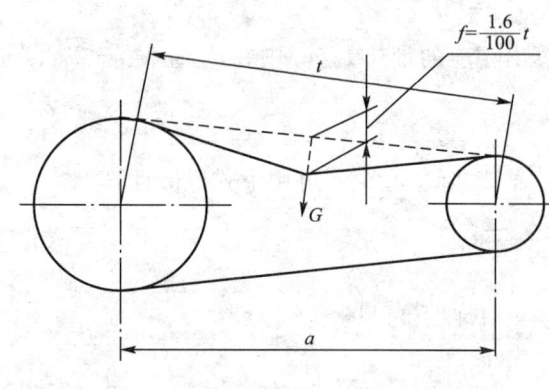

图 7.15 初拉力的测定

安装时，应保证初拉力 F_0 大于上述数值，但也不应过大。初拉力的测定，通常是在 V 带与两带轮切点的跨度中点处，施加一规定的垂直带边的力 G（图 7.15），使跨度每 100mm 产生挠度 1.6mm。

跨度长 t 可以实测，或用下式计算：

$$t = \sqrt{a^2 - (d_{a2} - d_{a1})^2/4} \tag{7-34}$$

式中，t 为跨度长，mm；a 为两轮轴的中心距，mm；d_{a2} 为大带轮的外径，mm；d_{a1} 为小带轮的外径，mm。

对测定初拉力所加的 G 值，应随 V 带的使用程度不同而改变。

G 值由以下公式进行计算：

新安装的 V 带：
$$G = \frac{1.5F_0 + \Delta F_0}{16} \tag{7-35}$$

运转后的 V 带：
$$G = \frac{1.3F_0 + \Delta F_0}{16} \tag{7-36}$$

最小极限值：
$$G = \frac{F_0 + \Delta F_0}{16} \tag{7-37}$$

式中，ΔF_0 为初拉力的增量（表 7-10）。

表 7-10 初拉力的增量 ΔF_0

带型	Y	Z	A	B	C	D	E
ΔF_0/N	6	10	15	20	29.4	58.8	108

7) 计算带作用在轴上的压轴力 F_r

为了设计安装带轮的轴和轴承，必须确定带传动作用在轴上的压轴力 F_r。计算时忽略带两边的拉力差，即近似地以 V 带两边的初拉力的合力计算压轴力，由图 7.16 可知

$$F_r = 2zF_0 \sin\frac{\alpha_1}{2} \quad (7-38)$$

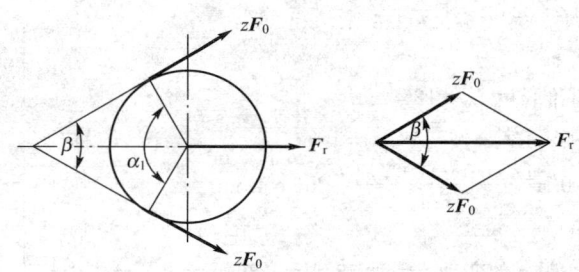

图 7.16 压轴力计算示意图

[例 7.1] 设计一带式输送机用的普通 V 带传动，已知用电动机驱动，额定功率 $P = 5.5\text{kW}$，小带轮转速 $n_1 = 1440\text{r/min}$，大带轮转速 $n_2 = 740\text{r/min}$，一班制工作，要求结构尽量紧凑。

解：

计算与说明	主要结果
1. 确定计算功率 P_d 查表 7-6，得工作情况系数 $K_A = 1.1$，故按式(7-25) $P_d = K_A P = 1.1 \times 5.5 = 6.05\text{kW}$	$P_d = 6.05\text{kW}$
2. 选择 V 带的型号 根据计算功率 P_d 和小带轮转速 n_1，由图 7.13 选用 A 型带。	A 型带
3. 确定带轮基准直径 d_d，并验算带速 v (1) 由图 7.13 并参照表 7-7、表 7-8，选取小带轮基准直径 d_{d1} (2) 验算带速 v $v = \dfrac{\pi d_{d1} n_1}{60 \times 1000} = \dfrac{\pi \times 112 \times 1440}{60 \times 1000} = 8.44\text{m/s}$ v 在 5m/s～25m/s 范围内，故带速合适。 (3) 计算大带轮基准直径 d_{d2} $d_{d2} = \dfrac{n_1}{n_2} d_{d1} = \dfrac{1440}{740} \times 112 = 217.95\text{mm}$ 由表 7-8，选取 $d_{d2} = 224\text{mm}$ 则大带轮的实际转速为 $n_2' = \dfrac{d_{d1}}{d_{d2}} n_1 = \dfrac{112}{224} \times 1440 = 720\text{r/min}$ 转速误差为 $\dfrac{n_2 - n_2'}{n_2} \times 100\% = \dfrac{740 - 720}{740} = 2.7\%$	$d_{d1} = 112\text{mm}$ $v = 8.44\text{m/s}$ $d_{d2} = 224\text{mm}$

（续）

计算与说明	主要结果
转速误差不超过±5%，故合适。 4. 确定中心距 a，选择带的基准长度 L_d 由式(7-28)，得：$235.2\text{mm} \leqslant a_0 \leqslant 672.0\text{mm}$ 初定中心距 $a_0 = 336.0\text{mm}$ 由式(7-26)，计算相应的带长 L_{d0} $L_{d0} \approx 2a_0 + \dfrac{\pi}{2}(d_{d1}+d_{d2}) + \dfrac{(d_{d2}-d_{d1})^2}{4a_0}$ $\quad = 2 \times 336.0 + \dfrac{\pi}{2}(112+224) + \dfrac{(224-112)^2}{4 \times 336.0}$ $\quad = 1209.12\text{mm}$ 由表7-2，选取带的基准长度 $L_d = 1250\text{mm}$ 由式(7-29)，计算实际中心距 $a \approx a_0 + \dfrac{L_d - L_{d0}}{2} = 336.0 + \dfrac{1250.0 - 1209.12}{2} = 356.44\text{mm}$ 取 $a = 356.0\text{mm}$ 由式(7-30)，计算中心距 a 的变动范围为 $337\text{mm} \sim 394\text{mm}$。 5. 验算小带轮上的包角 α_1 $\alpha_1 = 180° - \dfrac{d_{d2}-d_{d1}}{a} \times 57.3° = 180° - \dfrac{224.0-112.0}{356.0} \times 57.3°$ $\quad = 161.97° \geqslant 120°$ 故小带轮包角合适。 6. 确定V带的根数 由式(7-32)，得 $z \geqslant \dfrac{P_d}{P_r} = \dfrac{P_d}{(P_0 + \Delta P_0)K_a K_L}$ 查表7-3，用内插法得 $P_0 = 1.6\text{kW}$ 查表7-4，用内插法得 $\Delta P_0 = 0.168\text{kW}$ 查表7-5，用内插法得 $K_a = 0.954$ 查表7-2，得 $K_L = 0.93$ $z \geqslant \dfrac{P_d}{P_r} = \dfrac{P_d}{(P_0 + \Delta P_0)K_a K_L} = \dfrac{6.05}{(1.6+0.168) \times 0.954 \times 0.93} = 3.86$ 取 $z = 4$ 根，满足表7-7所推荐的V带轮槽数范围。 7. 确定带的初拉力 F_0 由表7-9，查得A型带的单位长度质量 $m = 0.1\text{kg/m}$，所以 $F_0 = 500\dfrac{P_d}{vz}\left(\dfrac{2.5}{K_a}-1\right) + mv^2 = 500 \times \dfrac{6.05}{8.44 \times 4} \times \left(\dfrac{2.5}{0.954}-1\right) + 0.1 \times 8.44^2$ $\quad = 152.33\text{N}$ 8. 计算压轴力 F_r 由式(7-38)，得 $F_r = 2zF_0\sin\dfrac{\alpha_1}{2} = 2 \times 4 \times 152.33 \times \sin\dfrac{161.97°}{2} = 1203.59\text{N}$ 9. V带轮的结构设计（略）	$L_d = 1250\text{mm}$ $a = 356.0\text{mm}$ $a_{\min} = 337.0\text{mm}$ $a_{\max} = 394.0\text{mm}$ $\alpha_1 = 161.97°$ $z = 4$ 根 $F_0 = 152.33\text{N}$ $F_r = 1203.59\text{N}$

7.4　V带轮的设计

1. V带轮设计的要求

对于V带轮的设计要求是：重量轻；结构工艺性好；无过大的铸造内应力；质量分布均匀(转速高时要经过动平衡)；槽轮工作表面应精加工以减少带的磨损。

2. V带轮的材料和结构

带轮常用材料为灰铸铁，带轮的圆周速度为 $v \leqslant 30\text{m/s}$ 时用 HT150，$v > 30\text{m/s}$ 时用 HT200；速度高时可采用铸钢或钢板冲压后焊接而成。小功率传动时可用铸铝合金或工程塑料。

V带轮由轮缘、轮毂和轮辐3部分组成。

V带轮的结构形式与基准直径有关。当带轮基准直径为 $d_d \leqslant 2.5d$（d 为安装带轮的轴的直径，mm），可采用实心式(图 7.17(a))；当 $d_d \leqslant 300\text{mm}$ 时，可采用腹板式(图 7.17(b))；

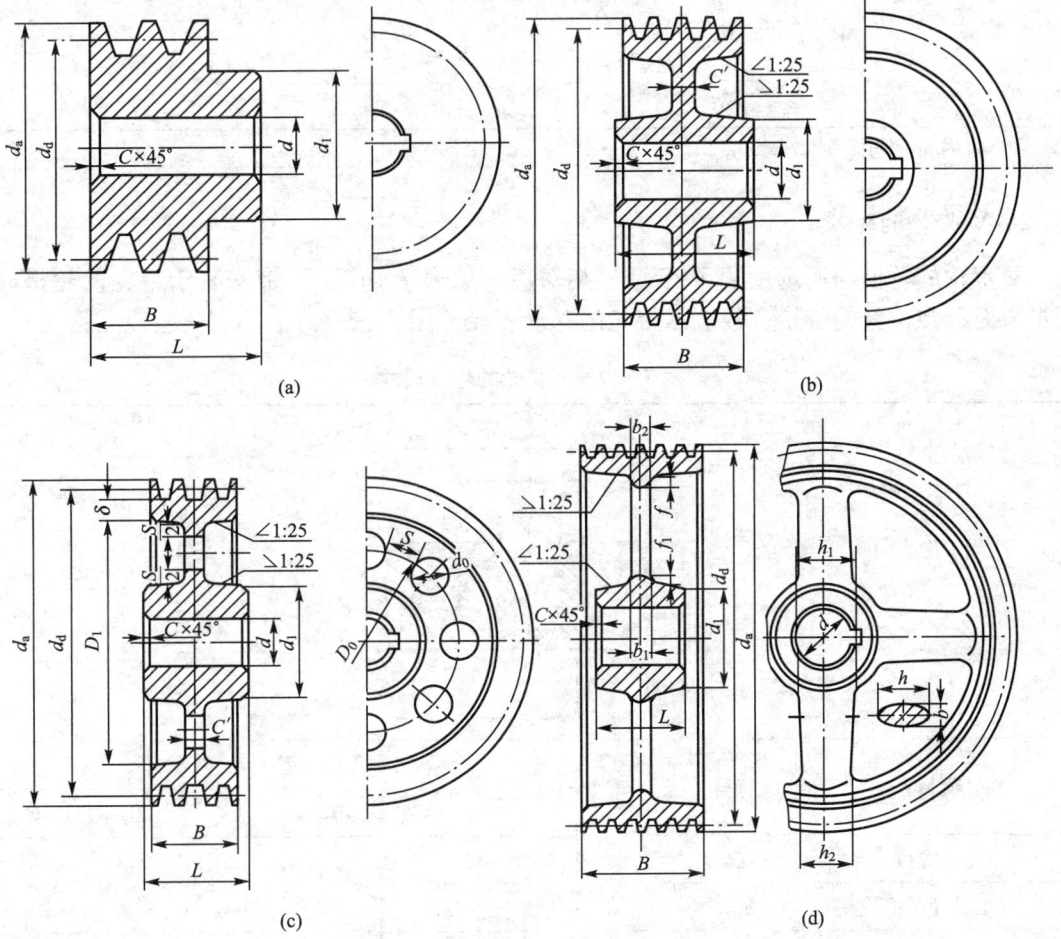

图 7.17　V带轮的结构

当 $d_d \leqslant 300$mm 时，同时 $D_1-d_1 \geqslant 100$mm 时，可采用孔板式（图 7.17(c)）；当 $d_d > 300$mm 时，可采用轮辐式（图 7.17(d)）。

轮毂和轮辐的尺寸可按表 7-11 中的经验公式计算。

表 7-11 V 带轮的结构尺寸

结构尺寸	计算用经验公式
d_1	$d_1=(1.8\sim 2)d$，d 为轴的直径
D_1	$D_1=d_d-2(h_f+\delta)$
D_0	$D_0=0.5(D_1+d_1)$
d_0	$d_0=(0.2\sim 0.3)(D_1-d_1)$
L	$L=(1.5\sim 2)d$，当 $B<1.5d$ 时，$L=B$
C'	$C'=(1/7\sim 1/4)B$
S	$S=C'$
h_1	$h_1=290\sqrt[3]{P/(nz_a)}$，式中，$P$ 为传递的功率，kW；n 为带轮的转速，r/min；z_a 为轮辐数
h_2	$h_2=0.8h_1$
b_1	$b_1=0.4h_1$
b_2	$b_2=0.8b_1$
f_1	$f_1=0.2h_1$
f_2	$f_2=0.2h_2$

注：表内符号与图 7.17 对应。

3. V 带轮的轮槽

V 带轮的轮槽与所选用的 V 带型号相对应，见表 7-12。V 带安装于带轮的轮槽时，用带节面所在位置的带轮直径表示带轮的基准直径，用 d_d 表示。

表 7-12 V 带轮的轮槽尺寸

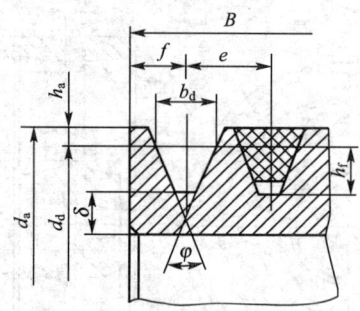

项目	符号	槽型						
		Y	Z	A	B	C	D	E
节面宽度	$b_d(b_p)$	5.3	8.5	11	14	19	27	32
节面以外的高度	h_{amin}	1.6	2	2.75	3.5	4.8	8.1	9.6
节面以内的高度	h_{fmin}	4.7	7	8.7	10.8	14.3	19.9	23.4

(续)

项目	符号	槽型						
		Y	Z	A	B	C	D	E
两槽之间的距离	e	8±0.3	12±0.3	15±0.3	19±0.4	25.5±0.5	37±0.6	44.5±0.7
槽间距累积极限偏差		±0.6	±0.6	±0.6	±0.8	±1.0	±1.2	±1.4
第一槽对称面至端面距离	f_{min}	6	7	9	11.5	16	23	28
轮缘厚度	δ_{min}	5	5.5	6	7.5	10	12	15
带轮外径	d_a	$d_a = d_d + 2h_a$						
带轮宽	B	$B = (z-1)e + 2f$,z 为带轮槽数						
轮槽楔角 φ 32°	相对应的基准直径 d_d	≤60						
34°			≤80	≤118	≤190	≤315		
36°		>60					≤475	≤600
38°			>80	>118	>190	>315	>475	>600
极限偏差		±0.5°						

由表 7-1 可知,普通 V 带两侧面的夹角为 40°,V 带绕在带轮上后发生弯曲变形,使 V 带工作面的夹角发生变化。为了使 V 带的工作面与带轮的轮槽工作面紧密贴合,将带轮的轮槽工作面的楔角做成小于 40°的,一般对应于不同的基准直径规定为 32°、34°、36° 或 38°。

V 带安装到轮槽中以后,一般不应超出带轮外圆,也不应与轮槽底部接触。为此规定了轮槽基准直径到带轮外圆的最小高度 h_{amin} 和到带轮底部的最小高度 h_{fmin}。

轮槽工作面要精细加工,以减少带的磨损。轮槽工作面的粗糙度 Ra=1.6μm 或 Ra=3.2μm。

4. V 带轮的技术要求

铸造、焊接或烧结的带轮在轮缘、腹板、轮辐及轮毂上不允许有砂眼、裂缝、缩孔及气泡;铸造带轮在不提高内应力的前提下,允许对轮缘、凸台、腹板及轮毂的表面缺陷进行修补;转速低于极限转速的带轮要做静平衡,反之要做动平衡。其他条件参见机械设计手册。

7.5 V 带传动的张紧、安装与防护

1. V 带传动的张紧

由于传动带的材料不是完全的弹性体,因而带在工作一段时间后会发生塑性伸长而松弛,使张紧力降低。为了保证带传动的能力,应定期检查张紧力的数值,发现不足时,必须重新张紧,才能正常工作。因此,带传动需要有重新张紧的装置。常用的张紧装置有下列几种。

1) 定期张紧

图7.18(a)所示装置通过调节螺钉调整安装在滑轨上电动机的位置,以改变带传动的中心距,达到重新张紧的目的。这种方式适合于水平安装的带传动。

图7.18(b)所示装置,电动机安装在可以绕支点摆动的支架上,通过调节螺杆的调整使摆架摆动,以此改变带传动的中心距,从而张紧带轮。

2) 自动张紧

图7.18(c)所示是一种自动张紧装置,电动机安装在浮动的摆架上,利用电动机的自重或配重使摆架绕支点摆动,使V带始终保持张紧状态。

3) 张紧轮张紧

当带传动的中心距不可调节时,可以用张紧轮张紧V带,如图7.18(d)所示。安装张紧轮时,应注意尽量避免V带承受更大的工作应力,避免V带承受双向的弯曲应力,并尽量降低小带轮包角的减少量。因此,张紧轮应该放置在松边的内侧并靠近大带轮。张紧轮的轮槽尺寸与带轮相同,直径应小于小带轮直径。

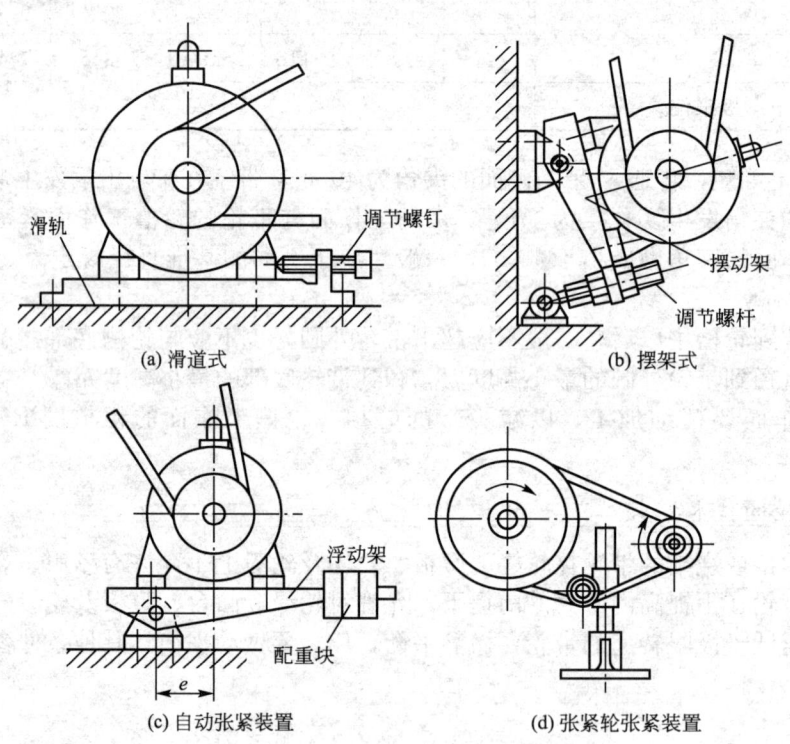

图7.18 带传动的张紧装置

2. V带传动的安装与防护

正确安装、使用和妥善保养,是保证带传动正常工作、延长胶带寿命的有效措施。一般应注意以下几点。

(1) 安装时两轮轴线应相互平行,各带轮轴线的平行度应小于$0.006a$(a——轴间距);两轮相对应的V型槽的对称平面应重合,误差不得超过$20'$,否则将加剧带的磨损,甚至使带从带轮上脱落。

(2) 安装 V 带时,应先缩小中心距,将 V 带套入槽中后,再调整中心距并予以张紧,不应将带硬往带轮上撬,以免损坏带的工作表面和降低带的弹性。

(3) 胶带不宜与酸、碱或油接触,工作温度不宜超过 60℃,应避免日光直接曝晒。

(4) 带传动装置应加防护罩,以免发生意外事故。

(5) 定期检查胶带,发现其中一根过度松弛或疲劳破坏时,应全部更换新带,不能新旧混合使用。

7.6 同步齿形带简介

1. 同步带传动的特点及应用

同步带传动是啮合型传动,工作时,依靠传动带上的凸齿与带轮上的齿槽相互啮合传递运动,如图 7.19 所示。

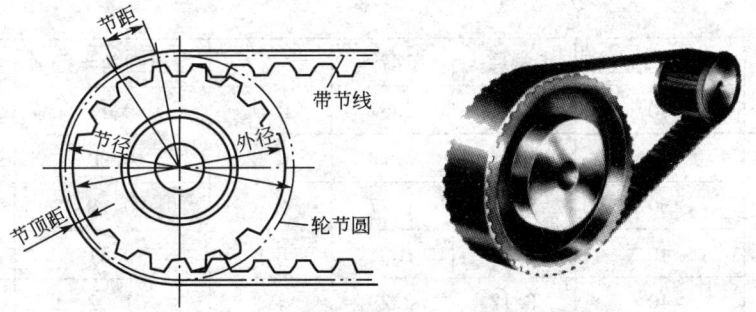

图 7.19 同步带传动

同步带传动综合了带传动和链传动的优点:①带与带轮间无相对滑动,能保证正确的传动比;②初拉力小,轴和轴承上所受到的载荷也小;③带的厚度小,单位长度上的质量小,故允许在较高速度下工作;④由于带的柔性较好,带轮的直径可以较小,因而结构紧凑。其主要缺点是安装时中心距要求严格,且价格较高。

同步带传动使用的速度范围广(最高达 40m/s)、传动比大(可达 10)、效率高(可达 98%)。同步带传动广泛应用于汽车、轻纺、仪表仪器、机床等机械设备的传动装置上。

目前同步带及带轮常用的齿廓有梯形(直线)、渐开线、圆弧、抛物线等。一般工业用同步带为梯形同步带,已列入 ISO 及我国同步带标准,型号及尺寸参数均已标准化。本节只介绍梯形同步带,以下简称同步带。

2. 同步带结构

同步带的结构如图 7.20 所示,由抗拉层和基体两部分组成。抗拉层 1 是同步带的抗拉元件,用来传递动力,是以细钢丝绳或玻璃纤维沿同步带的节线方向绕成螺旋形状,具有很高的抗拉强度和抗弯曲强度,弹性模量很大,受力后基本上不产生变形,所以能保证同步带的节距不变,实现同步传动。基体包括带齿 2 和带背 3,通常采用聚氨酯或氯丁橡胶制造,具有强度高、弹性好、

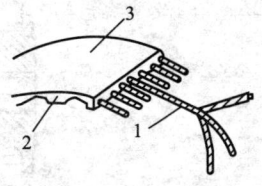

图 7.20 同步带的结构

耐磨损和抗老化的特点。

同步带最基本的参数是节距 p_b，是指在规定的张紧力下，同步带纵向截面上相邻两齿中心轴线间节线上的距离。由于抗拉层在工作时长度不变，所以就以其中心线的位置定为节线。节线长度 L_p 为公称长度。

同步带分单面有齿和双面有齿两种，简称为单面带和双面带。双面带按齿排列的不同，有 DⅠ型（对称齿廓）和 DⅡ型（交错齿廓）之分。同步带型号分为最轻型 MXL、超轻型 XXL、特轻型 XL、轻型 L、重型 H、特重型 XH 及超重型 XXH 共 7 种。梯形齿标准同步带的齿形尺寸见表 7-13。

表 7-13 梯形齿标准同步带的齿形尺寸

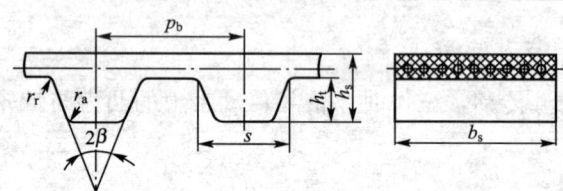

带型	p_b	齿形角 $2\beta/(°)$	齿根厚 s	齿高 h_t	带高 h_s	齿根圆角半径 r_r	齿顶圆角半径 r_a
MXL	2.032	40	1.14	0.51	1.14	0.13	0.13
XXL	3.175	50	1.73	0.76	1.52	0.20	0.30
XL	5.080	50	2.57	1.27	2.3	0.38	0.38
L	9.525	40	4.65	1.91	3.6	0.51	0.51
H	12.700	40	6.12	2.29	4.3	1.02	1.02
XH	22.225	40	12.57	6.35	11.2	1.57	1.19
XXH	31.750	40	19.05	9.53	15.7	2.29	1.52

注：带高为单面带的带高

3. 带轮

同步带轮除轮缘表面需制出轮齿外，其他结构与一般带轮相似。通常由齿圈 1、挡圈 2 和轮毂 3 组成，如图 7.21 所示。常用的带轮分为直线型与渐开线型两种。直线型齿型带轮与带接触面积很大，其缺点是要用特制的刀具加工；而渐开线齿型带轮可用标准滚刀加工，因此，一般推荐采用渐开线齿型。带轮齿数的选择应考虑到同时啮合齿数的多少，一般要求同时啮合的最少齿数 $z_{min} \geq 6$。

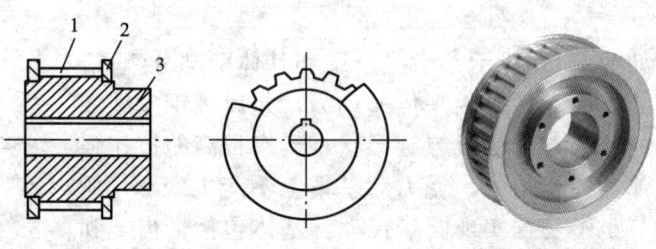

图 7.21 同步带轮

带轮材料一般采用钢、铸铁，轻载时可采用轻合金或塑料，成批生产的带轮采用粉末冶金材料。

同步带传动的设计计算可参照有关机械设计手册进行。

习 题

7.1 按工作原理的不同，带传动的主要类型有哪些？各自适用于什么场合？

7.2 带传动中，v_1 为主动轮圆周速度，v_2 为从动轮圆周速度，v 为带速，这三者之间存在什么关系？

7.3 带传动中，何谓弹性滑动和打滑？它们对带传动有何影响？是否可以避免？

7.4 带传动工作时，带所受的应力有哪几种？如何分布？最大应力出现在何处？

7.5 带传动的主要失效形式和设计准则是什么？

7.6 设计 V 带传动时，为什么要规定 $d_{d1} \geqslant d_{dmin}$？

7.7 为什么 V 带剖面的楔角为 40°，而带轮的槽角则为 32°、34°、36°、38°？

7.8 带传动为什么要张紧？常用的张紧装置有哪些？

7.9 带传递的功率 $P=7.5$kW，带速 $v=10$m/s，紧边拉力是松边拉力的两倍，试求紧边拉力 F_1、松边拉力 F_2 和初拉力 F_0。

7.10 有一 V 带传动，今测得下列数据：$n_1=1450$r/min，$a=370$mm，$d_{d1}=140$mm，$d_{d2}=400$mm，B 型带 3 根，初拉力按规定条件给出。试求此带传动允许传递的最大功率。

7.11 带式制动器如下图所示，制动带轮直径 $D=200$mm，若制动力矩 $T=140$N·m，摩擦系数 $f=0.3$。求加在杆端的力 F_w 应为多少？若制动轮反转，F_w 又为多少？

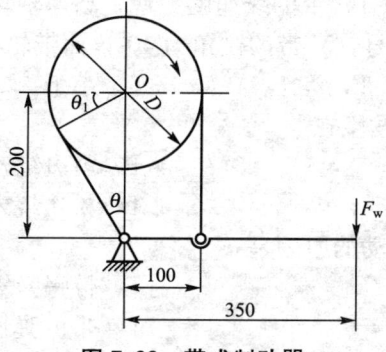

图 7.22 带式制动器

7.12 设计某带式输送机传动系统中第一级用的普通 V 带传动。已知电动机额定功率 $P=7$kW，转速 $n_1=960$r/min，减速器输入轴的转速 $n_2=330$r/min，传动比允许误差±5%，工作时有轻度冲击，两班制工作，试设计此 V 带传动。

模 拟 试 题

7.1 填空题

1. 在平带和 V 带传动中，影响最大有效圆周力 F_{max} 的因素是_____，_____，_____。

2. V带传动在工作过程中，带应力有_____、_____、_____。

3. V带轮的最小直径 d_{dmin} 取决于_____。

4. 普通V带共有7种型号，V带的楔角为40°，而带轮楔角应_____ 40°（填：大于，等于，小于）。

5. 带传动正常工作时不能保证准确传动比，是因为_____。

6. 带传动是利用带与带轮间_____力来传递运动和动力的；链传动是靠链节与链轮齿不断啮合来传递功率。

7. 从工作原理上分析，普通V带传动属于_____摩擦传动，因此，当传递的有效拉力 F 超过极限摩擦力 F_{fmax} 时，将产生_____；最大有效拉力 F_{max} 与_____、_____、_____因素有关。

8. 带内产生的瞬时最大应力由_____、_____和_____ 3种应力组成。

9. V带传动的中心距和小带轮的直径一定时，若增大传动比，则带在小带轮上的包角将_____，带在大带轮上的弯曲应力将_____。

7.2 选择题

1. V带传动中，是依靠____来传递运动和动力的。
   A. 主轴的动力　　　　　　　　B. 传动轴的转矩
   C. 带有带轮之间的摩擦力

2. 带传动中，主动轮圆周速度 v_1，从动轮圆周速度 v_2，带速 v，它们存在的关系是____。
   A. $v_1=v_2=v$　　B. $v_1>v>v_2$　　C. $v_1<v<v_2$　　D. $v>v_1>v_2$

3. V带轮的最小直径 d_{dmin} 取决于____。
   A. 带的型号　　B. 带的线速度　　C. 高速轴转速　　D. 传动比

4. 普通V带共有7种型号，V带的楔角为40°，而带轮楔角应____ 40°。
   A. 大于　　　　B. 等于　　　　C. 小于

5. V带传动的最大应力发生在____。
   A. 紧边绕入小带轮处　　　　B. 紧边绕入大带轮处
   C. 小带轮处　　　　　　　　D. 松边绕入小带轮处

6. 普通V带产生弹性滑动的原因是____。
   A. 传递载荷过大　　　　　　B. 带张紧轮力太小
   C. 摩擦系数太小　　　　　　D. 带的弹性及紧边与松边的拉力差

7. 一般带传动失效形式是带的____。
   A. 松弛　　　　　　　　　　B. 颤动
   C. 疲劳破坏和带的打滑　　　D. 弹性滑动

8. V带传动设计最主要是求____。
   A. 型号和根数　　B. 直径和带长　　C. 型号

9. 带传动中，紧边拉力为 F_1，松边拉力为 F_2，若带速 $v<10m/s$，当载荷达到极限值，带将开始打滑还未打滑时，F_1 与 F_2 的比值为____。
   A. $F_1/F_2\approx 0$　　　　　　　　B. $F_1/F_2\approx 1$
   C. $1<F_1/F_2<e^{f\alpha}$　　　　　　D. $F_1/F_2=e^{f\alpha}$

10. 在V带传动中，小轮包角一般应大于或等于多少度？____

A. 90° B. 100° C. 120° D. 150°

11. 在其他条件不变的前提下，包角 α_1 增大，带传动的有效拉力 F 随之____。
    A. 增大 B. 减小 C. 可能增大，也可能减小

12. 皮带传动中，带的横截面上的最大应力产生在____。
    A. 主动轮与紧边相切处 B. 从动轮与紧边相切处
    C. 小带轮与紧边相切处 D. 小带轮与松边相切处

13. 当 V 带传动在一定载荷下运行时，将产生弹性滑动，这是一种____。
    A. 正常现象 B. 临界状态，应立即减小载荷
    C. 失效形式，应立即停机

14. V 带传动中，打滑最易发生在____处。
    A. 小带轮 B. 大带轮 C. 小带轮或大带轮

15. 带传动中，为使带的弯曲应力不致过大，应使小带轮的直径 d_{d1} ____ d_{dmin}。
    A. 大于 B. 小于 C. 大于、小于、等于均可

16. 带传动正常工作时，紧边拉力 F_1 和松边拉力 F_2 满足关系____。
    A. $F_1=F_2$ B. $F_1-F_2=F_e$ C. $F_1/F_2=e^{f\alpha}$ D. $F_1+F_2=F_0$

17. 选择合适的传动装置：(a)在有油污的场合，应选用____；(b)平均传动比大于 7，应选用____；哪种结构最紧凑____；哪种效率最低____；要求输送距离最远，应选用____。
    A. 带传动 B. 齿轮传动 C. 链传动 D. 蜗杆传动

18. 带传动正常传动时不能保证准确的传动比，是因为____。
    A. 多边形效应 B. 弹性滑动 C. 打滑 D. 带磨损

19. 带传动在工作时，带的横截面内的最大应力 $\sigma_{max}=$____。
    A. $\sigma_1+\sigma_{b1}+\sigma_c$ B. $\sigma_2+\sigma_{b2}+\sigma_c$ C. $\sigma_1+\sigma_{b2}+\sigma_c$ D. $\sigma_2+\sigma_{b1}+\sigma_c$

20. 现有不同直径的 3 个 V 带带轮分别与同一型号的 V 带相配。根据资料设计这 3 个带轮时，应分别采用 34°、36°、38°三种不同的槽角 φ 槽，其中最小直径的 V 带带轮应采用____度的槽角。
    A. 34° B. 36° C. 38°

21. V 带传动需张紧的目的是____。
    A. 减轻带的弹性滑动 B. 提高带的寿命
    C. 改变带的运动方向 D. 使带具有一定的初拉力

22. 同步带传动是靠带齿与轮齿间的____来传递运动和动力的。
    A. 摩擦力 B. 压紧力 C. 啮合力 D. 楔紧力

23. V 带传动是依靠____来传递运动的。
    A. 主轴的动力 B. 主动轮的转矩
    C. 带与轮之间的摩擦力

24. V 带型号的选择是依据____和主动轮的转速 n_1 在 V 带选型图中选定的。
    A. 计算功率 P_d B. 额定功率 P C. 直径 d_d

25. 一定型号的普通 V 带传动，当带速增大一倍时，带内的离心应力将随之增大____。
    A. 1 倍 B. 2 倍 C. 3 倍 D. 4 倍

第 8 章 链 传 动

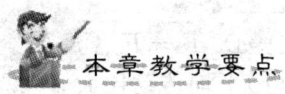
本章教学要点

知识要点	掌握程度	相关知识
滚子链和链轮的结构	掌握滚子链的结构及主要影响参数	滚子链和链轮的结构和标准化
链传动的工作情况分析	掌握链传动的工作情况分析	理解链传动的瞬时传动比不是定值,有所谓的多边形效应;链条磨损后,会产生脱链现象。要求能分清这两个问题
滚子链传动的设计计算	掌握滚子链传动的设计计算	链传动的失效形式、设计准则、设计步骤
链传动的布置、张紧和润滑	了解链传动的布置、张紧和润滑	链传动的布置要求、张紧方式和润滑

第 8 章 链传动

导入案例

链传动属于具有中间挠性件的啮合传动，它兼有齿轮传动与带传动的一些特点。图 8.1 为快速卷帘门用的链传动装置，简单可靠。

图 8.1　快速卷帘门用的链传动装置

8.1　链传动的特点及应用

链传动由平行轴的主动链轮、从动链轮和链条组成(图 8.2)。链传动靠链轮齿和链条之间的啮合来传递运动与动力，因此，链传动是一种具有中间挠性件的啮合传动。

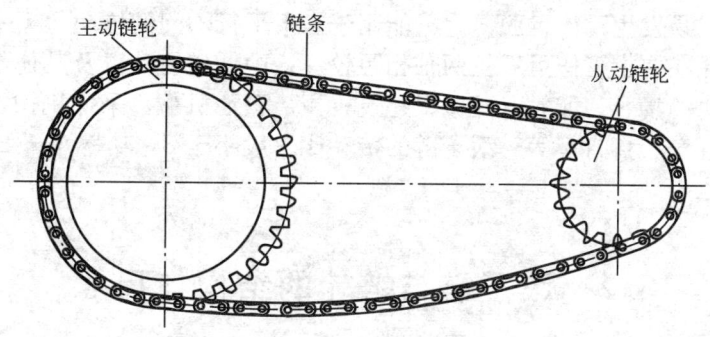

图 8.2　链传动

按照用途不同可分为传动链、起重链和输送链。起重链和输送链用于起重机械和运输机械。传动链主要用于一般的机械传动。

根据结构不同，链传动可分为套筒链、滚子链、齿形链等如图 8.3 所示。套筒链的结构与滚子链基本相同，只少一个滚子，所以套筒较容易磨损，只用于 $v<2m/s$ 的低速传动。齿形链是利用特定齿形的链片与链轮相啮合来实现传动的，传动较平稳、承受冲击载荷的能力强、允许速度较高(可达 $v=40m/s$)、噪声小，故又称为无声链。但其结构复杂、质量大、价格高，故多用于高速或精度要求高的场合。滚子链是应用最广泛的一种结构形式，因此本章只介绍滚子链传动。

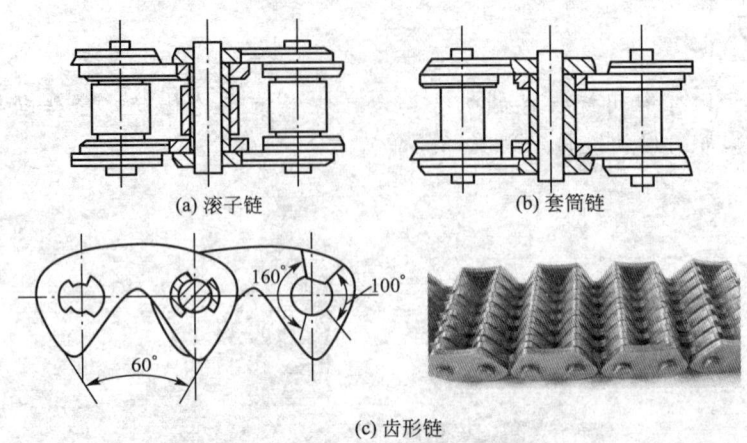

图 8.3 链传动的类型

链传动具有以下特点。

(1) 与带传动相比,链传动无弹性滑动现象,因而能保持准确的平均传动比;传动效率较高,润滑良好的链传动的效率可达 98%;链条不需要像带那样张得很紧,所以作用在轴上的作用力较小。

(2) 在同样条件下,链传动的结构较紧凑;同时链传动由于零件都是金属材料,在温度较高、有水或油等恶劣环境下工作。

(3) 与齿轮传动相比,链传动易于制造、安装,成本低廉;在远距离传动时,结构更显轻便。

(4) 链传动运转时不能保持恒定的瞬时传动比,传动的平稳性差;冲击和噪声较大;磨损后链节伸长,易发生跳齿、脱链;只能用于水平平行轴间的传动。

链传动主要用在要求工作可靠且两轴相距较远、中低速传动以及其他不宜采用齿轮传动且工作条件恶劣的场合,如农业机械、建筑机械、石油机械、采矿机械、起重机械、金属切削机床、摩托车、自行车等。滚子链的传动比一般小于 8,功率小于 200kW,链速小于 20m/s。

8.2 滚子链与链轮的结构与尺寸

8.2.1 滚子链的结构与尺寸

滚子链相当于活动铰链,由滚子、套筒、销轴、外链板和内链板组成(图 8.4)。当链节进入、退出啮合时,滚子沿链轮齿廓滚动,实现滚动摩擦,以减小磨损。套筒与内链板、销轴与外链板分别用过盈配合固连,使内、外链板可相对转动。内外链板制成"8"字形,这样链板的各个横截面具有接近相等的抗拉强度,并且可以减小链板的质量和传动时的惯性力。

当传递大功率时,可采用双排链(图 8.5)或多排链。但由于精度的影响,各排链承受的载荷不易均匀,多排链的承载能力与排数不成正比,所以排数不宜过多。

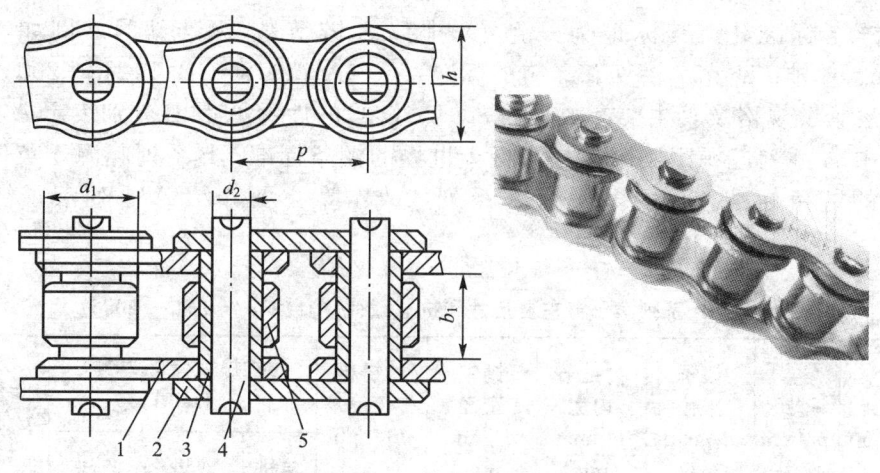

图 8.4　链传动
1—内链板；2—外链板；3—套筒；4—销轴；5—滚子

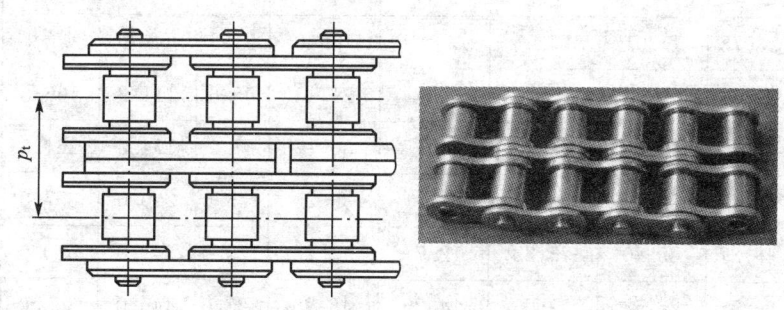

图 8.5　双排链

两销轴中心之间的距离称为节距，用 p 表示，是链传动的重要参数。链条的节距越大，销轴的直径也可以做得越大，链传动各元件的尺寸均相应增大，链条的强度就越大，传动能力越强。

链条出厂时可以定做成无接头的环形，但检修时装拆不方便，所以多数采用活接头，滚子链活接头形式主要有开口销或弹簧卡，一般前者用于大节距链条，后者用于小节距链条，其接头形式如图 8.6 所示。

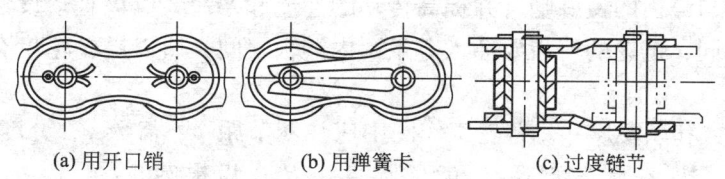

(a) 用开口销　　(b) 用弹簧卡　　(c) 过度链节

图 8.6　链接头

链节数上，应尽量用偶数。当采用奇数链节时，需采用过渡链节，过渡链节的链板为了兼作内外链板形成弯链板，受力时产生附加弯曲应力，易于变形，导致链的承载能力大约降低20%。

滚子链已标准化，其标记为：链号-排数×链节数 标准编号。例如，节距为15.875mm、单排、86节A系列滚子链的标记为：10A-1×86 GB/T1243—2006。

套筒滚子链规格及其主要参数见表8-1。链号的后缀A和B分别表示A系列和B系列，其中A系列起源于美国，是流行于世界的链条标准；B系列起源于英国，是流行于欧洲的链条标准。我国多采用A系列，故本章主要介绍A系列滚子链传动的设计。

表8-1 A系列滚子链主要尺寸和抗拉载荷（摘自GB/T 1243—2006）

链号	节距 p/mm	排距 p_t/mm	滚子直径 d_1/mm (max)	内链节内宽 b_1/mm (min)	销轴直径 d_2/mm (max)	内链板高度 h_2/mm (max)	抗拉载荷 F_u/kN (min)			单排线质量 q/(kg·m^{-1}) (参考值)
							单排	双排	三排	
08A	12.70	14.38	7.92	7.85	3.98	12.07	13.9	27.8	41.7	0.65
10A	15.875	18.11	10.16	9.40	5.09	15.09	21.8	43.6	65.4	1.00
12A	19.05	22.78	11.91	12.57	5.96	18.10	31.3	62.6	93.9	1.50
16A	25.40	29.29	15.88	15.75	7.94	24.13	55.6	111.2	166.8	2.60
20A	31.75	35.76	19.05	18.90	9.54	30.17	87.0	174.0	261.0	3.80
24A	38.10	45.44	22.23	25.22	11.11	36.20	125.0	250.0	357.0	5.06
28A	44.45	48.87	25.40	25.22	12.71	42.23	170.0	340.0	510.0	7.50
32A	50.80	58.55	28.58	31.55	14.29	48.26	223.0	446.0	669.0	10.10
36A	57.15	65.84	35.71	35.48	17.46	54.30	281.0	562.0	843.0	—
40A	63.50	71.55	39.68	37.85	19.85	60.33	347.0	694.0	1041.0	16.10
48A	76.20	87.83	47.63	47.35	23.81	72.39	500.0	1000.0	1500.0	22.60

8.2.2 链轮的结构与尺寸

为了保证链与链齿的良好啮合并提高传动的性能和寿命，应该合理设计链轮的齿形和结构。与齿轮不同，链轮的轮齿要插入链条两内链板之间，所以链轮轮齿有端面齿形和轴向齿形。

(1) 基本参数和主要尺寸。链轮工作图中应注明节距 p、齿数 z、分度圆直径 d（链轮上链的各滚子中心所在圆的直径）、齿顶圆直径 d_a、齿根圆直径 d_f，它们的计算公式见表8-2（参见图8.7）。

(2) 端面齿形（齿槽形状）。滚子链与链轮属非共轭啮合，故链轮的齿槽形状设计有较大的灵活性。链轮齿形必须保证链节能平稳自如地进入和退出啮合，尽量减小啮合时链节的冲击和接触应力，而且便于加工。

表 8-2 滚子链链轮的主要尺寸

名称	符号	计算公式	备注
分度圆直径	d	$d = p/\sin\left(\dfrac{\pi}{z}\right)$	
齿顶圆直径	d_a	$d_{a\max} = d + 1.25p - d_1$ $d_{a\min} = d + (1 - 1.6/z)p - d_1$	可在 $d_{a\max}$、$d_{a\min}$ 范围内任意选取，但选用 $d_{a\max}$ 时，应考虑采用展成法加工有发生顶切的可能性 d_1 是配用链条的滚子外径（见表 8-1）
分度圆弦齿高	h_a	$h_{a\max} = (0.625 - 0.8/z)p - 0.5d_1$ $h_{a\min} = 0.5(p - d_1)z$	h_a 是为简化放大齿形的绘制而引入的辅助尺寸（图 8.7）。$h_{a\max}$ 相应 $d_{a\max}$；$h_{a\min}$ 相应 $d_{a\min}$
齿根圆直径	d_f	$d_f = d - d_1$	
量柱测量距	M_R	偶数齿 $M_R = d + d_1$ 奇数齿 $M_R = d\cos(90°/z) + d_1$	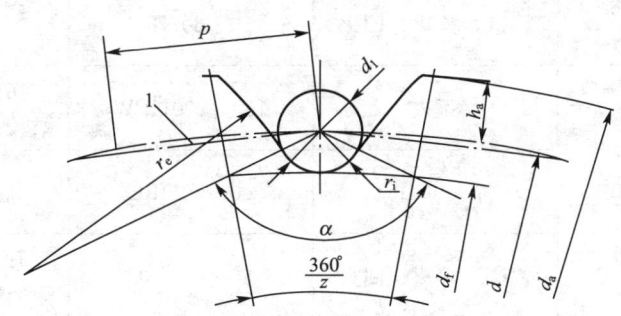 偶数齿　　奇数齿

注：d_a、d_f 取整数，其他尺寸精确到 0.01mm。

图 8.7 为标准的链轮端面齿形。它是由齿槽圆弧与齿沟圆弧组成的，其半径分别为 r_e 和 r_i。因齿形用标准刀具加工，所以在链轮工作图上不必绘制端面齿形，只需在图上注明"齿形按 GB/T 1243—2006 规定制造"即可。实际使用时允许齿形在一定范围内变化。

图 8.7 滚子链链轮端面齿形

（3）轴向齿形。链轮的轴向齿形及尺寸见图 8.8 和表 8-3，在链轮工作图中应绘制链轮的轴向齿形。

（4）链轮的材料。链轮材料应能保证轮齿有足够的强度、韧性和耐磨性。一般链轮用碳钢、灰铸铁制作，重要的链轮用合金钢制造，齿面要经过热处理，达到一定的硬度要求。

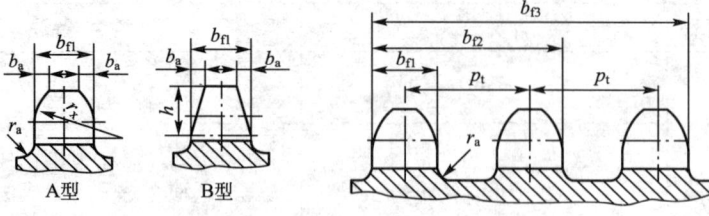

图 8.8　链轮的轴向齿形及尺寸

表 8-3　滚子链链轮轴向齿形及尺寸

名称		代号	计算公式		备注
			$p \leqslant 12.7mm$	$p > 12.7mm$	
齿宽	单排	b_{f1}	$0.93b_1$	$0.95b_1$	$p > 12.7mm$ 时，经制造厂同意，也可以使用 $p \leqslant 12.7mm$ 时的齿宽。b_1 为内链节内宽
	双排、三排		$0.91b_1$	$0.93b_1$	
倒角宽		b_a	$b_a = (0.1 \sim 0.15)p$		
倒角半径		r_x	$r_x \geqslant p$		
轴肩圆角半径		r_a	$r_a \approx 0.04p$		
链轮齿总宽		b_{fn}	$b_{fn} = (n-1)p_1 + b_n$		n—排数

因小链轮的啮合次数多于大链轮，故小链轮的材料应优于大链轮。链轮常用的材料和应用范围见表 8-4。

表 8-4　链轮常用的材料和应用范围

材料牌号	热处理	热处理后硬度	应用范围
15、20	渗碳、淬火、回火	50～60HRC	$z \leqslant 25$，有冲击载荷的主、从动链轮
35	正火	160～200HBW	在正常工作条件下，齿数较多($z > 25$)的链轮
40、50、ZG310-570	淬火、回火	40～50HRC	无剧烈振动及冲击的链轮
15Cr、20Cr	渗碳、淬火、回火	50～60HRC	有动载荷及传递较大功率的重要链轮($z > 25$)
35SiMn、40Cr、35CrMo	淬火、回火	40～50HRC	使用优质链条、重要的链轮
Q235、Q275	焊接后退火	40HBW	中速、中等功率、尺寸较大的链轮

(5) 链轮的结构。链轮的结构如图 8.9 所示，有整体式、腹板式或孔板式以及装配式。直径较小的链轮制成整体式(图 8.9(a))；大、中直径的链轮可以铸造成腹板式或孔板式

(图 8.9(b))。除此之外，由于链轮主要失效形式是链齿的磨损，所以可采用装配式齿圈结构，便于齿圈磨损后更换，齿圈与轮毂可用焊接连接(图 8.9(c))或螺栓连接(图 8.9(d))。

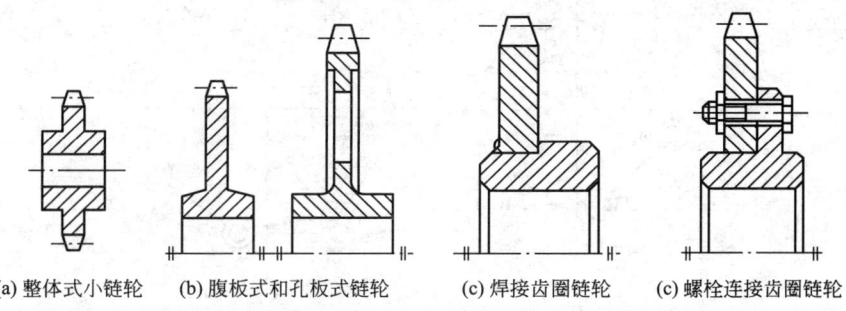

(a) 整体式小链轮　　(b) 腹板式和孔板式链轮　　(c) 焊接齿圈链轮　　(c) 螺栓连接齿圈链轮

图 8.9　链轮的结构

8.3　链传动的工作情况分析

8.3.1　链传动的运动不均匀性

链传动的运动情况和绕在多边形轮子上的带传动很相似(图 8.10)。边长相当于链节距 p，边数相当于链轮齿数 z。轮子每转一周，链绕过长度应为 zp。所以链的平均速度为

$$v = \frac{z_1 n_1 p}{60 \times 1000} = \frac{z_2 n_2 p}{60 \times 1000} \tag{8-1}$$

式中，z_1，z_2 分别为主、从动轮的齿数；n_1，n_2 分别为主、从动轮的转速，r/min；p 为链的节距，mm。

链的传动比为

$$i_{12} = \frac{n_1}{n_2} = \frac{z_2}{z_1} \tag{8-2}$$

式(8-1)、(8-2)中求出的链速和传动比都是平均值。实际上，即使主动轮的角速度＝常数，而链速 v 和从动轮的角速度 ω_2 也都是变化的。

如图 8.10 所示，设主动轮链的节圆半径为 R_1，并以等角速度 ω_1 转动。此时链轮的圆周速度为 $v_1 = R_1 \omega_1$，为了便于分析，假设传动时紧边始终处于水平位置，啮合时链接在主动轮上的相位角为 β，链条前进方向并不始终与节圆相切。将链轮的圆周速度 v_1 沿链条前进方向和垂直方向分解为：

前进方向的速度为

$$v = R_1 \omega_1 \cos\beta \tag{8-3}$$

垂直方向的速度为

$$v' = R_1 \omega_1 \sin\beta \tag{8-4}$$

链条的每一链节所对应的中心角为 $\dfrac{360°}{z_1}$，因而每一链节从开始到下一链节进入啮合为止，β 角将在 $\pm \dfrac{360°}{z_1}$ 的范围内变化。

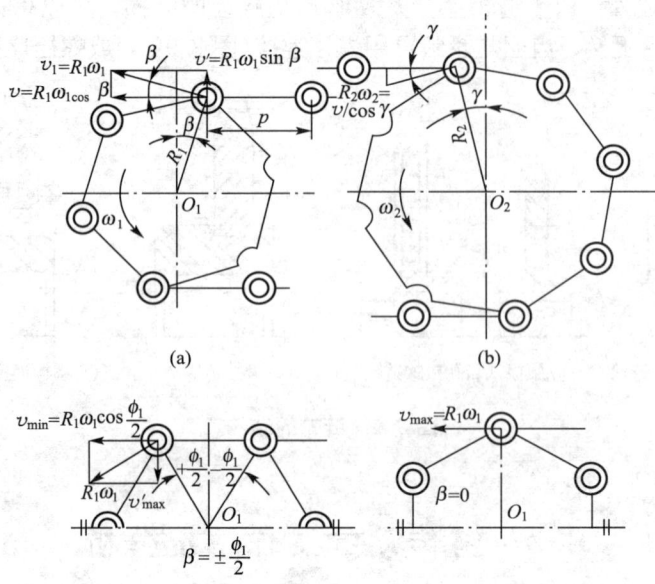

图 8.10 链传动的速度分析

当 $\beta=0$ 时，$v_{max}=R_1\omega_1$；

当 $\beta=\pm\dfrac{180°}{z_1}$ 时，$v_{min}=R_1\omega_1\cos\dfrac{180°}{z_1}$。

由此可见，链的水平方向上的分速度 v 做周期性变化的同时，垂直方向上分速度 v' 也在做周期性的变化。链节这种忽快忽慢、忽上忽下的变化，给链传动带来工作的不平稳性和有规律的振动。

这种因链速的周期性变化引起的链传动过程中链速的不均匀性及有规则的振动，是链传动固有的特性，是无法消除的，称为链传动的多边形效应。链节距愈大、链轮齿数愈少，链速的不均匀性就愈严重。

8.3.2 链传动的动载荷

链传动中的多边形效应造成链条和链轮都是周期性的变速运动，从而引起动载荷。由于链速和从动轮的角速度是变化的，从而产生了相应的加速度和角加速度，因此必然引起附加动载荷。链的加速度愈大，动载荷也将愈大。链的加速度为

$$a=\frac{dv}{dt}=-R_1\omega_1\sin\beta\frac{d\beta}{dt}=-R_1\omega_1^2\sin\beta$$

式中，t 为时间。

当销轴位于 $\pm\dfrac{180°}{z_1}$ 时，加速度最大，即

$$a_{max}=\pm R_1\omega_1^2\sin\frac{180}{z_1}=\pm\frac{\omega_1^2 p}{2}$$

从上述简单关系可以说明，链轮转速愈高、链节距愈大、链轮齿数愈少时，动载荷愈大。采用较多的链轮齿数和较小的节距对降低动载荷是有利的。

当链节进入链轮的瞬间，链节和轮齿以一定的相对速度相啮合，从而使链和轮齿啮合

时产生附加动载荷。显然，链节距 p 愈大、链轮的转速愈高，则冲击愈严重，因此，应采用较小的链节距并限制链轮的转速。

8.4 滚子链传动的设计计算

链是标准件，因而链传动的设计计算主要是根据传动要求选择链的类型、决定链的型号、合理地选择参数、链轮设计、确定润滑方式等。

8.4.1 链传动的主要失效形式

链传动的主要失效形式有以下几种。

(1) 疲劳破坏。在闭式链传动中，链条零件受循环应力作用，经过一定的循环次数，链板发生疲劳断裂，滚子与套筒发生冲击疲劳破裂。在正常润滑条件下，链的疲劳破坏是决定链传动能力的主要因素。

(2) 铰链磨损。主要发生在销轴与套筒间。链节在进入和退出啮合时，相邻链节发生相对转动，因而在铰链的销轴与套筒间有相对转动，引起磨损，使链的实际节距变长，链的松边垂度增大，导致啮合情况恶化，引起振动和噪声，发生跳齿、脱链等，使传动失效。

链条磨损后节距变长的情况如图 8.11(a) 所示。图中 Δp 为链节距的平均伸长量。铰链磨损后实际上只是外链节节距伸长了 $2\Delta p$，即 $p_2 = p + 2\Delta p$；而内链节距是不变的，即 $p_1 = p$。

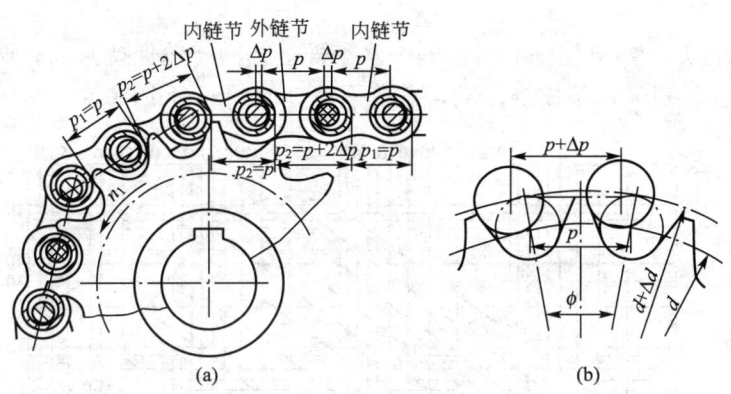

图 8.11 链条磨损

如图 8.11(b)所示，链轮节圆直径增量为 $\Delta d = \Delta p/\sin(180°/z)$，是造成链条脱链和跳链的主要原因，$\Delta d$ 随链轮齿数增多而增大，因此除满足规定的润滑条件外，还要对链轮的齿数加以限制。

(3) 胶合。润滑不良或转速过高时，销轴与套筒的两摩擦表面易发生胶合。

(4) 过载拉断。在低速重载链传动中，如突然出现过大载荷，使链条所受拉力超过链条的极限抗拉载荷，可导致链条断裂。

链传动在不同的工作情况下，其主要的失效形式也不同，图 8.12 所示的是传动链在

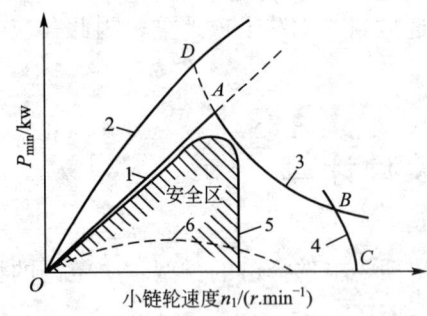

图 8.12 各种条件下极限功率曲线

一定寿命下，小链轮在不同转速下由于各种失效形式限定的极限功率曲线，曲线含义如下：

（1）是在变应力作用下链板疲劳破坏限定的极限功率曲线。

（2）是在良好而充分润滑条件下由磨损破坏限定的极限功率曲线。

（3）是由滚子套筒冲击疲劳强度限定的极限功率曲线。

（4）是由销轴与套筒胶合限定的极限功率曲线。

（5）是良好润滑情况下的额定功率曲线，它是设计时实际使用的功率曲线。

（6）是润滑条件不好或工作环境恶劣情况下的极限功率曲线，在这种情况下，链磨损严重，所能传递的功率比润滑良好情况下的功率低很多。

8.4.2 链传动的设计准则和链的额定功率曲线

根据链传动的主要失效形式，链传动的设计准则是：

（1）对链速 $v>0.6\text{m/s}$ 的中、高速链传动，采用以抗疲劳破坏为主的防止多种失效形式的设计方法；

（2）对链速 $v<0.6\text{m/s}$ 的低速链传动，采用以防止过载拉断为主要失效形式的静强度设计方法。

图 8.13 为 A 系列常用滚子链的额定功率曲线图，该曲线根据特定实验条件下测得的数据绘制而成。

特定实验条件是：两链轮轴心线在同一水平面上；两链轮保持共面；两链轮齿数 $z_1=z_2=19$；链节数 $L_p=100$；单排链传动，载荷平稳；使用寿命 15000h。

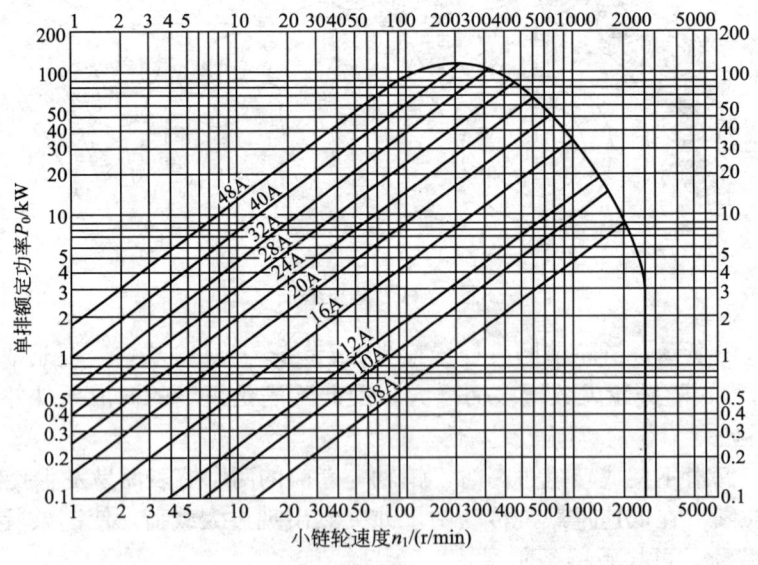

图 8.13 A 系列常用滚子链的额定功率曲线图（$v>0.6\text{m/s}$）

按图 8.14 推荐的润滑方式润滑；链条因磨损而产生的相对伸长量不超过 3%。当实际工作条件与上述特定实验条件不符时，应加以修正。

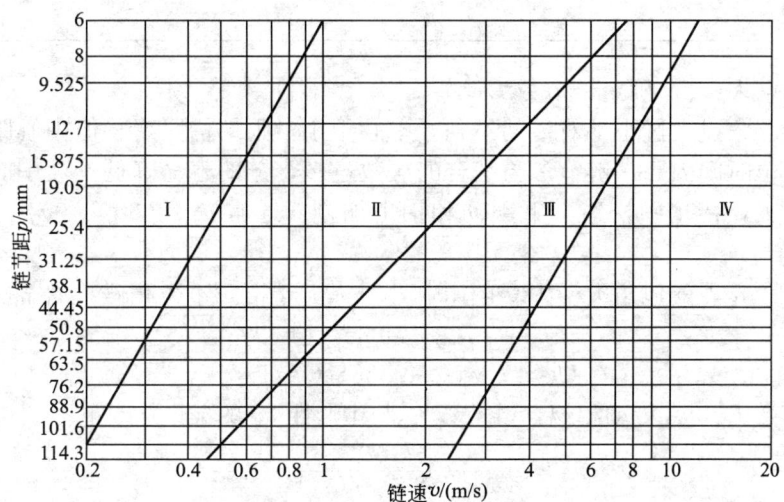

图 8.14　润滑方式选用

Ⅰ—用油刷或油壶人工定期润滑；Ⅱ—滴油润滑；
Ⅲ—油浴或飞溅润滑；Ⅳ—喷油润滑

8.4.3　链传动的设计步骤参数选择

1. 已知条件和设计内容

设计链传动时的已知条件一般为：所需传递的功率 P，主、从链轮转速 n_1、n_2（或传动比 i），原动机种类，载荷性质以及传动用途等。设计内容：链轮齿数 z_1 和 z_2、链节距 p、排数 m、链节数 L_p、中心距及润滑方式等。

2. 设计步骤和参数选择

1) 传动比 i 和链轮齿数 z_1

若传动比 i 过大，传动尺寸会增大，链在小链轮上的包角就会减小，小链轮上同时参加啮合的齿数减少，轮齿磨损加重。因此，链传动的传动比一般为 $i \leqslant 7$，推荐传动比 $i = 2 \sim 3.5$。

链轮齿数的多少对传动的平稳性和使用寿命均有很大影响，首先应合理选择小链轮齿数 z_1，小链轮的齿数不宜过少也不宜过多。过少时，多边形效应显著，将增加传动的不均匀性、增大动载荷及加剧链的磨损，使功率消耗增大，链的工作拉力增大。过多时，不仅使传动尺寸、质量增大，而且铰链磨损后容易发生跳齿和脱链现象，缩短了链的使用寿命。

一般链轮的最少齿数 $z_{min} = 17$，最多齿数 $z_{max} = 120$。设计时可根据传动比参考表 8-5 选择小链轮齿数 z_1，$z_2 = iz_1$ 并圆整，允许转速误差控制在 5% 以内。

z_1、z_2 应优先选用数列 17、19、21、23、25、38、57、76、95、114 中的数字。为使链传动磨损均匀，两链轮齿数应尽量选取与链节数互质的奇数。

表 8-5　小链轮齿数 z_1 的推荐值

链速 v/(m/s)	0.6~3	3~8	8~25	≥25
齿数 z_1	≥17	≥21	≥25	≥35

2) 初选中心距 a_0，确定链节数 L_p

链传动中心距过大过小都对传动不利。中心距小，则结构紧凑。但中心距过小，链的总长缩短，单位时间内每一链节参与啮合的次数过多，链的寿命降低；而中心距过大，链条松边下垂量大，传动中松边上下颤动和拍击加剧。通常 $a_0=(30\sim50)p$，最大中心距 $a_{0max}=80P$。

最小中心距 a_{0min} 受包角大于 $120°$ 的限制，且大、小链轮不得相碰，通常取

$$i<4 \quad a_{0min}=0.2z_1(i+1)p \tag{8-5}$$

$$i\geq 4 \quad a_{0min}=0.33z_1(i-1)p \tag{8-6}$$

初定链节数 L'_p 与带传动相似，链节数 L'_p 与中心距 a_0 的关系为

$$L'_p=2\frac{a_0}{p}+\frac{(z_1+z_2)}{2}+\frac{p}{a_0}\left(\frac{z_2-z_1}{2\pi}\right)^2 \tag{8-7}$$

计算链节数 L'_p 应圆整成整数且最好取偶数作为实际链节数 L_p 以避免使用过渡链节。

3) 确定计算功率

根据链传动的工作情况，主动链轮齿数和链条排数，按照下式修正链传动的额定功率：

$$P_{ca}=\frac{K_AP}{K_zK_mK_L} \tag{8-8}$$

式中，P_0 为额定功率，kW，查图 8.13；P 为传递的功率，kW；K_A 为工况系数，查表 8-6；K_z 为小链轮齿数系数，查表 8-7；K_L 为链长系数，查表 8-7；K_m 为多排链的排数系数，查表 8-8。

表 8-6　工况系数 K_A

载荷性质	工作机类型	输入动力的种类		
		内燃机-液力传动	电动机或汽轮机	内燃机-机械传动
载荷平衡	液体搅拌机、中小型离心式鼓风机、离心式压缩机、谷物机械、均匀负荷运输机、发电机、均匀负荷不反转的一般机械	1.0	1.0	1.2
中等冲击	半液体搅拌机、三缸以上往复式压缩机、大型或不均匀负荷输送机、中型起重机和升降机、机床、食品机械、木工机械、印染纺织机械、大型风机、中等脉动载荷不反转的一般机械	1.2	1.3	1.4
严重冲击	船用螺旋桨、制砖机、单双缸往复式压缩机、挖掘机、往复振动式输送机、破碎机、重型起重机械、石油钻井机械、锻压机械、线材拉拔机械、冲床、剪床、严重冲击有反转的一般机械	1.4	1.5	1.7

表 8-7 小链轮齿数系数 K_z 和链长系数 K_L

链传动在图 8.13 的位置	工作在图 8.13 中高峰值左侧时（链板疲劳）	工作在图 8.13 中高峰值右侧时（滚子、套筒冲击疲劳）
小链轮齿数系数 K_z	$\left(\dfrac{z_1}{19}\right)^{1.08}$	$\left(\dfrac{z_1}{19}\right)^{1.5}$
链长系数 K_L	$\left(\dfrac{L_p}{100}\right)^{0.26}$	$\left(\dfrac{L_p}{100}\right)^{0.5}$

表 8-8 多排链的排数系数 K_m

排数 m	1	2	3	4	5	6
排数系数 K_m	1	1.7	2.5	3.3	4.0	4.6

4）选定链的型号和链节距 p

节距 p 愈大，链的承载能力愈大，但传动的不平稳性、冲击、振动及噪声愈严重。因此，设计时，在承载能力足够的条件下，应尽可能选用小节距链；高速重载时可采用小节距多排链；当速度较低、载荷较大、中心距和传动比小时，可选用大节距链。

根据计算功率 P_{ca} 和小链轮转速 n_1，便可由图 8.13 选定合适的链型号，图 8.13 中接近最大额定功率时的转速为最佳转速，功率曲线右侧竖线为允许的极限转速。坐标点(n_1，P_0)落在功率曲线顶点左侧范围内比较理想。链节距 p 查表 8-1。

5）验算链速

链速由式(8-1)计算，一般不超过 12～15 m/s，否则会出现过大的动载荷。对高精度的链传动，以及合金钢制造的链，链速允许到 20～30 m/s。

6）确定实际中心距 a

根据圆整后的链节数 L_P，利用式(8-7)得计算中心距为

$$a=\dfrac{p}{4}\left[\left(L_p-\dfrac{z_2+z_1}{2}\right)+\sqrt{\left(L_p-\dfrac{z_2+z_1}{2}\right)^2-8\left(\dfrac{z_2-z_1}{2\pi}\right)^2}\right] \qquad (8-9)$$

为保证链传动的松边有一个合适的安装垂度，实际中心距应比按式(8-9)计算的中心距约小 2～5 mm。链传动的中心距应可以调节，以便在链节距增大、链条变长后调整链条的张紧程度。

7）链传动对轴的压力 F_Q

链传动属于啮合传动，不需要很大的张紧力，链通过链轮作用在轴上的压力可近似取为

$$F_Q=1.2F_e \qquad (8-10)$$

式中，F_e 为有效圆周力，$F_e=1000P/v$，F_e、F_Q 的单位均为 N。

8.4.4 低速链的静强度计算

对于 $v<0.6$ m/s 的低速链按静强度校核公式计算：

$$S=\dfrac{K_m F_{Qlim}}{K_A F} \geqslant [S] \qquad (8-11)$$

式中，S 为静强度安全系数计算值；F_{Qlim} 为单排链极限抗拉载荷，见表 8-1；$[S]$ 为许用

安全系数，一般取 $[S]=4\sim8$。

\[例 8.1\] 设计某输送机用的滚子链传动。已知：传递的功率 $P=5.5\mathrm{kW}$，主动链轮转速 $n_1=960\mathrm{r/min}$，从动链轮转速 $n_2=320\mathrm{r/min}$，有较大冲击，要求中心距 a 小于 650mm，中心距可调节。

解：

计算与说明	设计结果
1. 选择链轮的齿数 z_1、z_2 假定链速 $v=3\mathrm{m/s}\sim 8\mathrm{m/s}$，由表 8-5 选取 $$z_1=21$$ $$z_2=iz_1=\frac{n_1}{n_2}z_1=\frac{960}{320}z_1=63$$	$z_1=21$ $z_2=63$
2. 初定链传动的中心距 a_0，确定链节数 L_P 初定中心距 $a_0=40P$，由式(8-3)得 $$L'_\mathrm{p}=2\frac{a_0}{p}+\frac{(z_1+z_2)}{2}+\frac{p}{a_0}\left(\frac{z_2-z_1}{2\pi}\right)^2$$ $$\frac{2\times 40p}{p}+\frac{21+63}{2}+\frac{p}{40p}\times\left(\frac{63-21}{2\pi}\right)^2=123.12\text{ 节}$$ 取 $L_\mathrm{P}=124$ 节。	$L_\mathrm{P}=124$ 节
3. 确定计算功率 由式(8-4)得 $$P_\mathrm{ca}=\frac{K_\mathrm{A}P}{K_\mathrm{z}K_\mathrm{m}K_\mathrm{L}}$$ 由表 8-6 选取 $K_\mathrm{A}=1.4$。 估计此链传动工作在图 8.13 所示曲线左侧（即可能出现链板疲劳破坏），由表 8-7 中公式求得：当 $z_1=21$ 时，$K_\mathrm{z}=1.11$；当 $L_\mathrm{P}=124$ 时，$K_\mathrm{L}=1.06$。采用单排链，由表 8-8 查得 $K_\mathrm{m}=1$，故所需要的额定功率为 $$P_0=\frac{1.4\times 5.5}{1.11\times 1\times 1.06}=6.54\mathrm{kW}$$	$P_0=6.54\mathrm{kW}$
4. 确定链条型号和节距 p 根据计算功率 $P_0=6.54\mathrm{kW}$ 和主动链轮的转速 $n_1=960\mathrm{r/min}$，由图 8.13 选取链号为 10A（工作在图 8.13 曲线左侧），然后由表 8-1 确定链条节距 $p=15.875\mathrm{mm}$。	$p=15.875\mathrm{mm}$
5. 确定实际中心距 a' 由式(8-5)得计算中心距为 $$a=\frac{p}{4}\left[\left(L_\mathrm{p}-\frac{z_2+z_1}{2}\right)+\sqrt{\left(L_\mathrm{p}-\frac{z_2+z_1}{2}\right)^2-8\left(\frac{z_2-z_1}{2\pi}\right)^2}\right]$$ $$=\frac{15.875}{4}\left[\left(124-\frac{63+21}{2}\right)+\sqrt{\left(124-\frac{63+21}{2}\right)^2-8\left(\frac{63-21}{2\pi}\right)^2}\right]$$ $$=642.14\mathrm{mm}$$ 实际中心距可减小 2～5mm，且中心距可调。 取实际中心距 $a'=640\mathrm{mm}$。	$a'=640\mathrm{mm}$
6. 验算链速 v 由式(8-1)得	

计算与说明	设计结果
$$v=\frac{z_1 n_1 p}{60\times1000}=\frac{21\times960\times15.875}{60\times1000}=5.33\text{m/s}$$ 与假设相符，故 z_1 不需修正，也不需进行静强度验算。 7. 选择润滑方式 根据节距 $p=15.875$mm、链速 $v=5.33$m/s，查图 8.14 得链传动用油浴或飞溅润滑。 8. 求作用在轴上的载荷 F_Q $\quad F_e=1000P/v=1000\times5.5/5.33=1031.89$N $\quad F_Q=1.2F_e=1.2\times1031.89=1238.27$N 9. 链条标记 采用单排，链号为 10A 的套筒滚子链，节距 $p=15.875$mm，链长 $L_p=124$ 节，标记为 10A-1×124 GB/T 1243—2006。 10. 链轮尺寸 小链轮分度圆直径 $$d=p/\sin\left(\frac{\pi}{z_1}\right)=15.875/\sin\left(\frac{\pi}{21}\right)=106.513\text{mm}$$ 小链轮齿顶圆直径 $d_{a\max}=d+1.25p-d_1=106.513+1.25\times15.875-10.16=116.2$mm $d_{a\min}=d+(1-1.6/z_1)p-d_1=106.513+(1-1.6/21)\times15.875-10.16$ $\quad=111.09$mm 取 $d_a=114$mm 链轮齿根圆直径 $$d_f=d-d_1=106.513-10.16=96.353\text{mm}$$ 链轮的量柱测量距 $\quad M_R=d\cos(90°/z)+d_1=106.513\times\cos(90°/21)+10.16=116.38$mm 11. 结构设计及小链轮零件如图 8.15 所示，大链轮零件图略。	$v=5.33$m/s 合适 $F_Q=1238.27$N 标记为 10A-1×124 GB/T 1243—2006

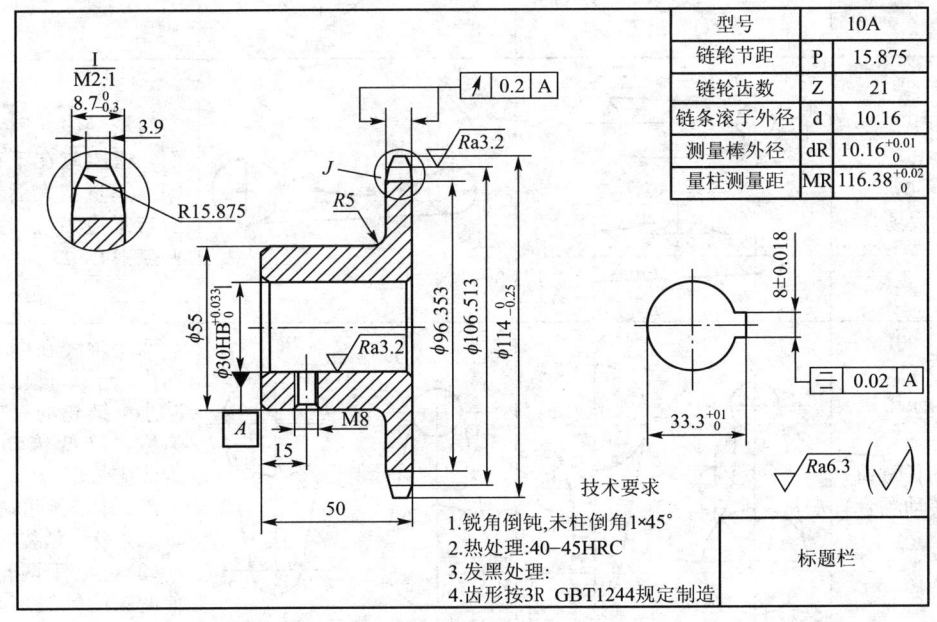

图 8.15 小链轮工作图

8.5 链传动的布置、张紧、润滑与防护

1. 链传动的布置

链传动的布置是否合理,对传动的工作能力及使用寿命都有较大的影响。布置时,链传动的两轴线应平行,两链轮应位于同一平面内;一般宜采用水平或接近水平的布置,并使松边在下。具体的安排可以参考表8-9。

表8-9 链传动的布置

传动参数	正确布置	不正确布置	说明
$i=2\sim3$ $a=(30\sim50)p$ (i与a较佳场合)		—	两轮轴线在同一水平面,紧边在上在下都可以,但在上好些
$i>2$ $a<30p$ i与a小场合			两轮轴线不在同一水平面,松边应在下面,否则松边下垂量增大后,链条易与链轮卡死
$i>1.5$ $a>60p$ i与a大场合			两轮轴线在同一水平面,松边应在下面,否则下垂量增大后,松边会与紧边相碰,需经常调整中心距
i、a为任意值 (垂直传动场合)			两轮轴线在同一铅垂面内,下垂量增大,会减小下链轮的有效啮合齿数,降低传动能力。为此应采用: (1)中心距可调; (2)设张紧装置; (3)上、下两轮偏置,使两轮的轴线不在同一铅垂面内

2. 链传动的张紧

链传动张紧的目的，主要是为了避免在链条的垂度过大时产生啮合不良和链条的振动现象，同时也为了增加链条与链轮的啮合包角。

链传动张紧的方法很多，当链传动的中心距可调整时，可通过调整中心距张紧；当中心距不可调时，可通过设置张紧轮张紧（图8.16）。链传动的张紧并不决定链的工作能力，只是调整垂度的大小。当中心距不可调时，可采用张紧轮。张紧轮应装在靠近主动链轮的松边上。张紧轮有自动张紧（图8.16(a)、(b)）及定期调整（图8.16(c)）两种，前者多用弹簧力、吊重等自动张紧装置，后者可用螺旋、偏心等调整装置。

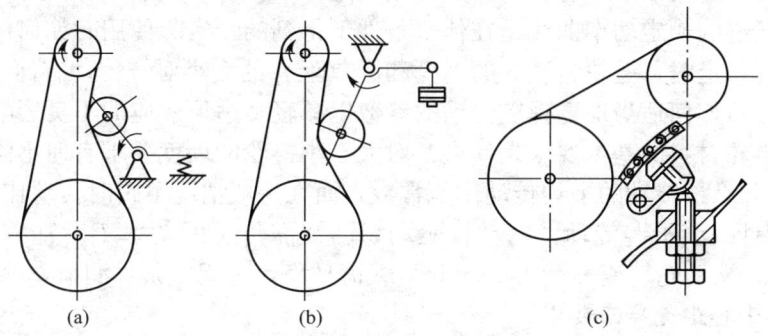

图 8.16 链传动的布置和张紧

3. 链传动的润滑

好的润滑有利于减小摩擦、减轻磨损、缓和冲击、延长链的使用寿命。链传动润滑方式的选择如图8.14所示。图8.17为几种常见的润滑方式示意图：其中图(a)为用油刷或油壶人工定期润滑；图(b)为滴油润滑，用油杯通过油管将油滴入松边链条；图(c)为油浴

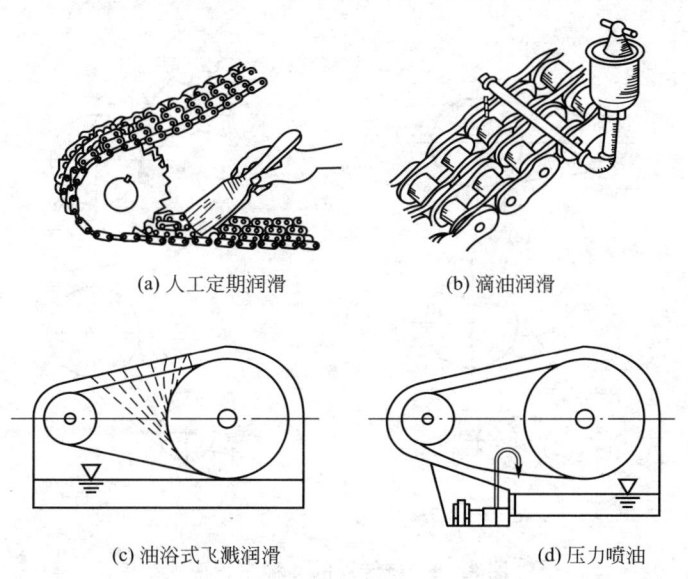

图 8.17 链传动润滑方式示意图

式飞溅润滑，链条松边部分浸入油池，或通过甩油轮将油甩起进行润滑；图(d)为压力喷油润滑，润滑油由油泵经油管喷在链条上，循环的润滑油还可起到冷却作用。

习　题

8.1　与带传动比较，链传动有哪些特点？链传动适用于哪些场合？

8.2　滚子链的标记"10A－2×100 GB 1243－2006"的含义是什么？

8.3　为什么链节数常选偶数，而链轮齿数选奇数？

8.4　为什么链传动通常将主动边放在上边，而与带传动相反？

8.5　链传动的失效形式有哪些？设计准则是什么？

8.6　滚子链的额定功率曲线是在什么条件下得到的？实际使用时如何修正？

8.7　链速一定时，链轮齿数 z 的多少和链节距 p 的大小对链传动有何影响？

8.8　试分析如何适当地选择链传动的参数以减轻多边形效应的不良影响。

8.9　对链轮材料的基本要求是什么？对大、小链轮的硬度要求有何不同？

8.10　为什么链传动的平均传动比是常数，而在一般情况下瞬时传动比不是常数？

8.11　设计一滚子链传动。电动机驱动，已知需传递的功率 $P=7\mathrm{kW}$，主动轮转速 $n_1=960\mathrm{r/min}$，从动轮转速 $n_2=330\mathrm{r/min}$，载荷平稳，按规定条件润滑，两链轮轴线位于同一水平面，中心距无严格要求。

8.12　某带式运输机由电动机驱动，传动方案拟采用一级齿轮传动、一级带传动、一级链传动组成。试画出该传动系统简图，并作必要的说明。

8.13　选则并验算一带式输送机的链传动，已知传递功率 $P=22\mathrm{kW}$，主动轮转速 $n_1=750\mathrm{r/min}$，传动比 $i=3$，工况系数 $K_A=1.4$，中心距 $a=800\mathrm{mm}$（可调节）。

8.14　图 8.18 所示为链传动的 4 种布置形式。小链轮为主动轮，请在图上标出其正确的转动方向。

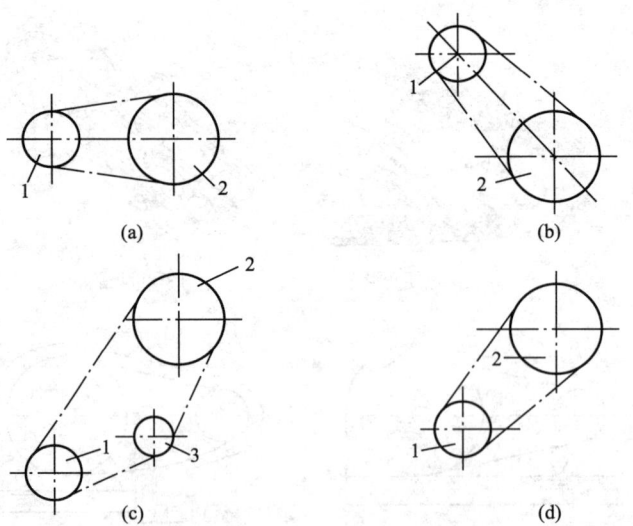

图 8.18　链传动的 4 种布置形式

第 8 章 链传动

模 拟 试 题

8.1 填空题

1. 链条的磨损主要发生在_____的接触面上。
2. 滚子链的铰链磨损后，链的实际节距变长，若链轮的磨损可忽略不计，这时链条在传动过程中易在_____链轮上发生脱链。
3. 链传动和带传动比较，链传动的平均传动比_____，传动的功率较_____，作用在轴和轴承上的力较_____。

8.2 选择题

1. 链条的磨损主要发生在____的接触面上。
   A. 销轴与套筒　　　　　　　　B. 外链板与内链板
   C. 外链板与销轴　　　　　　　D. 内链板与套筒
2. 在链传动中，引起多边形效应的原因是____。
   A. 链速太高　　　　　　　　　B. 链条绕入链轮成多边形状
   C. 链条太长　　　　　　　　　D. 链张太紧
3. 链传动中 p 表示链条的节距，z 表示链轮的齿数。当转速一定时，要减轻链传动的运动不均匀性和动载荷，应____。
   A. 增大 p 和 z　　　　　　　　B. 增大 p、减小 z
   C. 减小 p 和 z　　　　　　　　D. 减小 p、增大 z
4. 高速重载链传动应选用____，低速重载链传动应选用____。
   A. 大节距链　　　　　　　　　B. 小节距单排链
   C. 小节距多排链
5. 链条的节数宜采用____。
   A. 奇数　　　　B. 偶数　　　　C. 5 的倍数　　　D. 10 的倍数
6. 链传动与带传动相比，它能____。
   A. 保持恒定的瞬时传动　　　　B. 更平稳
   C. 无打滑现象
7. 链轮齿数过多将导致____。
   A. 磨损加剧　　　　　　　　　B. 传动平稳性差
   C. 链传动时噪声大　　　　　　D. 链节磨损后易发生脱链
8. 在链传动中，链轮的转速较高，节距越大，齿数越少，则传动时的____。
   A. 动载荷越大　　　　　　　　B. 动载荷越小
   C. 动载荷不变
9. 与齿轮传动相比较，链传动的主要特点之一是____。
   A. 适合于高速　　B. 制造成本高　　C. 安装精度要求低　　D. 有过载保护

8.3 是非题

1. 链传动的平均传动比与瞬时传动比均等于链轮齿数的反比。（　　）
2. 链条节距越大，链轮齿数越少，则结构越紧凑，同时链速也越均匀。（　　）
3. 链传动的力的多边形效应是链传动的固有特性，是不可以避免的。（　　）

第 9 章 齿轮传动

本章教学要点

知识要点	掌握程度	相关知识
齿轮传动的特点及类型，主要失效形式与设计计算准则	了解齿轮传动的特点及类型，掌握齿轮传动的主要失效形式和设计计算准则	齿轮传动的特点；闭式、开式、半开式齿轮传动；软齿面齿轮、硬齿面齿轮；齿轮传动的主要失效形式、设计计算准则
常用齿轮材料及热处理方法，齿轮材料的计算载荷	了解常用齿轮材料及热处理方法，掌握齿轮传动的计算载荷	齿轮常用材料及其热处理，齿轮传动的计算载荷
直齿圆柱齿轮的强度计算方法及主要参数的选择方法	掌握直齿圆柱齿轮的强度计算方法及主要参数的选择方法	齿轮传动的设计参数的选择，材料选择，直齿圆柱齿轮的受力分析，直齿圆柱齿轮的强度计算
斜齿圆柱齿轮和圆锥齿轮受力分析和强度计算方法	掌握斜齿圆柱齿轮和圆锥齿轮受力分析和强度计算方法	斜齿圆柱齿轮的受力分析与强度计算，圆锥齿轮的受力分析与强度计算
变位齿轮强度的特点	了解变位齿轮强度的特点	变位齿轮传动强度计算概述
齿轮的结构设计与润滑	掌握齿轮的结构设计，了解齿轮传动的润滑	齿轮的结构设计，齿轮传动的润滑

第 9 章 齿轮传动

导入案例

汽车行驶的过程其实就是不断重复起步、加速、减速、停止这几个动作,引擎的动力并不是直接输出到传动轴上,而是接到变速箱,再由变速箱的输出轴接到传动轴上输出,如图 9.1 所示。

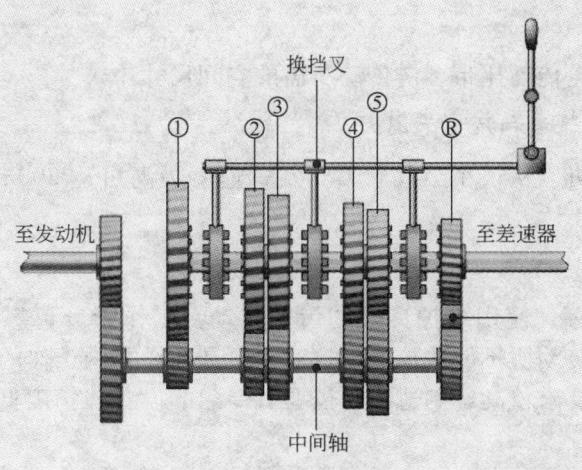

图 9.1 变速箱

在变速箱的齿轮组里,当主动轮为小齿轮,从动轮是大直径齿轮的时候,传动比较大,车轮运转的速度较慢,但是其产生的轮端扭矩却是比较大的。车辆在起步时要克服轮胎与地面的摩擦力,还要承载比较重的车身,所以需要很大的扭矩来驱动,作为起步挡的一挡需要大齿数比。当齿数比变小,扭矩也随之减小,速度开始增加,五、六挡齿数比小,有利于车辆高速行驶,表 9-1 为三菱 EV09 车型手动变速箱齿数比。

表 9-1 三菱 EV09 车型手动变速箱齿数比

一挡	二挡	三挡	四挡	五挡	六挡	倒挡
2.909	1.944	1.434	1.1	0.868	0.6983	2.707

上述变速箱的齿轮组为何采用斜齿圆柱齿轮传动?引擎行驶时转速越低,燃油消耗则越小,车辆越省油。上述挡位哪个相对更省油?

9.1 概 述

齿轮传动是现代机械应用最广泛的一种形式。一般常用匀速齿轮传动,为了运动平稳、啮合正确,齿轮轮齿的轮廓曲线可以制成渐开线、摆线或圆弧,新的齿廓曲线齿轮在不断的发展中。目前渐开线齿轮在制造、安装上极为成熟和方便,应用最广泛。本章主要介绍渐开线齿轮传动。

9.1.1 齿轮传动的特点

1. 传动效率高、传动比稳定

常用的机械传动中，齿轮传动效率为最高，闭式传动效率为 $96\%\sim99\%$，这对大功率传动有很大的经济意义；齿轮传动比精确，因此齿轮获得广泛应用。

2. 结构紧凑

同样条件下，齿轮传动比带、链传动所需的空间尺寸小。

3. 使用的功率、速度和尺寸范围大

齿轮传动的功率可以从很小至几十万千瓦；速度最高可达 300m/s；齿轮直径可以从几毫米至二十多米。

4. 工作可靠、使用寿命长

设计制造正确合理、使用维护良好的齿轮传动，工作十分可靠，寿命可长达一二十年，这也是其他机械传动所不能比拟的。这对车辆及在矿井内工作的机器尤为重要。

制造、安装精度要求较高，制造齿轮需要有专门的设备，精度低时，啮合传动会产生噪声、振动较大。

9.1.2 齿轮传动的类型

1. 按齿轮传动工作条件分：

（1）开式、半开式传动。在农业机械、建筑机械以及简易的机械设备中，有一些齿轮传动没有防尘罩或机壳，齿轮完全暴露在外边，这叫开式齿轮传动。这种传动不仅外界杂物极易侵入，而且润滑不良，因此工作条件不好，轮齿也容易磨损，故只宜用于低速传动。齿轮传动装有简单的防护罩，有时还把大齿轮部分地浸入油池中，则称为半开式齿轮传动。它工作条件虽有改善，但仍不能做到严密防止外界杂物侵入，润滑条件也不算最好。

（2）闭式传动。汽车、机床、航空发动机等所用的齿轮传动，都是装在经过精确加工而且封闭严密的箱体（机匣）内，这称为闭式齿轮传动（齿轮箱）。它与开式或半开式传动相比，润滑及防护等条件最好，多用于重要的场合。

2. 按齿面硬度分

（1）软齿面齿轮。轮齿工作面的硬度小于或等于 350HBS 或 38HRC。

（2）硬齿面齿轮。轮齿工作面的硬度大于 350HBS 或 38HRC。

9.2 齿轮传动的失效形式及设计准则

9.2.1 齿轮传动的失效形式

在实际应用中，对齿轮的要求是多方面的，不仅要求齿轮传动比恒定，保证传动平稳，而且要求齿轮传动具有足够的承载能力。既在满足齿轮速度的情况下，尽可能使结构紧凑，同时还具有足够的强度、良好的耐磨性，在预期的寿命内不失效。这就要求我们找出齿轮常会出现的各种不同的失效形式，建立齿轮设计的准则，提出防止和减轻失效的措施。

齿轮传动是靠轮齿的啮合来传递运动和动力的，齿轮的轮齿是传动的关键部位，也是齿轮的薄弱环节，因此齿轮常见失效主要是轮齿的失效，齿轮的齿圈、轮辐和轮毂等部分通常按经验设计，结构尺寸的安全系数较大，一般很少遭受破坏。轮齿的失效形式主要有轮齿折断、点蚀、胶合、磨损和塑性变形等。不过，轮齿每一种失效形式的出现并不是孤立的，齿面一旦出现了点蚀或胶合，就会加剧齿面的磨损；齿面的严重磨损又将导致轮齿的折断等。

1. 轮齿折断

轮齿折断是指齿轮的一个或多个齿的整体或其局部的折断，轮齿折断通常有两种。一种是疲劳折断。在载荷的作用下，轮齿相当于一个悬臂梁，齿根处的弯曲应力最大，而且齿根过渡部分有应力集中。轮齿根部在载荷的多次重复作用下，弯曲应力超过弯曲疲劳极限，齿根部分产生疲劳裂纹，随着裂纹的逐渐扩展，最终引起轮齿的疲劳断裂。这种现象称为疲劳折断。实践表明，疲劳裂纹首先发生在齿根受拉的一侧。单侧工作（不逆转）时，齿根部弯曲应力一侧为拉伸，一侧为压缩，脱离啮合时，应力为零，因此弯曲应力按脉动循环变化。当轮齿双侧受载时，其弯曲应力按对称循环变化。另一种是过载折断。当轮齿突然过载，或经严重磨损后齿厚过薄时，也会发生轮齿突然折断，这种现象称为过载折断。如汽车换挡时，受到过大冲击载荷，就易发生过载折断。

直齿圆柱齿轮往往产生整体折断。在斜齿圆柱齿轮传动中，轮齿工作面上的接触线为一斜线，轮齿受载后如有载荷集中时，就会发生局部折断，如图9.2所示。若轴的弯曲变形过大而引起轮齿局部受载过大时，也会发生局部折断。

图9.2 局部折断

轮齿折断是齿轮传动最严重的失效形式，必须避免。提高轮齿抗折断能力的措施很多，可增大齿根圆角半径，消除该处的加工刀痕以降低齿根的应力集中；增大轴及支承物的刚度以减轻齿面局部过载的程度；对轮齿进行喷丸、辗压等冷作处理以提高齿面硬度、保持芯部的韧性等。

2. 齿面点蚀

点蚀是齿面疲劳损伤的现象之一。在润滑良好的闭式齿轮传动中，齿面产生较大的接触应力，若此应力超过了材料的接触疲劳极限，在载荷多次重复作用下，齿面表层就会产生细微的疲劳裂纹。润滑油被挤进裂纹，产生巨大油压，加速裂纹扩展使金属微粒剥落下来。随着这些裂纹扩展、连接，最终造成齿面金属材料的脱落，形成初期点蚀，并可能持续发展为扩展性点蚀、片蚀或剥落。点蚀损伤对齿轮的使用寿命有较大的影响，严重时使齿轮厚度大大减少，甚至出现断齿。

齿面接触应力是近似于脉动变化的应力。

实践表明，齿面间的滑动有利于润滑油膜的形成，速度越高越好，但轮齿在节线附近啮合时，同时啮合的齿对数少，且轮齿间相对滑动速度小，润滑油膜不易形成，所以点蚀首先出现在靠近节线的齿根表面上然后再向其他部位扩展如图9.3所示初期点蚀。从相对意义上说，也就是靠近节线处的齿根面抵抗点蚀的能力最差（即接触疲劳强度最低）。

图 9.3 齿面初期点蚀

一般闭式传动中的软齿面较易发生点蚀失效，设计时应保证齿面有足够的接触强度。为防止过早出现点蚀，在齿轮副投入使用的初期，使用专用的磨合润滑剂，使齿轮快速经历磨合过程，在消除已产生裂纹的同时，提高齿轮的接触比例，防止新的疲劳裂纹产生。在许可范围内采用大的变位系数和（$x = x_1 + x_2$）等也是避免点蚀失效的方法。

开式传动由于齿面磨损较快，点蚀来不及出现或扩展就被磨损掉。所以一般看不到点蚀现象在开式齿轮传动中。

3. 齿面胶合

在高速重载的齿轮传动中，由于齿面间的压力较大，相对滑动速度较高，因而发热量大，使啮合区温度升高、油膜破裂而引起润滑失效，相啮合两个齿面的局部金属直接接触并在瞬间互相粘连。当两齿面相对转动时，较软齿面上的金属从表面被撕落下来，而在齿面上沿滑动方向出现条状伤痕，这种现象称为齿面胶合，如图9.4所示。

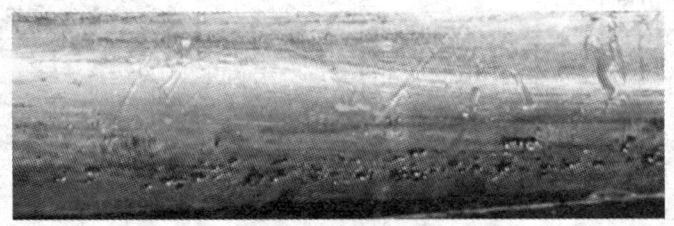

图 9.4 齿面胶合

在低速重载的传动中，由于齿面间压力大，因而不易形成油膜，也会出现胶合。此时，齿面的瞬时温度并无明显增高，故称为冷胶合。

在实际中采用提高齿面硬度、降低齿面粗糙度、限制油温、增加润滑油的黏度、选用加有抗胶合添加剂的合成润滑油等方法，可以防止胶合的产生。

4. 齿面磨损

齿面磨损是齿轮在啮合传动过程中，轮齿接触表面上的材料摩擦损耗的现象。齿轮的磨损有两种形式。

一种是跑合磨损如图 9.5 所示。对于新的齿轮传动装置来说，在开始运转期间由于齿面间的相互摩擦使得两接触齿面的凹凸不平逐渐被磨去，机加工痕迹逐渐消失，齿面粗糙度大为降低，因此产生光滑的齿面，这种磨损通常称为跑合。"跑合"对改善齿轮的运转状态有积极的促进作用，但跑合后应及时更换齿轮箱内的润滑油，以免发生磨粒磨损。

一种是磨粒磨损。轮齿在啮合过程中存在相对滑动，使齿面间产生摩擦磨损。如果有金属屑、砂粒、灰尘等硬质颗粒进入轮齿啮合面，将引起磨粒磨损，如图 9.6 所示。磨粒磨损是开式齿轮传动的主要失效形式。

齿面磨损后一方面导致齿廓的渐开线齿廓形状被破坏，并使侧隙增大从而引起冲击和振动；另一方面使轮齿变薄，严重时甚至因齿厚过度减薄而间接导致轮齿的折断。

采用闭式传动、提高齿面硬度、降低齿面粗糙度及采用清洁的润滑油等，均可以减轻齿面的磨粒磨损。

图 9.5 齿面跑合

图 9.6 齿面磨粒磨损

5. 塑性变形

当轮齿材料较软而载荷较大时，轮齿材料产生塑性流动，如齿面碾击塑变、鳞皱、起脊等，即使卸去施加的载荷后不能恢复的变形，导致主动轮齿面节线附近出现凹沟，从动轮齿面节线附近出现凸棱如图 9.7 所示，齿面的正常齿形被破坏，影响齿轮的正常啮合，这种现象称为齿面塑性变形。这些现象多发生在硬度低的齿轮上，低速、过载严重和起动频繁的齿轮传动中也会出现，严重时会破坏正常齿廓，使之失去工作能力。

为防止齿面的塑性变形，可采用适当提高齿面硬度、选用黏度较高的润滑油等方法。

图 9.7 塑性变形

9.2.2 齿轮传动的计算准则

针对上述各种工作情况及失效形式，设计齿轮传动时应根据齿轮传动的工作条件、具体分析失效情况，确定合理的设计准则，保证齿轮传动有足够的承载能力。

齿轮传动中,常将齿轮分为软齿面和硬齿面齿轮,轮齿工作面的硬度大于350HBS或38HRC,称为硬齿面齿轮,轮齿工作面的硬度小于或等于350HBS或38HRC,称为软齿面齿轮。

1. 闭式齿轮传动

对于闭式软齿面齿轮传动,齿面点蚀是主要的失效形式。应先按齿面接触疲劳强度进行设计计算,确定齿轮的主要参数和尺寸,然后再按弯曲疲劳强度校核齿根的弯曲强度。

在闭式硬齿面齿轮传动中,常因齿根折断而失效,故通常先按齿根弯曲疲劳强度进行设计计算,确定齿轮的模数和其他尺寸,然后再按接触疲劳强度校核齿面的接触强度。

功率较大的传动,例如输入功率超过75kW的闭式齿轮传动,发热量大,易于导致润滑不良及轮齿胶合损伤等情况,为了控制温升,还应做散热能力计算(计算准则及办法参看第10章)。

2. 开式齿轮传动

对于开式(半开式)齿轮传动中的齿轮,齿面磨损为其主要失效形式。但由于目前磨损尚无可靠的计算方法,所以通常按照齿根弯曲疲劳强度进行设计计算,确定齿轮的模数,考虑磨损因素,再将模数增大10%~20%。通常不做接触强度验算。

目前对于齿面塑性变形失效没有可被普遍接受的设计计算方法,只是在设计中通过适当的措施设法控制。对于高速、大功率的齿轮传动通常还需要进行抗胶合能力的计算,但本章不再介绍。

9.3 齿轮的材料及其选择原则

9.3.1 齿轮的常用材料及其热处理

制造齿轮常用的材料是锻钢,其次是铸钢、铸铁,此外还有非金属材料等。

1. 钢

锻钢因具有韧性好、耐冲击、便于热处理等优点,是使用最广泛的齿轮制造材料,钢材有锻钢和铸钢两大类。

1) 锻钢

锻钢的力学性能比铸钢强,除复杂形状和尺寸过大只宜铸造外,一般用锻钢制造齿轮。锻钢制造的齿轮可分为两大类。

(1) 软齿面齿轮。对于强度、速度及精度要求不高的工作条件,可用软齿面齿轮。齿面硬度不大于350HBS,常用的材料为中碳钢和中碳合金钢,如45钢、40Cr、35SiMn等材料,轮坯经过正火或调质的热处理后进行插齿或滚齿加工,生产便利、成本较低。齿轮精度一般是8级,精密切齿可达7级。适合于对精度、强度和速度要求不高的齿轮传动,如一般用途的减速器常用这类齿轮。

一对软齿面齿轮，因为小齿轮受载荷次数比大齿轮多，且小齿轮齿根较薄，因此小齿轮的轮齿弯曲强度较弱。为使两齿轮的轮齿接近等强度，小齿轮的齿面硬度比大齿轮的齿面硬度高30～50HBS。

（2）硬齿面齿轮。硬齿面齿轮，即齿面硬度大于350HBS，这类齿轮的轮坯经过正火或调质以后切齿，再进行表面硬化热处理，热处理后需磨齿，精度可达5级或4级，但价格较高。常用的材料为中碳钢或中碳合金钢经表面淬火处理，硬度可达40～55HRC。若采用低碳钢或低碳合金钢，如20钢、20Cr、20CrMnTi等，需渗碳淬火，其硬度可达56～62HRC。内齿轮不便于磨削，可采用渗氮处理（采用这种方法齿的变形较小，热处理后即可使用）。适用高速、重载、精密机器及要求尺寸紧凑和有冲击载荷的齿轮传动，如精密机床、航空发动机等。

2）铸钢

直径尺寸较大（大于400～600mm），或结构复杂不易锻制的齿轮可用铸造方法制成铸钢齿坯，再进行正火处理以细化晶粒，并消除铸造应力。铸钢的耐磨性及强度均较好，强度稍低。

2. 铸铁

铸铁材料抗点蚀、抗胶合性能均较好，但强度低，耐磨性能、抗冲击性能差。宜用于低速、轻载、无冲击的场合。铸铁成本低廉，易于加工，常用做尺寸大、结构复杂且不宜锻造的齿轮，灰铸铁中的石墨具有润滑作用，尤其适用于制作在润滑条件较差环境下的齿轮。球墨铸铁的力学性能和抗冲击能力比灰铸铁高，可代替铸钢铸造大直径齿轮。

3. 非金属材料

对高速、轻载及精度要求不高的齿轮，通常用传递扭矩小的非金属材料制造，例如玩具、仪器等。为了减低噪声也常用非金属材料，如夹布塑料、尼龙等做小齿轮，仍用钢或铸铁做大齿轮。表9-2给出了常用材料及机械性能供参考。

表9-2 齿轮常用材料及其机械性能

材料牌号	热处理方法	硬度 HBW/HRC	截面尺寸/mm		强度极限 σ_B/MPa	屈服极限 σ_s/MPa
			直径 d	壁厚 s		
45	正火	169～217	≤100	≤50	588	294
		162～217	101～300	51～150	569	284
			301～500	151～250	549	275
		156～127	500～800	251～400	530	265
	调质	229～286	≤100	≤50	647	373
		217～255	101～300	51～150	628	343
		197～255	301～500	151～250	608	314
	表面淬火	40～50 HRC				
40CrNiMo	正火	心部>255 表293～330	25		980	833

(续)

材料牌号	热处理方法	硬度 HBW/HRC	截面尺寸/mm 直径 d	截面尺寸/mm 壁厚 s	强度极限 σ_B/MPa	屈服极限 σ_s/MPa
40Cr	调质 表面淬火	241～286	≤100	≤50	735	539
		48～55HRS	101～300	51～150	686	490
		229～269	301～500	151～250	637	441
		217～225	500～800	251～400	588	343
42SiMn	调质	229～286	≤100	≤50	785	510
		217～269	101～200	51～100	735	461
		217～255	201～300	101～150	686	441
		197～255	300～500	151～250	637	373
	表面淬火	45～55HRC				
20Cr	渗碳、淬火、回火	56～62HRS	≤60		637	392
20CrMnTi	渗碳、淬火、回火	56～62HRS	15		1079	834
	氮化	57～63HRS				
ZG310～570	正火	163～197			570	310
ZG340～640	正火	170～230			650	350
QT600-3		190～270			600	370
QT700-2		225～305			700	420
HT250		175～263		>4.010	270	
		167～247		>10～20	240	
		157～236		>20～30	220	
		150～225		>30～50	220	

9.3.2 对齿轮材料的基本要求及其选择原则

齿轮材料的基本要求：齿面要硬、齿芯要韧。

设计齿轮时，材料选取应注意以下要求。

（1）齿面具有足够的硬度和耐磨性，防止齿面磨损、点蚀、胶合以及塑性变形等。

（2）轮齿芯部具有足够的韧性，防止在变载荷和冲击载荷作用下齿根折断。

（3）具备经过各种加工以及热处理后，轮齿能达到所需的精度，即好的工艺性。

（4）良好的经济性。

一对齿轮传动时，大、小齿轮的啮合次数不同，且小齿轮的抗弯曲能力较差，故应使小齿轮的材料比大齿轮的好，齿面硬度也要高一些。两者组合材料有软对软、软对硬、硬对硬，软是指软齿面齿轮（HBS≤350），硬指硬齿面齿轮（HBS＞350）。

在选择齿轮材料时，首先要考虑齿轮的工作条件，如齿轮所承受载荷的性质和大小、速度的高低、工作环境等，其次是从结构上要满足传动的要求，还要考虑经济性、重量等要求，见表 9-3。

表 9-3 轮齿齿面硬度及组合应用举例

齿面类型	齿轮种类	热处理		两轮工作齿面硬度差	工作齿面硬度组合举例		备注
		小齿	大齿		小齿轮	大齿轮	
软齿面 $H_{d1} \leqslant 350\ HB$ $H_{d2} \leqslant 350\ HB$	直齿	调质	正火 调质	$0 < H_{d1min} - H_{d2max} \leqslant 20-25\ HB$	240～270HB 260～290HB 280～310HB 300～330HB	180～210HB 220～250HB 240～260HB 260～280HB	用于重载中低速固定式传动装置
	斜齿 人字齿	调质	正火 正火 调质	$H_{d1min} - H_{d2max} \geqslant 40\sim50\ HB$	240～270HB 260～290HB 270～300HB 300～330HB	22～190HB 180～210HB 220～250HB 230～260HB	
软硬组合齿面 $H_{d11} > 350HB$ $H_{d2} \leqslant 350HB$	斜齿 人字齿	表面淬火 渗碳	调质	齿面硬度差很大	45～50HRC 56～62HRC	200～230HB 230～260HB 270～300HB 300～330HB	用于负载冲击及过载都不大的重载中低速固定式传动装置
硬齿面 $H_{d1} > 350\ HB$ $H_{d2} > 350\ HB$	直齿 斜齿 人字齿	表面淬火 渗碳	表面淬火 渗碳	齿面硬度大致相同	45～50HRC 56～62HRC		用在传动尺寸受结构条件限制的情景和运输机器上的传动装置

注：① 表中 H_{d2}、H_{d1} 分别表示大小齿轮齿面硬度。
② 为了提高抗胶合性能，建议小轮和大轮采用不同牌号的钢来制造。
③ 通常渗碳后的齿轮要进行磨齿。
④ 重要齿轮的表面淬火，应采用高频或中频感应淬火

9.4 齿轮传动的计算载荷

F_n 是根据名义功率求得的法向力，称为名义载荷，理论上 F_n 沿齿宽均匀分布，但由于轴和轴承的变形、传动装置的制造安装误差等原因，载荷沿齿宽的分布并不均匀，即出现载荷集中现象，齿轮相对轴承不对称布置如图 9.9 所示，由于轴的弯曲变形，齿轮将相互倾斜，这时，轮齿左端载荷增大，轴和轴承刚度越小，b 越宽，载荷集中越严重。此外，由于各种原动机和工作机的特性不同，齿轮制造误差以及轮齿变形等原因，还会引起附加动载荷。精度越低，圆周速度 V 越大，附加载荷越大。因此在计算强度时，通常以计算载荷 F_c 代替名义载荷 F_n，两者关系如下：

$$F_c = KF_n \tag{9-1}$$

式中，K 称为载荷系数。而且

$$K = K_A K_V K_\beta K_\alpha \tag{9-2}$$

载荷系数 K 由工作情况系数 K_A、动载荷系数 K_V、齿向载荷分布系数 K_β、齿间载荷

分配系数 K_α 组成。

1. 工作情况系数 K_A

用工作情况系数 K_A 考虑外部因素引起的附加动载荷对齿轮传动的影响，它与原动机和工作机的载荷大小、工作频率等类型与特性等有关，见表9-4。

表9-4 载荷系数 K_A

原动机	工作机械的载荷特性			
	均匀平稳	轻微冲击	中等冲击	严重冲击
电动机	1.00	1.25	1.50	1.75
电动机(频繁启动)	1.10	1.35	1.60	1.85
多缸内燃机	1.25	1.50	1.75	2.00
单缸内燃机	1.50	1.75	2.00	≥2.25

注：斜齿、圆周速度低，精度高、齿宽系数小、齿轮在两轴承间对称布置时取小值。直齿、圆周速度高、精度低、齿宽系数大，齿轮在两轴承间对称布置时取大值

2. 动载荷系数 K_V

用动载荷系数 K_V（图9.8）考虑齿轮制造误差和装配误差等内部因素引起的附加动载荷的影响。齿轮由于制造和装配误差引起弹性变形，使得 $P_{b_1} \neq P_{b_2}$，过接触点作齿廓的公法线与连心线交点 P'（节点）与 P 不重合，这样使实际的 $\frac{W'_1}{W'_2} = \frac{O_2 P'}{O_1 P'} \neq \frac{O_2 P}{O_1 P} \neq \text{const}$ 从而产生变速，引起附加动载荷。通过分析可知这种动载荷与齿轮的制造精度、线速度有关，具体数值由图9.8查取。

提高齿轮制造精度和降低圆周速度均可减小动载荷。

3. 齿向载荷分布系数 K_β

用齿向载荷分布系数 K_β 考虑轴的弯曲、扭转变形而引起的沿齿宽方向载荷分布不均匀的影响。如图9.9所示，当轴承相对齿轮作非对称布置时，由于轴产生弹性变形造成齿轮偏斜，齿面上的载荷沿接触线分布不均。此外轴的扭转变形，轴承、支座弹性变形及制造和装配误差都会引起沿齿宽方向载荷分布不均匀。故引进载荷分配系数修正，如图9.10所示。

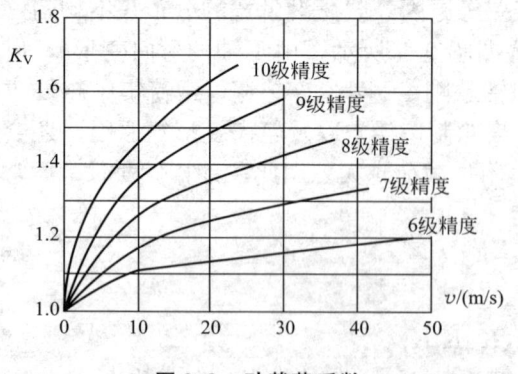

图9.8 动载荷系数

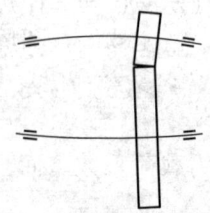

图9.9 齿轮不对称布置

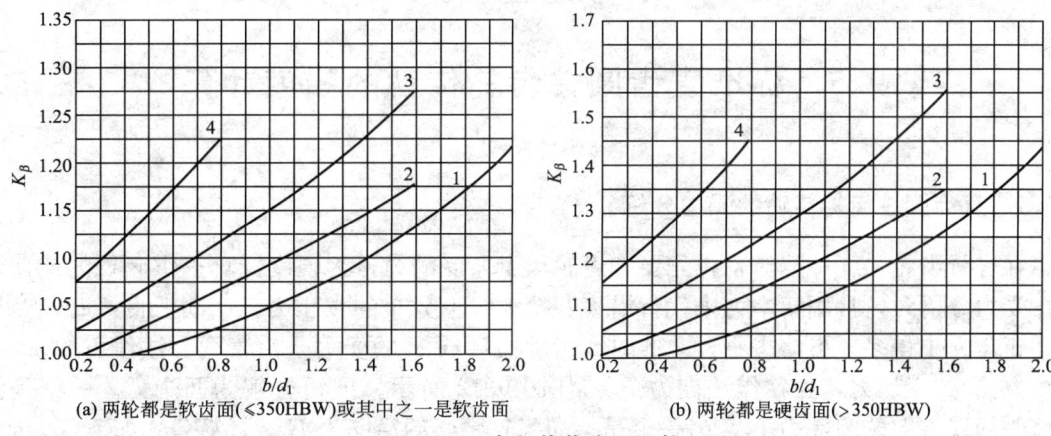

(a) 两轮都是软齿面(≤350HBW)或其中之一是软齿面　　(b) 两轮都是硬齿面(>350HBW)

图 9.10　齿向载荷分配系数

1—齿轮在两轴承中间对称布置；2—齿轮在两轴承中间非对称布置，轴的刚度较大；
3—齿轮在两轴承中间非对称布置，轴的刚度较小；4—齿轮悬臂布置

可采取一些措施减小这一影响，如提高制造安装精度，提高支承刚度，尽量避免悬臂布置，把齿轮做成如图 9.11 所示的鼓形齿。

4. 齿间载荷分配系数 K_α

用齿间载荷分配系数 K_α 考虑同时有多对齿啮合时各对轮齿间载荷分配不均匀的影响。齿轮传动的重合度一般大于一，在部分时间（或全部时间）内是多对齿同时承载，总接触线长度是各承载齿的接触线长度之和，在理想状态下各承载齿均匀承载，但是由于制造误差和轮齿受力变形，使得总载荷在各齿间不均匀分配，受力较大的齿所受力大于平均受力，为考虑这种由于总载荷在各齿间不均匀分配造成的个别齿受力增大对齿轮强度的影响，引入齿间载荷分配系数加以修正。

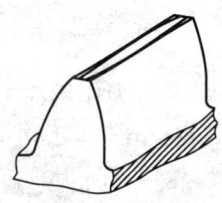

图 9.11　鼓形齿

一般不需要精确计算的 K_α 的值可从表 9-5 中选取。

表 9-5　齿间载荷分配系数 K_α

$K_A F_t/b$		≥100N/mm				<100N/mm
精度等级（Ⅱ组）		5	6	7	8	5~9
硬齿面直齿轮	$K_{H\alpha}$	1.0		1.1	1.2	≥1.2
	$K_{F\alpha}$					
硬齿面斜齿轮	$K_{H\alpha}$	1.0	1.1	1.2	1.4	≥1.4
	$K_{F\alpha}$					
非硬齿面直齿轮	$K_{H\alpha}$	1.0			1.1	≥1.2
	$K_{F\alpha}$					
非硬齿面斜齿轮	$K_{H\alpha}$	1.0	1.1	1.2		≥1.4
	$K_{F\alpha}$					

注：① $K_{H\alpha}$ 为接触疲劳强度系数，$K_{F\alpha}$ 为弯曲疲劳强度系数。
② 对修形的 6 级或高精度硬齿面齿轮，取 $K_{H\alpha}=K_{F\alpha}=1$。
③ 硬齿面、软齿面组成的齿轮副，齿间载荷分配系数取平均值。
④ 如果大小齿轮精度不同，则按精度低的取

9.5 标准直齿圆柱齿轮传动的强度计算

9.5.1 直齿圆柱齿轮传动的受力分析

在进行齿轮强度计算时，首先要知道轮齿上所受的力，为强度计算提供必要的载荷数据。受力分析时，常用集中力来代替沿齿宽接触线上分布的正压力，当润滑良好时，摩擦力比正压力小得多，可略去不计。此时，齿廓接触点 P 的受力是沿着两公法线方向（即啮合线方向）的正压力，也称作法向力 F_n，如图 9.12 所示。F_n 可分解为两个力。一个是沿着节圆切线方向的圆周力 F_t，另一个是指向齿轮中心的径向力 F_r。计算公式如下：

$$\left. \begin{array}{l} F_{t1} = \dfrac{2T_1}{d_1} = -F_{t2} \\ F_{r1} = F_{t1}\tan\alpha = -F_{r2} \\ F_{n1} = \dfrac{F_{t1}}{\cos\alpha} = -F_{n2} \end{array} \right\} \quad (9-3)$$

式中，T_1 为作用在主动轮上的转矩，N·mm；如果小齿轮传递的功率为 P_1(kW)，转速为 n_1(r/min)，则小齿轮上的转矩为 $T_1 = 9.55 \times 10^6 P_1/n_1$；$d_1$ 为分度圆直径，mm；非标准齿轮传动时齿轮传动用节圆直径代替；α 为分度圆上的压力角（$\alpha = 20°$）；非标准齿轮传动时用啮合角 α' 代替。

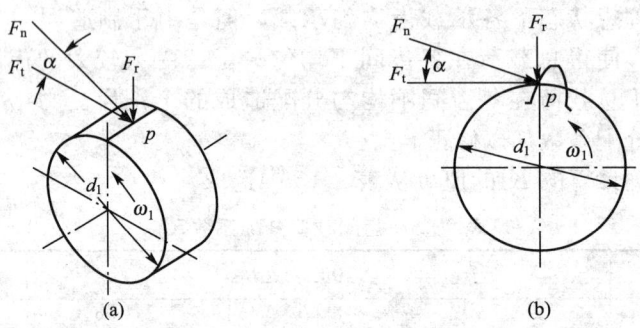

图 9.12 直齿圆柱齿轮传动的受力分析

各力的方向：主动轮上所受的圆周力 F_{t1} 是阻力，与啮合点转动方向相反；从动轮上所受的圆周力 F_{t2} 是驱动力，与啮合点转动方向相同。主、从动轮上的径向力 F_{r1}、F_{r2} 方向分别指向各自的轮心。式(9-3)中的负号表示力的方向相反。

9.5.2 直齿圆柱齿轮传动的接触疲劳强度计算

齿面接触疲劳强度计算是针对齿面点蚀失效进行的。齿面点蚀失效是因为齿面接触应力超过了材料的接触疲劳极限而引起的。要保证齿面接触疲劳强度，则

$$\sigma_H \leqslant [\sigma_H]$$

齿轮啮合可看做分别以接触点的曲率半径 ρ_1、ρ_2 为半径的两个圆柱体接触，法向力为 F_n，其最大接触应力可由赫兹应力公式计算，由式(3-47)可得 σ_H 的计算公式为

$$\sigma_H = Z_E \sqrt{\frac{F_n}{L}\left(\frac{1}{\rho_1} \pm \frac{1}{\rho_2}\right)} \qquad (9-4)$$

式中，F_n 为法向力，$F_n = F_t/\cos\alpha$；L 为实际接触线长度；Z_E 为材料的弹性系数，其值可查表 9-6；"+"用于外啮合；"-"用于内啮合。

表 9-6　弹性系数 Z_E　　　　　　　　　　（$\sqrt{MPa}$）

小齿轮材料	大齿轮材料						
	钢	铸钢	球墨铸铁	灰铸铁	锡青铜	铸锡青铜	尼龙
钢	189.8	188.9	181.4	162.0	159.8	155.0	56.4
铸钢		188.0		161.4			
球墨铸铁				156.6			
灰铸铁				143.7			

由 9.2.1 节可知，两个齿轮啮合时，疲劳点蚀一般出现在节线附近，因此一般以节点处的接触应力来计算齿面的接触疲劳强度。

如图 9.13 所示为一对标准直齿轮，接触点为 P 点，根据渐开线的特性可得出齿廓在 P 点处的曲率半径为

$$\rho_1 = \overline{N_1 P} = \frac{d_1}{2}\sin\alpha$$

$$\rho_2 = \overline{N_2 P} = \frac{d_2}{2}\sin\alpha$$

式中，d_1、d_2 为两齿轮分度圆的直径，mm；α 为分度圆上的压力角，$\alpha = 20°$。u 为齿数比，$u = \dfrac{z_2}{z_1} = \dfrac{d_2}{d_1}$，则

$$\frac{1}{\rho_1} \pm \frac{1}{\rho_2} = \frac{\rho_2 \pm \rho_1}{\rho_1 \rho_2} = \frac{2(d_2 \pm d_1)}{d_1 d_2 \sin\alpha} = \frac{2}{d_1 \cdot \sin\alpha} \cdot \frac{u \pm 1}{u}$$

$$\sigma_H = Z_E \sqrt{\frac{F_{t1}}{L \cdot \cos\alpha}} \sqrt{\frac{2 \cdot (u \pm 1)}{d_1 \sin\alpha \cdot u}}$$

$$= Z_E \sqrt{\frac{F_{t1}(u \pm 1)}{L \cdot d_1 \cdot u}} \sqrt{\frac{2}{\sin\alpha \cdot \cos\alpha}}$$

令 $Z_H = \sqrt{\dfrac{2}{\sin\alpha\cos\alpha}} = \sqrt{\dfrac{4}{\sin 2\alpha}}$，$Z_H$ 称为节点区域系数，标准直齿轮时，$\alpha = 20°$，$Z_H = 2.5$。

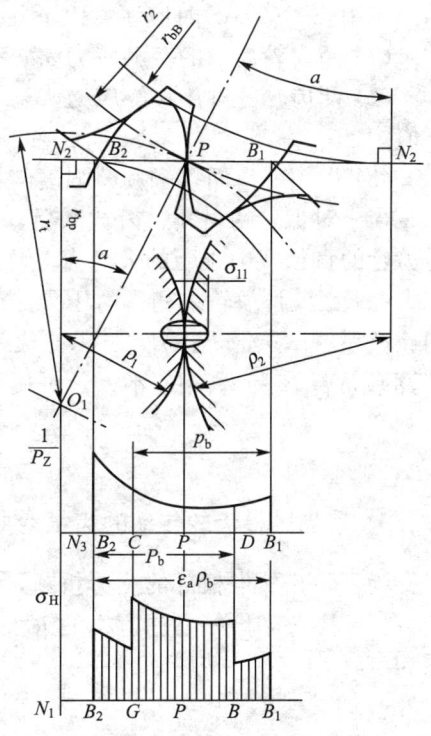

图 9.13　齿轮接触强度计算简图

实际啮合时，并不总是单齿对啮合，所以实际接触线长度为

$$L = b/Z_\varepsilon^2$$

式中，b 为齿宽，mm；z_ε 为重合度系数，可用 $Z_\varepsilon = \sqrt{\dfrac{4-\varepsilon_a}{3}}$ 计算。ε_a 是端面重合度。对于标

标准齿轮可用近似计算：$\varepsilon_\alpha = \left[1.88 - 3.2\left(\dfrac{1}{z_1} \pm \dfrac{1}{z_2}\right)\right]\cos\beta$（直齿圆柱齿轮 $\beta = 0°$）。 (9-5)

因此接触疲劳强度的校核公式为

$$\sigma_H = Z_E \cdot Z_\varepsilon \cdot Z_H \sqrt{\dfrac{KF_t}{bd_1} \cdot \dfrac{u \pm 1}{u}} \leqslant [\sigma_H] \quad (9-6)$$

以转矩 T_1 表示载荷，$F_t = 2T_1/d_1$，并引入载荷系数 K，则根据强度条件可得齿面的接触疲劳强度的校核公式为

$$\sigma_H = Z_E \cdot Z_\varepsilon \cdot Z_H \sqrt{\dfrac{2KT_1}{bd_1^2} \cdot \dfrac{u \pm 1}{u}} \leqslant [\sigma_H] \quad (9-7)$$

为了便于计算，引入齿宽系数 $\phi_d = \dfrac{b}{d_1}$ 并代入上式，得到齿面的接触疲劳强度的设计公式为

$$d_1 \geqslant \sqrt[3]{\dfrac{2KT_1(u \pm 1)}{\phi_d u} \times \left(\dfrac{Z_E Z_\varepsilon Z_H}{[\sigma_H]}\right)^2} \quad (9-8)$$

式中，$[\sigma_H]$ 为许用接触应力，MPa。

应用公式(9-8)时应注意以下几点。

(1) 两齿轮齿面的接触应力 $\sigma_{H1} = \sigma_{H2}$。

(2) 两齿轮的许用接触应力 $[\sigma_H]_1$ 与 $[\sigma_H]_2$ 一般是不同的，进行强度计算时应选用较小值。

(3) 齿轮的齿面接触疲劳强度与齿轮的直径或中心距的大小有关，而与模数的大小无关。当一对齿轮的材料、齿宽系数、齿数比一定时，由齿面接触强度所决定的承载能力仅与齿轮的直径或中心距的大小有关。

(4) 在设计齿轮之初，由于无法确定圆周速度，所以动载荷系数 K_v 无法确定，此时可用载荷系数试选值 $K_t = 1.2 \sim 1.6$ 代替 K，用式(9-8)得出试算值 d_{t1}，然后计算 v 并查取计算 K，若 K 与 K_t 相差不大，可用原数值，如相差较大，用下试修正 d_1，即

$$d_{1\min} = d_{t1}\sqrt[3]{K/K_t} \quad (9-9)$$

9.5.3 直齿圆柱齿轮传动的齿根弯曲疲劳强度计算

为了防止轮齿根部的疲劳折断，在进行齿轮设计时要计算齿根弯曲疲劳强度。轮齿的疲劳折断主要和齿根弯曲应力的大小有关。要求齿根危险截面的弯曲应力与许用应力的关系为

$$\sigma_F \leqslant [\sigma_F]$$

为简化计算，假定全部载荷由一对齿承受，且载荷作用于齿顶时齿根部分产生的弯曲应力最大。计算时，可以将轮齿看做宽度为 b 的悬臂梁。危险截面用 $30°$ 切线法来确定，即作与轮齿对称中心线成 $30°$ 角并与齿根过渡曲线相切的两条直线，连接两切点的截面即为齿根的危险截面，如图 9.14 所示。

沿啮合线作用在齿顶的正压力 F_n 可分解为互相垂直的两个分力 $F_n\cos\alpha_F$ 和 $F_n\sin\alpha_F$，前者对齿根产生弯曲应力，后者产生压缩应力。因压应力远小于弯曲应力，对抗弯强度计算

影响较小，故可忽略不计。

齿根危险截面的弯曲应力为

$$\sigma_F = \frac{M}{W}$$

式中，M 为齿根的最大弯矩，$N \cdot mm$，$M = F_n \cdot \cos\alpha_F \cdot h_b = \frac{F_t}{\cos\alpha} \cdot \cos\alpha_F \cdot h_b$；$W$ 为危险截面的弯曲截面系数，mm^3，$W = \frac{b \cdot s_b^2}{6}$；$B$ 为齿宽，mm。代入上式可得

$$\sigma_F = \frac{M}{W} = \frac{F_n \cdot \cos\alpha_F \cdot h_b}{\frac{1}{6} b \cdot s_b^2} = \frac{F_t}{b} \cdot \frac{6h_b \cdot \cos\alpha_F}{s_b^2 \cdot \cos\alpha}$$

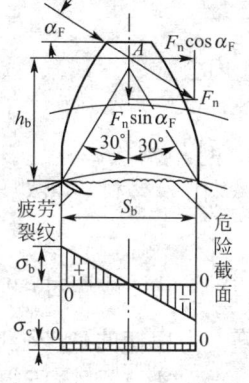

图 9.14 轮齿弯曲及危险截面

将分子、分母同除以 m^2 得

$$\sigma_F = \frac{F_t}{b \cdot m} \cdot \frac{6(h_b/m) \cdot \cos\alpha_F}{(s_b/m)^2 \cdot \cos\alpha} = \frac{F_t}{b \cdot m} \cdot Y_F$$

将式中 $Y_F = \frac{6(h_b/m) \cdot \cos\alpha_F}{(s_b/m)^2 \cdot \cos\alpha}$ 称为齿形系数，它是考虑齿形对齿根弯曲应力影响的系数。Y_F 只与齿形有关，而与模数无关，是一个无因次的系数。齿形系数取决于齿数与变位系数，对于标准齿轮则仅取决于齿数，标准外齿轮的齿形系数 Y_F 值可查表 9-7。Y_F 与齿数 Z 成反比。

表 9-7 标准外齿轮的齿形系数 Y_F 及应力修正系数 Y_S

$Z(Z_V)$	12	14	16	17	18	19	20	21	22	23	24	25	26
Y_F	3.47	3.22	3.03	2.97	2.91	2.85	2.81	2.76	2.75	2.69	2.65	2.65	2.60
Y_S	1.44	1.47	1.51	1.52	1.53	1.54	1.55	1.56	1.57	1.575	1.58	1.59	1.595
$Z(Z_V)$	27	28	29	30	35	40	45	50	60	70	80	90	100
Y_F	2.57	2.55	2.53	2.52	2.45	2.40	2.35	2.32	2.28	2.24	2.22	2.20	2.18
Y_S	1.60	1.61	1.62	1.625	1.65	1.67	1.68	1.70	1.73	1.75	1.77	1.78	1.79

引入应力修正系数 Y_S，为齿根圆角处的应力集中以及齿根危险截面上压应力等对强度的影响，其值可查表 9-7。

引入重合度系数 Y_ε，把全部载荷由齿顶转换到单对齿啮合区外界点。

$$Y_\varepsilon = 0.25 + \frac{0.75}{\varepsilon_\alpha}, \quad \varepsilon_\alpha \text{ 可按式}(9-5)\text{计算}$$

计入载荷系数 K，即可得出轮齿齿根弯曲疲劳强度的校核公式为

$$\sigma_F = \frac{2KT_1}{b \cdot m \cdot d_1} \cdot Y_F \cdot Y_S \cdot Y_\varepsilon = \frac{2KT_1}{bm^2 z_1} \cdot Y_F \cdot Y_S \cdot Y_\varepsilon \leqslant [\sigma_b] \quad (9-10)$$

式中，T_1 为主动轮的转矩，$N \cdot mm$；b 为轮齿的接触宽度，mm；m 为模数；z_1 为主动轮齿数；$[\sigma_F]$ 为轮齿的许用弯曲应力，MPa。

引入齿宽系数 $\phi_d = \frac{b}{d_1}$ 代入式(9-10)可得出齿根弯曲疲劳强度的设计公式为

$$m \geqslant \sqrt[3]{\frac{2KT_1}{\phi_d Z_1^2} \cdot \frac{Y_F Y_S Y_\varepsilon}{[\sigma_F]}} \quad (9-11)$$

应用公式(9-10)、式(9-11)时应注意以下几点。

(1) 通常两个相啮合齿轮的齿数是不相同的，故齿形系数 Y_F 和应力修正系数 Y_S 都不相等，所以 $\sigma_{F1} \neq \sigma_{F2}$。

(2) 由于材料、热处理方法的不同，两齿轮的许用接触应力 $[\sigma_{F1}]$ 与 $[\sigma_{F2}]$ 一般是不同。

(3) 在设计计算时，应将两齿轮的 $\frac{Y_F \cdot Y_S}{[\sigma_F]}$ 值进行比较，取其中较大者代入式(9-11)中计算，齿根弯曲疲劳强度效核时，应满足 $\sigma_{F1} \leqslant [\sigma_{F1}]$，$\sigma_{F2} \leqslant [\sigma_{F2}]$。

(4) 按式(9-11)所得模数应圆整成标准值。动力齿轮的模数 $m \geqslant 1.5 \sim 2 \text{mm}$，$m < 1.5 \text{mm}$ 磨齿较难。

在设计齿轮之初，由于无法确定圆周速度，所以动载荷系数 K_v 无法确定，此时可用载荷系数试选值 $K_t = 1.2 \sim 1.6$ 代替 K，用式(9-11)得出试算值 m_t，然后计算 v 并查取计算 K 值，若 K 与 K_t 相差不大，可用原数值，如相差较大，用下试修正 m，即

$$m = m_t \sqrt[3]{K/K_t} \quad (9-12)$$

9.6 齿轮传动的设计参数、许用应力与精度选择

9.6.1 参数选择

重要的参数对齿轮结构和工作特性有影响，需要根据功能在合理的范围内选择。

1. 压力角

国家标准规定，对一般用途的齿轮标准压力角为 20°。增大压力角，则齿面曲率半径和齿厚增加，提高齿轮接触疲劳强度、弯曲疲劳强度，但减小压力角对齿轮承受动载荷和降低噪声有利。

2. 小轮齿数

对于标准齿轮，为保证不发生根切，小齿轮齿数一般 $z > z_{min}$。齿数多则重合度大、传动平稳，且能改善传动质量、减少磨损。若分度圆直径不变，增加齿数使模数减小，从而减少切齿的加工量。但模数减小会导致轮齿的齿厚减薄，降低弯曲强度。具体设计时，在保证弯曲强度的前提下，应取较多的齿数为宜。

闭式软齿面齿轮一般以点蚀为主要失效形式，决定其承载能力的主要参数是节圆直径，为了减小冲击，提高传动平稳性，小齿轮数可取多些，一般取 $z_1 = 20 \sim 40$。

开式(半开式)硬齿面齿轮，通常以磨损为主要失效形式，由于决定其承载能力的主要参数是模数(齿厚)，为提高齿根弯曲疲劳强度，同时不增大体积，一般选择较少的小轮齿数，$Z_1 = 17 \sim 20$。

对于周期性变化的载荷，为避免最大载荷总是作用在某一对或某几对轮齿上而使磨损过于集中，z_1、z_2 应互为质数。这样实际传动比可能与要求的传动比有出入，但工程中允

许传动比误差在±5%内。

3. 齿宽系数

轮齿越宽，齿轮的承载能力越高。但若结构的刚性不够，安装不准确，则齿宽 b 过大易发生载荷集中现象，使轮齿折断。所以齿宽系数应合理选用，荐用值见表9-8。

表9-8 齿宽系数 ϕ_d

齿轮相对轴承的位置	齿面硬度	
	软齿面(HBS≤350)	硬齿面(HBS＞350)
对称布置	0.8～1.4	0.4～0.9
非对称布置	0.6～1.2	0.3～0.6
悬臂布置	0.4～0.4	0.2～0.25

考虑大小齿轮因装配误差而可能产生轴向偏移，要保证实际啮合齿宽，取大小齿轮宽度 $b_1=b_2+(5\sim10)$mm 如图9.15所示。

4. 齿数比 μ 与传动比 i

齿数比 $\mu=\dfrac{z_2}{z_1}=\dfrac{n_1}{n_2}$，传动比 $i=\dfrac{n_1}{n_2}$。减速传动，$\mu=i$；增速传动时，$\mu=\dfrac{1}{i}$。

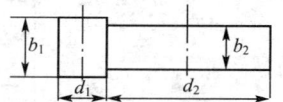

图9.15 大小齿轮宽度对比

传动比是表示齿轮传动的运动特性的参数之一。一般取每对直齿圆柱齿轮的传动比 $i<5$。如果传动比过大将导致结构庞大、重量增加、制造成本加大，所以这种情况下要采用多级传动。

9.6.2 齿轮材料的许用应力

在齿轮的强度计算中，许用应力是一个起着对比和控制的数值，由国家标准中给出的常用齿轮材料的弯曲和接触的极限应力组成。可分为

齿面接触疲劳许用应力为

$$[\sigma_H]=\frac{Z_N \cdot \sigma_{Hlim}}{S_H} \tag{9-13}$$

齿根弯曲疲劳许用应力为

$$[\sigma_F]=\frac{Y_N \cdot \sigma_{Flim}}{S_F} \tag{9-14}$$

式中，σ_{lim} 为疲劳极限，由专用齿轮副试件，按失效概率1%，经持久疲劳试验确定。因为材料的成分、性能、热处理的结果和质量都不能均一，故该值不是一个定值，有很大的离散区在框图内。ML是齿轮材料达到最低要求时的疲劳极限取值，MQ是齿轮材料达到一般要求时的疲劳极限取值，在一般情况下，可取框图中MQ线。ME是齿轮材料达到最高要求时的疲劳极限取值。接触疲劳极限 σ_{Hlim} 查图9.17。弯曲疲劳极限 σ_{Flim} 查图9.19，其值已计入应力集中的影响。受对称循环弯曲应力的齿轮，应将图9.19中的值乘0.7。

S_H、S_F 分别为齿面接触疲劳强度安全系数和齿根弯曲疲劳强度安全系数,可查表 9-9;

表 9-9 安全系数 s_H 和 s_F

安全系数	软齿面(≤350HBS)	硬齿面(>350HBS)	重要的传动、渗碳淬火齿轮或铸造齿轮
S_H	1.0~1.1	1.1~1.2	1.3
S_F	1.3~1.4	1.4~1.6	1.6~2.2

Y_N、Z_N 分别为弯曲疲劳寿命系数和接触疲劳寿命系数,为考虑应力循环次数影响数值。接触疲劳寿命系数 Z_N 查图 9.16,弯曲疲劳寿命系数 Y_N 查图 9.18;图中的横坐标应力循环次数 N 的计算方法为

$$N = 60njL_h \tag{9-15}$$

式中,n 为齿轮的转速,r/min;j 为齿轮每转一圈,同一侧齿面啮合次数;L_h 为齿轮的工作寿命,h。

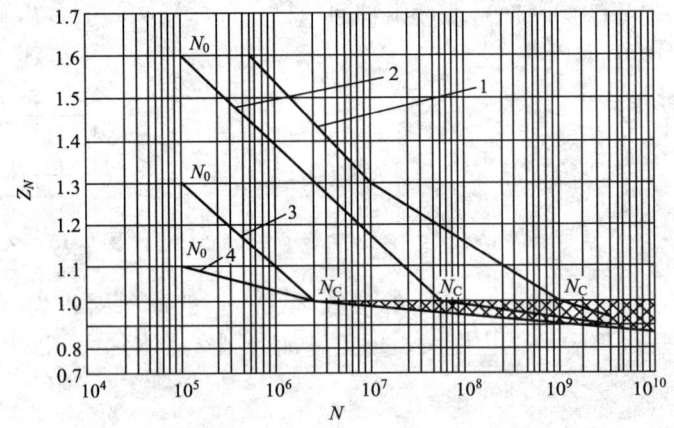

图 9.16 接触疲劳寿命系数

1—调质钢;球墨铸铁(珠光体、贝氏体);珠光体可锻炼铁;
2—渗碳淬火的渗碳钢;全齿廓火焰或感应淬火的钢、球墨铸铁;
3—渗氮的渗氮钢;球墨铸铁(铁素体);灰铸铁;结构钢;
4—氮碳共渗的调质钢、渗碳钢

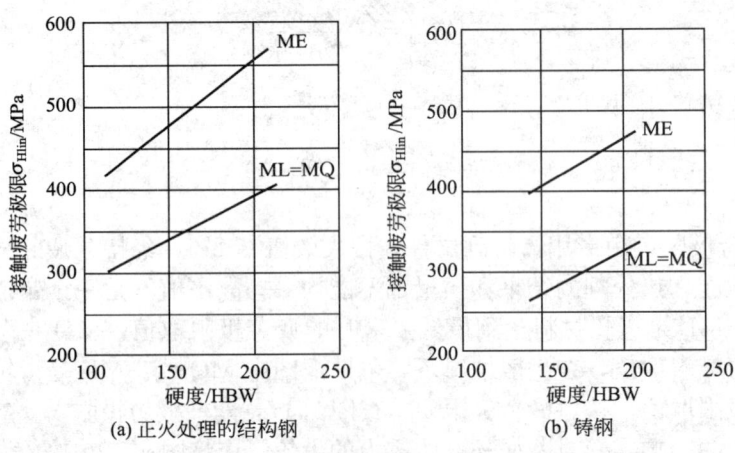

(a) 正火处理的结构钢   (b) 铸钢

图 9.17 接触疲劳极限 σ_{Hlim}

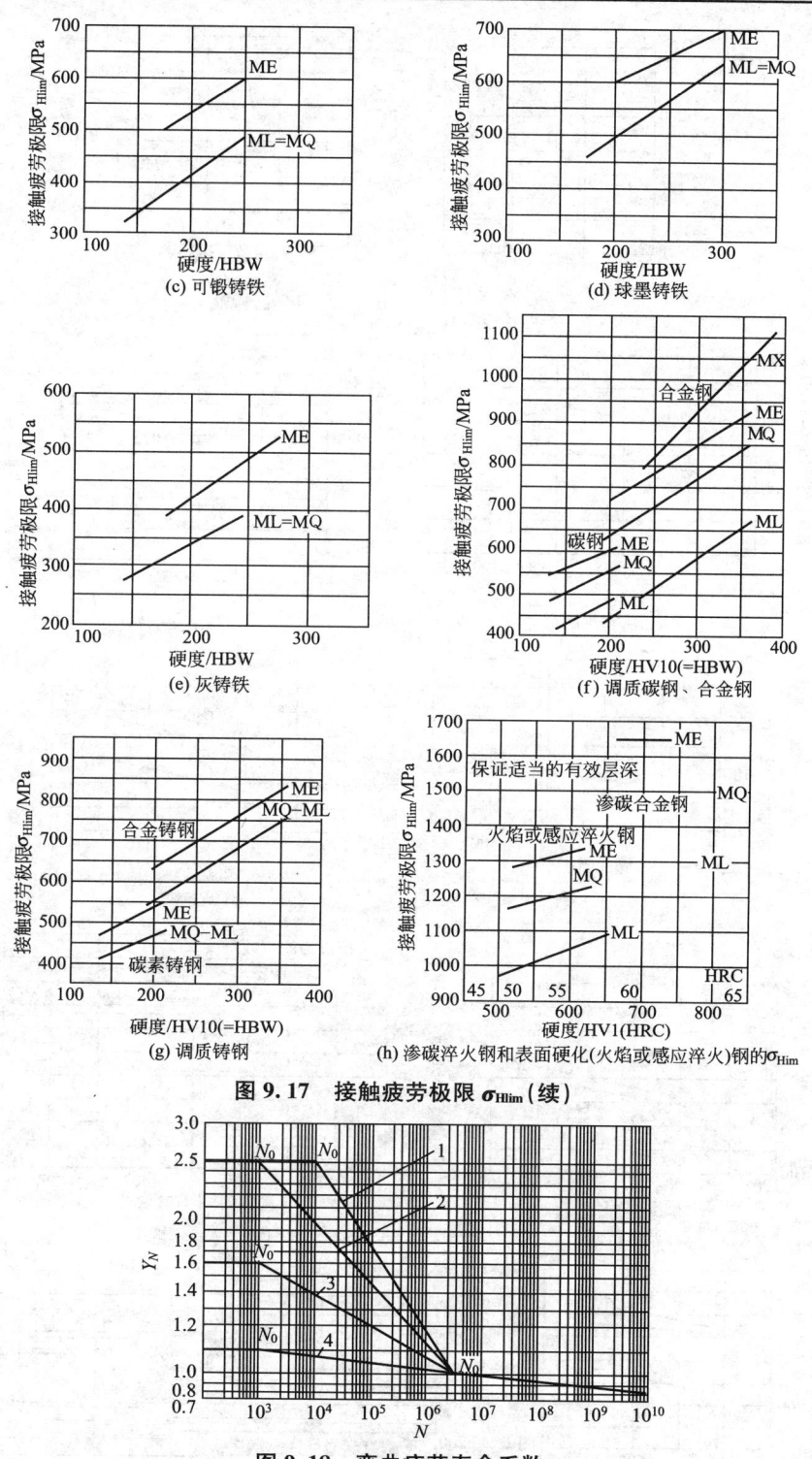

图 9.17 接触疲劳极限 σ_{Hlim}（续）

图 9.18 弯曲疲劳寿命系数

1—允许一定点蚀时的结构钢；调质钢；球墨铸铁（珠光体、贝氏体）；珠光体可锻铸铁；渗碳淬火的渗碳钢；2—结构钢；调质钢；渗碳淬火钢；火焰或感应淬火的钢、球墨铸铁；球墨铸铁（珠光体、贝氏体）；珠光体可锻铸铁；3—灰铸铁；球墨铸铁（铁素体）；渗氮的渗氮钢；调质钢；渗碳钢；4—氮碳共渗的调质钢、渗碳钢

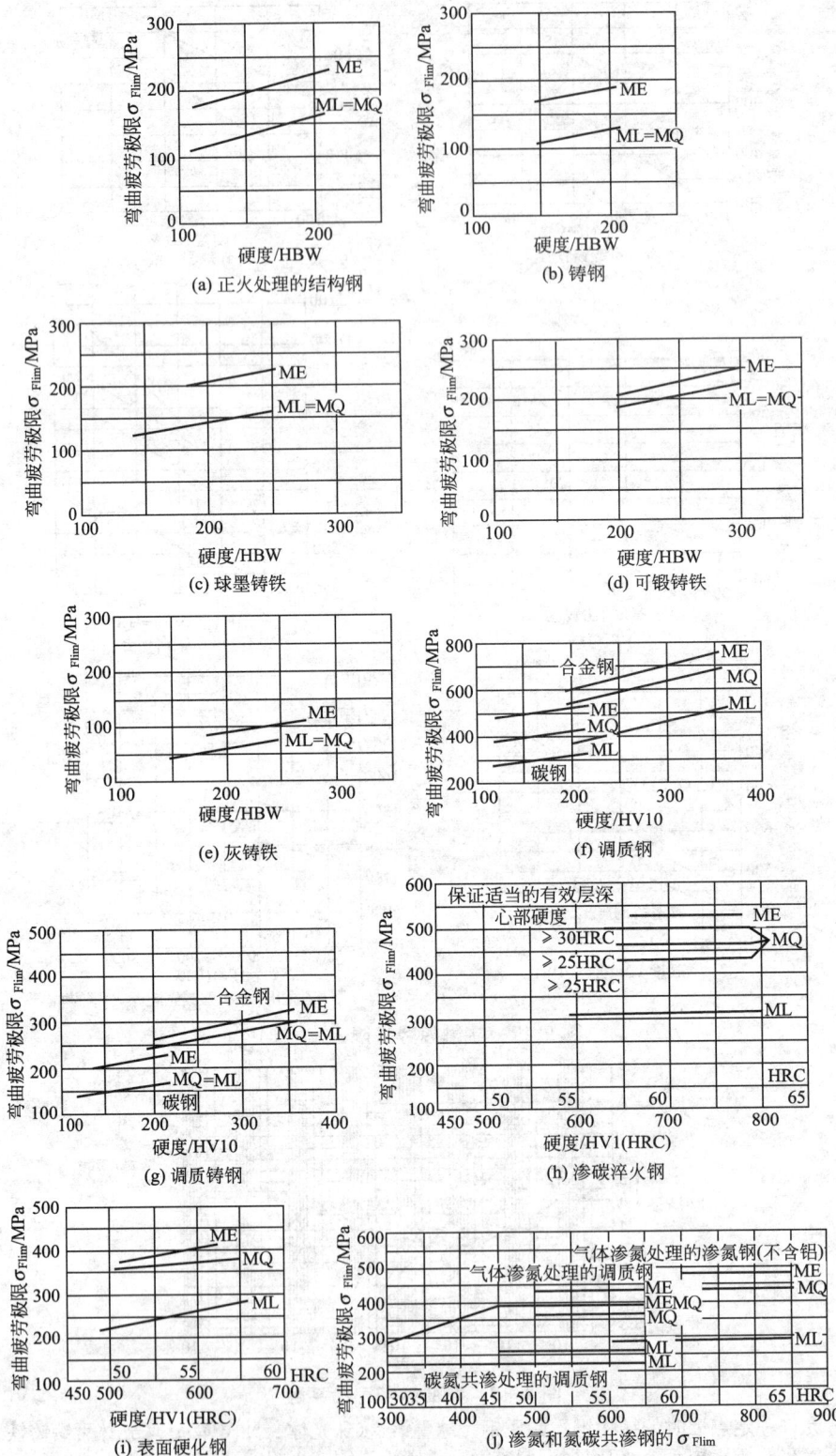

图 9.19 弯曲疲劳极限 σ_{Flim}

9.6.3 齿轮传动精度

齿轮的精度：①传动运动的准确性；②传动的平稳性；③载荷分布的均匀性；④传动的侧隙。这些对齿轮的工作性能、工作噪声，都有很大的影响，提高精度使齿轮传动更平稳、承载能力更大、传动噪声减小，特别是对高速传动，加速传动是非常重要的。缺点是齿轮成本提高。

渐开线圆柱齿轮精度等级的国标 GB/T10095.1—2008，规定渐开线圆柱齿轮13个精度等级。其中0～2级为将来发展级，3～5级为高精度，6～8级为中等精度，9～12级的精度最低，常用的精度等级为6～9级。齿轮副中的一对齿轮的精度可以相同，也可以不同。在设计齿轮传动时，应根据齿轮的用途、使用条件、传递的圆周速度和功率大小等，选择齿轮精度等级。表9-10为常见机器中齿轮精度等级的选用范围。

表9-10 常见机器中齿轮精度等级的选用范围

机器名称	精度等级	机器名称	精度等级
测量齿轮	2～5	拖拉机	6～9
金属切削机床	3～8	通用减速器	6～9
轻型汽车	5～8	起重机械	7～10
载重汽车	6～9	矿用绞车	6～10
航空发动机	4～8	农业机械	8～11

9.6.4 直齿圆柱齿轮传动的设计计算实例

[例9.1] 设计一对单级直齿圆柱齿轮减速器中的齿轮。电动机驱动，转向不变。已知传动功率 $P=10kW$，小齿轮的转速 $n_1=960r/min$。传动比 $i=3.7$，齿轮为对称布置，载荷平稳，设双班制工作，每班8小时，使用寿命10年，每年250工作日。

设计与说明	主要结果
1. 选择齿轮材料、热处理方式、精度等级 因为是普通减速器，速度不高，由表9-10选8级精度。 该齿轮传动无特殊要求，为制造方便，所以选软齿面齿轮。 查表9-2选择小齿轮硬度范围为240～270HBS， 　　大齿轮硬度范围为180～210HBS。 查表9-3大小齿轮均用45钢： 　　小齿轮选用45钢调质，硬度为229～286 HBS； 　　大齿轮选用45钢正火，硬度为162～217HBS。 取小齿轮的齿数 z_1 为27，则大齿轮齿数 $z_2=z_1 i=27×3.7=99.9$ 圆整取 $z_2=100$。 验算实际传动比 $i'=\dfrac{z_2}{z_1}=\dfrac{100}{27}=3.703$ 实际传动比与设计要求相差无几，无须验算。否则应按下式验算，如传动比的误差为 $\dfrac{\|i-i'\|}{i}×100\%=\dfrac{\|3.7-3.703\|}{3.7}×100\%=0.8\%<±5\%$	8级精度 小齿轮：45钢调质 大齿轮：45钢正火 HB1=250HBS HB2=210HBS 硬度差为40HBS $z_1=27$ $z_2=100$ $i=3.7$

设计与说明	主要结果
在误差允许范围内，合适。 因为是闭式软齿面，主要失效形式为疲劳点蚀，故按齿面接触疲劳强度设计，再按齿根弯曲疲劳强度校核。 2. 用齿面接触疲劳强度初步设计 确定有关参数与系数： (1) 计算小齿轮转矩 T_1 $$T_1 = 9.55 \times 10^6 \frac{P}{n_1} = 9.55 \times 10^6 \frac{10}{960} = 99479 \text{N} \cdot \text{mm}$$ (2) 试选载荷系数 $K_t = 1.5$。 (3) 查表 9-8 选取齿宽系数 $\phi_d = 1$。 (4) 查表 9-6 得材料的弹性影响系数 $z_E = 189.8\sqrt{\text{MPa}}$。 (5) 由式(9-5)计算重合度 $\varepsilon_a = \left[1.88 - 3.2\left(\frac{1}{z_1} + \frac{1}{z_2}\right)\right] = 1.73$。 计算重合度系数 $Z_\varepsilon = \sqrt{\frac{4-\varepsilon_a}{3}} = 0.87$。 (6) 因为是标准齿轮，节点区域系数 $Z_H = 2.5$。 (7) 由图 9.17 得疲劳极限 $\sigma_{Hlim1} = 600\text{MPa}$，$\sigma_{Hlim2} = 400\text{MPa}$。 (8) 查表 9-9 得安全系数 $S_H = 1$。 (9) 由式(9-15)计算应力循环系数： $N_1 = 60njL_h = 60 \times 960 \times 1 \times (10 \times 250 \times 16) = 2.3 \times 10^9$ $N_2 = N_1/i = 2.3 \times 10^9/3.7 = 6.22 \times 10^8$ (10) 由图 9.16 得寿命系数 $Z_{N1} = 0.91$，$Z_{N2} = 0.94$ (11) 由式(9-13)计算许用应力： $[\sigma_H]_1 = \frac{Z_{N1} \cdot \sigma_{Hlim1}}{S_H} = \frac{0.91 \times 600}{1} = 546\text{MPa}$ $[\sigma_H]_2 = \frac{Z_{N2} \cdot \sigma_{Hlim2}}{S_H} = \frac{0.94 \times 400}{1} = 376\text{MPa}$ (12) 由式(9-8)试算分度圆直径，$[\sigma_H]$ 代入较小值： $d_{1t} \geqslant \sqrt[3]{\frac{2KT_1(u\pm1)}{\phi_d u} \times \left(\frac{Z_E Z_\varepsilon Z_H}{[\sigma_H]}\right)^2}$ $= \sqrt[3]{\frac{2 \times 1.5 \times 99479 \times (3.7+1)}{1 \times 3.7} \times \left(\frac{189.8 \times 0.87 \times 2.5}{376}\right)^2} = 77\text{mm}$ 取 $d_{1t} = 77\text{mm}$。 3. 确定主要参数 (1) 计算圆周速度 $v = \frac{\pi d_1 n}{60 \times 1000} = \frac{\pi \times 77 \times 960}{60 \times 1000} = 3.87\text{m/s}$ (2) 计算齿宽 $b = \phi_d \cdot d_1 = 1 \times 77 = 77\text{mm}$ (3) 计算载荷系数 查表 9-4 得 $K_A = 1$ 查图 9.8 得 $K_V = 1.19$ 计算 $K_A F_t/b = 2K_A T_1/bd_1 = 2 \times 1 \times 99479/(77 \times 77) = 33.56$ 查表 9-5 得 $K_\alpha = 1.2$ 查图 9.10 得 $K_\beta = 1.05$ 计算 $K = K_A K_V K_\beta K_\alpha = 1 \times 1.19 \times 1.2 \times 1.05 = 1.499$	$T_1 = 99479\text{N} \cdot \text{mm}$ $K_t = 1.5$ $[\sigma_H] = 376\text{MPa}$ $d_{1t} = 77\text{mm}$

(续)

设计与说明	主要结果
因为载荷系数 K 与 K_t 值几乎相等，无须用式(9-9)修正。$$m=\frac{d_1}{z_1}=\frac{77}{27}=2.85\text{mm}$$ 取标准模数 $m=3\text{mm}$。 4. 计算主要尺寸 $$d_1=mz_1=3\times27=81\text{mm}$$ $$d_2=mz_2=3\times100=300\text{mm}$$ $$d_{a1}=d_1+2h_a=81+2\times3=87\text{mm}$$ $$d_{a2}=d_2+2h_a=300+2\times3=306\text{mm}$$ $$a=\frac{1}{2}m(z_1+z_2)=\frac{1}{2}\times3(27+100)=190.5\text{mm}$$ $$b=\phi_d d_1=1\times77=77\text{mm}$$ 取 $b_1=b_2+5=77+5=82\text{mm}$ $b_2=b=77\text{mm}$ 5. 按齿根弯曲疲劳强度校核 (1) 齿形系数 Y_F 与应力修正系数 Y_S。 查表 9-7 得 $Y_{F1}=2.57$，$Y_{F2}=2.18$ $Y_{S1}=1.60$，$Y_{S2}=1.79$ (2) 重合度系数 Y_ε。 因为 $\varepsilon_\alpha=1.73$，所以 $Y_\varepsilon=0.25+\dfrac{0.75}{\varepsilon_\alpha}=0.25+\dfrac{0.75}{1.73}=0.68$ (3) 确定许用弯曲应力 $[\sigma_F]$。 由图 9.19 查得 $\sigma_{\text{Flim1}}=420\text{MPa}$，$\sigma_{\text{Flim2}}=160\text{MPa}$ 由表 9-9 查得 $S_F=1.3$ 由图 9.18 查得 $Y_{N1}=0.86$，$Y_{N2}=0.85$ 由式(9-14)可得 $$[\sigma_F]_1=\frac{Y_{N1}\sigma_{\text{Flim1}}}{S_F}=\frac{0.86\times420}{1.3}=277.8\text{MPa}$$ $$[\sigma_F]_2=\frac{Y_{N2}\sigma_{\text{Flim2}}}{S_F}=\frac{0.85\times160}{1.3}=104.6\text{MPa}$$ (4) 由式(9-10)计算弯曲应力： $$\sigma_{F1}=\frac{2KT_1}{bm^2z_1}Y_FY_SY_\varepsilon=\frac{2\times1.499\times99479}{77\times3^2\times27}\times2.57\times1.60\times0.68$$ $$=44.57\text{MPa}$$ $$\sigma_{F2}=\frac{2\times K\times T_1}{bm^2z_1}Y_{b1}Y_{S2}Y_\phi=\sigma_{F1}\frac{Y_{b2}Y_{S2}}{Y_{b1}Y_{S1}}=44.57\times\frac{2.18\times1.79}{2.57\times1.60}$$ $$=42.28\text{MPa}$$ (5) 强度效核： $\sigma_{F1}<[\sigma_F]_1$，$\sigma_{F2}<[\sigma_F]_2$ 齿根弯曲强度合格 6. 绘制大齿轮零件工作图如图 9.20 所示。	$m=3\text{mm}$ $d_1=81\text{mm}$ $d_2=300\text{mm}$ $a=190.5\text{mm}$ $b_1=82\text{mm}$ $b_2=77\text{mm}$ $[\sigma_F]_1=277.8\text{MPa}$ $[\sigma_F]_2=104.6\text{MPa}$ $\sigma_{F1}=44.57\text{MPa}$ $\sigma_{F2}=42.28\text{MPa}$ 齿根弯曲强度合格

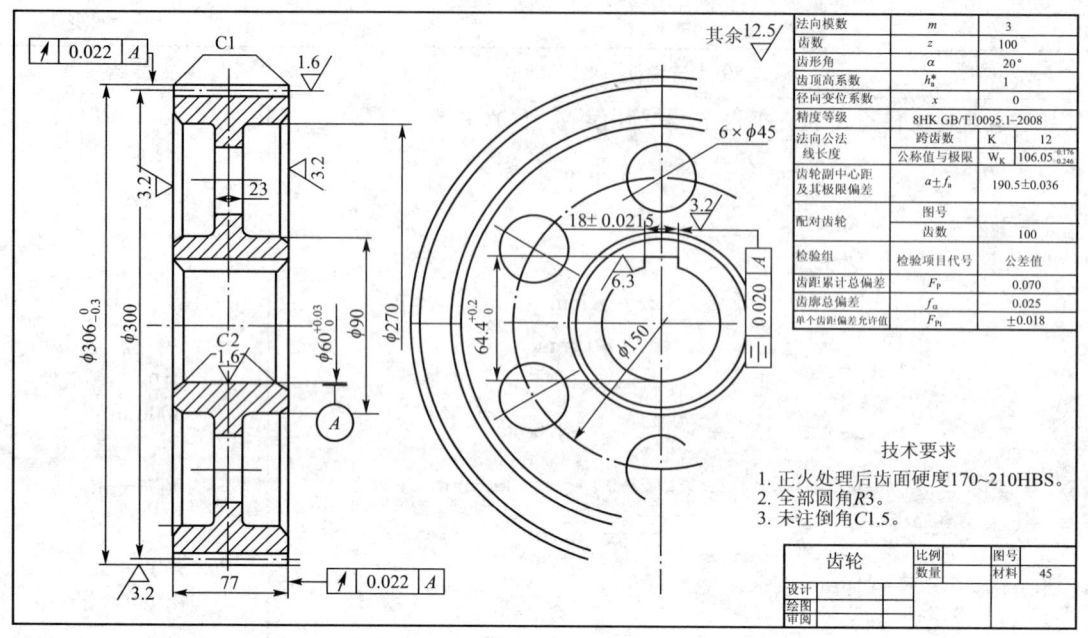

图 9.20 直齿圆柱齿轮零件图

9.7 标准斜齿圆柱齿轮传动的强度计算

9.7.1 斜齿轮传动的受力分析

由图 9.21 斜齿面的形成可知,斜齿轮啮合时齿面接触线倾斜如图 9.22 所示,主动轮上的受力 F_{n1} 就在法面内指向接触点 C 的方向。忽略摩擦力的影响,F_{n1} 可分解成 3 个互相垂直的分力,即圆周力 F_{t1}、径向力 F_{r1} 和轴向力 F_{a1},如图 9.23 所示。其值分别为

$$\left.\begin{array}{l} F_{t1}=\dfrac{2T_1}{d_1}=-F_{t2} \\[4pt] F_{r1}=F_{t1} \cdot \dfrac{\tan\alpha_n}{\cos\beta}=-F_{r2} \\[4pt] F_{a1}=F_{t1} \cdot \tan\beta=-F_{a2} \\[4pt] F_{n1}=\dfrac{F_{t1}}{\cos\alpha_n\cos\beta}=\dfrac{F_{t1}}{\cos\alpha_t\cos\beta_b}=-F_{n2} \end{array}\right\} \qquad (9-16)$$

式中,T_1 为主动轮传递的转矩,N·mm;d_1 为主动轮分度圆直径,mm;β 为分度圆上的螺旋角,一般取 8~20°;α_n 为法面压力角,即标准压力角,$\alpha_n=20°$。其余与直齿相同。

主动轮上作用的圆周力和径向力方向的判定方法与直齿圆柱齿轮相同,轴向力的方向可根据左右手法则来判定,即右旋斜齿轮用右手、左旋

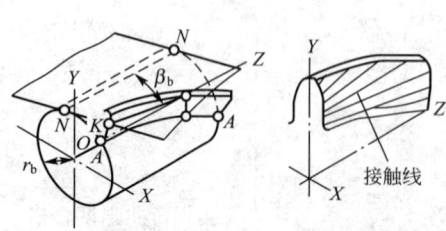

图 9.21 斜齿面的形成与齿廓啮合接触线

斜齿轮用左手判定。四指弯曲的方向表示齿轮的转向，拇指的指向即为轴向力的方向。作用于从动轮上的力可根据作用与反作用力来判定。

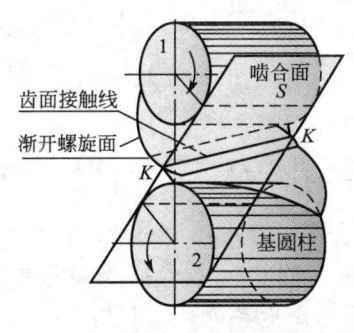

图 9.22 传动简图

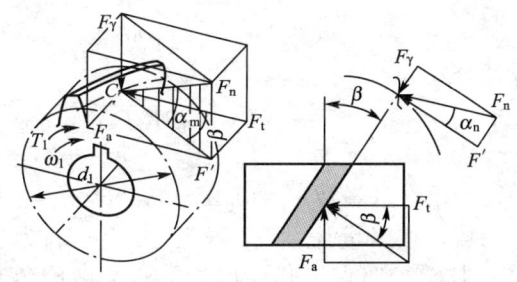

图 9.23 斜齿圆柱齿轮的受力分析

由式(9-16)可以看出，螺旋角越大，斜齿轮的轴向力就越大。因此，为了减小轴向力，螺旋角不宜过大。但是，如果螺旋角太小，就不能充分显示斜齿轮传动的优点，通常取 $\beta=8°\sim20°$。

9.7.2 斜齿轮传动的强度计算

斜齿圆柱齿轮传动的强度计算借助于当量齿轮，原理与直齿圆柱齿轮相似。由于斜齿轮啮合时齿面接触线的倾斜，轮齿往往是局部折断，故计算以法向参数为依据。另外，斜齿圆柱齿轮接触线较长、重合度增大，使斜齿轮的接触应力和弯曲应力降低，引入重合度系数。

1. 齿面接触疲劳强度计算

斜齿圆柱齿轮的齿面接触疲劳强度计算是以轮齿法面的当量直齿圆柱齿轮为计算基础的。其模数为法面模数 m_n，其齿数为当量齿数 Z_V。

校核公式为

$$\sigma_H = Z_E Z_H Z_\varepsilon Z_\beta \sqrt{\frac{2KT_1(u\pm1)}{bd_1^2 u}} \leqslant [\sigma_H] \quad (9-17)$$

式中，Z_H 为节点区域系数，$Z_H = \sqrt{\dfrac{2\cos\beta_b}{\sin\alpha_t \cos\alpha_t}}$，查图 9.24；$Z_\varepsilon$ 为重合度系数，$Z_\varepsilon = \sqrt{\dfrac{4-\varepsilon_\alpha}{3}(1-\varepsilon_\beta)+\dfrac{\varepsilon_\beta}{\varepsilon_\alpha}}$；$Z_\beta$ 为螺旋角系数，$Z_\beta = \sqrt{\cos\beta}$；$\varepsilon_\alpha$ 为端面重合度，由式(9-5)计算；ε_β 为轴面重合度，$\varepsilon_\beta = b\sin\beta/(\pi m_n) = 0.315\phi_d Z_1 \tan\beta$，如 $\varepsilon_\beta \geqslant 1$，取 $\varepsilon_\beta = 1$。

设计公式为

$$d_1 \geqslant \sqrt[3]{\frac{2KT_1(u\pm1)}{\varphi_d u}\left(\frac{Z_E Z_H Z_\varepsilon Z_\beta}{[\sigma_H]}\right)^2}$$

(9-18)

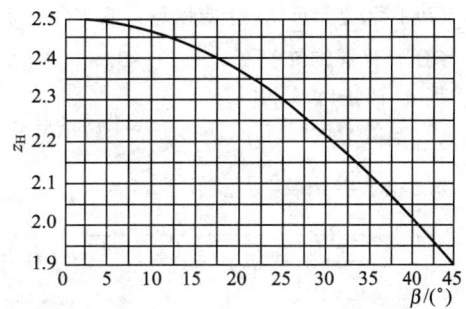

图 9.24 法向压力角 $\alpha_n = 20°$ 时的 z_H

2. 齿根弯曲疲劳强度计算

校核公式为

$$\sigma_b = \frac{2KT_1}{bd_1 m_n} Y_F Y_S Y_\varepsilon Y_\beta \leqslant [\sigma_b] \qquad (9-19)$$

设计公式为

$$m_n \geqslant \sqrt[3]{\frac{2KT_1 Y_\varepsilon Y_\beta \cos^2\beta}{\phi_d \cdot Z_1^2} \cdot \frac{Y_F Y_S}{[\sigma_F]}} \leqslant [\sigma_b] \qquad (9-20)$$

式中，Y_ε 为重合度系数 $Y_\varepsilon = 0.25 + 0.75/\varepsilon_\alpha$，$\varepsilon_\alpha$ 为端面重合度，由式(9-5)计算；Y_F 为斜齿轮齿形系数，按当量齿数 Z_V 查表 9-7；Y_S 为斜齿轮应力修正系数，按当量齿数 Z_V 查表 9-7；其余参照直齿圆柱齿轮。Y_β 为螺旋角系数，$Y_\beta = 0.85 \sim 0.92$，β 角大时取小值，反之取大值。

9.7.3 斜齿圆柱齿轮传动的设计计算实例

\[例 9.2\] 设计一对单级斜齿圆柱齿轮减速器中的齿轮。其余与例题 9.1 相同。

设计与说明	主要结果
1. 选择齿轮材料、热处理方式、精度等级与例题 9.1 相同 2. 试用齿面接触疲劳强度设计 确定有关参数与系数： (1) 计算小齿轮转矩 T_1： $T_1 = 9.55 \times 10^6 \dfrac{P}{n_1} = 9.55 \times 10^6 \dfrac{10}{960} = 99479 \text{N} \cdot \text{mm}$ (2) 试选载荷系数 $K_t = 1.5$。 试选螺旋角 $\beta' = 15°$。 (3) 由表 9-8 选取齿宽系数 $\phi_d = 1$。 (4) 由表 9-6 查得材料的弹性影响系数 $z_E = 189.8\sqrt{\text{MPa}}$ (5) 计算端面重合度 $\varepsilon_\alpha = \left[1.88 - 3.2\left(\dfrac{1}{z_1} \pm \dfrac{1}{z_2}\right)\right] = 1.73$ (6) 计算轴面重合度 $\varepsilon_\beta = 0.318 \phi_d z_1 \tan\beta = 2.3 > 1$ 取 $\varepsilon_\beta = 1$。 计算重合度系数 $Z_\varepsilon = \sqrt{\dfrac{4-\varepsilon_\alpha}{3}(1-\varepsilon_\beta) + \dfrac{\varepsilon_\beta}{\varepsilon_\alpha}} = 0.76$ (7) 因为是斜齿轮，节点区域系数查图 9.24 得 $Z_H = 2.42$。 (8) 计算螺旋角系数 $z_\beta = \sqrt{\cos\beta} = 0.98$ 其余与例题 9.1 相同 (9) 试算分度圆直径，$[\sigma_H]$ 代入较小值 $d_{1t} \geqslant \sqrt[3]{\dfrac{2KT_1(u \pm 1)}{\phi_d u} \times \left(\dfrac{Z_E Z_\varepsilon Z_H Z_\beta}{[\sigma_H]}\right)^2}$ $= \sqrt[3]{\dfrac{2 \times 1.5 \times 99479 \times (3.7+1)}{1 \times 3.7} \times \left(\dfrac{189.8 \times 0.76 \times 2.42 \times 0.98}{376}\right)^2}$ $= 67.96 \text{mm}$ 取 $d_{1t} = 68 \text{mm}$。	8 级精度 小齿轮：45 钢调质 大齿轮：45 钢正火 HB1＝250HBS HB2＝210HBS 硬度差为 40HBS $z_1 = 27$ $z_2 = 100$ $i = 3.7$ $T_1 = 99479 \text{N} \cdot \text{mm}$ $\phi_d = 1$ $z_E = 189.8\sqrt{\text{MPa}}$ $z_\varepsilon = 0.76$ $z_H = 2.42$ $N_1 = 2.3 \times 10^9$ $N_2 = 6.26 \times 10^8$ $Z_{N1} = 0.91$ $Z_{N2} = 0.94$ $[\sigma_H] = 376 \text{MPa}$ $d_{1t} = 68 \text{mm}$

第9章 齿轮传动

（续）

设计与说明	主要结果
3. 计算主要参数 （1）计算圆周速度：$v=\dfrac{\pi d_1 n}{60\times 1000}=\dfrac{\pi\times 68\times 960}{60\times 1000}=3.42\text{m/s}$ （2）计算齿宽：$b=\phi_d\times d_1=1\times 68=68\text{mm}$ （3）计算载荷系数： 查表 9-4 得 $K_A=1$ 查图 9.8 得 $K_V=1.18$ 计算 $K_A F_t/b=2K_A T_1/bd_1=2\times 1\times 99479/68\times 68=43.03$ 查表 9-5 得 $K_\alpha=1.2$ 查图 9.11 得 $K_\beta=1.05$ 计算 $K=K_A K_V K_\beta K_\alpha=1\times 1.18\times 1.2\times 1.05=1.49$ 用式（9-9）计算 $d_{1\min}$： $$d_{1\min}=d_{t1}\sqrt[3]{K/K_t}=68\times\sqrt[3]{1.49/1.5}=68\text{mm}$$ （4）法面模数：$m_n=\dfrac{d_1\cos\beta}{z_1}=\dfrac{68\cos 15°}{27}=2.43\text{mm}$ 取标准模数 $m_n=2.5$。 （5）中心距： $$a_0=\dfrac{1}{2}m_n(z_1+z_2)/\cos\beta=\dfrac{1}{2}\times 2.5\times(27+100)/\cos 15°=164.35\text{mm}$$ 利用螺旋角将中心距调整为整数。 实际中心距 $a=165\text{mm}$ （6）螺旋角： $$\cos\beta=\dfrac{m_n(z_1+z_2)}{2a}=\dfrac{2.5\times(27+100)}{2\times 165}=0.96212$$ $\beta=15.82°=15°49'2''$ 因 β 值与试选螺旋角 $\beta'=15°$ 相差不大，故其他参数无须调整，否则需重新选 β' 或调整齿数。 4. 主要尺寸计算 （1）分度圆直径： $$d_1=m_{t1}z_1=m_n\cdot z_1/\cos\beta=2.5\times 27/\cos 15.82°=70.16\text{mm}$$ $$d_2=m_{t2}z_2=m_n\cdot z_2/\cos\beta=2.5\times 100/\cos 15°=259.84\text{mm}$$ $$d_{a1}=d_1+2h_{a1}=70.16+2\times 2.5=75.16\text{mm}$$ $$d_{a2}=d_2+2h_{a2}=259.84+2\times 2.5=264.84\text{mm}$$ （2）齿宽：$b_1=b_2+5=70+5=75\text{mm}$ $\qquad\qquad b_2=b=70\text{mm}$ 5. 按齿根弯曲疲劳强度校核 （1）齿形系数 Y_F 与应力修正系数 Y_s： 确定当量齿数 由 $Z_v=\dfrac{z}{\cos^3\beta}$ 计算 $z_{v1}=27/0.96212^3=30.32$ $z_{v2}=100/0.96212^3=112.3$	$K_A=1$ $K_V=1.19$ $K_\alpha=1.2$ $K_\beta=1.05$ $K=1.49$ $m_n=2.5$ $a=165\text{mm}$ $\beta=15°49'2''$ $d_1=70.16\text{mm}$ $d_2=259.84\text{mm}$ $a=165\text{mm}$ $b_1=75\text{mm}$ $b_2=70\text{mm}$ $Y_{F1}=2.52$ $Y_{F2}=2.17$ $Y_{S1}=1.625$ $Y_{S2}=1.80$ $Y_\varepsilon=0.68$ $\sigma_{Flim1}=420\text{MPa}$ $\sigma_{Flim2}=160\text{MPa}$ $Y_{N1}=0.86$ $Y_{N2}=0.85$ $S_F=1.3$ $[\sigma_b]_1=277.8\text{MPa}$ $[\sigma_b]_2=104.6\text{MPa}$

设计与说明	主要结果
查表9-7得　$Y_{F1}=2.52$，　$Y_{F2}=2.17$ 　　　　　　$Y_{S1}=1.625$，　$Y_{S2}=1.80$ （2）确定螺旋角系数 $Y_\beta=0.88$ 其余与例题9.1相同 （3）计算弯曲应力： $\sigma_{F1}=\dfrac{2KT_1}{bm^2z_1}Y_FY_SY_\varepsilon Y_\beta=\dfrac{2\times1.49\times99479}{70\times2.5^2\times27}\times2.52\times1.625\times0.68\times0.88$ 　　$=61.50\text{MPa}$ $\sigma_{F2}=\dfrac{2\times K\times T_1}{bm^2z_1}Y_{F1}Y_{S2}Y_\phi=\sigma_{F1}\dfrac{Y_{F2}Y_{S2}}{Y_{F1}Y_{S1}}=61.50\times\dfrac{2.17\times1.80}{2.52\times1.625}=58.7\text{MPa}$ （4）校核弯曲应力： 　　　　　　$\sigma_{F1}<[\sigma_F]_1$；　　$\sigma_{F2}<[\sigma_F]_2$ 6. 绘制齿轮零件工作图 　大齿轮：齿顶圆直径 $d_a=200\sim500\text{mm}$ 时，可采用腹板式结构如图9.25所示。	$\sigma_{F1}=61.5\text{MPa}$ $\sigma_{F2}=58.7\text{MPa}$ 齿根弯曲强度合格

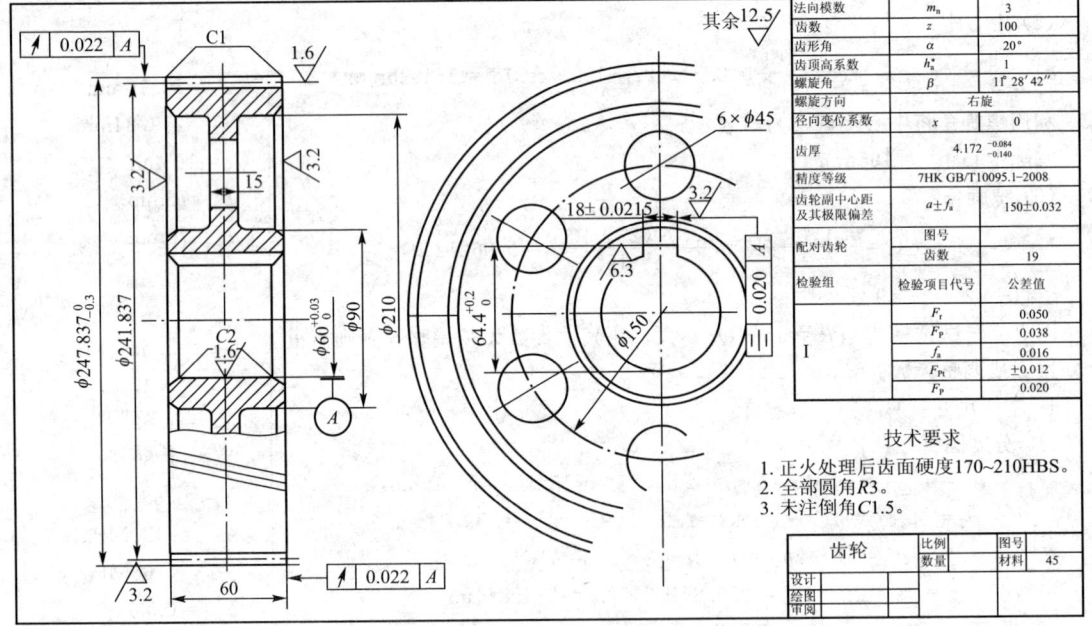

图 9.25　斜齿圆柱齿轮零件图

9.8　标准锥齿轮传动的强度计算

圆锥齿轮用来实现两相交轴之间的传动，两轴交角可根据传动需要确定，一般多采用90°。锥齿轮的轮齿有直齿、斜齿和曲线齿等形式。直齿和斜齿锥齿轮设计、制造及安装均较简单,但噪声较大,用于低速传动(<5m/s);曲线齿锥齿轮具有传动平稳、噪声小及承载能力大等特点,用于高速重载场合。本节只讨论轴交角 $\Sigma=\delta_1+\delta_2=90°$ 的标准直齿锥齿轮传动的强度计算。

9.8.1 直齿圆锥齿轮的几何尺寸计算

为了便于制造和计算,圆锥齿轮的几何计算是按照大端参数为标准,但强度计算是考虑把载荷作用于中点,按齿宽中点背锥展开的当量直齿圆柱齿轮进行,将圆锥齿轮的当量齿轮参数代入直齿圆柱齿轮强度计算公式即为直齿圆锥齿轮的强度公式。

轴交角为 90°的标准直齿锥齿轮传动的齿数比 u,锥顶距 R,大端分度圆直径 d_1、d_2(平均分度圆直径 d_{m1}、d_{m2}),齿数 Z_1、Z_2,大端模数 m,齿宽 b 如图 9.26 所示。

齿数比:$u=z_2/z_1=d_2/d_1=\tan\delta_2$

锥顶距:
$$R=\sqrt{\left(\frac{d_1}{2}\right)^2+\left(\frac{d_2}{2}\right)^2}=d_1\frac{\sqrt{u^2+1}}{2}$$

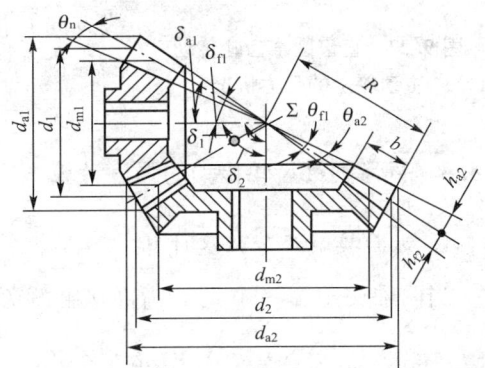

图 9.26 直齿圆锥齿轮的几何参数

齿宽系数:

$\phi_R=b/R=0.25\sim 0.35$,常用 $\phi_R=1/3$

故齿宽中点直径:
$$\because \frac{d_{m1}}{d_1}=\frac{d_{m2}}{d_2}=\frac{R-0.5b}{R}=1-0.5b/R=1-0.5\phi_R$$

$$\therefore d_{m1}=(1-0.5\phi_R)d_1, \quad d_{m2}=(1-0.5\phi_r)d_2$$

当量齿轮直径:$\quad d_V=d_m/\cos\delta$

当量齿轮齿数:
$$z_V=\frac{d_V}{m_m}=\frac{z}{\cos\delta}$$

当量齿轮模数:$\quad \because \frac{d_{m1}}{d_1}=1-0.5\phi_R \Rightarrow \frac{m_{m1}z_1}{mz_1}=1-0.5\phi_R$

$$\therefore m_m=m(1-0.5\phi_R)$$

当量齿数比:$u_V=\frac{z_{V2}}{z_{V1}}=\frac{z_2}{z_1}\cdot\frac{\cos\delta_1}{\cos\delta_2}=\frac{z_2}{z_1}\cdot\frac{\sin\delta_2}{\cos\delta_2}=\frac{z_2}{z_1}\tan\delta_2=u^2$

9.8.2 直齿圆锥齿轮传动的受力分析

直齿圆锥齿轮传动主动轮上的受力情况如图 9.27 所示。将沿轮齿接触线上分布载荷的合力 F_{n1} 作用在齿宽中点位置的节点 c 上,其分度圆锥的平均直径为 d_{m1}。过齿宽中点作分度圆锥的法向截面,则正压力 F_n 就位于该平面内,并沿着轮齿接触点的公法线方向。若忽略接触面上摩擦力的影响,正压力 F_n 可分解成 3 个互相垂直的分力,即圆周力 F_{t1}、径向力 F_{r1} 及轴向力 F_{a1},计算公式分别为

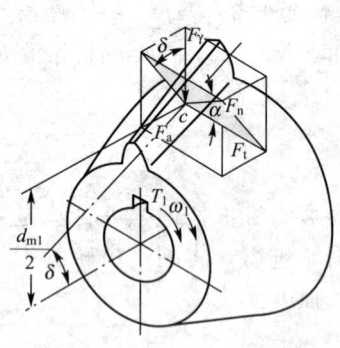

图 9.27 直齿圆锥齿轮传动主动轮上的受力情况

$$\left.\begin{array}{l}F_{t1}=2T_1/d_{m1}\\F_{r1}=F_{t1}\tan\alpha\cdot\cos\delta_1=-F_{a2}\\F_{a1}=F_{t1}\tan\alpha\cdot\sin\delta_1=-F_{r2}\\F_n=F_{t1}/\cos\alpha\end{array}\right\} \quad (9-21)$$

式中，d_{m1} 为齿宽中点平均分度圆直径，mm；

$$d_{m1}=(1-0.5\phi_R)d_1 \quad (9-22)$$

圆锥齿轮轮齿各力的方向：两齿轮的圆周力和径向力方向与直齿轮相同，圆锥齿轮的轴向力都是沿着各自的轴线方向并指向轮齿的大端。但主动轮的轴向力与从动轮上的径向力是作用力与反作用力，即 $F_{r1}=-F_{a2}$、$F_{a1}=-F_{r2}$、$F_{t1}=-F_{t2}$，负号表示二力的方向相反。

9.8.3 直齿圆锥齿轮传动的强度计算

1. 齿面接触疲劳强度计算

当两轴交角 $\Sigma=90°$ 时，齿面接触疲劳强度的校核公式为

$$\sigma_H=Z_EZ_H\sqrt{\frac{4KT_1}{\phi_R(1-0.5\phi_R)^2d_1^3u}} \quad (9-23)$$

对于标准齿轮 $\alpha=20°$，节点区域系数 $Z_H=\sqrt{\dfrac{2}{\sin\alpha\cos\alpha}}=2.5$ 代入式（9-23）得

校核公式为

$$\sigma_H=5Z_E\sqrt{\frac{KT_1}{\phi_R(1-0.5\phi_R)^2d_1^3u}}\leqslant[\sigma_H] \quad (9-24)$$

设计公式为

$$d_1\geqslant2.92\sqrt[3]{\left(\frac{Z_E}{[\sigma]_H}\right)^2\frac{KT_1}{\phi_R(1-0.5\phi_R)^2u}} \quad (9-25)$$

式中，ϕ_R 为齿宽系数，$\phi_R=b/R$，一般 $\phi_R=0.25\sim0.3$。最常用的值为 $\phi_R=1/3$。

其余各项符号的意义与直齿轮相同。但动载荷系数 K_v 按齿宽中点圆周速度查图。

2. 齿根弯曲疲劳强度计算

校核公式为

$$\sigma_F=\frac{4KT_1Y_FY_S}{\phi_R(1-0.5\phi_R)^2z_1^2m^3\sqrt{u^2+1}}\leqslant[\sigma_F] \quad (9-26)$$

设计公式为

$$m\geqslant\sqrt[3]{\frac{4KT_1Y_FY_S}{\phi_R(1-0.5\phi_R)^2z_1^2[\sigma_b]\sqrt{u^2+1}}} \quad (9-27)$$

计算得到的模数 m 应进行圆整，并取标准值。

齿宽 b 不宜太大，其最佳范围是：$b=(0.25\sim0.3)R$，因小端齿很小，对提高强度，b 过大反而引起加工困难。

9.9 变位齿轮传动强度计算概述

变位齿轮传动的受力分析及强度计算的原理与标准齿轮传动的一样。经变位修正后的

轮齿齿形有变化,轮齿弯曲强度计算式中的齿形系数 Y_F 及应力校正系数 Y_S,也随之改变,但进行弯曲强度计算时,仍沿用标准齿轮传动的公式。

1. 齿根弯曲疲劳强度

在一定的齿数范围内(如 80 齿以内),正变位齿轮(变位系数 $X>0$),齿厚增加,齿形系数 Y_F 减小,但齿根圆角半径有所减小,即应力修正系数 Y_S 有所增大,但 $Y_F Y_S$ 的乘积仍然减小。故对齿轮采取正变位可以提高其弯曲强度。

负变位齿轮(变位系数 $X<0$ 时),齿顶变尖,齿根变薄使得弯曲强度减弱。为保证一对齿轮等弯曲强度,一般小齿轮采用正变位,而大齿轮则采用负变位。

齿形系数 Y_F 和应力修正系数 Y_S 具体数值可查阅有关资料。

2. 齿面接触疲劳强度

在变位齿轮传动中,分别以 x_1、x_2 代表大、小齿轮的变位系数,x_Σ 代表配对齿轮的变位系数和,即 $x_\Sigma = x_1 + x_2$。

(1) 对于 $x_\Sigma = 0$ 的高度变位齿轮传动,因端面压力角及端面啮合角 $a' = a$、$\alpha_t' = \alpha_t$,节点区域系数 Z_H 不变,所以轮齿的接触强度未变,故高度变位齿轮传动的接触强度计算仍沿用标准齿轮传动的公式。

(2) 对于 $x_\Sigma \neq 0$ 的角度变位齿轮传动,因端面压力角及端面啮合角 $a' \neq a$,$\alpha_t' \neq \alpha_t$,节点区域系数 Z_H 变化如下。

角度变位的直齿圆柱齿轮传动的区域系数为

$$Z_H = \sqrt{\frac{2}{\cos^2\alpha \tan\alpha'}}$$

角度变位的斜齿圆柱齿轮传动的区域系数为

$$Z_H = \sqrt{\frac{2\cos\beta_b}{\cos^2\alpha_t \tan\alpha_t'}}$$

式中,α_t,α_t' 分别为变位斜齿轮传动的端面压力角及端面啮合角。角度变位齿轮传动的区域系数 Z_H 的具体数值可查阅有关资料。

$x_\Sigma > 0$ 的正传动,节点的 $\alpha' > \alpha$、$\alpha_t' > \alpha_t$ 可使区域系数 Z_H 减小,因而提高了轮齿的接触强度。$X_\Sigma < 0$ 的负传动,$\alpha' < \alpha$,$\alpha_t' < \alpha_t$,Z_H 增加,接触疲劳强度降低。

齿轮传动变位的目的:①最少齿数 $z_{\min}$ 小于普通齿数时不根切;②提高弯曲疲劳强度和接触疲劳强度;③提高耐磨性和抗胶合性。

9.10 齿轮的结构设计

齿轮传动的强度计算,只能确定齿轮轮齿各部分的主要参数,如模数、齿数、压力角、螺旋角等,以及齿轮的主要几何尺寸,如分度圆直径、齿顶圆直径、齿宽等。而齿轮的轮缘、轮辐、轮毂等其余部分的结构形式和尺寸则需要通过结构设计来确定。

9.10.1 齿轮结构的类型

齿轮的结构形式很多,主要与齿轮的毛坯材料、尺寸大小、制造方法、生产批量以及使用要求等因素有关,常用的齿轮结构有以下几种,根据圆柱齿轮的齿根圆至键槽底部的距离 δ(δ 值参看图 9.29 中的尺寸)的大小、齿顶圆直径的大小来选择。

1. 齿轮轴

对于直径很小的齿轮,当圆柱齿轮的齿根圆至键槽底部的距离 $\delta \leqslant (2\sim2.5)m$($m$ 为齿轮模数),或当圆锥齿轮小端的齿根圆至键槽底部的距离 $\delta \leqslant (1.6\sim2)m$ 时,如果把轴和齿轮分开制造,则当齿轮受载时,在该处常因强度不够而首先破坏。为此应将齿轮与轴制成一体,称为齿轮轴,如图 9.28 所示。

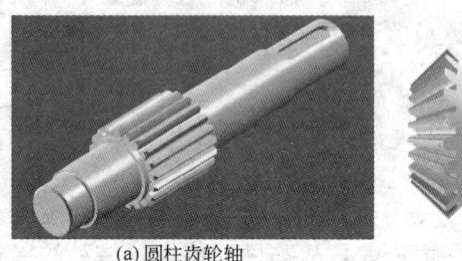

(a) 圆柱齿轮轴　　　　　　(b) 圆锥齿轮轴

图 9.28　齿轮轴

齿轮轴的刚度较好,但由于齿轮轴的工艺性差,选材时又难以兼顾齿轮和轴的不同要求,且齿轮损坏时轴与整个齿轮将同时报废,造成浪费。因此对直径较大的齿轮,δ 大于上述值时,为了便于制造和装配,应将齿轮与轴分开制造,然后再用键、销等进行连接。

2. 实体式齿轮

为了简化结构,当齿轮的齿顶圆直径 $d_a \leqslant 200$mm 时,可采用实心结构如图 9.29 所示。实心齿轮结构应保证最小壁厚处具有足够的强度。圆柱齿轮 $\delta > (2\sim2.5)m$;锥齿轮 $\delta > (1.6\sim2)m$ 如图 9.29 所示。这种结构形式的齿轮常用锻刚制造。单件或小批量生产且直径 $d_a \leqslant 100$mm 的齿轮,其毛坯也可以直接采用轧制圆钢。为简化制造工艺,减小齿轮传动的噪声,对中等尺寸,甚至较大尺寸的齿轮也可采用锻造毛坯,实心式结构,但采用这种结构需要有吨位较大的锻造设备。

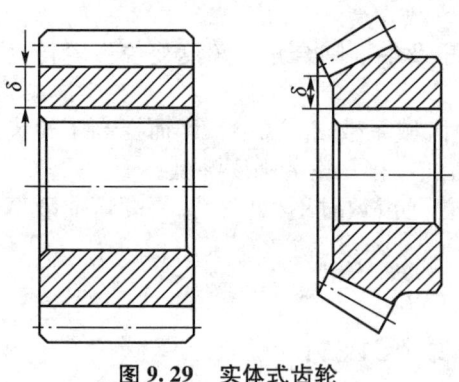

图 9.29　实体式齿轮

3. 腹板式齿轮

当齿轮的齿顶圆直径 $d_a = 200\sim500$mm 时,可采用腹板式结构,如图 9.30 所示。这种结构的齿轮一般多用锻刚制造,为了减轻重量、节省材料和便于搬运,在腹板上常制出圆孔,圆孔的数量按结构尺寸的大小及需要而定。齿轮各部分尺寸由相关经验公式确定。

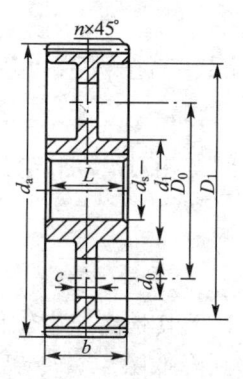

$d_1=1.6d_s$（d_s 为轴径）
$D_0=0.5(D_1+d_1)$
$D_1=d_a-(10\sim12)m_n$
$d_0=0.25(D_1-d_1)$
$c=0.3b$
$L=(1.2\sim1.3)d_s \geqslant b$
$n=0.5m$

图 9.30　腹板式圆柱齿轮

4. 轮腹式齿轮

当齿轮的齿顶圆直径 $d_a>500$mm 时，受锻造设备的限制，通常采用铸造结构，铸造齿轮常做成轮辐式结构。单件或小批生产大型齿轮可采用焊接结构，可采用轮腹式结构，如图 9.31 所示。这种结构的齿轮常采用铸钢或铸铁制造，齿轮各部分尺寸按相关经验公式确定。

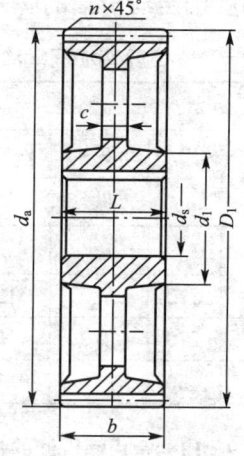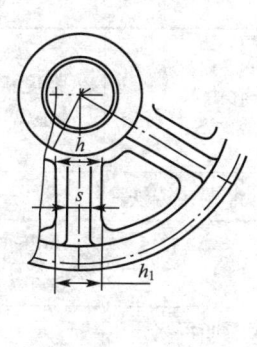

图 9.31　铸造轮腹式圆柱齿轮

$d_1=1.6d_s$（铸钢）	$h=0.8d_s$	$s=\dfrac{h}{6}$（不小于 10mm）
$d_1=1.8d_s$（铸铁）	$h_1=0.8h$	$l=(1.2\sim1.5)d_s$
$D_1=d_a-(10\sim12)m_n$	$c=0.2h$	$n=0.5m_n$

9.10.2　结构设计的内容

主要包括选择合理适用的结构形式，除考虑强度和刚度问题外，还要考虑工艺和经济方面的因素。依据经验公式或经验数据来确定齿轮的各部分的尺寸及绘制齿轮的零件工作图等。具体结构尺寸可自行确定，也可根据有关经验公式或采用类比的方法确定。

9.11 齿轮传动的润滑

齿轮传动时,相啮合的齿面间有相对滑动,会发生摩擦和磨损,增加动力消耗,降低传动效率。

9.11.1 齿轮传动的润滑

润滑对于齿轮传动十分重要,尤其是高速齿轮传动。润滑不仅可以减小齿轮啮合处的摩擦发热、减轻磨损,还可以起到降低噪声、冷却、防锈、改善齿轮的工作状况等作用,以延缓轮齿失效、延长齿轮的使用寿命。轮齿啮合面间加注润滑剂,可以避免金属直接接触,减少摩擦损失,还可以散热及防锈蚀。因此,对齿轮传动进行适当的润滑,可以大为改善齿轮的工作状况,且保持运转正常及预期的寿命。

1. 润滑剂的选择

对于开式或半开式齿轮传动,由于其传动速度较低,通常采用人工定期加油润滑的方式。可采用润滑油或润滑脂。闭式齿轮传动的润滑方式一般用润滑油润滑,选择润滑油时,先根据齿轮的工作条件、材料、圆周速度以及工作温度等确定润滑油的黏度,参照表9-11选择,再根据选定的黏度确定润滑油的牌号参看表9-12。

表9-11 齿轮传动润滑油黏度推荐值

齿轮材料	强度极限 σ_B/MPa	圆周速度 v/(m/s)						
		<0.5	0.5~1	1~2.5	2.5~5	5~12.5	12.5~25	>25
		运动黏度 v/cSt(50°)						
塑料、青铜、铸铁	—	180	120	85	60	45	34	—
钢	450~1000	270	180	120	85	60	45	34
	1000~1250	270	270	180	120	85	60	45
渗碳或表面淬火钢	1250~1580	450	270	270	180	120	85	60

表9-12 常用润滑油的性质和用途

名称	黏度等级或牌号	倾点 ≤℃	闪点(开口) ≥℃	主要用途
普通工业齿轮油 (SH/T0357—1992)	50	−2	170	适用于齿面接触应力小于500MPa的中、轻载荷的闭式直齿轮、斜齿轮和直齿锥齿轮
	70		170	
	90		190	
	120		190	
	150		200	
	200		200	
	250		220	

(续)

名称	黏度等级或牌号	倾点 ≤℃	闪点(开口) ≥℃	主要用途
普通工业齿轮油 (SH/T 0357—1992)	300	3	220	适用于齿面接触应力小于500MPa的中、轻载荷的闭式直齿轮、斜齿轮和直齿锥齿轮
	350		220	
中载荷工业齿轮油 (GB 5903—1995)	68	−8	180	适用于齿面接触应力小于1.1×10^9Pa的齿轮润滑，如冶金、矿山、化纤、化肥等工业的闭式齿轮装置
	100			
	150		200	
	220			
	320	−5		
	460		220	
	680			
普通开式齿轮油 (SH 0363—1992)	68		200	主要用于润滑开式工业用齿轮箱、半封闭式齿轮箱和低速重载荷齿轮箱等齿轮传动装置
	100			
	150	—		
	220			
	320		210	
蜗轮蜗杆油 (SH/T 0094—1991)	220	−6	90	适用于滑动速度大的蜗杆蜗轮传动装置
	320			
	460			
	680			
	1000			
	32			

2. 润滑方式

开式或半开式齿轮传动，或速度很低的闭式齿轮，由于其传动速度较低，常采用人工定期加油润滑的方式。可采用润滑油或润滑脂见表 9 - 12。通常闭式齿轮传动的润滑方式采用润滑油润滑，一般根据齿轮的圆周速度确定采用哪一种方式。

当齿轮的圆周速度 $v<12$m/s 时，通常采用浸油润滑。如图 9.32(a)所示，将大齿轮浸入油池中，浸入油中的深度为 1~2 个齿高，但至少为 10 mm。转速低时可浸深一些，但最大浸油深度不超过最大齿轮齿轮半径的 1/3，因为浸入过深则会增大运动阻力并使油温升高。在多级齿轮传动中，对于未浸入油池内的齿轮，可采用带油轮将油带到未浸入油池内的齿轮齿面上，如图 9.32(b)所示。齿轮运转时，浸油齿轮可将油带入啮合齿面上进行润滑，同时可将油甩到齿轮箱壁上，有利于散热。

当齿轮的圆周速度 $v>12$m/s 时，由于圆周速度大，齿轮搅油剧烈，且粘附在齿廓面上的油易被甩掉，因此不宜采用浸油润滑，而应采用喷油润滑。如图 9.32(c)所示，用油泵将具有一定压力的润滑油经喷嘴喷到啮合的齿面上进行润滑并散热。对于压力喷油润滑系统还需检查油压状况，油压过低会造成供油不足，油压过高则可能是因为油路不畅通所致，需及时调整油压。

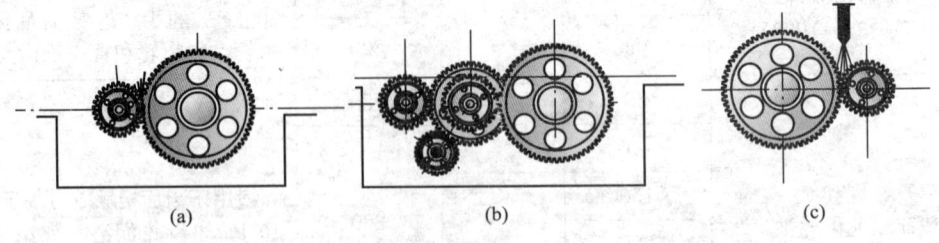

图 9.32 齿轮油润滑方式

9.11.2 齿轮传动的效率

效率是表示齿轮传动的动力特性参数之一。齿轮传动中的功率损失，主要包括啮合中的摩擦损失、轴承中的摩擦损失、搅动润滑油的功率损失。

进行有关齿轮的计算时通常使用的是齿轮传动的平均效率。当齿轮轴上装有滚动轴承，并在满载状态下运转时，传动的平均总效率 η 列于表 9-13 中，供设计传动系统时参考。

表 9-13 装有滚动轴承的齿轮传动的平均效率

传动装置	圆柱齿轮传动	圆锥齿轮传动
6 级或 7 级精度的闭式传动	0.98	0.97
8 级精度的闭式传动	0.97	0.96
开式传动	0.95	0.94

9.12 圆弧齿圆柱齿轮传动简介

圆弧圆柱齿轮，国际上称为 Wildhaber - Novikov 齿轮，简称 W - N 齿轮，是近 60 年发展起来的。与渐开线齿轮相比，圆弧齿轮具有承载能力强、工艺简单、制造成本低等优点。目前圆弧齿轮已在冶金、矿山、起重运输机械和高速齿轮传动中得到广泛应用。最大模数为 30mm，最大传动功率为 5300kW，最大圆周速度为 117m/s。

圆弧齿轮是以一种圆弧做齿廓的斜齿（或人字齿）轮。为加工方便，一般法面齿廓做成圆弧，而端面齿廓只是近似的圆弧如图 9.33 所示。

按照圆弧齿轮的齿廓组成，圆弧齿轮可分为单圆弧齿轮传动和双圆弧齿轮传动两种形式。

单圆弧齿轮传动如图 9.34 所示，通常小齿轮的轮齿做成凸圆弧形，大齿轮的轮齿做成凹圆弧形。

双圆弧齿轮传动如图 9.35 所示，其大、小齿轮均采用同一种齿廓：其齿顶部分的齿廓为凸圆弧，齿根部分的齿廓为凹圆弧，整个齿廓由凸凹圆弧组成。

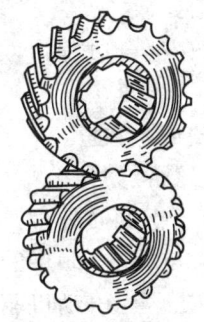
图 9.33 圆弧齿轮传动

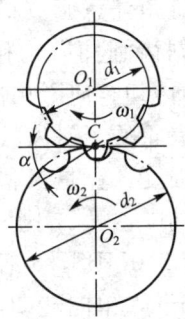
图 9.34 单圆弧齿轮传动

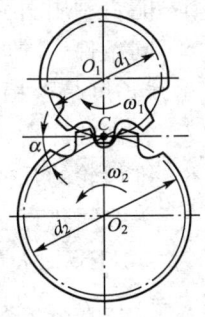
图 9.35 双圆弧齿轮传动

与渐开线齿轮传动相比，圆弧齿轮传动有以下特点。

(1) 圆弧齿轮在理论上为点接触，但实际上经跑合后，在齿廓法面上呈线接触如图 9.36 所示。在垂直于瞬时接触线 L_n 的截面（$n-n$）中，当量曲率半径按下式计算：

$$\rho_c = \frac{\rho_{\beta1}\rho_{\beta2}}{\rho_{\beta1}+\rho_{\beta2}} = \frac{id_1}{2(i+1)\sin^2\beta\sin\alpha_n}$$

(2) 当接触点处的实际压力角 $\alpha=28°$，在 $\beta=10°\sim30°$ 范围内，圆弧齿轮的当量曲率半径比参数、尺寸相同的渐开线齿轮的当量曲率半径约增大 $20\sim200$ 倍。因此，虽然圆弧齿轮接触线长度很短，但其齿面接触强度仍远比渐开线齿轮要高。接触强度一般比渐开线齿轮高 1.75 倍，弯曲强度略高。

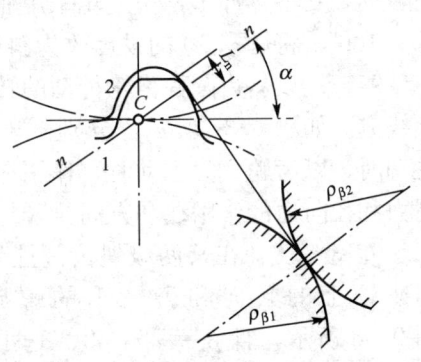
图 9.36 圆弧齿轮传动接触情况

(3) 有良好的跑合性。理论上圆弧齿轮是点接触，但跑合后接触面较大，啮合点沿齿面上啮合线移动，对齿面间形成油膜有利，减轻磨损、提高效率。

(4) 圆弧齿轮无根切现象，所以小齿轮齿数可以小（$z_{min}=6\sim8$），其最小齿数主要是受轴的强度和刚度限制。

(5) 在齿面上，两接触线沿齿长方向的滚动速度很大，有利于油膜形成，因此摩擦损失小、效率高（可达 $99\%\sim99.5\%$），齿面磨损小。

圆弧齿轮传动应用越来越广，特别是在重载传动中。

习 题

9.1 对直齿圆柱齿轮传动，其中一对齿轮的 $m=4$mm，$z_1=19$，$z_2=38$，$b=70$mm。另一对齿轮的 $m=2$mm，$z_1=38$，$z_2=76$，$b=70$mm。当载荷及其他条件相同时，两对齿轮的齿面接触疲劳强度及齿根弯曲疲劳强度是否相同？

9.2 一个齿轮的 $d_1=60$，$m=2$mm，若其他条件不变，加大模数使得 $m=4$mm，则是否提高齿轮的齿面接触疲劳强度及齿根弯曲疲劳强度？

9.3 计算齿轮强度时，为何要引入载荷系数？

9.4 圆柱齿轮传动设计中，为何小齿轮的齿宽 b_1 比大齿轮齿宽 b_2 要大？强度计算时

齿宽是按 b_1 还是 b_2，为什么？

9.5 能否利用斜齿圆柱齿轮螺旋角任意调节斜齿轮传动的中心距？

9.6 同条件、同尺寸的渐开线斜齿圆柱齿轮和直齿圆柱齿轮在啮合过程中，其齿廓上的接触线长度是否相同？对各自的传动有何影响？

9.7 斜齿圆柱齿轮和直齿圆锥齿轮的当量齿数是否一定要圆整成整数？

9.8 锥齿轮的几何尺寸计算和强度计算是否利用同一个端面参数？为什么？

9.9 单级闭式直齿圆柱齿轮传动中，大、小齿轮的材料均为 45 钢调质处理，小齿轮的硬度为 250HBS，大齿轮的硬度为 210HBS，8 级精度。$n_1=1420\mathrm{r/min}$，$m=3\mathrm{mm}$，$z_1=25$，$z_2=73$，$b_1=84\mathrm{mm}$，$b_2=78\mathrm{mm}$，单向转动，载荷有中等冲击，用电动机驱动，试求此传动能传递的最大功率。

9.10 设计用于带式输送机的减速器中的一对闭式直齿圆柱齿轮传动，主动小齿轮采用电动机驱动，传递功率 $P=7.5\mathrm{kW}$，转速 $n_1=980\mathrm{r/min}$，传动比 $i=4$，齿数 $z_1=27$，单向转动，受中等冲击，小齿轮采用非对称布置。

9.11 将题 9.10 的设计改为斜齿圆柱齿轮，其他条件和要求均相同。

9.12 设斜齿圆柱齿轮传动的转动方向及螺旋线方向如图 9.37 所示，分别画出以齿轮 1 为主动时，以齿轮 2 为主动时，作用在齿轮上的圆周力和径向力的作用线和方向。

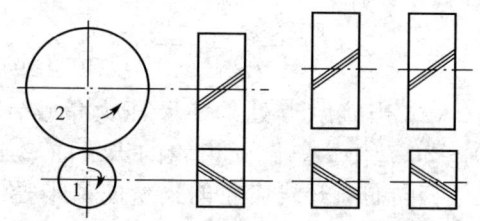

图 9.37 斜齿圆柱齿轮传动

9.13 已知在某两级斜齿圆柱齿轮减器中，高速轴 Ⅰ 的转向和齿轮 1 的螺旋线方向如图 9.38 所示，且 $\beta_1=20°$，2、3 两轮的齿数分别为 $z_2=51$、$z_3=17$，试问：

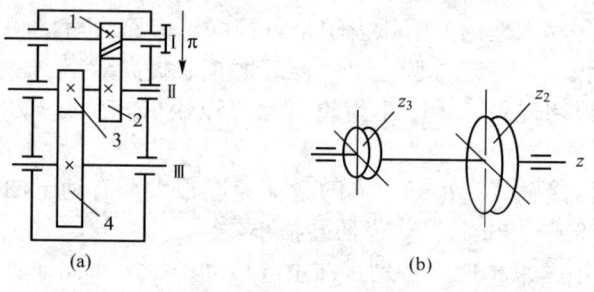

图 9.38 题 9.13 图

（1）低速级斜齿轮的螺旋线方向应如何选择才能使中间轴 Ⅱ 上的两齿轮的轴向力方向相反。

（2）低速级螺旋角应取多大数值才能使中间轴 Ⅱ 上的两个轴向力互相抵消。提示：

$$F_{t3}=\frac{d_2}{d_3}F_{t2}$$

9.14 已知单级斜齿圆柱齿轮传动的 $P=15\mathrm{kW}$，$n_1=980\mathrm{r/min}$，双向转动，电动机驱动，载荷平稳，$z_1=21$，$z_2=107$，$m_n=3\mathrm{mm}$，$\beta=16°15'$，$b_1=75\mathrm{mm}$，$b_2=70\mathrm{mm}$，小齿轮材料为 40Cr 调质，大齿轮材料为 45SiMn 调质．试校核此闭式传动的强度。

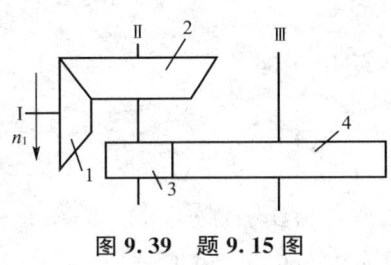

图 9.39　题 9.15 图

9.15　直齿圆锥-斜齿圆柱齿轮减速器如图 9.39 所示。已知：锥齿轮 $m=5$ mm，齿宽 $b=45$ mm，$z_1=27$，$z_2=40$；斜齿轮 $m_n=6$ mm，$z_3=21$，$z_4=84$。试求：

（1）作用在齿轮各啮合点处的圆周力、径向力、轴向力的方向。

（2）欲使轴Ⅱ上的轴承所受的轴向力完全抵消，求斜齿轮的螺旋角 β_3 的大小和旋向。

模 拟 试 题

9.1　填空题

1. 齿轮的弯曲疲劳强度极限 σ_{Fmin} 和接触疲劳极限 σ_{Hmin} 是经持久疲劳实验并按失效概率为_____来确定的，实验齿轮的弯曲应力循环特性为_____循环。

2. 直齿圆锥齿轮传动的强度计算方法是以_____的当量圆柱齿轮为计算基础的。

3. 对于闭式软齿面齿轮传动，在传动尺寸不变并满足弯曲疲劳强度要求的前提下，齿数宜适当取多些。其目的是_____。

4. 在齿轮传动中，齿轮齿面接触应力 σ_H 的力学计算模型是_____，而齿根弯曲应力 σ_F 的力学计算模型是_____。

5. 影响齿轮传动动载系数 K_V 大小的两个主要因素是_____、_____。

9.2　选择题

1. 将材料为 45 钢的齿轮毛坯加工成 6 级精度的硬齿面的直齿圆柱外齿轮，该齿轮制造工艺顺序是____为宜。

　　A. 滚齿、表面淬火、磨齿　　　　B. 滚齿、磨齿、表面淬火
　　C. 表面淬火、滚齿、磨齿　　　　D. 滚齿、调质、磨齿

2. 一对正确啮合的渐开线标准齿轮做减速传动时（$z_2>z_1$），如两轮的材料、热处理及齿面硬度均相同，则齿根弯曲应力____。

　　A. $\sigma_{F1}>\sigma_{F2}$　　　　　　　　B. $\sigma_{F1}=\sigma_{F2}$
　　C. $\sigma_{F1}<\sigma_{F2}$　　　　　　　　D. 不确定

3. 采用滚动轴承轴向预紧措施的主要目的是____。

　　A. 提高轴承的旋转精度　　　　B. 提高轴承的承载能力
　　C. 降低轴承的运转噪声　　　　D. 提高轴承的使用寿命

4. 材料为 20Cr 钢硬齿面齿轮，适宜的热处理方法是____。

　　A. 整体淬火　　B. 渗碳淬火　　C. 调质　　D. 表面淬火

5. 在齿轮传动中，仅将齿轮分度圆的压力角 α 增大，则齿面接触应力将____。

　　A. 增大　　　　B. 不变　　　　C. 减小

6. 某 45 钢轴的刚度不足，可采取____措施来提高其刚度。

　　A. 改用 40Cr 钢　　　　　　　B. 淬火处理
　　C. 增大轴径　　　　　　　　　D. 增大圆角半径

7. 一般闭式齿轮传动中，点蚀首先发生在____。

A. 接近齿根 B. 接近齿顶
C. 靠近节线的齿根面上 D. 靠近节线的齿顶面上

8. 影响齿轮传动动载荷系数 K_v 大小的两个主要因素是____。
   A. 齿数与模数 B. 材料与齿轮直径
   C. 齿轮精度与圆周速度 D. 不确定

9. 直齿圆锥齿轮传动的强度计算方法是以____的当量圆柱齿轮为计算基础的。
   A. 齿宽中点 B. 齿轮大端 C. 齿轮小端 D. 齿顶

10. 一般渐开线圆柱齿轮传动，齿面接触强度计算应以____处的接触应力作为计算应力，而弯曲强度计算则以____处的弯曲应力为计算应力。
    A. 齿顶 B. 齿根 C. 节点

11. 一般对于齿面硬度不大于 350HBS 的齿轮传动，齿轮轮齿最常见的失效是____。因此设计计算时首先进行____。
    A. 胶合 B. 磨损
    C. 点蚀 D. 折断
    E. 弯曲强度计算 F. 接触强度计算
    G. 短期过载计算

12. 在齿轮抗弯强度的设计公式 $m \geq \sqrt[3]{\dfrac{2KT_1 Y_F Y_S}{\phi_d z_1^2 [\sigma_F]}}$ 中，应代入____。
    A. $\dfrac{Y_{F1} \cdot Y_{S1}}{[\sigma_F]_1}$ B. $\dfrac{Y_{F2} \cdot Y_{S2}}{[\sigma_F]_2}$
    C. $\dfrac{Y_{F1} \cdot Y_{S1}}{[\sigma_F]_1}$ 与 $\dfrac{Y_{F2} \cdot Y_{S2}}{[\sigma_F]_2}$ 中大者 D. $\dfrac{Y_{F1} \cdot Y_{S1}}{[\sigma_F]_1}$ 与 $\dfrac{Y_{F2} \cdot Y_{S2}}{[\sigma_F]_2}$ 中小者

13. 一对相啮合的圆柱齿轮的 $z_1 \geq z_2$，$b_1 \geq b_2$，其接触应力的大小为____。
    A. $\sigma_{H1} = \sigma_{H2}$ B. $\sigma_{H1} > \sigma_{H2}$ C. $\sigma_{H1} < \sigma_{H2}$ D. $\sigma_{H1} \geq \sigma_{H2}$

14. 对于一般渐开线圆柱齿轮传动，齿面接触强度计算应以____处的接触应力作为计算应力。
    A. 齿顶 B. 齿根 C. 节点

15. 一对齿轮传动的其他条件均不变，若传递的功率增大 1 倍，则齿面接触应力变为原来的____。
    A. 1 倍 B. $\sqrt{2}$ 倍 C. 4 倍 D. 8 倍

16. 在齿面硬度不大于 350HBS 的软齿面齿轮传动中，两齿轮材料均采用 45 钢，下列热处理组合形式可选择____。
    A. 小齿轮淬火，大齿轮正火 B. 小齿轮淬火，大齿轮调质
    C. 小齿轮调质，大齿轮淬火 D. 小齿轮调质，大齿轮正火

17. 两标准直齿圆柱齿轮相啮合，$z_1 < z_2$，两齿轮齿形系数关系为____。
    A. $Y_{F1} < Y_{F2}$ B. $Y_{F1} > Y_{F2}$ C. $Y_{F1} = Y_{F2}$
    D. $Y_{F1} < Y_{F2}$ 或 $Y_{F1} > Y_{F2}$ 或 $Y_{F1} = Y_{F2}$ 都有可能

18. 某直齿圆柱齿轮传动原设计的传动功率为 P，主动轮转速为 n_1，若其他条件不变，齿轮上的应力也不变，将主动轮转速提高一倍，即 $n_1' = 2n_1$ 时，该对齿轮能传递的功率 P' 是原来的____。

A. 4倍   B. 2倍   C. 1倍   D. 0.5倍

19. 齿轮齿面点蚀产生的部位是____。
    A. 齿根区域   B. 节线靠近齿根附近区域
    C. 齿顶区域   D. 不确定

20. 确定齿轮齿宽时，往往使小齿轮的齿宽略大于大齿轮的齿宽，这是因为____。
    A. 补偿装配误差，且考虑到小齿轮受力比大齿轮的大
    B. 补偿装配误差，且考虑到小齿轮材料比大齿轮的差
    C. 补偿装配误差，且考虑到小齿轮应力及其变动频率比大齿轮的大。

21. 闭式软齿面(HBS≤350)齿轮传动可能性最大的失效形式是____。
    A. 断齿   B. 胶合   C. 点蚀   D. 磨损

22. 闭式硬齿面齿轮传动可能性最大的失效形式是____。
    A. 断齿   B. 胶合   C. 点蚀   D. 磨损

23. 若一对齿轮传动的功率增大1倍，其他参数均不变，则齿根弯曲应力变为原来的____。
    A. 1/2倍   B. $\sqrt{2}$倍   C. 2倍   D. $1/\sqrt{2}$倍

24. 在齿面硬度大于350HBS的硬齿面齿轮传动中，小齿轮材料采用20Cr，大齿轮材料采用45钢，下列热处理组合形式中____较为合理。
    A. 小齿轮渗碳淬火，大齿轮淬火   B. 小齿轮淬火，大齿轮调质
    C. 小齿轮淬火，大齿轮淬火   D. 小齿轮调质，大齿轮淬火

25. 闭式齿轮传动设计中，当两齿轮的硬度HBS均大于350时，应按____进行设计计算，并按____进行验算。
    A. 接触强度   B. 弯曲强度
    C. 磨损   D. 塑性变形

26. 对于闭式软齿面齿轮传动，在传动尺寸不变并满足弯曲疲劳强度要求的前提下，齿数宜适当取多些。以下哪一点不是其目的？____
    A. 增大重合度   B. 提高传动效率
    C. 减轻少切削量   D. 减小模数

27. 两对标准的直齿圆柱齿轮传动，其中一对 a) $m=4$mm，$z_1=40$，$z_2=120$ 另一对：b) $m=8$mm，$z_1=20$，$z_2=60$。其他条件均相同。则轮齿弯曲疲劳强度较高的是____；轮齿接触疲劳强度较高的是____。
    A. a)   B. b)   C. c)

28. 配对齿轮(软对软，硬对硬)齿面有一定量的硬度差是因为____。
    A. 起冷作硬化作用，提高疲劳极限   B. 抗点蚀
    C. 抗磨损   D. 抗塑性变形

29. 斜齿圆柱齿轮的齿形系数按____来选择。
    A. 齿数   B. 当量齿数
    C. 法面模数

30. 齿面硬度不大于350HBS的闭式齿轮传动，设计时一般____。
    A. 先按接触强度条件计算   B. 先按弯曲强度条件计算
    C. 先按磨损条件计算   D. 前3个都不对

31. 某齿轮公差等级标注为 8－7－6EK GB10095—88，则该齿轮传动的平稳性要求为____。
    A. 8级　　　　　　　B. 7级　　　　　　　C. 6级　　　　　　　D. EK级

32. 一对标准直齿圆柱齿轮，若 $z_1=18$，$z_2=72$，则这对齿轮的弯曲应力____。
    A. $\sigma_{F1}>\sigma_{F2}$　　B. $\sigma_{F1}<\sigma_{F2}$　　C. $\sigma_{F1}=\sigma_{F2}$　　D. $\sigma_{F1}\leqslant\sigma_{F2}$

33. 高速重载齿轮传动，当润滑不良时，最可能出现的失效形式是____。
    A. 齿面胶合　　　　　　　　　　　　B. 齿面疲劳点蚀
    C. 齿面磨损　　　　　　　　　　　　D. 轮齿疲劳折断

34. 下列____的措施，可以降低齿轮传动的齿面载荷分布系数 K_β。
    A. 降低齿面粗糙度　　　　　　　　　B. 提高轴系刚度
    C. 增加齿轮宽度　　　　　　　　　　D. 增大端面重合度

35. 轮齿弯曲强度计算中的齿形系数 Y_F 与____无关。
    A. 齿数 z_1　　　　　　　　　　　　B. 变位系数 x
    C. 模数 m　　　　　　　　　　　　D. 斜齿轮的螺旋角 β

36. 与齿轮传动相比较，____不能作为蜗杆传动的优点。
    A. 传动平稳，噪声小　　　　　　　　B. 传动比可以较大
    C. 可产生自锁　　　　　　　　　　　D. 传动效率高

37. 开式齿轮传动的主要失效形式是____。
    A. 齿轮折断　　　　　　　　　　　　B. 齿面点蚀
    C. 齿面磨损　　　　　　　　　　　　D. 齿面胶合

38. 在不逆转的齿轮上，由于齿轮的弯曲疲劳强度不够而产生的疲劳裂纹，一般在轮齿的____首先出现和扩展。
    A. 受压侧的节线部分　　　　　　　　B. 受压侧的齿根部分
    C. 受拉侧的节线部分　　　　　　　　D. 受拉侧的齿根部分

39. 对于齿面硬度不大于 350HBS 的齿轮传动，当大小齿轮采用同样钢材来制造时，一般将选用____的热处理方法。
    A. 小齿轮淬火，大齿轮调质　　　　　B. 小齿轮淬火，大齿轮正火
    C. 小齿轮调质，大齿轮正火　　　　　D. 小齿轮正火，大齿轮调质

40. 齿轮传动的载荷系数中，动载荷系数 K_v 除决定于齿轮的圆周速度 v 外，还与____有关。
    A. 齿面粗糙度　　　　　　　　　　　B. 齿轮制造精度
    C. 轮齿宽度　　　　　　　　　　　　D. 端面重合度

41. 渐开线圆柱小齿轮的齿面接触应力在齿廓各处是不同的，以____处的接触应力最大。
    A. 单对齿啮合最低点　　　　　　　　B. 单对齿啮合最高点
    C. 节点

42. 材料为 20Cr 钢的硬齿面齿轮，适宜的热处理方法是____。
    A. 整体淬火　　　　　　　　　　　　B. 渗碳淬火
    C. 调质　　　　　　　　　　　　　　D. 表面淬火

43. 齿轮强度计算中引入 K_v 是考虑了____。

A. 载荷分布不均匀　　　　　　　　B. 有一定程度的冲击
C. 齿轮制造和装配误差的内部动载荷系数

44. 进行直齿轮齿面接触疲劳强度计算时，若$[\sigma_H]_1 \neq [\sigma_H]_2$应将____代入计算。
A. 二者中的大者　　　　　　　　B. 二者中的小者
C. 二者数据的平均值

45. 材料不同的一对齿轮传动，齿面接触应力____。
A. $\sigma_{H1} > \sigma_{H2}$　　　B. $\sigma_{H1} = \sigma_{H2}$　　　C. $\sigma_{H1} < \sigma_{H2}$

9.3　是非题

1. 一般小齿轮的齿面硬度比大齿轮高，故小齿轮的接触应力比大齿轮高。(　　)
2. 啮合传动的传动比总是 $i = \dfrac{z_2}{z_1} = \dfrac{d_2}{d_1}$。(　　)
3. 齿轮减速器中低速轴比高速轴粗，主要是因为低速轴受到的齿轮传递的力比高速轴的大。(　　)
4. 齿轮啮合时，主动齿轮受到的圆周力对转动中心的力矩与转动方向相反。(　　)
5. 两齿轮啮合时，齿面上产生的接触应力是相等的，即：$\sigma_{H1} = \sigma_{H2}$。(　　)
6. 一对齿轮传动的其他条件均不变，若传递的转矩增大一倍，则齿根的弯曲应力也增大一倍。(　　)
7. 由于齿轮的径向力指向轴线，因而会传递到轴承上；而圆周力沿切线方向，因而不会传递到轴承上。所以，在选择计算轴承时，轴承的径向载荷无需考虑齿轮圆周力的作用。(　　)
8. 齿轮减速器中低速轴比高速轴粗，主要是因为低速轴传递的转矩比高速轴的大。(　　)
9. 两标准渐开线齿轮啮合时，若两齿轮齿数不同，则两者齿根产生的弯曲应力是不相等的，即：$\sigma_{F1} \neq \sigma_{F2}$。(　　)
10. 在闭式软齿面齿轮传动中，通常使小齿轮齿面硬度大于大齿轮齿面硬度，所以小齿轮工作寿命一定比大齿轮长。(　　)
11. 开式传动由于磨损迅速，所以不会发生点蚀现象。(　　)
12. 一对正确啮合的渐开线标准齿轮做减速运动时，如两轮的材料、热处理及齿面硬度均相等，则 $\sigma_{F1} = \sigma_{F2}$。(　　)
13. 闭式软齿面的齿轮，齿数应该取得多一些。(　　)
14. 对于硬齿面闭式齿轮传动，齿数不宜过多。(　　)
15. 渐开线圆柱齿轮传动中，大、小两齿面接触应力一定相等，弯曲应力不一定相等。(　　)

第10章 蜗杆传动

本章教学要点

知识要点	掌握程度	相关知识
蜗杆的类型、特点及应用	了解蜗杆的类型、特点及应用	圆柱蜗杆传动、环面蜗杆传动、锥蜗杆传动
蜗杆传动的主要参数和几何尺寸	熟练掌握蜗杆传动的主要参数和几何尺寸	普通圆柱蜗杆传动的主要参数、普通圆柱蜗杆传动的主要几何尺寸计算、蜗杆传动的变位
普通圆柱蜗杆传动的承载能力计算	重点掌握普通圆柱蜗杆传动的承载能力计算	蜗杆传动的失效形式、设计计算准则、材料选择、蜗杆的受力分析、蜗杆的强度计算、蜗杆的刚度校核
圆弧圆柱蜗杆传动的设计计算	了解圆弧圆柱蜗杆传动的设计计算	圆弧圆柱蜗杆的基本参数和几何尺寸计算、圆弧圆柱蜗杆传动的设计
蜗杆传动的效率、润滑、热平衡计算，蜗杆传动的结构设计	掌握蜗杆传动的效率、润滑、热平衡计算，蜗杆传动的结构设计	蜗杆传动的效率、润滑、热平衡计算，蜗杆传动的结构设计

导入案例

"自锁"这个词应用在齿轮传动中意味着一种输入传动可以随机地使输出齿轮沿正向或反向转动,但是当外部转矩试图使输出沿正向或反向发生转动时,输入就会锁住输出齿轮。蜗杆是少数可以产生自锁的齿轮传动中的一种。汽车、机床、冶金机械以及卷扬机(图10.1、10.2)、带式运输机等起重机械中广泛采用了蜗杆传动机构。1889年12月,美国奥的斯电梯公司制造出的第一部名副其实的电梯,采用的就是蜗杆减速器带动卷筒上缠绕的绳索悬挂并升降轿厢。为什么蜗杆传动机构能够广泛应用于这些机械?除了可以产生自锁,蜗杆传动机构还有哪些特点使得其广泛应用于这些起重运输机械?又应该如何设计蜗杆传动机构呢?

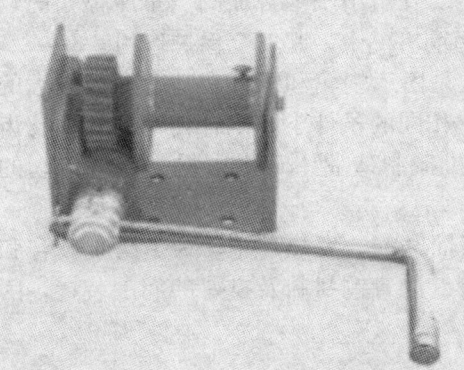

图 10.1 手动蜗杆传动卷扬机

图 10.2 电动蜗杆传动卷扬机

10.1 蜗杆传动的特点与类型

蜗杆传动由蜗杆和蜗轮组成,如图10.3所示,主要用于传递空间交错的两轴之间的运动和动力,通常轴间交角为90°。图10.4需要在小空间内实现上层 X 轴到下层 Y 轴的大传动比传动,所选择的就是蜗杆传动。一般情况下,蜗杆为主动件,蜗轮为从动件,通常用于减速装置,但也有个别机器用作增速装置。

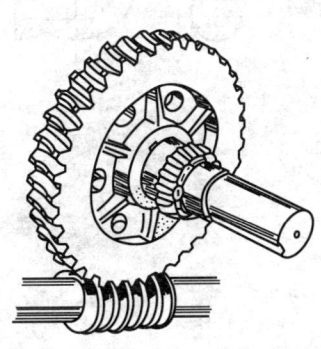

图 10.3 蜗杆传动

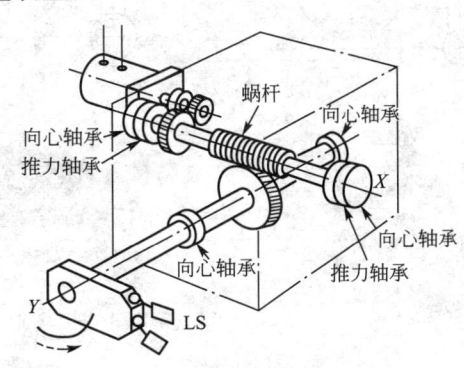

图 10.4 蜗杆传动应用

蜗杆传动广泛应用于机床、汽车、仪表、起重运输机械、冶金机械以及其他机械制造工业中，一般用于传动比较大、传递功率不太大或间歇工作的场合。其最大传递功率可达750kW，但通常用在50kW以下；最高滑动速度 v_s 达35m/s，通常用在15m/s以下。

10.1.1 蜗杆传动的特点

（1）蜗杆传动的最大特点是结构紧凑、传动比大。在动力传动中，单级传动比可达8~100，常用15~50；若只传递运动（如分度运动），其传动比可达1000。这样大的传动比如用齿轮传动，则需要采取多级传动才行，所以蜗杆传动结构紧凑、体积小、重量轻。

（2）工作平稳、噪声较小。由于蜗杆上的齿是连续不断的螺旋齿，蜗轮轮齿和蜗杆是逐渐进入啮合和退出啮合的，同时啮合的齿对数较多，所以传动平稳、噪声小。

（3）可制成具有自锁性的蜗杆。当蜗杆的螺旋线升角小于啮合面的当量摩擦角时，蜗杆传动可以实现反行程自锁。故常用在卷扬机等起重机械中，起安全保护作用。

（4）蜗杆传动的主要缺点是传动效率较低。这是由于蜗轮和蜗杆在啮合处有较大的相对滑动速度，因而发热量大，在制造精度和传动比相同的条件下，蜗杆传动的效率比齿轮传动低。当蜗杆具有自锁性时效率更低。在现代机械制造业中正力求提高蜗杆传动的效率，多头蜗杆传动的效率已可达98%。

（5）蜗轮材料造价较高。相对滑动速度大使齿面磨损、发热严重，为了防止胶合和减小磨损，常采用价格较为昂贵的减摩性与耐磨性较好的青铜材料及良好的润滑装置，因而成本较高。

10.1.2 蜗杆传动的类型

蜗杆的形状类似螺杆，有左旋和右旋之分，常用右旋。另外，根据蜗杆的头数不同，可分为单头蜗杆传动和多头蜗杆传动。蜗杆上只有一条螺旋线的称为单头蜗杆，即蜗杆转一周，蜗轮转过一个齿，若蜗杆上有两条螺旋线，就称为双头蜗杆，即蜗杆转一周，蜗轮转过两个齿。

蜗杆传动按照蜗杆的形状不同，可分为圆柱蜗杆传动（图10.5(a)）、环面蜗杆传动（图10.5(b)）和锥蜗杆传动（图10.5(c)）。本章主要介绍圆柱蜗杆传动。

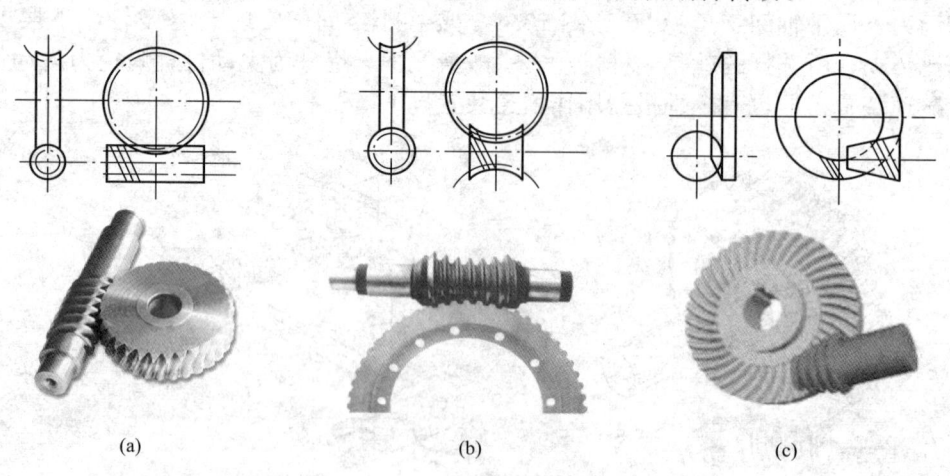

图 10.5 蜗杆传动的类型

1. 圆柱蜗杆传动

圆柱蜗杆传动按蜗杆齿廓形状不同分为普通圆柱蜗杆传动和圆弧圆柱蜗杆传动。

1) 普通圆柱蜗杆传动

普通圆柱蜗杆传动多用直母线刀刃的车刀在车床上切制加工(ZK 型蜗杆除外)。根据车刀安装位置的不同，所加工出的蜗杆齿面在不同截面中的齿廓曲线也不同，根据不同的齿廓曲线，普通圆柱蜗杆可分为阿基米德蜗杆(ZA 型)、渐开线蜗杆(ZI 型)、法向直廓蜗杆(ZN 型)和锥面包络蜗杆(ZK 型)等。阿基米德蜗杆一般用于低速、轻载或不太重要的传动，法向直廓蜗杆常用于机床的多头精密传动，渐开线蜗杆常用于高转速、大功率和要求精密的多头蜗杆传动，锥面包络蜗杆易获得高精度，因此目前应用范围正在扩大。

(1) 阿基米德蜗杆(ZA 型)。阿基米德蜗杆螺旋面的形成与螺纹的形成相同。通过蜗杆轴线并与蜗轮轴线垂直的平面称为中间平面。阿基米德蜗杆和蜗轮在中间平面上是直齿条与渐开线齿轮的啮合，即蜗杆的轴向齿廓为直线，其齿形角 $\alpha_0 = 20°$，而垂直于蜗杆轴线的剖切平面与蜗杆齿廓的交线为阿基米德螺线。它可在车床上用直线刀刃的单刀(当导程角 $\lambda \leqslant 3°$ 时)或双刀(当 $\lambda > 3°$ 时)车削加工。安装刀具时，切削刃的顶面必须通过蜗杆的轴线，如图 10.6 所示。阿基米德蜗杆车削容易，但难以磨削，通常在无需磨削加工的情况下广泛采用，当必须磨削时需采用特制剖面形状的砂轮。

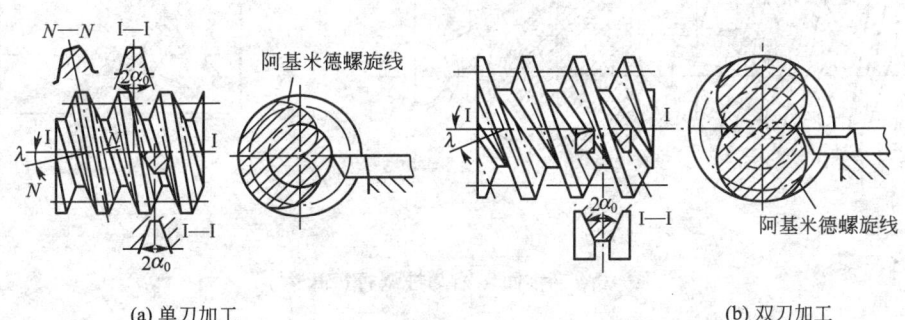

(a) 单刀加工　　　　　　　　　(b) 双刀加工

图 10.6　阿基米德蜗杆(ZA 蜗杆)

(2) 渐开线蜗杆(ZI 型)。这种蜗杆的端面齿廓为渐开线，它相当于一个少齿数(齿数等于蜗杆头数)、大螺旋角的渐开线圆柱斜齿轮。ZI 蜗杆可用两把直线刀刃的车刀在车床上车削加工，一把以右侧直线形刀刃与基圆在上方相切，车削蜗杆的左侧螺旋面；另一把以左侧直线形刀刃与基圆在下方相切，车削蜗杆的右侧螺旋面，如图 10.7 所示，刀具的齿形角应等于蜗杆的基圆柱螺旋角。在与蜗杆基圆柱相切的剖面内，齿廓一侧为直线，另一侧为外凸曲线。这种蜗杆可以用平面砂轮沿其直线形螺旋齿面磨削，容易得到高精度，可提高传动的抗胶合能力，但需要专用机床制造。

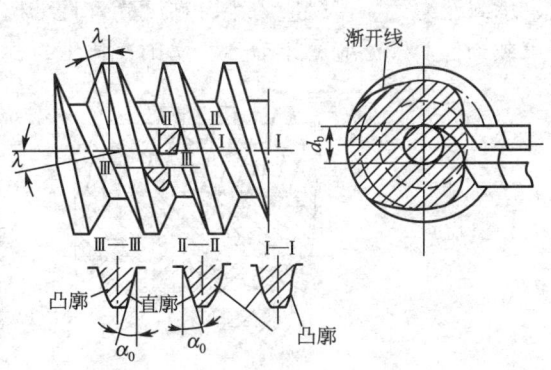

图 10.7　渐开线蜗杆(ZI 型)

(3) 法向直廓蜗杆(ZN 型)。如果蜗杆螺旋线的导程角很大，在加工时最好是使刀具的切削平面在垂直于齿槽（或齿厚）中点螺旋线的法平面内，刀具的安装形式如图10.8所示，这样切出的蜗杆叫做法向直廓蜗杆。这种蜗杆的端面齿廓为延伸渐开线，法面齿廓为直线。ZN蜗杆也是用直线的单刀或双刀在车床上车削加工，这种蜗杆的磨削是用直母线的砂轮在普通螺纹磨床上进行，在端面内能得到极接近于延伸渐开线蜗杆的齿廓。切制蜗轮的滚刀也用同样的方法磨削，因而蜗杆与蜗轮能得到正确的啮合。

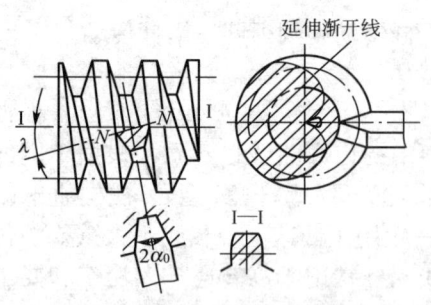

图 10.8　法面直廓蜗杆（ZN型）

（4）锥面包络圆柱蜗杆（ZK型）。这是一种非线性螺旋齿面蜗杆，如图10.9所示。它不能在车床上加工，只能采用直母线双锥面盘铣刀在铣床上铣制，并在磨床上磨削。由于其磨削加工时无理论误差，能获得较高精度，因此应用范围在逐步扩大。

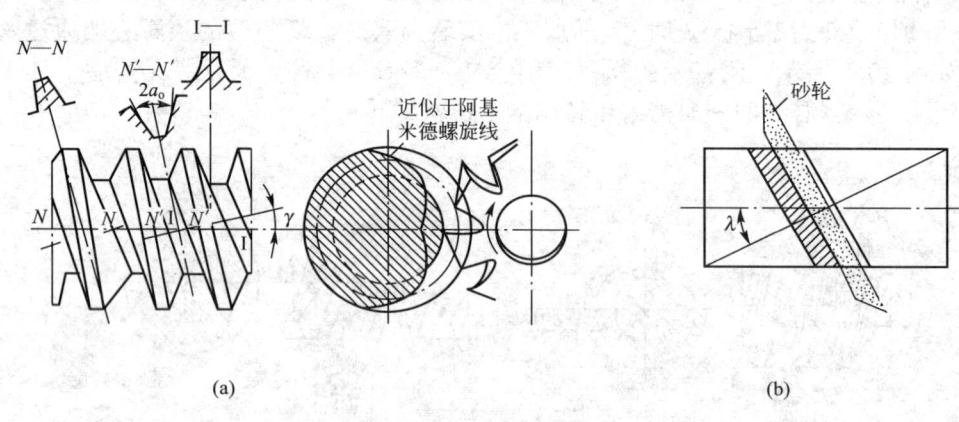

图 10.9　锥面包络圆柱蜗杆（ZK型）

2）圆弧圆柱蜗杆（ZC蜗杆）

如图10.10所示，在中间平面内，蜗杆齿廓是凹圆弧形，蜗杆的螺旋面是用刃边为凸圆弧的刀具切制的，而配对蜗轮的齿廓为凸弧形，是用范成法制造的。圆弧圆柱蜗杆传动是一种凹凸弧齿廓相啮合的传动，也是一种线接触的啮合传动。这种蜗杆传动的综合曲率半径大、承载能力大、接触应力小、精度高，且结构紧凑，效率也高，一般可达90%以上，适用于重载场合，广泛应用于冶金、矿山、化工、起重运输等机械设备的减速装置中。

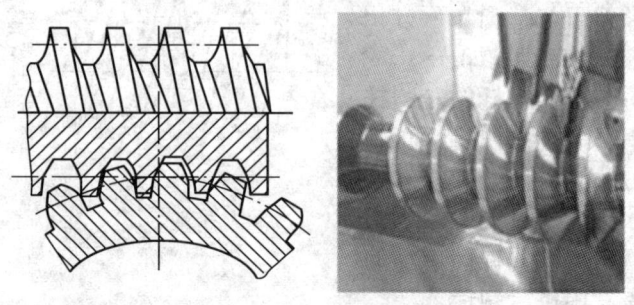

图 10.10　圆弧圆柱蜗杆

2. 环面蜗杆传动

环面蜗杆在轴向的外形是以凹圆弧为母线所形成的旋转曲面，所以把这种蜗杆传动叫做环面蜗杆传动，如图10.11所示。环面蜗杆传动中，蜗杆的节弧沿蜗轮的节圆包着蜗轮。在中间平面内，蜗杆和蜗轮都是直线齿廓。环面蜗杆传动和圆柱蜗杆传动相比，具有下列优点：①蜗杆齿和蜗轮齿在中间平面内的接触线与蜗杆的运动方向几乎垂直，所以轮齿间具有较好的油膜形成条件，因而其抗胶合的承载能力和效率都较高；②同时接触的齿数较多。由于以上两个原因，环面蜗杆的承载能力约为圆柱蜗杆传动的1.5~4倍，效率一般高达0.85~0.9。但是环面蜗杆传动在制造和安装上都比较复杂，对精度要求也较高；此外，由于提高了承载能力而相对地减小了外廓尺寸和散热面积，因而常需要考虑人工的冷却方法。另外环面蜗杆不易磨削，一般是在调质以后进行精车。

环面蜗杆传动最好的蜗杆材料是钼钢，如25CrMoA，可以在高硬度的情况下切削加工。此外也常采用40CrNi或40Cr。

蜗轮材料要求具有良好的抗胶合性能和最小的摩擦系数。常用的是铸锡镍磷青铜、ZQSn10-1、ZQSn6-6-3和其他锡铅青铜。当滑动速度$v_s \leqslant 2m/s$时，可采用ZQAl9-4，但许用载荷低于锡青铜。此外，蜗轮材料还可采用ZHMn58-2-2。

加工环面蜗杆时，先将蜗杆切削成圆弧回转体，然后在上面切出螺旋，如图10.12所示。蜗杆轴线与刀盘的回转轴O_2间的距离等于蜗杆传动的中心距a，2为直线刀刃的刀具，d_0为齿廓形成圆直径，刀具的安装要使其刀刃两侧边的延长线切于形成圆。切削时刀盘回转的角速度与蜗杆角速度之比，应等于蜗轮传动的传动比i。蜗轮是用形状与环面蜗杆相同的滚刀按径向进刀切制而成。

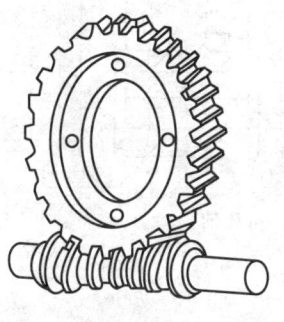

图10.11 环面蜗杆传动

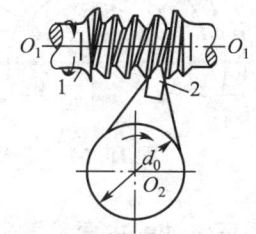

图10.12 环面蜗杆的切制方式

3. 锥蜗杆传动

锥蜗杆传动是由锥蜗杆和锥蜗轮组成的蜗杆传动。也是一种空间交错轴之间的传动，两轴交错角通常为90°。蜗杆是由在节锥上分布的等导程的螺旋所形成的，故称为锥蜗杆。锥蜗轮与锥蜗杆配对，其外形类似曲线齿圆锥齿轮，它是用与锥蜗杆相似的锥滚刀在普通滚齿机上加工而成的，故称为锥蜗轮，如图10.13所示。锥蜗杆传动的特点是：①同时接触的齿的对数多，重合度大，因此传动平稳；②传动比大，作减速装置用时单级传动比可达10~400；③接触线和相对滑动速度之间的夹角接近90°，齿面间易形成润滑油膜，故承载能力较大、效率较高；④锥蜗轮能做轴向移动而脱离锥蜗杆，这时两轴线间的最小距离保持不变，故两者离合方便，可兼作离合器使用；⑤可用淬火钢代替铜合金作为蜗轮材料，可节约有色金属；⑥由于结构上的原因，传动具有不对称性，因而正反转时受力情况不同，故承载能力和效率也不同。

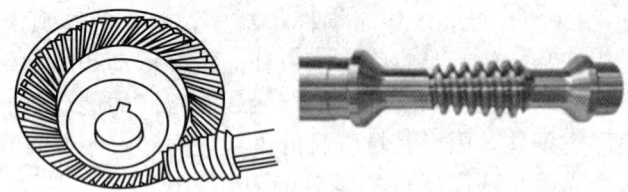

图 10.13 锥蜗杆传动

10.2 普通圆柱蜗杆传动的主要参数和几何尺寸计算

在中间平面内普通圆柱蜗杆传动相当于渐开线齿轮和齿条的啮合（图 10.14），因此传动的设计计算都以中间平面的参数和几何关系为准。

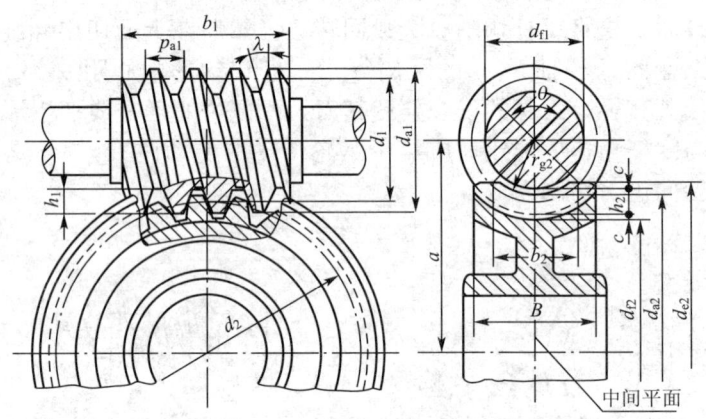

图 10.14 普通圆柱蜗杆传动的几何尺寸

10.2.1 普通圆柱蜗杆传动的主要参数

普通圆柱蜗杆传动的主要参数有模数 m、压力角 α、蜗杆头数 z_1、蜗轮齿数 z_2、蜗杆分度圆直径 d_1 等。进行蜗杆传动的设计时，首先要正确地选择参数。

1. 模数 m 和压力角 α、正确啮合条件

在中间平面上，蜗杆为轴向剖面，其模数和压力角分别为轴向模数 m_{a1} 和轴向压力角 α_{a1}；蜗轮为端面剖面，则其模数和压力角分别为端面模数 m_{t2} 和端面压力角 α_{t2}。蜗杆蜗轮啮合时，在中间平面上蜗杆的轴向齿距 p_{a1} 应等于蜗轮的端面齿距 p_{t2}，所以 $m_{a1}=m_{t2}=m$，同时 $\alpha_{a1}=\alpha_{t2}=\alpha$。

在 GB/T 10088—1988 中将蜗杆轴向模数规定为标准值，标准模数系列见表 10-1，GB/T 10087—1988 中规定 ZA 蜗杆的轴向压力角（齿形角）α_a 为标准值，一般 $\alpha_a=\alpha_0=20°$。其余 3 种（ZN、ZI、ZK）蜗杆的法向压力角 α_n 为标准值（20°）。蜗杆轴向压力角与法向压力

角的关系为

$$\tan\alpha_a = \frac{\tan\alpha_n}{\cos\lambda} \quad (10-1)$$

对轴交角 $\Sigma=90°$ 的蜗杆传动，其正确啮合条件为

$$\begin{cases} m_{a1}=m_{t2}=m \\ \alpha_{a1}=\alpha_{t2}=\alpha \\ \lambda=\beta_2 \end{cases} \quad (10-2)$$

β_2 为蜗轮螺旋角。为保证蜗杆蜗轮正确啮合，蜗杆、蜗轮的旋向应相同。

表 10-1 蜗杆基本参数（$\Sigma=90°$）（摘自 GB/T 10085—88）

模数 m/mm	分度圆直径 d_1/mm	蜗杆头数 z_1	直径系数 q	$m^2 d_1$/mm³	模数 m/mm	分度圆直径 d_1/mm	蜗杆头数 z_1	直径系数 q	$m^2 d_1$/mm³
1	18	1	18.000	18	6.3	(80)	1, 2, 4	12.698	3 175
1.25	20	1	16.000	31.25		112	1	17.778	4 445
	22.4	1	17.920	35	8	(63)	1, 2, 4	7.875	4 032
1.6	20	1, 2, 4	12.500	51.2		80	1, 2, 4, 6	10.000	5 120
	28	1	17.500	71.68		(100)	1, 2, 4	12.500	6 400
2	(18)	1, 2, 4	9.000	72		140	1	17.500	8 960
	22.4	1, 2, 4, 6	11.200	89.6	10	(71)	1, 2, 4	7.100	7 100
	(28)	1, 2, 4	14.000	112		90	1, 2, 4, 6	9.000	9 000
	35.5	1	17.750	142		(112)	1, 2, 4	11.200	11 200
2.5	(22.4)	1, 2, 4	8.960	140		160	1	16.000	16 000
	28	1, 2, 4, 6	11.200	175	12.5	(90)	1, 2, 4	7.200	14 062
	(35.5)	1, 2, 4	14.200	221.9		112	1, 2, 4	8.960	17 500
	45	1	18.000	281		(140)	1, 2, 4	11.200	21 875
3.15	(28)	1, 2, 4	8.889	278		200	1	16.000	31 250
	35.5	1, 2, 4, 6	11.27	352	16	(112)	1, 2, 4	7.000	28 672
	45	1, 2, 4	14.286	447.5		140	1, 2, 4	8.750	35 840
	56	1	17.778	556		(180)	1, 2, 4	11.250	46 080
4	(31.5)	1, 2, 4	7.875	504		250	1	15.625	64 000
	40	1, 2, 4, 6	10.000	640	20	(140)	1, 2, 4	7.000	56 000
	(50)	1, 2, 4	12.500	800		160	1, 2, 4	8.000	64 000
	71	1	17.750	1 136		(224)	1, 2, 4	11.200	89 600
5	(40)	1, 2, 4	8.000	1 000		315	1	15.750	126 000
	50	1, 2, 4, 6	10.000	1 250	25	(180)	1, 2, 4	7.200	112 500
	(63)	1, 2, 4	12.600	1 575		200	1, 2, 4	8.000	125 000
	90	1	18.000	2 250		(280)	1, 2, 4	11.200	175 000
6.3	(50)	1, 2, 4	7.936	1 985		400	1	16.000	250 000
	63	1, 2, 4, 6	10.000	2 500					

注：①表中模数和分度圆直径仅列出了第一系列的较常用数据。②括号内的数字尽可能不用

2. 蜗杆分度圆直径 d_1、直径系数 q、导程角 λ

为了保证蜗杆与配对蜗轮的正确啮合，切制蜗轮的滚刀与相应的蜗杆的种类和规格是一一对应的（为了保证啮合时的顶隙，滚刀的齿顶高稍大于蜗杆齿顶高），即对同一模数不同直径的蜗杆，必须配相应数量的滚刀。因此如果蜗杆分度圆直径不做必要的限制，刀具的种类和数量势必太多。为了限制蜗轮滚刀的数量和便于标准化，制定了蜗杆分度圆直径的标准系列，每一个模数只与一个或几个蜗杆直径的标准值相对应，并把 d_1 与 m 的比值称为蜗杆直径系数 q，即

$$q = \frac{d_1}{m}$$

或
$$d_1 = mq \tag{10-3}$$

因 d_1 和 m 均为标准值而 q 为导出值，故 q 不一定是整数（见表 10-1）。

λ 为蜗杆导程角，即蜗杆分度圆柱螺旋线上任一点的切线与径向平面所夹的锐角，将蜗杆在分度圆上的螺旋线展开，如图 10.15 所示。

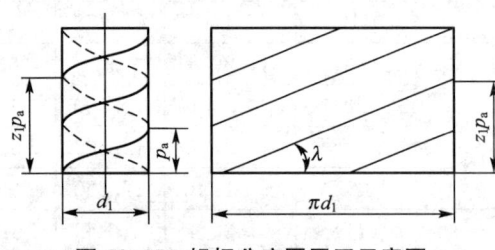

图 10.15 蜗杆分度圆展开示意图

$$\tan\lambda = \frac{p_x}{\pi d_1} = \frac{z_1 p_a}{\pi d_1} = \frac{z_1 \pi m}{\pi d_1} = \frac{z_1 m}{d_1} = \frac{z_1}{q} \tag{10-4}$$

式中，p_x 为蜗杆螺旋线的导程，p_a 为蜗杆的轴向齿距。

由上式可知，d_1 越小（或 q 越小），导程角 λ 越大，传动效率就越高，但蜗杆的刚度和强度就越小。通常，转速高的蜗杆可取较小的 d_1 值，蜗轮齿数较多时可取较大的 d_1 值。

3. 蜗杆头数 z_1、蜗轮齿数 z_2 和传动比 i

通常蜗杆传动是以蜗杆为主动件的减速装置，其传动比为

$$i = \frac{n_1}{n_2} = \frac{z_2}{z_1} \tag{10-5}$$

式中，n_1、n_2 分别为蜗杆和蜗轮的转速；z_1、z_2 分别为蜗杆头数和蜗轮齿数。

需要指出的是：蜗杆的传动比不等于蜗轮、蜗杆的直径比，即 $i \neq \frac{d_2}{d_1}$。这是由于蜗杆的分度圆直径 $d_1 = mq$，而 $d_1 \neq mz_1$。

GB/T 10087—1988 规定，一级圆柱蜗杆减速装置传动比的公称值应在下列数值中选取：

5　7.5　10　12.5　15　20　25　30　40　50　60　70　80

其中 10、20、40、80 为基本传动比，应优先选用。

选择蜗杆头数 z_1 时，主要考虑传动比、效率及加工等因素。通常蜗杆头数 z_1 = 1、2、4、6 等。若要得到大的传动比且要求自锁时，可取 z_1 = 1，但导程角小、效率低、发热量大，所以重载传动不宜采用单头蜗杆。当传递功率较大时，为提高传动效率，可采用多头蜗杆，通常取 z_1 = 2 或 4，但头数过多、导程角大、制造困难。z_1 的荐用值见表 10-2。

第10章 蜗杆传动

表 10-2 蜗杆头数的选取

传动比 i	5~8	7~13	14~27	28~40	>40
蜗杆头数 z_1	6	4	2	2,1	1

蜗轮齿数 $z_2=iz_1$，为保证传动的平稳性，避免蜗轮轮齿发生根切和干涉，通常 z_2 不应小于 28，但不宜大于 80。因为 z_2 过大，会使结构尺寸增大，蜗杆长度也随之增加，致使蜗杆刚度降低而影响啮合精度。当蜗轮直径一定时，增大 z_2 则使模数减小，弯曲强度下降。

4. 蜗杆传动的标准中心距

当蜗杆节圆与分度圆重合时称为标准传动，其中心距称为标准中心距。计算公式为

$$a=\frac{1}{2}(d_1+d_2)=\frac{1}{2}m(q+z_2) \tag{10-6}$$

中心距 a 一般应按下列数值选取：

40　50　63　80　100　125　160　(180)　200　(225)　250　(280)　315　(355)　400　(450)　500　(单位 mm)括号内数字尽可能不用。大于 500mm 时，可按 R20 优先数系选用(R20 为公比 $\sqrt[20]{10}$ 的级数)。

10.2.2 变位蜗杆传动

蜗杆传动变位的主要目的是为了配凑中心距和传动比，使之符合标准或推荐值，强度和效率方面的考虑是次要的。变位方法与齿轮传动的变位方法相似，也是利用蜗轮加工刀具相对于蜗轮毛坯的径向位移来实现。在蜗杆传动中，由于蜗杆的齿廓形状和尺寸与加工蜗轮的滚刀形状和尺寸相同，为了保持刀具尺寸不变，蜗杆尺寸是不能变动的，因此只能对蜗轮进行变位。图 10.16 给出了几种变位情况的例子。变位后，蜗轮分度圆与节圆仍然重合，但蜗杆在中间平面上的节线有所改变，不再与分度线重合。

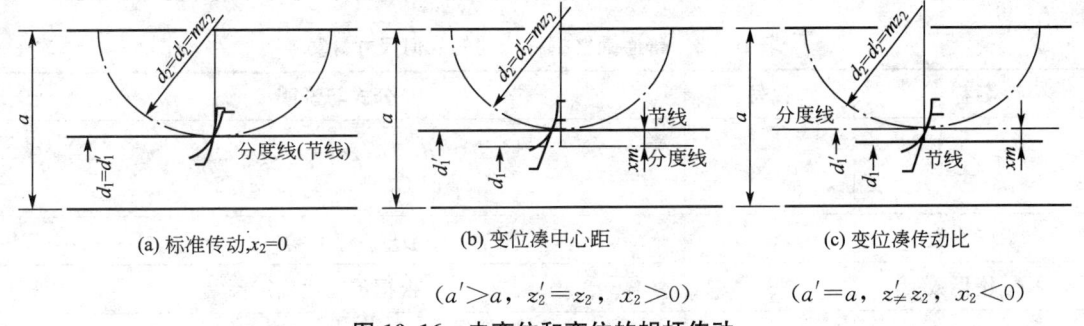

(a) 标准传动，$x_2=0$　　(b) 变位凑中心距　　(c) 变位凑传动比

　　　　　　　　　　($a'>a$, $z_2'=z_2$, $x_2>0$)　　($a'=a$, $z_2'\neq z_2$, $x_2<0$)

图 10.16 未变位和变位的蜗杆传动

变位蜗杆传动根据使用场合的不同，可在下述两种变位方式中选取一种。

(1) 变位前后，蜗杆传动的中心距改变($a'\neq a$)，蜗轮齿数不变($z_2'=z_2$)，传动比 i_{12} 不变，如图 10.16(b) 为凑中心距例，齿数不变，正变位($x_2>0$, $a'>a$)，其中心距计算式如下：

$$a'=a+x_2m=(d_1+d_2+2x_2m)/2$$

则

$$x_2=\frac{a'-a}{m} \tag{10-7}$$

(2) 变位前后，蜗杆传动的中心距不变($a'=a$)，传动比需略做调整时，蜗轮齿数发生变化($z_2'\neq z_2$，$i_{12}'=z_2'/z_1\neq i_{12}=z_2/z_1$)，如图 10.16(c) 凑传动比例，中心距不变，齿数增加，负变位($z_2'\neq z_2$，$x_2<0$)。

因为 $a'=\dfrac{d_1+d_2}{2}+x_2 m=\dfrac{m}{2}(q+z_2')+x_2 m=a=\dfrac{m}{2}(q+z_2)$

故 $z_2'=z_2-2x_2$

则
$$x_2=\frac{z_2-z_2'}{2} \tag{10-8}$$

蜗轮变位系数 x_2 取得过大会产生齿顶变尖，过小又会产生蜗轮轮齿根切。一般取 $-1\leqslant x_2\leqslant +1$，常用 $-0.7\leqslant x_2\leqslant +0.7$。和变位齿轮传动相同，负变位传动时，蜗轮轮齿强度降低，正变位传动时，蜗轮轮齿强度提高。因此，为了有利于蜗轮轮齿强度的提高，最好 x_2 为正值。

[例 10.1] 已知一蜗杆传动：$z_1=4$，$z_2=53$，$m=3.15$mm，$d_1=31.5$mm，$q=10$，要求凑中心距 $a=100$mm，求蜗轮变位系数。

解：$x_2=\dfrac{a'-a}{m}=\dfrac{100-\dfrac{3.15(53+10)}{2}}{3.15}=+0.246$

[例 10.2] 已知一蜗杆传动：$z_1=1$，$z_2=41$，$m=10$mm，$d_1=90$mm，$a=250$mm，要求传动比改为 40，求蜗轮变位系数。

解：要求传动比改为 40，$z_1=1$，故取 $z_2'=40$，将相关参数代入式(10-8)：

$$x_2=\frac{z_2-z_2'}{m}=\frac{41-40}{2}=+0.5$$

10.2.3 普通圆柱蜗杆传动的几何尺寸计算

普通圆柱蜗杆传动的主要几何尺寸如图 10.14 所示，有关计算公式见表 10-3。

表 10-3 普通圆柱蜗杆传动的几何尺寸计算

名称	代号	公式与说明
中心距	a、a'	$a=(d_1+d_2)/2=m(q+z)/2$ $a'=(d_1+d_2+2x_2 m)/2$
蜗杆头数	z_1	一般取为 1、2、4、6
蜗轮齿数	z_2	根据传动比确定
压力角	α	对 ZA 蜗杆 $\alpha=\alpha_a=20°$； 对 ZN、ZI、ZK 蜗杆 $\alpha=\alpha_n=20°$ $\tan\alpha_n=\tan\alpha_a\cos\lambda$
模数	m	$m=m_a=m_n/\cos\lambda$ 按表 10-1 中规定选取
传动比	i	$i=n_1/n_2$ 蜗杆为主动，一般按规定选取
齿数比	u	$u=z_2/z_1$
蜗杆直径系数	q	$q=d_1/m$

(续)

名称	代号	公式与说明
蜗杆轴向齿距	p_a	$p_a = \pi m$
蜗杆导程	p_x	$p_x = \pi m z_1$
蜗杆分度圆直径	d_1	$d_1 = mq$ 按规定由表10-1确定
齿顶高系数	h_a^*	一般 $h_a^* = 1$,短齿 $h_a^* = 0.8$
顶隙系数	c^*	一般 $c^* = 0.2$
蜗杆齿顶圆直径	d_{a1}	$d_{a1} = d_1 + 2h_{a1} = d_1 + 2h_a^* m$
蜗杆齿根圆直径	d_{f1}	$d_{f1} = d_1 - 2h_{f1} = d_1 - 2(h_a^* + c^*)m$
蜗杆节圆直径	d_1'	$d_1' = d_1 + 2x_2 m = (q + 2x_2)m$
蜗杆分度圆导程角	λ	$\tan\lambda = mz_1/d_1 = z_1/q$
蜗杆节圆导程角	λ'	$\tan\lambda' = \dfrac{z_1}{q + 2x_2}$
蜗杆螺旋部分长度	b_1	建议取 $b_1 \approx 2m\sqrt{z_2+1}$
渐开线蜗杆基圆直径	d_{b1}	$d_{b1} = d_1 \tan\lambda/\tan\lambda_b = mz_1/\tan\lambda_b$ $\cos\lambda_b = \cos\alpha_n \cos\lambda$
蜗轮分度圆直径	d_2	$d_2 = mz_2 = 2a' - d_1 - 2x_2 m$
蜗轮喉圆直径	d_{a2}	$d_{a2} = d_2 + 2(h_a^* + x_2)m$
蜗轮齿根圆直径	d_{f2}	$d_{f2} = d_2 - 2(h_a^* - x_2 + c^*)m$
蜗轮外径	d_{e2}	$d_{e2} \leqslant d_{a2} + (1\sim 2)m$,$z_1$ 大时取小值,z_1 小时取大值
蜗轮咽喉母圆半径	r_{g2}	$r_{g2} = a' - d_{a2}/2$
蜗轮齿宽	b_2	$b_2 = (0.67\sim 0.75)d_{a1}$,$z_1$ 大时取小值,z_1 小时取大值
蜗轮齿宽角	θ	$\theta = 2\arcsin(b_2/d_1)$

注:① 取齿顶高系数 $h_a^* = 1$,径向间隙系数 $c^* = 0.2$。
② $\lambda > 15°$ 的渐开线和法向直廓蜗杆传动,在计算 d_{a1}、d_{f1}、d_{a2}、d_{f2}、d_{e2} 公式中的 m 应代以 m_n ($m_n = m\cos\lambda$)

10.2.4 蜗杆、蜗轮及其传动的尺寸规格的标记方法

蜗杆的标记内容包括蜗杆的类型(ZA、ZI、ZN、ZK)、模数 m、分度圆直径 d_1、螺旋方向(右旋 R 或左旋 L)、头数 z_1、齿形角度数(20°时可不标出)。

蜗轮的标记内容包括相配的蜗杆的类型(ZA、ZI、ZN、ZK)、模数 m、齿数 z_2、齿形角度数(20°时可不标出)。

蜗杆传动的标记用分式表示,其中分子为蜗杆的代号,分母为蜗轮的齿数 z_2。

例:阿基米德蜗杆传动,模数 $m=10\text{mm}$,分度圆直径 $d_1=90\text{mm}$,螺旋方向为右旋,蜗杆头数 $z_1=2$,蜗轮齿数 $z_2=60$,齿形角 $\alpha=20°$。

蜗杆标记:蜗杆 ZA10×90R2
蜗轮标记:蜗轮 ZA10×60

蜗杆传动标记：ZA10×90R2/60

10.3 普通圆柱蜗杆传动的承载能力计算

10.3.1 蜗杆传动的失效形式和设计计算准则

蜗杆传动的主要失效形式与齿轮传动相似，有疲劳点蚀、轮齿折断、胶合和磨损等。由于蜗杆传动在齿面间有较大的相对滑动速度，从而增加了产生胶合和磨损失效的可能性。但目前对磨损和胶合尚缺乏较完善的计算方法，因此对蜗杆传动的强度计算，通常是参照圆柱齿轮轮齿的接触疲劳强度和弯曲疲劳强度进行条件性计算，在选取许用应力时，适当考虑胶合和磨损因素的影响。

通常蜗杆传动中的蜗杆的材料优于蜗轮的材料，表面硬度比蜗轮高，所以蜗杆的接触强度、弯曲强度等都比蜗轮高，因此失效多发生在蜗轮的轮齿上。设计时一般只需对蜗轮进行承载能力计算。

蜗杆传动设计计算准则如下：①闭式蜗杆传动，传动副多因齿面胶合或点蚀而失效。因此，先按蜗轮轮齿的齿面接触疲劳强度进行计算，再校核齿根的弯曲疲劳强度；此外，由于散热较为困难，还需进行热平衡计算。②开式蜗杆传动主要失效形式是齿面磨损和轮齿折断，因此应以保证蜗轮齿根弯曲疲劳强度作为开式传动的主要设计准则，用降低许用应力或增大模数的方法，来考虑磨损的影响，一般不需进行轮齿的齿面接触疲劳强度校核。此外，当蜗杆轴较细且跨度较大时，还应进行蜗杆轴的刚度计算。

10.3.2 蜗杆传动的常用材料

基于蜗杆传动的失效形式，选择蜗杆和蜗轮材料组合时，不但要求有足够的强度，而且要有良好的减摩性、耐磨性和抗胶合的能力。实践表明，较理想的蜗杆副材料是青铜蜗轮齿圈匹配淬硬磨削的钢制蜗杆。

1. 蜗杆常用材料

蜗杆一般采用碳素钢或合金钢制造，要求齿面光滑并具有较高的硬度。高速重载且载荷变化大的情况下，蜗杆常用 20Cr、20CrMnTi、15CrMn 等，并经表面渗碳淬火，硬度达到 56～62HRC；高速重载但载荷比较稳定的情况下，可用 40Cr、42SiMn、45 等经表面淬火，硬度达到 45～55HRC，并应磨削。一般情况下，蜗杆可采用 40、45 等碳素钢调质处理，硬度达到 220～300HBS。在低速或人力传动中，蜗杆可不经热处理，甚至可采用铸铁。

2. 蜗轮常用材料

在重要的高速蜗杆传动中，蜗轮常用 ZCuSn10P1（锡磷青铜）制造，它的抗胶合性能、减摩性能都很好，允许滑动速度 v_s 可达 25m/s，而且便于切削加工，其缺点是价格较贵。在滑动速度 v_s<12m/s 的蜗杆传动中，可采用含锡量低的 ZCuSn5Pb5Zn5（锡锌铅青铜）。ZCuAl10Fe3（铝铁青铜）强度较高、铸造性能好、耐冲击、价廉，但切削性能差、减摩性和抗胶合性都不如含锡青铜，一般用于 $v_s \leqslant$4m/s 的传动。在速度较低（如 v_s<2m/s）的传

动中，可用球墨铸铁或灰铸铁。在一些特殊情况下，蜗轮也可用尼龙或增强尼龙材料制成。

10.3.3 蜗杆传动的受力分析

蜗杆传动的受力分析和斜齿轮相似，图10.17所示是以右旋蜗杆为主动件，并沿图示方向旋转时，蜗杆螺旋面上的受力情况。设F_n为集中作用于节点处的法向载荷，F_n可分解为3个相互垂直的分力：圆周力F_t、轴向力F_a和径向力F_r。当蜗杆轴和蜗轮轴交错成90°时，蜗杆圆周力F_{t1}与蜗轮轴向力F_{a2}、蜗杆轴向力F_{a1}与蜗轮圆周力F_{t2}、蜗杆径向力F_{r1}与蜗轮径向力F_{r2}互为作用力和反作用力。

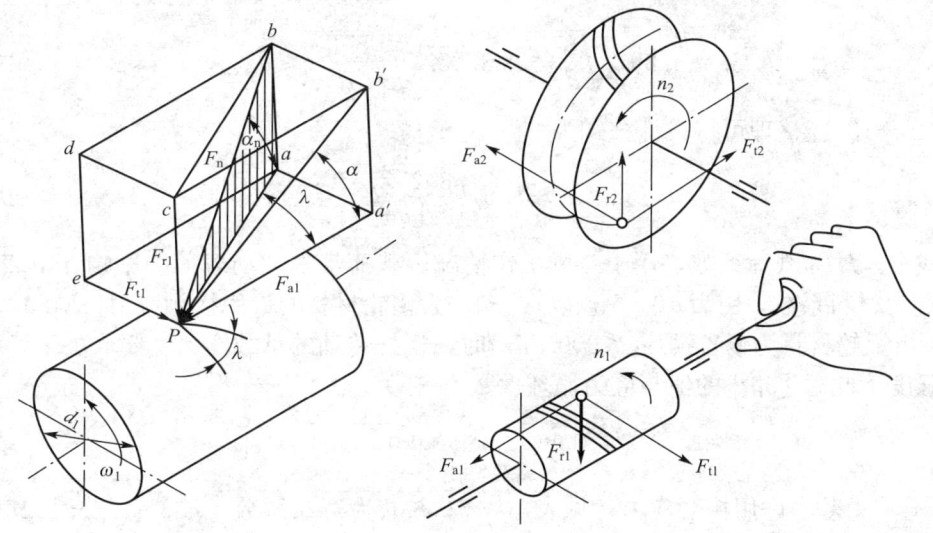

图10.17 蜗杆传动的受力分析

但应注意，由于蜗杆传动的效率较低，因此计算蜗杆、蜗轮的圆周力时应分别用转矩T_1和T_2。即

$$F_{t1} = -F_{a2} = \frac{2T_1}{d_1} \qquad (10-9)$$

$$F_{a1} = -F_{t2} = \frac{2T_2}{d_2} \qquad (10-10)$$

$$F_{r1} = -F_{r2} = F_{t2}\tan\alpha \qquad (10-11)$$

$$F_n = \frac{F_{a1}}{\cos\alpha_n\cos\lambda} = \frac{F_{t2}}{\cos\alpha_n\cos\lambda} = \frac{2T_2}{d_2\cos\alpha_n\cos\lambda} \qquad (10-12)$$

式中，T_1、T_2为作用于蜗杆、蜗轮的转矩，N·mm，$T_2 = T_1 i\eta$，这里η为蜗杆传动的效率。

各力的方向：径向力由啮合点指向各自的轴线。主动件的圆周力方向与其啮合点的线速度方向相反；从动件的圆周力方向与其啮合点线速度方向相同。主动轮的轴向力方向的判定根据主动件的螺旋线旋向确定采用左手或右手定则（如图10.17所示的蜗杆传动，当蜗杆是主动件时，由于其螺旋线旋向是右旋，因此应用右手判定蜗杆的轴向力方向），手自然握拳，竖起拇指，当弯曲的四指与主动件的转向一致时，则拇指的指向就是主动件所受的轴向力的方向，从动件轴向力由与主动件圆周力互为反作用力判断。

10.3.4 蜗杆传动的强度计算

1. 蜗轮齿面接触疲劳强度计算

蜗轮齿面接触疲劳强度计算的目的是限制接触应力，以防止点蚀或胶合。由于蜗杆、蜗轮在中间平面的啮合与斜齿条和斜齿轮啮合情况类似，所以蜗轮齿面的接触强度计算与斜齿轮相似，仍以赫兹公式为计算基础。由于阿基米德蜗杆具有直线齿廓，$\rho_1 \to \infty$，故节点处的综合曲率半径$\rho = \rho_1 \rho_2/(\rho_1 + \rho_2) \approx \rho_2 = d_2 \sin\alpha/(2\cos\lambda)$。将蜗杆蜗轮在节点处啮合的相应参数代入式(9-4)，便可得到蜗轮齿面接触强度的校核公式：

$$\sigma_H = 3.25 Z_E \sqrt{\frac{KT_2}{d_1 d_2^2}} = 3.25 Z_E \sqrt{\frac{KT_2}{m^2 d_1 z_2^2}} \leqslant [\sigma_H] \quad (10-13)$$

式(10-13)经整理可得设计公式为

$$m^2 d_1 \geqslant KT_2 \left(\frac{3.25 Z_E}{z_2 [\sigma_H]}\right)^2 \quad (10-14)$$

上面两式中，K为载荷系数，用于考虑工作情况、载荷集中和动载荷的影响，由表10-4查取；Z_E为材料系数，由表10-5查取；$[\sigma_H]$为蜗轮材料的许用接触应力，MPa

(1) 当蜗轮材料为锡青铜($\sigma_B < 300$MPa)时，蜗杆传动的承载能力主要取决于齿面的接触疲劳强度。此时$[\sigma_H]$的值与应力循环次数N有关。

$$[\sigma_H] = K_{HN} [\sigma_{0H}] \quad (10-15)$$

式中，$[\sigma_{0H}]$为基本许用接触应力，见表10-6；K_{HN}为寿命系数，$K_{HN} = \sqrt[8]{\frac{10^7}{N}}$。其中，应力循环次数$N = 60 j n_2 L_h$，此处$n_2$为蜗轮转速，r/min；$L_h$为工作寿命，h；$j$为蜗轮每转一转，每个轮齿同一齿面啮合的次数。

(2) 当蜗轮材料为灰铸铁或高强度青铜($\sigma_B > 300$MPa)时，蜗杆传动的承载能力主要取决于齿面的抗胶合能力。但因目前尚无完善的胶合强度计算公式，故采用接触强度计算是一种条件性计算，在查取蜗轮齿面的许用接触应力时，要考虑相对滑动速度的大小。由于胶合不是疲劳失效，$[\sigma_H]$的值与应力循环次数N无关，因而可直接从表10-7中查取许用应力$[\sigma_H]$的值。一般说来，抗胶合条件下的许用接触应力低于抗点蚀条件下的许用接触应力。

表10-4 载荷系数 K

原动机	工作机		
	均匀	中等冲击	严重冲击
电动机、汽轮机	0.8~1.95	0.9~2.34	1.0~2.75
多缸内燃机	0.9~2.34	1.0~2.75	1.25~3.12
单缸内燃机	1.0~2.75	1.25~3.12	1.5~3.51

注：① 小值用于每日间断工作，大值用于长期连续工作；
② 载荷变化大、速度高、蜗杆刚度大时取大值

表 10-5 材料系数 Z_E （单位：$\sqrt{MPa}$）

蜗杆材料	蜗轮材料			
	铸锡青铜 ZQSn10-1	铸铝铁青铜 ZQAl9-4	灰铸铁 HT	球墨铸铁 QT
钢	155.0	156.0	162.0	181.4
球墨铸铁			156.6	173.9
弹性模量/MPa	103×10^3	105×10^3	118×10^3	173×10^3

表 10-6 铸锡青铜蜗轮的基本许用接触应力 $[\sigma_{0H}]$ （单位：MPa）

蜗轮材料	铸造方法	适用的滑动速度 $v_s/(m\cdot s^{-1})$	蜗杆齿面硬度	
			≤350HBS	>45HRC
铸锡磷青铜 ZCuSn10Pb1	砂 模	≤12	180	200
	金属模	≤25	200	220
铸锡锌铅青铜 ZCuSn5Pb5Zn5	砂 模	≤10	110	125
	金属模	≤12	135	150

注：锡青铜的基本许用为应力循环次数 $N=10^7$ 时之值，当 $N\neq10^7$ 时，需将表中数值乘以寿命系数 K_{HN}；当 $N>25\times10^7$ 时，取 $N=25\times10^7$；当 $N<2.6\times10^5$ 时，取 $N=2.6\times10^5$。

表 10-7 铸铝青铜及铸铁蜗轮的许用接触应力 $[\sigma_H]$ （单位：MPa）

蜗轮材料	蜗杆材料	滑动速度 $v_s/(m\cdot s^{-1})$							
		0.5	1	2	3	4	5	6	8
铝铁青铜 ZCuAl10Fe3 ZCuAl10Fe3Mn2	淬火钢	250	230	230	210	180	160	120	90
灰铸铁 HT150 HT200	渗碳钢	130	115	90	—	—	—	—	—
灰铸铁 HT150	调质钢	110	90	70	—	—	—	—	—

注：蜗杆未经淬火时，需将表中 $[\sigma_H]$ 值降低 20%。

其余参数的单位为：T_2 为蜗轮转矩，单位为 N·mm，σ_H 为蜗轮齿面接触应力，单位为 MPa；设计计算时可按 m^2d_1 值由表 10-1 确定模数 m 和蜗杆分度圆直径 d_1。

2. 蜗轮齿根弯曲疲劳强度计算

由于蜗轮轮齿齿形比较复杂，精确计算其齿根弯曲疲劳强度比较困难，所以常用的齿根弯曲疲劳强度计算方法就带有很大的条件性。蜗轮轮齿呈圆弧形，离中间平面愈远的平行平面上轮齿愈厚，相当于正变位齿，所以蜗轮轮齿的弯曲疲劳强度比斜齿轮高。一般不需验算弯曲疲劳强度，只有当 $z_2>80\sim100$，或蜗轮负变位时，才进行蜗轮轮齿齿根弯曲强度验算。借用斜齿轮弯曲疲劳强度计算式，代入蜗轮有关参数，经推导得蜗轮弯曲疲劳

强度校核公式为

$$\sigma_F = \frac{1.7KT_2}{d_1 d_2 m} Y_F Y_\beta \leqslant [\sigma_F] \qquad (10-16)$$

式(10-16)经整理可得设计公式为

$$m^2 d_1 \geqslant \frac{1.7KT_2}{z_2 [\sigma_F]} \cdot Y_F Y_\beta \qquad (10-17)$$

上两式中，K 为载荷系数，取值同上；Y_F 为蜗轮的齿形系数，按当量齿数 $z_{v_2} = z_2 / \cos^3 \lambda$ 由表 10-8 查取，λ 为蜗杆导程角；Y_β 为蜗轮螺旋角系数，$Y_\beta = 1 - \lambda/140°$；$[\sigma_F]$ 为蜗轮材料的许用弯曲应力，MPa。

$$[\sigma_F] = K_{FN} [\sigma_{0F}] \qquad (10-18)$$

式中，K_{FN} 为寿命系数，$K_{FN} = \sqrt[9]{\frac{10^6}{N}}$，其中应力循环次数 N 的计算方法同前，当 $N > 25 \times 10^7$ 时，取 $N = 25 \times 10^7$，当 $N < 10^5$ 时，取 $N = 10^5$；$[\sigma_{0F}]$ 为基本许用弯曲应力，从表 10-9 中查取。

表 10-8　蜗轮的齿形系数 $Y_F(\alpha=20°, h_a^*=1)$

γ \ z_v	20	24	26	28	30	32	35	37	40	45	56	60	80	100	150
4°	2.79	2.65	2.60	2.55	2.52	2.49	2.45	2.42	2.39	2.35	2.32	2.27	2.22	2.18	2.14
7°	2.75	2.61	2.56	2.51	2.48	2.44	2.40	2.38	2.35	2.31	2.28	2.23	2.17	2.14	2.09
11°	2.66	2.52	2.47	2.42	2.39	2.35	2.31	2.29	2.26	2.22	2.19	2.14	2.08	2.05	2.00
16°	2.49	2.35	2.30	2.26	2.22	2.19	2.15	2.13	2.10	2.06	2.02	1.98	1.92	1.88	1.84
20°	2.33	2.19	2.14	2.09	2.06	2.02	1.98	1.96	1.93	1.89	1.86	1.81	1.75	1.72	1.67
23°	2.18	2.05	1.99	1.95	1.91	1.88	1.84	1.82	1.79	1.75	1.72	1.67	1.61	1.58	1.53
26°	2.03	1.89	1.84	1.80	1.76	1.73	1.69	1.67	1.64	1.60	1.57	1.52	1.46	1.43	1.38
27°	1.98	1.84	1.79	1.75	1.71	1.68	1.64	1.62	1.59	1.55	1.52	1.47	1.41	1.38	1.33

表 10-9　蜗轮材料的基本许用弯曲应力 $[\sigma_{0F}]$　　(MPa)

材料	铸造方法	蜗杆硬度<45HRC		蜗杆硬度>45HRC	
		单向传动	双向传动	单向传动	双向传动
ZCuSn10P1	砂模	51	32	64	40
	金属模	58	40	73	50
ZCuSn5Pb5Zn5	砂模	37	29	46	36
	金属模	39	32	49	40
ZCuAl9Fe4NiMn2	砂模	82	64	103	80
	金属模	90	80	113	100
ZCuAl10Fe3	金属模	90	80	113	100
HT150	砂模	38	24	48	30
HT200	砂模	48	30	60	38

注：表中各种蜗轮材料的基本许用弯曲应力为应力循环次数 $N=10^6$ 时的值

10.3.5 蜗杆的刚度校核

如果蜗杆轴的刚度不足,则当蜗杆受力后会产生较大的变形,从而造成轮齿上的载荷集中,严重影响轮齿的啮合,造成偏载,加剧磨损和发热,因此对受力后变形量较大的蜗杆需进行刚度校核。蜗杆的弯曲变形主要是由圆周力 F_{t1} 和径向力 F_{r1} 引起的。校核时通常把蜗杆螺旋部分看成是蜗杆齿根圆为直径的轴段,蜗杆的最大挠度 y(mm)可按下式近似计算:

$$y=\frac{\sqrt{F_{t1}^2+F_{r1}^2}}{48EI}L'^3 \leqslant [y] \tag{10-19}$$

式中,y 为蜗杆的最大挠度,mm;E 为蜗杆材料的弹性模量,MPa,钢制蜗杆时 $E=2.06\times10^6$ MPa;I 为蜗杆危险截面的惯性矩,$I=\frac{\pi d_{f1}^4}{64}$,mm^4,$d_{f1}$ 为蜗杆的齿根圆直径,mm;L' 为蜗杆两端支撑间的跨距,mm,根据结构尺寸而定,初步计算时可取 $L'=0.9d_2$,d_2 为蜗轮分度圆直径,mm;$[y]$ 为蜗杆许用的最大挠度,$[y]=\frac{d_1}{1000}$,d_1 为蜗杆分度圆直径,mm。

10.4 圆弧圆柱蜗杆传动的设计计算

圆弧圆柱蜗杆传动和其他蜗杆传动一样,可以实现交错轴之间的传动,蜗杆能安装在蜗轮的上、下方或侧面。圆弧圆柱蜗杆(ZC 蜗杆)传动具有承载能力大、传动效率高、使用寿命长等优点,因此,圆弧圆柱蜗杆传动有逐渐代替普通圆柱蜗杆传动的趋势。它的主要特点有以下几方面。

(1) 传动比范围大,可实现 1∶100 的大传动比传动。

(2) 蜗杆与蜗轮的齿廓呈凸凹啮合,接触线与相对滑动速度方向间的交角大,有利于润滑油膜的形成。

(3) 当蜗杆为主动件时,啮合效率可达 95% 以上,比普通圆柱蜗杆传动效率高 10%~20%。

(4) 传动的中心距难以调整。

10.4.1 圆弧圆柱蜗杆传动的主要参数及几何尺寸计算

圆弧圆柱蜗杆目前应用较多的是轴向圆弧圆柱蜗杆传动,多采用变位蜗杆传动,其轴向齿廓形状如图 10.18 所示,其齿形参数及几何尺寸计算公式见表 10-10。决定圆弧圆柱蜗杆齿廓形状的基本参数,除了与普通圆柱蜗杆相同的基本参数,还有齿形角 α_0、变位系数 x_2 及齿廓圆弧半径 ρ。

(1) 齿形角 α_0 依据啮合分析,推荐选取齿形角 $\alpha_0=23°\pm2°$。

(2) 变位系数 x_2 蜗轮按变位前后齿数不变的变位方式变位,一般推荐 $x_2=0.5\sim1.5$。代替普通圆柱蜗杆传动时,一般选 $x_2=0.5\sim1$。转速较高时,应尽量选取较大的变位系数,取 $x_2=1\sim1.5$。当 $z_1>2$ 时,取 $x_2=0.7\sim1.2$;当 $z_1\leqslant2$ 时,取 $x_2=1\sim1.5$。

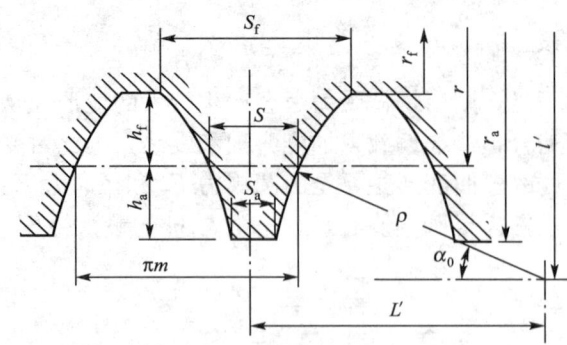

图 10.18 圆弧圆柱蜗杆的轴向齿廓

（3）齿廓圆弧半径 ρ 选择计算参见表 10-10。

表 10-10 圆弧圆柱蜗杆齿形参数及几何尺寸计算公式

名　称	符号	计算公式	备　注
齿形角	α_0	$\alpha_0 = 23°\pm 2°$	常取 $\alpha_0 = 23°$
蜗杆齿厚	s	$s = 0.4\pi m$	m 为模数，下同
蜗杆齿槽宽	e	$e = 0.6\pi m$	
蜗杆轴间齿距	p_a	$p_a = \pi m$	
齿廓圆弧半径	ρ	实际应用中推荐：$\rho = (5\sim 5.5)m$； 当 $z_1 = 1, 2$ 时，取 $\rho = 5m$； $z_1 = 3$ 时，取 $\rho = 5.3m$； $z_1 = 4$ 时，取 $\rho = 5.5m$	
齿廓圆弧中心到蜗杆轴线的距离	l'	$l' = \rho\sin\alpha_0 + d_1/2$	
齿廓圆弧中心到蜗杆齿对称线的距离	L'	$L' = \rho\cos\alpha_0 + \dfrac{1}{2}s = \rho\cos\alpha_0 + 0.2\pi m$	
齿顶高	h_a	$h_a = m$	
齿根高	h_f	$h_f = 1.2m$	
齿全高	h	$h = 2.2m$	
顶隙	c	$c = 0.2m$	
蜗杆齿顶厚度	s_a	$s_a = 2[L' - \sqrt{\rho^2 - (l' - r_{a1})^2}]$	
蜗杆齿根厚度	s_f	$s_f = 2[L' - \sqrt{\rho^2 - (l' - r_{f1})^2}]$	
蜗杆分度圆柱螺旋升角	λ	$\lambda = \arctan(z_1/q)$	
法面模数	m_n	$m_n = m\cos\lambda$	
蜗杆法向齿厚	s_n	$s_n = s\cos\lambda$	
齿廓圆弧半径最小界限值	ρ_{min}	$\rho_{min} \geq \dfrac{h_a}{\sin\alpha_0} = \dfrac{h_a^* m}{\sin\alpha_0}$	

其余几何尺寸计算公式与普通圆柱蜗杆传动的相应公式完全一样，参考表 10-3

10.4.2 圆弧圆柱蜗杆传动的主要设计内容

圆弧圆柱蜗杆传动的受力情况与普通圆柱蜗杆相同,因此,其主要失效形式及设计准则也大体相同。和普通圆柱蜗杆一样,蜗轮的强度相对蜗杆较弱,因此主要对蜗轮进行强度计算。

设计圆弧圆柱蜗杆传动时,通常已知输入功率P、输入轴转速n_1、传动比i(或输出轴转速n_2)及工作条件、受载情况等。

1. 圆弧圆柱蜗杆、蜗轮材料的选择

圆弧圆柱蜗杆传动代替普通圆柱蜗杆传动时,用于高速($v_s \geqslant 9$m/s)轻载($P \leqslant 10$kW)和中、低速($v_s = 2 \sim 8$m/s为中速,$v_s < 2$m/s为低速)中轻载($P \leqslant 45$kW)传动时,蜗杆材料的选择及其热处理要求同普通圆柱蜗杆。当用于中、高速重载($P > 45$kW)传动时,推荐采用氮化钢蜗杆。常用的氮化钢有40Cr、38CrMAl、18CrMnTi等。圆弧圆柱蜗轮的常用材料与普通圆柱蜗轮一样,但一般不采用铸铁材料。当蜗杆采用氮化钢材料时,其配对蜗轮的材料一般必须采用锡磷青铜。

2. 确定圆弧圆柱蜗杆传动的主要参数

根据输入功率P、输入轴转速n_1,传动比按照图10.19可以初步确定蜗杆传动的中心距a,然后由a、i查表10-11可得m、d_1、z_1、z_2及x_2。

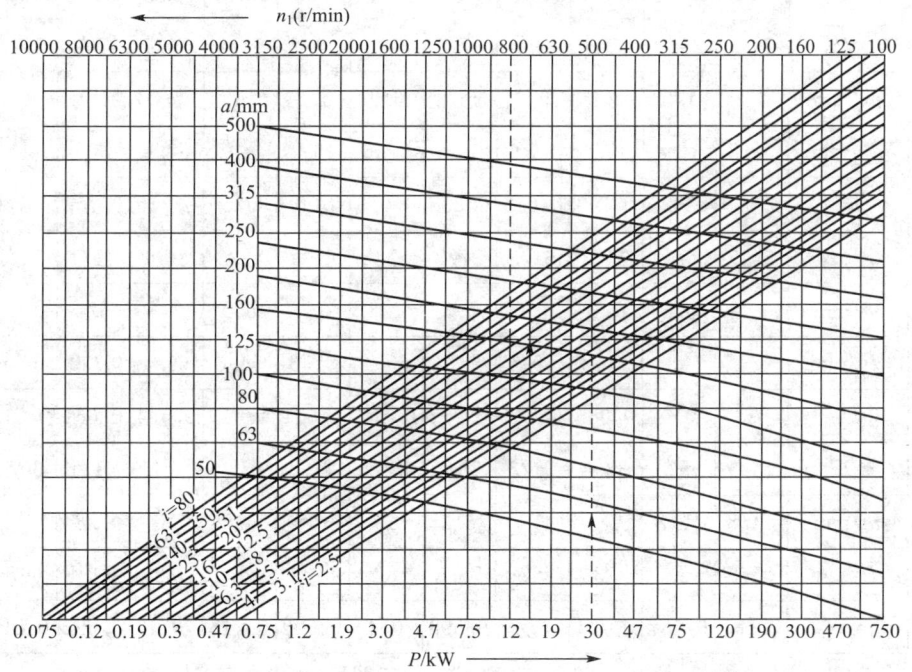

注:① 该图是按磨削的淬火钢蜗杆与锡青铜蜗轮制订的,在其他情况下,可传递的功率随σ_{Hlim}的增减而增减;
② 用法举例:$P=30$kW,$n=800$r/min,$i=10$,由图示箭头沿虚线查得$a=160$mm。

图 10.19 蜗轮齿面接触疲劳强度承载能力线图

表 10-11　圆弧圆柱蜗杆传动参数匹配

中心距 a/mm	参数	公称传动比 i										
		5	6.3	8	10	12.5	16	20	25	31.5	40	50	60
63	z_2/z_1	24/5	25/4	31/4	31/3	38/3	31/2	39/2	49/2	31/1	39/1	49/1	—
	m/mm	3.6	3.6	3	3	2.5	3	2.5	2	3	2.5	2	—
	d_1/mm	35.4	35.4	30.4	32	30	32	26	26	32	26	26	—
	x_2	0.583	0.083	0.433	0.167	0.2	0.167	0.5	0.5	0.167	0.5	0.5	—
80	z_2/z_1	24/5	25/4	33/4	31/3	37/3	31/2	41/2	51/2	31/1	41/1	51/1	59/1
	m/mm	4.5	4.5	3.6	3.8	3.2	3.8	3	2.5	3.8	3	2.5	2.25
	d_1/mm	43.6	43.6	35.4	38.4	36.6	38.4	32	30	38.4	32	30	26.5
	x_2	0.933	0.433	0.806	0.5	0.781	0.5	0.833	0.5	0.5	0.833	0.5	0.167
100	z_2/z_1	24/5	25/4	33/4	31/3	37/3	31/2	41/2	49/2	31/1	41/1	50/1	60/1
	m/mm	5.8	5.8	4.5	4.8	4	4.8	3.8	3.2	4.8	3.8	3.2	2.75
	d_1/mm	49.4	49.4	43.6	46.4	44	46.4	38.4	36.6	46.4	38.4	36.6	32.5
	x_2	0.983	0.483	0.878	0.5	1	0.5	0.763	1.031	0.5	0.763	0.531	0.455
125	z_2/z_1	24/5	25/4	33/4	31/3	37/3	31/2	41/2	51/2	30/1	41/1	50/1	59/1
	m/mm	7.3	7.3	5.8	6.2	5.2	6.2	4.8	4	6.2	4.8	4	3.5
	d_1/mm	61.8	61.8	49.4	57.6	54.6	57.6	46.4	44	57.6	46.4	44	39
	x_2	0.890	0.390	0.793	0.016	0.288	0.016	0.708	0.250	0.516	0.708	0.750	0.643
160	z_2/z_1	24/5	25/4	34/3	31/3	37/3	31/2	41/2	49/2	31/1	41/1	50/1	60/1
	m/mm	9.5	9.5	7.3	7.8	6.5	7.8	6.2	5.2	7.8	6.2	5.2	4.4
	d_1/mm	73	73	61.8	69.4	67	69.4	57.6	54.6	69.4	57.6	54.6	47.2
	x_2	1	0.5	0.685	0.564	0.962	0.564	0.661	1.019	0.564	0.661	0.519	0.5
200	z_2/z_1	24/5	25/4	33/4	31/3	38/3	31/2	41/2	51/2	31/1	41/1	50/1	60/1
	m/mm	11.8	11.8	9.5	10	8.2	10	7.8	6.5	10	7.8	6.5	5.6
	d_1/mm	93.5	93.5	73	82	78.6	82	69.4	67	82	69.4	67	58.8
	x_2	0.987	0.487	0.711	0.4	0.598	0.4	0.692	0.115	0.4	0.692	0.615	0.464

注：① $a<80$、$a>200$mm 及 $a=140$mm、180mm（第二系列）时请查有关标准。
②一般 $a>80$mm，蜗杆下置；$a\leqslant 80$mm，蜗杆上置、下置、侧置均可。

3. 传动的主要几何尺寸计算

传动的主要几何尺寸计算见表 10-12。

表 10-12 圆弧圆柱蜗杆传动基本几何尺寸计算关系式

名 称	符号	计算关系式		备 注
中心距	a	$a=\frac{1}{2}(d_1+d_2)$		$a'=\frac{1}{2}(d_1+d_2+2x_2m)$（变位后）
传动比	i	$i=\frac{n_1}{n_2}=\frac{z_2}{z_1}$		
蜗杆分度圆直径	d_1	$d_1=mq$		
蜗轮分度圆直径	d_2	$d_2=mz_2$		$d_2=2a'-d_1-2x_2m$（变位后）
蜗杆节圆直径	d_1'	$d_1'=d_1$		$d_1'=d_1+x_2m=2a'-mz_2$（变位后）
蜗杆齿顶圆直径	d_{a1}	$d_{a1}=d_1+2m$		
蜗轮齿顶圆直径（中间平面）	d_{a2}	$d_{a2}=d_2+2m$		$d_{a2}=d_2+2m+2x_2m$（变位后）
蜗杆齿根圆直径	d_{f1}	$d_{f1}=d_1-2.4m$		
蜗轮齿根圆直径（中间平面）	d_{f2}	$d_{f2}=d_2-2.4m$		$d_{f2}=d_2-2.4m+2x_2m$（变位后）
蜗轮顶圆直径	d_{e2}	$d_{e2}\leqslant d_{a2}+(0.8\sim1)m$		取整数值
蜗轮宽度	B	$B=(0.67\sim0.7)d_{a1}$		取整数值
蜗杆齿宽	b_1	$z_1=1\sim2$	$x_2<1$, $b_1\geqslant(12.5+0.1z_2)m$	对磨削蜗杆 b_1 的加长量： $m\leqslant6$，加长 20mm $m=7\sim9$，加长 20mm $m=10\sim14$，加长 40mm $m=16\sim25$，加长 50mm
			$x_2\geqslant1$, $b_1\geqslant(13+0.1z_2)m$	
		$z_1=3\sim4$	$x_2<1$, $b_1\geqslant(13.5+0.1z_2)m$	
			$x_2\geqslant1$, $b_1\geqslant(14+0.1z_2)m$	

4. 圆弧圆柱蜗杆传动的强度和刚度校核

1）蜗轮齿面接触疲劳强度校核

在初步确定传动的基本参数和主要几何尺寸后，可按下式校核蜗轮齿面接触疲劳强度的安全系数 S_H

$$S_H=\frac{\sigma_{Hlim}}{\sigma_H}\geqslant S_{Hmin} \qquad (10-20)$$

式中，σ_{Hlim} 为蜗轮齿面接触疲劳极限，MPa，见式（10-21）；σ_H 为蜗轮齿面接触应力，

MPa，见式(10-22)；S_{Hlim}为最小安全系数，见表10-13。

表10-13　最小安全系数S_{Hlim}

蜗轮的圆周速度 /(m/s)	>10	≤10	≤7.5	≤5
精度等级 GB 10089—88	5	6	7	8
S_{Hlim}	1.2	1.6	1.8	2.0

蜗轮齿面接触疲劳极限为

$$\sigma_{Hlim}=K_0 \cdot f_F \cdot f_h \cdot f_n \tag{10-21}$$

式中，K_0为蜗轮与蜗杆的配对材料系数，见表10-14；f_F为载荷系数，当载荷平稳时，$f_F=1$，当载荷有变化时，计算方法可见相关参考文献；f_h为寿命系数，见表10-15，$f_h=\sqrt[3]{\dfrac{12000}{L_h}}$，其中$L_h$是设计所要求的以小时为单位的工作寿命；$f_n$为速度系数，当转速不变时，见表10-16，当速度有变化时，计算方法可见相关参考文献。

表10-14　蜗轮与蜗杆的配对材料系数K_0　　　　　　（单位：MPa）

蜗杆材料	蜗轮齿圈材料	K_0	蜗杆材料	蜗轮齿圈材料	K_0
钢经淬火、磨削	锡青铜	7.84	钢经调质、不磨削	锡青铜	4.61
	铜铝合金	4.17		铜铝合金	2.45
	珠光体铸铁	11.76		铜锌合金	1.67

表10-15　寿命系数f_h

$L_h/1000$	0.75	1.5	3	6	12	24	48	96	190
f_h	2.5	2.0	1.6	1.26	1.0	0.8	0.63	0.50	0.40

表10-16　速度系数f_n

v_s(m/s)	0.1	0.4	1.0	2.0	4.0	8.0	12	16	24	32	46	64
f_n	0.935	0.815	0.666	0.526	0.380	0.268	0.194	0.159	0.108	0.095	0.071	0.065

蜗轮齿面接触应力

$$\sigma_H=\dfrac{F_{t2}}{Z_m Y_z b_{m2}(d_2+2x_2 m)} \tag{10-22}$$

式中，F_{t2}为蜗轮分度圆上的圆周力，N；Z_m为系数，$Z_m=\sqrt{10m/d_1}$；b_{m2}为蜗轮平均齿宽，$b_{m2}\approx 0.45(d_1+6m)$；$Y_z$为蜗杆齿的齿形系数，见表10-17。

表10-17　蜗杆齿的齿形系数

$\tan\lambda$	0	0.1	0.2	0.3	0.4	0.5	0.6	0.7	0.8	0.9	1
Y_z	0.695	0.666	0.638	0.618	0.600	0.590	0.583	0.580	0.576	0.575	0.570

2) 蜗轮齿根弯曲疲劳强度校核

由于圆弧圆柱蜗轮轮齿的齿根厚度大于普通圆柱蜗轮，只有在传动承受最大载荷、尤其是最大冲击载荷，且蜗轮材料的脆性又较大时，轮齿才有折断的可能，此时才需要进行蜗轮齿根弯曲疲劳强度校核，一般情况下均无此必要。

可按下式校核蜗轮齿根弯曲疲劳强度的安全系数：

$$S_F = \frac{C_{Flim}}{C_{Fmax}} \geq 1 \tag{10-23}$$

式中，C_{Flim} 为蜗轮齿根应力系数极限值，见表 10-18；C_{Fmax} 为蜗轮齿根最大应力系数：

$$C_{Fmax} = \frac{F_{t2max}}{m_n \pi \hat{b}_2} \tag{10-24}$$

式中，F_{t2max} 为蜗轮平均圆（以蜗轮的齿顶圆直径和喉圆直径的平均值为直径所作的圆）上的最大圆周力，N；$\hat{b}_2$ 为蜗轮齿弧长，蜗轮齿圈为锡青铜时，$\hat{b}_2 \approx 1.1 b_2$；为铜铝合金时，$\hat{b}_2 \approx 1.17 b_2$。

表 10-18 蜗轮齿根应力系数极限值 C_{Flim}

蜗轮齿圈材料	锡青铜	铜铝合金
C_{Flim}/MPa	39.2	18.62

3) 蜗杆的刚度校核

当跨距较大时，圆弧圆柱蜗杆也应进行刚度校核。由于圆弧圆柱蜗杆轮齿较厚，对提高蜗杆弯曲刚度效果明显，所以弯曲刚度校核中应当考虑这一影响。但这样将使计算变得复杂，实际计算从偏于安全考虑，一般仍可采用普通圆柱蜗杆刚度校核公式（10-17）进行计算。

5. 计算几何尺寸

当蜗杆强度校核合格后，计算蜗杆及蜗轮的全部几何尺寸（参考表 10-12）。

圆弧圆柱蜗杆传动的设计步骤和设计内容基本同普通圆柱蜗杆传动，有关圆弧圆柱蜗杆传动的效率、润滑及热平衡计算的方法和相关参数选取可参考普通圆柱蜗杆传动及相关设计手册。

10.5 普通圆柱蜗杆传动的效率、润滑及热平衡计算

10.5.1 蜗杆传动的相对滑动速度

蜗杆和蜗轮啮合时，齿面间有较大的相对滑动，相对滑动速度的大小对齿面的润滑情况、齿面失效形式及传动效率有很大影响。相对滑动速度越大，齿面间越容易形成油膜，则齿面间摩擦系数越小，当量摩擦角也越小；但另一方面，由于啮合处的相对滑动，加剧了接触面的磨损，因而应选用恰当的蜗轮蜗杆的配对材料，并注意蜗杆传动的润滑条件。

由图10.20可得滑动速度 v_s 计算公式为

$$v_s = \sqrt{v_1^2 + v_2^2} = \frac{v_1}{\cos\lambda} = \frac{\pi d_1 n_1}{60 \times 1000 \cos\lambda} \quad (10-25)$$

式中，v_1、v_2 分别为蜗杆、蜗轮的圆周速度，m/s。

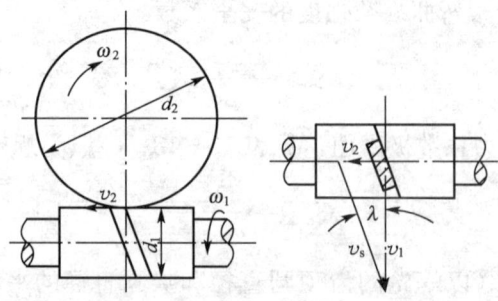

图 10.20 蜗杆传动的滑动速度

10.5.2 蜗杆传动的效率

闭式蜗杆传动的功率损失包括啮合摩擦损失、轴承摩擦损失和润滑油被搅动的油阻损失。因此总效率为啮合效率 η_1、轴承效率 η_2、油的搅动和飞溅损耗效率 η_3 的乘积，其中啮合效率 η_1 是主要的。总效率为

$$\eta = \eta_1 \cdot \eta_2 \cdot \eta_3 \quad (10-26)$$

因为蜗杆蜗轮副本质上与螺纹副类似，因此蜗杆蜗轮的啮合效率可由螺旋传动的效率公式求得，当蜗杆主动时：

$$\eta_1 = \frac{\tan\lambda}{\tan(\lambda + \rho_v)} \quad (10-27)$$

式中，ρ_v 为当量摩擦角，$\rho_v = \arctan f_v$，其值主要与蜗杆蜗轮副材料、表面状况以及滑动速度等有关。当量摩擦角 ρ_v 的值可查表 10-19。

表 10-19 普通圆柱蜗杆传动的当量摩擦因子 f_v 和当量摩擦角 ρ_v

蜗轮材料	锡青铜				铝青铜		灰铸铁	
蜗杆齿面硬度	≥45HRC		其他		≥45HRC		≥45HRC	其他
滑动速度 $v_s/(m \cdot s^{-1})$	f_v[①]	ρ_v[①]	f_v	ρ_v	f_v[①]	ρ_v[①]	f_v[①]	ρ_v[①]	f_v	ρ_v
0.05	0.090	5°09′	0.100	5°43′	0.140	7°58′	0.140	7°58′	0.160	9°05′
0.10	0.080	4°34′	0.090	5°09′	0.130	7°24′	0.130	7°24′	0.140	7°58′
0.25	0.065	3°43′	0.075	4°17′	0.100	5°43′	0.100	5°43′	0.120	6°51′
0.50	0.055	3°09′	0.065	3°43′	0.090	5°09′	0.090	5°09′	0.100	5°43′
1.0	0.045	2°35′	0.055	3°09′	0.070	4°00′	0.070	4°00′	0.090	5°09′
1.5	0.040	2°17′	0.050	2°52′	0.065	3°43′	0.065	3°43′	0.080	4°34′
2.0	0.035	2°00′	0.045	2°35′	0.055	3°09′	0.055	3°09′	0.070	4°00′

(续)

蜗轮材料	锡青铜		铝青铜		灰铸铁	
2.5	0.030	1°43′	0.040	2°17′	0.050	2°52′
3.0	0.028	1°36′	0.035	2°00′	0.045	2°35′
4	0.024	1°22′	0.031	1°47′	0.040	2°17′
5	0.022	1°16′	0.029	1°40′	0.035	2°00′
8	0.018	1°02′	0.026	1°29′	0.030	1°43′
10	0.016	0°55′	0.024	1°22′	—	—
15	0.014	0°48′	0.020	1°09′	—	—
24	0.013	0°45′	—	—	—	—

注：① 表值对应蜗杆齿面粗糙度轮廓算术平均偏差 Ra 为 $1.6\sim0.4\mu m$，经过仔细跑合，正确安装，并采用黏度合适的润滑油进行充分润滑时。
② 如滑动速度与表中数值不一致时，可用插入法求得 f_v 和 ρ_v 值。
③ 对圆弧圆柱蜗杆传动 ρ_v 可减小 10%～20%。

由式(10-25)可知，增大导程角 λ 可提高效率，故动力传动中常采用多头蜗杆。但导程角过大会引起加工困难，而且 $\lambda>28°$ 时，效率提高也很少。

$\lambda\leqslant\rho_v$ 时，蜗杆传动具有自锁性，但效率很低（$\eta<50\%$）。必须注意，振动条件下的 ρ_v 值的波动可能很大，因此不宜单靠蜗杆传动的自锁作用来实现制动，在重要场合应另加制动装置。

在开始设计时，为了近似地求出蜗轮轴上的转矩 T_2，则总效率 η 常按以下数值估取：

当蜗杆齿数 $z_1=1$ 时，总效率估取 $\eta\approx0.7\sim0.75$；
当蜗杆齿数 $z_1=2$ 时，总效率估取 $\eta\approx0.75\sim0.84$；
当蜗杆齿数 $z_1=4$ 时，总效率估取 $\eta\approx0.84\sim0.92$。

10.5.3 蜗杆传动的润滑

良好的润滑对于蜗杆传动很重要，充分润滑可以降低齿面的工作温度，减少磨损和避免胶合失效。为了提高蜗杆的抗胶合能力，蜗杆传动常采用黏度大的矿物油进行润滑。在矿物油中适当加入油性添加剂可以提高润滑油膜的厚度，减轻胶合的危险。但青铜蜗轮不允许采用活性大的油性添加剂，以免被腐蚀。

闭式蜗杆传动一般采用油池润滑或喷油润滑，当 $v_s\leqslant5m/s$ 时，常采用蜗杆下置式，采用浸油润滑。油池容量宜适当大些，以免油很快老化和泛起沉渣。浸油深度至少为一个齿高，但油面不得超过蜗杆轴承的最低滚动体的中心，蜗杆下置式润滑较好，但搅油损失大。当 $v_s>5\sim10m/s$ 时，搅油阻力太大，可采用蜗杆上置结构，上置式蜗杆润滑较差，但搅油损失小。这时，浸油的深度允许达到蜗轮半径的 1/3；也可采用喷油润滑，用油嘴向啮合区供油。当 $v_s>10m/s$ 时，需用压力喷油润滑，喷油嘴要对准蜗杆啮入端，蜗杆正反转时，两边都要装有喷油嘴，而且要控制一定的油压。闭式传动，常用的润滑油黏度及给油方法见表 10-20。

开式蜗杆传动可采用黏度较高的齿轮油或润滑脂进行定期供油润滑。

表 10-20　蜗杆传动的润滑油黏度及润滑方法

滑动速度 v_S/(m/s)	<1	<2.5	<5	>5~10	>10~15	>15~25	>25
工作条件	重载	重载	中载	—	—	—	—
运动黏度 $v_{40℃}$ (mm²/s)	1000	680	320	220	150	100	68
润滑方法	浸油			浸油或喷油	喷油润滑，油压/MPa		
					0.07	0.2	0.3

10.5.4　蜗杆传动的热平衡计算

由于蜗杆传动的效率低，因而发热量大，在闭式传动中，如果不及时散热，将使润滑油温度升高、黏度降低，破坏传动的润滑条件，引起剧烈磨损，严重时甚至发生胶合失效。因此，对闭式蜗杆传动要进行热平衡计算，以便在油的工作温度超过许可值时，采取有效的散热方法。

由摩擦损耗的功率变为热能，借助箱体外壁散热，当蜗杆传动单位时间内产生的热量与散发的热量相等，就达到了热平衡。通过热平衡方程，可求出达到热平衡时润滑油的工作温度。

单位时间内由功率损耗产生的热量为 Q_1(W)：

$$Q_1 = 1000P_1(1-\eta) \tag{10-28}$$

单位时间内，自然冷却时经箱体外壳散发到空气中的热量为 Q_2(W)：

$$Q_2 = K_s A(t_1 - t_0) \tag{10-29}$$

达到热平衡时，$Q_1 = Q_2$，即：$1000(1-\eta)P_1 = K_s A(t_1 - t_0)$ （10-30）

式中，P_1 为蜗杆传递的功率，kW；η 为蜗杆传动总效率；A 为箱体散热面积，m²，指箱体外壁与空气接触而内壁被油飞溅到的箱壳面积，对于散热肋布置良好的固定式蜗杆减速器，其散热面积可用近似公式 $A_1 = 0.33(a/100)^{1.75}$ 先行估算，其中 a 为蜗杆传动中心距 (mm)；对于箱体上的凸缘和散热片面积 A_2，其散热面积按 50% 计算，所以传动装置散热的计算 $A = A_1 + 0.5A_2$；t_0 为周围空气温度，常温情况下可取 20℃；t_1 为润滑油的工作温度，一般限制在 60~70℃，最高不超过 80℃；

K_s 为箱体表面传热系数，其数值表示单位面积、单位时间、温差 1℃ 所能散发的热量，根据箱体周围的通风条件一般取 $K_s = 8.7 \sim 17.5 \text{W}/(\text{m}^2 ℃)$，通风条件好时取大值。

由热平衡方程得出润滑油的工作温度 t_1 为

$$t_1 = \frac{1000P_1(1-\eta)}{K_s A} + t_0 \tag{10-31}$$

如果润滑油的工作温度超过 80℃，则需采取强制散热措施。

蜗杆传动机构的散热目的是保证油的温度在安全范围内，以提高传动能力。常用下面几种散热措施。

(1) 在箱体外壁加散热片以增大散热面积。

(2) 在蜗杆轴上加装风扇以提高传热系数 K_s（图 10.21(a)）。

(3) 采用上述方法后，如散热能力还不够，可在箱体油池内铺设蛇形冷却水管，用循环水冷却（图 10.21(b)）。

(4) 采用压力喷油循环润滑。油泵将高温的润滑油抽到箱体外,经过滤器、冷却器冷却后,喷射到传动的啮合部位(图10.21(c))。

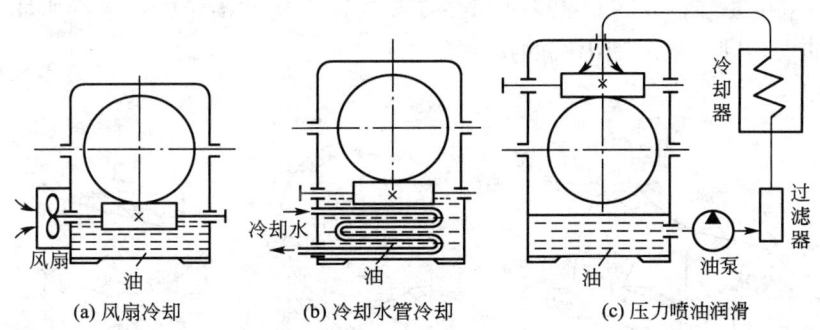

(a) 风扇冷却　　　　(b) 冷却水管冷却　　　　(c) 压力喷油润滑

图10.21　蜗杆减速器的冷却方法

10.5.5　提高圆柱蜗杆传动承载能力和传动效率的措施

在蜗杆传动中轮齿之间的接触线是随着啮合位置而移动的,如图10.22所示。在不同的位置时,接触线与蜗杆圆周速度 v_1 之间具有不同的夹角。最大的夹角(接近90°)发生在蜗杆螺纹退出啮合的齿边上(b处),因为夹角大,所以两接触面之间容易形成油膜。最小的夹角(接近于零)发生在靠近中间平面的区域 a 处,因为夹角小,两接触面之间就不容易形成油膜,在某些附加条件下甚至油膜可能完全破坏而导致轮齿的直接接触,因而限制了传动的承载能力。

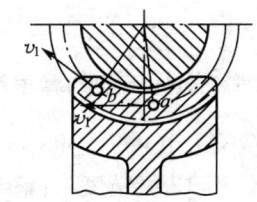

图10.22　圆柱蜗杆传动中接触线的位置

为改善圆柱蜗杆传动的润滑状况,降低摩擦系数,提高传动效率和承载能力,可以在蜗轮制造和装配方面采取下列措施,例如:

(1) 制造人工油涵,这样不但可以改善润滑条件,还可降低摩擦系数和接触应力。方法有:①利用比蜗杆直径大的滚刀切削蜗轮,如图10.23(a)。图中 R_{o2} 为滚刀半径,O_2 为滚刀轴心,O_1 为蜗杆轴心。加工蜗轮时的中心距为 $a_0=a+O_1O_2$(a 为传动的中心距)。为避免干涉,蜗轮齿顶圆弧半径也应相应增大。②偏移滚刀制造人工油涵,如图10.23(b)所示,按通常加工蜗轮方法,进刀达到齿深后将刀退出,然后将刀偏移$(0.3\sim0.6)m$,再进行加工,进刀到齿深切出入口油涵。再向反向移动刀架切出出口油涵,刀具偏移量一般取$(0.2\sim0.4)m$。

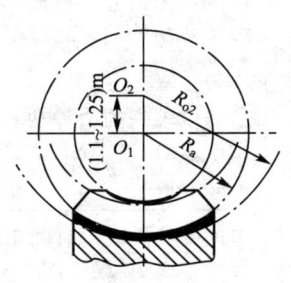 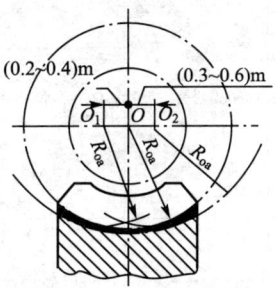

(a) 利用大滚刀加工　　　　　　(b) 利用滚刀位置移动

图10.23　人工油涵

(2) 轮齿挖窝，如图 10.24 所示。将啮合不利的区域切除，以实现合理的啮合部位，而且窝内可储油以利润滑。

(3) 蜗轮偏位安装，如图 10.25 所示。安装时，设法使蜗轮轮齿偏向啮出端，有利于啮入端形成油楔，同时增加啮出端的接触面积。

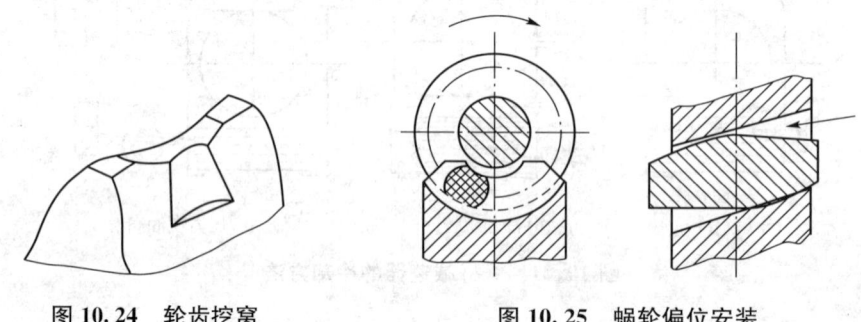

图 10.24 轮齿挖窝　　　　图 10.25 蜗轮偏位安装

10.6 圆柱蜗杆传动的精度等级和蜗杆、蜗轮结构设计

10.6.1 蜗杆传动的精度等级及其选择

GB/T 10089—1988 对圆柱蜗轮、蜗杆和蜗杆传动规定了 12 个精度等级，第 1 级精度最高，第 12 级精度最低。适用于轴交角 $\Sigma=90°$、模数 $m \geqslant 1\mathrm{mm}$、蜗杆分度圆直径 $d_1 \leqslant 400\mathrm{mm}$、蜗轮分度圆直径 $d_2 \leqslant 4000\mathrm{mm}$ 的蜗杆传动。与齿轮公差相仿，按照公差的特性对传动性能的主要保证作用，也将蜗轮、蜗杆和蜗杆传动的公差分成了 3 个公差组。圆柱蜗杆传动的精度，一般以 6～9 级应用得最多。表 10-21 列出 6～9 级精度的允许滑动速度、加工方法及应用范围。

表 10-21 圆柱蜗杆传动的精度等级及应用

精度等级	滑动速度 $v_s/(\mathrm{m/s})$	加工方法 蜗杆	加工方法 蜗轮	应用
6	>10	淬火、磨光和抛光	滚切后用蜗杆形剃齿刀精加工，加载跑合	速度较高的精密传动，中等精度的机床的分度机构，发动机调节系统的传动，武器读数装置的精密传动
7	≤10	淬火、磨光和抛光	滚切后用蜗杆形剃齿刀精加工，加载跑合	速度较高的中等功率传动，常用于运输和一般工业的中等速度的动力传动
8	≤5	调质、精车	滚切后建议加载跑合	速度较低或短时间工作的动力传动，或一般不太重要的传动
9	≤2	调质、精车	滚切后建议加载跑合	不重要的低速传动或手动

按蜗杆传动最小法向侧隙的大小,将侧隙种类分为 a、b、c、d、e、f、g 和 h 共 8 种。最小法向侧隙值以 a 为最大,其他依次减小,h 为零。侧隙种类与精度等级无关,可根据蜗杆传动的使用场合选定。选定侧隙种类后,查有关设计手册可知蜗杆、蜗轮的齿厚公差。

10.6.2 蜗杆传动的结构

1. 蜗杆的结构

蜗杆螺旋部分的直径不大,所以常和轴做成一个整体,结构形式如图 10.26 所示,常用车和铣加工,铣制图(a)蜗杆无退刀槽,且轴的直径 d_0 可大于蜗杆齿根圆直径 d_{f1},所以其刚度较车制蜗杆强。当蜗杆螺旋部分的直径较大时,可以将蜗杆与轴分开制作。

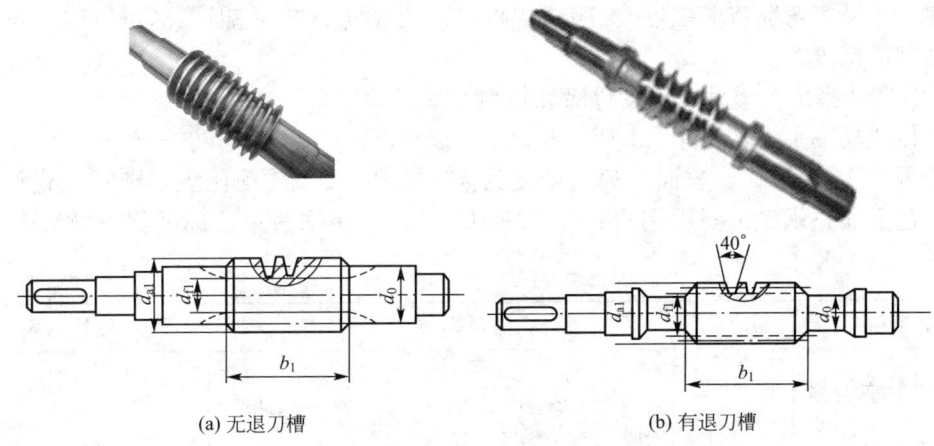

(a) 无退刀槽   (b) 有退刀槽

图 10.26 蜗杆的结构形式

2. 蜗轮的结构

蜗轮的结构有整体式和组合式两类。图 10.27(a)所示为整体浇铸式结构,适用于铸铁蜗轮、铝合金蜗轮及小尺寸的青铜蜗轮($d_2 < 100 \text{mm}$);图 10.27(b)为拼铸式结构,适用于中等尺寸、批量生产的蜗轮;图 10.27(c)为过盈配合式结构,适用于中等尺寸及工作温度变化较小的蜗轮;图 10.27(d)为螺栓连接式结构,适用于大尺寸蜗轮。

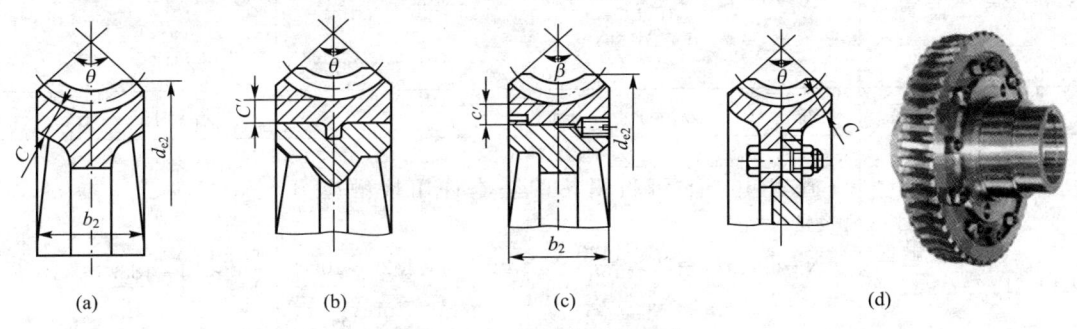

图 10.27 蜗轮的结构形式

图中:蜗轮齿宽 b_2 可取为:$z_1 = 1$,2 取 $b_2 \leqslant 0.75 d_{a1}$;$z_1 = 4$ 取 $b_2 \leqslant 0.67 d_{a1}$。

蜗轮外圆直径 d_{e2} 可取为：$z_1=1$ 取 $d_{e2}\leqslant d_{a2}+2m$；$z_1=2$ 取 $d_{e2}\leqslant d_{a2}+1.5m$；$z_1=4$ 取 $d_{e2}\leqslant d_{a2}+m$。

蜗轮齿宽角 θ 可取为：$\theta=2\arcsin(b_2/d_1)=90°\sim 100°$。

$C\approx 1.5m\geqslant 10\text{mm}$；$C'\approx 1.6m+1.5\text{mm}$。

[例 10.3] 试设计一混料机用的闭式蜗杆减速器。已知：蜗杆输入的传递功率 $P_1=7\text{kW}$、转速 $n_1=1430\text{r/min}$、传动比 $i=20$、载荷稳定，单向工作，寿命 5 年，每天工作 8h。

分析：由题意可知，根据蜗杆传动的条件，设计闭式蜗杆传动。闭式蜗杆主要失效形式为疲劳点蚀，其计算准则为按齿面接触疲劳强度进行设计，再按齿根弯曲疲劳强度进行校核（由于蜗轮轮齿弯曲强度所限定的承载能力大都超过接触强度所限定的承载能力，所以一般蜗杆传动可不计算弯曲疲劳强度，只有在受强烈冲击载荷的传动中，或蜗轮采用脆性材料时，才计算弯曲疲劳强度）。闭式蜗杆传动必须进行热平衡计算，最后还应选择润滑方式和制造精度等。

解：合理选择传动类型、精度等级和材料。

由于传递功率不大，选用 ZA 蜗杆传动，8 级精度 GB/T 10089—88。

蜗杆可采用 45 号钢，表面淬火，硬度为 45～50HRC。传动比大，则蜗轮直径也大，为节省有色金属，蜗轮齿圈用锡青铜 ZCuSn10Pb1，金属型铸造。标准保证侧隙 c。计算步骤如下。

设计项目	设计依据及内容	设计结果
1. 按接触疲劳强度设计	$m^2 d_1 \geqslant KT_2\left(\dfrac{3.25Z_E}{z_2[\sigma_H]}\right)^2$	
（1）载荷系数	查表 10-4，取载荷系数 $K=1.2$	$K=1.2$
（2）初估蜗轮转矩 T_2	选择蜗杆头数，计算蜗轮齿数 选择蜗杆头数 $z_1=2$，根据传动比，计算蜗轮齿数 $z_2=2\times 20=40$ 根据蜗杆齿数，估计总效率值，计算蜗轮转矩 估计总效率值 $\eta'=0.8$，初步计算蜗轮转矩得 $T_2'=\dfrac{9.55\times 10^6 P_1\eta'}{n_1/i}=\dfrac{9.55\times 10^6\times 7\times 0.8}{1430/20}$ $=7.50\times 10^5\text{N}\cdot\text{mm}$	$T_2'=7.50\times 10^5\text{N}\cdot\text{mm}$
（3）材料系数 Z_E	查表 10-5 $Z_E=155\sqrt{\text{MPa}}$	$Z_E=155\sqrt{\text{MPa}}$
（4）许用接触应力 $[\sigma_H]$	查表 10-6 可得蜗轮的基本许用接触应力 $[\sigma_{0H}]=220\text{MPa}$ $N=60n_2 jL_h=60\times\dfrac{1430}{20}\times 5\times 250\times 8=4.29\times 10^7$ $K_{HN}=\sqrt[8]{10^7/N}=\sqrt[8]{10^7/(4.29\times 10^7)}=0.834$ $[\sigma_H]=K_{HN}[\sigma_{0H}]=183.48\text{MPa}$	$[\sigma_H]=183.48\text{MPa}$

(续)

设计项目	设计依据及内容	设计结果
(5) m^2d_1	$m^2d_1 \geqslant KT_2\left(\dfrac{3.25Z_E}{z_2[\sigma_H]}\right)^2 = 1.2\times 7.50\times 10^5 \times$ $\left(\dfrac{3.25\times 155}{40\times 183.48}\right)^2 = 4240\text{mm}^3$	$m^2d_1 \approx 4240\text{mm}^3$
(6) 初选 m、d_1	查表 10-1，取 $m^2d_1=5120\text{mm}^3$，则模数 $m=8\text{mm}$、蜗杆分度圆直径 $d_1=80\text{mm}$	$m=8\text{mm}$ $d_1=80\text{mm}$ $m^2d_1=5120\text{mm}^3$
(7) 导程角 λ	$\tan\lambda = mz_1/d_1 = 8\times 2/80 = 0.2$ $\lambda=\arctan 0.2 = 11.30993° = 11°18'36''$	$\lambda=11°18'36''$
(8) 滑动速度 v_s	$v_s = \dfrac{\pi d_1 n_1}{60\times 1000\cos\lambda} = \dfrac{80\times 1430\pi}{60\times 1000\cos 11.30993°}$ $= 6.11\text{m/s}$	$v_s = 6.11\text{m/s}$ 蜗杆上置
(9) 啮合效率 η_1	由 $v_s=6.11\text{m/s}$ 查表 10-19 并插值得 $\rho_v=1°11'$ $\eta_1 = \dfrac{\tan\lambda}{\tan(\lambda+\rho_v)} = \dfrac{\tan 11°18'36''}{\tan(11°18'36''+1°11')}$ $= \dfrac{0.2}{0.223} = 0.90$	$\eta_1 = 0.90$
(10) 传动效率 η	取轴承效率 $\eta_2=0.99$，搅油效率 $\eta_3=0.98$ $\eta=\eta_1\eta_2\eta_3 = 0.90\times 0.99\times 0.98 = 0.87$	$\eta = 0.87$
(11) 检验 m^2d_1 值	$T_2 = T_1 i\eta = \dfrac{9.55\times 10^6 P_1 \eta}{n_1/i}$ $= \dfrac{9.55\times 10^6 \times 7\times 0.87}{1430/20} = 8.13\times 10^5 \text{N}\cdot\text{mm}$ $m^2d_1 = KT_2\left(\dfrac{3.25Z_E}{z_2[\sigma_H]}\right)^2 = 1.2\times 8.13\times 10^5 \times$ $\left(\dfrac{3.25\times 155}{40\times 183.48}\right)^2 \approx 4596\text{mm}^3 < 5120\text{mm}^3$	原选参数满足齿面接触疲劳强度要求
2. 弯曲疲劳强度校核（一般不需要进行） (1) 确定蜗轮齿形系数 Y_F (2) 蜗轮螺旋角系数 Y_β (3) 许用弯曲应力 σ_F	$\sigma_F = \dfrac{1.64KT_2}{d_1 d_2 m}Y_F Y_\beta < [\sigma_F]$ 当量齿数 $z_v = \dfrac{z_2}{\cos^3\lambda} = \dfrac{40}{\cos^3 11°18'36''} = 42.4$ 由插值法查表 10-8 得 $Y_F=2.212$ $Y_\beta = 1 - \dfrac{\lambda}{140°} = 1 - \dfrac{11°18'36''}{140°} = 0.919$ 查表 10-9 得 $[\sigma_{0F}]=73\text{MPa}$ $K_{FN} = \sqrt[9]{10^6/4.29\times 10^7} = 0.659$ $[\sigma_F] = K_{FN}[\sigma_{0F}] = 0.659\times 73 = 48.107\text{MPa}$ $\sigma_F = \dfrac{1.7KT_2}{d_1 d_2 m}Y_F Y_\beta = \dfrac{1.7\times 1.2\times 8.13\times 10^5}{8^2\times 80\times 40}\times 2.212\times$ $0.919 = 16.46\text{MPa} < [\sigma_F]$	$Y_F = 2.212$ $Y_\beta = 0.919$ $[\sigma_F] = 48.107\text{MPa}$ $\sigma_F < [\sigma_F]$ 弯曲强度满足要求

（续）

设计项目	设计依据及内容	设计结果
3. 确定主要的传动参数		
（1）中心距	$a=\frac{1}{2}(d_1+mz_2)=\frac{1}{2}(80+8\times 40)=200\text{mm}$	$a=200\text{mm}$
（2）蜗杆分度圆直径	$d_1=80\text{mm}$	$d_1=80\text{mm}$
（3）蜗杆齿顶圆直径	$d_{a1}=d_1+2h_a=80+2\times 8=96\text{mm}$	$d_{a1}=96\text{mm}$
（4）蜗杆齿根圆直径	$d_{f1}=d_1-2h_f=80-2\times 1.2\times 8=60.8\text{mm}$	$d_{f1}=60.8\text{mm}$
（5）蜗杆轴向齿距	$p_{x1}=\pi m=3.14\times 8=25.12\text{mm}$	$p_{x1}=25.12\text{mm}$
（6）轮齿部分长度	$b_1\geqslant (11+0.06z_2)m=(11+2.4)\times 8=107.2\text{mm}$，取 $b_1=120\text{mm}$	$b_1=120\text{mm}$
（7）蜗轮分度圆直径	$d_2=mz_2=8\times 40=320\text{mm}$	$d_2=320\text{mm}$
（8）蜗轮齿顶圆直径	$d_{a2}=d_2+2h_a=320+2\times 8=336\text{mm}$	$d_{a2}=336\text{mm}$
（9）蜗轮齿根圆直径	$d_{f2}=d_2-2h_f=320-2\times 1.2\times 8=300.8\text{mm}$	$d_{f2}=300.8\text{mm}$
（10）蜗轮外圆直径	$d_{e2}=d_{a2}+1.5m=336+12=348\text{mm}$	$d_{e2}=348\text{mm}$
（11）蜗轮宽度	$B\leqslant 0.75d_{a1}=72\text{mm}$ 取 $B=72\text{mm}$	$B=72\text{mm}$
4. 热平衡计算 估算散热面积 A （验算油的工作温度 t_i）	$A=0.33(a/100)^{1.75}=0.33(200/100)^{1.75}=1.110\text{m}^2$ 取 $t_0=20\text{℃}$，$K_s=14\text{W}/(\text{m}^2\cdot\text{℃})$ $t_1=\frac{1000P_1(1-\eta)}{K_sA}+t_0$ $=\frac{1000\times 3\times (1-0.87)}{14\times 1.110}+20$ $=45\text{℃}<80\text{℃}$	$t_i=45\text{℃}<80\text{℃}$ 油温未超过限度
5. 润滑方式	$v_s=6.11\text{m/s}$，由表 10-20 采用浸油润滑，蜗杆上置式	
6. 蜗杆、蜗轮的结构设计	蜗杆：车制，其零件图如图 10.28 所示 蜗轮：采用齿圈压配式结构，其零件图如图 10.29 所示	

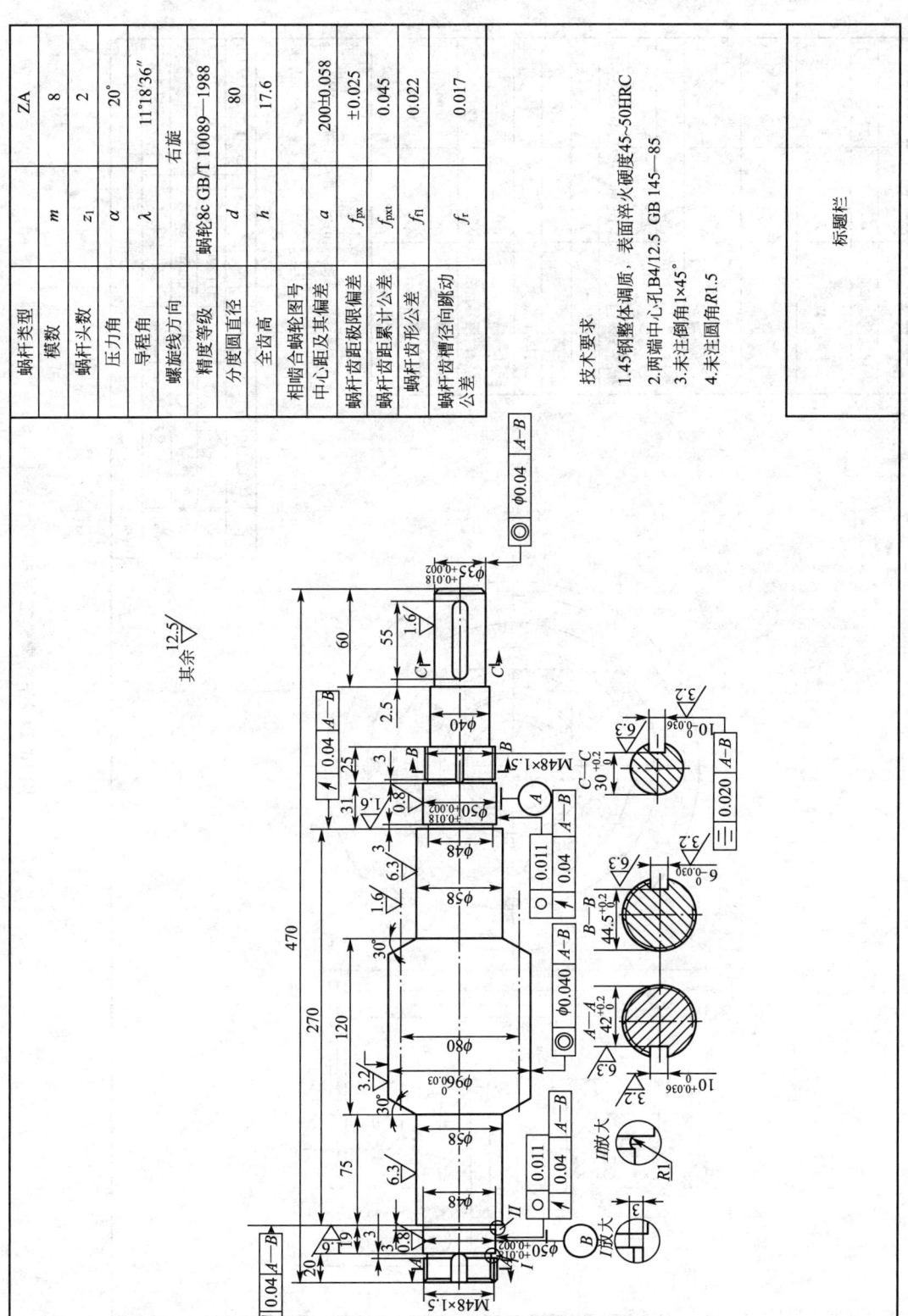

图 10.28 蜗杆零件工作图

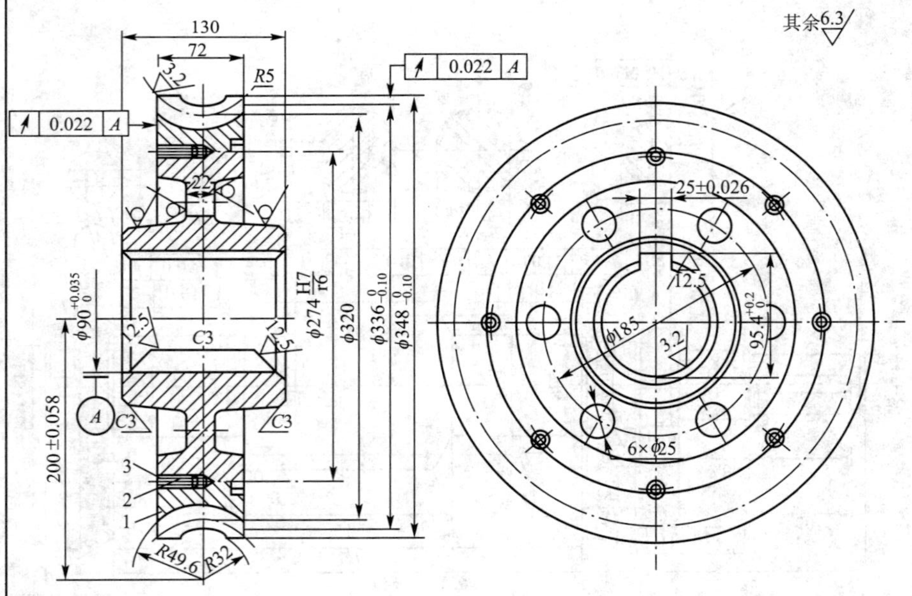

中间平面模数	m	8
齿数	z	40
蜗杆轴轴向齿形角	α	20°
齿顶高系数	h_a^*	1
顶隙系数	c_a^*	0.2
螺旋角	β	11°18′36″
旋向		右旋
变位系数	x_2	0
精度等级		蜗轮 8c GB/T 10089—1988
分度圆直径	d	320
全齿高	h	17.6
配对蜗杆图号		
蜗轮类型		ZA
蜗轮齿距累计公差	F_P	0.125
蜗轮齿距极限偏差	f_{Pt}	±0.032
蜗轮齿形公差	f_{f2}	0.028
轴交角极限偏差	f_Σ	±0.022

技术要求

1. 轮缘与轮心装配后,钻螺栓孔拧上螺栓后精车和切齿。

3	螺栓 M10×30	6		GB/T 5783—2000
2	轮心	1	HT200	
1	轮缘	1	ZCuSn10Pb1	标准
序号	名称	数量	材料	

(标题栏)

图 10.29 蜗轮零件工作图

习 题

10.1 蜗杆传动有何特点？适用于什么场合？

10.2 蜗杆传动的模数和压力角是在哪个平面上定义的？蜗杆传动正确啮合的条件是什么？

10.3 与齿轮传动相比，蜗杆传动的失效形式有何特点？蜗杆传动的设计准则是什么？

10.4 为什么蜗杆传动常采用青铜蜗轮而不采用钢制蜗轮？为什么青铜蜗轮常采用组合结构？

10.5 要求自锁的蜗杆传动为什么必须采用单头蜗杆？而传递较大功率时，又必须采用多头蜗杆？是否可以靠蜗杆传动的自锁性能，采用蜗杆传动作为实现电梯在各楼层停止的机构？

10.6 滑动速度 v_s 和哪些参数有关？

10.7 蜗杆传动的啮合效率受哪些因素影响？主要影响因素是什么？

10.8 为什么闭式蜗杆传动要进行热平衡计算？如果温度不符合要求，可以采取哪些措施？

10.9 在蜗杆传动中，为什么只验算蜗轮的强度，而不验算蜗杆的强度？

10.10 锡青铜和铝铁青铜的许用接触应力在意义上和取值上各有何不同？为什么？

10.11 如何提高圆柱蜗杆传动的承载能力？

10.12 蜗杆传动能否用于增速传动？其效率应如何计算？

10.13 如图 10.30 所示为一蜗杆减速器，蜗杆轴输入功率 $P_1=5.5$ kW，转速 $n_1=2920$ r/min，载荷平稳，单向转动，两班制工作，蜗杆和蜗轮间的当量摩擦系数 $f_v=0.018$，模数 $m=8$ mm，蜗杆分度圆直径 $d_1=80$，蜗杆头数 $z_1=2$，蜗轮齿数 $z_2=60$，考虑轴承效率及搅油损失 $\eta_2=0.95$。

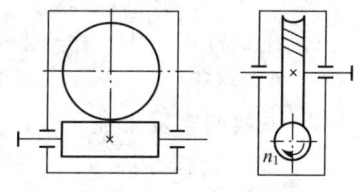

图 10.30 蜗杆减速器

(1) 确定蜗杆的旋向，蜗轮的转向；

(2) 求蜗杆传动的啮合效率 η_1 和总效率 η；

(3) 求作用在蜗杆和蜗轮上作用力的大小和方向(用分力表示)；

(4) 5 年(每年按 260 个工作日计算)内功率损耗的费用(每度电费按 0.4 元计算)。

10.14 设计一运料用单级普通圆柱蜗杆传动减速器。已知输入功率 $P_1=8$ kW，蜗杆转速 $n_1=1440$ r/min，传动比 $i=20$。单向运转，工作载荷稳定，长期连续运转，大批量生产。

10.15 已知一普通圆柱蜗杆传动，蜗杆为主动件，材料为 45 钢，调质，表面硬度为 240HBS，头数 $z_1=2$，转速 $n_1=960$ r/min，分度圆直径 $d_1=28$ mm，导程角 $\lambda=8°28'08''$，蜗轮材料为铸锡青铜 ZcuSn10P1，砂模铸造，齿数 $z_2=45$，单向运转，载荷平稳。试计算该蜗杆传动允许传递的最大扭矩 T_2 和输入功率 P_1。

10.16 在蜗杆传动中，蜗杆轴向模数 $m=8$ mm，传动比 $i=19$，蜗杆分度圆直径 $d_1=3$ mm，头数 $z_1=2$，中心距 $a=182.5$ mm，要使中心距为 180mm，求变位系数和蜗杆、蜗轮的主要几何尺寸；如果中心距不变，传动比改变为 20，确定蜗轮变位系数。

模 拟 试 题

10.1 填空题
1. 当蜗杆头数确定后，蜗杆特性系数 q 越小，导程角 γ 越_____，效率越_____。
2. 传递大功率时，很少采用蜗杆传动，这是因为_____，当 $i>8$ 且希望采用一级传动装置，则应采用_____传动。

10.2 选择题
1. 对闭式蜗杆传动进行热平衡计算，其主要目的是为了防止温升过高导致____。
　　A. 材料的力学性能下降　　　　　　B. 润滑油变质
　　C. 蜗杆热变形过大　　　　　　　　D. 润滑条件恶化或齿面胶合
2. 普通蜗杆不宜用于大功率传动，主要原因是(　　)。
　　A. 传动比太大　　　　　　　　　　B. 效率较低，摩擦损耗及发热量较大
　　C. 蜗轮强度不高　　　　　　　　　D. 蜗轮转得太慢
3. 蜗杆传动用____来计算传动比 i 是错误的。
　　A. $i=\omega_1/\omega_2$　　B. $i=z_2/z_1$　　C. $i=n_1/n_2$　　D. $i=d_2/d_1$
4. 对于 4m/s 的传动，应采用____作为蜗轮齿圈的材料。
　　A. HT20‐400　　B. ZcuSn10P1　　C. ZcuAl10Fe$_3$　　D. 45 钢
5. 对于蜗杆传动，为了提高效率，在一定限度内可采用____。
　　A. 较大的蜗杆特性系数　　　　　　B. 较大的螺旋升角
　　C. 较大的模数
6. 在蜗杆传动中，由于材料与结构上的原因，蜗杆轮齿的强度____蜗轮轮齿的强度。
　　A. 高于　　　　　B. 等于　　　　　C. 小于
7. 失效通常发生在____，因此蜗杆传动承载能力的计算是针对____进行的。
　　A. 蜗轮轮齿　　　B. 蜗杆齿根　　　C. 蜗杆齿面
8. 蜗轮常用的材料是____。
　　A. 45 钢　　　　B. 铝合金　　　　C. 铜合金　　　　D. 球墨铸铁
9. 蜗杆分度圆直径为：____。
　　A. $d_1=mz$　　B. $d_1=m_nq$　　C. $d_1=mq$　　D. $d_1=z_1q$
10. 比较理想的蜗杆和蜗轮的材料组合是____。
　　A. 钢和青铜　　　B. 钢和铸铁　　　C. 钢和钢　　　　D. 青铜和铸铁
11. 对由铝铁青铜和铸铁制造的蜗轮，其许用接触应力 $[\sigma_H]$ 与____有关。
　　A. 蜗轮毛坯的铸造方法(砂模还是金属模)
　　B. 滑动速度　　　　　　　　　　　C. 蜗轮是否双向回转
　　D. 啮合循环次数　　　　　　　　　E. 抗胶合条件.
12. 蜗杆传动中，蜗杆的轴向力与蜗轮的____力是一对作用力与反作用力。
　　A. 轴向　　　　　B. 圆周　　　　　C. 径向
13. 蜗杆传动中，用____来计算传动比 i 是错误的。
　　A. $i=\omega_1/\omega_2$　　B. $i=Z_2/Z_2$　　C. $i=n_1/n_2$　　D. $i=d_2/d_1$

14. 蜗杆传动容易发生的失效是____。
    A. 轮齿折断和齿面磨损　　　　　B. 齿面点蚀和齿面胶合
    C. 轮齿折断和齿面点蚀　　　　　D. 齿面磨损和齿面胶合

10.3 是非题

1. 当蜗轮材料为铸铁或 $ZCuAl_{10}Fe_3$ 时，其承载能力取决于蜗轮的接触疲劳强度。（　　）
2. 蜗杆蜗轮传动中，多以蜗杆作主动件，这是因为蜗杆比蜗轮转得快。（　　）
3. 由于主、从动齿轮齿面上的作用力是作用力与反作用力关系，大小相等，且两齿轮模数相同，所以，两齿轮齿根部位产生的弯曲应力也相等。（　　）
4. 蜗杆传动的传动比为：$i=z_2/z_1=d_2/d_1$。（　　）
5. 在蜗杆传动中，蜗杆头数越少，则传动效率越低，但自锁性越好。（　　）
6. 蜗杆蜗轮传动中，多以蜗杆作主动件，这是因为蜗杆直径比蜗轮直径小。（　　）

第 11 章 滑动轴承

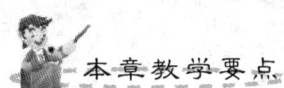 本章教学要点

知识要点	掌握程度	相关知识
滑动轴承的类型、特点及应用； 失效形式及常用材料； 轴瓦的结构和润滑剂选择	掌握滑动轴承的类型、特点； 掌握失效形式及常用材料； 熟悉轴瓦的结构、定位及润滑； 掌握润滑剂选择	滑动轴承的分类、失效形式及常用材料； 轴瓦的形式与构造、定位及油孔等的开设； 滑动轴承润滑剂
不完全液体润滑滑动轴承的失效形式和计算准则； 径向滑动轴承的计算； 止推滑动轴承的计算	掌握不完全液体润滑滑动轴承失效形式及计算准则； 熟悉径向滑动轴承的计算； 掌握止推滑动轴承的计算	不完全液体润滑滑动轴承失效形式及计算准则； 径向滑动轴承； 止推滑动轴承
建立流体动力润滑基本方程的假设，动力油膜形成原理及必要条件； 液体动力润滑径向滑动轴承的主要几何关系、工作能力计算及参数选择	掌握推导雷诺方程的假设条件、动力油膜形成原理及必要条件； 掌握液体动力润滑径向滑动轴承的主要几何关系、工作能力计算及参数选择	雷诺方程的假设条件、动力油膜形成原理及必要条件； 液体动力润滑径向滑动轴承的主要几何关系、工作能力计算及参数选择

导入案例

机器中旋转的零件需要有支撑的机构,为减少旋转零件的噪声和磨损必须考虑减摩和润滑等问题,如何解决运转机器中旋转零件存在的问题?本章在第 4 章内容的基础上,重点介绍滑动轴承的基本知识、润滑方式和润滑装置。作为机械设备中的重要零件之一的轴承,它的主要功能是支承回转轴,并承受作用在轴上的载荷,如图 11.1 所示。为了保证轴的运动精度和提高轴承的寿命,轴承的结构和材料、轴承的润滑是轴承设计和使用中需要重点解决的问题。了解并掌握这方面的知识有利于正确地设计、使用和维护机器。

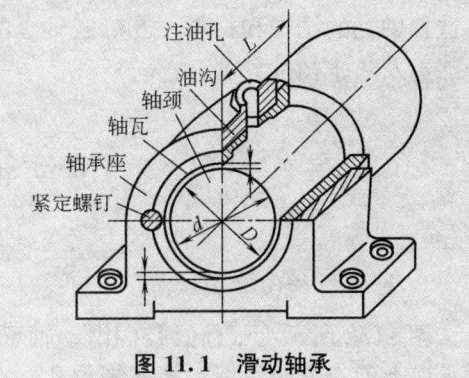

图 11.1 滑动轴承

11.1 概 述

1. 滑动轴承的类型、特点和应用

滑动轴承按其所能承受的载荷方向的不同,可分为径向滑动轴承(承受径向载荷)、止推滑动轴承(承受轴向载荷)。

滑动轴承按其滑动表面间润滑状态的不同,可分为液体润滑轴承、不完全液体润滑轴承(指滑动表面间处于边界润滑或混合润滑状态)和自润滑轴承(指工作时不加润滑剂)。根据液体润滑承载机理的不同,又可分为液体动力润滑轴承(简称液体动压轴承)和液体静压润滑轴承。

与滚动轴承相比,滑动轴承在某些工作条件下有着显著的优越性。

(1) 液体润滑滑动轴承摩擦磨损很小,承载能力很大,耐冲击和振动。因此,广泛应用于高速、大功率(如汽轮机、燃气轮机、大型鼓风机等)和低速重载(如轧钢机、水轮机等)的机械中。

(2) 液体润滑滑动轴承的运转平稳性也极好,可以得到很高的旋转精度,因此常用作金属切削机床的主轴轴承(如磨床主轴轴承)。

(3) 剖分式滑动轴承便于安装和调整,这往往成为某些类型轴(如发动机曲轴)及大型设备选择支承形式的唯一可行途径。

(4) 滑动轴承的径向尺寸比滚动轴承的小,适用于径向空间尺寸受到限制的场合。

(5) 不完全液体润滑滑动轴承具有结构简单、成本低廉、使用方便等优点,在转速不太高、载荷不太大及精度要求不高的不太重要的场合经常采用。

(6) 自润滑滑动轴承结构简单,可长期运转而无需加注润滑剂,适用于低速轻载及不允许油污染的场合。

2. 滑动轴承的设计内容

要正确地设计滑动轴承，必须合理地解决以下问题：①选择并确定轴承的结构形式；②选择轴瓦的结构和材料；③确定轴承的结构参数；④润滑剂的选择和供应；⑤轴承的工作能力及热平衡计算。

11.2 滑动轴承的主要结构形式

1. 整体式径向滑动轴承

图 11.2 所示为整体式径向滑动轴承。它由轴承座 1、整体轴瓦 2 和紧定螺钉 3 组成。轴承座上面有安装润滑油杯的螺纹孔。在轴瓦上有油孔，为了使润滑油能均匀分布在整个轴颈上，在轴瓦的内表面上开设有油沟。

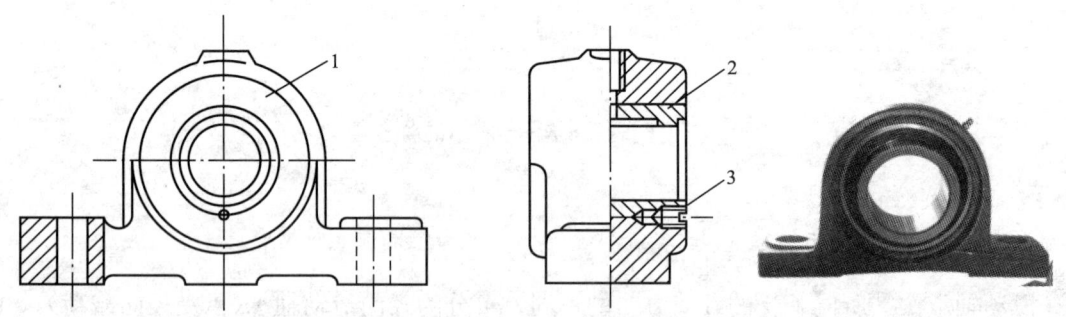

图 11.2　整体式径向滑动轴承

整体式滑动轴承的优点是结构简单、成本低廉。缺点是轴瓦磨损后，轴承间隙过大时无法调整。另外，只能从轴颈端部进行装拆。整体式滑动轴承多用在低速、轻载的机械设备中。

2. 对开式径向滑动轴承

图 11.3 所示为对开式径向滑动轴承。它是由轴承座 1、轴承盖 2、剖分轴瓦 3、4 和连接螺栓 5 组成。为了安装时容易对中和防止横向错动，在轴承盖和轴承座的剖分面上做成阶梯形，在剖分面间配置调整垫片 6，当轴瓦磨损后可减小垫片厚度以调整间隙。轴承盖应适当压紧轴瓦，使轴瓦不能在轴承孔中转动。轴承盖上制有螺纹孔，以便安装油杯或油管。剖分轴瓦由上、下轴瓦组成。上轴瓦顶部开设有油孔，以便进入润滑油。轴承剖分面最好与载荷方向近于垂直，多数轴承的剖分面是水平的，也有的做成倾斜的，如倾斜45°，以适应径向载荷作用线的倾斜度超出轴承垂直中心线左右各35°范围的情况。

3. 止推滑动轴承

止推滑动轴承由轴承座和止推轴颈组成。止推滑动轴承常用的结构形式有空心式、单环式和多环式，见表 11-1。单环式利用轴颈的环形端面止推，结构简单，广泛应用于低

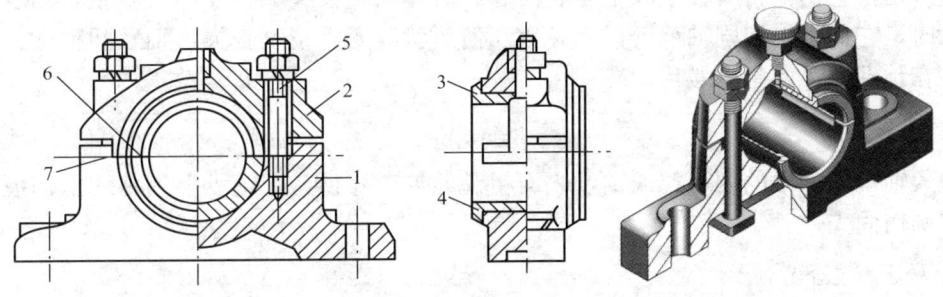

图 11.3 对开式径向滑动轴承

速、轻载的场合。多环式不仅能承受较大的轴向载荷,有时还可以承受双方向的轴向载荷。

表 11-1 止推滑动轴承形式及尺寸

空心式	单环式		多环式
d_2 由轴的结构设计拟定 $d_1=(0.4\sim0.6)d_2$ 若结构上无限制,应取 $d_1=0.5d_2$	d_1、d_2 由轴的结构设计拟定	d 由轴的结构设计拟定 $d_2=(1.2\sim1.6)d$ $d_1=1.1d$ $h=(0.12\sim0.15)d$ $h_0=(2\sim3)h$	

11.3 滑动轴承的失效形式及常用材料

11.3.1 滑动轴承的失效形式

滑动轴承的失效形式主要有以下几种。

1. 磨粒磨损

进入轴承间隙的硬颗粒(如灰尘、砂粒等)有的嵌入轴承表面,有的游离于间隙中并随轴一起转动，它们都将对轴颈和轴承表面起研磨作用。在起动、停车或轴颈与轴承发生边缘接触时，它们都将加剧轴承磨损，导致几何形状改变、精度丧失，轴承间隙加大，使轴承性能在预期寿命前急剧恶化。

2. 刮伤

进入轴承间隙中的硬颗粒或轴颈表面粗糙的轮廓峰顶，在轴承上划出线状伤痕，导致轴承因刮伤而失效。

3. 咬粘（胶合）

当轴承温升过高、载荷过大、油膜破裂时，或在润滑油供应不足条件下，轴颈和轴承的相对运动表面材料发生粘附和迁移，从而造成轴承损坏。咬粘有时甚至可能导致相对运动中止。

4. 疲劳剥落

在载荷反复作用下，轴承表面出现与滑动方向垂直的疲劳裂纹，当裂纹向轴承衬与衬背结合面扩展后，造成轴承衬材料的剥落。它与轴承衬和衬背因结合不良或结合力不足造成轴承衬的剥离有些相似，但疲劳剥落周边不规则，而结合不良造成的剥离则周边比较光滑。

5. 腐蚀

润滑油在大气中使用会不断氧化，所生成的酸性物质对轴承材料有腐蚀性。另外，大多数润滑油中还含有极压添加剂，也会腐蚀轴承材料。

以上列举了常见的几种失效形式，由于工况不同，滑动轴承还可能出现气蚀、流体侵蚀、电侵蚀和微动磨损等损伤。

11.3.2 轴承材料

1. 对轴承材料的要求

轴承材料指的是制造轴瓦和轴承衬的材料。针对上述失效形式，轴承材料应具有如下性能。

（1）较好的摩擦相容性　指轴颈与轴承材料直接接触时，防止发生粘附和形成边界润滑的性能，它要求轴承材料：①有良好的减摩性，指摩擦副具有低而稳定的摩擦系数；②有较好的抗胶合性，指材料的耐热性和抗粘附性，以防止因摩擦发热使油膜破裂后造成胶合；③材料与润滑剂有好的亲和能力；④材料的导热率高；等等。

（2）良好的摩擦顺应性、嵌入性和磨合性　顺应性指材料通过表层的弹塑性变形来补偿轴承滑动表面初始配合不良的能力，弹性模量低、塑性好的材料顺应性好。嵌入性是指材料容纳硬质颗粒嵌入，从而减轻轴承滑动表面发生刮伤或磨粒磨损的性能。顺应性好的金属材料，一般嵌入性也好。非金属材料则不一定，如炭-石墨，弹性模量较低，但质硬、嵌入性不好。磨合性指轴瓦与轴颈表面经短期轻载运转后，减小表面不平度等误差而相互吻合的性质。

（3）足够的强度和耐磨性　足够的疲劳强度，可以保证轴瓦在变载荷作用下有足够的寿命；足够的抗压强度，可以防止产生过大的塑性变形。耐磨性是指材料的抗磨性能（通常以磨损率表示)。

(4) 足够的抗腐蚀能力。

(5) 良好的工艺性和经济性。

应该指出的是,任何一种材料很难完全满足这些要求。因此选用轴承材料时,应根据轴承的具体工作条件,有侧重地选用较合适的材料。为了全面地满足对轴瓦材料各种性能的要求,较为常见的是做成双金属或三金属的轴瓦,以便在轴瓦性能上取长补短。

2. 常用轴承材料

轴承材料可分3大类:①金属材料,如轴承合金、铜合金、铝基合金和铸铁等;②多孔质金属材料;③非金属材料,如工程塑料、炭-石墨等。常用滑动轴承轴瓦材料的性能见表11-2。

表 11-2 常用滑动轴承轴瓦材料的性能

材料	牌号	最大许用值			轴颈硬度/HBW	一般用途
		$[p]$/MPa	$[v]$/(m/s)	$[pv]$/(MPa·m/s)		
铸锡锑轴承合金	ZSnSb11Cu6 ZSnSb8Cu4	平稳载荷			150	用于重载、高速的重要轴承,如汽轮机、大于750kW的电动机、内燃机、高转速的机床主轴的轴承等
		25	80	20		
		冲击载荷				
		20	60	15		
铸铅锑轴承合金	ZPbSb16Sn16Cu2	15	12	10	150	用于不剧变的重载、高速的轴承
	ZPbSb15Sn10	20	15	15	150	用于冲击载荷 $pv<10$MPa·m/s 或稳定载荷 $p≤20$MPa 下的轴承
铸锡青铜	ZCuSn5Pb5Zn5	8	3	15	300~400	用于中载、中速工作的轴承
	ZCuSn10P1	15	10	15		用于中速、重载及受变载荷的轴承
铸铅青铜	ZCuPb30	25(平稳) 15(冲击)	12(平稳) 18(冲击)	30	300	可受很大的冲击载荷,也适用于精密机床主轴轴承
铸铝青铜	ZCuAl10Fe5Ni5	15	4	12	200	用于低速、重载轴承
	ZCuAl10Fe3	20	5	15		
铸黄铜	ZCuZn38Mn2Pb2	10	1	10	200	用于冲击及平稳载荷的轴承
	ZCuZn16Si4	12	2	10		用于低速、中载轴承
	ZCuZn40Mn2	10		10		用于高速、中载轴承
铝基轴承合金	AlSn20Cu	28~35	14	—	300	用于高速、中载轴承,是较新的轴承材料,强度高、耐腐蚀

(续)

材料	牌号	最大许用值			轴颈硬度 /HBW	一般用途
		$[p]$ /MPa	$[v]$ /(m/s)	$[pv]$ /(MPa·m/s)		
耐磨铸铁	HT300	0.1～6	0.75～3	0.3～4.5	150	用于低速、轻载不受冲击的不重要轴承
灰铸铁	HT150，HT200，HT250	2～4	0.5～1	1～4	200～250	
尼龙-6 尼龙-66 尼龙-1010			5	0.09（无润滑）		自润滑性、耐腐性、耐磨性、减振性等都较好，而导热性不好，尺寸稳定性不好，适用于速度不高或散热条件好的地方
				1.6～2.5（油润滑）		
橡胶		0.35	10	0.4		能隔振、消声、补偿误差，但导热性差，需加强冷却
酚醛塑料		40	12	0.5		抗胶合、强度高、导热不好、不耐热
聚四氟乙烯		3.5	0.25	0.035		减摩性好、耐腐蚀、导热不好

注：$[pv]$ 为不完全液体润滑下的许用值

1) 轴承合金(又称巴氏合金或白合金)

轴承合金是锡、铅、锑、铜的合金，它以锡或铅作基体，其内含有锑锡或铜锡的硬晶粒，硬晶粒起抗磨作用，软基体则增加材料的塑性。轴承合金的弹性模量和弹性极限都很低，在所有轴承材料中，它的嵌入性及摩擦顺应性最好，很容易和轴颈磨合，也不易与轴颈发生咬粘。因此是优良的轴承材料。但轴承合金元素的熔点大都较低，所以只适用于在150℃以下工作的轴承。由于轴承合金强度低，不能单独制作轴瓦，且价格较贵，为了提高轴瓦强度和节约材料，故一般只能贴附在青铜、钢或铸铁轴瓦上用作双金属或三金属轴瓦的表层材料(即轴承衬材料)。

轴承合金又分为锡锑轴承合金和铅锑轴承合金两大类。锡锑轴承合金的抗腐蚀能力强，边界摩擦时抗粘附能力强，与钢背结合得比较牢固，但其价格较贵，常用于高速、重载轴承；铅锑轴承合金的抗腐蚀能力较差，故宜采用不引起腐蚀作用的润滑油。

2) 铜合金

由于青铜的减摩性和耐磨性比黄铜好，故青铜是最常用的材料。青铜的强度高、承载能力大，耐磨性和导热性都优于轴承合金，它可以在较高的温度(250℃)下工作，但可塑性差、不易磨合，与之相配的轴颈必须淬硬。青铜有锡青铜、铅青铜和铝青铜等几种，其中锡青铜的减摩性和耐磨性最好，应用较广。铅青铜抗粘附能力强，能在较高温度下工作。铝青铜适用于受冲击载荷的轴承。

青铜可单独做成轴瓦，为了节省有色金属，也可将青铜浇铸在钢或铸铁轴瓦的内壁上。

3) 铝基轴承合金

铝基轴承合金在许多国家获得广泛应用。它具有强度高、耐腐蚀、导热性好等优点。铝基轴承合金可以制成单金属零件（如轴套、轴承等），也可制成双金属零件，双金属轴瓦以铝基轴承合金为轴承衬，以钢作衬背。

4) 灰铸铁及耐磨铸铁

常用作轴承材料的有普通灰铸铁或加有镍、铬、钛等合金成分的耐磨灰铸铁，或者球墨铸铁。这类材料中的片状或球状石墨在材料表面上覆盖后，可以形成一层起润滑作用的石墨层，故具有一定的减摩性和耐磨性。

5) 多孔质金属材料

用粉末冶金法（经制粉、成型、烧结、浸油、整形等工艺）做成的轴承，具有多孔性组织。用前先把轴瓦在热油中浸渍数小时，使孔隙中充满润滑油，因而通常把这种材料制成的轴承称为含油轴承。它具有自润滑性。常用的有多孔铁和多孔质青铜。多孔铁常用来制作磨粉机轴套、机床油泵衬套、内燃机凸轮轴衬套等。多孔质青铜常用来制作电唱机、电风扇、纺织机械及汽车发电机的轴承。我国已有专门制造含油轴承的工厂，需用时可根据设计手册选用。

6) 非金属材料

常用的非金属材料主要有各种塑料（聚合物材料），如酚醛树脂、尼龙、聚四氟乙烯（PTFE）等，以及石墨、橡胶等。

塑料因具有自润滑性而被广泛地应用于滑动轴承。塑料的摩擦系数低、可塑性与磨合性好、耐磨损、吸振性强、耐腐蚀，可用水、油及化学溶液润滑。但其机械强度不及金属材料，导热性差（只有钢的百分之几）、线胀系数较大（约为金属的3~10倍）和尺寸稳定性差。为改善此缺陷，可将薄层塑料作为轴承衬材料粘附在金属轴瓦上使用。

炭-石墨是一种耐高温、耐腐蚀、有自润滑性的轴承材料。炭-石墨是由不同量的碳和石墨构成的人造材料，石墨含量越多，材料越软，摩擦系数越小。可在炭-石墨材料中加入金属、聚四氟乙烯或二硫化钼成分，也可以浸渍液体润滑剂。炭-石墨的导热性比塑料好，线胀系数比塑料小。在大气和室温条件下与镀铬表面的摩擦系数和磨损率都很低。但在湿度很低时，它会丧失润滑性。

橡胶具有较大的弹性，能减轻振动使运转平稳，主要用于以水作润滑剂且环境较脏之处。橡胶轴承内壁上带有纵向沟槽，以利润滑剂的流通，加强冷却效果并冲走污物。常用于给排水、泥浆等工业设备中，如潜水泵、沙石清洗机、钻机等有泥沙的场合。

木材具有多孔质结构，可用填充剂来改善其性能。填充聚合物能提高木材的尺寸稳定性并减少吸湿量，还能提高强度。采用木材（以溶于润滑油的聚乙烯作填充剂）制成的轴承，可在灰尘极多的条件下工作，例如用作建筑、农业中使用的带式输送机支承辊子的滑动轴承。

11.4 轴 瓦 结 构

轴瓦是滑动轴承的主要零件，设计轴承时，除了选择合适的轴瓦材料以外，还应该合理地设计轴瓦结构，否则会影响滑动轴承的工作性能。

1. 轴瓦的形式和构造

轴瓦在轴承座中应固定可靠，轴瓦形状和结构尺寸应保证润滑良好、散热容易，并有一定的强度和刚度，装拆方便。因此设计轴瓦时，不同的工作条件，采用不同的结构形式。常用的轴瓦有整体式和剖分式两种结构。

整体式轴瓦按材料和制造方法不同，可分为整体轴套(图 11.4)和单层、双层或多层材料的卷制轴套(图 11.5)，以及烧结轴套。非金属整体式轴瓦既可以是整体非金属轴套，也可以是在钢套上镶衬非金属材料。

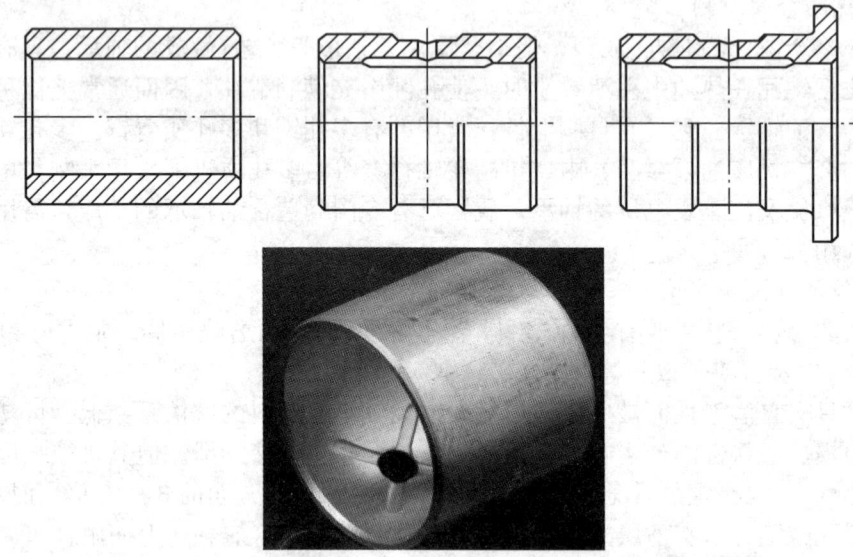

图 11.4 整体轴套

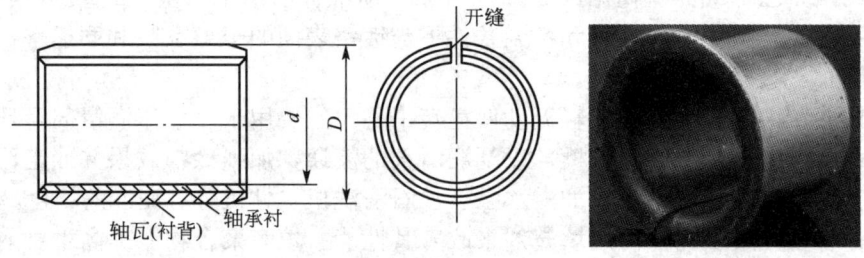

图 11.5 卷制轴套

对开式轴瓦用于对开式滑动轴承，分厚壁轴瓦和薄壁轴瓦两种。对开式轴瓦主要由上、下两半轴瓦组成，剖分面上开设有轴向油槽，载荷由下轴瓦承受。

厚壁轴瓦(图 11.6)常采用铸造方法制造，当采用贵重金属轴承材料制作轴瓦时，为了节省贵重材料和增加强度，常在轴瓦基体(钢或铜)内表面上浇铸一层轴承合金作为轴承衬，基体称为瓦背。瓦背强度高、轴承衬减磨性好，二者结合起来构成令人满意的轴瓦。轴承衬应可靠地贴合在轴瓦基体表面上，为此可采用如图 11.7 所示的结合形式。

薄壁轴瓦(图 11.8)由于能采用双金属板连续轧制的工艺进行大批量生产，质量稳定、

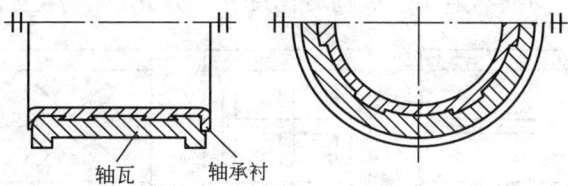

图 11.6 对开式厚壁轴瓦

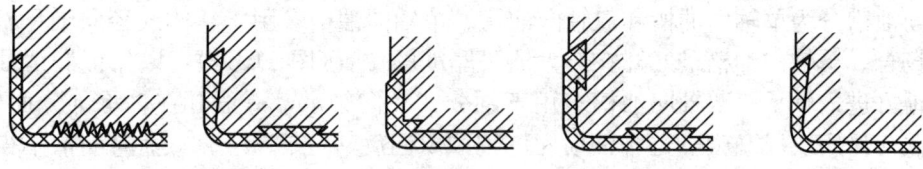

图 11.7 瓦背与轴承衬的结合形式

成本较低。但薄壁轴瓦的刚性小,装配后的形状完全取决于轴承座的形状,因此需对轴承座进行较精密的加工。薄壁轴瓦在汽车发动机、柴油机中得到了广泛应用。

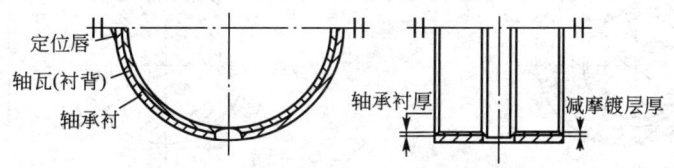

图 11.8 对开式薄壁轴瓦

2. 轴瓦的定位

轴承工作时轴瓦与轴承座之间不允许有相对移动。为了防止轴瓦在轴承座中沿轴向和周向移动,可将轴瓦两端做出凸缘(图 11.6)或定位唇(图 11.9(a))用作轴向定位,或采用紧定螺钉(图 11.9(b))、销钉(11.9(c))将轴瓦固定在轴承座上。

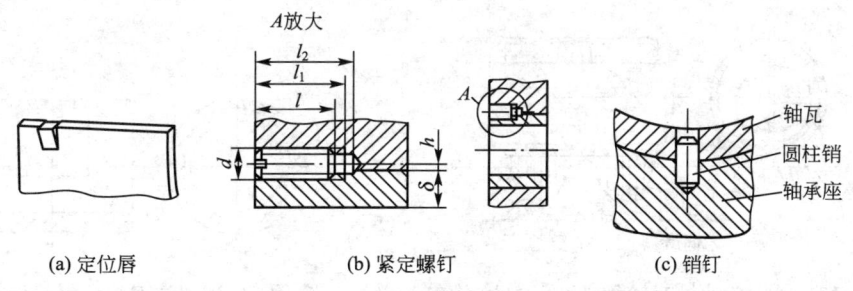

图 11.9 轴瓦的定位

3. 油孔、油槽和油室的开设

为了向摩擦表面间加注润滑油,在轴承上方开设注油孔,压力供油时油孔也可以开在两侧。为了向摩擦表面输送和分布润滑油,在轴瓦内表面开设有油槽。油槽有轴向的、周向的和斜向的(图 11.10),也可以设计成其他形式的油槽。轴向油槽适应于载荷方向固定或变化不大的场合；周向油槽适用于载荷方向变化超过180°，甚至旋转的场合。

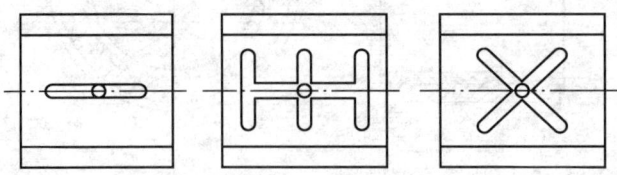

图 11.10　轴瓦上的油槽

轴向油槽分为单轴向油槽和双轴向油槽。单轴向油槽多用于整体式径向轴承轴颈单向旋转的场合。单轴向油槽最好开在最大油膜厚度的位置（图 11.11），以保证润滑油从压力最小的地方进入轴承。双轴向油槽多用于剖分式径向轴承，一般开在轴承剖分面处（剖分面多与载荷作用线成90°），这种油槽允许轴颈双向旋转（图 11.12）。轴向油槽不得在轴承的全长上开通，以免润滑油从端部流失过多，油槽长度一般为轴承长度的70%。

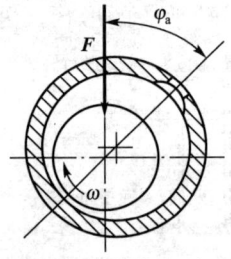 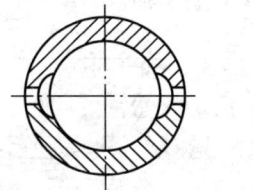 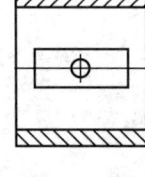

图 11.11　单轴向油槽开在最大油膜厚度位置　　　图 11.12　双轴向油槽开在轴承剖分面

周向油槽通常设在轴承宽度中部，把轴承分为两个独立部分，计算时各承担载荷的一半，但承载能力显著下降（图 11.13），所以除非载荷方向大范围变动，一般不采用周向油槽。

对某些载荷较大的轴承，为使润滑油沿轴向能较均匀地分布，在轴瓦内开有油室。油室的形式有多种，图 11.14 为开在整个非承载区的油室；开在两侧的油室与图 11.12 类似，只是将油沟的面积扩大，适于载荷方向变化或经常正、反向旋转的轴承。

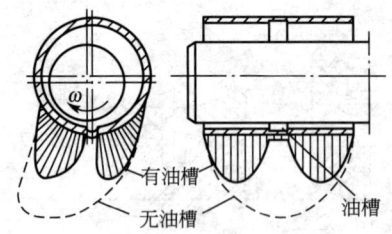 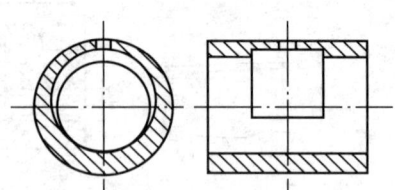

图 11.13　周向油槽对轴承承载能力的影响　　　图 11.14　油室的位置与形状

11.5　滑动轴承润滑剂的选用

润滑剂的作用是减小摩擦阻力、降低磨损、冷却和吸振等，润滑剂有液态的、固态的和气体及半固态的，液体的润滑剂称为润滑油，半固体的、在常温下呈油膏状的润滑剂为润滑脂。

滑动轴承种类繁多，使用条件和重要程度往往相差很大，因而对润滑剂的要求也各不相同。下面仅就滑动轴承常用润滑剂的选择方法做一简要介绍。

1. 润滑脂及其选择

润滑脂主要用于工作要求不高、难以经常供油，或者低速重载以及做摆动运动之处的轴承中。

选用润滑脂时主要考虑其稠度(针入度)和滴点。选用的一般原则是以下几方面。
(1) 低速、重载时应选用针入度小的润滑脂，反之选用针入度大的润滑脂。
(2) 润滑脂的滴点一般应比轴承的工作温度高20~30℃或更高。
(3) 潮湿或淋水环境下应选用抗水性好的钙基脂或锂基脂。
(4) 温度高时应选用耐热性好的钠基脂或锂基脂。

具体选用时可参考表11-3。采用脂润滑时，要根据轴承的工作条件和转速定期补充润滑脂。

表11-3 滑动轴承润滑脂的选择

轴承压强 p/MPa	轴颈圆周速度 v/(m/s)	最高工作温度/℃	选用润滑脂牌号
≤1	<1	75	3号钙基脂
1~6.5	0.5~5.0	55	2号钙基脂
≥6.5	<0.5	75	3号钙基脂
≤6.5	0.5~5.0	120	2号钠基脂
≥6.5	<0.5	110	1号钙钠基脂
1~6.5	<1	50~100	锂基脂
＞6.5	0.5	60	2号压延基脂

注：① 在潮湿环境，温度在75~120℃的条件下，应考虑用钙钠基润滑脂；
② 在潮湿环境，温度在75℃以下，没有3号钙基脂也可以用铝基脂；
③ 工作温度在110~120℃时可用锂基脂或钠基脂；
④ 集中润滑时，稠度要小些

2. 润滑油及其选择

润滑油是滑动轴承中应用最广的润滑剂。液体动压轴承通常采用润滑油作润滑剂。原则上讲，当转速高、压力小时，应选黏度较低的油；反之，当转速低、压力大时，应选黏度较高的油。

润滑油黏度随温度的升高而降低。故在较高温度下工作的轴承(如t>60℃)，所用油的黏度应比通常的高一些。

不完全液体润滑轴承润滑油的选择参考表11-4。液体动压轴承润滑油的选择参考表4-1。

表 11-4 滑动轴承润滑油选择（不完全液体润滑、工作温度小于 60℃）

轴颈圆周速度 $v/(m/s)$	轴承压强 $p<3MPa$	轴颈圆周速度 $v/(m/s)$	轴承压强 $p=(3\sim7.5)MPa$
<0.1	L-AN68、100、150	<0.1	L-AN150
0.1~0.3	L-AN68、100	0.1~0.3	L-AN100、150
0.3~2.5	L-AN46、68	0.3~0.6	L-AN100
2.5~5.0	L-A32、46	0.6~1.2	L-AN68、100
5.0~9.0	L-AN15、22、32	1.2~2.0	L-AN68
>9.0	L-AN7、10、15		

注：表中润滑油是以 40℃时运动黏度为基础的牌号

3. 固体润滑剂

固体润滑剂可以在摩擦表面上形成固体膜以减小摩擦阻力，通常只用于一些有特殊要求的场合。例如，大型可展开天线定向机构和铰链处的固体润滑，空间机器人采用的谐波齿轮减速器的固体润滑等。

二硫化钼用粘结剂调配涂在轴承摩擦表面上可以大大提高摩擦副的磨损寿命。在金属表面上涂镀一层钼，然后放在含硫的气氛中加热，可生成 MoS_2 膜。这种膜粘附最为牢固，承载能力极高。在用塑料或多孔质金属制造的轴承材料中渗入 MoS_2 粉末，会在摩擦过程中连续对摩擦表面提供 MoS_2 薄膜。将全熔金属注到石墨或碳-石墨零件的孔隙中，或经过烧结制成轴瓦可获得较高的粘附能力。聚四氟乙烯片材可冲压成轴瓦，也可以用烧结法或粘结法形成聚四氟乙烯膜粘附在轴瓦内表面上。软金属薄膜（如铅、金、银等薄膜）主要用于真空及高温的场合。

11.6 不完全液体润滑滑动轴承设计计算

11.6.1 不完全液体润滑滑动轴承的失效形式和计算准则

工程实际中对工作要求不高、速度较低、载荷不大、难以维护等条件下工作的轴承，往往设计成不完全液体润滑滑动轴承。

不完全液体润滑滑动轴承工作时，轴颈与轴瓦表面间处于混合摩擦状态，其中有部分摩擦表面产生直接接触，因而主要的失效形式是磨粒磨损和胶合。因此，防止失效的关键是保证轴颈与轴瓦表面之间形成一层边界油膜，以避免轴瓦的过度磨粒磨损和轴承因温度升高而引起胶合。目前对不完全液体润滑滑动轴承的设计计算主要是进行轴承压强 p、轴承压强与滑动速度的乘积 pv 值和轴承滑动速度 v 的验算，使其不超过轴承材料的许用值。此外，在设计液体动压滑动轴承时，由于其起动和停车阶段也处于混合摩擦状态，因而也需要对 p、pv、v 进行验算。

11.6.2 径向滑动轴承的计算

如图 11.15 所示,设计时一般已知轴颈直径 d(单位为 mm)、轴的转速 n(单位为 r/min)及轴承径向载荷 F(单位为 N),然后进行以下验算。

1. 验算轴承平均压强 p

为保证润滑油不被过大的压力挤出,从而避免轴瓦产生过度的磨损,须满足

$$p = \frac{F}{Bd} \leqslant [p] \quad (11-1)$$

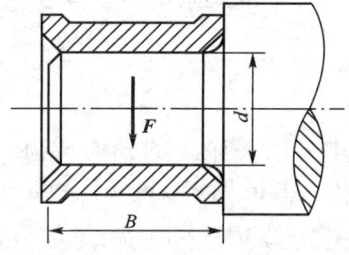

图 11.15 滑动轴承的工作宽度

式中,B 为轴承的工作宽度,根据轴承宽径比 B/d 确定,mm;$[p]$ 为轴瓦材料的许用压强,MPa,其值见表 11-2。

2. 验算轴承的 pv 值

为了限制轴承的摩擦功耗与温升,避免引起边界油膜破裂,须满足

$$pv = \frac{F}{Bd} \frac{\pi d n}{60 \times 1000} = \frac{Fn}{19100 B} \leqslant [pv] \quad (11-2)$$

式中,n 为轴的转速,r/min;$[pv]$ 为轴瓦材料的许用值,MPa·m/s,其值见表 11-2。

3. 验算滑动速度 v

对于 p 和 pv 的验算均合格的轴承,由于滑动速度过高,也会加速磨损而使轴承报废。这是因为 p 只是平均压力,实际上,在轴发生弯曲或不同心等引起的一系列误差及振动的影响下,轴承边缘可能产生相当高的压力,因而局部区域的 pv 值还会超过许用值。因此必须验算滑动速度 v 满足

$$v \leqslant [v] \quad (11-3)$$

式中,$[v]$ 为许用滑动速度,m/s,其值见表 11-2。

4. 选择轴承的配合

为了保证一定的旋转精度,必须根据不同的使用要求,合理地选择轴承的配合,具体可参考表 11-5。

表 11-5 不完全液体润滑滑动轴承常用的配合

精度等级	配合符号	应用举例
IT6	H7/g6	磨床与车床分度头主轴承
	H7/f6	铣床、钻床及车床的轴承,汽车发动机曲轴的主轴承及连杆轴承,齿轮及蜗轮减速器轴承
	H7/e6	汽轮发电机轴、内燃机凸轮轴、高速转轴、刀架丝杠、机车多支点轴等的轴承
IT9	H9/f9	电动机、离心泵、风扇及惰齿轮轴的轴承,蒸汽机和内燃机曲轴的主轴承及连杆轴承
IT11	H11/b11 或 H11/d11	农业机械用的轴承

11.6.3 止推滑动轴承的计算

1. 验算轴承平均压强 p

$$p=\frac{F_a}{A}=\frac{F_a}{z\frac{\pi}{4}(d_2^2-d_1^2)k}\leqslant [p] \tag{11-4}$$

式中，F_a 为轴承的轴向载荷，N；z 为止推环的数量；$[p]$ 为轴瓦材料的许用压强，MPa，其值见表 11-6；k 为考虑油槽使支承面积减小的系数，一般取 $k=0.85\sim 0.95$。

2. 验算轴承的 pv_m 值

$$pv_m \leqslant [pv] \tag{11-5}$$

式中，v_m 为轴环的平均速度，$v_m=\frac{\pi d_m n}{60\times 1000}=\frac{d_m n}{19100}$，m/s；$d_m$ 为轴环的平均直径，$d_m=\frac{d_1+d_2}{2}$，mm；n 为轴的转速，r/min；$[pv]$ 为 pv_m 的许用值，MPa·m/s，其值见表 11-6。

由于止推轴承采用平均速度计算，因而不能采用表 11-2 列出的 $[p]$、$[pv]$ 值，而应降低一些。止推轴承轴瓦材料的 $[p]$、$[pv]$ 值，可参考表 11-6 选取。多环轴承还应适当降低。

表 11-6 止推滑动轴承的 $[p]$、$[pv]$ 值

轴的材料	未淬火钢			淬火钢		
轴承（瓦）材料	铸铁	青铜	轴承合金	青铜	轴承合金	淬火钢
$[p]$/MPa	2~2.5	4~5	5~6	7.5~8	8~9	12~15
$[pv]$/(MPa·m/s)	1~2.5	1~2.5				

【例 11.1】 一卷扬机用不完全液体润滑的径向滑动轴承，径向力 $F=100000$N，轴颈直径 $d=250$mm，转速 $n=100$r/min。试选择轴承材料并校核轴承的工作能力。

解：

计算与说明	主要结果
1. 选择轴承材料 卷扬机为一般机械，转速也不高，可选用 ZCuSn5Pb5Zn5 材料，由表 11-2 查得 $[p]=8$MPa，$[v]=3$m/s，$[pv]=15$MPa·m/s。	ZCuSn5Pb5Zn5
2. 确定轴承宽度 轴承载荷中等，取 $B/d=1.0$，则轴承宽度 $B=250$mm。	$B/d=1.0$ $B=250$mm
3. 校核轴承 p、v 及 pv 值 $p=\frac{F}{Bd}=\frac{100000}{250\times 250}=1.6MPa\leqslant [p]$ $v=\frac{\pi dn}{60\times 1000}=\frac{\pi\times 250\times 250}{60\times 1000}=1.31(m/s)\leqslant [v]$ $pv=\frac{Fn}{19100B}=\frac{100000\times 100}{19100\times 250}=2.1$(MPa·m/s)$\leqslant [pv]$ 由计算可知，此轴承的几何尺寸合适，所选轴承材料符合要求。	$p\leqslant [p]$ $v\leqslant [v]$ $pv\leqslant [pv]$
4. 选择轴承的配合 参考表 11-5，可选 H7/e6 为轴承的配合，按此配合确定轴颈和轴瓦的加工偏差标注在零件图上	H7/e6

11.7 液体动力润滑径向滑动轴承设计计算

11.7.1 液体动力润滑的形成原理

两个做相对运动物体的摩擦表面,利用轴颈本身回转时的泵油作甩而产生的粘性流体膜将两摩擦表面完全隔开,由流体膜产生的压力来平衡外载荷,称为流体动力润滑。流体动力润滑的主要优点是摩擦力小、磨损小,并可缓和振动与冲击。

下面介绍流体动力润滑的形成原理和条件。如图 11.16(a)所示,A、B 两板平行,板间充满润滑油,板 B 静止不动。板 A 以速度 v 向左运动,由于润滑油的粘性及它与平板间的吸附作用,与板 A 紧贴的油层的流速 v 等于板的速度 v,而贴近板 B 的油层则静止不动。于是形成各油层间的相对滑动,在各层的界面上就存在有相应的切应力。当板上无载荷时两平行板之间液体各流层的速度呈三角形分布,板之间带进的油量等于带出的油量,因此两板间油量保持不变,亦即板 A 不会下沉。但若板 A 上承受载荷 F 时,油向两侧挤出,于是板 A 逐渐下沉,直到与板 B 接触,这就说明两平行板之间不可能形成动压油膜。

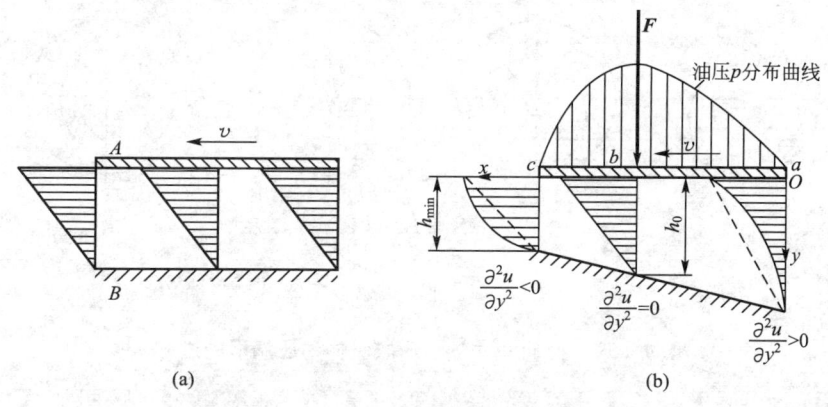

图 11.16 两相对运动平板间油层中的速度分布和压力分布

若两平板相互倾斜成楔形收敛间隙(图 11.16(b)),板 A 上承受载荷 F,当板 A 以速度 v 从间隙较大的一方移向间隙较小的一方时,若两端的速度按照虚线所示的三角形分布,则必然进油多而出油少,由于液体实际上是不可压缩的,并且油沿 z 轴方向无流动的条件,则进入此楔形间隙的过剩油量,必将由进口 a 及出口 c 两处截面被挤出,即产生一种因压力而引起的流动,结果使进口处油的速度曲线呈内凹形,出口处油的速度曲线呈外凸形的抛物线流动形式,这是典型的两板间有压力油时板的两端流体流动的速度分布形状,说明油在两板的间隙内流体形成了压力油膜,此压力油膜中液体压力将与外载荷 F 平衡。从图 11.16(b)可见,从进口到出口之间,各截面的速度图是不相同的,但必有一截面,油的速度呈三角形分布。

流体动力润滑可以保证两表面不发生直接接触,基本上可避免磨损的出现,所以在各种重要机械或仪器中获得了广泛的应用。

11.7.2 径向滑动轴承形成流体动压润滑的过程

将移动平板 A、静止平板 B 分别卷成圆筒形，则分别相当于滑动轴承的轴颈与轴承。因轴颈直径小于轴承孔直径，两者间存在一定间隙，静止时轴颈位于轴承孔的最低位置，轴颈与轴承直接相接触，如图 11.17(a)所示，轴颈与轴承表面间自然形成一弯曲楔形。

当轴颈开始顺时针转动时，在摩擦力的作用下，轴颈沿轴承孔内壁向右滚动上爬，如图 11.17(b)所示。由于轴颈转速不高，进入楔形空间的油量很少，不足以形成压力油膜将轴颈与轴承表面分开，两者间处于不完全油膜润滑状态。

随着轴颈转速的增大，带入楔形空间的油量逐渐增多，动压油膜逐渐形成，将轴颈与轴承表面逐渐分开，摩擦力也逐渐减小，轴颈将向左下方移动。当转速增大到一定数值后，足够多的润滑油进入楔形空间，形成能平衡外载荷的动压油膜，轴颈被动压油膜抬起，稳定地在轴承中心偏左的某一位置上转动，如图 11.17(c)所示。此时轴颈与轴承间形成流体动压润滑。若外载荷、轴颈转速及润滑油黏度保持不变，轴颈将在这一位置稳定地转动。

在一定的载荷作用下，转速发生变化时，轴颈的工作位置将发生变化。研究结果表明，轴颈转速越高，轴颈中心将越被抬高而接近于轴承孔的中心，如图 11.17(d)所示。轴颈中心随转速变化的运动轨迹接近于半圆。

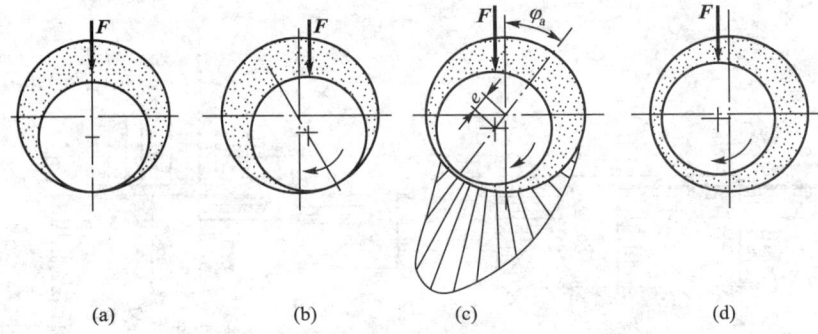

图 11.17 径向滑动轴承形成流体动压润滑的过程

11.7.3 流体动压润滑的基本方程

流体动压润滑理论的基本方程是描述流体膜压力分布的微分方程。它是从粘性流体动力学的基本方程出发，做了一些假设条件简化后得出的，这些假设条件是：①流体为牛顿流体；②流体膜中流体的流动是层流；③忽略压力对流体黏度的影响；④略去惯性力及重力的影响；⑤认为流体不可压缩；⑥流体膜中的压力沿膜厚方向是不变的。

如图 11.18 所示，两平板被润滑油隔开，设板 A 沿 x 轴方向以速度 v 移动，另一板 B 静止。再假定润滑油在两平板间沿 z 轴

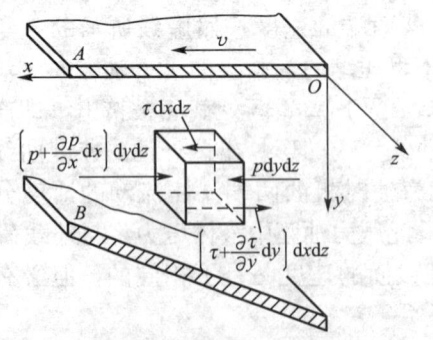

图 11.18 被油膜隔开的两平板的相对运动情况

方向没有流动(可视此运动副在 z 轴方向的尺寸为无限长)。现从层流运动的油膜中取一个微单元体进行分析。

由图可见,作用在此微单元体右面和左面的压力分别为 p 及 $\left(p+\frac{\partial p}{\partial x}dx\right)$,作用在单元体上下两面的切应力分别为 τ 及 $\left(\tau+\frac{\partial \tau}{\partial y}dy\right)$。根据 x 方向的平衡条件,得

$$p\,dy\,dz+\tau\,dx\,dz-\left(p+\frac{\partial p}{\partial x}dx\right)dy\,dz-\left(\tau+\frac{\partial \tau}{\partial y}dy\right)dx\,dz=0$$

整理后得

$$\frac{\partial p}{\partial x}=-\frac{\partial \tau}{\partial y} \tag{11-6}$$

根据牛顿粘性流体摩擦定理,将式(4-6)对 y 求导,得 $\frac{\partial \tau}{\partial y}=-\eta\frac{\partial^2 u}{\partial y^2}$,代入式(11-6)得

$$\frac{\partial p}{\partial x}=\eta\frac{\partial^2 u}{\partial y^2} \tag{11-7}$$

该式表示了压力沿 x 轴方向的变化与速度沿 y 轴方向的变化关系。

下面进一步介绍流体动压润滑理论的基本方程。

1. 油层的速度分布

将式(11-7)改写成

$$\frac{\partial^2 u}{\partial y^2}=\frac{1}{\eta}\frac{\partial p}{\partial x} \tag{a}$$

对 y 积分后得

$$\frac{\partial u}{\partial y}=\frac{1}{\eta}\left(\frac{\partial p}{\partial x}\right)y+C_1 \tag{b}$$

$$u=\frac{1}{2\eta}\left(\frac{\partial p}{\partial x}\right)y^2+C_1 y+C_2 \tag{c}$$

根据边界条件决定积分常数 C_1 及 C_2:当 $y=0$ 时,$u=v$;$y=h$(h 为相应于所取单元体处的油膜厚度)时,$u=0$,则得

$$C_1=-\frac{h}{2\eta}\frac{\partial p}{\partial x}\frac{v}{h};\quad C_2=v$$

代入式(c)后,即得

$$u=\frac{v(h-y)}{h}-\frac{y(h-y)}{2\eta}\frac{\partial p}{\partial x} \tag{d}$$

由上式可见,油层的速度 u 由两部分组成:式中前一项表示速度呈线性分布,这就是直接由剪切流引起的;后一项表示速度呈抛物线分布,这是由油流沿 x 方向的变化所产生的压力流所引起的,如图 11.16(b)所示。

2. 润滑油流量

当无侧泄时,润滑油在单位时间内流经任意截面上单位宽度面积的流量为

$$q=\int_0^h u\,dy \tag{e}$$

将式(d)代入(e)并积分后,得

$$q = \int_0^h \left[\frac{v(h-y)}{h} - \frac{y(h-y)}{2\eta} \frac{\partial p}{\partial x} \right] dy = \frac{vh}{2} - \frac{h^3}{12\eta} \frac{\partial p}{\partial x} \tag{f}$$

如图 11.16(b)所示,设在 $p = p_{max}$ 处的油膜厚度为 h_0(即 $\frac{\partial p}{\partial x} = 0$ 时,$h = h_0$),在该截面处的流量为

$$q = \frac{vh_0}{2} \tag{g}$$

当润滑油连续流动时,各截面的流量相等,由此得

$$\frac{vh_0}{2} = \frac{vh}{2} - \frac{h^3}{12\eta} \frac{\partial p}{\partial x}$$

整理后得

$$\frac{\partial p}{\partial x} = \frac{6\eta v}{h^3}(h - h_0) \tag{11-8}$$

该式为一维雷诺方程。它是计算流体动压润滑滑动轴承(简称流体动压轴承)的基本方程。由雷诺方程可以看出,油膜压力的变化与润滑油的黏度、表面滑动速度和油膜厚度及其变化有关。利用这一公式,经积分后可以求出油膜的承载能力。由式(11-8)及图 11.16(b)也可看出,在 $ab(h > h_0)$ 段,$\frac{\partial^2 u}{\partial y^2} > 0$(即速度分布曲线呈凹形),所以 $\frac{\partial p}{\partial x} > 0$,即压力沿 x 方向逐渐增大;而在 $bc(h < h_0)$ 段,$\frac{\partial^2 u}{\partial y^2} < 0$(即速度分布曲线呈凸形),所以 $\frac{\partial p}{\partial x} < 0$,这表明压力沿 x 方向逐渐降低。在 a 和 c 之间必有一处(b 点)的油流速度变化规律不变,此处的 $\frac{\partial^2 u}{\partial y^2} = 0$,即 $\frac{\partial p}{\partial x} = 0$,因而压力 p 达到最大值。由于油膜沿着 x 方向各处的油压都大于入口和出口的油压,且压力形成如图 11.16(b)上部曲线所示的分布,因而能承受一定的外载荷。

由上可知,形成流体动压润滑(即形成动压油膜)的必要条件是:
(1) 相对滑动的两表面间必须形成收敛的楔形间隙;
(2) 被油膜分开的两表面必须有足够的相对滑动速度(亦即滑动表面带油时要有足够的油层最大速度),其运动方向必须使润滑油由大口流进,从小口流出;
(3) 润滑油必须有一定的黏度,供油要充分。

11.7.4 径向滑动轴承的主要几何关系

图 11.19 为轴承工作时轴颈的位置。如图所示,轴承和轴颈的连心线 OO_1 与外载荷 F(载荷作用在轴颈中心上)的方向形成一偏位角 φ_a。轴承孔和轴颈直径分别用 D 和 d 表示,则轴承直径间隙为

$$\Delta = D - d \tag{11-9}$$

半径间隙为轴承孔半径 R 与轴颈半径 r 之差,则

$$\delta = R - r = \Delta/2 \tag{11-10}$$

直径间隙与轴颈公称直径之比称为相对间隙,以 ψ 表示,则

$$\psi = \Delta/d = \delta/r \tag{11-11}$$

轴颈在稳定运转时，其中心 O 与轴承中心 O_1 的距离，称为偏心距，用 e 表示。而偏心距与半径间隙的比值，称为相对偏心率，以 χ 表示，则

$$\chi = e/\delta$$

于是由图 11.19 可见，最小油膜厚度为

$$h_{\min} = \delta - e = \delta(1-\chi) = r\psi(1-\chi) \quad (11-12)$$

对于径向滑动轴承，采用极坐标描述较方便。取轴颈中心 O 为极点，连心线 OO_1 为极轴，对应于任意角 φ（包括 φ_0、φ_1、φ_2 均由 OO_1 算起）的油膜厚度为 h，其大小可在 $\triangle AOO_1$ 中应用余弦定理求得，即

$$R^2 = e^2 + (r+h)^2 - 2e(r+h)\cos\varphi$$

解上式得

$$r+h = e\cos\varphi \pm R\sqrt{1-\left(\frac{e}{R}\right)^2 \sin^2\varphi}$$

若略去微量 $\left(\dfrac{e}{R}\right)^2 \sin^2\varphi$，并取根式的正号，则得任意位置的油膜厚度为

$$h = \delta(1+\chi\cos\varphi) = r\psi(1+\chi\cos\varphi) \quad (11-13)$$

在压力最大处的油膜厚度 h_0 为

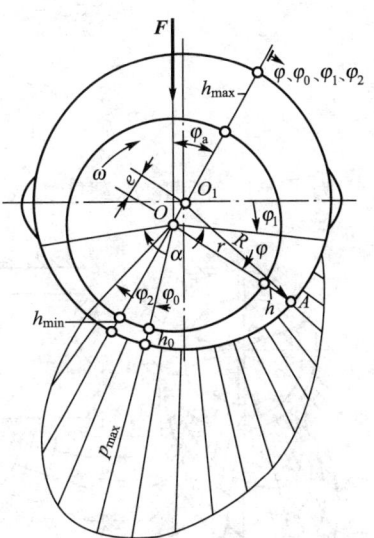

图 11.19　液体动压径向滑动轴承的几何参数和油压分布

$$h_0 = \delta(1+\chi\cos\varphi_0) \quad (11-14)$$

式中，φ_0 为最大压力处的极角。

11.7.5　径向滑动轴承工作能力计算

径向滑动轴承的工作能力计算主要包括轴承的承载能力计算、最小油膜厚度确定和热平衡计算等。这些是在轴承参数和润滑油参数初步选定后进行的，目的是校核参数选择的合理正确性；如果工作能力计算结果不满足要求，则需要重新选择参数并进行相应的计算。

1. 轴承的承载能力计算

为了使问题分析简便，假设轴承为无限宽，则可以认为润滑油沿轴向无流动。将式（11-8）改写成极坐标表达式，即将 $dx = rd\varphi$，$v = r\omega$ 及 h、h_0 之值代入式（11-8）后得极坐标形式的雷诺方程

$$\frac{dp}{d\varphi} = 6\eta \frac{\omega}{\psi^2} \frac{\chi(\cos\varphi - \cos\varphi_0)}{(1+\chi\cos\varphi)^3} \quad (11-15)$$

将上式从油膜起始角 φ_1 到任意角 φ 进行积分，得任意位置的压力，即

$$p_\varphi = 6\eta \frac{\omega}{\psi^2} \int_{\varphi_1}^{\varphi} \frac{\chi(\cos\varphi - \cos\varphi_0)}{(1+\chi\cos\varphi)^3} d\varphi \quad (11-16)$$

压力 p_φ 在外载荷方向上的分量为

$$p_{\varphi y} = p_\varphi \cos[180° - (\varphi_a + \varphi)] = -p_\varphi \cos(\varphi_a + \varphi) \tag{11-17}$$

把上式在 φ_1 到 φ_2 的区间内积分，就得出在轴承单位宽度上的油膜承载力，即

$$p_y = \int_{\varphi_1}^{\varphi_2} p_{\varphi y} r \mathrm{d}\varphi = -\int_{\varphi_1}^{\varphi_2} p_\varphi \cos(\varphi_a + \varphi) r \mathrm{d}\varphi$$

$$= 6\eta \frac{\omega r}{\psi^2} \int_{\varphi_1}^{\varphi_2} \left[\int_{\varphi_1}^{\varphi} \frac{\chi(\cos\varphi - \cos\varphi_0)}{(1+\chi\cos\varphi)^3} \mathrm{d}\varphi \right] [-\cos(\varphi_a + \varphi)] \mathrm{d}\varphi \tag{11-18}$$

为了求出油膜的承载能力，理论上只需将 p_y 乘以轴承宽度 B 即可。但在实际轴承中，由于油可能从轴承的两个端面流出，故必须考虑端泄的影响。这时，压力沿轴承宽度的变化呈抛物线分布，而且其油膜压力也比无限宽轴承的油膜压力低（图 11.20），所以乘以系数 C'（其值取决于宽径比 B/d 和偏心率 χ 的大小）对 p_y 进行修正。这样，在 φ 角和距轴承中线为 z 处的油膜压力的数学表达式为

$$p'_y = p_y C' \left[1 - \left(\frac{2z}{B} \right)^2 \right] \tag{11-19}$$

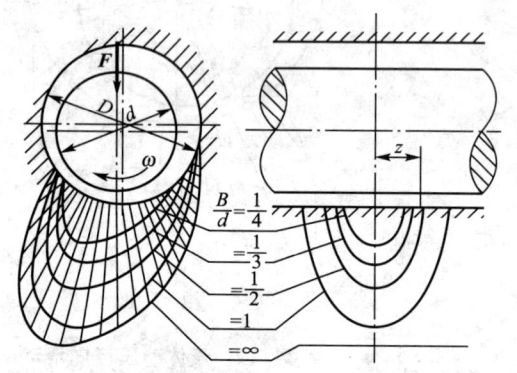

图 11.20 不同宽径比时沿轴承周向和轴向的压力分布

因此，对有限宽轴承，油膜的总承载能力为

$$F = \int_{-B/2}^{+B/2} p'_y \mathrm{d}z$$

$$= 6\eta \frac{\omega r}{\psi^2} \int_{-B/2}^{+B/2} \int_{\varphi_1}^{\varphi_2} \int_{\varphi_1}^{\varphi} \left[\frac{\chi(\cos\varphi - \cos\varphi_0)}{(1+\chi\cos\varphi)^3} \mathrm{d}\varphi \right] [-\cos(\varphi_a + \varphi) \mathrm{d}\varphi] C' \left[1 - \left(\frac{2z}{B} \right)^2 \right] \mathrm{d}z$$

$$\tag{11-20}$$

由上式得

$$F = \frac{\eta \omega d B}{\psi^2} C_p \tag{11-21}$$

式中

$$C_p = 3 \int_{-B/2}^{+B/2} \int_{\varphi_1}^{\varphi_2} \int_{\varphi_1}^{\varphi} \left[\frac{\chi(\cos\varphi - \cos\varphi_0)}{(1+\chi\cos\varphi)^3} \mathrm{d}\varphi \right] [-\cos(\varphi_a + \varphi) \mathrm{d}\varphi] C' \left[1 - \left(\frac{2z}{B} \right)^2 \right] \mathrm{d}z \tag{11-22}$$

又由式(11-21)得

$$C_p = \frac{F\psi^2}{\eta \omega d B} = \frac{F\psi^2}{2\eta v B} \tag{11-23}$$

式中，C_p 为承载量系数；η 为润滑油在轴承平均工作温度下的动力黏度（N·s/m²）；B 为轴承宽度，m；F 为外载荷，N；v 为轴颈圆周速度，m/s。

C_p 的积分非常困难，因而采用数值积分的方法进行计算，并做成相应的线图或表格供设计应用。由式(11-22)可知，在给定边界条件时，C_p 是轴颈在轴承中位置的函数，其

值取决于轴承的包角 α(指轴承表面上的连续光滑部分包围轴颈的角度，即入油口到出油口间所包轴颈的夹角)，相对偏心率 χ 和宽径比 B/d。由于 C_p 是一个无量纲的量，故称之为轴承的承载量系数。当轴承的包角 α($\alpha=120°$、$180°$ 或 $360°$)给定时，经过一系列换算，C_p 可以表示为

$$C_p \propto (\chi, B/d) \tag{11-24}$$

若轴承是在非承载区内进行无压力供油，且设液体动压力是在轴颈与轴承衬的 $180°$ 的弧内产生时，则对应不同 χ 和 B/d 的 C_p 值见表 11-7。

表 11-7 有限宽轴承的承载量系数 C_p

B/d	\multicolumn{13}{c	}{χ}
	0.3	0.4	0.5	0.6	0.65	0.7	0.75	0.8	0.85	0.9	0.925	0.95	0.975	0.99
	\multicolumn{14}{c	}{承载量系数 C_p}
0.3	0.0522	0.0826	0.128	0.203	0.259	0.347	0.475	0.699	1.122	2.074	3.352	5.73	15.15	50.52
0.4	0.0893	0.141	0.216	0.339	0.431	0.573	0.776	1.079	1.775	3.195	5.055	8.393	21.00	65.26
0.5	0.133	0.209	0.317	0.493	0.622	0.819	1.098	1.572	2.428	4.261	6.615	10.706	25.62	75.86
0.6	0.182	0.238	0.427	0.655	0.819	1.070	1.418	2.001	3.036	5.214	7.956	12.64	29.17	83.21
0.7	0.234	0.361	0.538	0.816	1.014	1.312	1.720	2.399	3.580	6.029	9.072	14.14	31.88	88.90
0.8	0.287	0.439	0.647	0.972	1.199	1.538	1.965	2.754	4.053	6.721	9.992	15.37	33.99	92.89
0.9	0.339	0.515	0.754	1.118	1.371	1.745	2.248	3.067	4.459	7.294	10.753	16.37	35.66	96.35
1.0	0.391	0.589	0.853	1.253	1.528	1.929	2.469	3.372	4.808	7.772	11.38	17.18	37.00	98.95
1.1	0.440	0.658	0.947	1.377	1.669	2.097	2.664	3.580	5.106	8.186	11.91	17.86	38.12	101.15
1.2	0.487	0.723	1.033	1.489	1.796	2.247	2.838	3.787	5.364	8.533	12.35	18.43	39.04	102.90
1.3	0.529	0.784	1.111	1.590	1.912	2.379	2.990	3.968	5.586	8.831	12.73	18.91	39.81	104.42
1.5	0.610	0.891	1.248	1.763	2.099	2.600	3.242	4.266	5.947	9.304	13.34	19.68	41.07	106.84
2.0	0.763	1.091	1.483	2.070	2.446	2.981	3.671	4.778	6.545	10.091	14.34	20.97	43.11	110.79

2. 最小油膜厚度 $h_{\min}$ 的确定

由式(11-12)及表 11-7 可知，在其他条件不变的情况下，$h_{\min}$ 越小则偏心率 χ 越大，轴承的承载能力就越大。然而，最小油膜厚度是不能无限缩小的，因为它受到轴颈和轴承表面粗糙度、轴的刚性及轴承与轴颈的几何形状误差等的限制。为确保轴承能处于液体摩擦状态，最小油膜厚度必须等于或大于许用油膜厚度 $[h]$，即

$$h_{\min} = r\psi(1-\chi) \geqslant [h] \tag{11-25}$$

$$[h] = S(R_{z_1} + R_{z_2}) \tag{11-26}$$

式中，R_{z_1}、R_{z_2} 分别为轴颈和轴承孔表面粗糙度十点高度，对一般轴承，可分别取 R_{z_1} 和 R_{z_2} 值为 $3.2\mu m$ 和 $6.3\mu m$，或 $1.6\mu m$ 和 $3.2\mu m$；对重要轴承可取为 $0.8\mu m$ 和 $1.6\mu m$，或 $0.2\mu m$ 和 $0.4\mu m$；S 为安全系数，考虑表面几何形状误差和轴颈挠曲变形等，常取 $S \geqslant 2$。

表 11-8 列出了各种加工方法能得到的表面不平度的平均值。在设计时，若最小油膜

厚度不满足式(11-25)，则需修改参数重新计算，直到满足条件为止。

表 11-8 按加工方法确定的表面不平度的平均值 （单位：μm）

粗糙度 Ra	3.2	1.6	0.8	0.4	0.2	0.1	0.05	0.025	0.012
不平度平均值	10	6.3	3.2	1.6	0.8	0.4	0.2	0.1	0.05
加工方法	精车、半精车、中等磨光、刮（每平方厘米内 1.5～3 个点）		铰孔、精磨、精镗、刮（每平方厘米内 3～5 个点）		钻石刀头镗、磨		研磨、抛光、超精加工		

3. 轴承的热平衡计算

轴承工作时，摩擦功耗将转变为热量，使润滑油温度升高。如果油的平均温度超过计算承载能力时所假定的数值，则轴承承载能力就要降低。因此要计算油的温升 Δt，并将其限制在允许的范围内。

轴承运转中达到热平衡状态的条件是：单位时间内轴承摩擦所产生的热量 Q 等于流动的油所带走的热量 Q_1 与轴承散发的热量 Q_2 之和，即

$$Q = Q_1 + Q_2 \tag{11-27}$$

轴承中的热量是由摩擦损失的功转变而来的。因此，每秒钟在轴承中产生的热量 Q（单位为 W）为

$$Q = fFv$$

由流出的油带走的热量 Q_1（单位为 W）为

$$Q_1 = q\rho c(t_o - t_i)$$

式中，q 为润滑油流量，按润滑油流量系数求出，m^3/s；ρ 为润滑油的密度，对矿物油为 $850\sim900 kg/m^3$；c 为润滑油的比热容，$J/(kg\cdot ℃)$，对矿物油为 $1675\sim2090 J/(kg\cdot ℃)$；$t_o$ 为润滑油的出口温度，℃；t_i 为润滑油的入口温度，℃，通常由于冷却设备的限制，取为 $35\sim40℃$。

除了润滑油带走的热量以外，还可以由轴承的金属表面通过传导和辐射把一部分热量散发到周围介质中去。这部分热量与轴承的散热表面的面积、空气流动速度等有关，很难精确计算。因此，通常采用近似计算。若以 Q_2（单位为 W）代表这部分热量，并以油的出口温度 t_o 代表轴承温度，油的入口温度 t_i 代表周围介质的温度，则

$$Q_2 = \alpha_s \pi d B(t_o - t_i)$$

式中，α_s 为轴承的表面传热系数，$W/(m^2\cdot ℃)$，随轴承结构的散热条件而定。对于轻型结构的轴承，或周围的介质温度高和难于散热的环境（如轧钢机轴承），取 $\alpha_s = 50 W/(m^2\cdot ℃)$；中型结构或一般通风条件下，取 $\alpha_s = 80 W/(m^2\cdot ℃)$；在良好冷却条件下（如周围介质温度很低，轴承附近有其他特殊用途的水冷或气冷的冷却设备）工作的重型轴承，可取 $\alpha_s = 140 W/(m^2\cdot ℃)$。

热平衡时，$Q = Q_1 + Q_2$，即

$$fFv = q\rho c(t_o - t_i) + \alpha_s \pi d B(t_o - t_i)$$

于是得出为了达到热平衡而必需的润滑油温度差 Δt（单位为℃）为

$$\Delta t = t_o - t_i = \frac{\left(\frac{f}{\psi}\right)p}{c\rho C_q + \frac{\pi \alpha_s}{\psi v}} \tag{11-28}$$

式中，C_q 为润滑油流量系数 ($\frac{q}{\psi vBd}$)，是一个无量纲数，可根据轴承的宽径比 B/d 及偏心率 χ 由图 11.21 查出；f 为摩擦系数，$f = \frac{\pi}{\psi}\frac{\eta \omega}{p} + 0.55\psi \xi$，式中 ξ 为随轴承宽径比 B/d 而变化的系数，对于 $B/d<1$ 的轴承，$\xi=(d/B)^{1.5}$；$B/d \geqslant 1$ 时，$\xi=1$；ω 为轴颈角速度，rad/s；B、d 的单位为 mm；p 为轴承的平均压力，Pa；η 为润滑油的动力黏度，Pa·s；v 为轴颈圆周速度，m/s。

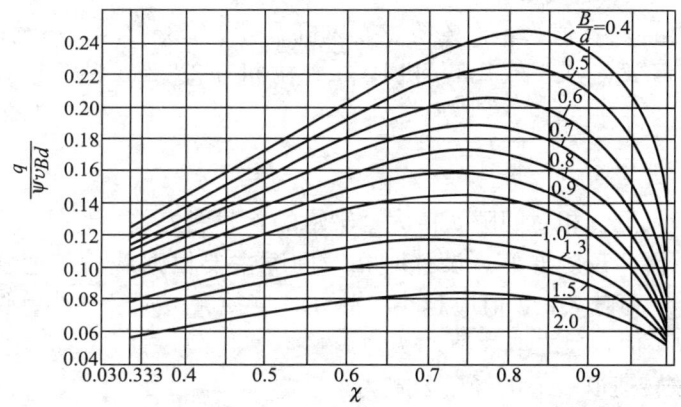

图 11.21 润滑油流量系数线图(指速度供油的耗油量)

用式(11-28)只是求出了平均温度差，实际上轴承上各点的温度是不相同的。润滑油从入口到流出轴承，温度逐渐升高，因而在轴承中不同之处的油的黏度也将不同。研究结果表明，在利用式(11-21)计算轴承的承载能力时，可以采用润滑油平均温度时的黏度。润滑油的平均温度 $t_m=(t_o+t_i)/2$，而温升 $\Delta t = t_o - t_i$，所以润滑油的平均温度 t_m 按下式计算：

$$t_m = t_i + \frac{\Delta t}{2} \tag{11-29}$$

为了保证轴承的承载能力，建议平均温度不超过 75℃。

设计时，通常先给定平均温度 t_m，按式(11-28)求出的温升 Δt 来校核油的入口温度 t_i，即

$$t_i = t_m - \frac{\Delta t}{2} \tag{11-30}$$

若 $t_i > 35 \sim 40$℃，则表示轴承热平衡易于建立，轴承的承载能力尚未用尽。此时应降低给定的平均温度，并允许适当地加大轴瓦及轴颈的表面粗糙度，再行计算。

若 $t_i < 35 \sim 40$℃，则表示轴承不易达到热平衡状态。此时需加大间隙，并适当地降低轴瓦及轴颈的表面粗糙度，再行计算。

此外要说明的是，轴承的热平衡计算中的润滑油流量仅考虑了速度供油量，即由旋转

轴颈从油槽带入轴承间隙的油量，忽略了油泵供油时，油被输入轴承间隙时的压力供油量，这将影响轴承温升计算的精确性。

11.7.6 参数选择

1. 宽径比 B/d

一般轴承的宽径比 B/d 在 0.3～1.5 范围内。宽径比小，有利于提高运转稳定性，增大端泄量以降低温升；但轴承宽度减小，轴承承载能力也随之降低。

高速重载轴承温升高，宽径比宜取小值；低速重载轴承，为提高轴承整体刚性，宽径比宜取大值；高速轻载轴承，如对轴承刚性无过高要求，可取小值；需要对轴有较大支承刚性的机床轴承，宜取大值。

一般机器常用的 B/d 值为：汽轮机、鼓风机 $B/d=0.3\sim1.0$；电动机、发电机、离心泵、齿轮变速器 $B/d=0.6\sim1.5$；机床、拖拉机 $B/d=0.8\sim1.2$；轧钢机 $B/d=0.6\sim0.9$。

2. 相对间隙 ψ

从式(11-21)可见，相对间隙 ψ 值大，轴承的承载能力差。另外，因间隙增加，油易流出，其油温必下降，反之亦然。设计时相对间隙主要根据载荷和速度来选取。速度愈高，ψ 值应越大；载荷越大，ψ 值应越小。此外，直径大、宽径比小、调心性能好、加工精度高时，ψ 值取小值，反之取大值。

一般轴承，按转速取 ψ 值的经验公式为

$$\psi\approx\frac{(n/60)^{4/9}}{10^{31/9}} \tag{11-31}$$

式中，n 为轴颈转速，r/min。

一般机器中常用的 ψ 值为：汽轮机、电动机、齿轮减速器 $\psi=0.001\sim0.002$；轧钢机、铁路车辆 $\psi=0.0002\sim0.0015$；机床、内燃机 $\psi=0.0002\sim0.00125$；鼓风机、离心泵 $\psi=0.001\sim0.003$。

3. 润滑油黏度 η

这是轴承设计中的一个重要参数。它对轴承的承载能力、功耗和轴承温升都有不可忽视的影响。轴承工作时，油膜各处温度是不同的，通常认为轴承温度等于油膜的平均温度。平均温度的计算是否准确，将直接影响到润滑油黏度的大小。平均温度过低，则油的黏度较大，算出的承载能力偏高；反之，则承载能力偏低。设计时，可先假定轴承平均温度(一般取 $t_m=50\sim75℃$)，初选黏度，进行初步设计计算。最后再通过热平衡计算来验算轴承入口油温 t_i 是否在 35～40℃ 之间，否则应重新选择黏度再进行计算。

对于一般轴承，也可按轴颈转速 n(单位为 r/min)先初估油的动力黏度 η'(单位为 Pa·s)，即

$$\eta'=\frac{(n/60)^{-1/3}}{10^{7/6}} \tag{11-32}$$

由式(4-7)计算相应的运动黏度 ν'，选定平均油温 t_m，参照表 4-1 选定润滑油的黏度牌号，然后查图 4.9，重新确定 t_m 时的运动黏度 ν_{tm} 及动力黏度 η_{tm}。最后再验算入口

油温。

[例 11.2] 设计一机床用的液体动力润滑径向滑动轴承，载荷垂直向下，工作情况稳定，采用对开式轴承。已知工作载荷 $F=160000$N，轴颈直径 $d=200$mm，转速 $n=600$r/min，在水平剖分面单侧供油。

解：

计算与说明	主要结果
1. 选择轴承宽径比 根据机床轴承常用的宽径比范围，取宽径比为 $B/d=1.0$。	$B/d=1.0$
2. 计算轴承宽度 $$B=(B/d)\times d=1.0\times 200=200\text{mm}$$	$B=200$mm
3. 计算轴颈圆周速度 $$v=\frac{\pi d n}{60\times 1000}=\frac{\pi\times 200\times 600}{60\times 1000}=6.28\text{m/s}$$	$v=6.28$m/s
4. 计算轴承工作压力 $$p=\frac{F}{Bd}=\frac{160000}{200\times 200}=4\text{MPa}$$	$p=4$MPa
5. 选择轴瓦材料 查表 11-2，在保证 $p\leqslant[p]$、$v\leqslant[v]$、$pv\leqslant[pv]$ 的条件下，选定轴承材料为 ZCuSn10P1。	ZCuSn10P1
6. 初估润滑油动力黏度 由式(11-32) $$\eta'=\frac{(n/60)^{-1/3}}{10^{7/6}}=\frac{(600/60)^{-1/3}}{10^{7/6}}=0.0316\text{Pa}\cdot\text{s}$$	$\eta'=0.0316$Pa·s
7. 计算相应的运动黏度 取润滑油密度 $\rho=900$kg/m³，由式(4-7)得 $$\nu'=\frac{\eta'}{\rho}\times 10^6=\frac{0.0316}{900}\times 10^6=35.11\text{cSt}$$	$\nu'=35.11$cSt
8. 选定平均油温 现选平均油温 $t_m=50$℃。	$t_m=50$℃
9. 选定润滑油牌号 参照表 4-1 选用 L-AN68 全损耗系统润滑油。	L-AN68
10. 按 $t_m=50$℃ 查出 L-AN68 润滑油的运动黏度 由图 4.9 查得，$\nu_{50}=40$cSt。	$\nu_{50}=40$cSt
11. 换算出 L-AN68 润滑油在 50℃ 时的动力黏度 $$\eta_{50}=\rho\nu_{50}\times 10^{-6}=900\times 40\times 10^{-6}=0.036\text{Pa}\cdot\text{s}$$	$\eta_{50}=0.036$Pa·s
12. 计算相对间隙 由式(11-31) $$\psi\approx\frac{(n/60)^{4/9}}{10^{31/9}}=\frac{(600/60)^{4/9}}{10^{31/9}}=0.001，\text{取为}\ 0.00125$$	$\psi=0.00125$
13. 计算直径间隙 $$\Delta=\psi d=0.00125\times 200=0.25\text{mm}$$	$\Delta=0.25$mm
14. 计算承载量系数 由式(11-23) $$C_p=\frac{F\psi^2}{2\eta vB}=\frac{160000\times(0.00125)^2}{2\times 0.036\times 6.28\times 0.2}=2.7645$$	$C_p=2.7645$

(续)

计算与说明	主要结果
15. 求出轴承偏心率 根据 C_p 和 B/d 的值查表 11-7，经过插值计算求出偏心率 $\chi=0.766$。	$\chi=0.766$
16. 计算最小油膜厚度 由式(11-25) $$h_{\min}=r\psi(1-\chi)=100\times0.00125\times(1-0.766)=0.02925\text{mm}$$	$h_{\min}=0.02925\text{mm}$
17. 确定轴颈、轴承孔表面粗糙度十点高度 按加工精度要求取轴颈表面粗糙度等级为 Ra0.8，轴承孔表面粗糙度等级为 Ra1.6，查表 11-8 得轴颈和轴承孔表面粗糙度取为 $R_{z_1}=0.0032\text{mm}$，$R_{z_2}=0.0063\text{mm}$。	$R_{z1}=0.0032\text{mm}$ $R_{z2}=0.0063\text{mm}$
18. 计算许用油膜厚度 取安全系数 $S=2$，由式(11-26) $$[h]=S(R_{z_1}+R_{z_2})=2\times(0.0032+0.0063)=0.019\text{mm}$$ 因 $h_{\min}>[h]$，故满足工作可靠性要求。	$[h]=0.019\text{mm}$ $h_{\min}>[h]$
19. 计算轴承与轴颈的摩擦系数 因轴承宽径比 $B/d=1$，取随宽径比变化的系数 $\zeta=1$，由摩擦系数计算公式 $$f=\frac{\pi}{\psi}\frac{\eta\omega}{p}+0.55\psi\xi=\frac{\pi\times0.036\times(2\times\pi\times600/60)}{0.00125\times4\times10^6}+0.55\times0.00125\times1=0.0021$$	$f=0.0021$
20. 确定润滑油流量系数 C_q 及流量 q 由宽径比 $B/d=1$，$\chi=0.766$，查图 11.21，得 $C_q=\dfrac{q}{\psi vBd}=0.1414$。 $q=C_q\psi vBd=0.1414\times0.00125\times6.28\times0.2\times0.2=4.44\times10^{-5}\text{m}^3/\text{s}$	$C_q=0.1414$ $q=4.44\times10^{-5}\text{m}^3/\text{s}$
21. 计算润滑油温升 按润滑油密度 $\rho=900\text{kg/m}^3$，取比热容 $c=1800\text{J/(kg}\cdot\text{℃)}$，表面传热系数 $\alpha_s=80\text{W/(m}^2\cdot\text{℃)}$，由式(11-28) $$\Delta t=\frac{\left(\dfrac{f}{\psi}\right)p}{c\rho C_q+\dfrac{\pi\alpha_s}{\psi v}}=\frac{\dfrac{0.0021}{0.00125}\times4\times10^6}{1800\times900\times0.1414+\dfrac{\pi\times80}{0.00125\times6.28}}=25.74\text{℃}$$	$\Delta t=25.74\text{℃}$
22. 计算润滑油入口温度 由式(11-30)得 $$t_i=t_m-\frac{\Delta t}{2}=50-\frac{25.74}{2}=37.13\text{℃}$$ 因要求 $t_i=35\sim40\text{℃}$，故上述入口温度合适。	$t_i=37.13\text{℃}$
23. 选择配合公差 轴承直径间隙为 $\Delta=\psi d=0.00125\times200=0.25\text{mm}$ 按 GB/T 1801—1999 选配合 F6/d7，查得轴承孔尺寸公差为 $\phi200^{+0.079}_{+0.050}$，轴颈尺寸公差为 $\phi200^{-0.170}_{-0.216}$。	配合 F6/d7
24. 求最小、最大间隙 $\Delta_{\max}=[0.079-(-0.216)]=0.295\text{mm}$ $\Delta_{\min}=[0.050-(-0.170)]=0.22\text{mm}$ 因 $\Delta=0.25\text{mm}$ 在 $\Delta_{\min}$ 和 $\Delta_{\max}$ 之间，故所选配合合适。	$\Delta_{\max}=0.295\text{mm}$ $\Delta_{\min}=0.22\text{mm}$
25. 校核轴承的承载能力、最小油膜厚度及润滑油温升 分别按 $\Delta_{\max}$ 及 $\Delta_{\min}$ 进行校核，如果在允许范围内，则绘制轴承工作图；否则需要重新选择参数，再做设计及校核计算。	

11.8 其他形式滑动轴承简介

除了以上介绍的典型结构的不完全液体润滑滑动轴承和液体动压径向滑动轴承外，还有不少其他结构形式或特殊用途或不同工作机理的滑动轴承，以下简要介绍其中的几种。

1. 自润滑轴承

自润滑轴承也称无润滑轴承，是在不加润滑剂的状态下运转，靠轴承材料本身的自润滑性润滑，不能避免磨损，因而要选用磨损率低的材料制造。常用各种工程塑料和炭-石墨作为轴承材料。为了减小磨损率，轴颈材料最好用不锈钢或镀硬铬的碳钢，轴颈表面硬度应大于轴瓦表面硬度。常用自润滑轴承材料及其性能见表 11-9，各种轴承材料适用环境见表 11-10。

表 11-9 常用自润滑轴承材料及其性能

轴承材料		最大静压力 P_{max}/MPa	压缩弹性模量 E/GPa	线胀系数 $\alpha/(10^{-6}/℃)$	导热系数 $k/(W \cdot m^{-1} \cdot ℃^{-1})$
热塑性塑料	无填料热塑性塑料	10	2.8	99	0.24
	金属瓦无填料热塑性塑料衬套	10	2.8	99	0.24
	有填料热塑性塑料	14	2.8	80	0.26
	金属瓦有填料热塑性塑料衬	300	14.0	27	2.9
聚四氟乙烯	无填料聚四氟乙烯	2	—	86~218	0.26
	有填料聚四氟乙烯	7	0.7	(<20℃)60 (>20℃)80	0.33
	金属瓦有填料聚四氟乙烯衬	350	21.0	20	42.0
	金属瓦无填料聚四氟乙烯衬套	7	0.8	(<20℃)140 (>20℃)96	0.33
	织物增强聚四氟乙烯	700	4.8	12	0.24
热固性塑料	增强热固性塑料	35	7.0	(<20℃)11~25 (>20℃)80	0.38
	碳-石墨热固性塑料	—	4.8	20	
碳-石墨	碳-石墨(高碳)	2	9.6	1.4	11
	碳-石墨(低碳)	1.4	4.8	4.2	55
	加铜和铅的碳-石墨	4	15.8	4.9	23
	加巴氏合金的碳-石墨	3	7.0	4	15
	浸渍热固性塑料的碳-石墨	2	11.7	2.7	40
石墨	浸渍金属的石墨	70	28.0	12~20	126

表 11-10　自润滑轴承材料的适用环境

轴承材料	高温 >200℃	低温 <-50℃	辐射	真空	水	油	磨粒	耐酸、碱
有填料热塑性塑料	少数可用	通常好	通常差	大多数可用，避免用石墨作填充物	通常差，注意配合面的粗糙度	通常好	一般尚好	尚好或好
有填料聚四氟乙烯	尚好	很好	很差					极好
有填料热固性塑料	部分可用	好	部分尚好					部分好
炭-石墨	很好	很好	很好	极差	尚好或好	好	不好	除强酸外好

自润滑轴承的使用寿命决定于磨损率，而磨损率取决于材料的力学性能和摩擦特性，并随载荷和速度的增加而加大，同时也受到工作条件的影响。温升是限制轴承承载能力的重要因素之一，故应将其 pv 值控制在允许的范围内。

这类轴承目前应用比较多的是镶嵌自润滑轴承，它是在普通滑动轴承的整体轴套或轴瓦上，通过合理设计与钻孔或拉槽后，将适当形状、尺寸与强度的固体润滑剂嵌入孔(槽)中而组成，可在无油(也可外部供油)的条件下工作，主要用于油膜不能或不易形成的工况下，能承受大的稳定或变载荷，摩擦系数 $f=0.04\sim0.09$，使用温度范围为 $-190\sim700℃$，并可在高真空、强辐射、粉尘、潮湿或液体介质中正常运转。由于有专业工厂生产，选用方便而经济。

2. 自位式滑动轴承和间隙可调式滑动轴承

自位式滑动轴承能防止轴承与轴颈的"边缘接触"(图 11.22(a))，避免轴承端部的局部迅速磨损。图 11.22(b)所示是常用自位式滑动轴承的一种结构，其轴瓦外表面做成球面，与轴承盖及轴承座的球状内表面形成球面配合，轴承可随轴的变形而自动调位以适应轴的偏斜，保证了轴承与轴颈的良好接触。

间隙可调式滑动轴承(图 11.23)具有圆锥形轴套，利用轴套两端的螺母可使轴套做轴向移动，从而调整轴承间隙。锥形轴套有内锥面(图 11.23(a))和外锥面((图 11.23(b))两种结构。外锥面轴套上开有一条纵向切口，使轴套具有弹性，依靠轴套的弹性变形便可调整轴承间隙。用间隙可调式滑动轴承调节轴承间隙是保持轴承回转精度的重要方法之一。间隙可调式滑动轴承常用作一般用途的机床主轴轴承。

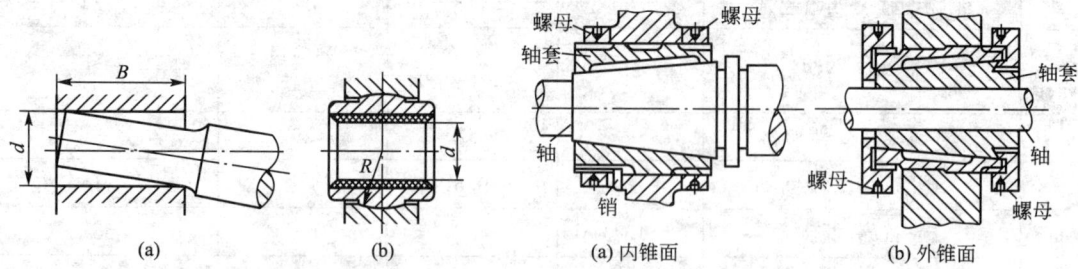

图 11.22　自位式滑动轴承　　　　图 11.23　间隙可调式滑动轴承

3. 多油楔滑动轴承

上述液体动力润滑径向滑动轴承只能形成一个油楔来产生液体动压油膜，故称为单油楔轴承。这种轴承结构简单、承载量大。但在轻载、高速条件下运转时,轴心容易偏离平衡位置(称为漂移),做有规律或无规律的运动,最终不能回到原来的平衡位置,这种状态称为轴承失稳。多油楔轴承的轴瓦可制成在轴承工作时产生多个油楔的结构形式,这种轴瓦可分成固定的和可倾的两类。

1) 固定瓦多油楔轴承

图 11.24 为几种常见的多油楔轴承,它们在工作时能形成 2 个或 3 个动压油膜,分别称为二油楔和三油楔轴承。工作时,各油楔中同时产生油膜压力,有助于提高轴的旋转精度及轴承的稳定性。但是与同样条件下的单油楔轴承相比,承载能力较差,功耗较大。

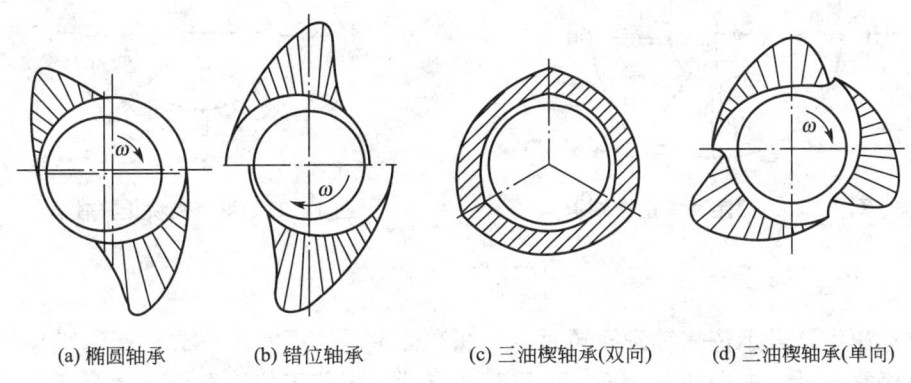

(a) 椭圆轴承　　(b) 错位轴承　　(c) 三油楔轴承(双向)　　(d) 三油楔轴承(单向)

图 11.24　固定瓦多油楔轴承

2) 可倾瓦多油楔轴承

图 11.25 为可倾瓦多油楔轴承,轴瓦由 3 块或 3 块以上(通常为奇数)的扇形块组成。扇形块背面有球形窝,并用调整螺钉支承。轴瓦的倾斜度可以随轴颈位置的不同而自动调整,以适应不同的载荷、转速和轴的弹性变形及偏斜等情况,保持轴颈与轴瓦间的适当间隙,以便能形成液体摩擦的状态。

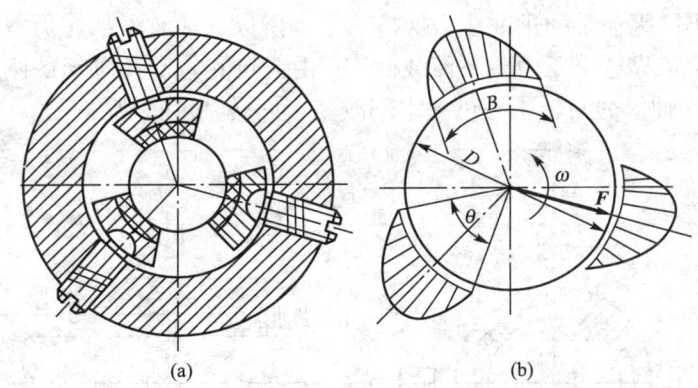

(a)　　(b)

图 11.25　可倾瓦多油楔径向滑动轴承

这种轴承的优点是,即使在空载运转时,轴与各个轴瓦也能处于某个偏心位置上,从而能形成几个承载油楔,使轴能稳定运转。

4. 液体动压止推轴承

液体动压止推轴承有固定瓦块和可倾瓦块两种。固定瓦块止推轴承(图 11.26)的各瓦块成扇形，瓦块固定且倾斜方向一致，工作时可沿各瓦块形成多个动压油膜。结构简单，只允许轴单向旋转。可倾瓦块止推轴承（图 11.27）的各瓦块支承在圆柱面或球面上，工作时各瓦块可自动调位以适应不同的工作条件，保证运转的稳定性。

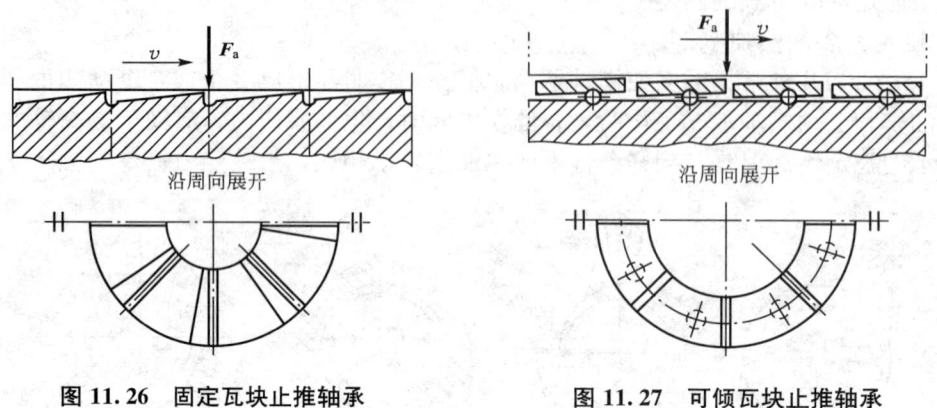

图 11.26　固定瓦块止推轴承　　　　图 11.27　可倾瓦块止推轴承

5. 液体静压轴承

液体动压滑动轴承依靠轴颈回转时，把润滑油带进楔形间隙形成动压油膜来承受外载荷；但对经常起动、换向回转、低速、重载或有冲击载荷等的机器就不太合适，这时可考虑采用液体静压轴承。

液体静压轴承是依靠一个液压系统供给压力油，压力油进入轴承间隙里，强制形成压力油膜以隔开摩擦表面，靠液体的静压平衡外载荷。图 11.28 是液体静压轴承的示意图。高压油经节流器进入油腔，节流器是用来保持油膜稳定性的。当轴承载荷为零时，轴颈与轴孔同心，各油腔的油压彼此相等。当轴承受载荷 F 时，轴颈偏移，各油腔附近的间隙不同，受力大的油膜减薄，流量减小，因此经过这部分的节流器的流量也减小，在节流器中的压力损失也减小；因油泵的进油压力保持不变，所以下油腔中的压力将加大，上油腔的压力将减小，轴承依靠这个压力差平衡载荷 F。由此可见，静压轴承的刚度很大，当外载荷 F 有所变动时，轴承的回转中心可基本不改变，回转精度很高。

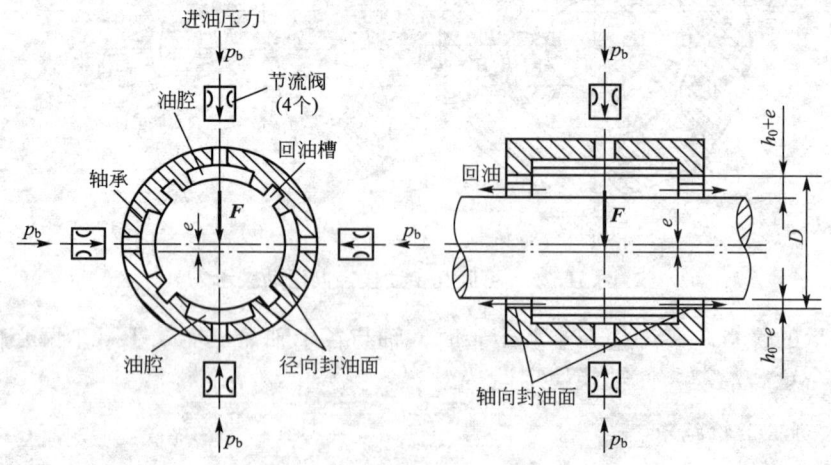

图 11.28　液体静压轴承示意图

常用的节流器有小孔节流器、毛细管节流器、滑阀节流器和薄膜节流器等。图11.29为毛细管节流器的结构图。当油流经细长的管道时，产生一个压力降。压力降的大小与流量成正比，与毛细管的长度 l 和油的黏度的乘积成正比，而与毛细管直径 d 的 4 次方成反比。

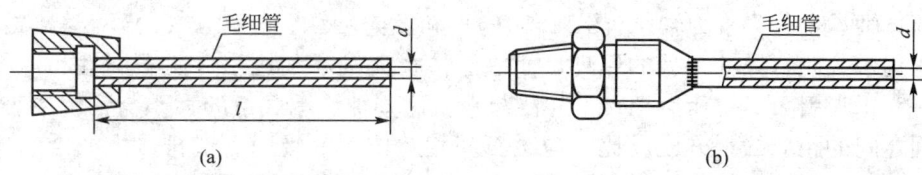

图 11.29　毛细管节流器的结构图

上述静压轴承中供油压力是恒定的，所以称为恒压系统。如果用定量泵，则可以建立无节流器的恒流系统静压轴承。恒流系统是通过改变供油压力来平衡外载荷的。

液体静压轴承的优点有以下几方面：

（1）润滑状态和油膜压力与轴颈转速的关系很小，即使轴颈不旋转也可以形成油膜，因此可应用在转速极低的条件下形成液体摩擦润滑。

（2）由于工作时轴颈与轴承不直接接触（包括起动、停车等），轴承不会磨损，故使用寿命长。

（3）转速不高的轴承摩擦系数极小，因此起动力矩小，效率高。

（4）油膜刚性大，具有良好的吸振性，运转平稳，精度高。

（5）轴瓦加工精度远低于动压轴承。

但液体静压轴承必须有一套复杂的供给压力油的系统，设备费用高，维护管理也较麻烦，因此只有当动压轴承难以胜任时才采用静压轴承。

6. 气体润滑轴承

当轴颈转速极高（$n > 100000 \text{r/min}$）时，用液体润滑剂的轴承即使在液体摩擦状态下工作，摩擦损失还是很大的。过大的摩擦损失将降低机器的效率，引起轴承过热。如改用气体润滑剂，就可极大地降低摩擦损失，这是由于气体的黏度显著地低于液体黏度的缘故。如在 20℃ 时，全损耗系统用油的黏度为 $0.072 \text{Pa} \cdot \text{s}$，而空气的黏度为 $0.89 \times 10^{-5} \text{Pa} \cdot \text{s}$，二者之比值为 8100。气体润滑轴承（简称气体轴承）也可以分为动压轴承、静压轴承及混合轴承，其工作原理与液体滑动轴承相同。

气体润滑剂主要是空气，它既不需特别制造，用过之后也无需回收。此外氢的黏度比空气的低 1/2，适用于高速；氮具有惰性，在高温时使用，不会使机件生锈。

气体润滑剂除了黏度低的特点之外，其黏度随温度的变化也小，而且具有耐辐射性及对机器不会发生污染等，因而在高速（例如转速在每分钟十几万转以上，目前有的甚至已超过每分钟百万转）、要求摩擦转矩很小、高低温（$-263 \sim 600$℃），以及有放射线存在的场合，气体润滑轴承显示了它的特殊功能。如在高速磨头、高速离心分离机、原子反应堆、陀螺仪表、电子计算机记忆装置等尖端技术上，由于采用了气体润滑轴承，克服了使用滚动轴承或液体润滑滑动轴承所不能解决的困难。

随着现代工业的发展，旋转机械的转速越来越高，而且航空航天和核工业等领域的旋转机械要工作在极端高低温、真空等环境下，这就对轴承提出了更高的要求。

7. 磁流体轴承

磁流体轴承与滑动轴承是不同的，磁流体轴承是利用磁性相斥与相吸的原理做成的。

图 11.30 是磁流体轴承的结构示意图。这种轴承由永久磁石（或电磁材料）做成的轴承、转子和轴所组成。

磁流体轴承也分为推力轴承（图 11.30(a)）和径向轴承（图 11.30(b)）两类。磁流体推力轴承利用永久磁石异性相吸的原理，而磁流体径向轴承利用永久磁石同性相斥的原理，它们都是利用吸引力或排斥力把转子悬浮起来。这些轴承承载量的大小与轴承内表面和转子外表面之间的距离的平方成反比，与磁石间相互作用的吸引力或排斥力的乘积成正比。磁流体轴承可以保证轴承与转子之间无金属摩擦，这种轴承用在仪器、仪表中，可以提高仪器、仪表的灵敏度。

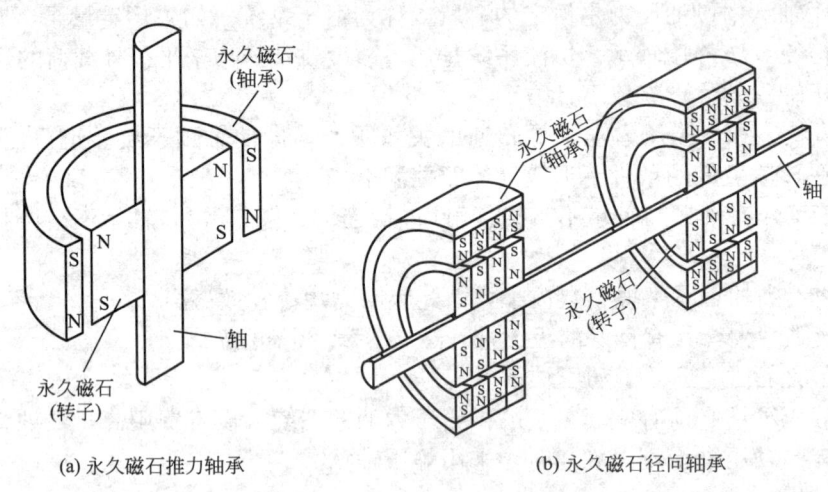

(a) 永久磁石推力轴承　　　　(b) 永久磁石径向轴承

图 11.30　磁流体轴承的结构示意图

习　题

11.1　滑动轴承有哪些主要类型？其结构特点各是什么？

11.2　设计不完全液体润滑滑动轴承为什么要验算 p、pv 和 v？

11.3　对滑动轴承的材料有哪些主要要求？

11.4　流体动压力是怎样形成的？具备哪些条件才能形成流体动压润滑？

11.5　动压轴承的承载量系数的意义是什么？

11.6　如果轴承温升太大，应采取什么措施？

11.7　不完全液体润滑径向滑动轴承，轴颈直径 $d=100\mathrm{mm}$，轴承宽度 $B=120\mathrm{mm}$，轴承承受径向载荷 $F=10000\mathrm{N}$，轴颈转速 $n=560\mathrm{r/min}$，轴颈材料为 45 钢，设选用轴瓦材料为 ZCuSn5Pb5Zn5，试对轴承进行校核设计计算，看轴瓦选用是否合适。

11.8　某不完全液体润滑径向滑动轴承，已知：轴颈直径 $d=200\mathrm{mm}$，轴承宽度 $B=200\mathrm{mm}$，轴颈转速 $n=300\mathrm{r/min}$，轴瓦材料为 ZCuAl10Fe3，试问它可以承受的最大径向载荷是多少？

11.9 已知一起重机卷筒的径向滑动轴承所承受的载荷 $F=10000\text{N}$，轴颈直径 $d=90\text{mm}$，轴的转速 $n=9\text{r/min}$，轴承材料采用铸造青铜，试设计此轴承（采用不完全液体润滑）。

11.10 某对开式径向滑动轴承，已知径向载荷 $F=35000\text{N}$，轴颈直径 $d=100\text{mm}$，轴承宽度 $B=100\text{mm}$，轴的转速 $n=1000\text{r/min}$。选用 L-AN32 全损耗系统用油，设平均温度 $t_m=50℃$，轴承的相对间隙 $\psi=0.001$，轴颈、轴瓦表面粗糙度分别为 $R_{z_1}=1.6\mu\text{m}$，$R_{z_2}=3.2\mu\text{m}$，试校验此轴承能否实现液体动压润滑。

模 拟 试 题

11.1 填空题

在不完全液体润滑滑动轴承设计中，限制 p 值的主要目的是_____；限制 pv 值的主要目的是_____。

11.2 选择题

1. 当滑动轴承的转速较高、滚道压力较小时，应选用____的润滑油；当转速较低、滚道压力较大时，应选用____的润滑油。

   A. 黏度较大　　　　B. 黏度较小　　　C. 黏度较大或黏度较小

2. 滑动轴承设计计算时，对压强与轴颈线速度之积 pv 进行计算主要是检验轴承的____。

   A. 挤压强度　　　　　　　　　B. 挤压强度以及离心力
   C. 摩擦发热温升粘附磨损　　　D. 轴瓦工作面的压强

3. 和滚动轴承相比，以下哪些是滑动轴承的优点？____

   A. 标准化程度高　　　　　　　B. 工作平稳、噪声较低
   C. 起动摩擦小　　　　　　　　D. 宽度小

4. 轴承合金通常用于做滑动轴承的____。

   A. 轴套　　　　B. 轴承衬　　　C. 含油轴瓦　　　D. 轴承座

5. 计算非液体摩擦滑动轴承时，限制轴承压强 p 的目的是____。

   A. 使轴承不被压坏　　　　　　B. 使轴承不产生塑性变形
   C. 限制轴承的温度
   D. 使润滑油不被挤出，防止轴瓦发生过度磨损

6. 径向滑动轴承的偏心距 e 随着载荷的增大而____；随着转速增高而____。

   A. 增大　　　　B. 减小　　　C. 不变

第 12 章 滚动轴承

本章教学要点

知识要点	掌握程度	相关知识
滚动轴承的构造及各元件的材料	了解滚动轴承的构造及滚动轴承各元件的材料	滚动轴承的构造、滚动体的类型以及滚动轴承各元件的材料、滚动轴承的优缺点
滚动轴承的类型、性能及特点，滚动轴承的代号，滚动轴承的类型选择	掌握滚动轴承的类型及代号并根据使用情况对滚动轴承加以选择	滚动轴承的类型、性能及特点，滚动轴承的代号，滚动轴承类型选择
滚动轴承的失效形式、设计准则，滚动轴承的寿命计算及滚动轴承的静强度计算	掌握滚动轴承各元件的受载情况、失效形式及设计计算准则，掌握滚动轴承的静强度计算	滚动轴承各元件的受力分析、失效形式及滚动轴承的设计准则，滚动轴承的寿命计算，滚动轴承的静强度计算
滚动轴承的轴向定位与紧固，滚动轴承的配置，滚动轴承的刚度与预紧，滚动轴承的配合与拆装，滚动轴承的润滑与密封设计	掌握滚动轴承的定位及组合结构并加以运用	滚动轴承的轴向定位与紧固，滚动轴承的配置，滚动轴承的刚度与预紧，滚动轴承系的刚度与精度，滚动轴承的配合与拆装，滚动轴承的润滑与密封设计
滚动轴承的极限转速，滚动轴承的修正额定寿命计算，特殊轴承简介	掌握滚动轴承的极限转速，了解滚动轴承的修正额定寿命计算及特殊轴承	滚动轴承的极限转速，滚动轴承的修正额定寿命计算，特殊轴承

第12章 滚动轴承

导入案例

中国是世界上最早发明滚动轴承的国家之一。从考古文物与资料看，中国最古老的具有现代滚动轴承结构雏形的轴承，出现于公元前221—207年（秦朝）的今山西省永济县薛家崖村。公元1280年（元朝）在中国古代的天文仪器上也使用了圆柱滚动支承。据在意大利的尼米湖的考古文物发现，公元12—41年，也已有了青铜制滚动轴承。现代轴承工业的诞生，则是以1883年德国发明了世界上第一台磨球机，从此进入工业化生产钢球时代。滚动轴承伴随着第二次工业革命时期的自行车、汽车等工业而蓬勃发展，在世界范围内，逐步成为一个专业性很强的工业产业，在现代工业中具有十分重要的地位和作用。

滚动轴承是机械工业使用广泛、要求严格的配套件和基础件，被人们称为机械的关节。轴承工业作为机械工业的基础产业和骨干产业，其发展水平的高低，往往代表或制约着一个国家机械工业和其他相关产业的发展水平。轴承质量的高低，直接影响着产品质量，如电机的噪声和振动，在很大程度上取决于轴承质量；通讯卫星消旋装置中的轴承性能，直接影响其通讯效果；航天、航空中关键轴承发生故障，就会造成严重的事故。总之，工业、农业、国防、科学技术和家用电器等各个领域中的主机，其精度、性能、寿命、可靠性和各项经济指标都与轴承有着密切的联系。

新中国建立前，轴承制造业几乎是一片空白。机械设备配套和维修需要的轴承，基本上依赖进口。新中国成立以后，特别是改革开放以来，轴承工业飞速发展，轴承品种从少到多，产品质量和技术水平从低到高，行业规模从小到大。国内比较知名的品牌有HRB即哈尔滨轴承、ZWZ即瓦房店轴承、LYC即洛阳轴承。虽然我国轴承产业有了显著的进步和提升，但与发达国家相比，在技术质量上依然有着不小的差距。

世界上著名的轴承品牌有瑞典的SKF，日本的NSK、NTN，德国的FAG、AGE，美国的TIMKEN、ACORN，英国的BERLISS等。

12.1 概　　述

滚动轴承是机械工业的重要标准部件之一，广泛应用于各类机械中。滚动轴承由轴承厂家专业大批量生产，使用者只需根据具体工作条件合理选用轴承类型和尺寸，验算轴承的承载能力，以及进行轴承的组合结构设计。

1. 滚动轴承的结构

典型滚动轴承的结构如图12.1所示，它由内圈1、外圈2、滚动体3和保持架4这4部分组成。内圈装在轴颈上，外圈装在轴承座孔内。通常外圈固定，内圈随轴回转，但也可以用于内圈不动，而外圈回转，或者是内圈、外圈同时回转的场合。滚动体均匀分布在内、外圈滚道之间，其形状、尺寸、数量的不同对滚动轴承的承载能力和极限转速有很大影响。常用的滚动体有如下几种，分别是球、圆柱滚子、圆锥滚子、滚针、球面滚针和非对称球面滚子，如图12.2所示。使用时，滚子在内、外圈之间的滚道上做滚动，内、外圈上的滚道起限制滚动体轴向移动的作用。保持架的作用是将滚动体均匀地隔开，以避免其因直接接触而产生剧烈磨损。

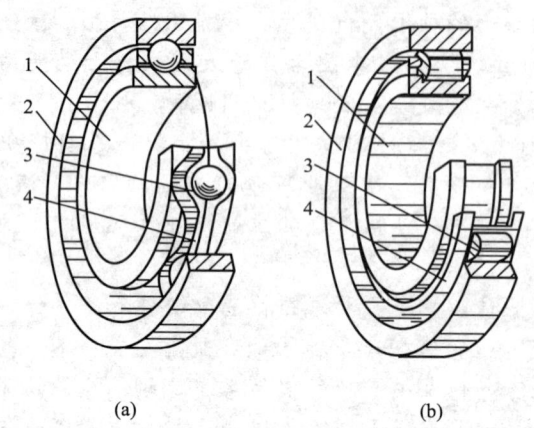

图12.1 滚动轴承的结构

1—外圈；2—内圈；3—滚动体；4—保持架

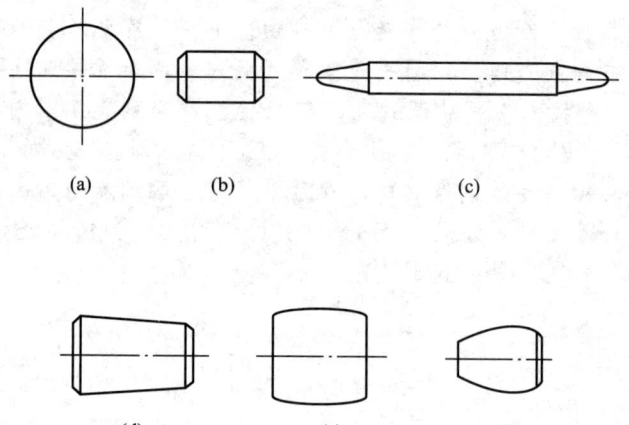

图12.2 常用的滚动体

为了减小轴承的径向尺寸，有的轴承无内圈、外圈，这时的轴颈或轴承座要起到内、外圈的作用。有的轴承为满足使用中的某种要求，另增设如防尘罩、密封圈等特殊元件。

2. 滚动轴承各元件的材料

滚动轴承的内圈、外圈、滚动体，一般用含铬的滚动轴承钢（如GCr15、GCr15SiMn）制造，热处理后硬度应达到60～65HRC。由于轴承的这些元件都经过150℃的回火处理，所以当轴承的工作温度不高于120℃时，各元件的硬度不会下降。保持架有冲压的（图12.1(a)）和实体的（图12.1(b)）两种结构。冲压保持架一般用低碳钢板冲压制成，它与滚动体间有较大间隙，工作时噪声大；实体保持架常用铜合金、铝合金或塑料经切削加工制成,有较好的隔离和定心作用。

3. 滚动轴承的优缺点

与滑动轴承相比,滚动轴承的优点有:①摩擦阻力小、效率高、启动容易;②润滑方便,互换性好,维护保养方便;③径向游隙较小,可以用预紧的方法提高轴承刚度及旋转精度;④滚动轴承的宽度较小,可使机器的轴向尺寸紧凑。其缺点有:①承受冲击载荷的能力差;②高速运转时噪声大;③滚动轴承不能剖分,致使有的时候轴承安装困难,甚至无法安装使用;④径向尺寸大,寿命较低。

12.2 滚动轴承的主要类型及其代号

12.2.1 滚动轴承的类型

滚动轴承的类型繁多,有多种分类方法。

1. 按滚动体的类型分

按滚动体的形状分,滚动轴承分为球轴承和滚子轴承。在外廓尺寸相同的条件下,滚子轴承的承载能力比球轴承高;球轴承比滚子轴承具有较高的旋转精度和极限转速。

2. 按承受的载荷方向分

滚动轴承按承受载荷方向不同,可分为3大类,如图12.3所示:只能承受径向载荷F_r的轴承叫做向心轴承,如图12.3(a)所示,其中有几种类型的轴承还能承受不大的轴向载荷;只能承受轴向载荷F_a的轴承叫做推力轴承(推力轴承中与轴颈紧套在一起的叫轴圈,与轴承座孔相连接的叫座圈),如图12.3(b)所示;能同时承受径向载荷F_r和轴向载荷F_a的轴承叫做向心推力轴承,如图12.3(c)所示。公称接触角是向心推力轴承的一个重要性能参数,是指滚动体与外圈接触处的法线n-n与径向平面(垂直于轴承中心线的平面)的夹角,通常用α表示,如图12.3所示。α角的大小反映了轴承承受轴向载荷的能力大小。轴承实际所承受的径向载荷F_r与轴向载荷F_a的合力与径向平面的夹角叫做载荷角,用β表示。

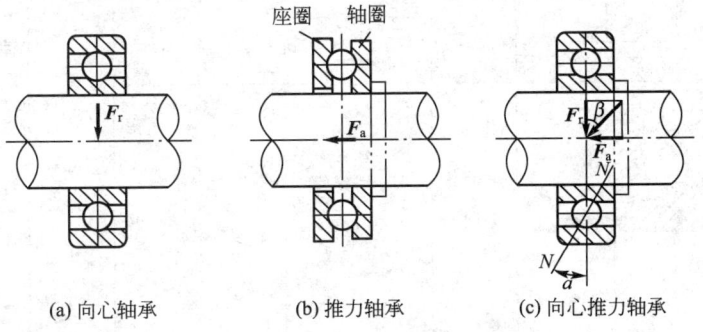

图 12.3 不同类型轴承的承载情况

3. 按调心性能分

滚动轴承按调心性能分,可分为调心轴承和非调心轴承。滚动轴承内、外圈中心线间的相对倾斜称为角偏位,轴承两中心线间允许的最大倾角则称为偏位角,用 θ 表示,如图 12.4 所示。偏位角的大小反映了轴承对安装精度的不同要求。偏位角较大的轴承其自动调心功能较强。

滚动轴承因其结构类型不同而具有不同的性能和特点,表 12-1 给出了常用的滚动轴承类型、结构简图、性能特点。

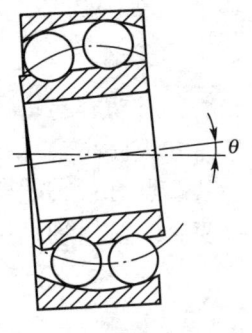

图 12.4 角偏位和偏位角

表 12-1 常用滚动轴承类型、结构简图、性能特点

类型代号	简图及承载方向	轴承名称	基本额定动载荷比[①]	极限转速比[②]	轴向承载能力	轴向限位能力[③]	性能和特点
0		双列角接触球轴承	1.6~2.1	中	较大	I	能同时承受径向和双向轴向载荷。相当于成对安装、背对背的角接触球轴承($\alpha=30°$)
1		调心球轴承	0.6~0.9	中	少量	I	因外圈滚道表面是以轴承中点为中心的球面,故能自动调心,允许内圈(轴)对外圈(外壳)轴线偏斜量,即偏位角 $\theta \leqslant 2°\sim 3°$,一般不宜承受轴向载荷
2		调心滚子轴承	1.8~4	低	少量	I	性能、特点与调心球轴承相同,但具有较大的径向承载能力,允许偏位角 $\theta \leqslant 1.5°\sim 2°$

(续)

类型代号	简图及承载方向	轴承名称	基本额定动载荷比①	极限转速比②	轴向承载能力	轴向限位能力③	性能和特点
2		推力调心滚子轴承	1.6~2.5	低	很大	Ⅱ	用于承受以轴向载荷为主的轴向、径向联合载荷,但径向载荷不得超过轴向载荷的55%。运转中滚动体受离心力作用,导致轴圈与座圈分离。为保证正常工作,需要加一定轴向预载荷。允许偏位角θ≤1.5°~2.5°
3		圆锥滚子轴承	1.5~2.5 (10°~18°)	中	较大	Ⅱ	可以同时承受径向载荷及轴向载荷。外圈可分离,安装时可调整轴承的游隙。一般成对使用
		大锥角圆锥滚子轴承	1.1~2.1 (27°~30°)	中	很大		
4		双列深沟球轴承	1.6~2.3	中	较大	Ⅰ	能同时承受径向和轴向载荷。径向刚度和轴向刚度均大于深沟球轴承,允许偏位角θ≤8'~16'
5		推力球轴承	1	低	只能承受单向轴向载荷	Ⅱ	为了防止钢球与滚道之间的滑动,工作时必须加有一定的轴向载荷。高速时离心力大,钢球与保持架磨损,发热严重,寿命降低,故极限转速很低。轴线必须与轴承座底面垂直,载荷必须与轴线重合,以保证钢球载荷的均匀分配
		双向推力球轴承	1	低	能承受双向轴向载荷	Ⅰ	

（续）

类型代号	简图及承载方向	轴承名称	基本额定动载荷比①	极限转速比②	轴向承载能力	轴向限位能力③	性能和特点
6		深沟球轴承	1	高	很少	I	主要承受径向载荷，也可同时承受小的轴线载荷。摩擦因数小。在高转速时，可用来承受纯轴向载荷。工作中允许偏位角 $\theta \leqslant 8'\sim16'$，大量生产，价格最低
7		角接触球轴承	1.0～1.4 (15°)	高	一般	II	可同时承受轴向及径向载荷，也可以单独承受轴向载荷。能在高转速下正常工作。由于一个轴承只能承受单向轴向力，故一般成对使用。接触角越大，承受轴向载荷的能力越高
			1.0～1.3 (25°)		较大		
			1.0～1.2 (40°)		更大		
8		推力圆柱滚子轴承	11 12 1.7～1.9	低	能承受单向的轴向载荷	II	能承受较大单向轴向载荷，轴向刚度高。极限转速低，不允许轴与外圈轴线有倾斜
N		外圈无挡边的圆柱滚子轴承	1.5～3	高	无	III	外圈（或内圈）可以分离，故不能承受轴向载荷，滚子由内圈（或外圈）的挡边轴向定位，工作时允许内、外圈有少量的轴向错动。有较大的径向承载能力，但内、外圈轴线的允许偏斜量 θ 角很小，$\theta \leqslant 2'\sim 4'$。这一类轴承还可以不带外圈或内圈
NU		内圈无挡边的圆柱滚子轴承					
NJ		内圈有单挡边的圆柱滚子轴承			少量	II	

（续）

类型代号	简图及承载方向	轴承名称	基本额定动载荷比①	极限转速比②	轴向承载能力	轴向限位能力③	性能和特点
NA		滚针轴承	—	低	无	Ⅲ	在同样内径条件下，与其他类型轴承相比，其外径最小，内圈或外圈可以分离，工作时允许内、外圈有少量的轴向错动。有较大的径向承载能力。一般不带保持架。摩擦因数大
QJ		四点接触轴承	1.4~1.8	高	能承受双向的轴向载荷	Ⅰ	具有双半内圈，内、外圈可分离。两侧接触角均为35°，可承受径向载荷和双向轴向载荷。旋转精度高
U		外球面球轴承	1	中	少量	Ⅰ	轴承内部结构同深沟球轴承，两面密封，外圈外表面为球面，与轴承座的凹球面相配，具有一定的自动调心作用。$\theta \leqslant 2° \sim 5°$，内圈用紧定套或顶丝固定在轴上，装拆方便，结构紧凑

注：① 基本额定动载荷比：指同一尺寸系列（直径及宽度）各种类型和结构形式的轴承的基本额定动载荷与深沟球轴承（推力轴承则与推力球轴承）的基本额定动载荷之比。
② 极限转速比：指同一尺寸系列 0 级公差的各类轴承脂润滑时的极限转速与深沟球轴承脂润滑时的极限转速之比。高、中、低的意义为：高为深沟球轴承极限转速的 90%~100%；中为深沟球轴承极限转速的 60%~90%；低为深沟球轴承极限转速的 60%以下。
③ 轴向限位能力：Ⅰ为轴的双向轴向位移限制在轴承的轴向游隙范围以内；Ⅱ为限制轴的单向轴向位移；Ⅲ为不限制轴的轴向位移。

12.2.2 滚动轴承的代号

在各类滚动轴承中，每种类型又有不同的结构、尺寸和公差等级，以适应不同的技术要求。为了表达各类轴承的特点，便于生产管理和选用，国家标准 GB/T272—1993 规定了轴承代号的表示方法。

滚动轴承代号由三部分组成：基本代号、前置代号和后置代号，用字母和数字等表示。滚动轴承代号构成见表 12-2。

表 12-2 滚动轴承代号构成

前置代号	基本代号					后置代号							
	五	四	三	二	一	1	2	3	4	5	6	7	8
轴承分部件代号	类代号	尺寸系列代号		内径代号		内部结构代号	密封与防尘结构代号	保持架及其材料代号	特殊轴承材料代号	公差等级代号	游隙代号	多轴承配置代号	其他代号
		宽(高)度系列代号	直径系列代号										

注：基本代号下面的一至五表示代号自右向左的位置序数，后置代号下面的 1~8 表示代号自左向右的位置序数

1. 滚动轴承的基本代号

滚动轴承的基本代号表示滚动轴承的类型、结构及尺寸等主要特征。它由轴承的类型代号、尺寸系列代号和内径代号组成，按顺序自左向右依次排列。

(1) 轴承的内径代号。表示轴承的公称直径，用基本代号右起的第一位、第二位数字表示。对于常用内径 $d=20\sim480$mm 的轴承，内径一般为 5 的倍数，其表示方法见表 12-3。对于内径为 22mm、28mm、32mm 及 $d<10$mm 和 $d>500$mm 的轴承用内径毫米数直接表示，但与组合代号之间用"/"隔开，如深沟球轴承 62/22，表示内径 $d=22$mm。

表 12-3 轴承的内径代号

轴承的公称直径 d/mm	内径代号	代号示例
10 12 15 17	00 01 02 03	6201 6—深沟球轴承 2—尺寸系列代号(0)2 01—$d=12$mm
20~480	04~96 (代号乘以 5 即为内径 d，单位 mm)	N2208 N—圆柱滚子轴承 22—尺寸系列代号 08—$d=8\times5=40$mm
≥500 22、28、32 1~9(整数) 0.6~10	直接用内径尺寸毫米数表示，与尺寸系列代号用"/"分开	230/500，62/22，618/2.5 2、6—轴承类型 30、(0)2、18—尺寸系列代号 500、22、2.5 内径 d，mm

(2) 尺寸系列代号。尺寸系列代号由直径系列代号和宽(高)度系列代号两部分组成，它们在基本代号中分别用右起的第三位、第四位数字表示。

宽(高)度系列代号表示内、外径相同的同类轴承的宽度或高度变化的系列值，宽度系列代号以数字 8、0、1、2、3、4、5、6 依次表示宽度递增。当宽度系列为 0 系列(正常系

列)时,对于多数轴承在代号中不标出,但对于调心滚子轴承和圆锥滚子轴承,宽度系列代号 0 应标出。推力轴承用高度系列表示,以数字 7、9、1、2 依次递增表示。

直径系列表示结构、内径相同的滚动轴承的外径变化的系列值,直径代号以数字 7、8、9、0、1、2、3、4、5 依次表示外径递增。部分直径系列之间的尺寸对比如图 12.5 所示。向心轴承、推力轴承尺寸系列代号见表 12-4。

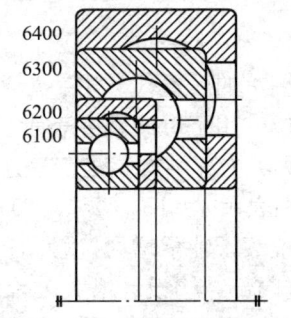

图 12.5 直径系列之间的尺寸对比

表 12-4 滚动轴承尺寸系列代号

直径代号		向心轴承								推力轴承			
		宽度系列代号								高度系列代号			
		8	0	1	2	3	4	5	6	7	9	1	2
外径依次增加	7	—	—	17	—	37	—	—	—	—	—	—	—
	8	—	08	18	28	38	48	58	68	—	—	—	—
	9	—	09	19	29	39	49	59	69	—	—	—	—
	0	—	00	10	20	30	40	50	60	70	90	10	—
	1	—	01	11	21	31	41	51	61	71	91	11	—
	2	82	02	12	22	32	42	52	62	72	92	12	22
	3	83	03	13	23	33	—	—	—	73	93	13	23
	4	—	04	—	24	—	—	—	—	74	94	14	24
	5	—	—	—	—	—	—	—	—	—	95	—	—

注:① 直径系列代号:向心轴承、推力轴承,0、1 表示特轻系列,2 表示轻系列,3 表示中系列,4 表示重系列。推力轴承,1 表示特轻系列,2 表示轻系列,3 表示中系列,4 表示重系列。
② 宽度系列代号:0 为正常宽度系列,8 为窄系列

(3) 类代号。基本代号右起第五位,类代号用数字或字母表示,见表 12-1 第一列。

2. 前置代号

前置代号由字母表示,代号及含义如表 12-5 所示。

表 12-5 前置代号的含义

代号	含义	示例
L	可分离轴承的可分离内圈或外圈	LN207
R	不带可分离内圈或外圈的轴承	RNU207
K	滚子和保持架组件	K81107
WS	推力圆柱滚子轴承轴圈	WS81107
GS	推力圆柱滚子轴承座圈	GS81107

3. 后置代号

轴承的后置代号用字母和数字表示轴承的结构、公差及材料的特殊要求等，后置代号共 8 位。用字母或数字表示。

(1) 内部结构代号。表示同一类型轴承的不同内部结构，用字母表示。如用 C、AC、B 分别表示 $\alpha=15°、25°、40°$ 的角接触轴承，α 越大轴承承受轴向载荷的能力越强；B 还表示圆锥滚子轴承增大接触角；C 还表示调心滚子轴承；D 表示剖分式轴承；E 表示加强型（改进内部结构设计增大轴承承载能力）等。

(2) 公差等级代号。轴承公差等级从低到高依次分为 0、6、6X、5、4、2 共 6 级，分别用 /P0、/P6、/P6X、/P5、/P4、/P2 表示。其中 0 级为最低（普通级），2 级为最高，6X 级仅用于圆锥滚子轴承。P0 级常用于一般机械，在轴承代号中可省略不标注；P6、P5 用于高精度机械；P4、P2 用于精密机械或精密仪器。

(3) 游隙代号。表示径向游隙组别，分 0、1、2、3、4、5 共 6 个组别，径向游隙依次由小到大。要求轴承有高旋转精度时，应选用小径向游隙组；工作温度高时，应选用大径向游隙组。其中 0 游隙组最为常用，故省略不标注，其他组别的代号对应为 /C1、/C2、/C3、/C4、/C5。当公差等级代号与游隙组别代号需同时表示时，取公差等级代号加上游隙组号（省掉游隙代号中的"/C"）组合表示，如 /P63 表示轴承公差等级 6 级，径向游隙 3 组。

(4) 配置代号。成对安装的轴承有 3 种配置形式，如图 12.6 所示，分别用 3 种代号表示：/DB—背对背安装；/DF—面对面安装；/DT—串联安装。例如：32208/DF、7210C/DT。

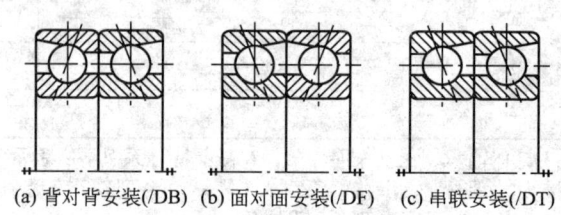

(a) 背对背安装(/DB)　(b) 面对面安装(/DF)　(c) 串联安装(/DT)

图 12.6　轴承成对安装形式

(5) 保持架及材料代号。保持架及材料代号用数字及字母表示。表示保持架非标准的结构形式及材料。部分代号及其含义见表 12-6。

表 12-6　保持架结构及材料改变部分代号

代号	含义	代号	含义
A	外圈引导	M	黄铜实体保持架
B	内圈引导	T	酚醛层压布管实体保持架
F1	碳钢实体保持架	J	钢板冲压保持架
Q	青铜实体保持架	Y	铜板冲压保持架

(6) 密封与防尘结构变化代号。用数字及字母表示。部分代号及其含义见表 12-7。

表 12-7 密封、防尘与外部形状变化部分代号

代号	含义		示例
K	圆锥孔轴承	锥度 1∶12	1210K
K30		锥度 1∶30	24122K30
N	轴承外圈上有止动槽		6210N
RS	轴承一面带骨架式橡胶密封圈	接触式	6210-RS
RZ		非接触式	6210-RZ
Z	轴承一面带防尘盖		6210-Z
FS	轴承一面带毡圈密封		6203-FS

[**例 12.1**] 说明轴承代号 6212、30208/P6X、7310C/P5 的含义。

解：6212——6 表示深沟球轴承；2 为尺寸系列代号，已省去宽度系列代号 0，故 2 仅为直径系列代号；12 表示轴承内径 $d=12×5=60$mm，公差等级为 P0 级（省略）。

30208/P6X——3 表示圆锥滚子轴承；02 为尺寸系列代号，其中 0 为宽度系列代号，2 为直径系列代号；08 表示轴承内径 $d=8×5=40$mm；P6X 表示公差等级 6X 级。

7310C/P5——7 表示角接触球轴承；3 仅为直径系列代号，省去宽度系列代号 0，故 3 仅为直径系列代号；10 表示轴承内径 $d=10×5=50$mm；C 表示轴承接触角 $α=15°$；P5 表示轴承公差等级为 5 级。

12.3 滚动轴承类型的选择

选择滚动轴承类型时，主要根据轴承的工作载荷（载荷的大小、方向和性质）、转速的高低、调心性能以及安装拆卸等方面的要求进行选择。

1. 载荷的大小、方向及性质

轴承承受载荷的大小、方向及性质是选择轴承类型的主要依据。

（1）按载荷的大小、性质考虑：在外廓尺寸相同的条件下，滚子轴承比球轴承的承载能力大，适用于载荷较大或有冲击的场合。球轴承适用于载荷较小、振动冲击较小的场合。

（2）按载荷的方向考虑：当承受纯径向载荷时，通常选用深沟球轴承、圆柱滚子轴承或滚针轴承；当承受纯轴向载荷时，选用推力轴承；当承受较大径向载荷和一定轴向载荷时，可选用深沟球轴承、接触角不大的角接触轴承或圆锥滚子轴承；当承受较大轴向载荷和一定径向载荷时，可选用接触角较大的角接触球轴承或圆锥滚子轴承，或者将向心轴承和推力轴承进行组合，分别承受径向和轴向载荷。

2. 轴承的转速

一般情况下工作转速的高低并不影响轴承类型的选择，只是在转速较高时，才会有比较显著的影响。

轴承标准中对各种类型、各种规格尺寸的轴承都规定了油润滑及脂润滑时的极限转速$n_{\lim}$值。

根据工作转速选择轴承类型时，可参考以下几点：①球轴承比滚子轴承具有较高的极限转速和旋转精度，高速时优先选用球轴承；②为减小离心惯性力，高速时宜选用同一直径系列中外径较小的轴承。当用一个外径较小的轴承承载能力不能满足要求时，可再装一个相同的轴承，或者考虑采用宽系列的轴承。外径较大的轴承宜用于低速重载的场合；③推力轴承的极限转速都很低，当工作转速高、轴向载荷不十分大时，可采用角接触轴承或深沟球轴承代替推力轴承；④保持架的结构及材料对轴承转速影响很大。实体保持架比冲压保持架允许更高的转速；⑤若工作转速略超过样本中规定的极限转速，可以用提高轴承的公差等级，或适当地加大轴承的径向游隙，选用循环润滑或油雾润滑，加强对循环油的冷却等措施来改善轴承的高速性能。若工作转速超过极限转速较多，应选用特制的高速滚动轴承。

3. 轴承的调心性能

不同类型轴承由于自身结构特点，使用中能够允许的内外圈轴线的偏斜程度不同，调心球轴承和调心滚子轴承由于内圈和滚动体可以绕外圈内表面的球心转动，具有良好的调心性能。

如果由于加工、装配等条件的限制，所设计的轴系结构无法保证两支点轴承的同轴精度，或轴系工作中的弯曲变形，造成支点轴线偏斜，可选择具有良好调心性能的轴承，改善轴和轴承的受力情况。

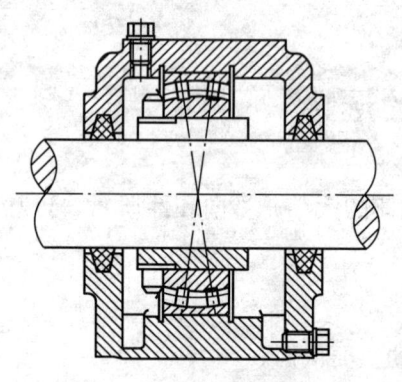

图 12.7　安装在圆锥紧定套上的轴承

4. 安装条件

为了方便安装、拆卸和调整轴承游隙，在安装空间受限制的场合应优先选择内、外圈可分离的轴承（如 N 类、NA 类、3 类等），如果轴较长，为方便轴承与轴之间的轴向固定，可选用内锥孔带紧定套的轴承，如图 12.7 所示。

5. 经济性

选用滚动轴承应考虑经济性。通常球轴承比相同尺寸的滚子轴承便宜，相同型号、不同公差等级的轴承比价 P0∶P6∶P5∶P4≈1∶1.5∶2∶6，如果没有特殊需要，不应盲目选择高精度轴承。

12.4　滚动轴承的工作情况

12.4.1　滚动轴承的工作情况分析

1. 滚动轴承工作时各元件间的运动关系

滚动轴承工作时既承担载荷又做旋转运动，作用在滚动轴承上的载荷通过滚动体由一个套圈(指内圈或外圈)传递给另一个套圈。内、外圈相对转动,滚动体既绕自身轴线自转又绕轴承轴线公转。

2. 滚动轴承工作时轴承元件的受载情况

滚动轴承只受轴向载荷作用时,可认为各滚动体受载均匀,但在承受径向载荷时,情况就有所不同。如图 12.8 所示,深沟球轴承在工作的某一瞬间,径向载荷 F_r 通过轴颈作用于内圈,位于上半圈的滚动体不受力,载荷由下半圈的滚动体传到外圈再传到轴承座。假定内、外圈是刚体,滚动体为弹性体,滚动体与滚道接触变形在弹性范围内,下半圈滚动体与套圈的接触变形量的大小,决定了各滚动体受载荷的大小。在载荷 F_r 作用下,内圈将下沉一个距离 δ_0,不在 F_r 作用线上的其他各点,虽然亦下沉一个 δ_0,但该点处滚动体的有效变形量是 $\delta_i \approx \delta_0 \cos(i\gamma)$,$i=1,2,\cdots$。即有效变形量在 F_r 作用线两侧对称分布,向两侧逐渐减小,由此表明,接触载荷也是在 F_r 作用线上的最下面一个滚动体受力最大,而远离作用线的各个滚动体,其载荷逐渐减小。各滚动体从开始受

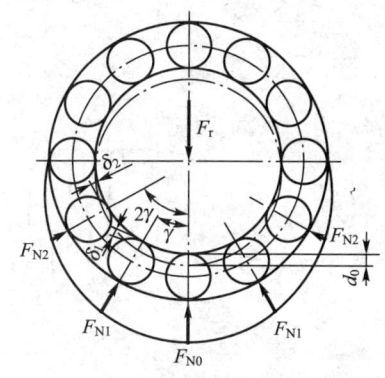

图 12.8 深沟球轴承中径向载荷的分布

载到受载终止所滚过的区域叫做承载区,其他区域称为非承载区。由于轴承存在游隙,故实际承载区的范围将小于 180°。如果轴承既承受径向载荷,又承受轴向载荷,则其承载区将扩大。

根据力平衡原理,所有滚动体作用在内圈上的反力 F_{Ni} 的矢量和必定与径向载荷 F_r 相平衡,即

$$\sum_{i=1}^{n} F_{Ni} + F_r = 0 \tag{12-1}$$

式中,n 为受载滚动体的数目。

3. 轴承工作时轴承元件的应力分析

由滚动轴承载荷分布可知,滚动体所处的位置不同,受力就不同。轴承工作时,各个滚动体所受载荷将由零逐渐增加到 F_{N2}、F_{N1} 直到最大值 F_{N0},然后再逐渐降低到 F_{N1}、F_{N2} 直至零。其变化趋势如图 12.9(a)中虚线所示。就滚动体上某一点而言,由于滚动体相对内、外套圈滚动,每自转一周,分别与内、外套圈接触一次,故它的载荷和应力按周期性不稳定脉动循环变化,如图 12.9(a)中实线所示。

对于固定的套圈,处于承载区的各接触点,按其所在位置不同,承受的载荷和接触应力是不相同的。对于套圈滚道上每一个具体点,当滚动体滚过该点的一瞬间,便承受一次载荷,再一次滚过另一个滚动体时,接触载荷和应力是不变的。这说明固定套圈在承载区内的某一点上承受稳定脉动循环载荷,如图 12.9(b)所示。

转动套圈上各点的受载情况,类似于滚动体的受载情况。就其滚道上某一点而言,处于非承载区时,载荷及应力为零。进入承载区后,每与滚动体接触一次就受载一次,且在承载区的不同位置,其接触载荷和应力也不一样,如图 12.9(a)中实线所示,在 F_r 作用线正下方,载荷和应力最大。

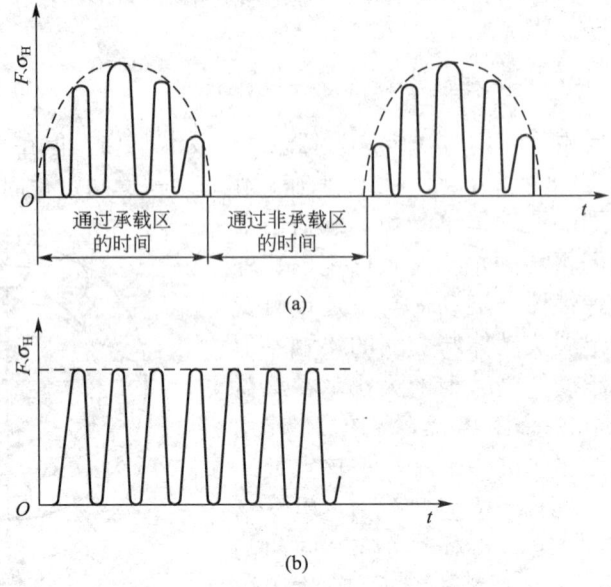

图 12.9　轴承元件上的载荷及应力分布

总之，滚动轴承中各承载元件所受载荷和接触应力是周期性变化的。

12.4.2　滚动轴承的失效形式和计算准则

1. 失效形式

滚动轴承常见的失效形式有以下几种。

(1) 疲劳点蚀。轴承在安装、润滑维护良好的情况下工作时，由于各承载元件承受周期性变应力的作用，各接触表面的材料将会产生局部脱落，这就是疲劳点蚀，它是滚动轴承主要的失效形式。轴承发生疲劳点蚀破坏后，通常在运转时会出现比较强烈的振动、噪声和发热现象，轴承的旋转精度将逐渐下降，直至丧失正常工作能力。

(2) 塑性变形。在过大的静载或冲击载荷作用下，轴承承载元件间的接触应力超过了元件材料的屈服极限，接触部位发生塑性变形，形成凹坑，使轴承性能下降，摩擦阻力矩增大，这种失效多发生在低速重载或做往复摆动的轴承中。

(3) 磨损。由于润滑不充分、密封不好或润滑油不清洁，以及工作环境多尘，一些金属屑或磨粒性灰尘进入了轴承的工作部位，轴承将发生严重的磨损，导致轴承内、外圈与滚动体间隙增大、振动加剧及旋转精度降低而报废。

(4) 胶合。在高速重载条件下工作的轴承，因摩擦面发热而使温度急剧升高，导致轴承元件的回火。严重时将产生胶合失效。

除上述失效形式以外，轴承还可能发生其他失效形式。如装配不当而使轴承卡死、胀破内圈、挤碎滚动体和保持架，腐蚀性介质进入引起的锈蚀等。在正常使用和维护条件下，这些失效是可以避免的。

2. 计算准则

针对上述失效形式，应对轴承进行寿命和强度计算以保证其可靠地工作。计算准则为以下3方面。

(1) 一般转速($n>10r/min$)轴承的主要失效形式为疲劳点蚀，应进行疲劳寿命计算。

(2) 极慢转速($n \leqslant 10r/min$)或低速摆动的轴承，其主要失效形式是表面塑性变形，应按静强度计算。

(3) 高速轴承的主要失效形式为由发热引起的磨损、烧伤，故不仅要进行疲劳寿命计算，还要验算其极限转速。

12.5 滚动轴承尺寸的选择

12.5.1 滚动轴承的基本额定寿命和基本额定动载荷

1. 轴承寿命

对于一个具体的轴承，轴承的寿命是指轴承中任何一个套圈或滚动体材料首次出现疲劳点蚀扩展之前，一个套圈相对于另一个套圈的转数或者在一定转速下工作的小时数。大量试验结果表明，一批型号相同的轴承(即结构、尺寸、材料、热处理及加工方法等都相同的轴承)，即使在完全相同的条件下工作，它们的寿命也是极不相同的，其寿命差异最大可达几十倍。因此，不能以一个轴承的寿命代表同型号一批轴承的寿命。

用一批同类型和同尺寸的轴承在同样工作条件下进行疲劳试验，得到轴承实际转数 L 与这批轴承中不发生疲劳破坏的百分率(即可靠度 R，其值等于某一转数时能正常工作的轴承占投入试验的轴承总数的百分比)之间的关系曲线如图12.10所示。由图可知，在一定运转条件下，对应于某一转数，一批轴承中只有一定百分比的轴承能正常工作到该转数，转数增加，轴承的损坏率将增加，而能正常工作到该转数的轴承所占的百分比则相应减少。

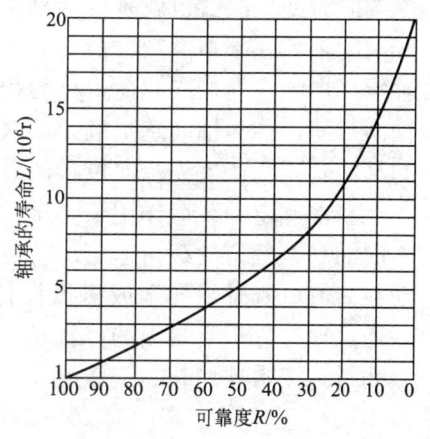

图 12.10 滚动轴承的寿命-可靠度曲线

2. 轴承的基本额定寿命

轴承的基本额定寿命是指一组在相同条件下运转的滚动轴承，10%的轴承发生点蚀破坏而90%的轴承未发生点蚀破坏前的转数或在一定转速下工作的小时数，以 L_{10}(单位 $10^6 r$)或 L_h(单位 h)表示。即按基本额定寿命选用的一批同型号轴承，可能有10%的轴承发生提前破坏，有90%的轴承寿命超过其基本额定寿命，其中有些轴承甚至还能工作更长时间。对于一个具体的轴承而言，能顺利地在额定寿命期内正常工作的概率为90%，而在额定寿命期到达之前发生点蚀破坏的概率为10%。在做轴承的寿命计算时，必须先根据机器的类型、使用条件及可靠性要求，确定一个恰当的预期计算寿命(即设计机器时所要求的轴承寿命，通常参照机器的大修期限确定)。如表12-8所示，给出了根据对机器的使用经验推荐的预期计算寿命值，可供参考。

表 12-8 推荐的轴承预期计算寿命值 L_h'

机器类别	L_h'/h
不经常使用的仪器或设备，如闸门、门窗开闭装置	500
航空发动机	500～2000
短期或间断使用的机械，中断使用不致引起严重后果，如手动工具、农业机械等	4000～8000
间断使用的机械，中断使用后果严重，如发动机辅助设备、流水作业线自动传送装置，升降机、车间吊车、不常使用的机床等	8000～12000
每日 8h 工作的机械（利用率不高），如一般的齿轮传动、某些固定电动机等	12000～20000
每日 8h 工作的机械（利用率较高），如金属切削机床、连续使用的起重机、木材加工机械等	20000～30000
24h 连续工作的机械，如矿山升降机、输送道用滚子、空气压缩机等	40000～60000
24h 连续工作的机械，中断使用后果严重，如纤维生产或造纸设备、发电站主发电机、矿井水泵、船舶螺旋桨轴等	100000～200000

3. 滚动轴承的基本额定动载荷

轴承的寿命与所受载荷的大小有关，工作载荷越大，接触应力也越大，承载元件所能经受的应力变化次数也就越少，轴承的寿命就越短。

滚动轴承在基本额定寿命等于 10^6 r 时所能承受的载荷，称为基本额定动载荷 C。对向心轴承，指的是纯径向载荷，称为径向基本额定动载荷，记作 C_r；对于推力轴承，指的是纯轴向载荷，称为轴向基本额定动载荷，记作 C_a；对于角接触的球轴承或圆锥滚子轴承，指的是使套圈间产生纯径向位移的载荷的径向分量，记作 C_r。

在基本额定动载荷作用下，轴承工作寿命为 10^6 r 的可靠度为 90%。不同型号的轴承有不同的基本额定动载荷值 C，它表征了具体型号轴承的承载能力。各型号轴承的基本额定动载荷值可查轴承样本或机械设计手册。轴承基本额定动载荷值是在大量试验的基础上，通过理论分析而得出的，轴承在常规运转条件下——轴承正确安装、无外来物侵入、充分润滑、按常规加载、工作温度不过高或过低、运转速度不特别高或特别低，以及失效率为 10%、基本额定寿命为 10^6 r 时给出的。

12.5.2 滚动轴承的当量动载荷

综上所述，滚动轴承的基本额定动载荷分径向基本额定动载荷和轴向基本额定动载荷。当轴承既承受径向载荷又承受轴向载荷时，为能应用额定动载荷值进行轴承寿命计算，就必须把实际载荷转换为与基本额定动载荷的载荷条件相一致的当量动载荷。当量动载荷是一个假想载荷，在它的作用下，滚动轴承具有与实际载荷作用时相同的寿命，用字母 P 表示。在实际工作中考虑机器的各种实际运转情况，如冲击力、不平衡作用力、惯性力以及轴挠曲或轴承座变形产生的附加力，还应引进一个载荷系数 f_p，因此轴承的当量动载荷应为：

（1）对于只能承受径向载荷 F_r 的向心轴承（$\alpha=0°$ 的向心滚子轴承，如 N0000 型、NA0000 型）

$$P=F_r \tag{12-2}$$

（2）对于只能承受轴向载荷 F_a 的推力轴承（$\alpha=90°$ 的推力球轴承和推力滚子轴承，如 50000 型、80000 型）

$$P=F_a \tag{12-3}$$

（3）对于以承受径向载荷 F_r 为主又能承受轴向载荷 F_a 的角接触向心轴承（包括角接触球轴承、深沟球轴承及 $\alpha\neq0°$ 的向心推力滚子轴承，如 30000 型、70000 型、60000 型、10000 型及 20000 型）

$$P=P_r=XF_r+YF_a \tag{12-4}$$

（4）对于承受轴向载荷 F_a 为主又能承受径向载荷 F_r 的角接触推力轴承（$\alpha\neq0°$ 的推力滚子轴承）

$$P=P_a=XF_r+YF_a \tag{12-5}$$

式中，X、Y 为径向载荷系数和轴向载荷系数，其值见表 12-9；f_p 为载荷系数，见表 12-10。

表 12-9 径向载荷系数 X 和轴向载荷系数 Y

轴承类型		相对轴向载荷 F_a/C_{0r}	判别系数 e	单列轴承 $F_a/F_r\leqslant e$		单列轴承 $F_a/F_r>e$		双列轴承 $F_a/F_r\leqslant e$		双列轴承 $F_a/F_r>e$	
				X	Y	X	Y	X	Y	X	Y
深沟球轴承		0.014	0.19				2.30				2.30
		0.028	0.22				1.99				1.99
		0.056	0.26				1.71				1.71
		0.084	0.28				1.55				1.55
		0.11	0.30	1	0	0.56	1.45	1	0	0.56	1.45
		0.17	0.34				1.31				1.31
		0.28	0.38				1.15				1.15
		0.42	0.42				1.04				1.04
		0.56	0.44				1.00				1.00
角接触球轴承	α	iF_a/C_{0r}									
	15°	0.015	0.38				1.47		1.65		2.39
		0.029	0.40	1	0	0.44	1.40	1	1.57	0.72	2.28
		0.058	0.43				1.30		1.46		2.11
角接触轴承	α	iF_a/C_{0r}									
	15°	0.087	0.46				1.23		1.38		2.00
		0.12	0.47				1.19		1.34		1.93
		0.17	0.50	1	0	0.44	1.12	1	1.26	0.72	1.82
		0.29	0.55				1.02		1.14		1.66
		0.44	0.56				1.00		1.12		1.63
		0.58	0.56				1.00		1.12		1.63
	25°		0.68			0.41	0.87		0.92	0.67	1.41
	30°	—	0.80	1	0	0.39	0.76	1	0.78	0.63	1.24
	40°		1.14			0.35	0.57		0.55	0.57	0.93

(续)

轴承类型	相对轴向载荷 F_a/C_{0r}	判别系数 e	单列轴承 $F_a/F_r \leq e$		单列轴承 $F_a/F_r > e$		双列轴承 $F_a/F_r \leq e$		双列轴承 $F_a/F_r > e$	
			X	Y	X	Y	X	Y	X	Y
调心球轴承		$1.5\tan\alpha$	1	0	0.40	$0.4\cot\alpha$	1	$0.42\cot\alpha$	0.65	$0.65\cot\alpha$
推力调心滚子轴承		1/0.55	—	—	1.2	1				
圆锥滚子轴承		$1.5\tan\alpha$	1	0	0.40	$0.4\cot\alpha$	1	$0.45\cot\alpha$	0.67	$0.67\cot\alpha$
四点接触球轴承		0.95	1	0.66	0.6	1.07				

注：① 相对轴向载荷中的 C_{0r} 为轴承的基本额定径向静载荷，由手册查取。iF_a/C_{0r} 及 F_a/C_{0r} 中间值相应的 e、Y 值可由线性插值法求得。i 为滚动体的列数。
② 由接触角 α 确定的各项 e、Y 值也可根据轴承不同型号由轴承手册查取。

表 12-9 中 e 为判别系数，是计算当量动载荷时判别是否计入轴向载荷影响的界限值。当 $F_a/F_r > e$ 时，表示轴向载荷影响较大，计算当量动载荷时，必须考虑 F_a 的作用。当 $F_a/F_r \leq e$ 时，表示轴向载荷影响较小，计算当量动载荷时，在一些轴承中可以忽略 F_a 的影响。

表 12-10 载荷系数 f_p

载荷性质	f_p	举例
平稳运转或有轻微冲击	1.0～1.2	电动机、通风机、水泵、汽轮机等
中等冲击	1.2～1.8	机床、车辆、冶金设备、起重机等
强大冲击	1.8～3.0	轧钢机、破碎机、振动筛、钻探机等

12.5.3　滚动轴承的寿命计算

滚动轴承的载荷与寿命之间的关系可以用疲劳曲线来表示，如图 12.11 所示，是用深沟球轴承进行寿命试验得出的载荷-寿命关系曲线。其他轴承也存在类似的关系曲线。该曲线满足关系式

$$P^\varepsilon L_{10} = C^\varepsilon \times 1 = 常数 \tag{12-6}$$

式中，C 为轴承的基本额定动载荷值，N；P 为轴承所受的当量动载荷；ε 为轴承的寿命指数，球轴承 $\varepsilon=3$，滚子轴承 $\varepsilon=10/3$；L_{10} 为可靠度为 90% 时轴承的基本额定寿命，10^6 r。

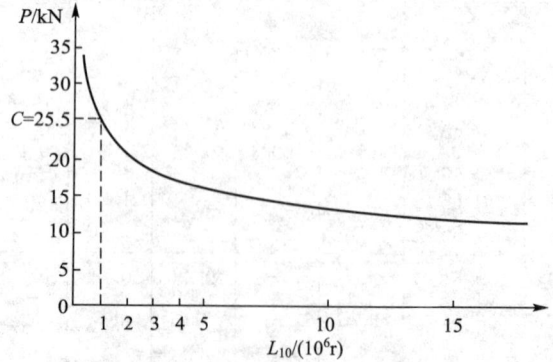

图 12.11　滚动轴承载荷-寿命曲线

当考虑温度及载荷特性系轴承的影响后，可得

$$L_{10} = \left(\frac{f_t C}{f_p P}\right)^\varepsilon \quad (12-7)$$

式中，f_p 为载荷系数，见表 12-10；f_t 为温度系数，见表 12-11。在考虑较高温度($t>$ 120°)工作条件下对轴承样本中给出的基本额定动载荷值 C 进行修正。

表 12-11 温度系数 f_t

轴承工作温度/℃	<125	125	150	175	200	225	250	300	350
温度系数 f_t	1.00	0.95	0.90	0.85	0.80	0.75	0.70	0.60	0.50

实际计算中习惯于用小时数表示轴承寿命，设轴承的转速为 n，有

$$L_h = \frac{16667}{n}\left(\frac{f_t C}{f_p P}\right)^\varepsilon \quad (12-8)$$

若已经给定轴承的预期寿命 L'_{10}、转速 n 和当量动载荷 P，可按下式求得轴承的计算额定寿命 C'，再查手册确定所需要的 C 值，应使 $C \geqslant C'$。

$$C' = \frac{f_p P}{f_t}\left(\frac{60 n L'_h}{10^6}\right)^{\frac{1}{\varepsilon}} \quad (12-9)$$

12.5.4 角接触球轴承和圆锥滚子轴承的径向载荷与轴向载荷计算

1. 角接触球轴承和圆锥滚子轴承的派生轴向力

角接触球轴承和圆锥滚子轴承都有一个接触角，当内圈承受径向载荷 F_r 作用时，承载区内各滚动体将受到外圈法向力 F_{ni} 的作用，如图 12.12 所示。F_{ni} 的径向分量 F_{ri} 都指向轴承中心，它们的合力与 F_r 相平衡；轴向分量 F_{si} 都与轴承的轴线相平行，合力记为 F_s，称为轴承内部的派生轴向力，方向由轴承外圈的宽边一端指向窄边一端，有迫使轴承内圈与轴承外圈脱离的趋势。F_s 要由轴上的轴向载荷来平衡，其大小可用力学方法由径向载荷 F_r 计算得到。当轴承在 F_r 作用下有半圈滚动体受载时，F_s 的计算公式见表 12-12。

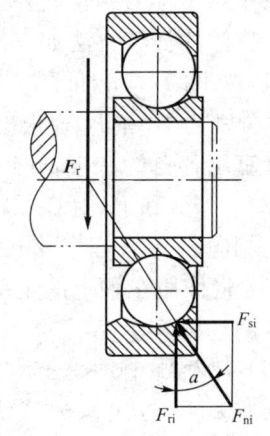

12.12 径向载荷产生的派生轴向力

表 12-12 角接触球轴承和圆锥滚子轴承的派生轴向力

轴承类型	角接触球轴承			圆锥滚子轴承
	70000C	70000AC	70000B	
派生轴向力 F_s	eF_r [①]	$0.68F_r$	$1.14F_r$	$F_r/2Y$ [②]

注：① e 值可查表 12-9。
② Y 值是对应表 12-9 中 $F_a/F_r > e$ 时的值。

由于角接触球轴承和圆锥滚子轴承在受到径向载荷后会产生派生轴向力，所以，为了

保证轴承的正常工作,这两类轴承一般都是成对使用的。如图 12.13 所示,角接触球轴承的两种安装方式,图(a)中两端轴承外圈宽边相对,称为反装或背对背安装。这种安装方式使两支反力作用点(又称压力中心)O_1、O_2 相互远离,支承跨距加大。图(b)中两端轴承外圈窄边相对,称为正装或面对面安装。这种安装方式使两支反力作用点 O_1、O_2 相互靠近,支承跨距缩短。精确计算时支反力作用点 O_1、O_2 距其轴承端面的距离,可从轴承样本或有关标准中查得。一般计算中当跨距较大时,为简化计算可取轴承宽度的中点为支反力作用点。

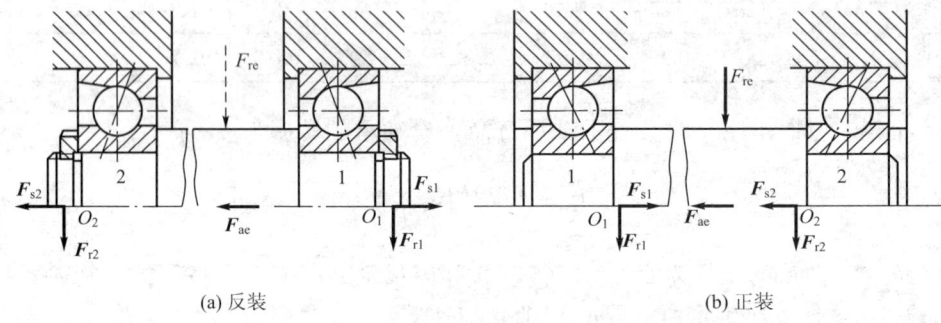

(a) 反装　　　　　　　　　　　　　　(b) 正装

图 12.13　角接触球轴承安装方式及受力分析

2. 角接触球轴承和圆锥滚子轴承的轴向载荷计算

计算成对安装的角接触球轴承和圆锥滚子轴承每一端轴承所承受的轴向载荷时,不能只考虑作用于轴上的轴向外载荷,还应考虑两端轴承上因径向载荷而产生的派生轴向力的影响。具体的计算方法如下。

(1) 如图 12.13 所示,由传动零件(如轴上的齿轮、链轮等)传到轴上的外加径向力和轴向力分别为 F_{re} 和 F_{ae},根据力的平衡条件计算出轴承的径向载荷 F_{r1} 和 F_{r2},并按表 12-12 可以计算出各自的派生轴向力 F_{s1} 和 F_{s2}。

(2) 将 F_{s1} 和 F_{s2} 标在图中。对反装轴承,F_{s1} 和 F_{s2} 的方向相背;对正装轴承 F_{s1} 和 F_{s2} 的方向相向。

(3) 将作用在轴上的全部轴向载荷(F_{ae}、F_{s1} 和 F_{s2})代数相加,可知轴有往哪个方向"窜动"的趋势。

(4) 判断哪个轴承被"压紧",哪个轴承被"放松"。派生轴向力方向与轴"窜动"方向相反的轴承被"压紧"。派生轴向力方向与轴"窜动"方向相同的轴承被"放松"。

(5) 被"放松"轴承的轴向载荷等于该轴承的派生轴向力;被"压紧"轴承的轴向载荷等于被"放松"轴承的派生轴向力与外加轴向力的代数和。

如图 12.13(a) 所示。两轴承反装,F_{s1} 和 F_{s2} 的方向相背。现轴上的轴向外载荷 F_{ae} 与 F_{s2} 方向一致,则比较 $(F_{ae}+F_{s2})$ 与 F_{s1} 哪个大,若 $F_{ae}+F_{s2}>F_{s1}$,表示轴有向左"窜动"的趋势,则轴承 2 被"放松",其所受轴向载荷等于自身的派生轴向力;即 $F_{a2}=F_{s2}$;而轴承 1 被"压紧",其所受轴向载荷等于被"放松"轴承的派生轴向力 F_{s2} 与轴上外加载荷 F_{ae} 的代数和,即 $F_{a1}=F_{ae}+F_{s2}$。若 $(F_{ae}++F_{s2})<F_{s1}$,表示轴有向右"窜动"的趋势,则轴承 1 被"放松",其所受轴向载荷等于自身的派生轴向力,即 $F_{a1}=F_{s1}$;而轴承 2 被

"压紧"，其所受轴向载荷等于除去 F_{s2} 后轴上其余轴向力的代数和，即 $F_{a2}=F_{s1}+F_{ae}$。

如图 12.13(b)所示两正装轴承，同样可以分析得出：若 $F_{ae}+F_{s2}<F_{s1}$，则轴有向右"窜动"的趋势，右轴承 1 被"放松"，左轴承 2 被"压紧"，所以 $F_{a1}=F_{s1}$，$F_{a2}=F_{ae}+F_{s1}$；若 $F_{ae}+F_{s2}>F_{s1}$，则左轴承 2 被"放松"，右轴承 1 被"压紧"，所以 $F_{a1}=F_{s2}+F_{ae}$，$F_{a2}=F_{s2}$。

[**例 12.2**] 有 6211 型轴承，所受径向载荷 $F_r=6000$N，轴向载荷 $F_a=3000$N，轴承转速 $n=1000$r/min，有轻微冲击，试求其寿命。

解：查手册得 6211 型轴承的基本额定动载荷 $C_r=43.2$kN，基本额定静载荷 $C_{0r}=29.2$kN。

(1) 计算 F_a/C_{0r} 并确定 e 值

$$\frac{F_a}{C_{0r}}=\frac{3000}{29200}=0.1027$$

根据 $F_a/C_{0r}=0.1027$ 查表 12-9，得 $e=0.3$

(2) 计算当量动载荷 P

$$\frac{F_a}{F_r}=\frac{3000}{6000}=0.5>e$$

查表 12-9 得 $X=0.56$、$Y=1.45$，有

$$P=XF_r+YF_a=0.56\times6000+1.45\times3000=7710\text{N}$$

(3) 计算轴承寿命 L_h 查表 12-11、表 12-12 得 $f_p=1.1$、$f_t=1$，又 6211 型为深沟球轴承，寿命指数 $\varepsilon=3$，由式(12-8)得

$$L_h=\frac{16667}{n}\left(\frac{f_tC}{f_pP}\right)^\varepsilon=\frac{16667}{1000}\times\left(\frac{1\times43200}{1.1\times7710}\right)^3=2202.8\text{h}$$

[**例 12.3**] 某减速器主动轴选用两个圆锥滚子轴承 32210 支承，如图 12.14 所示。已知轴的转速 $n=1440$r/min，轴上斜齿轮作用于轴的轴向力 $F_{ae}=750$N，而轴承的径向负荷分别为 $F_{r1}=5600$N，$F_{r2}=3000$N，工作时有中度冲击，脂润滑，正常工作温度，预期寿命 20000h，试验算轴承是否合格。

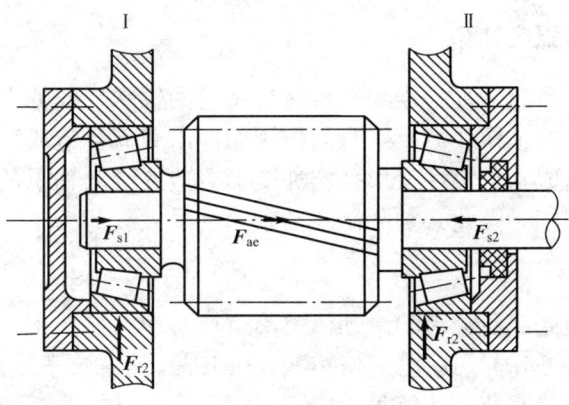

图 12.14 减速器主动轴

解：

设计项目	设计内容及依据	设计结果
1. 确定 32210 轴承的主要性能参数	查手册得：$\alpha=15°38'32''$、$C_r=84.8\text{kN}$、$C_{0r}=68\text{kN}$、$e=0.42$、$Y=1.44$	$\alpha=15°38'32''$ $C_r=84.8\text{kN}$ $C_{0r}=68\text{kN}$ $e=0.42$、$Y=1.44$
2. 计算派生轴向力 F_{s1}、F_{s2}	$F_{s1}=\dfrac{F_{r1}}{2Y}=\dfrac{5600}{2\times1.44}=1944.4\text{N}$ $F_{s2}=\dfrac{F_{r2}}{2Y}=\dfrac{3000}{2\times1.44}=1041.7\text{N}$	$F_{s1}=1944.4\text{N}$ $F_{s2}=1041.7\text{N}$
3. 计算轴向负荷 F_{a1}、F_{a2}	$F_{s1}+F_{ae}=1944.4+750=2694.4\text{N}>F_{s2}$ 故轴承Ⅱ被"压紧"，轴承Ⅰ被"放松"，得 $F_{a2}=F_{s1}+F_{ae}=1944.4+750=2694.4\text{N}$ $F_{a1}=F_{s1}=1944.4\text{N}$	$F_{a1}=1944.4\text{N}$ $F_{a2}=2694.4\text{N}$
4. 确定系数 X、Y	$\dfrac{F_{a1}}{F_{r1}}=\dfrac{1944.4}{5600}=0.3472<e$ $\dfrac{F_{a2}}{F_{r2}}=\dfrac{2694.4}{3000}=0.898>e$ 查表 12-9 得 $X_1=1$、$Y_1=0$、$X_2=0.4$、$Y_2=1.44$	$X_1=1$ $Y_1=0$ $X_2=0.4$ $Y_2=1.44$
5. 计算当量动负荷 P_1、P_2	$P_1=X_1F_{r1}+Y_1F_{a1}=1\times5600\text{N}$ $P_2=X_2F_{r2}+Y_2F_{a2}=0.4\times3000+1.44\times2694.4=5079.9\text{N}$	$P_1=5600\text{N}$ $P_1=5079.9\text{N}$
6. 计算轴承寿命 L_h	查表 12-11、表 12-12 有 $f_p=1.5$，$f_t=1$，$\varepsilon=10/3$ $L_h=\dfrac{16667}{n}\left(\dfrac{f_tC}{f_pP}\right)^\varepsilon=\dfrac{16667}{1440}\times\left(\dfrac{84800}{1.5\times5600}\right)^{10/3}=25736\text{h}$	$L_h=25736\text{h}$
7. 验算轴承是否合格	$L_h=25736\text{h}>20000\text{h}$	该轴承合适

12.5.5 滚动轴承的静强度计算

基本上不转、极低转速（$n\leqslant10\text{r/min}$）或缓慢摆动的轴承，根据寿命计算要求可以承受较大的载荷，但是较大的工作载荷及短时间作用的冲击载荷会造成滚动轴承与滚道之间较大的接触应力，从而造成永久塑性变形。塑性变形会造成滚动轴承的旋转精度下降，启动力矩增大，工作振动加剧，因此必须限制滚动轴承的最大载荷。

1. 基本额定静载荷

国家标准规定，使受载荷最大的滚动体与滚道接触中心处产生的最大接触应力达到特定值（调心球轴承：4600MPa，其他球轴承：4200MPa，所有滚子轴承：4000MPa）的载荷为滚动轴承的基本额定静载荷，用符号 C_0 表示。

基本额定静载荷是滚动轴承承载能力的基本参数，可在机械设计手册中查取。

2. 当量静载荷

当轴承同时承受径向载荷和轴向载荷时,应将实际载荷折算成与实际载荷所产生应力相等,与基本额定静载荷方向相同的假想载荷,在这一假想载荷作用下,轴承中受力最大的滚动体的接触应力与实际载荷作用下的应力相等,这一假想载荷称为实际载荷的当量静载荷。

对于只受纯径向载荷的向心轴承($\alpha=0°$)

$$P_0=F_r \tag{12-10}$$

式中,P_0为当量静载荷。

对于以承受径向载荷为主的向心轴承(深沟球轴承、角接触轴承、调心轴承)当量静载荷为

$$P_0=X_0F_r+Y_0F_a \tag{12-11}$$

式中,X_0为径向载荷系数,见表12-13;Y_0为轴向载荷系数,见表12-13。

表 12-13　当量静载荷的 X_0、Y_0 系数

轴承类型		单列轴承		双列轴承	
		X_0	Y_0	X_0	Y_0
深沟球轴承		0.6	0.5	0.6	0.5
角接触球轴承	$\alpha=15°$	0.5	0.46	1	0.92
	$\alpha=25°$		0.38		0.76
	$\alpha=40°$		0.26		0.52
四点接触球轴承	$\alpha=35°$		0.29		0.58
双列角接触球轴承	$\alpha=30°$	—	—		0.66
调心球轴承		0.5	$0.22\cot\alpha$①		$0.44\cot\alpha$
圆锥滚子轴承					

注:由接触角 α 确定的 Y_0 值,也可从轴承手册中直接查得。

值得注意的是,若计算出 $P_0<F_r$,则应取 $P_0=F_r$。

对于只承受纯轴向载荷的推力轴承($\alpha=90°$)(推力轴承、推力滚子轴承)

$$P_0=F_a \tag{12-12}$$

3. 静强度计算

实践表明基本额定静载荷所造成的永久变形量对于一般应用的滚动轴承并不影响正常工作,而对于要求较高旋转精度和较低振动的轴系,应限制轴承的静载荷,减小永久变形量对工作性能的影响。

按照静强度选择轴承的条件

$$C_0 \geq S_0 P_0 \tag{12-13}$$

式中,S_0为静强度安全系数,见表12-14。

表 12-14 静强度安全系数

静止或摆动轴承	
使用场合	S_0
水坝闸门装置、大型起重吊钩（附加载荷小）	≥1
吊桥、小型起重吊钩	≥1.5~1.6
旋转轴承	
使用要求或载荷性质	S_0
对旋转精度及平稳性要求高，或承受冲击载荷	球轴承：1.5~2，滚子轴承：2.5~4
正常使用	球轴承：0.5~2，滚子轴承：1~3.5
对旋转精度及平稳性要求低，没有冲击载荷和振动	球轴承：0.5~2，滚子轴承：1~3

12.6 轴承装置的设计

为了保证轴承正常工作，除了正确选择轴承类型和尺寸，还应正确地解决轴承的定位、装拆、配合、调整、润滑与密封等问题，即正确地设计轴承装置。

12.6.1 滚动轴承的轴向定位与紧固

轴承的轴向定位与紧固是指轴承的内圈与轴颈、外圈与座孔间的轴向定位与紧固。轴承轴向定位与紧固的方法很多，应根据轴承所受载荷的大小、方向、性质、转速的高低、轴承的类型及轴承在轴上的位置等因素，选择合适的方法。下面简述单个支点处的轴承，其内圈在轴上和外圈在轴承座孔内轴向定位与紧固方法。

1. 轴承内圈在轴上的定位与紧固

常用内圈在轴上的定位与紧固方法有 4 种，如图 12.15 所示。

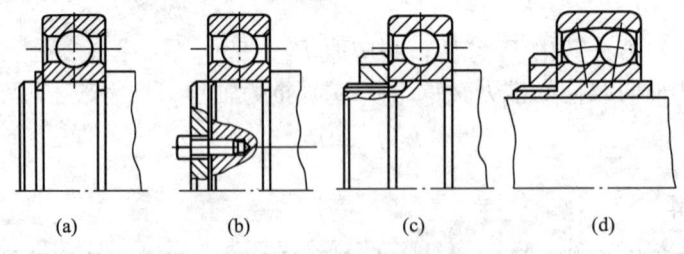

(a)   (b)   (c)   (d)

图 12.15 轴承内圈的固定方法

（1）轴用弹簧挡圈与轴肩紧固，如图 12.15(a)所示。主要用于轴向载荷不大及转速不高的场合。

（2）轴端挡圈与轴肩紧固，如图 12.15(b)所示。可承受双向轴向载荷，并可在高速下承受中等轴向载荷，用于轴颈直径较大的轴端固定。

（3）圆螺母和止动垫圈紧固，如图 12.15(c)所示。主要用于转速较高、轴向载荷较大的场合。

（4）开口圆锥紧定套、止动垫圈和圆螺母紧固，如图 12.15(d)所示。用于光轴上轴向载荷和转速都不大的调心轴承的锁紧。

为保证可靠定位，轴肩圆角半径 r_1 必须小于轴承的圆角 r。轴肩的高度通常不大于内圈高度的 3/4，过高不便于轴承拆卸。

2. 轴承外圈在轴承座孔内的轴向定位与紧固

常用的轴承外圈在座孔内的轴向定位与紧固方法有以下几种，如图 12.16 所示。

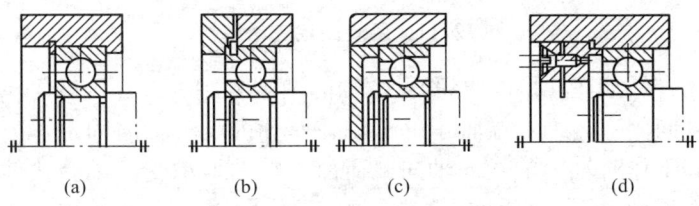

图 12.16　外圈轴向紧固常用方法

（1）孔用弹簧挡圈紧固，如图 12.16(a)所示。主要用于轴向力不大，且需要减小轴承装置尺寸的深沟球轴承。

（2）止动环紧固，如图 12.16(b)所示。用于轴承座孔内不便做凸肩且外壳为剖分方式结构时，此时轴承外圈需带止动槽。

（3）轴承盖紧固，如图 12.16(c)所示。用于转速高、轴向载荷大的各类轴承。

（4）螺纹环紧固，如图 12.16(d)所示。用于转速高、轴向载荷大，且不适于使用轴承盖的场合。

外圈另一端面需要时可以用凸肩作为轴向定位。同样为使端面贴紧，凸肩处的圆角半径必须小于轴承外圈的圆角半径。另外，凸肩高度的选取应能便于拆卸和定位，合理的凸肩高度尺寸，可查阅有关手册。

12.6.2　滚动轴承的配置

通常一根轴需要两个支点，每个支点由一个或两个轴承组成。滚动轴承的支承结构应考虑轴在机器中的正确位置，为防止轴向窜动及轴受热伸长后不致将轴卡死等因素。利用轴承的支承结构使轴获得轴向定位的方式有 3 种。

1. 两端固定

如图 12.17 所示，利用轴上两端轴承各限制一个方向的轴向移动，从而限制轴的双向移动。这种结构一般用于工作温度较低和支承跨距较小的刚性轴的支承，轴的热伸长量可由轴承自身的游隙补偿，或者在轴承外圈与轴承盖之间留有 $\Delta=0.25\sim0.4$mm 间隙补偿轴的热伸长量，调整调节垫片，如图 12.17(a)所示，可改变间隙的大小。角接触球轴承和圆锥滚子轴承还可用调整螺钉调节轴承间隙，如图 12.17(b)所示。

2. 一支点双向固定，另一支点游动

这种轴的支承形式是，一个支点处的轴承外圈双向固定，另一支点处的轴承可以轴向游动（通常是受载较小的支点），以适应轴的热伸长。这种结构特别适用于温度变化较大和

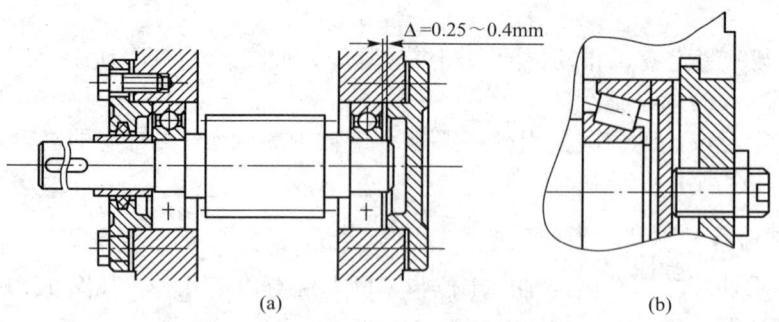

图 12.17 两端固定支承结构

轴的跨距较大的场合。如图 12.18(a)所示，轴的两端各用一个深沟球轴承支承，左端轴承的内、外圈都为双向固定，而右端轴承的外圈在座孔内没有轴向固定，内圈用弹性挡圈与轴肩紧固在轴上。工作时轴上的双向轴向载荷由左端轴承承受，轴受热伸长时，右端轴承可以在座孔内自由游动。

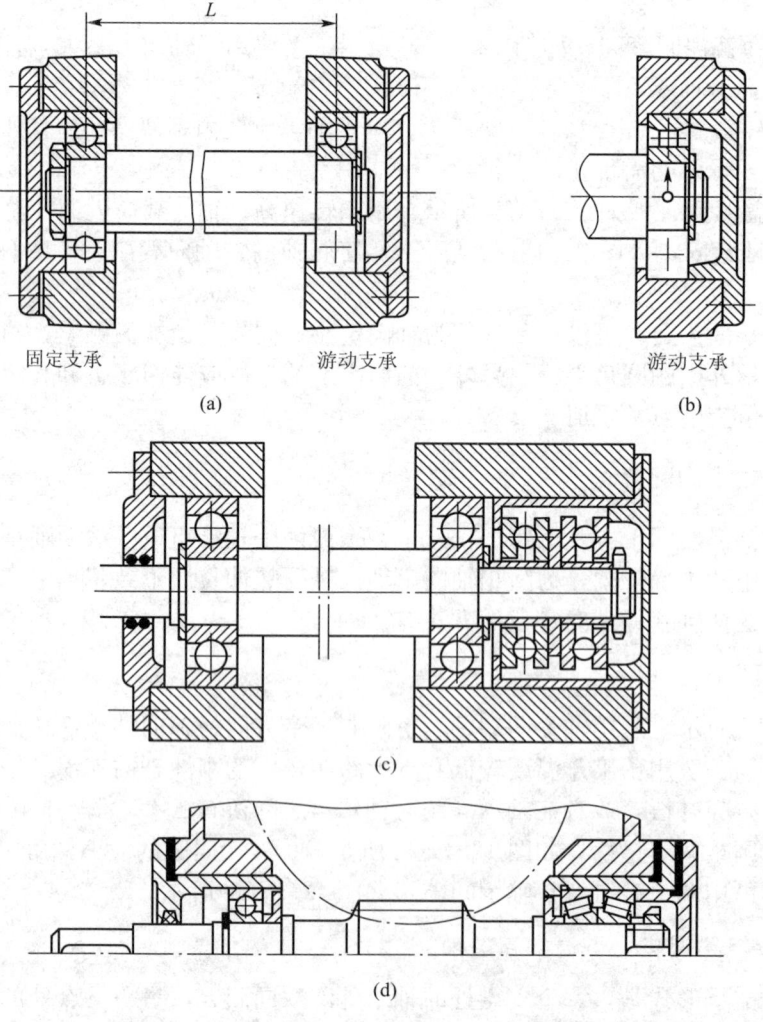

图 12.18 一支点双向固定，另一支点游动结构

支承跨距较大($L>350$mm)或工作温度较高($t>70$℃)的轴游动端轴承采用圆柱滚子轴承更为合适，如图 12.18(b)所示，内、外圈均做双向固定，但相互间可做相对轴向移动。

当轴向载荷较大时，固定端可用深沟球轴承或径向接触轴承与推力轴承的组合结构，如图 12.18(c)所示，由深沟球轴承或径向接触轴承承受径向载荷，推力轴承承受轴向载荷，因而承载能力大。

固定端也可以用两个角接触球轴承或圆锥滚子轴承采用"背靠背"或"面对面"组合在一起的结构，如图 12.18(d)所示。

3. 两端游动支承

此种支承结构形式用的很少，只用于某些特殊情况，如人字齿轮小齿轮轴，由于人字齿轮的螺旋角加工不易做到左右完全一样，在啮合传动时会有左右微量窜动，因此必须用两端游动支承结构，小齿轮轴可做轴向少量游动，自动补偿两侧螺旋角的制造误差，以防止齿轮卡死或人字齿轮两边受力不均匀。大齿轮所在轴采用两端支承结构，以使轴系得到轴向定位，如图 12.19 所示。

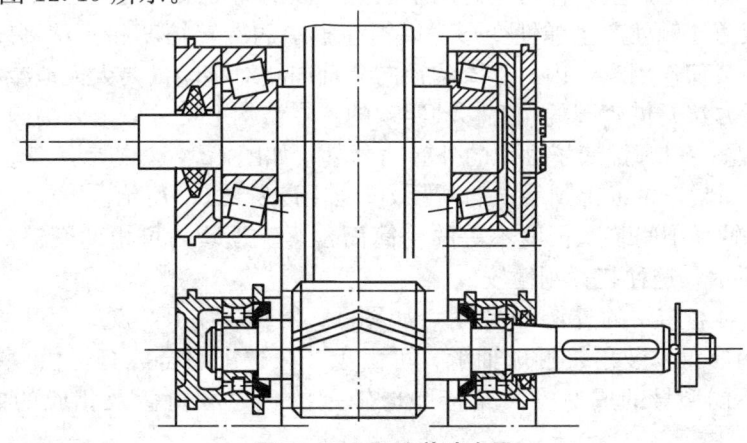

图 12.19 两端游动支承

12.6.3 轴承游隙和轴系位置的调整

1. 轴承游隙的调整

轴承游隙的大小对轴承寿命、效率、旋转精度、温升及噪声等都有很大影响。需要调整游隙的主要有角接触球轴承组合，圆锥滚子轴承组合和平面推力轴承组合结构。调整游隙的方法有以下几种。

（1）借助调整垫片调整。如图 12.20(a)、12.18(c)及 12.18(d)所示，右支点轴承的游隙和预紧都是依靠端盖下的垫片来调整的，这样比较方便。

（2）借助于旋转螺母或螺钉来调整。图 12.20(b)的结构中，轴承的游隙是靠轴上

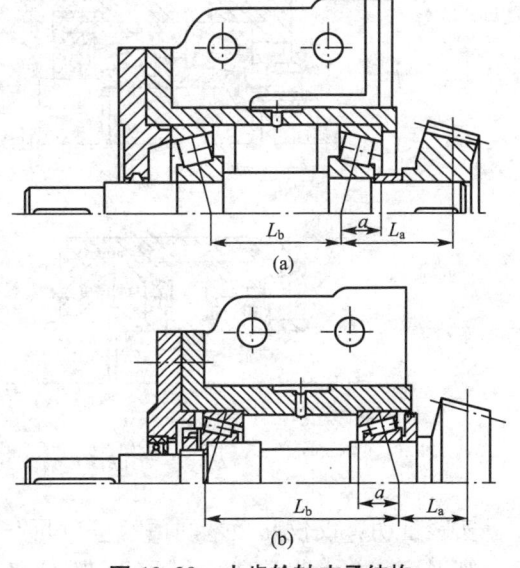

图 12.20 小齿轮轴支承结构

圆螺母来调整的,操作不方便,且螺纹为应力集中源,削弱了轴的强度。

2. 轴系位置调整

在锥齿轮和蜗杆传动中,要求两锥齿轮的节锥顶点重合,蜗杆的轴剖面对准蜗轮中间平面,这就要求在装配时调整传动零件的轴向位置。为了便于调整,可将确定其轴向位置的轴承装在一个套杯中,如图12.18(c)、12.18(d)右支承及12.20所示,套杯装在外壳中。通过增减套杯端面与外壳之间垫片厚度,即可调整锥齿轮如图12.20所示或蜗杆如图12.18所示的轴向位置。

12.6.4 滚动轴承的刚度和预紧

滚动轴承在载荷作用下的旋转精度取决于其刚度。对于某些精密机械(例如精密车床)来说,为了减少机器工作时的振动,保证加工精度,提高轴承的刚度是极为重要的。通常利用预紧轴承的方法来达到增强轴承组合刚度的目的。所谓轴承的预紧,就是在安装轴承时用某种方法在轴承中产生并保持一定的轴向力,以消除轴承的轴向游隙,并在轴承滚动体与内、外圈滚道接触处产生弹性变形,以提高轴承的旋转精度和支承刚度。通过预紧,轴承工作中受到载荷作用时,内、外圈的径向及轴向相对移动量要大大地减小。

常用的预紧方法是借套圈的相互移动实现的。在结构上可采取下列措施。

(1) 通过夹紧一对圆锥滚子轴承的外圈而预紧,如图12.21(a)所示。

(2) 用弹簧预紧,可以得到稳定的预紧力,如图12.21(b)所示。

(3) 在一对轴承中间装入长度不等的套筒而预紧,预紧力可由两套筒的长度差控制,如图12.21(c)所示,这种装置刚性较大。

(4) 夹紧一对磨窄了的外圈而预紧,如图12.21(d)所示,反装时可磨窄内圈并夹紧。这种特制的成对安装角接触球轴承,可由生产厂选配组合成套提供。在滚动轴承样本中可以查到不同型号的成对安装角接触球轴承的预紧载荷值及相应的内圈或外圈磨窄量。

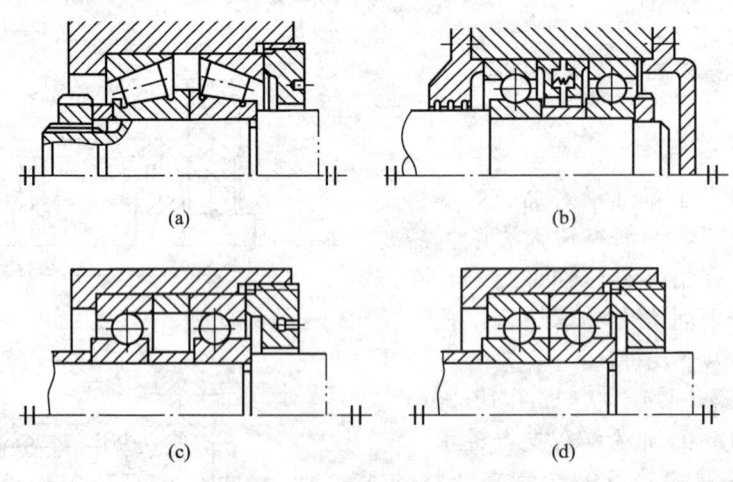

图12.21 轴承的预紧结构

实践证明,仅仅几微米的预紧量就可显著地提高轴承的刚度和稳定性。但若预紧过度,则温度就会大为升高。合适的套圈位移量应通过轴承的预紧力试验来确定。

12.6.5 滚动轴承轴系刚度和精度

轴或轴承座的变形都会使轴承内滚动体受力不均匀及运动受阻,影响轴承的旋转精度,降低轴承寿命。因此,安装轴承的外壳或轴承座应有足够的刚度。如孔壁要有适当的壁厚,壁板上轴承座的悬臂应尽可能地缩短,并用加强肋来提高支座的刚度,如图12.22所示。对于轻合金或非金属外壳,应加设钢或铸铁制的套杯。

支承同一根轴上两个轴承的轴承座孔,其孔径应尽可能相同,以便加工时一次将其镗出,保证两孔的同轴度。如果一根轴上装有不同尺寸的轴承,可用组合镗刀一次镗出两个尺寸不同的座孔,用钢制套杯结构来安装外径较小的轴承,如图12.18(c)所示。当两个座孔分别位于不同机壳上时,应将两个机壳先进行结合面加工再连接成一个整体,然后镗孔。

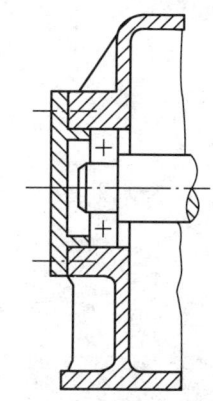

图12.22 用加强肋提高支承的刚度

不同类型的滚动轴承刚度差别很大,滚子轴承比球轴承的刚度高;多列轴承比单列轴承的刚度高;滚针轴承具有很大的刚度,但对于偏载很敏感,极限转速低。

对于刚度要求很高且跨度很大的轴系,可采用多支点轴系结构来满足刚度的要求,但加工装配时,对轴承孔、轴的同轴度要求高。

12.6.6 滚动轴承的配合和装拆

1. 滚动轴承的配合

滚动轴承的配合指滚动轴承内圈与轴的配合及滚动轴承外圈与座孔的配合。滚动轴承的配合直接影响轴承的定位与紧固效果,影响轴承的工作游隙,影响滚动轴承的装配与拆卸。

为保证滚动轴承正常工作,并具有一定的旋转精度,应使轴承工作时具有一定的游隙。向心轴承出厂时具有原始游隙,装配后由于内圈与轴及外圈与孔之间的过盈使游隙变小,工作中的受力使游隙变大,由于内圈的散热条件比外圈差,工作温升使游隙变小,这些因素综合作用形成的游隙称为工作游隙。工作游隙大小对滚动轴承元件的受力、轴系的旋转精度、轴承寿命及温升都有很大影响,合理选择滚动轴承的配合是改善工作性能的重要手段。

1) 滚动轴承的配合特点

(1) 由于滚动轴承是标准组件,只能通过改变与滚动轴承配合的轴颈和座孔的尺寸公差来满足配合要求,所以滚动轴承内圈与轴的配合采用基孔制,滚动轴承外圈与座孔的配合必须采用基轴制。

(2) 通常基孔制配合中基准孔的尺寸公差带采用下偏差为零,上偏差为正值的分布,国家标准规定,滚动轴承内圈内径和外圈外径的尺寸公差带均采用上偏差为零,下偏差为负值的分布,所以与滚动轴承内圈配合的轴在采用同样公差的条件下,与滚动轴承所形成的配合比与一般基孔制的基准孔形成的配合更紧。如图12.23所示,为滚动轴承内、外圈的公差带位置及与之配合的轴和孔的公差带位置关系。

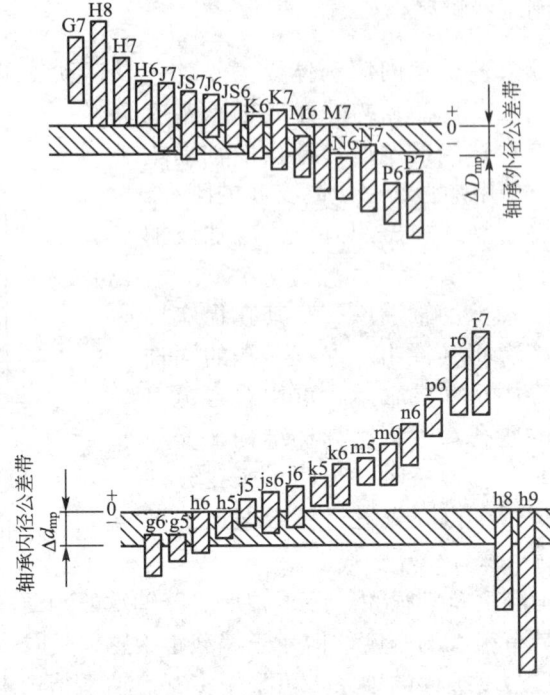

图 12.23 滚动轴承与轴及外壳孔的配合

(3) 滚动轴承是标准组件，在装配图中进行尺寸标注时不需要标注滚动轴承的公差符号，只需要标注与之配合的轴和孔的公差符号。

(4) 滚动轴承的座圈是薄壁件，由于配合中过盈量与载荷的作用，使轴和孔的形状会影响与之配合的座圈滚道形状，所以与滚动轴承配合的轴或孔表面形状误差和过大的表面粗糙度都会影响滚动轴承的工作性能，所以不但要规定与滚动轴承配合表面的尺寸公差，同时也要规定相应的形状与位置公差以及表面粗糙度。

2) 滚动轴承配合的选择

结构设计中应根据滚动轴承所承受的载荷情况、工作温度、拆装条件等因素合理地选择轴承的配合，具体的应考虑以下几个因素。

(1) 载荷的大小和方向以及载荷的性质。一般说来，转速越高、载荷越大和振动越强烈时，应采用紧一些的配合；对于与内圈配合的旋转轴通常采用 n6、m6、k5、k6、j5、js5；当轴承安装于薄壁座孔或空心轴上时，也应采用较紧的配合。但是过紧的配合是不利的，这时可能因内圈的膨胀和外圈的收缩而使轴承的内部游隙减小甚至完全消失。过紧的配合还会使装拆困难。

(2) 工作温度的高低及温度变化情况。轴承运转时，对于一般工作机械来说，套圈的温度常高于其相邻零件的温度。这时，轴承内圈可能因热膨胀而与轴松动，外圈可能因热膨胀而与轴承座孔胀紧，从而可能使原来需要外圈有轴向游动性能的支承丧失游动性。所以，当轴承在工作中发热量较大、散热条件较差时，应将外圈的配合选得稍松，内圈的配合选得稍紧。

(3) 轴承的固定形式。轴系中固定支点的轴承外圈与孔的相对位置固定，可选较紧的配合；对于依靠相对于孔的轴向移动实现支点游动的轴承，外圈与孔的配合应采用间隙配合 G7 或 H7。

（4）轴承的装拆条件。剖分式轴承座与轴承外圈应选用较松的配合。需要经常拆卸、更换的轴承，特别是装拆较困难的重型轴承应选用较松的配合，对于设计寿命长，通常不需要拆卸的轴承可选较紧的配合。

（5）轴系旋转精度。对旋转精度要求较高的轴系应选用具有较高精度的轴承。轴承的旋转精度不仅与轴承的制造精度有关，而且与相配合的轴和孔的尺寸精度、形状与位置精度及表面粗糙度有关。在选用高精度轴承的同时也应提高相配合的轴和孔的加工精度。

以上介绍了选择轴承的一般原则，具体选择时可结合机器的类型和工作情况，参照同类机器的使用经验进行。各类机器所使用的轴承配合以及各类配合的配合公差、配合表面粗糙度和几何形状允许偏差等资料可查阅有关设计手册。

2. 滚动轴承的安装与拆卸

设计轴承装置时，应使轴承便于装拆。由于滚动轴承内圈与轴颈的配合一般较紧，安装前应在配合表面涂油，防止压入时产生咬伤。常见内圈与轴颈的装配方法有以下几种。

（1）压力机压套，如图 12.24(a)所示。

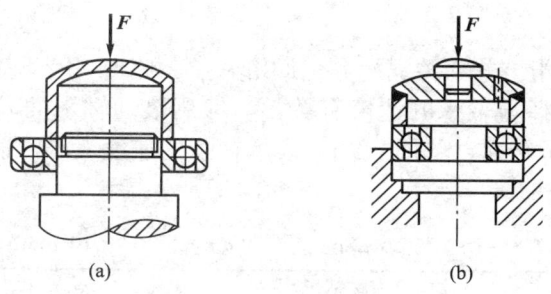

图 12.24　轴承的安装

（2）加热轴承安装法。此方法多用于过盈量大的中、大型轴承，加热温度为 80～90℃（不应超过 120℃）。

（3）对于中、小型轴承可用手锤敲击装配套筒将轴承装入。当轴承外圈与座孔配合较紧时，压力应施加在外圈上，如图 12.24(b)所示。

更换或定期检修轴承时，轴承要拆卸下来。经过长期运转的轴承，拆卸相当困难。常用的拆卸方法有压力机拆卸和拉拔工具拆卸，如图 12.25 所示。为便于拆卸，设计时应使轴承内圈比轴肩、外圈比凸肩露出足够的高度 h，如图 12.26(a)、(b)所示。对于盲孔，可在端部开设专用卸载螺纹孔，如图 12.26(c)所示。

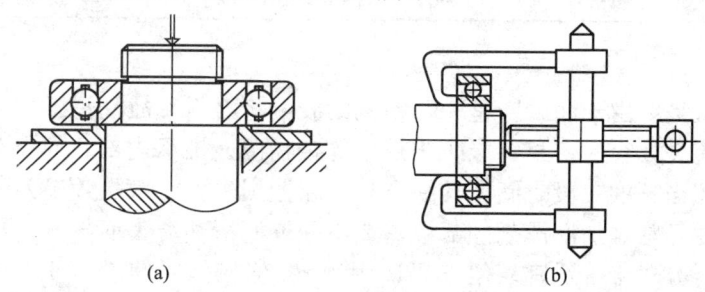

图 12.25　轴承内圈的拆卸

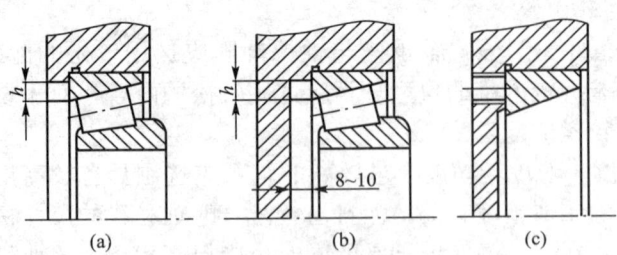

图 12.26 轴承外圈的拆卸

12.6.7 滚动轴承的润滑与密封

1. 滚动轴承的润滑

润滑对滚动轴承具有重要意义。轴承中的润滑剂不仅可以降低摩擦阻力,还具有散热、减小接触应力、吸收振动、防止锈蚀等作用。

设计滚动轴承润滑时,要根据轴承的工况和使用要求,正确选择润滑剂和润滑剂的供给方式。

滚动轴承常用的润滑方式有油润滑和脂润滑两类。此外,特殊条件下也可以采用固体润滑剂。润滑方式的选择与轴承的速度有关,一般用滚动轴承的 dn 值(d 为滚动轴承内径,单位 mm;n 为轴承转速,单位 r/min)表示轴承的速度大小。适用于脂润滑和油润滑的 dn 界限值见表 12-15。

表 12-15 适用于脂润滑和油润滑的 dn 界限值($\times 10^4$ mm·r/min)

轴承类型	脂润滑	油润滑			
		油浴	滴油	循环油(喷油)	油雾
深沟球轴承	16	25	40	60	>60
调心球轴承	16	25	40	—	—
角接触球轴承	16	25	40	60	>60
圆柱滚子轴承	12	25	40	60	>60
圆锥滚子轴承	10	16	23	30	—
调心滚子轴承	8	12	20	25	—
推力球轴承	4	6	12	15	—

1)脂润滑

脂润滑的优点是:由于润滑脂是一种粘稠的胶凝状材料,故润滑油膜强度高,能承受较大载荷,不易流失,容易密封,能防止灰尘等杂物侵入轴承内部,对密封要求不高,一次加脂可以维持相当长的一段时间。其缺点是:摩擦损失大、散热效果差。

对于那些不便经常添加润滑剂的部位,或不允许润滑油流失而导致污染产品的工业机械来说,这种润滑方式十分适宜。但它只适用于 dn 值较低时使用。使用时润滑脂的填充量要适中,一般为轴承内部空间的 1/3~2/3。

润滑脂的主要性能指标为锥入度和滴点。轴承 dn 值大、载荷小时，应选用锥入度较大的润滑脂；反之应选择锥入度小的润滑脂。

2）油润滑

在高温的条件下，通常采用油润滑。采用脂润滑的轴承，如果设计上方便，有时也可采用油润滑（如封闭式齿轮箱中轴承的润滑）。油润滑的优点是：摩擦系数小、润滑可靠、搅动损失小，并具有冷却作用和清洁作用。其缺点是：对密封和供油要求较高。

润滑油的主要性能指标是黏度，转速越高，应选用黏度越低的润滑油；载荷越大，应选用黏度越高的润滑油。选择润滑油时，参考润滑油黏度选择图，如图 12.27 所示，可选出润滑油的黏度值，然后按黏度值从润滑油产品目录中选出相应的润滑油牌号。

常用的油润滑方法有以下几种。

（1）油浴润滑。是普遍采用而又简单的方法，多用于低速、中速轴承。油面在静止时不应低于轴承最下方滚动体的中心，如图 12.28 所示。若轴承转速高，搅动损失大，引起油液和轴承温升大。

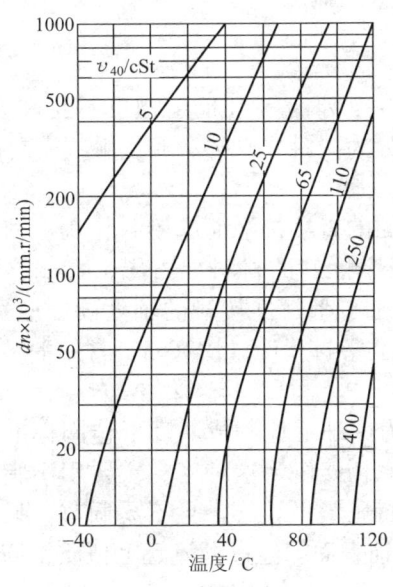

图 12.27 润滑油黏度选择

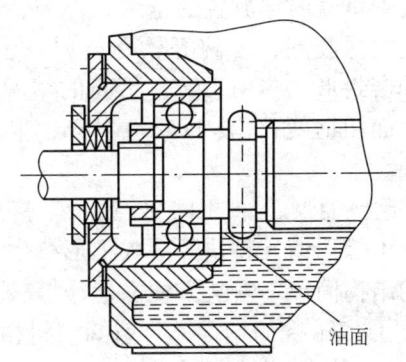

图 12.28 油浴润滑

（2）滴油润滑。滴油量可控制，多用于需要定量供油、转速较高的小型球轴承。为使滴油畅通，常用黏度较小的全损耗系统用油 L－AN15，常用的滴油润滑装置如图 4.12 所示。

（3）飞溅润滑。在闭式传动装置中，常利用旋转零件（齿轮、溅油盘等）的转动把箱体内的油甩到四周壁面上，然后通过适当的沟槽把油引入轴承中去。这类润滑方法广泛应用于汽车变速器、差动齿轮装置等。

（4）喷油润滑。用于高速旋转、载荷大，要求润滑可靠的轴承。它利用油泵将润滑油增压，通过油管或机壳内特制的油孔，经喷油嘴将润滑油对准轴承内圈与滚动体间位置喷射。

（5）油雾润滑。润滑油在油雾发生器中变成油雾，将低压油雾送入高速旋转的轴承，起润滑、冷却作用。但润滑轴承的油雾，可能部分地随空气飘散，污染环境。故在必要时，宜用油气分离器来收集油雾，或者采用通风装置来排除废气。这种润滑常用于机床的高速主轴、高速旋转泵等支承轴承的润滑。

(6) 油-气润滑。近年来，出现一种新的润滑技术，即油-气润滑。它以压缩空气为动力将润滑油油滴沿管路输送给轴承，不受润滑油黏度值的限制，从而克服了油雾润滑中所存在的高黏度润滑油无法雾化、废油雾对环境造成污染、油雾量调节困难等缺陷。

3) 固体润滑剂

固体润滑剂常采用的材料有石墨、二硫化钼、聚四氟乙烯、尼龙、铅等，主要用于极低温度、高温、高(强)辐射、太空、真空等特殊工况条件或不允许污染、不易维护、无法供油的场合中工作的轴承。常用的固体润滑方法有以下几种。

(1) 用粘结剂将固体润滑剂粘接在滚道和保持架上。

(2) 把固体润滑剂加入工程塑料和粉末冶金材料中，制成有自润滑性能的轴承材料。

(3) 用电镀、高频溅射、离子镀层、化学沉积等技术使固体润滑剂或软金属(金、银、铟、铅等)在轴承零件摩擦表面形成一层均匀致密的薄膜。

2. 滚动轴承的密封

轴承工作时，润滑剂不允许流失，且外界灰尘、水分及其他杂物也不允许进入轴承，所以应对轴承设置可靠的密封装置。密封装置可分为接触式密封和非接触式密封两大类。

1) 接触式密封

通过轴承盖内部放置的密封元件与转动轴表面的直接接触而起密封作用。密封元件主要用毛毡、橡胶圈、皮碗等软性材料，也有用减摩性好的材料如石墨、青铜、耐磨铸铁等。这种密封形式多用于转速不高的情况下。同时与密封件接触的轴处硬度应在 40HRC 以上，表面粗糙度 Ra 在 $1.6 \sim 1.4 \mu m$，以防止轴及密封元件过快磨损。常用的结构形式有以下几种。

(1) 毛毡油封。如图 12.29 所示，密封元件为用细毛毡制成的环形毡圈标准件，在轴承盖上开出梯形槽，将毡圈嵌入梯形槽中并与轴密切接触。这种密封主要用于脂润滑的场合，它的结构简单，安装方便，但摩擦较大，密封压紧力较小，且不易调节，只用于滑动速度小于 $4 \sim 5 m/s$ 的场合。与毡圈油封相接触的轴表面如经过抛光且毛毡质量高时，轴的圆周速度达 $7 \sim 8 m/s$ 的场合。

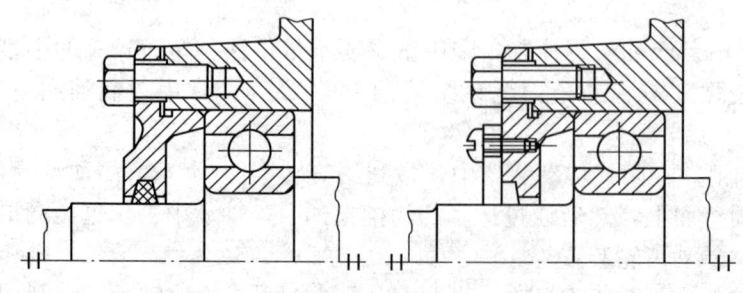

图 12.29 毛毡油封密封

(2) 唇形密封。指在轴承盖的孔内，放置一个用耐油橡胶制成的唇形密封圈，依靠橡胶的弹力和环形螺旋弹簧压紧在密封圈的唇部，使唇部与轴密切接触，以便起到密封作用。有的唇形密封圈还带有一个金属外壳,可与轴承盖较精确地装配。如果密封的目的主要是封油,密封唇应朝内(对着轴承)安装;如果主要是为了防止外界杂质的侵入,则密封唇应朝外(背着轴承)安装,如图 12.30(a)所示;如果两个作用都有,最好放置两个唇形密封圈且密封唇方向相反,如图 12.30(b)所示。这种密封结构简单、安装方便、易于更换、密封可靠,可用于轴的圆周速度小于 10m/s(轴颈精车)或小于 15m/s(轴颈磨光)油润滑或脂润滑处。

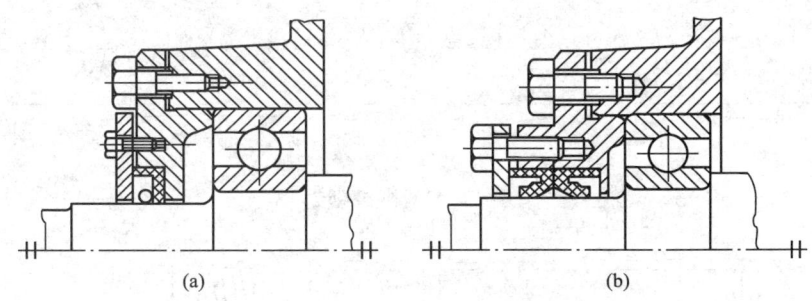

图 12.30 唇形密封圈密封

(3) 密封环。密封环是一种带有缺口的环形密封件,把它放置在套筒的环槽内,如图 12.31 所示,套筒与轴一起转动,密封环通过缺口被压拢后所具有的弹性而抵紧在静止件的内孔壁上,即可起到密封的作用。各个接触表面均需经硬化处理并抛光。密封环用含铬的耐磨铸铁制造,可用于轴的圆周速度小于 100m/s 时。在轴的圆周速度在 60~80m/s 范围内,也可以用锡青铜制造密封环。

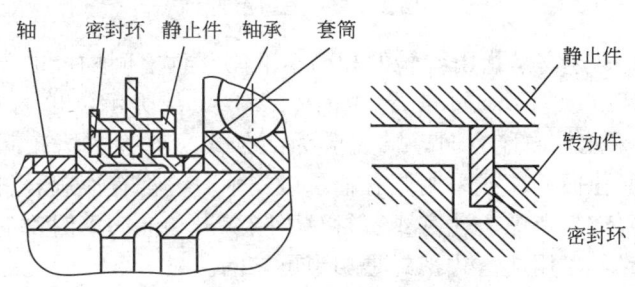

图 12.31 密封环密封

2) 非接触式密封

接触式密封必然在接触处产生摩擦,非接触式密封则可以避免此类缺陷,故多用于速度较高的结构中。常用的非接触密封有以下几种。

(1) 隙缝密封。如图 12.32 所示,最简单的结构形式是在轴和轴承盖的通孔壁之间留出半径间隙为 0.1~0.3mm 的隙缝。这对使用脂润滑的轴承来说,已具有一定的密封效果。如果在轴承盖的通孔内车出环形槽,如图 12.32(b)所示,在槽中填充润滑脂,可以提高密封效果。

(2) 甩油密封。指油润滑时,在轴上开出沟槽,如图 12.33(a)所示,或装上一个油环,如图 12.33(b)所示,借助离心力将沿轴表面欲向外流失的油沿径向甩掉,再经过集结后流回油池。也可以在紧贴轴承处安装一甩油环,在轴上车有螺旋式送油槽,如

图 12.33(c)所示，借助于螺旋的输送作用可有效地防止油外流，但这时轴必须只按一个方向旋转。这种密封形式在停车后便丧失密封效果，所以常与其他密封形式联合使用。

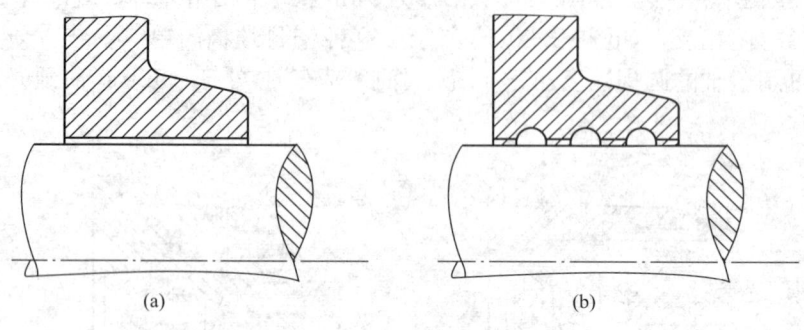

图 12.32 隙缝密封

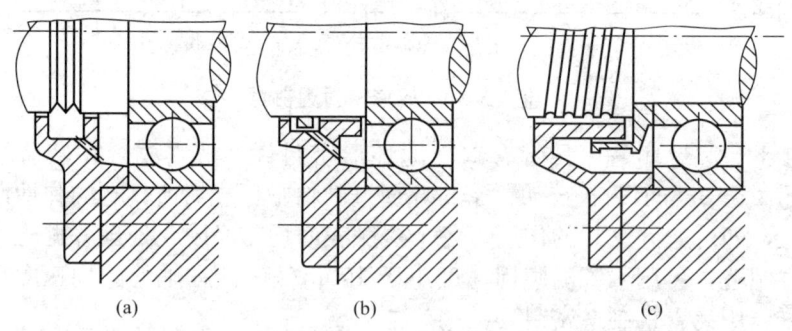

图 12.33 甩油密封

（3）迷宫式密封。迷宫是指由旋转的和固定的密封件之间构成的隙缝是曲折的。根据部件的结构，迷宫可以是沿径向布置，如图 12.34（a）所示，也可以沿轴向布置，如图 12.34(b)所示。采用轴向迷宫时，端盖应为剖分式。隙缝中填充润滑脂，可增加密封效果。当轴因温度变化而伸缩或采用调心轴承做支承时，都有使旋转件与固定件相接触的可能，设计时一定要充分考虑。迷宫式密封对于脂润滑和油润滑时都有效，特别是当环境比较脏和比较潮湿时，采用迷宫式密封是相当可靠的。

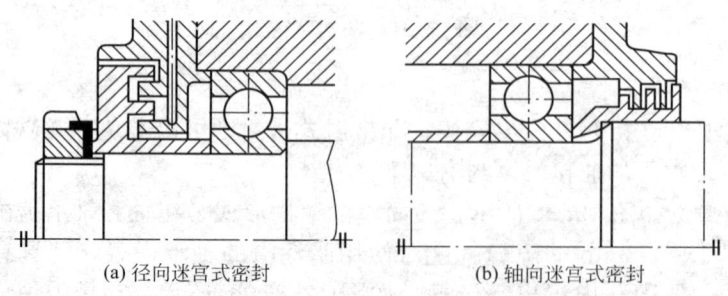

(a) 径向迷宫式密封　　　　　　(b) 轴向迷宫式密封

图 12.34 迷宫式密封

在重要的机器中，为了获得可靠的密封效果在重要的机器中，为了获得可靠的密封效果，常将多种密封形式合理地组合使用。例如迷宫式与毛毡式的组合密封，如图 12.35(a)所示，迷宫式与隙缝式的组合密封，如图 12.35(b)所示。

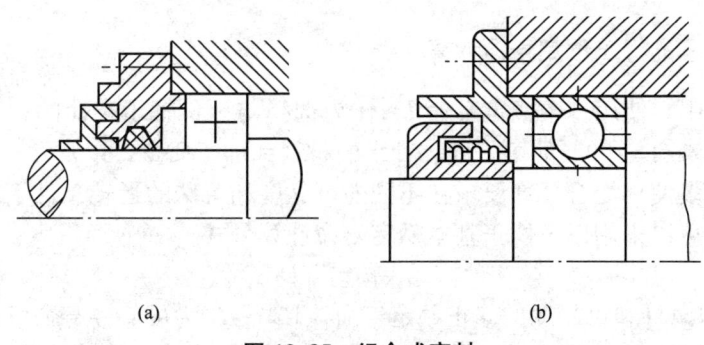

图 12.35 组合式密封

12.7 其 他

12.7.1 滚动轴承的极限转速

极限转速是指轴承在一定工作条件下,达到所能承受的最高平衡温度时的转速。轴承的工作转速应低于极限转速值,手册中给出每种型号轴承分别在油润滑和脂润滑条件下的极限转速值,它适用于当量动载荷 $P<0.1C$(C 为轴承的基本额定动载荷),润滑、冷却条件正常,向心轴承只承受径向载荷,推力轴承只承受轴向载荷的 0 级公差轴承。当轴承的当量动载荷 $P>0.1C$ 时,轴承的工作温度升高,润滑性能下降,应对极限转速进行修正:

$$n=f_1 f_2 n_0 \tag{12-14}$$

式中,n 为实际许用转速,r/min;n_0 为轴承极限转速,r/min;f_1 为载荷系数,载荷的大小对工作温度的影响,如图 12.36 所示;f_2 为载荷分布系数,载荷分布不均匀对工作温度的影响,如图 12.37 所示。

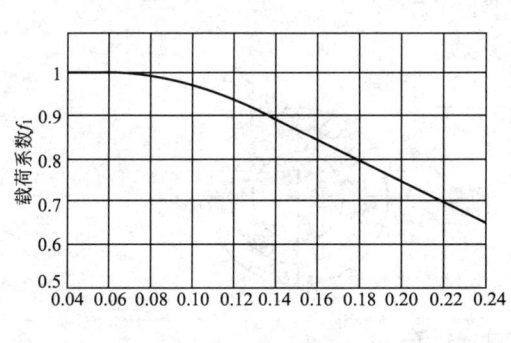

图 12.36 载荷系数 f_1

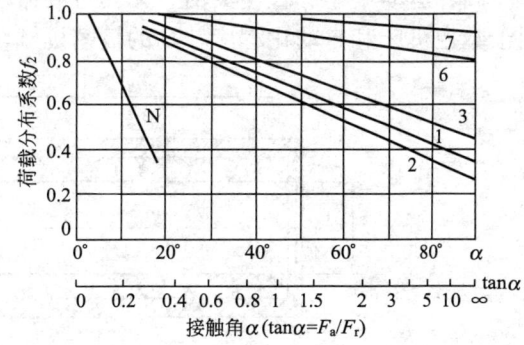

图 12.37 载荷分布系数 f_2

1—调心球轴承;2—调心滚子轴承;3—圆锥滚子轴承;
6—深沟球轴承;7—角接触球轴承;N—圆柱滚子轴承

实践证明,当轴承的极限转速不能满足要求时,可通过提高轴承的制造精度,改善润滑条件。适当增大轴承游隙及改用特殊材料和特殊保持架结构等措施提高轴承的极限转速。

12.7.2 滚动轴承的修正额定寿命计算

在工程设计中,使用基本额定寿命 L_{10} 作为选择与评价轴承寿命的一般准则通常是令人满意的。这个寿命与 90% 的可靠度、轴承的材料和加工质量,以及常规运转条件有关。

然而,在许多使用场合,却要求在不同的可靠度和特殊的运转条件下,对轴承的寿命进行计算,这时可以采用以下修正基本额定寿命计算公式:

$$L_{na} = a_1 a_2 a_3 L_{10} \tag{12-15}$$

式中,L_{na} 为特殊条件和可靠度的修正额定寿命,10^6 r;a_1 为可靠性寿命修正系数,当可靠度高于 90% 时,系数 a_1 可从表中查取,见表 12-16;a_2 为特殊的轴承性能寿命修正系数,由厂家提供;a_3 为运转条件的寿命修正系数,一般由厂家提供。

表 12-16 可靠性的寿命修正系数 a_1

可靠度/%	90	95	96	97	98	99
a_1	1	0.62	0.53	0.44	0.33	0.21
L_n	L_{10}	L_5	L_4	L_3	L_2	L_1

12.7.3 特殊滚动轴承简介

随着机械产品向高速、高效、自动化及高精度方向发展,出现了一批能够满足特殊要求的新型滚动轴承,如直线滚动轴承、高速滚动轴承、陶瓷滚动轴承以及高温滚动轴承等。

1. 直线滚动轴承

根据滚动体形状的不同,直线滚动轴承可分为直线运动球轴承(如图 12.38 所示)、直线运动滚子轴承和直线运动滚针轴承 3 类。工作中滚动体在若干条封闭的滚道内循环运动,保证零部件实现规定的直线运动。直线滚动轴承具有摩擦系数小、消耗功率少、传动精度高、运动平稳、轻便灵活、无爬行或振动,以及直线运动驱动力极小等优点,主要应用于数控机床和自动化程度较高的精密机械装置中。

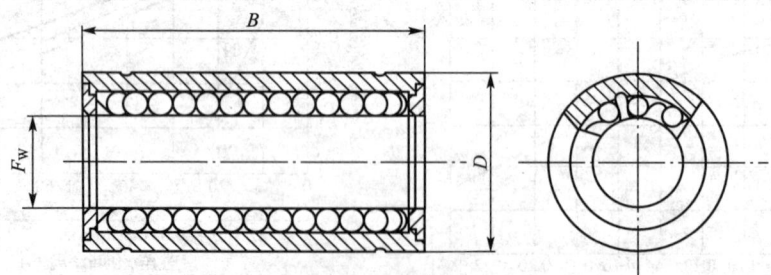

图 12.38 直线运动球轴承

如图 12.38 所示为直线运动球轴承的一种结构,由外套、钢球、保持架及挡圈等构成,外套内壁有数条(不少于 3 条)纵向滚道,钢球在外套与导轴之间沿保持架的沟槽循环滚动。这种轴承为一整体套筒,只能承受径向载荷,做直线往复运动,径向间隙不可调整。

2. 高速轴承

一般以滚动体平均直径 D_{pw} 和轴承转速 n 的乘积作为转速性能参数。当 $D_{pw}n > 10^6$ mm·r/min 时就视为高速轴承。目前高速轴承的 $D_{pw}n$ 值已达到 4×10^6 mm·r/min。

轴承高速运转时，改变了轴承内部的载荷分布，因离心力增加，滚动体会被压向轴承外圈滚道，而滚动体与内圈滚道间压力减小，产生相对滑动导致擦伤滚道，所以高速轴承除疲劳点蚀破坏外，主要还有滚道烧伤、保持架引导边磨损和座圈断裂及过大的振动等失效形式。

为保持高速运转条件下轴承工作的可靠和一定的工作寿命，高速轴承应满足以下要求。

(1) 适当提高轴承的公差等级　滚动体应有较高的分选精度，滚道应具有准确的几何形状、最小的偏心、较小的表面粗糙度值。公差等级通常采用4级或5级为宜。

(2) 合理选用轴承结构和材料　角接触轴承接触角 α 要小，高速下自转发热就少。滚动体直径越大，离心力越大，陀螺力矩及内圈自旋发热增加，所以直径系列越轻、滚动体直径越小，则高速性能越好，多采用实体结构保持架。保持架材料可选择青铜、夹布胶木等，或采用表面陶瓷轴承。

(3) 加强和改善高速轴承的润滑及冷却　高速轴承多用油润滑，润滑方式常用喷油润滑、油雾润滑和环下供油润滑（在轴承内圈或外圈上开一个径向孔，润滑油从此孔流入滚道润滑）。喷油和油雾润滑具有良好的冷却作用，内、外圈带斜坡，冷却效果更佳。

目前，高速轴承已在精密机械、医疗器械、机床、高速铁路及航空工业方面使用，例如内圆磨削高速磨头主轴的球轴承、高速牙钻轴承、陀螺马达主轴轴承、航空喷气发动机涡轮前支承用的圆柱滚子轴承及高速铁路客车轴承等。

3. 高温轴承

工作温度高于120℃的滚动轴承称为高温滚动轴承。能适用于350℃以下工作温度的轴承已有系列专用产品，正在开发的未来飞机和汽车发动机轴承的工作温度可达800～1100℃。

过热烧伤、退火和表面疲劳点蚀是高温轴承常见的失效形式。选用高温轴承时对轴承材料及热处理工艺、润滑油种类和润滑方式、轴承的配合及游隙都应有一定要求。

轴承在120～200℃（轻载时可到250℃）温度状况下工作时，若套圈和滚动体材料选用普通轴承钢应提高回火温度，回火温度应比工作温度高30～50℃，保持架材料用硬铝、硅铁青铜等。工作温度在200～500℃的轴承，套圈和滚动体应采用耐热材料（见表12-17），保持架可以用1Cr18Ni9Ti等。工作温度超过500℃以上的轴承用超高温合金，如钴基或镍基合金和陶瓷合金等，保持架材料也要适应高温条件的变化。

表12-17　几种耐热轴承材料

轴承工作温度/℃	套圈和滚动体材料
120～200	GCr15、GCr9
200～316	Cr4Mo4V 高速钢
300～500	W18Cr4V 高速钢
500 以上	钴基合金或碳化钛

4. 陶瓷轴承

陶瓷轴承是 20 世纪 60 年代以来随着陶瓷材料的开发应用而发展起来的一种新型轴承。目前已开发的陶瓷轴承有两种，即只有滚动体是陶瓷的混合陶瓷轴承和内圈、外圈及滚动体均是陶瓷的全陶瓷轴承。

陶瓷轴承高速性能好。通常滚动轴承在高速运转时，滚动体的离心力随转速的升高而急剧增大，使滚动接触表面的滑动摩擦加剧，降低轴承寿命。实验研究结果表明：当推力载荷为轻载荷时，氮化硅轴承比钢制轴承寿命提高 3 倍多。陶瓷轴承还具有高耐磨性、高耐温性，在高温条件下运转尺寸稳定、抗化学腐蚀和抗高温氧化性能好等特点。

作为轴承使用的陶瓷材料主要是氮化硅。这种材料具有硬度高、重量轻、耐高温、热膨胀系数和传导率小、弹性模量高等优点。

陶瓷轴承由于具有很多优越性能，氮化硅轴承用于航天飞机的液压泵上，轴承的转速提高了 50%～100%。在国外，陶瓷轴承已有标准系列产品，主要使用在机床主轴轴承上。我国陶瓷轴承尚处于发展阶段。陶瓷轴承是具有广泛发展前景的新材料轴承。

习　题

12.1　滚动轴承由哪些元件构成？各有什么作用？

12.2　球轴承和滚子轴承各有何优缺点，分别适用于什么场合？

12.3　我国常用滚动轴承类型有哪些？它们在承载能力、极限转速、调隙、调心等方面各有什么优缺点？

12.4　滚动轴承代号是怎样组成的？基本代号包括哪几项？如何表示？试说明下列轴承代号的含义：6205、N308/P4、30307、7208AC/P5、1208。

12.5　试述滚动轴承的基本额定寿命、基本额定动载荷、当量动载荷、基本额定静载荷的含义。

12.6　什么是接触角？接触角的大小对轴承承载有何影响？

12.7　分析滚动轴承负荷增大一倍时，轴承寿命改变了多少？轴承转速增大一倍时，轴承的寿命改变了多少？

12.8　滚动轴承尺寸选择的原则是什么？

12.9　滚动轴承的配置方式有几种？各适用于什么场合？

12.10　滚动轴承为什么要预紧？预紧的方法有哪些？

12.11　滚动轴承的速度对选择轴承润滑方式有何影响？

12.12　如何确定角接触球轴承或圆锥滚子轴承的轴向载荷？

12.13　一代号为 6313 的深沟球轴承，转速 $n=1250$ r/min，受径向载荷 $F_r=54000$ N，轴向载荷 $F_a=2600$ N，工作时有轻微冲击，希望使用寿命不低于 5000h，常温工作。试验算该轴承能否满足要求？

12.14　已知轴承受径向载荷 $F_r=1800$ N，转速 $n=2000$ r/min，该轴承工作温度估计在 150℃ 左右，载荷平稳，希望轴承使用寿命大于 8000h，由结构初定轴颈直径 $d=35$ mm，试选择深沟球轴承型号。

12.15　某减速器主动轴用两个圆锥滚子轴承 30212 支承，如图 12.39 所示。已知轴

的转速 $n=960$ r/min，$F_{ae}=650$ N，$F_{r1}=4800$ N，$F_{r2}=2200$ N，工作时有中等冲击，正常工作温度，要求轴承的预期寿命为 15000h，试判断该对轴承是否合格？

12.16 在一传动装置中，轴上反向（背靠背）安装一对 7210C 角接触球轴承，如图 12.40 所示。已知：轴承的径向载荷 $F_{r1}=2000$ N，$F_{r2}=4500$ N，轴上的轴向外载荷 $F_{ae}=3000$ N，转速 $n=1470$ r/min，常温工作，载荷平稳。试计算两轴承的寿命。

图 12.39 减速器　　　　　图 12.40 传动装置中轴承

12.17 如图 12.41 所示，轴承支承在两个 7207ACJ 轴承上，两轴承压力中心间的距离 240mm，轴上负荷 $F_{re}=2800$ N，$F_{ae}=750$ N，方向和作用点如图所示。试计算轴承 1、2 所受的轴向负荷 F_{ac}、F_{ad}。

12.18 某传动轴上，正向安装一对 32206 圆锥滚子轴承，如图 12.42 所示。已知两个轴承的径向载荷分别为 $F_{r1}=5200$ N，$F_{r2}=3800$ N，轴上轴向载荷 F_{ae} 的方向向左，转速 $n=1000$ r/min，中等冲击载荷，常温下运转，要求寿命 $L'_h=6000$ h 试计算该轴向允许的最大轴向载荷 F_{Amax}。

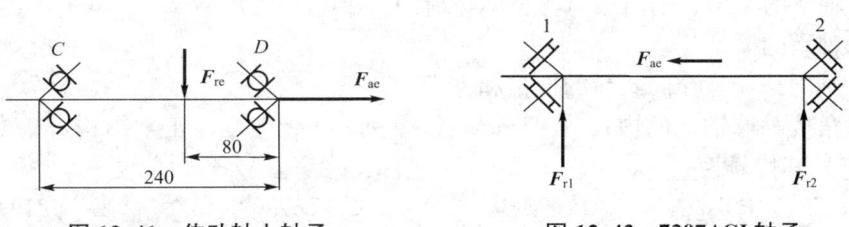

图 12.41 传动轴上轴承　　　　　图 12.42 7207ACJ 轴承

模 拟 试 题

12.1 填空题

1. 滚动轴承 N310，N410，N210，N110 都是_____类型轴承。其中承载能力最高的是_____。

2. 深沟球轴承 6208 内径为_____mm。

3. 滚动轴承外圈与轴承座的配合应为_____制，滚动轴承内圈与轴的配合应为_____制。

4. 相同系列尺寸的球轴承与滚子轴承相比较，_____轴承的承载能力高，_____轴承的极限转速高。

12.2 选择题

1. 采用滚动轴承轴向预紧措施的主要目的是____。
   A. 提高轴承的旋转精度　　　　　B. 提高轴承的承载能力
   C. 降低轴承的运转噪声　　　　　D. 提高轴承的使用寿命

2. 深沟球轴承，内径 100mm，轻系列，0 级精度，基本游隙组，其代号为____。
   A. 6220/P0　　　　　B. 3620/P0　　　　　C. 6320　　　　　D. 6220

3. 角接触球轴承，内径 150mm，轻系列，0 级精度，基本游隙组，接触角 $\alpha=40°$，其代号为____。
   A. 7230/P0　　　　　B. 30230/P0　　　　C. 7230B　　　　D. 7230

4. 在下列 4 种向心滚动轴承中，____型除可以承受径向载荷外，还能承受不大的双向轴向载荷。
   A. 60000　　　　　　B. N0000　　　　　C. NA0000　　　D. 50000

5. 当滚动轴承同时受轴向载荷和径向载荷作用时，应选用____。
   A. 向心轴承　　　　B. 向心推力轴承　　C. 推力轴承

6. 滚动轴承的动载荷计算是针对它的____失效形式进行的计算。
   A. 滚动体破裂　　　B. 塑性变形　　　　C. 疲劳点蚀　　　D. 磨损

7. 滚动轴承动载荷计算的可靠度是____。
   A. 10%　　　　　　B. 90%　　　　　　C. 100%

8. 按动载荷进行滚动轴承寿命计算时，主要考虑了滚动轴承的____失效。
   A. 疲劳点蚀　　　　B. 塑性变形　　　　C. 滚动体破裂　　D. 工作面磨损

9. 滚动轴承当量动载荷与____有关。
   A. 轴向载荷与径向载荷的代数和
   B. 轴承的类型、轴向载荷与径向载荷的大小
   C. 轴承的类型
   D. 轴向载荷与径向载荷的矢量和

10. 一角接触球轴承的内径为 95mm，轻系列，0 级精度，正常结构，基本游隙，接触角 $\alpha=15°$，其代号为____。
    A. 7219/P0　　　　B. 7319　　　　　　C. 7219C　　　　D. 6219

11. 某深沟球轴承的内径为 85mm，轻系列，0 级精度，正常结构，基本游隙，其代号为____。
    A. 6217/P0　　　　B. 7317　　　　　　C. 6217　　　　　D. 6317

12. 滚动轴承的额定寿命____。
    A. 为 10^6 r　　　　　　　　　　　　B. 与当量动载荷有关
    C. 为任意值

13. 轴承组合轴向位置调整主要用于____传动和____传动。
    A. 蜗杆　　　　　　B. 锥齿轮　　　　　C. 直齿轮　　　　D. 斜齿轮
    E. 人字齿轮

14. 选择合适的滚动轴承类型代号：①只能承受轴向载荷的是____；②只能承受径向载荷的是____；③径向载荷为主和一定的轴向载荷____；④同时承受轴向和径向载荷的是____。
    A. 30000 型　　　　B. N0000 型　　　　C. 60000 型　　　D. 70000 型
    E. 50000 型

15. 在下列型号滚动轴承中，极限转数最高的是____，径向承载能力最高的是____。
    A. 6306　　　　　　B. 51316　　　　　C. N316/P6　　　D. 30306

E. 30206

16. 滚动轴承的内圈与轴颈的配合为____。
    A. 基孔制间隙配合　　　　　　　B. 基孔制过渡或过盈配合
    C. 基轴制间隙配合　　　　　　　D. 基轴制过渡或过盈配合

17. 深沟球轴承，内径 $D=110$mm，轻系列，四级精度等级，正常结构，其代号为____。
    A. 6122/p4　　　B. 6222/p4　　　C. 6111/p4　　　D. 6211/p4

18. 深沟球轴承，内径 $D=100$mm，轻系列，四级精度等级，正常结构，其代号为____。
    A. 6120/p4　　　B. 62220/p4　　　C. 6110/p4　　　D. 6210/p4

19. 球轴承比滚子轴承承载能力____抗冲击能力____。
    A. 低　　　　　　B. 高　　　　　　C. 强　　　　　　D. 差

20. 滚动轴承的基本额定寿命是____。
    A. 轴承的实际寿命　　　　　　　B. 额定寿命的 90%
    C. 达到额定寿命的概率为 90%　　D. 10^6 h

21. 深沟球轴承、圆锥滚子轴承、圆柱滚子轴承、角接触球轴承的类型代号分别是____。
    A. "6"、"3"、"N"、"7"　　　　　B. "1"、"3"、"7"、"5"
    C. "0"、"1"、"4"、"7"　　　　　D. "6"、"3"、"0"、"5"

22. 滚动轴承的额定寿命是指同一批轴承中____的轴承所能达到的寿命。
    A. 99%　　　B. 90%　　　C. 95%　　　D. 50%

23. 滚动轴承的接触式密封是____。
    A. 毡圈密封　　B. 油沟式密封　　C. 迷宫式密封　　D. 甩油密封

24. 下列 4 种轴承中____必须成对使用。
    A. 深沟球轴承　　　　　　　　　B. 圆柱滚子轴承
    C. 调心滚子轴承　　　　　　　　D. 圆锥滚子轴承

25. 滚动轴承的基本额定动载荷指的是____。
    A. 滚动轴承所能承受的最大载荷
    B. 滚动轴承所能承受的最小载荷
    C. 滚动轴承在基本额定寿命 $L=10^6$ r 时所能承受的载荷
    D. 一批滚动轴承所能承受的平均载荷

26. 各滚动轴承的润滑方式，通常可根据轴承的____来选择。
    A. 转速 n　　　　　　　　　　B. 当量动载荷 P
    C. 轴颈圆周速度 v　　　　　　D. 内径与转速的乘积 dn

27. 有 3 个滚动轴承，其中：径向承载能力最高的轴承是____，极限转速最高的轴承是____，轴向承载能力最高的轴承是____。
    A. 6306　　　B. 51316　　　C. N316/p6

28. 推力轴承不适用于高速轴，这是因为高速时____。
    A. 冲击过大　　　　　　　　　　B. 滚动体离心力过大
    C. 圆周速度过大　　　　　　　　D. 滚动阻力过大

12.3 是非题

1. 滚动轴承的寿命是指轴承滚动体破裂以前所转过的总圈数或在一定转速下工作的总小时数。（   ）

2. 设某滚动轴承受力 C 作用时额定寿命为 10^6 r，则在轴承工作 10^6 r 以前不会产生疲劳点蚀的可能性为 90%。（   ）

3. 滚动轴承的内径和外径的公差带均为单向制。（   ）

4. 通常滚动轴承的内圈随轴颈旋转。（   ）

5. 通常滚动轴承的外圈与孔配合采用基孔制。（   ）

第13章 联轴器、离合器和制动器

本章教学要点

知识要点	掌握程度	相关知识
联轴器的种类及特点	掌握联轴器的种类及特点	联轴器分为刚性联轴器和挠性联轴器，它们各自的种类与特点
联轴器的种类选择	掌握联轴器的种类选择方法	联轴器的选择原则是什么，如何根据联轴器的扭矩来选择联轴器的规格尺寸
离合器	掌握离合器的种类与特点	牙嵌式离合器，摩擦离合器
制动器	了解制动器的主要功能与常用类型，如何正确选用	带式制动器，外抱块式制动器，内涨式制动器，盘式制动器

导入案例

联轴器和离合器是机械装置中常用的部件，它们主要用于连接轴与轴，以传递运动与转矩，也可用作安全装置。

联轴器是用于将两轴连接在一起，机器运转时两轴不能分离，只有在机器停车时才可将两轴分离。

离合器是在传递运动和动力过程中，通过各种操作方式使两轴随时接合或分离的一种常用机械装置。它可用来操纵机器传动的断续，例如汽车通过离合器的接合与分离实现了换挡变速或换向倒车。当做成安全联轴器（安全离合器）时，是机器工作若传递转矩超过规定值时，自动断开或打滑以保护机器中的主要部件不因过载而破坏的联轴器（离合器）；此外还有些特殊功用的离合器，如超越离合器、自控离合器等，当转速或转向达到一定要求时可自动接合或分离。

制动器是用来制动及减速、限速的装置，机械制动器是利用摩擦力来工作的。有些制动器已标准化或系列化，并由专业工厂加工制造。

13.1 联 轴 器

用联轴器连接的两轴，由于制造和安装的误差、受载后的变形以及温度的变化等因素的影响，往往不能保证严格的对中，两轴间会产生一定程度的相对位移。因此根据对两轴的相对位移是否具有补偿能力，可将联轴器分为刚性联轴器和挠性联轴器。图 13.1 是反映了由于误差而使两轴产生不同位移的几种情况。

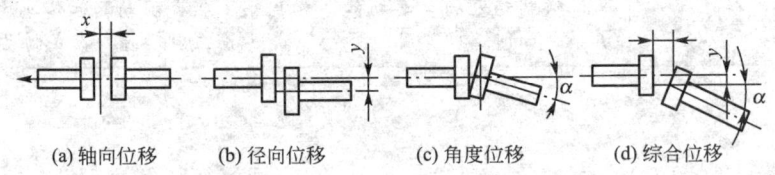

(a) 轴向位移　　(b) 径向位移　　(c) 角度位移　　(d) 综合位移

图 13.1　联轴器连接两轴的位移

13.1.1 刚性联轴器

1. 凸缘式联轴器

凸缘联轴器是把两个带有凸缘的半联轴器用键分别与两轴连接，然后用螺栓把两个半联轴器连成一体，以传递运动和转矩（图 13.2），这类联轴器按对中方式不同又可分为两种结构形式。

如图 13.2(a) 所示，是用普通螺栓实现连接，对中方式靠一个半联轴器的凸肩与另一个半联轴器上的凹槽相配合来实现，依靠接合面间的摩擦力传递转矩，对中精度高。但装拆时，轴必须做轴向移动。

如图13.2(b)所示,两半联轴器用铰制孔用螺栓对中并靠螺栓杆挤压与剪切来传递转矩实现连接。此种联轴器装拆较方便,且能传递较大转矩。

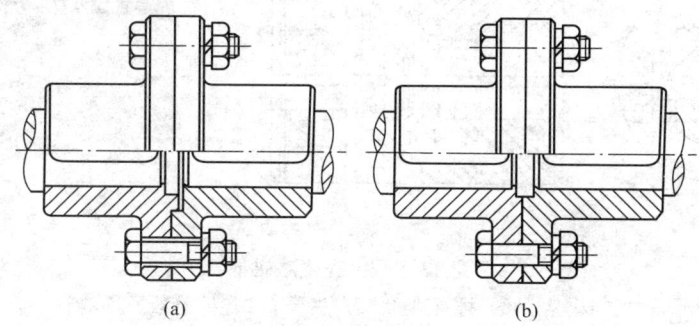

图13.2 凸缘式联轴器

半联轴器常用材料有灰铸铁HT200、中碳钢35、45钢及铸钢。

凸缘联轴器结构简单、价格低廉,能传递较大的转矩,但不能补偿两轴线的相对位移,也不能缓冲减振,故只适用于连接的两轴能严格对中、载荷平稳的场合。凸缘联轴器可按标准选定,必要时可对易损件(如连接螺栓)进行强度校核。

2. 套筒式联轴器

用一个套筒通过键将两轴连接在一起,用紧定螺钉来实现轴向固定(图13.3(a))或者直接用销穿过套筒与轴(图13.3(b))。此种联轴器结构简单、径向尺寸小、使用方便,两轴传递反向间隙小,但传递扭矩较小,不能缓冲减振,一般用于载荷较平稳的两轴连接,且连接时需要轴向移动,不适用于重载连接。当采用销连接时还可作安全联轴器使用(图13.4)。

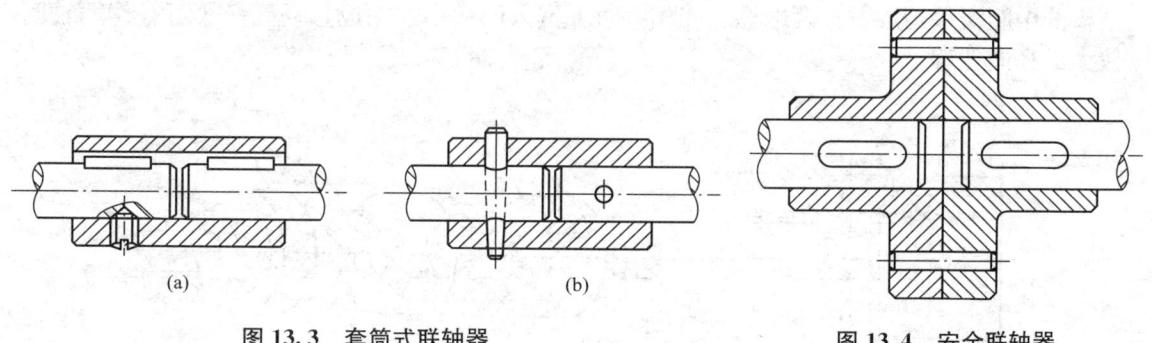

图13.3 套筒式联轴器   图13.4 安全联轴器

3. 夹壳式联轴器

将套筒做成剖分夹壳结构,通过拧紧螺栓产生的预紧力使两夹壳与轴连接,并依靠键以及夹壳与轴表面之间的摩擦力来传递扭矩,如图13.5所示。还有一个剖分式对中环卡在轴端环形槽中,来实现两轴对中及联轴器在垂直轴上的固定。此类联轴器的特点是无需沿轴向移动,方便装拆,但不能连接直径不同的两轴,外形复杂且不易平衡,高速旋转时会产生离心力。一般用于低速传动轴,常用于垂直传动轴的连接。

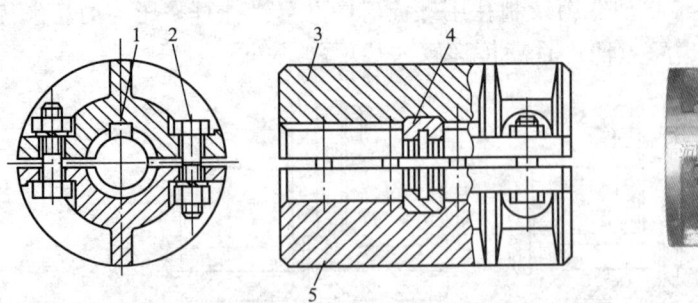

图 13.5 夹壳式联轴器
1—键；2—螺栓；3、5—夹壳；4—对中悬吊环

13.1.2 挠性联轴器

挠性联轴器可分为无弹性元件和有弹性元件挠性联轴器。挠性联轴器对两轴间的相对位移补偿方式有两种：一种是依靠连接元件间的相对可移性使两半联轴器发生相对运动，从而补偿被连接两轴安装时的对中误差以及工作时的相对位移；另一种是在联轴器中安置弹性元件，弹性元件在受载时能产生显著的弹性变形，从而使两半联轴器发生相对运动，以补偿两轴间的相对位移，同时弹性元件还具有一定的缓冲减振能力。

1. 无弹性元件挠性联轴器

此类联轴器属挠性联轴器，可补偿两轴间的相对位移。但没有弹性元件，不能缓冲吸振。

1) 十字滑块式联轴器

如图 13.6 所示，此类联轴器由两个端面开有径向凹槽的半联轴器和一个两端各具有凸榫的中间滑块构成。且两端榫头互相垂直，嵌入凹槽中，构成移动副，故可补偿两轴间较大的径向位移。

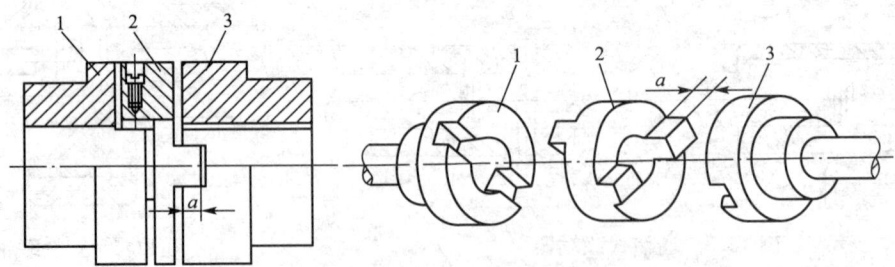

图 13.6 十字滑块式联轴器
1、3—半联轴器；2—中间盘

十字滑块联轴器的常用材料为中碳钢，并需进行表面淬火处理。为减小摩擦及磨损，中间盘设置注油孔进行注油润滑。

这种联轴器结构简单、径向尺寸小，但两轴间有相对位移时，中间盘会产生较大离心力，从而增大摩擦磨损。因此此类联轴器主要用于两轴径向位移较大、无冲击及低速场合。选择时应注意其工作转速不得大于规定值。

2) 滑块式联轴器

如图 13.7 所示，滑块式联轴器与十字滑块联轴器结构相似，只是两半联轴器沟槽很宽，中间为不带凸牙的方形滑块，其材料为夹布胶木。由于中间滑块质量小，且有弹性，故允许较高的极限转速。此类联轴器结构简单、尺寸紧凑，适用于小功率、高转速而无剧烈冲击的场合。

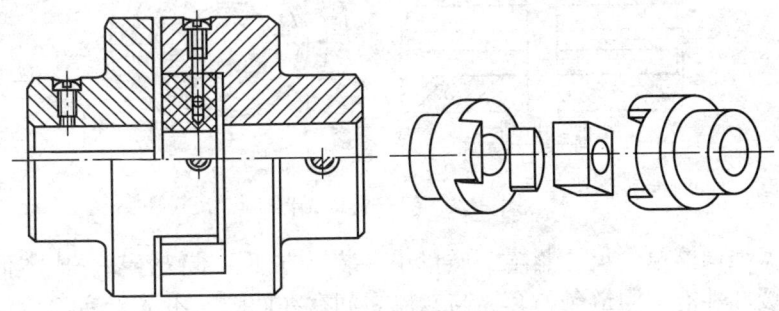

图 13.7　滑块式联轴器

3) 齿式联轴器

如图 13.8(a)所示，齿式联轴器由两个有内齿、带凸缘的外壳和两个有外齿的内套筒组成。内套筒与轴用键连接，两外壳用螺栓连接。二者齿数相同，通过内外齿啮合来传递转矩。外齿做成球形齿顶的腰鼓齿，如图 13.8(b)所示，并保证啮合后具有适当的顶隙与侧隙，故在传动时可补偿两轴的综合位移，如图 13.8(c)所示。为减小齿面磨损，联轴器两端装有密封圈，空腔内储存润滑油。

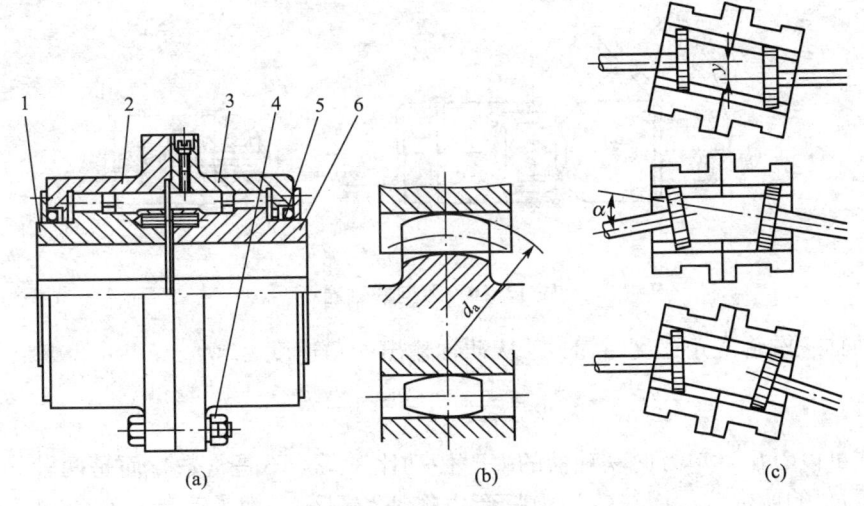

图 13.8　齿式联轴器

1、6—有外齿的内套筒；2、3—带凸缘的外壳；4—普通螺栓连接；5—密封圈

齿式联轴器的材料一般用 45 钢、42CrMo 或 ZC310-570，齿形为渐开线并经热处理。此类联轴器工作可靠、传递转矩较大，安装精度要求不高，并能补偿较大的综合位移量；但成本较高、质量较大，一般应用于启动频繁、经常正反转的重载传动，常用于重型机械中。

4）滚子链联轴器

如图 13.9 所示，滚子链联轴器利用一条公用的双排链条同时与两个齿数相同的并列链轮啮合来实现两半联轴器的连接。

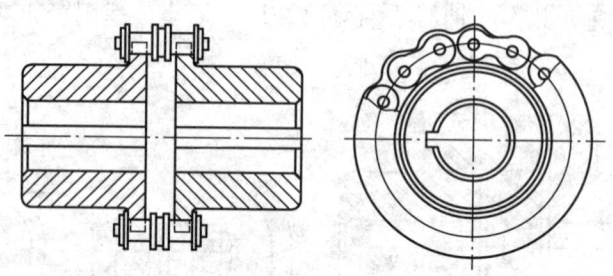

图 13.9　滚子链联轴器

此类联轴器结构简单、尺寸紧凑、质量小、装拆方便、维修容易、成本低廉，有一定的补偿性能和缓冲性能。因链条的套筒与链轮之间存在间隙，不适于逆向传动和启动频繁或立式轴传动。同时受离心力的影响不适于高速传动。

5）万向联轴器

万向联轴器用于传递两相交轴之间的动力和运动，而且在传动过程中，两轴之间的夹角还可以改变。如图 13.10 为万向联轴器中的一种，即十字轴式万向联轴器。它两传动轴末端各有一个叉形支架，用铰链与中间的"十字形"构件相连，"十字形"构件的中心位于两轴交点处，轴间角 α 为 $0°\sim45°$。但 α 角越大，传动效率越低，所以一般 α 最大不超过 $35°\sim45°$。

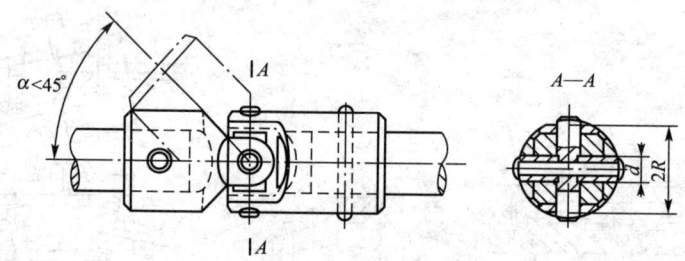

图 13.10　万向联轴器

当主动轴一端输入角速度 ω_1 时，从动轴输出的角速度 ω_2 为

$$\omega_2 = \frac{\omega_1 \cos\alpha}{1-\sin^2\alpha\cos^2\varphi_1}$$

由上式可以看出，单万向联轴器的瞬时传动比 ω_2/ω_1 不是常数，而是两轴线夹角 α 和主动轴转角 φ_1 的函数，因而在传动中将产生附加动载荷。为了改善这种情况，可将十字轴式万向联轴器成对使用，称为双万向联轴器，如图 13.11 所示。使用双十字轴式万向联轴器时，应使主、从动轴和中间轴位于同一平面内，两个叉形接头也位于同一平面内，而且使主、从动轴与连接轴所成夹角 α 相等，这样才能使主、从动轴同步转动，避免动载荷的产生。

十字轴式万向联轴器结构紧凑、维护方便，广泛应用于汽车、拖拉机、组合机床等机械的传动系统中。小型十字轴式万向联轴器已标准化，设计时可按标准选用。

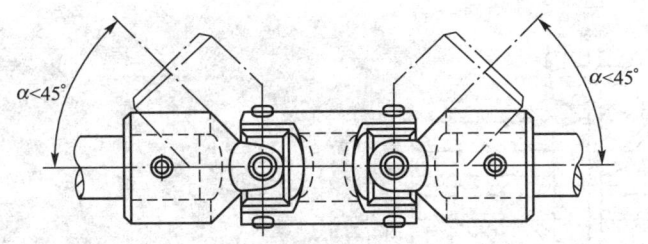

图 13.11 双十字轴式万向联轴器

2. 有弹性元件的挠性联轴器

因联轴器中装有弹性元件，不仅可以补偿两轴间的相对位移，而且具有缓冲减振的能力。弹性元件所能储蓄的能量越多，则联轴器的减振能力越强。这类联轴器的品种多，应用广泛。

1) 弹性套柱销联轴器

如图 13.12 所示，弹性套柱销联轴器结构上与凸缘联轴器相似，只是用带弹性套的柱销代替连接螺栓。弹性套材料为天然橡胶或合成橡胶，这种联轴器的工作温度须在$-20°$~$+70°$范围内。

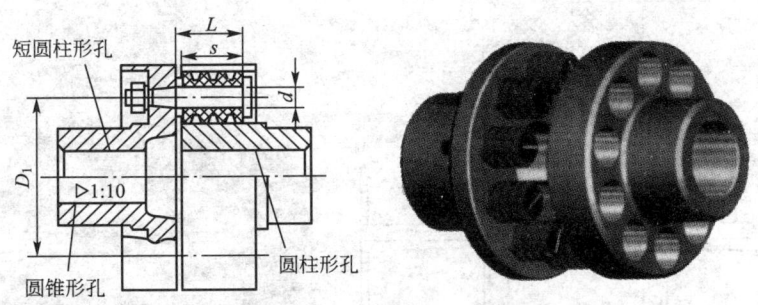

图 13.12 弹性套柱销联轴器

这种联轴器属于非金属弹性元件挠性联轴器。它结构简单、安装方便、更换容易、尺寸小、重量轻，但其寿命较短，因此它适用于冲击载荷不大、需正反转或启动频繁的由电动机驱动的各种中小功率传动轴系中。

2) 弹性柱销式联轴器

如图 13.13 所示，弹性柱销联轴器与弹性套柱销联轴器结构相似，只是柱销材料为尼龙。由于柱销与柱销孔为间隙配合，且柱销富有弹性，因而具有补偿两轴相对位移和缓冲的性能。为了改善柱销与柱销孔的接触条件和补偿性能，柱销的一端制成鼓形，且柱销两端装有挡板，以防止柱销脱落。另外，由于尼龙柱销对温度较敏感，故这种联轴器的工作温度也须在-20~$+70℃$范围内。与弹性套柱销联轴器相比，弹性柱销联轴器也是非金属弹性元件挠性联轴器。其结构更为简单，传递转矩能力更高，便于制造维修，耐久性好。适用于连接启动及换向频繁的转矩较大的中、低速轴系中。

3) 轮胎式联轴器

如图 13.14 所示，这种联轴器属于非金属弹性元件挠性联轴器。其中间为橡胶制成的

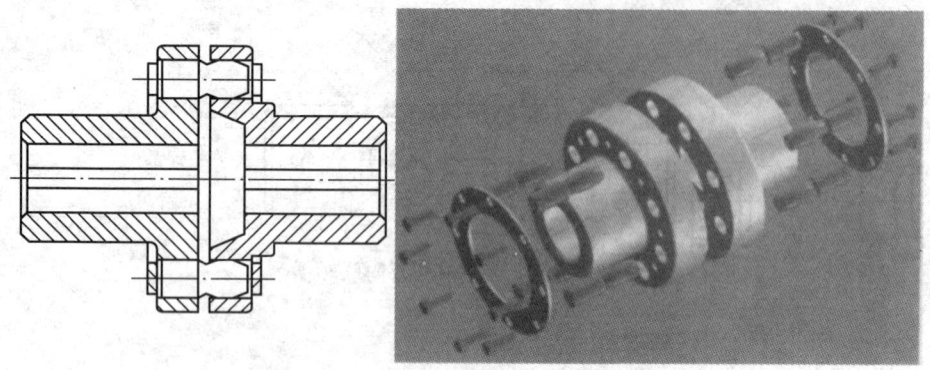

图 13.13　弹性柱销式联轴器

轮胎环作为弹性元件，用止退垫板与半联轴器连接。这种联轴器结构简单、易于变形，具有良好的消振能力，可以允许较大的综合位移；但径向尺寸大，传递转矩大时会因过大扭曲变形产生附加载荷。一般适用于启动频繁、正反向运转、有冲击振动、有较大轴向位移、潮湿多尘的场合。

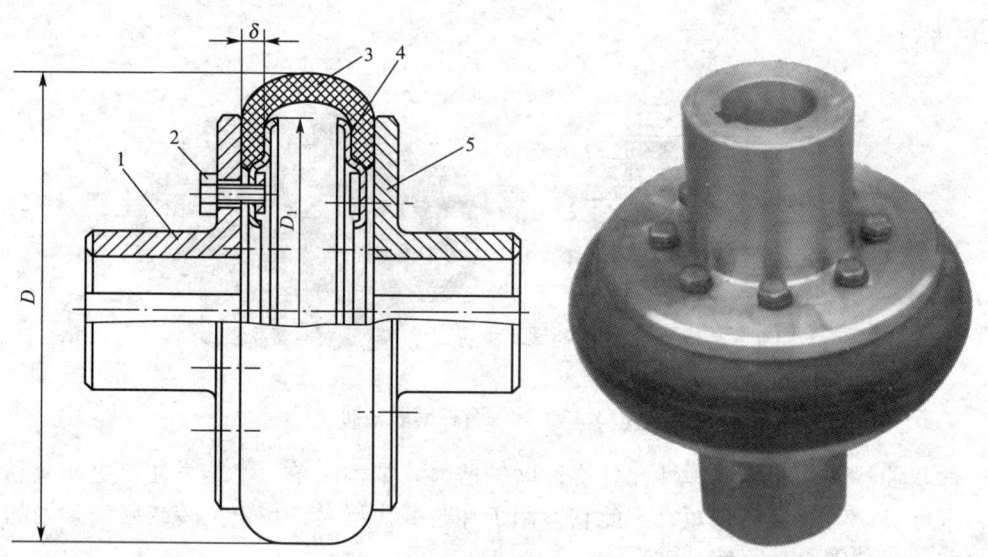

图 13.14　轮胎式联轴器

1、5—半联轴器；2—紧固螺栓；3—弹性元件；4—内压板

4) 梅花形弹性联轴器

如图 13.15 所示，这种联轴器属于非金属弹性元件挠性联轴器。其半联轴器与轴的配合可以做成圆柱形或圆锥形，中间的弹性元件形状似梅花，故得名。梅花形弹性元件选用不同硬度的聚氨酯橡胶、铸形尼龙等材料制造。适用工作温度 $-30 \sim +80$℃，短时可达 100℃。

5) 膜片联轴器

如图 13.16 所示，利用薄弹簧片，以螺栓或其他连接方式与两半联轴器连接，以实现两轴弹性连接的联轴器。弹性元件为多个环形金属薄片叠合而成的膜片组，膜片圆周上有若干个螺栓孔。用铰制孔螺栓交错间隔与半联轴器连接。

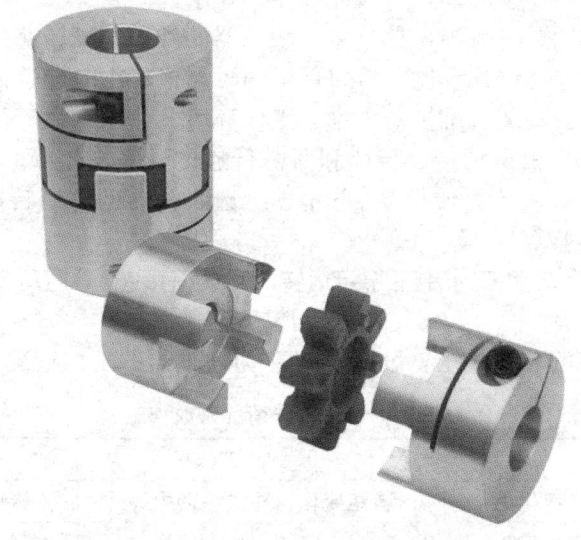

图 13.15　梅花形弹性联轴器

图 13.16　膜片联轴器

膜片联轴器与齿式联轴器相比，没有相对滑动，不需要润滑、密封，无噪声，基本不用维修，制造方便，可部分代替齿式联轴器。膜片联轴器在国际上工业发达国家应用已很普通，在我国已制订机械行业标准。

膜片联轴器广泛用于各种机械装置的轴系传动，如水泵（尤其是大功率化工泵）、风机、压缩机、液压机械、石油机械、印刷机械、纺织机械、化工机械、矿山机械、冶金机械、航空（直升机）、舰艇高速动力传动系统、汽轮机、活塞式动力机械传动系统、履带式车辆，以及发电机组高速、大功率机械传动系统，经动平衡后应用于高速传动轴系已比较普遍。

13.1.3　联轴器的选择

联轴器大多已标准化和系列化，一般不需自行设计，使用时通常是首先选择合适的类型，再根据轴的直径、传递转矩和工作转速等参数，由有关标准确定其型号和结构尺寸。

联轴器的类型应根据使用要求和工作条件来确定，具体选择时可考虑以下几方面。

（1）传递转矩的大小和性质以及对缓冲减振的要求。

（2）工作转速的高低。一般不得超过相应联轴器的许用最高转速。

（3）连接两轴间的相对位移程度。难以保证两轴严格对中时应选挠性联轴器。

（4）联轴器的制造、安装、维护及成本、工作环境、使用寿命等。

选定合适类型后，再根据轴径、转速和所需传递的计算转矩 T_{ca}，从标准中确定联轴器的型号和结构尺寸。应使计算转矩 T_{ca} 不超过所选联轴器的许用转矩，必要时应对联轴器中的易损零件做强度验算。

考虑到机器起动、停车和工作中不稳定运转的动载荷影响，计算转矩 T_{ca} 可按下式计算：

$$T_{ca}=K_A T \tag{13-1}$$

式中，T 为联轴器传递的名义转矩，N·m；K_A 为联轴器的工作情况系数，见表 13-1。

表 13-1 工作情况系数

动力机	工作机		
	转矩变化小	转矩变化、冲击载荷中等	转矩变化、冲击载荷大
电动机、汽轮机	1.3～1.5	1.7～1.9	2.3～3.1
多缸内燃机	1.5～1.7	1.9～2.1	2.5～3.3
单、双缸内燃机	1.8～2.4	2.2～2.8	2.8～4.0

注：刚性联轴器取大值，挠性联轴器取小值。

13.2 离 合 器

离合器是用来连接两根轴，使之一起转动并传递转矩，在工作中主、从动部分可随时分离与接合。对离合器的基本要求是：接合平稳无冲击、分离彻底、动作准确可靠；结构简单、质量轻、惯性力小、外形尺寸小；操纵方便省力、制造容易、调节和维护简便；接合元件耐磨损性好、使用寿命长、散热条件好。

离合器的类型很多，根据离合器接合元件工作原理的不同，离合器又可分为嵌合式离合器和摩擦式离合器两大类。嵌合式离合器利用机械嵌合副的嵌合力来传递转矩，传递转矩能力较大，外形尺寸小，接合后主、从动部分的转速完全一致，工作时不发热。但柔性差，在有转速差下接合时会产生刚性冲击，引起陡振和噪声。因而不宜用于在受载下接合或高速接合的场合。摩擦式离合器利用摩擦副的摩擦力来传递转矩；接合过程中主、从动接合元件存在一定的滑差，因而具有柔性，可大大减小接合时的冲击和噪声，适用于在受载下接合或高速接合的场合，但工作中会引起发热和功率损耗。

13.2.1 牙嵌式离合器

图 13.17 所示，牙嵌离合器的一个半离合器固定在主动轴上，另一个半离合器用导键或花键与从动轴连接，通过操纵机构使其做轴向移动，以实现离合器的接合或分离。为使两个半离合器准确对中，主动轴的半离合器上固定一对中环，从动轴可在对中环内自由转动。牙嵌离合器是靠牙的相互嵌合来传递转矩的，常用的牙型有矩形、梯形、三角形和锯

齿形，如图13.18所示。矩形牙制造容易，无轴向分力，但接合与分离较困难，一般只用于不常离合的场合中，且需在静止或极低速的场合下接合。三角形牙强度较弱，主要用于小转矩的低速离合器。梯形牙强度较高，能传递较大的转矩，并能自动补偿牙的磨损与牙侧间隙，从而减小冲击，故应用较广。锯齿形牙只能传递单向转矩，主要用于特定场合。三角形牙的牙数一般取为15～60，梯形牙和锯齿形牙的牙数一般取为3～15。

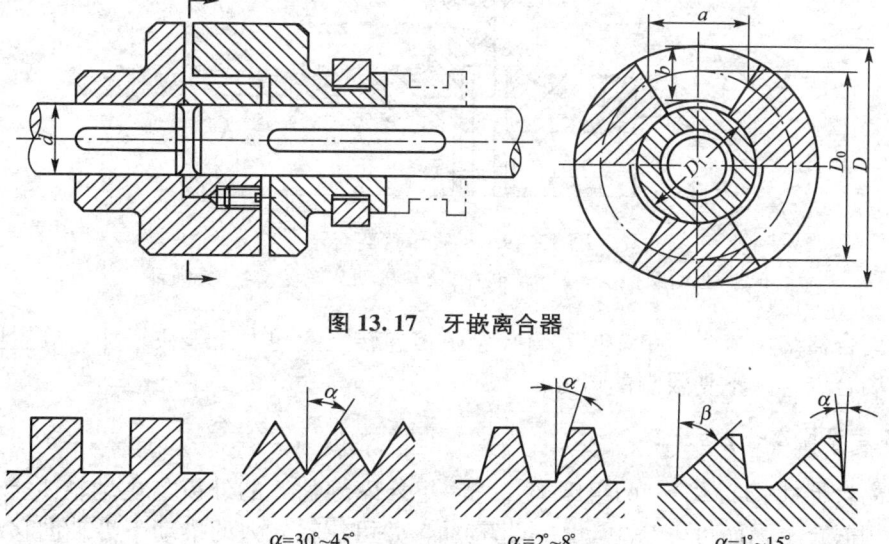

图13.17 牙嵌离合器

(a) 矩形　α=30°～45°
(b) 三角形　α=2°～8°
(c) 梯形　α=1°～15°
(d) 锯齿形　β=50°～70°

图13.18 牙嵌离合器的牙型

牙嵌离合器常用低碳钢表面渗碳淬火，硬度为56～62HRC，或用中碳钢表面淬火，硬度为48～54HRC。对于不重要的传动也可用HT200制造。

牙嵌离合器结构简单、外形尺寸小、承载能力较大、传动比恒定、适用范围广。但接合时有冲击，故应在静止或低速下接合。

牙嵌离合器的尺寸可从有关手册中选取，其承载能力主要受到牙的磨损强度和抗弯强度的限制，必要时可验算牙面上的压力和牙根部的抗弯强度。

13.2.2 摩擦式离合器

摩擦式离合器按其结构不同可分为片式离合器、圆锥离合器、摩擦块式离合器和鼓式离合器等。与嵌合式离合器相比，摩擦式离合器的优点是：接合或分离不受主、从动轴转速的限制，接合过程平稳，冲击、振动较小，过载时可发生打滑以保护其他重要零件不致损坏。其缺点是：在接合、分离过程中会发生滑动摩擦，故发热量较大，磨损较大，在接合产生滑动时不能保证被连接两轴精确同步转动，有时其外形尺寸较大。下面介绍应用最广泛的片式离合器。

片式离合器利用圆环片的端平面组成摩擦副，有单片式和多片式。为了散热和减少磨损，可将摩擦片浸入油中工作，称为湿式离合器。

1. 单片圆盘摩擦离合器

圆盘摩擦单片离合器(图13.19)主要由相连接的主、从动摩擦盘组成，操纵环可使从动摩擦盘沿从动轴移动，从而实现接合与分离。接合时以力将主、从动摩擦盘相互压紧，在接合面产生摩擦力矩来传递转矩。为了增大两接合面间的摩擦力并使两接合面具有更好的耐压、耐磨、耐油和耐高温性能，常在摩擦盘的表面加装摩擦片。

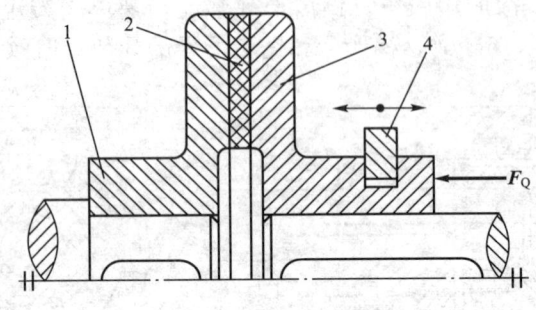

图 13.19　干式单片离合器

1—驱动摩擦盘；2—摩擦片；3—从动摩擦盘；4—操纵环

单片离合器结构最为简单，但其直径会随传递转矩的增大而很快增加，故主要用于转矩不大的场合或直径不受限制的地方。

2. 多片摩擦离合器

多片离合器(图 13.20)有两组摩擦片。一组外摩擦片 5 的外齿与主动轴 1 上外鼓轮 2 的纵向槽相嵌合，因而可以与主动轴一起转动，并可在轴向力的推动下沿轴向移动；另一组内摩擦片 6 以其内孔的凹槽与从动轴 3 上套筒 4 外缘的凸齿相嵌合，故内摩擦片可随从动轴一起转动，也可沿轴向移动。另外在套筒 4 上的 3 个纵向槽中安置可绕销轴转动的曲臂压杆 8。当滑环 7 向左移动时，曲臂压杆 8 通过压板 9 将所有内、外摩擦片压紧在调节圆螺母 10 上，离合器即处于接合状态。当内、外摩擦片磨损后，调节圆螺母可用来调节内、外摩擦片之间的压力。

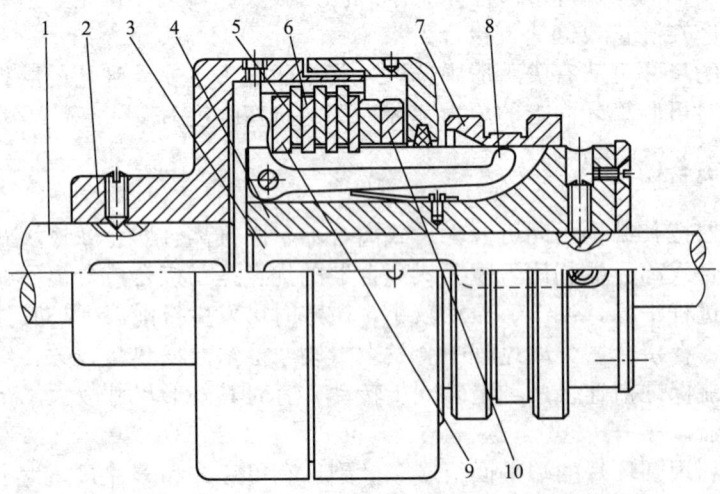

图 13.20　多片离合器

1—主动轴；2—外鼓轮；3—从动轴；4—套筒；5—外摩擦片；
6—内摩擦片；7—滑环；8—曲臂压杆；9—压板；10—圆螺母

内、外摩擦片结构形状如图13.21所示，(a)为外摩擦片，(b)为内摩擦片，为了保证摩擦片之间能够接合与迅速分开，将内摩擦片做成碟形如图(c)所示，当承压时，可被压平而与外摩擦片贴紧；松脱时，由于内摩擦片的弹力作用可以迅速与外摩擦片分离，设计可查机械设计手册。

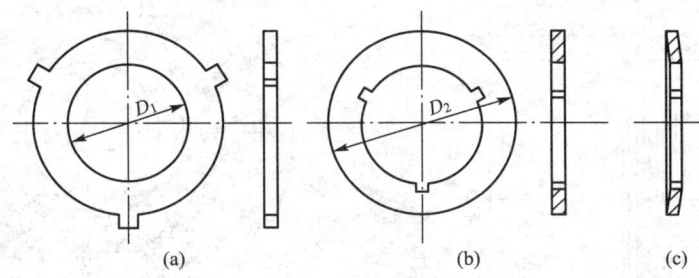

图13.21　内外摩擦片

多片离合器的承载能力随内、外摩擦片间的接合面数的增加而增大，但接合面数过多时会影响离合器分离动作的灵活性，故对接合面数有一定限制。一般湿式的接合面数$z=5\sim15$；干式的接合面数$z\leqslant6$。通常限制内外片的总数不大于$25\sim30$。

多片离合器结构紧凑，径向尺寸小，便于调整，在机床和一些变速箱中得到广泛应用。摩擦式离合器的工作性能受接合面摩擦副材料的影响较大。摩擦副材料不仅要求有较大的摩擦系数，而且要耐磨、耐高温、耐高压。在润滑油中工作的摩擦副材料常用淬火钢与淬火钢或用淬火钢与青铜。润滑不完善的摩擦副材料可采用铸铁与铸铁或铸铁与钢。干摩擦下工作的摩擦副材料最好采用石棉基摩擦材料。

3. 电磁摩擦离合器

电磁摩擦离合器利用电磁原理实现接合与分离功能。图13.22所示为干式多片电磁离合器，平时该离合器的内、外片相互分离，不传递转矩。电流经过接线头进入线圈时产生电磁力，吸引衔铁向右移动将内、外片压紧，离合器处于接合状态。这种离合器可以实现远距离操纵，动作灵敏迅速，使用、维护比较方便，因而在起重机、包装机、数控机床中获得广泛应用。

4. 超越离合器

超越离合器只能按某一转向传递转矩，反向时即自行分离。如图13.23所示为滚柱超越离合器，主要由星轮、外环、滚柱、弹簧顶杆等组成。星轮与外轮的活动关系可多样化。当星轮主动并顺时针转动时，滚柱受摩擦力作用而滚向星轮和外环空隙的收缩部分，被楔紧在星轮与外环间，从而带动外环与星轮一起转动，离合器处于接合状态。当星轮反向转动时，滚柱被滚到空隙的宽敞部分，离合器处于分离状态。此外，如果外环与星轮同时做顺时针转动并且外环的角速度大于星轮角速度时，外环并不能带动星轮转动，离合器也处于分离状态，即外环(从动件)可以超越星轮(主动件)而转动，因而称为超越离合器。这种特性可应用于内燃机的起动装置中。

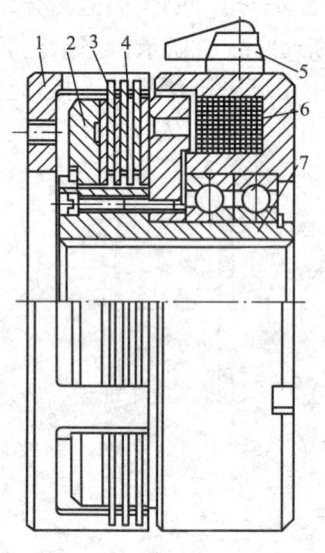
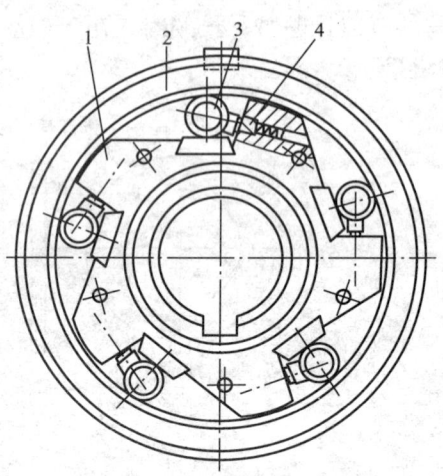

图 13.22　干式多片电磁离合器
1—鼓轮；2—衔铁；3—外片；4—内片；
5—电线接头；6—线由；7—套筒

图 13.23　滚柱超越离合器

13.3　制　动　器

制动器是用来降低机械的运转速度或停止机械的运转，保证机器正常安全工作的重要部件，在提升机构中还可以用来支持重物。机械制动器是利用摩擦副中产生的摩擦力来工作的。

制动器按摩擦副元件的结构形状可分为带式、块式、内涨式和盘式 4 种。

按工作状态又可分为常闭式和常开式。常闭式制动器经常处于抱闸状态，只有施加外力才能使其松闸解除制动作用，常用于提升机构中；常开式制动器常处于松闸状态，需要时才抱闸制动，大多数车辆中的制动器即为常开式制动器。为了减小制动转矩，减小制动器的结构尺寸，常将制动器安装在机械的高速轴上。

对制动器的基本要求是：足够大的制动转矩，松闸和抱闸动作迅速，制动平稳，工作可靠，耐磨性和散热性好，结构简单，调整和维修方便。

1. 带式制动器

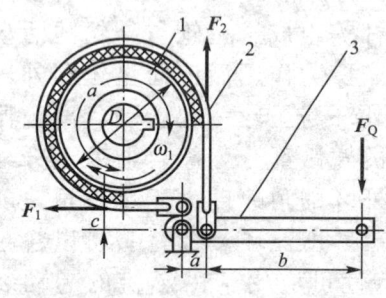

图 13.24　带式制动器

最为常见的带式制动器的工作原理如图 13.24 所示。当施加外力 F_Q 时，利用杠杆 3 收紧闸带 2 而抱住制动轮 1，靠带和制动轮间的摩擦力达到制动的目的。

计算时设制动力矩为 T，圆周力为 F，制动轮直径为 D，则制动力矩作用在带上时，将使带的两端产生拉力 F_1 和 F_2，则

$$F = F_1 - F_2$$

制动时由欧拉公式知

$$F_1 = F_2 e^{f\alpha}$$

式中，e 为自然对数的底（e 约为 2.718）；f 为与轮间的摩擦因数；α 为带绕在制动轮上的包角，一般为 $\pi \sim 3\pi/2$。

则

$$F_2 = \frac{F}{e^{f\alpha}-1} = \frac{2T}{D} \cdot \frac{1}{(e^{f\alpha}-1)}$$

$$F_Q = \frac{a}{a+b} F_2$$

带式制动器的制动轮轴和轴承受力大，带与轮间压力不均匀，从而磨损也不均匀，且易断裂，但结构简单、尺寸紧凑，可以产生较大的制动扭矩，例如自行车的后轴制动就是采用带式制动器。

2. 外抱块式制动器

外抱块式制动器有许多不同形式，多为常闭式。图 13.25 所示为短行程电磁铁块式制动器的结构简图，平时为抱闸制动状态，主弹簧 4 通过制动臂 5 和制动块 2 使制动轮 1 处于制动状态。当线圈 8 通电时，产生吸力吸引衔铁 7 绕 O 点转动，带动推杆 6 左移使左、

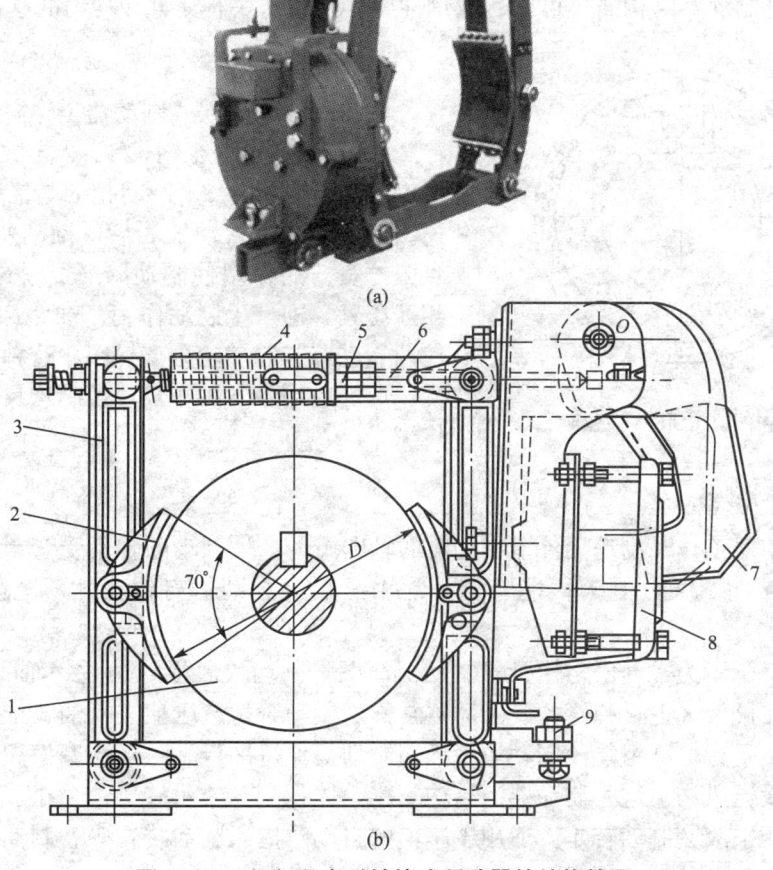

图 13.25　短行程电磁铁块式制动器的结构简图

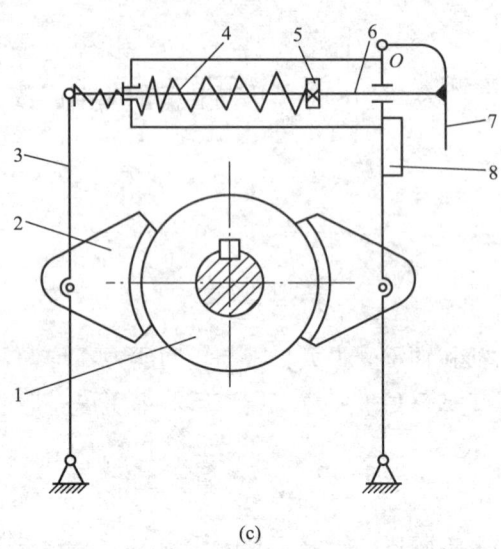

(c)

图 13.25　短行程电磁铁块式制动器的结构简图(续)

右两制动臂分开,从而使两制动块同时离开制动轮制动器松闸。调节螺钉 9 可改变制动块与制动轮的退距。推杆上螺母 5 可调节制动块与制动轮间的压紧力。

外抱块式制动器结构简单可靠、散热性好,制动瓦块有充分和均匀的退距。

3. 内涨式制动器

图 13.26 为内涨式制动器工作简图。两个制动蹄 2、7 分别通过两个销轴 1、8 与机架铰接,制动蹄表面装有摩擦片 3,制动轮 6 与需要制动的轴固连。当压力油进入油缸 4 后,推动左右两个活塞,克服拉簧 5 的作用使制动蹄 2、7 分别与制动轮 6 相互压紧,即产生制动作用。油路卸压后,弹簧 5 使两制动蹄与制动轮分离松闸。这种制动器结构紧凑,广泛应用于各种车辆以及结构尺寸受到限制的机械中。

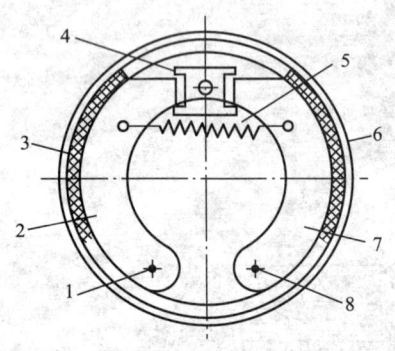

图 13.26　内涨式制动器

4. 盘式制动器

盘式制动器工作时制动元件沿制动盘的轴向施力,被制动的轴不受弯矩作用,制动转矩的大小与转向无关,制动性能稳定。常用的盘式制动器有钳盘式、全盘式和锥盘式 3 种。

图 13.27 所示为常开固定钳盘式制动器简图,制动块底板 4 通过销轴 1、6 和平行杠杆组 5 固定在机架 2 上,弹簧 8 使制动器常开。制动时,液压油进入油缸推动活塞并压缩弹簧而抱闸。平行杠杆组能使制动块底板与制动盘保持平行。为降低摩擦副的温升,常在制动盘上开设通风沟。这种制动器的结构紧凑、体积小、质量轻、惯量小、动作灵敏,可通过调节油压来改变制动转矩。适用于车辆的自动防抱死制动装置中。制动器大多已标准化,选用时,查有关标准或手册。

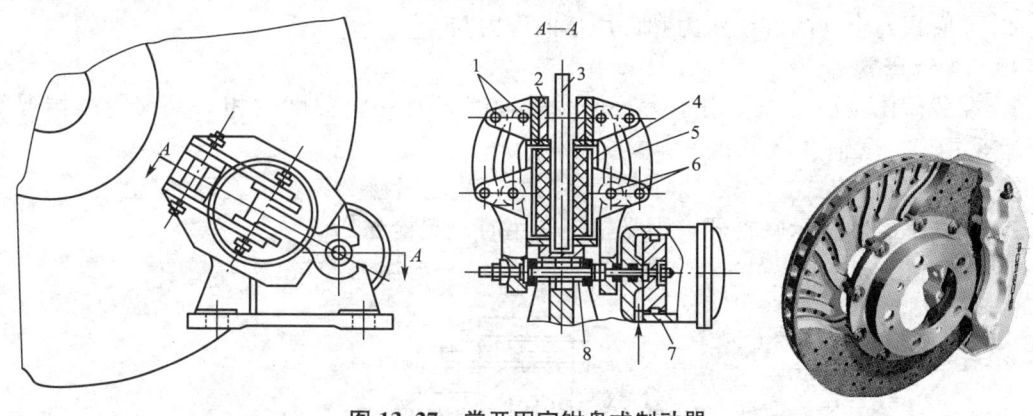

图 13.27 常开固定钳盘式制动器

1、6—销轴；2—机架；3—制动盘；4—制动块底板；5—平行杠杆组；7—油缸；8—弹簧

习 题

13.1 联轴器、离合器和制动器的主要功用分别是什么？联轴器与离合器的根本区别是什么？

13.2 联轴器所连两轴的相对偏移形式有哪些？

13.3 常用联轴器、离合器及制动器各有哪些主要类型？各有何特点？

13.4 凸缘联轴器有几种对中方式？各种对中方式有何特点？

13.5 无弹性元件挠性联轴器和有弹性元件挠性联轴器补偿相对位移的方式有何不同？

13.6 万向联轴器有何特点？安装双万向联轴器应注意些什么问题？

13.7 离合器应满足哪些基本要求？

13.8 比较嵌合式离合器与摩擦式离合器的工作原理和优缺点。

13.9 牙嵌离合器的牙形有几种形式？各有何特点？

13.10 制动器通常是安装在机器设备的高速轴上还是低速轴上？为什么？

13.11 一直流电动机用联轴器与减速器相连。已知传递的转矩 $T=200 \sim 500 \mathrm{N} \cdot \mathrm{m}$，轴转速 $n=800-1350 \mathrm{r/min}$，两轴间的最大径向位移为 2.3mm、最大偏角位移为 $1.6°$。试选择联轴器的类型。

13.12 一电动机与齿轮减速器间用联轴器相连。已知电动机功率 $P=4.0 \mathrm{kW}$，转速 $n=960 \mathrm{r/min}$，电动机外伸轴直径 $d=32 \mathrm{mm}$，减速器输入轴直径 $d=30 \mathrm{mm}$。试选择联轴器的类型和型号。

13.13 某离心式水泵采用弹性柱销联轴器与原动机连接，原动机为电动机，传递功率 38kW，转速 300r/min，联轴器两端连接轴径均为 50mm，试选择此联轴器的型号。若原动机改为活塞式内燃机，试选择联轴器的类型。

模 拟 试 题

13.1 填空题

1. 滑块联轴器属于_____联轴器。

2. 牙嵌式离合器的许用压力和许用弯曲应力与_____有关。

13.2 选择题

1. 在载荷比较平稳，冲击不大，但两轴轴线具有一定程度的相对偏移量的情况下，通常宜采用____联轴器。
   A. 刚性固定式　　　B. 刚性可移式　　　C. 弹性　　　D. 安全

2. 如图 13.28 所示联轴器，当受扭矩作用时，螺栓受到____。
   A. 拉和扭　　　B. 扭　　　C. 剪切

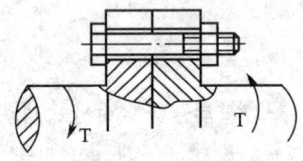

图 13.28　联轴器

3. 已知联轴器工作时载荷有大的冲击，在下列 4 种联轴器中，应选用(　　)较为合适。
   A. 凸缘联轴器　　　　　　　　B. 十字滑块联轴器
   C. 万向联轴器　　　　　　　　D. 弹性柱销联轴器

4. 已知联轴器工作时载荷基本平稳，且两轴间可能产生微小的轴向偏移，应选用(　　)较为合适。
   A. 刚性固定式联轴器　　　　　B. 刚性可移式联轴器
   C. 弹性联轴器

5. 已知联轴器工作时载荷较平稳，两轴线之间有大的角位移，在下列 4 种联轴器中，应选用(　　)较为合适。
   A. 凸缘联轴器　　　　　　　　B. 十字滑块联轴器
   C. 万向联轴器　　　　　　　　D. 弹性柱销联轴器

6. 两轴的偏角位移达 30°，这时宜采用____联轴器。
   A. 万向　　　B. 齿式　　　C. 弹性套柱销　　　D. 凸缘

7. 联轴器和离合器的主要作用是____。
   A. 缓和冲击和振动　　　　　　B. 补偿两轴的不同轴度和热膨胀
   C. 传递运动和转矩　　　　　　D. 防止机器过载

8. 牙嵌式离合器的许用压力和许用弯曲应力与____有关。
   A. 工作情况系数　　　　　　　B. 接合时的转速状态
   C. 牙的形状　　　　　　　　　D. 牙的数量

13.3 是非题

1. 弹性联轴器既可以缓冲吸振，又可以通过弹性变形自动消除两轴之间的各种位移，因此，任何情况下选用弹性联轴器连接两轴都是最佳方案。(　　)

第 14 章 轴

本章教学要点

知识要点	掌握程度	相关知识
轴的功用、类型、特点	了解轴的功用、类型、特点	根据受载情况轴的分类
轴的常用材料及选择	了解轴的常用材料	轴的常用材料及主要力学性能
轴的结构设计	重点掌握轴的结构设计方法	轴上零件的轴向和周向固定方式、轴的装配工艺性、轴的加工工艺性
轴的强度、刚度与振动稳定性计算	掌握轴的 3 种强度计算方法，了解轴的刚度和振动稳定性计算	按扭转强度计算、按弯扭合成强度计算、按疲劳强度进行安全系数校核计算、轴的刚度计算和振动稳定性

导入案例

轴是机器中最重要的机械零件之一。在工程当中我们经常需要传递运动和动力。这些运动和动力的传递需要链传动、带传动和齿轮传动等传动装置，而传动装置又需要轴的支撑将运动和动力逐级传递下去。可见轴在传动中起很重要的作用，轴的强度和刚度直接决定该传动系统所能传递的最大转矩。

2011年某日，如图14.1所示，一辆重型半挂牵引车在高速公路正常行驶中，由于底盘传动轴突然断裂，重型半挂车在刹车停下的过程中，断成两截的传动轴因为惯性飞了出去，一辆轿车、一辆面包车无辜遭殃。失效分析表明，传动轴材质差、强度低是内因，而缺口根部的表面损伤加速了裂纹萌生，导致传动轴疲劳断裂。

如何正确地选择材料，合理地确定轴的结构以及如何提高轴的强度和刚度是在轴的设计中必须综合考虑的问题。

图14.1 牵引车传动轴断裂

14.1 概　　述

1. 轴的分类、组成和功用

轴是机器中最重要的零件之一，它用来安装各种传动零件，使之绕其轴线转动，传递转矩或回转运动，并通过轴承与机架或机座相连接。

轴分为刚性轴和软轴两大类，其中刚性轴应用最为广泛。按照不同的分类方法，轴的分类详见表14-1。

表14-1 轴的分类

分类		简图	特点
刚性轴	按轴线形状分	(a)　(b)	结构简单、制造方便、最为常用。按外形又分为光轴(a)和阶梯轴(b)，其中阶梯轴用得最多

（续）

分类		简图	特点
按轴线形状分	曲轴	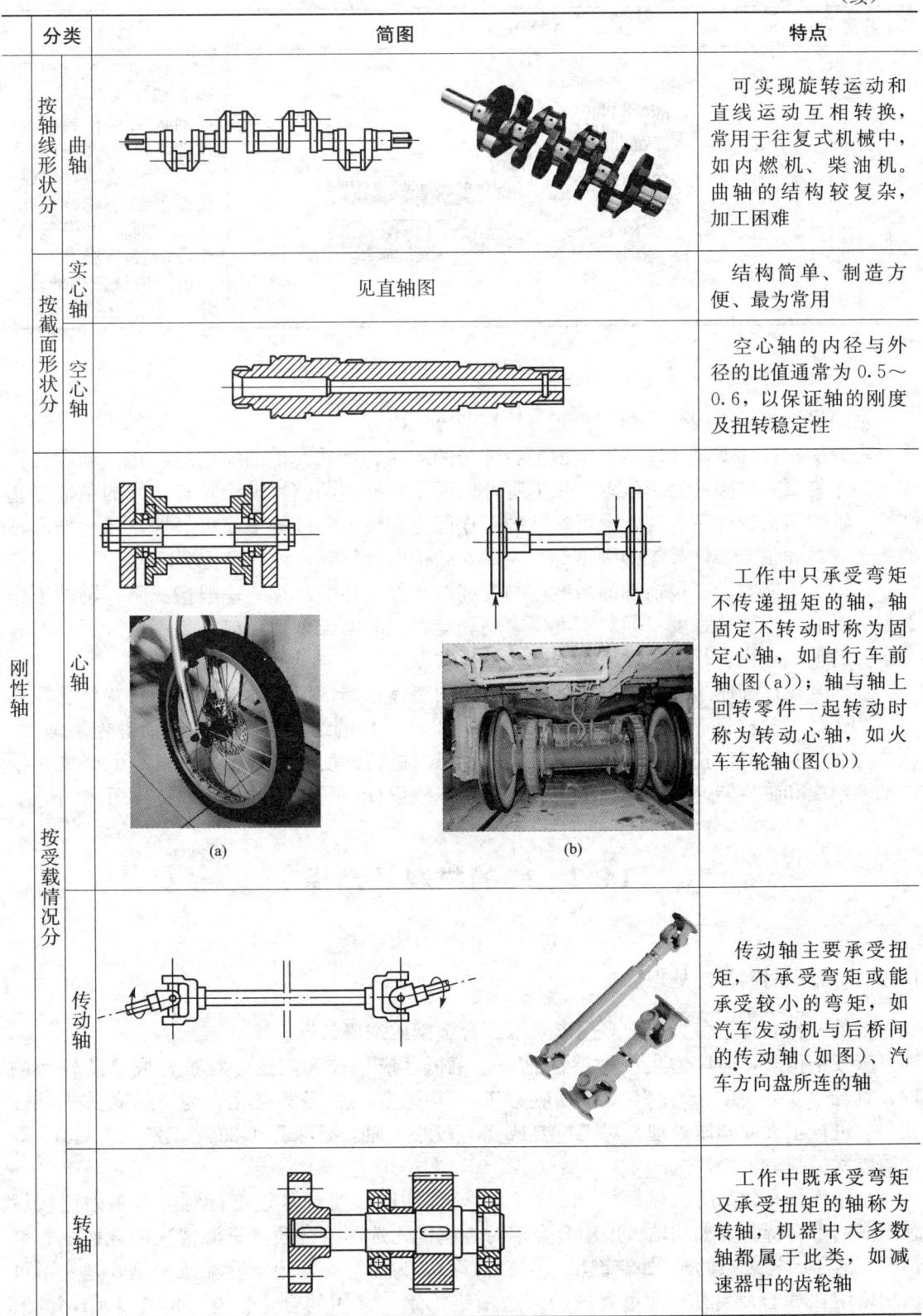	可实现旋转运动和直线运动互相转换，常用于往复式机械中，如内燃机、柴油机。曲轴的结构较复杂，加工困难
按截面形状分	实心轴	见直轴图	结构简单、制造方便、最为常用
	空心轴		空心轴的内径与外径的比值通常为 0.5～0.6，以保证轴的刚度及扭转稳定性
刚性轴 按受载情况分	心轴		工作中只承受弯矩不传递扭矩的轴，轴固定不转动时称为固定心轴，如自行车前轴（图(a)）；轴与轴上回转零件一起转动时称为转动心轴，如火车车轮轴（图(b)）
	传动轴		传动轴主要承受扭矩，不承受弯矩或能承受较小的弯矩，如汽车发动机与后桥间的传动轴（如图）、汽车方向盘所连的轴
	转轴		工作中既承受弯矩又承受扭矩的轴称为转轴，机器中大多数轴都属于此类，如减速器中的齿轮轴

(续)

分类		简图	特点
软轴	按用途分	功率型	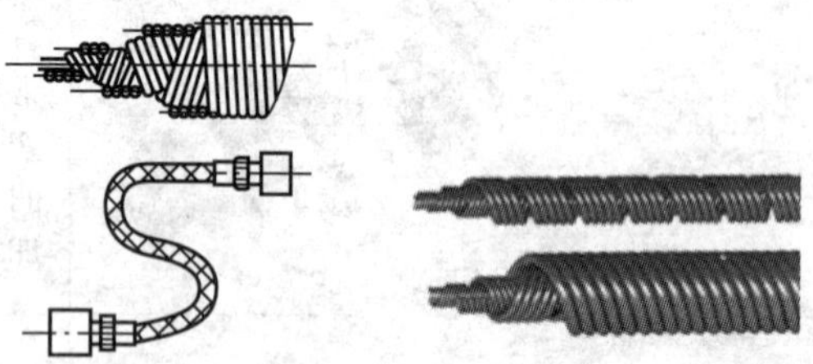 由多组钢丝分层卷绕而成，可以把回转运动灵活地传到任何位置，可吸收振动冲击，尺寸紧凑，但从动端转速不均匀，扭转刚度低，适用于高速、低转矩场合，如管道清理设备中的轴、牙科医疗器械等
		控制型	

2. 轴的主要设计内容和设计要求

轴的设计包括结构设计和工作能力计算两方面内容。

轴的结构设计就是合理地确定轴上各部分的形状和尺寸。轴的结构应满足：轴和装在轴上的零件要有准确的工作位置，轴上零件应便于装拆和调整，轴应具有良好的制造工艺性等。轴的结构设计不合理，会影响轴的工作能力和轴上零件的工作可靠性，还会增加轴的制造成本和轴上零件装配的困难等。因此，结构设计是轴设计中的重要内容。

轴的工作能力计算包括轴的强度、刚度和振动稳定性的计算。一般情况下，轴的工作能力主要取决于轴的强度。但对刚度要求高和受力大的细长轴，还应进行刚度计算。对高速运转的轴，还应进行稳定性计算，以免发生共振。

轴通常设计程序为：①根据机械传动方案的整体布局，拟定轴上零件的布置和装配方案；②选择轴的材料；③初步估算轴的直径；④进行轴的结构设计，校核轴键连接强度、轴承寿命等及轴的弯扭强度；⑤对于重要的轴，应进行强度的精确校核计算；⑥必要时校核轴的刚度和临界转速；⑦根据上述计算结果修改设计；⑧绘制轴的零件工作图。

14.2 轴的材料及选择

14.2.1 轴的材料与热处理

轴的材料品种很多，通常多用碳素钢、合金钢或球墨铸铁。

碳素钢价廉，对应力集中敏感性比合金钢低，应用较为广泛。对重要或承载较大的轴，宜选用35、40、45和50等优质碳素钢，其中以45钢最为常用，为了提高其机械性能，应进行正火或调质处理。对不重要或受力较小的轴，可采用Q235、Q255或Q275等普通碳素钢制造。

合金钢具有较高的机械性能和良好的热处理性能，但价格较贵且对应力集中比较敏感，多用于有特殊要求的轴。采用合金钢时，应优先选用符合我国资源情况的硅锰钢、硼钢等。对于结构复杂的轴（如花键轴、空心轴等），为保持尺寸稳定性和减少热处理变形可选用铬钢，对于大截面非常重要的轴可选用铬镍钢。常用的合金钢有20Cr、20CrMnTi、

38CrMoAl、40Cr 和 40MnB 等。对于要求局部表面有较高耐磨性的轴，如与滑动轴承配合的高速轴，可采用低碳合金钢经渗碳淬火来提高轴颈的硬度。

必须指出的是：合金元素和热处理对钢的弹性模量影响甚微，因此用合金钢代替碳素钢或通过热处理来提高轴的刚度，并无实效。此外，合金钢对应力集中敏感性较高，因此，设计合金钢轴时，更应注意从结构上设法减少应力集中源和降低应力集中的程度，并合理地提高其表面质量。

各种热处理（如高频淬火、渗碳、氮化、氰化等）以及表面强化处理（如喷丸、滚压等），对提高轴的疲劳强度都有显著的效果。

球墨铸铁和高强度铸铁因其具有良好的工艺性，不需要锻压设备，吸振性好，对应力集中的敏感性低，近年来被广泛应用于制造结构形状复杂的曲轴等，只是铸件质量难于控制。

近年来，国内外还发展用电渣熔铸新工艺制造巨型发电机转子轴等，其性质不亚于同种钢锻件。

14.2.2 轴的材料选择

轴的力学模型是梁，多数要转动，因此其所受应力通常是对称循环。轴常见的失效形式有疲劳断裂、过载断裂、弹性变形过大等。所以对轴的材料提出的要求：具有足够的强度，良好的加工工艺性，对应力集中敏感性小。选择时应主要考虑如下因素：①轴的强度、刚度及耐磨性要求；②轴的热处理方法及机加工工艺性的要求；③轴的材料来源和经济性等。

轴的毛坯多数用轧制圆钢或锻件，直径相差不大的阶梯轴或光轴，可选用热轧圆钢车削而成。对尺寸较大或直径相差较大的阶梯轴，为节省材料和改善机械性能，以采用锻件毛坯为宜。铸造毛坯因品质不易控制应用较少。有时为了节约贵重的合金钢或优质钢，或是为了解决大件铸造的困难，也可用焊接的毛坯。

表 14-2 列出了几种轴的常用材料及其主要力学性能。

表 14-2 轴的常用材料及其主要力学性能

材料牌号	热处理	毛坯直径/mm	硬度 HBS	力学性能/MPa					用途
				抗拉强度 σ_B	屈服强度 σ_S	弯曲疲劳极限 σ_{-1}	剪切疲劳极限 τ_{-1}	许用弯曲应力 $[\sigma_{-1}]$	
Q235-A	热轧或锻后空冷	≤100		400～420	225	170	105	40	用于不重要及载荷不大的轴
		>100～250		375～390	215				
45	正火	≤100	170～217	590	295	255	140	55	用于强度高、韧性中等的较重要的轴，应用最广泛
	回火	>100～300	162～217	570	285	245	135		
	调质	≤200	217～255	640	355	275	155	60	
40Cr	调质	≤100	241～286	735	540	355	200	70	用于强度要求高、有强烈磨损而无很大冲击的重要轴
		>100～300		685	490	335	185		

(续)

材料牌号	热处理	毛坯直径/mm	硬度 HBS	抗拉强度 σ_B	屈服强度 σ_S	弯曲疲劳极限 σ_{-1}	剪切疲劳极限 τ_{-1}	许用弯曲应力 $[\sigma_{-1}]$	用途
40CrNi	调质	≤100	270~300	900	735	430	260	75	用于很重要的轴
		>100~300	240~270	785	570	370	210		
38SiMnMo	调质	≤100	229~286	735	590	365	210	70	性能近于40CrNi，用于重要的轴
		>100~300	217~269	685	540	345	195		
38CrMoAlA	调质	≤60	293~321	930	785	440	280	75	用于要求高耐磨性、高强度且热处理(渗氮)变形很小的轴
		>60~100	277~302	835	685	410	270		
		>100~160	241~277	785	590	375	220		
20Cr	渗碳淬火回火	≤60	渗碳 56~62HRC	640	390	305	160	60	用于要求强度及韧性均较高的轴
3Cr13	调质	≤100	≥241	835	635	395	230	75	用于腐蚀条件下的轴
QT600-3			190~270	600	370	215	185	40	用于制造外形复杂的轴
QT800-2			245~335	800	480	290	250	50	

注：表中所列疲劳极限 σ_{-1} 的计算公式为

碳钢：$\sigma_{-1H} \approx 0.43\sigma_B$；合金钢：$\sigma_{-1H} \approx 0.2(\sigma_B + \sigma_S) + 100$ MPa；不锈钢：$\sigma_{-1H} \approx 0.27(\sigma_B + \sigma_S)$；$\tau_{-1H} \approx 0.156(\sigma_B + \sigma_S)$；球墨铸铁：$\sigma_{-1H} \approx 0.36\sigma_B$；$\tau_{-1H} \approx 0.31\sigma_B$。

14.3 轴的结构设计

轴的结构设计就是合理地确定轴上各部分的形状和尺寸，在轴的设计中占重要地位。轴与其上的零件组成一个组合体——轴系部件，在轴的结构设计时，不能只考虑轴本身，必须和轴系零、部件的整个结构密切联系起来。影响轴的结构设计的因素很多，主要取决于以下几方面。

（1）轴在机器中的安装位置及形式。
（2）轴上安装零件的类型、尺寸、数量以及与轴连接的方法。
（3）作用于轴上的载荷的性质、大小、方向及分布情况。
（4）轴承的类型、尺寸和布置。
（5）轴的加工及装配方法等。

轴的结构设计比较复杂，没有标准的结构设计形式。由于其影响因素很多，具有较大灵活性和多样性。判断轴的结构是否合理的标准有以下几个。

(1) 有利于提高轴的强度和刚度。
(2) 轴和轴上零件有准确的工作位置。
(3) 轴上零件便于装拆和调整。
(4) 轴应具有良好的加工工艺性，等等。

在满足使用要求的情况下，轴的形状应力求简单，以便于加工。

14.3.1 轴各部分的组成

机器中大部分轴为转轴。为便于轴上零件的装拆，常将轴设计成阶梯形。对于一般剖分式箱体中的轴，它的直径从轴端逐渐向中间增大。图14.2所示为单级齿轮减速器的输出轴，齿轮、套筒、左端滚动轴承、轴承端盖和联轴器依次从轴的左端装拆，另一滚动轴承和轴承端盖从轴的右端装拆。轴主要由轴头、轴颈、轴身3部分组成。安装传动零件的部分称为轴头(如图14.2中轴段①、④)，其直径应尽量取标准值，轴和轴承配合段称为轴颈(如图14.2中轴段③、⑦)，直径应按轴承内径选取，连接轴头和轴颈的部分称为轴身(如图14.2中轴段②、⑥)。阶梯形轴截面变化处称为轴肩和轴环(如图14.2中轴段⑤)。轴肩分为定位轴肩(如图14.2中①和②、④和⑤、⑥和⑦间的轴肩)和非定位轴肩(如图14.2中②和③、③和④、⑤和⑥间的轴肩)两类。

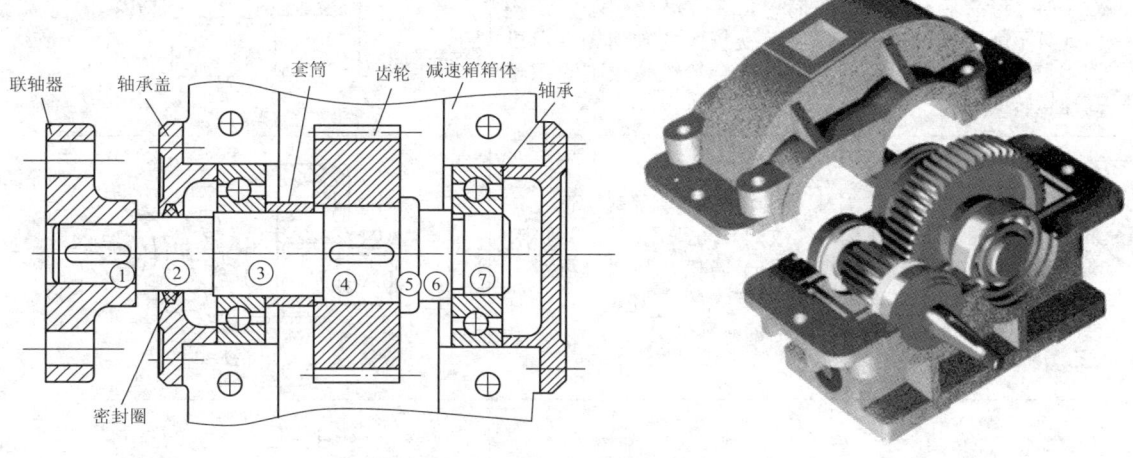

图 14.2 轴的结构

14.3.2 轴上零件的周向定位和固定

周向固定的目的主要是为了传递转矩和防止零件与轴产生相对转动。周向固定大多采用键、花键、销、紧定螺钉及过盈配合等连接方式。如图14.2中，齿轮与轴、联轴器与轴的周向固定依靠键连接，滚动轴承与轴的周向固定依靠过盈配合。轴旋转时，齿轮、带轮、轴承内圈随轴以同一转速一起旋转。常见的周向固定方式详见第6章。

14.3.3 轴上零件的轴向定位和固定

为防止轴上零件沿轴向移动，应对它们进行轴向固定和定位。常用的有轴肩和轴环、套筒、圆螺母和止动垫圈、弹性挡圈和紧定螺钉、轴端挡圈。如图14.2所示，轴上零件在安装过程中，联轴器的轴向定位靠①和②间的轴肩，左端轴承靠套筒定位，右端轴承轴向定位靠⑥和⑦间的轴肩，轴环⑤使齿轮轴向定位。轴环⑤与套筒、套筒与左边轴承端盖、⑥和⑦间的轴肩与右边轴承端盖，这些零件分别保证了齿轮、左端滚动轴承、右端滚动轴承不能沿轴向移动，即实现了零件的轴向固定。在一般情况下，整个轴的轴向定位也常利用轴承端盖来实现，如图14.2所示。

常用的轴向定位与固定的方法、特点及应用见表14-3。

表14-3 常用的轴向定位与固定的方法、特点及应用

固定方法的特点及应用	简图
轴肩和轴环：由定位面和过渡圆角组成，简单可靠，不需附加零件，能承受较大的轴向力，但会使轴径增大，阶梯处形成应力集中，且阶梯过多不利于加工。为使零件与轴肩贴合，轴上圆角 r 应较轴上零件孔端的圆角半径 R 或倒角 C 稍小（定位轴肩或轴环的圆角半径 r、零件孔端圆角半径 R 与倒角 C 推荐值参看表14-4）。轴肩高度 $h=(0.07\sim0.1)d$，轴环宽度 $b=1.4h$。与滚动轴承相配合处的 h 与 r 值应根据滚动轴承的类型与尺寸确定	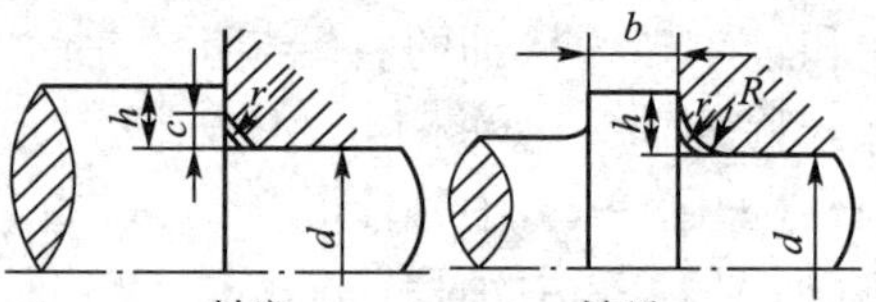 轴肩　　轴环
套筒：当轴上一零件的位置已固定而零件间的距离又较小时，可采用套筒。套筒简单可靠，简化了轴的结构设计且不削弱轴的强度，还可承受较大的轴向力。但机器重量增加，且由于套筒与轴的配合较松，故不宜用于高速运转的轴	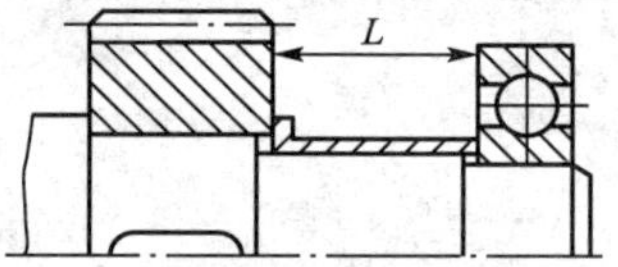 套筒
圆螺母和止动垫圈：当轴上相邻两零件距离较远无法采用套筒，轴上又允许车制螺纹时，可采用圆螺母固定。圆螺母起固定作用，止动垫圈用于防松。圆螺母可承受较大的轴向力，但切制螺纹处有较大的应力集中，会降低轴的疲劳强度。主要用于固定轴端零件	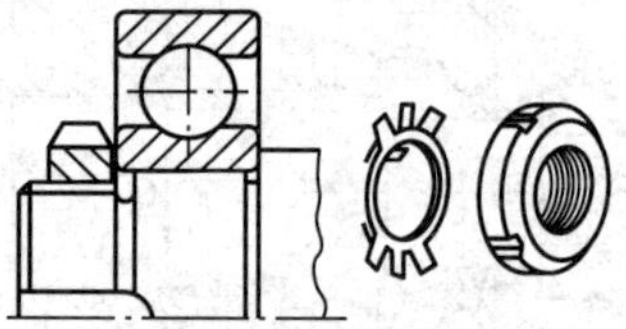 圆螺母和止动垫圈
弹性挡圈：结构简单紧凑，常用于滚动轴承的轴向固定，但承受的轴向力较小。切槽尺寸需要一定的精度，否则可能出现与被固定件间存在间隙或弹性挡圈不能装入切槽的现象，切槽尺寸见GB 894.1—86	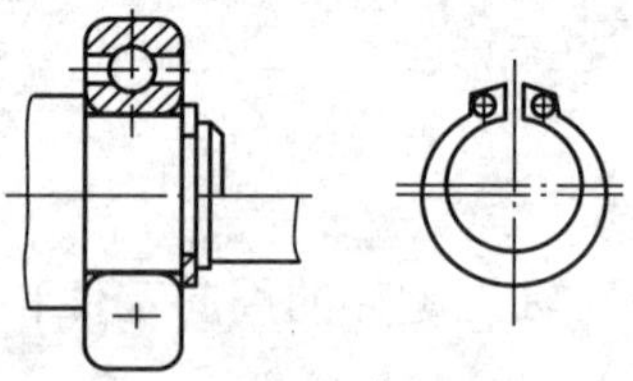 弹性挡圈
轴端挡圈：有消除间隙的作用，能承受冲击载荷，对中精度要求较高，主要用于有振动和冲击的轴端零件的轴向固定。轴的端部可以是锥面或柱面。尺寸参见JB/ZQ4348—86	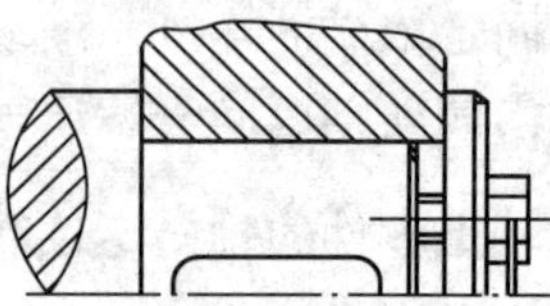 轴端挡圈

(续)

固定方法的特点及应用	简图
紧定螺钉：机构简单，只用于承受轴向力小或不承受轴向力的场合，在光轴上应用较多。紧定螺钉用孔的结构尺寸见 GB 71—85	紧定螺钉
圆锥面：装拆方便，能消除轴与轮毂间的径向间隙，可兼作轴向固定。适用于冲击载荷和对中性要求较高的场合，常与轴端挡圈联合使用，实现轴端零件的双向固定	圆锥面

表 14-4 定位轴肩或轴环的圆角半径 r、零件孔端圆角半径 R 与倒角 C 推荐值 （mm）

直径 d	>10~18	>18~30	>30~50	>50~80	>80~100
r	0.8	1.0	1.6	2.0	2.5
R 或 C	1.6	2.0	3.0	4.0	5.0

14.3.4 轴的结构工艺性

所谓轴的结构工艺性，是指轴应具有良好的加工和装配工艺性，有利于提高生产率和降低成本。一般来说，轴的结构越简单，工艺性越好。因此，设计轴时在满足使用要求的前提下，轴的结构形式应尽量简单。设计时应注意以下几方面问题。

（1）轴上需磨削的轴径阶梯处，应留有砂轮越程槽（图 14.3(a)）；需切制螺纹的阶梯处，应留有退刀槽（图 14.3(b)）。砂轮越程槽和螺纹退刀槽的具体尺寸可参看机械设计手册。

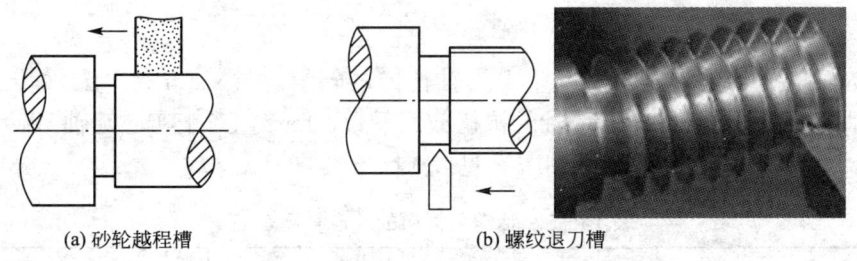

(a) 砂轮越程槽 (b) 螺纹退刀槽

图 14.3 砂轮越程槽和螺纹退刀槽

（2）轴端和各阶梯端面应制出 45°倒角。以便于装配零件和去毛刺。为减少加工时换刀时间及装夹工件时间，同根轴上所有圆角半径、倒角尺寸、退刀槽宽度等应尽可能统一；当轴上有两个以上键槽时，应置于轴的同一条母线上，以便一次装夹后就能加工（图 14.2），如开键槽处轴段直径相近，键槽宽度应尽可能采用相同的尺寸。

(3) 当轴与轴上零件采用过盈配合时,若配合轴段的装入端过长,则可采用非定位轴肩结构(如图 14.4(a))、同一轴段不同部位选用不同的尺寸公差(如图 14.4(b))或在装入端加工出导向圆锥面(如图 14.4(c))。

(4) 为了减小应力集中,常在轴的截面尺寸变化处采用过渡圆角,但要注意轴上零件定位可靠性的要求,见表 14-3 中轴肩与轴环,其具体尺寸见表 14-4。

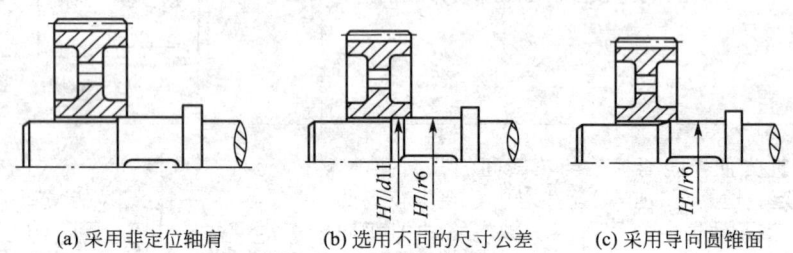

(a) 采用非定位轴肩　　　　(b) 选用不同的尺寸公差　　　　(c) 采用导向圆锥面

图 14.4　过盈配合轴段的结构设计

14.3.5　轴的概略计算

轴的概略计算的目的是初定轴的直径,以此为依据拟定轴的结构,重要的轴还需做进一步的强度校核。常见的轴的最小直径的估算方法有以下 4 种。

1. 按扭转强度条件估算最小直径

轴的直径取决于它所承受载荷的大小和材料的力学性能。传动轴只受转矩的作用,可直接按许用扭转切应力设计其轴径。转轴受弯扭复合作用,在初定轴径时,由于轴的长度、跨距、支反力及其作用点等都未知,因此无法确定弯矩的大小和分布情况。这时可仅考虑转矩的大小,初步估算轴的最小直径,并在计算中采用降低许用扭转切应力的方法,来考虑转矩对轴强度的影响。

由材料力学可知,实心圆轴的扭转强度条件为

$$\tau_T = \frac{T}{W_T} \approx \frac{9.55 \times 10^6 \frac{P}{n}}{0.2 d^3} \leqslant [\tau_T] \tag{14-1}$$

式中,τ_T 为轴的扭转切应力,MPa;T 为轴传递的转矩,N·mm;P 为轴传递的功率,kW;n 为轴的转速,r/min;W_T 为轴的抗扭截面系数,mm³,对于实心圆轴 $W_T = \pi d^3/16 \approx 0.2 d^3$;$[\tau_T]$ 为许用扭转切应力,MPa,见表 14-5。

表 14-5　轴常用材料的 $[\tau_T]$ 及 C 值

轴的材料	Q235-A,20	Q275,35	45	40Cr、35SiMn、38SiMnMo
$[\tau_T]$/MPa	15~25	20~35	25~45	35~55
C	149~126	135~112	126~103	112~97

注:在下述情况时,$[\tau_T]$ 取较大值,C 取较小值:轴所受弯矩较小或只受转矩、载荷较平稳、无轴向载荷或只有较小的轴向载荷、减速器的低速轴、轴只做单向旋转;反之,$[\tau_T]$ 取较小值,C 取较大值。

由此得到实心圆轴的最小直径：

$$d_{min} \geqslant \sqrt[3]{\frac{9.55 \times 10^6 P}{0.2[\tau_T]n}} = C\sqrt[3]{\frac{P}{n}} \qquad (14-2)$$

式中，C 为计算常数，$C = \sqrt[3]{9.55 \times 10^6/0.2[\tau_T]}$，取决于轴的材料和受载情况，查表 14-5。

对于空心轴

$$d_{min} \geqslant C\sqrt[3]{\frac{P}{n(1-\beta^4)}} \qquad (14-3)$$

式中，$\beta = d_1/d$，即空心轴的内径 d_1 与外径 d 之比。

当轴段上开有键槽时，应适当增大轴径以考虑键槽对轴强度削弱；对于直径 $d > 100\text{mm}$ 的轴，单键槽增大 3%，双键槽增大 7%；当 $d \leqslant 100\text{mm}$ 时，单键槽增大 5%~7%，双键槽增大 10%~15%。然后对轴径进行圆整。应当注意，这样求出的直径，只能作为承受转矩的那一段轴的最小直径，即为整根轴的最小直径 d_{min}，一般为轴的端部直径。

2. 按扭转刚度条件估算最小直径

对于刚度要求较高的轴，可用此方法初定最小轴径。由材料力学可知，实心圆轴的扭转刚度条件为

$$\varphi = 5.73 \times 10^4 \frac{T}{GI_p} = \frac{5.47 \times 10^{11} P}{GI_p n} \leqslant [\varphi] \qquad (14-4)$$

式中，G 为材料的剪切弹性模量，MPa，对于钢材，$G = 81000\text{MPa}$；I_p 为轴截面的极惯性矩，mm^4，对于实心圆轴，$I_p = \pi d^4/32$。$[\varphi]$ 为轴每米的许用扭转角，与轴的使用场合有关，对于一般传动轴，可取 $[\varphi] = 0.5 \sim 1(°)/\text{m}$；对于精密传动轴，可取 $[\varphi] = 0.25 \sim 0.5(°)/\text{m}$；对于精度要求不高的轴，$[\varphi]$ 可大于 $1(°)/\text{m}$。

将上述数据代入，得到圆轴的最小直径估算式：

$$d_{min} \geqslant (91 \sim 128)\sqrt[4]{P/n} \qquad (14-5)$$

3. 类比法

参考同类型已有机器的轴的结构和尺寸，并进行分析对比，从而最终确定所设计轴的直径。

4. 经验公式法

对于一般减速器，输入轴与电动机轴通过联轴器相连，其最小直径 d_{min} 可按照公式 $d_{min} = (0.8 \sim 1.2)d_M$ 来估算（d_M 为电机伸出轴的轴端直径）。而各级低速轴的直径由公式 $d'_{min} = (0.3 \sim 0.4)a$ 来进行估算，式中 a 为同级齿轮传动的中心距。

14.3.6 各轴段直径和长度确定

阶梯轴各轴段的直径变化应遵循下列原则：①配合性质不同的表面（包括配合表面与非配合表面）直径应有所不同；②加工精度、表面粗糙度不同的表面直径应有所不同；

③应便于轴上零件的装拆。

阶梯轴各轴段的长度是由下列因素决定的：①轴上零件的宽度；②零件固定的可靠性和装拆工艺要求。

在确定各轴段尺寸时，应注意以下几点。

(1) 与轴上传动零件配合的轴头直径，应尽可能圆整成标准直径尺寸系列(见表14-6)，或以0，2，5，8结尾的尺寸。安装标准件(如滚动轴承、联轴器、密封圈等)部位的轴径，应取为相应的标准值及所选配合的公差。

(2) 非配合的轴身直径，可不取标准值，但一般应取成整数。

(3) 轴头的长度取决于与其相配合的传动零件轮毂的宽度，应使轴头长度较所装零件轮毂的宽度小2~3mm，以保证其轴向固定的可靠性。

表14-6 标准直径尺寸系列 （单位：mm）

10	12	14	16	18	20	22	24	25	26	28
30	32	34	36	38	40	42	45	48	50	53
56	60	63	67	71	75	80	85	90	95	100

注：该表摘自GB282—81。

以图14.2所示的单级圆柱齿轮减速器的低速轴为例，通过结构设计定出各轴段直径和长度，见表14-7。

表14-7 轴的结构设计示例

径向尺寸	确定原则	轴向尺寸	确定原则
d_1	以初估直径为基础，并根据联轴器尺寸定轴径	l_1	根据联轴器轮毂尺寸L确定，长度较联轴器轮毂的宽度小2~3mm，$l_1=L-(2\sim3)$mm
d_2	联轴器的轴向定位轴肩，其高度一般取为$h=(0.07\sim0.1)d_1$，$d_2=d_1+2h$并满足密封件内径系列	l_2	齿轮、壳体、轴承、轴承盖、联轴器的位置确定后，通过作图得到
d_3	非定位轴肩是为装配轴承方便而设置的，其高度没有严格的规定，一般取为1~2mm，同时d_3满足轴承内径系列，以便轴承安装	l_3	
d_4	非定位轴肩是为装配齿轮方便而设置的，$d_4=d_3+(1\sim2)$mm并符合标准直径尺寸系列	l_4	$l_4=b-(2\sim3)$mm
d_5	齿轮的轴向定位轴肩，$h=(0.07\sim0.1)d_4$，$d_5=d_4+2h$并圆整	l_5	$l_5=1.4h$
d_6	轴承的轴向定位轴肩，符合轴承拆卸尺寸，查轴承手册	l_6	齿轮、壳体、轴承、轴承盖、联轴器的位置确定后，通过作图得到
d_7	一般一根轴上的两轴承型号相同，$d_7=d_3$	l_7	$l_7=B$　B——轴承宽度

(续)

径向尺寸	确定原则	轴向尺寸	确定原则
		齿轮至箱体内壁的距离 H	转动零件与不动零件之间要有间隔，避免干涉，$H=10\sim 15\text{mm}$
		轴承至箱体内壁距离 Δ	考虑箱体铸造误差，当轴承为脂润滑时，要设封油环，$\Delta=5\sim 10\text{mm}$，当轴承为油润滑时，$\Delta=3\sim 5\text{mm}$
		轴承座宽度 C	$C=C_1+C_2+\delta+(5\sim 10)\text{mm}$，$\delta$——箱体壁厚，$C_1$、$C_2$——扳手空间尺寸，由轴承旁连接螺栓直径确定，查机械设计手册
		轴承端盖壁厚 e	见机械设计手册
		联轴器至轴承端盖的距离 K	K 与外接零件及轴承端盖的结构有关，应保证轴承端盖固定螺钉和联轴器的装拆要求，详见机械设计手册

14.3.7 提高轴的强度和刚度的措施

轴和轴上零件的结构、工艺以及轴上零件的安装布置等对轴的强度和刚度有很大影响，因此，可以从结构和工艺两方面采取措施来提高轴的承载能力，减小轴的尺寸和质量，提高轴系的工作性能，使整个机器结构紧凑，性能良好。

1. 合理设计和合理布置轴上零件，减小最大载荷

轴上零件的合理设计和合理布置能减小轴的最大载荷。例如图 14.5(a)中卷筒的轮毂很长，轴上的弯矩较大，如把轮毂设计成两段(图 14.5(b))，不仅可以减小轴的最大弯矩，而且还能得到良好的轴孔配合。又如图 14.6(a)中的输入轮设置在轴的一端，所受最大扭矩为 T_1+T_2，如把输入轮设计在轮 2 和 3 之间(图 14.6(b))，则轴所受的最大扭矩降低为 T_1。除此之外，对于轴上受力大的零件，设计时应尽可能放在靠近支承处。最大载

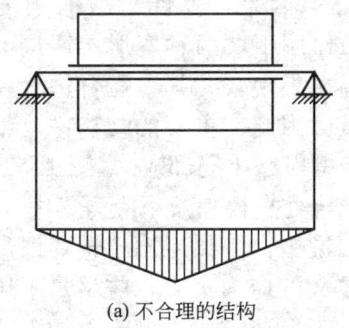

(a) 不合理的结构

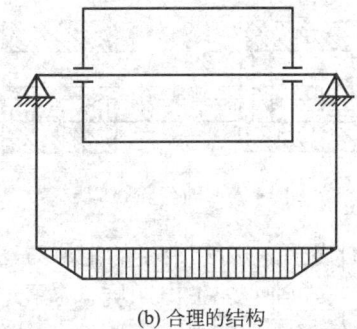

(b) 合理的结构

图 14.5 卷筒的轮毂结构

荷的降低，不仅提高了轴的强度和刚度，而且在同样强度、刚度的要求下，可以减小轴的尺寸和质量。

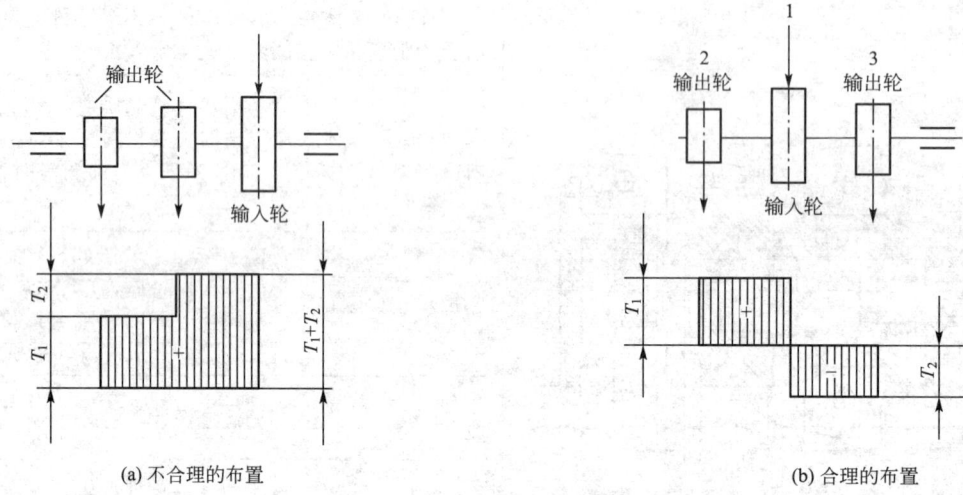

(a) 不合理的布置　　　　　　　　　　　　　　(b) 合理的布置

图 14.6　轴上零件的布置

2. 改进轴的结构，减少应力集中

(1) 轴上相邻轴段的直径不应相差过大，在直径变化处，尽量用圆角过渡，圆角半径尽可能大。当圆角半径增大受到结构限制时，可将圆弧延伸到轴肩中，称为内切圆角(图 14.7)。也可加装过渡肩环(图 14.8)使零件轴向定位。

图 14.7　内切圆角　　　　　　　　图 14.8　过渡肩环

(2) 轴上与零件毂孔配合的轴段，会产生应力集中。配合越紧，零件材料越硬，应力集中越大。其原因是，零件轮毂的刚度比轴大，在横向力作用下，两者变形不协调，相互挤压，导致应力集中。尤其在配合边缘，应力集中更为严重。因此，重要的结构中，轴、轮毂上可开卸载槽以减小局部应力(图 14.9)，也可通过增大配合处直径来减小应力集中。

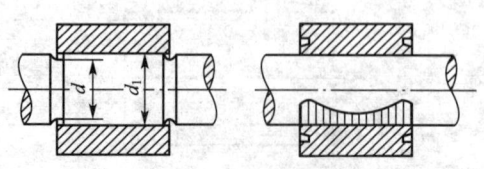

图 14.9　轴与轮毂卸载槽

(3) 选用应力集中小的定位方法。采用紧定螺钉、圆锥销钉、弹性挡圈、圆螺母等定位时，需在轴上加工出凹坑、横孔、环槽、螺纹，引起较大的应力集中，应尽量不用；用套筒定位无应力集中。在条件允许时，用渐开线花键代替矩形花键，用盘铣刀加工的键槽代替端铣刀加工的键槽，均可减小应力集中。

3. 改变支点位置，改善轴的强度和刚度

在锥齿轮传动中，通常小齿轮悬臂布置（图14.10(a)），若改为简支结构（图14.10(b)），则不仅可提高轴的强度和刚度，还可以改善锥齿轮的啮合情况（但从结构设计来讲，不及图14.10(a)简便）。此外，一对向心推力轴承支承的轴，可采用"反装"用于悬臂布置的零件，以减小悬臂长度；"正装"用于简支布置的零件，以缩短支承跨度（详见滚动轴承一章）。这些都有利于改善轴的强度和刚度。

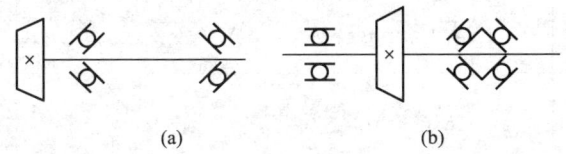

图 14.10　小锥齿轮轴承支承方案简图

4. 改善表面质量，提高轴的疲劳强度

轴的表面越粗糙，其疲劳强度越低。因此，应合理减小轴的表面及圆角处的加工粗糙度值，当采用对应力集中甚为敏感的高强度材料制造轴时，这一点更应引起重视。

表面强化处理的方法有：表面高频淬火等热处理；表面渗碳、氮化、氰化等化学热处理；碾压、喷丸等强化处理。通过碾压、喷丸进行表面强化处理时，可使轴的表层产生预压应力，从而提高轴的抗疲劳能力。

5. 采用空心轴，增大轴的刚度

采用空心轴对提高轴的刚度、减小轴的质量具有显著的作用。例如内径 d_1 与外径 d 的比值为0.6的空心轴与直径为 d 的实心轴相比，空心轴的截面系数减小了13%，而质量却减小36%；内外径之比仍为0.6的空心轴与质量相同的实心轴相比，截面系数可增大到1.7倍。

14.3.8　轴的结构设计实例

[**例14.1**]　试设计某单级斜齿圆柱齿轮减速器输出轴。已知输入功率 $P=12.5$kW，转速 $n_2=260$r/min，转向如图14.11所示，轴上斜齿轮的分度圆直径 $d=251.4$mm，螺旋角 $\beta=9°30'7''$，右旋，法面压力角 $\alpha_n=20°$，齿轮宽度 $b_2=70$mm，选用角接触轴承支撑，减速器为单向运转，启、停较频繁。

解：选用45钢并经正火处理。由表14-2查得许用弯曲应力 $[\sigma_{-1}]=55$MPa。设计过程列表进行。

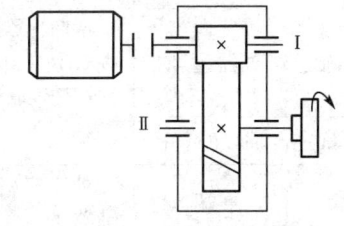

图 14.11　单级斜齿圆柱齿轮减速器

设计项目	设计内容	设计结果
1. 确定输出轴运动和动力参数		
（1）确定相关零件效率		

(续)

设 计 项 目	设 计 内 容	设 计 结 果
联轴器效率 η_1	电机与输入轴通过弹性柱销联轴器连接，查机械设计手册	$\eta_1=0.99$
圆柱齿轮啮合效率 η_2		$\eta_2=0.98$
轴承效率 η_3		$\eta_3=0.99$
（2）输出轴的输入功率 P_2	$P_2=P\cdot\eta_1\cdot\eta_2\cdot\eta_3=12\mathrm{kW}$	$P_2=12\mathrm{kW}$
（3）确定输出轴轴段上转矩 T_2	$T_2=9.55\times10^6\times\dfrac{P}{n}=9.55\times10^6\times\dfrac{12}{260}$ $=4.41\times10^5\mathrm{N}\cdot\mathrm{mm}$	$T_2=4.41\times10^5\mathrm{N}\cdot\mathrm{mm}$
2. 轴的结构设计		
（1）确定轴上零件的装配方案	因为两支承相对齿轮对称布置，齿轮可分别从轴的左右两端安装。选择图所示从右端安装齿轮	齿轮相对支撑对称布置，从右端安装齿轮
（2）按扭转强度估算最小轴径	根据表 14-5 得 $C=126\sim103$。又由式（14-2）得 $d_{\min}\geqslant C\sqrt[3]{\dfrac{P}{n}}=(103\sim126)\sqrt[3]{\dfrac{12}{260}}=36.95\sim45.20\mathrm{mm}$ 考虑到轴的最小直径要安装联轴器，会有键槽存在，故将估算直径加大 $5\%\sim7\%$，取为 $39.54\sim48.36\mathrm{mm}$	
（3）选择输出轴联轴器型号		
联轴器的计算转矩 T_{ca}	查表 13-1 考虑到转矩变化很小，故取工作情况系数 $K_A=1.3$，则 $T_{ca}=K_AT=1.3\times4.41\times10^5=5.73\times10^5\mathrm{N}\cdot\mathrm{mm}=573\mathrm{N}\cdot\mathrm{m}$	取 $K_A=1.3$ $T_{ca}=573\mathrm{N}\cdot\mathrm{m}$
输出轴上联轴器型号	按照计算转矩 T_{ca} 应小于联轴器公称转矩的条件，查 GB/T5014—2003 或机械设计手册，选用 LX3 型弹性柱销联轴器，其公称转矩为 $1250\mathrm{N}\cdot\mathrm{m}$	选用 LX3 型弹性柱销联轴器
（4）确定各轴段的直径		
轴段①（外伸端）直径 d_1	轴段①（外伸端）直径最小，轴的直径应与联轴器的孔径相适应。半联轴器孔径系列"42"与轴的最小直径相符，故取 $d_1=42\mathrm{mm}$	$d_1=42\mathrm{mm}$
轴段②直径 d_2	轴段②右端面要对安装在轴段①上的联轴器进行定位，轴段②上应有轴肩，轴肩高度为 $h=(0.07\sim0.1)d_1=2.94\sim4.2\mathrm{mm}$ $d_2=d_1+2h=42+(5.88\sim8.4)\mathrm{mm}$，考虑到轴段②与标准密封件配合，应取密封件标准内径，查 JB/ZQ4606—1997 或手册，选用 $d=50\mathrm{mm}$ 的毛毡圈，故取轴段②的直径 $d_2=50\mathrm{mm}$	$d_2=50\mathrm{mm}$

(续)

设 计 项 目	设 计 内 容	设 计 结 果
轴段③直径 d_3	轴段③上安装轴承,轴段③必须满足轴承内径的标准,暂取轴承型号为7211C,其内径 $d=55mm$,故轴段③的直径 $d_3=55mm$	$d_3=55mm$
轴段④直径 d_4	轴段④上安装齿轮,为便于安装,d_4 应略大于 d_3,取标准直径 $d_4=60mm$	$d_4=60mm$
轴段⑤直径 d_5	轴段⑤右端面为定位轴肩,给齿轮定位,计算得轴肩高度为 $4.2\sim6.0mm$,取 $d_5=70mm$	$d_5=70mm$
轴段⑥直径 d_6	轴段⑥左端面为定位轴肩,给轴承定位,根据7211C的安装尺寸,取轴段⑥的直径为 $d_6=64mm$	$d_6=64mm$
轴段⑦直径 d_7	轴段⑦上安装轴承,同一根轴上一般选择相同的轴承,因此 $d_7=d_3=55mm$	$d_7=55mm$
(5) 确定各轴段的长度		
轴段①的长度 l_1	为保证半联轴器轴向定位的可靠性,轴段①的长度应比半联轴器毂长短 $2\sim3mm$,已知半联轴器长度为112mm,半联轴器与轴配合毂孔长度为84mm。故取 $l_1=82mm$	$l_1=82mm$
轴段④的长度 l_4	轴段④的长度应比齿轮毂长短 $2\sim3mm$,齿轮毂长70mm,故取 $l_4=68mm$	$l_4=68mm$
轴段⑤的长度 l_5	轴段⑤为轴环,轴环宽度 $\approx 1.4h$,$l_5 \geqslant 1.4h=1.4(d_5-d_4)/2=7mm$,取 $l_5=10mm$	$l_5=10mm$
轴段⑦的长度 l_7	轴段⑦应与7211C轴承宽度相同,故取 $l_7=B=21mm$	$l_7=21mm$
轴段②、③、⑥的长度 l_2、l_3、l_6	l_2、l_3、l_6,除与轴上零件有关外,还与箱体及轴承端盖等零件有关。通常从齿轮端面开始,为避免转动零件与不动零件干涉,取齿轮端面与箱体内壁的距离 $H=12mm$。考虑箱体铸造误差,轴承内端面应距箱体内壁一段距离,取 $\Delta=5mm$。考虑上下轴承座的连接,取轴承座宽度 $C=50mm$。根据轴承外圈直径查机械设计手册,得轴承端盖厚度 $e=10mm$,同时轴承端盖与箱体之间需加装垫片调整轴承游隙,取为 $\Delta_1=2mm$,为便于轴承端盖的拆卸及对轴承添加润滑剂,取半联轴器左端面与轴承端盖间的距离 $K=30mm$。至此,相应轴段的长度就可确定下来: $l_2=(C-\Delta-B)+e+K+\Delta_1=(50-5-21)+10+30+2=66mm$ $l_3=B+\Delta+H+2=21+5+12+2=40mm$ $l_6=H+\Delta-l_5=12+5-10=7mm$	$l_2=66mm$ $l_3=40mm$ $l_6=7mm$

(续)

设计项目	设计内容	设计结果
(6)轴上零件的周向固定	齿轮、半联轴器与轴的周向固定均采用平键连接;轴承与轴的周向固定均采用过盈配合	
齿轮处的平键选择	选 A 型普通平键,由 d_4 查设计手册,平键截面尺寸 $b×h=18\text{mm}×11\text{mm}$,键长 63mm	键 18×11×63 GB/T 1096—2003
齿轮轮毂与轴的配合	为保证对中良好,采用过盈配合	配合为 H7/r6
半联轴器处的平键选择	选 A 型普通平键	键 12×8×70 GB/T 1096—2003
半联轴器与轴的配合		配合为 H7/r6
滚动轴承与轴颈的配合		轴颈尺寸公差为 k6
(7)确定倒角和圆角的尺寸		
轴两端的倒角	根据轴径查手册	取倒角为 2×45°
各轴肩处圆角半径	考虑应力集中的影响,由轴段直径查手册	如图 14.12 所示
(8)绘制轴的结构装配草图		如图 14.12 所示

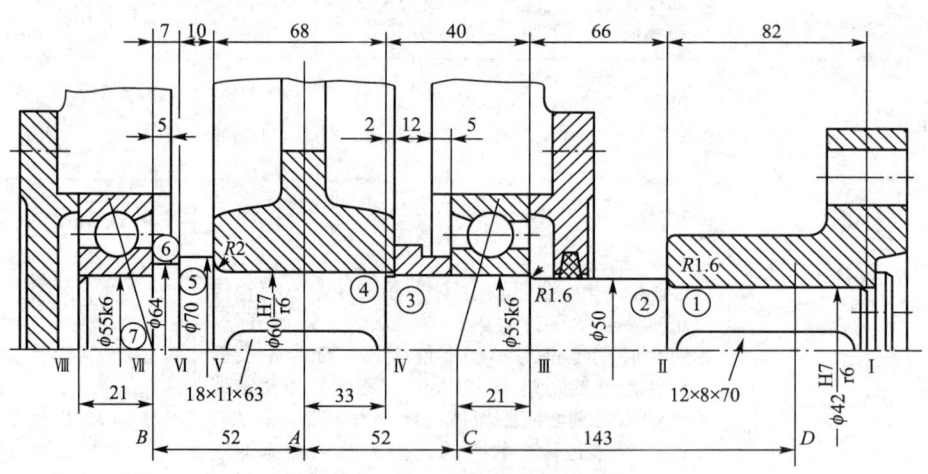

图 14.12 输出轴的结构与装配简图

14.4 轴的强度计算

轴的强度计算通常都是在初步完成结构设计后进行校核计算。主要有 3 种方法:按扭转强度计算、按弯扭合成强度计算及安全系数校核计算。

按扭转强度计算只需知道转矩的大小,方法简便,但计算精度低。它主要用于下列情况:①传递转矩为主的传动轴;②初步估算轴径以便进行结构设计;③不重要的轴。弯矩等的影响,可在计算中适当降低许用切应力。计算公式见式(14-1)和式(14-2)。

按弯扭合成强度计算必须先知道作用力的大小和作用点的位置、轴承跨距、各段轴径等参数。为此,一般先按转矩估算轴径并进行轴的结构设计后,即可画出轴的弯扭合成图,然后计算危险剖面的最大弯曲应力。它主要用于一般重要的、弯扭复合的轴,计算精度中等。

安全系数校核计算精度较高,主要用于重要的传动轴或工作轴。包括轴的疲劳强度安全系数校核计算和静强度安全系数校核计算。

14.4.1 轴的弯扭合成强度计算

完成轴的结构设计后,作用在轴上外载荷(转矩和弯矩)的大小、方向、作用点、载荷种类及支点反力等就已确定,可按弯扭合成强度条件对轴进行危险截面的强度校核。具体的计算步骤如下。

1. 作出轴的计算简图(即力学模型)

由材料力学知,为便于计算,通常把轴简化为简支梁、外伸梁或悬臂梁3种力学模型中的一种,且不计轴和轴上零件的质量。轴所受的载荷一般是分布载荷,计算时则常将其简化为集中载荷,并取载荷分布段的中点作为力的作用点。作用在轴上的扭矩,一般从传动件轮毂宽度中点起算。轴由轴承支承,其支点可简化为铰链约束。不同类型轴承及其不同的布置方式,其支反力作用点的位置可参考图14.13定。图中 a 值可查滚动轴承样本或手册,e 值可根据滑动轴承的宽径比确定:$B/d \leqslant 1$ 时,$e=0.5B$;$B/d > 1$ 时,$e=0.5d$,但不小于 $(0.25 \sim 0.35)B$;调心轴承 $e=0.5B$。下面以图14.14所示结构为例,做进一步的说明。

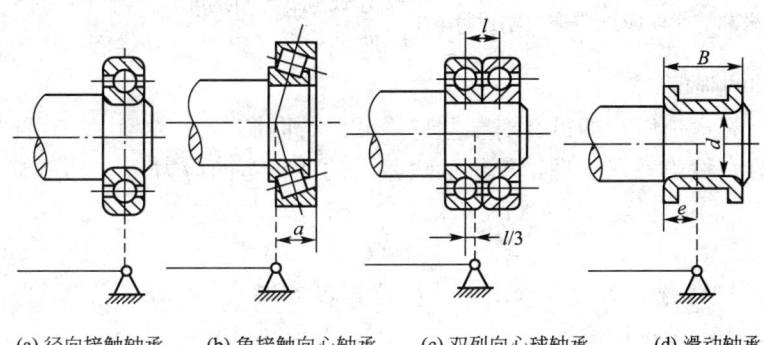

(a) 径向接触轴承　(b) 角接触向心轴承　(c) 双列向心球轴承　(d) 滑动轴承

图14.13　滚动轴承的支点简化及支反力作用点

2. 求轴上零件的载荷

绘制计算简图时,应先根据轴上受载零件具体的类型和特点,按照相应的理论求出作用在轴上的力的大小和方向(若为空间力系,应分解为圆周力、径向力和轴向力),然后画出受力图。如图14.14(b)所示。

(1) 将轴上作用力分解为水平面和垂直面分力,并求出水平面和垂直面上的支点反力 F_H 和 F_V。

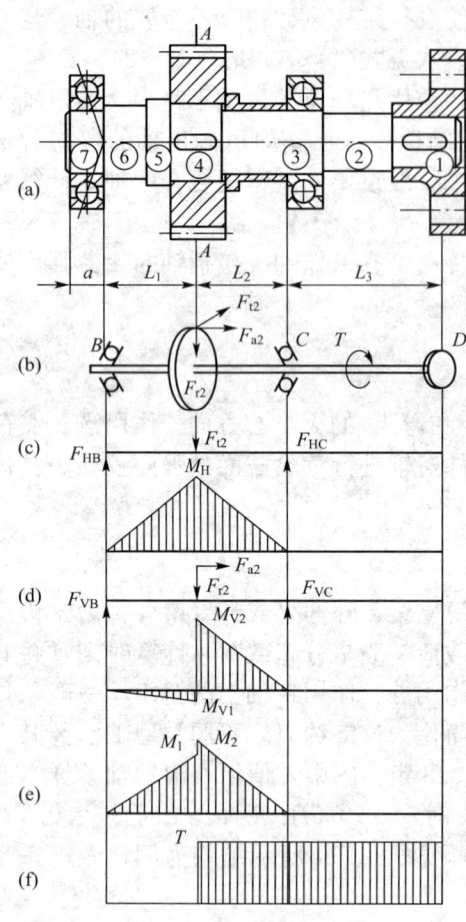

图 14.14 单级圆柱齿轮减速器输出轴设计

(2) 分别作出水平面上的弯矩(M_H)图和垂直面上的弯矩(M_V)图,如图 14.14(c)、(d)所示。

(3) 计算出总弯矩,绘出总弯矩图,如图 14.14(e)所示。

$$M = \sqrt{M_H^2 + M_V^2} \quad (14-6)$$

(4) 作出扭矩图,如图 14.14(f)所示。

(5) 作出计算弯矩图。

根据第三强度理论,可推得圆轴弯扭合成的计算弯矩 M_{ca}(又称当量弯矩),并作出 M_{ca} 图。

M_{ca} 的计算公式为

$$M_{ca} = \sqrt{M^2 + \alpha T^2} \quad (14-7)$$

式中,α 为折算系数,用以考虑扭矩与弯矩的加载情况及产生应力的循环特性的不同的影响。通常由弯矩产生的弯曲应力为对称循环变化应力,而扭矩所产生的扭转切应力随工作情况的变化而变化。故在求计算弯矩时,必须计及这种循环特性差异的影响。对于不变扭矩取 $\alpha \approx 0.3$;对于脉动循环扭矩取 $\alpha \approx 0.6$;对于对称循环转矩取 $\alpha = 1$。其中对正反转频繁的轴,可将扭矩 T 看成是对称循环变化。当不能确切知道载荷的性质时,一般轴的扭矩可按脉动循环处理。

(6) 校核轴的强度。

已知轴的计算弯矩后,即可针对某些危险截面(即计算弯矩大而直径可能不足的截面)做强度校核计算。按第三强度理论求出危险截面的计算弯曲应力:

$$\sigma_{ca} = \frac{M_{ca}}{W} = \frac{\sqrt{M^2 + (\alpha T)^2}}{W} \leqslant [\sigma_{-1}] \quad (14-8)$$

式中,W 为轴的抗弯截面系数,mm^3,计算公式可参考表 14-8;$[\sigma_{-1}]$ 为轴的许用弯曲应力,其值按表 14-2 选用。

表 14-8 抗弯、抗扭截面系数的计算公式

截面	W	W_T	截面	W	W_T
○	$\dfrac{\pi d^3}{32} \approx 0.1 d^3$	$\dfrac{\pi d^3}{16} \approx 0.2 d^3$	◎	$\dfrac{\pi d^3}{32}(1-\beta^4)$ $\beta = \dfrac{d_1}{d}$	$\dfrac{\pi d^3}{16}(1-\beta^4)$ $\beta = \dfrac{d_1}{d}$

(续)

截面	W	W_T	截面	W	W_T
(单键槽轴)	$\dfrac{\pi d^3}{32} - \dfrac{bt(d-t)^2}{2d}$	$\dfrac{\pi d^3}{16} - \dfrac{bt(d-t)^2}{2d}$	矩形花键轴	$[\pi d^4+(D-d)$ $(D+d)^2 bz]/32D$ z——花键齿数	$[\pi d^4+(D-d)$ $(D+d)^2 bz]/16D$ z——花键齿数
			渐开线花键轴	$W \approx \dfrac{\pi d^3}{32}$	$W_T \approx \dfrac{\pi d^3}{16}$
(双键槽轴)	$\dfrac{\pi d^3}{32} - \dfrac{bt(d-t)^2}{d}$	$\dfrac{\pi d^3}{16} - \dfrac{bt(d-t)^2}{d}$	(空心轴)	$\dfrac{\pi d^3}{32}\left(1-1.54\dfrac{d_0}{d}\right)$	$\dfrac{\pi d^3}{16}\left(1-\dfrac{d_0}{d}\right)$

注：近似计算时，单、双键槽可忽略，花键轴截面可视为直径等于平均直径的圆截面。

若结构设计中确定的轴径不能满足强度要求时，应修改结构设计直到满足要求为止。若结构设计中所确定的轴径偏大，可在轴承计算完后，综合考虑是否修改原设计。另外，因轴向力引起的压应力和弯曲应力相比，一般较小，故忽略不计（但如过大时，除须计入外，还应考虑轴的失稳问题）。

心轴计算也可用式(14-8)，式中 $T=0$，$M_{ca}=M$。对转动心轴，许用弯曲应力为对称循环状态下的许用弯曲应力 $[\sigma_{-1}]$；对固定心轴许用应力取为脉动循环状态下的许用弯曲应力，其值为 $[\sigma_0] \approx 1.7[\sigma_{-1}]$。

对于实心圆轴，将 $W \approx 0.1d^3$ 代入式(14-8)可求出其设计公式：

$$d \geqslant \sqrt[3]{\dfrac{M_{ca}}{0.1[\sigma_{-1}]}} \qquad (14-9)$$

计算出的轴径值应与结构设计中初步确定的轴径值相比较，若初步确定直径较小，说明强度不够，结构设计时要进行修改；若相差不大，一般以结构设计的轴径为准。

对于一般用途的轴，按上述方法进行强度计算即能满足要求，对于重要的轴，还需按安全系数法做进一步的强度校核。

[**例 14.2**] 对例 14.1 中的轴按弯扭合成强度进行校核。

解： 选材及轴的结构设计参见例 14.1。

按轴的弯扭合成强度校核计算如下：

计算项目	计算内容	计算结果
1. 求轴上载荷		
计算输出轴上斜齿轮受力		

(续)

计算项目	计算内容	计算结果
(1) 圆周力	$F_{t2}=2T_2/d=2\times 4.41\times 10^5/251.4=3508.4\text{N}$	$F_{t2}=3508.4\text{N}$
(2) 径向力	$F_{r2}=F_{t2}\tan\alpha_n/\cos\beta=3508.4\times 0.364/0.9863$ $=1294.8\text{N}$	$F_{r2}=1294.8\text{N}$
(3) 轴向力	$F_{a2}=F_{t2}\tan\beta=3508.4\times 0.1674=587.3\text{N}$	$F_{a2}=587.3\text{N}$
2. 绘制轴的受力简图	参见图 14.14	
轴承的支点位置	参见图 14.12,由 7211C 角接触球轴承查得作用力与轴线交点距轴承端面距离为 $a=20.9\text{mm}$,根据图 14.12 轴的结构尺寸及图 14.14(a) 支反力点的确定,作出轴的受力图 14.14(b),轴承跨度 $l=L_1+L_2$ $=104\text{mm}$	$a=20.9\text{mm}$
齿宽中点距左支点距离	$L_1=(l_3+l_4+l_5+l_6-a)/2=52\text{mm}$	$L_1=52\text{mm}$
齿宽中点距右支点距离	$L_2=(l_3+l_4+l_5+l_6-a)/2=52\text{mm}$ 于是,可得轴的支点和轴上受力点间的跨距:$L_1=52\text{mm}$,$L_2=52\text{mm}$,$L_3=143\text{mm}$	$L_2=52\text{ mm}$
1) 计算支承反力		
水平面的支反力	$F_{HB}=F_{HC}=F_{t2}/2=1754.2\text{N}$	$F_{HB}=F_{HC}=1754.2\text{N}$
垂直面的支反力	$F_{VB}=\dfrac{F_{r2}L_2-F_{a2}\dfrac{d}{2}}{L_1+L_2}=\dfrac{1294.8\times 52-587.3\times 125.7}{104}$ $=-62.4\text{N}$ $F_{VC}=F_{r2}-F_{VB}=1294.8+62.4=1357.2\text{N}$	$F_{VB}=-62.4\text{N}$ $F_{VC}=1357.2\text{N}$
2) 绘制弯矩图和扭矩图	参见图 14.14	
截面 A 的水平面的弯矩	$M_H=M_{HB}=M_{HC}=F_{HB}\times L_1=1754.2\times 52=91218.4$ $\text{N}\cdot\text{mm}$	$M_H=91218.4\text{N}\cdot\text{mm}$
截面 A 的垂直面的弯矩	$M_{VB}=F_{VB}\times L_1=-62.4\times 52=-3244.8\text{N}\cdot\text{mm}$ $M_{VC}=F_{VC}\times L_2=1357.2\times 52=70574.4\text{N}\cdot\text{mm}$	$M_{VB}=-3244.8\text{N}\cdot\text{mm}$ $M_{VC}=70574.4\text{N}\cdot\text{mm}$
截面 A 的合成弯矩	A—A 剖面左侧 $M_1=\sqrt{M_{HB}^2+M_{VB}^2}=\sqrt{91218.4^2+3244.8^2}$ $=91276.1\text{N}\cdot\text{mm}$ A—A 剖面右侧 $M_2=\sqrt{M_{HC}^2+M_{VC}^2}=\sqrt{91218.4^2+70574.4^2}$ $=115332.3\text{N}\cdot\text{mm}$	$M_1=91276.1\text{N}\cdot\text{mm}$ $M_2=115332.3\text{N}\cdot\text{mm}$
3. 按弯扭合成强度校核	通常只校核轴上受最大弯矩和扭矩的截面强度	A—A 剖面右侧合成弯矩最大,取 $M=M_2$ 校核弯扭合成强度

(续)

计算项目	计算内容	计算结果
截面 A 的计算应力	考虑启动、停机影响，扭矩看成脉动循环，$\alpha=0.6$， $W=\dfrac{\pi d_4^3}{32}-\dfrac{bt(d_4-t)^2}{2d}=\dfrac{3.14\times 60^3}{32}-\dfrac{18\times 7\times (60-7)^2}{2\times 60}$ $=21195-2949.45=18245.55\text{mm}^3$ $\sigma_{ca}=\dfrac{\sqrt{M^2+(\alpha T)^2}}{W}=\dfrac{\sqrt{115332.3^2+(0.6\times 441000)^2}}{18245.55}$ $=15.8\text{MPa}$	$\sigma=15.8\text{MPa}$
强度校核	45 钢正火处理，由表 14-1 查得 $[\sigma_{-1}]=55\text{MPa}$ $\sigma_{ca}<[\sigma_{-1}]$	弯扭合成强度合格

14.4.2 轴的疲劳强度安全系数校核计算

在上述按弯扭合成强度条件计算轴的强度中，只在许用应力 $[\sigma_{-1}]$ 中综合地考虑轴的应力集中、表面状态、绝对尺寸等因素对疲劳强度的影响。当轴的结构设计完成后，轴的各部分尺寸都已确定，包括过渡圆角、过盈配合、表面粗糙度等细节。对于重要的轴，还需校核轴在变应力情况下的安全程度。疲劳强度安全系数校核计算通常在绘出轴的弯矩图和扭矩图后，根据已知轴的外形、尺寸及载荷等条件，确定出一个或几个危险截面，危险截面一般取弯矩较大、轴截面较小、存在应力集中的轴段，同时计入应力集中、表面状态和尺寸的影响，对轴进行精确的校核。这时需根据截面上受到的弯矩和转矩求出弯曲正应力和扭转切应力，这两项循环应力可分解成平均应力 σ_m 及 τ_m 和应力幅 σ_a 及 τ_a。然后按照疲劳强度理论，分别计算仅有弯曲正应力时的安全系数 S_σ 和仅有扭转切应力时的安全系数 S_τ，并满足

$$\left.\begin{aligned} S_\sigma=\dfrac{\sigma_{-1}}{K_\sigma \sigma_a+\psi_\sigma \sigma_m}\geqslant S \\ S_\tau=\dfrac{\tau_{-1}}{K_\tau \tau_a+\psi_\tau \tau_m}\geqslant S \end{aligned}\right\} \quad (14-10)$$

式中，σ_{-1}，τ_{-1} 为对称循环下试件材料的弯曲、扭转疲劳极限应力，MPa；K_σ，K_τ 为弯曲和扭转疲劳极限的综合影响系数；ψ_σ、ψ_τ 为平均应力折合为应力幅的等效系数；σ_a、σ_m 为弯曲应力的应力幅、平均应力，MPa；τ_a、τ_m 为扭转切应力的应力幅、平均应力，MPa。

用上述公式时，对一般转轴，弯曲应力是对称循环变化的，故 $\sigma_a=\dfrac{M}{W}$，$\sigma_m=0$；对不转动的轴或载荷随轴一起转的轴，考虑到实际载荷的波动性，弯曲应力可看作脉动循环变化，即 $\sigma_a=\sigma_m=\dfrac{1}{2}\dfrac{M}{W}$。轴上的扭转切应力，对单向转动的轴一般看作脉动循环变化，故 $\tau_a=\tau_m=\dfrac{1}{2}\dfrac{T}{W_T}$；而对频繁正、反转传递等值转矩的轴，则当作对称循环变化的，即 $\tau_a=\dfrac{T}{W_T}$，$\tau_m=0$。

弯扭联合作用下轴的疲劳强度安全系数校核公式为

$$S_{ca}=\dfrac{S_\sigma S_\tau}{\sqrt{S_\sigma^2+S_\tau^2}}\geqslant S \quad (14-11)$$

以上各式中的符号及有关数据参见第 3 章有关内容。设计安全系数 S 可按下述情况选取。

(1) 当材料均匀，载荷与应力计算精确时，$S=1.3\sim1.5$。
(2) 当材料不够均匀，计算精度较低时，$S=1.5\sim1.8$。
(3) 当材料均匀性及计算精度都很低，或轴的直径 $d>200$mm 时，$S=1.8\sim2.5$。
(4) 对于重要的轴，破坏后会引起重大事故乃至人身伤亡时，应适当增大 S 值。

值得一提的是，只有在需要时才进行疲劳强度的精确校核，不需要时可省略。

14.4.3 轴的静强度安全系数校核计算

静强度校核计算是为了保证轴具有足够的抵抗塑性变形的能力。当轴上瞬时过载严重，或应力循环的不对称性较为严重时，即使此时的载荷作用时间很短，出现的次数也很少，不足以引起疲劳破坏，但却能使轴产生塑性变形，影响轴的正常工作。通常轴的静强度是根据轴上作用的最大瞬时载荷峰尖值进行校核的。静强度校核时的强度条件是

$$S_{\text{Sca}}=\frac{S_{S\sigma}S_{S\tau}}{\sqrt{S_{S\sigma}^2+S_{S\tau}^2}}\geqslant S_{\text{S}} \tag{14-12}$$

式中，S_{Sca} 为危险截面静强度的计算安全系数；$S_{S\sigma}$ 为仅考虑弯矩和轴向力时的安全系数，$S_{S\sigma}=\dfrac{\sigma_{\text{S}}}{(M_{\max}/W)+(F_{\text{a}\max}/A)}$；$S_{S\tau}$ 为仅考虑扭矩时的安全系数，$S_{S\tau}=\dfrac{\tau_{\text{S}}}{T_{\max}/W_{\text{T}}}$；其中，$\sigma_{\text{S}}$ 和 τ_{S} 为轴材料的抗弯和抗扭屈服极限，MPa，且 $\tau_{\text{S}}=(0.55\sim0.62)\sigma_{\text{S}}$；$M_{\max}$ 和 $T_{\max}$ 为轴的危险截面上所受的最大弯矩和最大扭矩，N·mm；$F_{\text{a}\max}$ 为轴的危险截面上所受的最大轴向力，N；A 为轴的危险截面的面积，mm²；W 和 W_{T} 为轴的危险截面的抗弯和抗扭截面系数，mm³，参见表 14-8。S_{S} 为以屈服极限作为极限应力时的设计安全系数，见表 14-9。

表 14-9 屈服强度的设计安全系数

$\sigma_{\text{S}}/\sigma_{\text{B}}$	0.45~0.55	0.55~0.70	0.70~0.90	铸造轴
S_{S}	1.2~1.5	1.4~1.8	1.7~2.2	1.6~2.5

[例 14.3] 对例 14.1 中的轴进行疲劳强度安全系数校核。

按疲劳强度精确校核	不计轴向力 F_{a} 产生的压应力 σ_{va} 的影响	
1) 确定危险截面	由图 14.12 轴段②、支点右侧的截面只受扭矩作用，虽然键槽、轴肩及过渡配合所引起的应力集中均将削弱轴的疲劳强度，但由于轴的最小直径是按扭转强度较为宽裕地确定的，所以截面 D、Ⅱ、Ⅲ、C 无需校核。 从受载的情况来看，截面 A 上的应力最大。轴段④上各截面的应力集中相近，虽然截面 A 上应力最大，但由于过盈配合及键槽引起的应力集中均在两端，而且这里轴的直径较大，故也不必校核。 轴段④左右两侧应力接近最大，应力集中相近，且最严重，但左侧截面 Ⅴ 不受扭矩作用，故不必校核。右侧截面 Ⅳ 的左右两侧均需校核。 截面 Ⅵ、Ⅶ 显然更不必校核	截面 Ⅳ 为危险截面

第14章 轴

(续)

按疲劳强度精确校核	不计轴向力 F_a 产生的压应力 σ_{va} 的影响	
2) 截面Ⅳ左侧强度校核		
抗弯截面系数	$W=0.1d^3=0.1\times60^3=21600\text{mm}^3$	$W=21600\text{mm}^3$
抗扭截面系数	$W=0.2d^3=0.2\times60^3=43200\text{mm}^3$	$W=43200\text{mm}^3$
截面Ⅳ左侧的弯矩	$M=115332.3\times(52-33)/52=42140.65\text{N}\cdot\text{mm}$	$M=42140.65\text{N}\cdot\text{mm}$
截面上的弯曲应力	$\sigma_b=M/W=42140.65/21600=1.95\text{MPa}$	$\sigma_b=1.95\text{MPa}$
截面上的扭转切应力	$\tau_T=T_2/W_T=441000/43200=10.21\text{MPa}$	$\tau_T=10.21\text{MPa}$
平均应力	弯曲正应力为对称循环，$\sigma_m=(\sigma_{max}+\sigma_{min})/2=0\text{MPa}$ 扭转切应力为脉动循环，$\tau_m=(\tau_{max}+\tau_{min})/2=10.21/2=5.105\text{MPa}$	$\sigma_m=0\text{MPa}$ $\tau_m=5.105\text{MPa}$
应力幅	弯曲正应力为对称循环，$\sigma_a=(\sigma_{max}-\sigma_{min})/2=\sigma_b=1.95\text{MPa}$ 扭转切应力为脉动循环，$\tau_a=(\tau_{max}-\tau_{min})/2=\tau_m=5.105\text{MPa}$	$\sigma_a=1.95\text{MPa}$ $\tau_a=5.105\text{MPa}$
材料的力学性能	45钢正火，查表14-2	$\sigma_B=590\text{MPa}$ $\sigma_{-1}=255\text{MPa}$ $\tau_{-1}=140\text{MPa}$
过盈配合处的 $k_\sigma/\varepsilon_\sigma$ 值	$d=60\text{mm}$，$\sigma_B=590\text{MPa}$，配合为 H7/r6，查表14-11并经插值	$k_\sigma/\varepsilon_\sigma=3.32$
过盈配合处的 k_τ/ε_τ 值	$k_\tau/\varepsilon_\tau=(0.7\sim0.85)k_\sigma/\varepsilon_\sigma$，取 $k_\tau/\varepsilon_\tau=0.8k_\sigma/\varepsilon_\sigma$	$k_\tau/\varepsilon_\tau=2.66$
表面质量系数	轴按磨削加工，由 $\sigma_B=590\text{MPa}$ 查图3.12	$\beta_\sigma=\beta_\tau=0.94$
疲劳强度综合影响系数	$K_\sigma=k_\sigma/\varepsilon_\sigma+1/\beta_\sigma-1=3.32+1/0.94-1$ $K_\tau=k_\tau/\varepsilon_\tau+1/\beta_\tau-1=2.66+1/0.94-1$	$K_\sigma=3.38$ $K_\tau=2.72$
等效系数	45钢：$\psi_\sigma=0.1\sim0.2$ $\psi_\tau=0.05\sim0.1$	取 $\psi_\sigma=0.1$ 取 $\psi_\tau=0.05$
仅有弯曲正应力时的安全系数	$S_\sigma=\dfrac{\sigma_{-1}}{K_\sigma\sigma_a+\psi_\sigma\sigma_m}=\dfrac{255}{3.38\times1.95+0.1\times0}=38.69$	$S_\sigma=38.69$
仅有扭转切应力时的安全系数	$S_\tau=\dfrac{\tau_{-1}}{K_\tau\tau_a+\psi_\tau\tau_m}=\dfrac{140}{2.72\times5.105+0.05\times5.105}=9.9$	$S_\tau=9.9$
弯扭联合作用时的计算安全系数	$S_{ca}=\dfrac{S_\sigma S_\tau}{\sqrt{S_\sigma^2+S_\tau^2}}=\dfrac{38.69\times9.9}{\sqrt{38.69^2+9.9^2}}=9.59$	$S_{ca}=9.59$
设计安全系数	材料均匀，载荷与应力计算精确时：$S=1.3\sim1.5$	取 $S=1.5$
强度校核	$S_{ca}>S=1.5$	Ⅳ左侧强度合格
3) 截面Ⅳ右侧强度校核		
抗弯截面系数	$W=0.1d^3=16637.5\text{mm}^3$	$W=16637.5\text{mm}^3$

按疲劳强度精确校核	不计轴向力 F_a 产生的压应力 σ_{va} 的影响	(续)
抗扭截面系数	$W=0.2d^3=33275\text{mm}^3$	$W=33275\text{mm}^3$
截面Ⅳ右侧的弯矩	$M=115332.3\times(52-33)/52=42140.65\text{N}\cdot\text{mm}$	$M=42140.65\text{N}\cdot\text{mm}$
截面上的弯曲应力	$\sigma_b=M/W=42140.65/16637.5=2.53\text{MPa}$	$\sigma_b=2.53\text{MPa}$
截面上的扭转切应力	$\tau_T=T_2/W_T=441000/33275=13.25\text{MPa}$	$\tau_T=13.25\text{MPa}$
平均应力	弯曲正应力为对称循环，$\sigma_m=(\sigma_{max}+\sigma_{min})/2=0\text{MPa}$ 扭转切应力为脉动循环，$\tau_m=(\tau_{max}+\tau_{min})/2=13.25/2=6.625\text{MPa}$	$\sigma_m=0\text{MPa}$ $\tau_m=6.625\text{MPa}$
应力幅	弯曲正应力为对称循环，$\sigma_a=(\sigma_{max}-\sigma_{min})/2=\sigma_b=2.53\text{MPa}$ 扭转切应力为脉动循环，$\tau_a=(\tau_{max}-\tau_{min})/2=\tau_m=6.625\text{MPa}$	$\sigma_a=2.53\text{MPa}$ $\tau_a=6.625\text{MPa}$
轴肩理论应力集中系数	$r/d=2/55=0.036$，$D/d=60/55=1.09$ 查表 14-12	$\alpha_\sigma\approx2$ $\alpha_\tau=1.32$
材料的敏性系数	由 $r=2.0\text{mm}$，$\sigma_B=590\text{MPa}$ 查图 3.8 经插值	$q_\sigma=0.82$ $q_\tau=0.84$
有效应力集中系数	$k_\sigma=1+q_\sigma(\alpha_\sigma-1)=1+0.82\times(2-1)=1.82$ $k_\tau=1+q_\tau(\alpha_\tau-1)=1+0.84\times(1.32-1)=1.27$	$k_\sigma=1.82$ $k_\tau=1.27$
尺寸及截面形状系数	由 $d_3=55\text{mm}$ 查图 3.9	$\varepsilon_\sigma=0.7$
扭转剪切尺寸系数	由 $D=d_3=55\text{mm}$ 查图 3.10	$\varepsilon_\tau=0.85$
强化系数	轴未经表面强化处理	$\beta_q=1$
疲劳强度综合影响系数	$K_\sigma=k_\sigma/\varepsilon_\sigma+1/\beta_\sigma-1=1.82/0.7+1/0.94-1$ $K_\tau=k_\tau/\varepsilon_\tau+1/\beta_\sigma-1=1.27/0.85+1/0.94-1$	$K_\sigma=2.66$ $K_\tau=1.56$
仅有弯曲正应力时的安全系数	$S_\sigma=\dfrac{\sigma_{-1}}{K_\sigma\sigma_a+\psi_\sigma\sigma_m}=\dfrac{255}{2.66\times2.53+0.1\times0}$	$S_\sigma=37.89$
仅有扭转切应力时的安全系数	$S_\tau=\dfrac{\tau_{-1}}{K_\tau\tau_a+\psi_\tau\tau_m}=\dfrac{140}{1.56\times6.625+0.05\times6.625}$	$S_\tau=13.13$
弯扭联合作用时的计算安全系数	$S_{ca}=\dfrac{S_\sigma S_\tau}{\sqrt{S_\sigma^2+S_\tau^2}}=\dfrac{37.89\times13.13}{\sqrt{37.89^2+13.13^2}}$	$S_{ca}=12.40$
强度校核	$S_{ca}>S$	Ⅳ右侧强度也合格
4) 静强度校核	该设备无大的瞬时过载及严重的应力循环不对称性，故静强度校核略去	略
绘制轴的零件工作图	参考图 14.12 完成轴的零件工作图	如图 14.15 所示

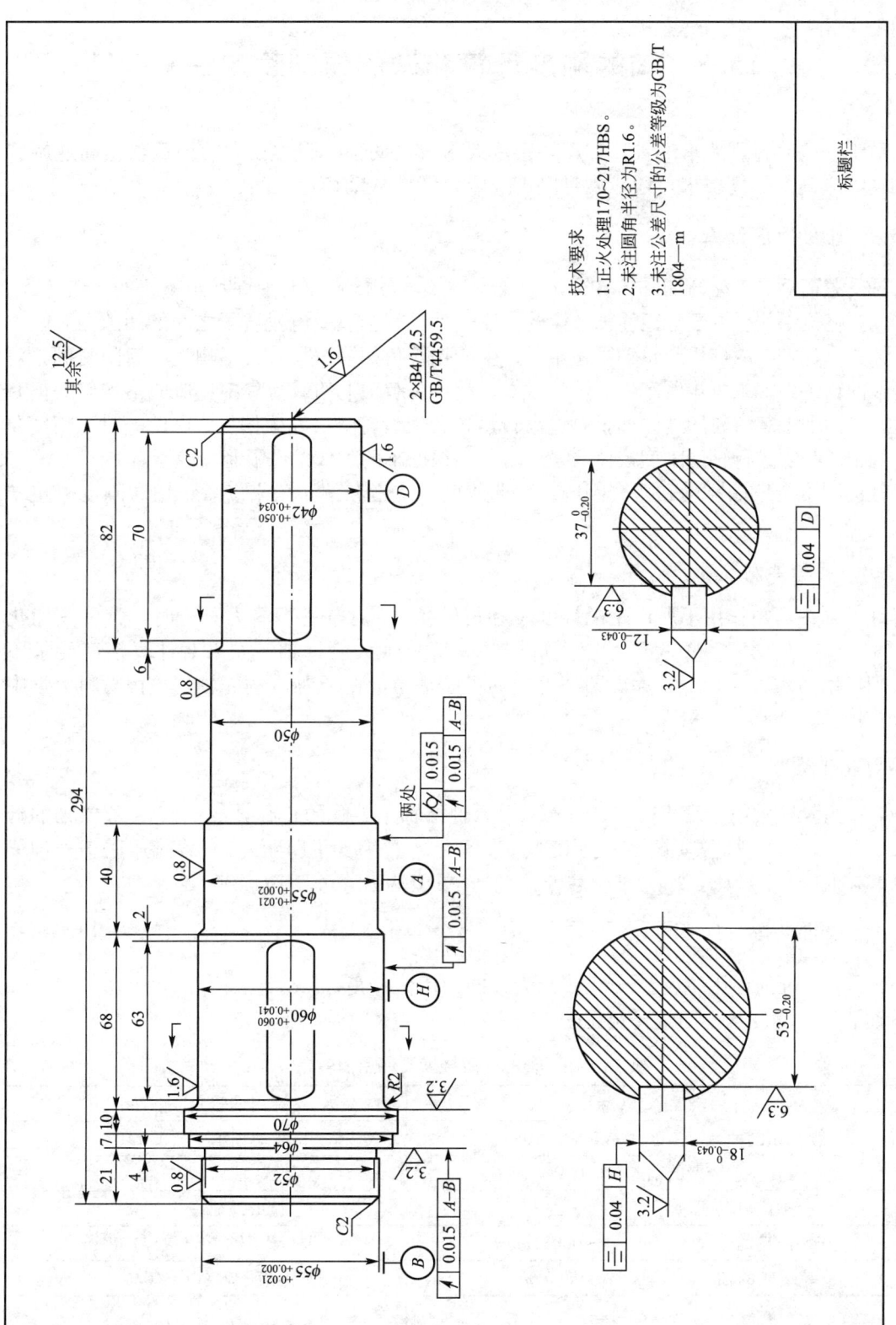

图 14.15 轴的零件工作图

14.5 轴的刚度计算和轴的振动稳定性

对于一些有特殊要求的轴，如旋转精度要求较高的轴、受力较大的细长轴及高速旋转的轴，除应满足强度要求，还应满足刚度要求及考虑振动稳定性问题。

14.5.1 轴的刚度计算

轴受载荷后要产生弯曲和扭转变形。变形过大，会影响轴上零件甚至整机的正常工作。例如，在电机中如果由于弯矩使轴产生的挠度过大，就会改变电机转子之间的间隙而影响电机的性能。又如，内燃机凸轮轴受扭矩所产生的扭转角如果过大就会影响气门启闭时间。对于一般的轴颈，如果弯矩所产生的转角过大，就会引起轴上的载荷集中，造成不均匀磨损和过度发热。轴上装齿轮的地方如果有过大转角，会使齿轮啮合发生偏载。因此，对于刚度要求高的轴，必须进行轴的刚度校核，设计时必须根据轴的工作条件限制其变形量。

轴的刚度分弯曲刚度和扭转刚度。弯曲刚度以挠度和偏转角来度量，扭转刚度以扭转角来度量。

1. 轴的弯曲刚度计算

计算轴在弯矩作用下所产生的挠度 y 和偏转角 θ。对轴进行受力分析时，常将其简化为一简支梁，如图 14.14(b) 所示。但机器中大部分轴为阶梯轴，如果对计算精度要求不高，则可用当量直径近似计算。即把阶梯轴看成是当量直径为 d_v 的光轴，再按材料力学中的公式计算。

当量直径为
$$d_v = \frac{\sum d_i l_i}{l} \tag{14-13}$$

式中，l_i 为阶梯轴第 i 段的长度，mm；d_i 为阶梯轴第 i 段的直径，mm；l 为阶梯轴的计算长度，mm；当载荷作用于两支承之间时，$l = L$（L 为支承跨距）；当载荷作用于外伸梁的悬臂端时，$l = L + K$（K 为轴的悬臂长度），单位均为 mm。

轴的弯曲刚度条件
$$\begin{cases} y \leqslant [y] \\ \theta \leqslant [\theta] \end{cases} \tag{14-14}$$

式中，$[y]$ 为轴的许用挠度，mm；$[\theta]$ 为轴的许用偏转角，rad。

轴的许用挠度及许用偏转角见表 14-10。

表 14-10 轴的许用挠度及许用偏转角

许用挠度 $[y]$/mm		许用偏转角 $[\theta]$/rad	
一般用途的轴	$(0.0003 \sim 0.0005)l$	滑动轴承	0.001
刚度要求较严的轴	$0.0002l$	深沟球轴承	0.005
感应电动机轴	0.1Δ	调心球轴承	0.05
安装齿轮的轴	$(0.01 \sim 0.03)m_n$	圆柱滚子轴承	0.0025
安装蜗轮的轴	$(0.02 \sim 0.05)m_{t2}$	圆锥滚子轴承	0.0016
注：l——轴承跨距 Δ——定子与转子间隙		安装齿轮处	$0.06 \sim 0.12$

2. 轴的扭转刚度计算

轴的扭转刚度用扭转角 φ 来表示，圆轴扭转刚度计算及相关参数选择详见式(14-4)。

14.5.2 轴的振动稳定性概念

轴的转速达到一定值时，运转便不稳定而发生显著的反复变形，这种现象叫轴的振动。振动在机械中是普遍存在的问题。对于高速旋转和高精度要求的轴，振动稳定性更加重要。

振动可分为弯曲振动、扭转振动和纵向振动3种类型。轴是一个弹性体，在其旋转时，由于轴和轴上零件的材料的不均匀性、制造误差或对中不良等，造成重心偏移，产生以离心力为表征的周期性的干扰力，从而引起轴弯曲振动（又称横向振动）。当轴由于传递的功率或转速周期性的变化而产生周期性的扭转变形时，将会引起扭转振动。当轴受到轴向周期性的干扰力时，会产生纵向振动。在一般通用机械中，轴的纵向振动的自振频率很高，超出了一般轴的工作转速范围，通常予以忽略；弯曲振动较扭转振动更为常见，尤其对直轴更是如此。所以下面只对轴的弯曲振动问题略加介绍。

干扰力会使轴产生强迫振动，当干扰力频率与轴的自振频率接近或相同时，将出现共振失效。如果继续提高转速，振动就会衰减，振动又趋于平稳，但是当转速达到另一较高的定值时，振动复又出现。共振无论对轴，还是对整个机器都具有很大的破坏性。轴产生共振时的转速称为轴的临界转速，对于高转速的轴，必须计算其临界转速，使其工作转速 n 避开其临界转速 n_c。同型振动的临界转速可以有多个，其中最低的一个称为一阶临界转速 n_{c1}，其余的为二阶 n_{c2}，三阶 n_{c3}，……。在工程上有实际意义的是前几阶的临界转速，其中以一阶临界转速 n_{c1} 产生的振动最为剧烈，也最危险。对于一般机器，只要轴的工作转速避开一阶临界转速即可消除共振。轴的振动计算，就是检查轴的临界转速与轴的工作转速之间的差值，差值较大时能避免共振。如果差值太小，就要通过改变轴的结构、尺寸，有条件时还可以改变轴的支承跨度，通过改变轴的刚度来改变轴的临界转速，并称之为调频。当然，如果允许改变轴的工作转速，在设计时，适当选择轴的转速，使其远离临界转速，同样可以避免共振。

工作转速 n 低于一阶临界转速 n_{c1} 的轴，为减少共振危险，应提高其刚度，这样的轴称为"刚性轴"；对于高速旋转的轴，如大型汽轮机、发电机及机组和航空喷气发动机的轴，若采用刚性轴，将使其横截面尺寸过大，因而常采用工作转速高于一阶临界转速的办法避免共振的发生，并把这类轴称之为挠性轴。为了避免轴的共振，对于刚性轴，通常使 $n \leqslant (0.75 \sim 0.8) n_{c1}$；对于挠性轴，一般使 $1.4 n_{c1} \leqslant n \leqslant 0.7 n_{c2}$。

轴临界转速大小与材料的弹性特性、轴的形状和尺寸、轴的支承形式和轴上零件的质量等有关，与轴的空间位置（垂直、水平或倾斜）无关。

弯曲振动临界转速的计算方法很多，现仅以装有单圆盘的双铰支轴（又称转子）为例，介绍一种计算一阶临界转速的粗略方法。如图14.16将轴视为具有分布质量的弹性杆，装在轴上的回转件，可视为具有集中质量的刚性盘。弹性杆与刚性盘的结合体称为转子。假设转子圆盘部分的质量 m 很大，而轴的质量相对很小，可以忽略不计，因而这个转子可视为无质量的弹性杆与刚性盘的结合体。若圆盘的质心 C 与其运动中心 O（即轴的几何中心）的偏心距为 e。转子在转动前，由于重力的作用，产生的静挠度为 y_0（图14.16(a)），当转

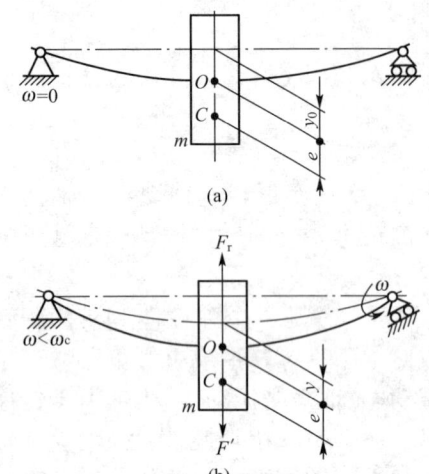

子以等角速度 $\tilde{\omega}$ 旋转时，由于离心力 F 的作用，轴产生的动挠度为 y（图 14.16(b)），则旋转时的离心力为

$$F_r = m\tilde{\omega}^2(y+e) \qquad (14-15)$$

在不考虑阻尼的情况下，作用于圆盘的力只有弹性恢复力与离心力。弹性力从 C 指向 O，当轴的挠度为 y 时，该弹性恢复力为

$$F' = ky \qquad (14-16)$$

式中，k 为轴的弯曲刚度——使轴产生单位挠度所需要的力。根据平衡条件得

$$m\tilde{\omega}^2(y+e) = ky \qquad (14-17)$$

由此式可求得轴的挠度

$$y = \frac{e}{\dfrac{k}{m\tilde{\omega}^2}-1} = \frac{em\tilde{\omega}^2}{k-m\tilde{\omega}^2} \qquad (14-18)$$

图 14.16 单圆盘双铰支轴的弯曲振动

由式(14-18)可见，当轴的角速度由零逐渐增大时，y 值随之增大。在没有阻尼的情况下，当 $k = m\tilde{\omega}^2$ 时，挠度 y 趋近于无穷大。这就意味着轴会产生极大的变形而导致破坏。此时所对应的角速度称为轴的临界转速，以 $\tilde{\omega}_c$ 表示

$$\tilde{\omega}_c = \sqrt{\frac{k}{m}} \qquad (14-19)$$

式(14-19)的右边恰为轴的自振频率，这表明轴的临界角速度等于其自振频率。由上式知，轴的临界角速度 $\tilde{\omega}_c$ 只与轴的刚度 k 和圆盘质量 m 有关，而与偏心距 e 无关。因此，为了消除共振危险，在设计时，对工作转速较低的轴，可采用提高其刚度的办法（如增大轴径），保证轴的工作转速低于临界转速；对于工作转速较高的轴，应采用降低其刚度的办法，保证轴的工作转速高于临界转速。

由于轴的刚度 $k = mg/y_0$（m 为圆盘的质量，g 为重力加速度），故轴的临界角速度又可写为

$$\bar{\omega}_c = \sqrt{\frac{k}{m}} = \sqrt{\frac{g}{y_0}} \qquad (14-20)$$

现取 $g = 9810$ mm/s^2；y_0 的单位为 mm，则由式(14-20)可求得装有单圆盘的双铰支轴在不计轴的质量时，其一阶临界转速 n_{c1}（单位为 r/min）为

$$n_{c1} = \frac{60}{2\pi}\bar{\omega}_c = \frac{30}{\pi}\sqrt{\frac{g}{y_0}} \approx 946\sqrt{\frac{1}{y_0}} \qquad (14-21)$$

表 14-11 零件与轴过盈配合处的 $\dfrac{k_\sigma}{\varepsilon_\sigma}$ 值

直径 /mm	配合	σ_B/MPa							
		400	500	600	700	800	900	1000	1200
30	H7/r6	2.25	2.50	2.75	3.00	3.25	3.50	3.75	4.25
	H7/k6	1.69	1.88	2.06	2.25	2.44	2.63	2.82	3.19
	H7/h6	1.46	1.63	1.79	1.95	2.11	2.28	2.44	2.76

(续)

直径/mm	配合	σ_B/MPa							
		400	500	600	700	800	900	1000	1200
50	H7/r6	2.75	3.05	3.36	3.66	3.96	4.28	4.60	5.20
	H7/k6	2.06	2.28	2.52	2.76	2.97	3.20	3.45	3.90
	H7/h6	1.80	1.98	2.18	2.38	2.57	2.78	3.00	3.40
>100	H7/r6	2.95	3.28	3.60	3.94	4.25	4.60	4.90	5.60
	H7/k6	2.22	2.46	2.70	2.96	3.20	3.46	3.98	4.20
	H7/h6	1.92	2.13	2.34	2.56	2.76	3.00	3.18	3.64

表 14-12 轴肩圆角处的理论应力集中系数

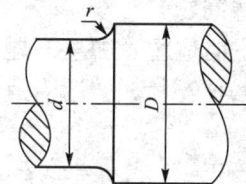

应力	α_σ(拉伸、弯曲)或 α_τ(扭转剪切)									
拉伸应力 $\sigma=\dfrac{4F}{\pi d^2}$	r/d	D/d								
		2.00	1.50	1.30	1.20	1.15	1.10	1.07	1.05	1.02	1.01
	0.04	2.80	2.57	2.39	2.28	2.14	1.99	1.92	1.82	1.56	1.42
	0.10	1.99	1.89	1.79	1.69	1.63	1.56	1.52	1.46	1.33	1.23
	0.15	1.77	1.68	1.59	1.53	1.48	1.44	1.40	1.36	1.26	1.18
	0.20	1.63	1.56	1.49	1.44	1.40	1.37	1.33	1.31	1.22	1.15
弯曲应力 $\sigma_b=\dfrac{32M}{\pi d^3}$	r/d	D/d								
		6.00	3.00	2.00	1.50	1.20	1.10	1.05	1.03	1.02	1.01
	0.04	2.59	2.40	2.33	2.21	2.09	2.00	1.88	1.80	1.72	1.61
	0.10	1.88	1.80	1.73	1.68	1.62	1.59	1.53	1.49	1.44	1.36
	0.15	1.64	1.59	1.55	1.52	1.48	1.46	1.42	1.38	1.34	1.26
	0.20	1.49	1.46	1.44	1.42	1.39	1.38	1.34	1.31	1.27	1.20
扭转剪切应力 $\tau_T=\dfrac{16T}{\pi d^3}$	r/d	D/d			
		2.00	1.33	1.20	1.09
	0.04	1.84	1.79	1.66	1.32
	0.10	1.46	1.41	1.33	1.17
	0.15	1.34	1.29	1.23	1.13
	0.20	1.26	1.23	1.17	1.11

习　题

14.1　轴在机器中的功用是什么？什么是转轴、心轴和传动轴？按承载情况自行车的前轴、中轴和后轴及脚踏板轴分别是什么轴？后轮驱动的汽车，支持前轮和后轮的轴又分别是什么轴？

14.2　转动的轴所受的弯曲应力是否一定为变应力？

14.3　试说明下面几种轴材料的使用场合，Q235A、45、1Cr18Ni9Ti、QT600-2、40CrNi。

14.4　碳钢轴的刚度不够，不改变其结构和尺寸，改用合金钢代替碳钢能否提高轴的刚度？

14.5　轴结构设计时应考虑哪些问题？

14.6　拟定轴上零件的装配方案时应注意哪些问题？

14.7　轴的强度计算方法有哪几种？什么情况需要先按转矩初步估算轴径，然后再按弯扭合成强度进行计算？

14.8　在轴的弯扭合成强度校核中，α 表示什么？为什么要引入 α 值？

14.9　在齿轮减速器中，为什么低速轴的直径要比高速轴的直径大得多？

14.10　如图14.17所示，常用的周向固定和轴向固定方法有哪些？各有何特点？将此齿轮固定在轴上（包括周向固定和轴向固定），试画出草图。

14.11　轴的某一端面有圆角、过盈配合、键槽3种应力集中，在计算时应力集中系数应按什么考虑？三种应力集中系数相加？相乘？还是取其中的最大值？

14.12　为什么要进行轴的静强度校核计算？计算时是否要考虑应力集中等因素的影响？

14.13　改正如图14.18所示轴系结构中的错误。

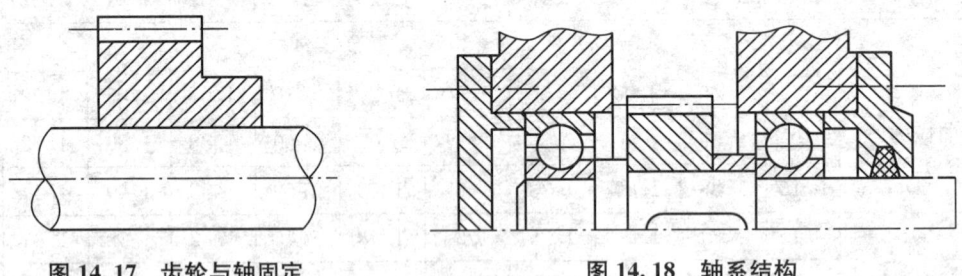

图 14.17　齿轮与轴固定　　　　　图 14.18　轴系结构

14.14　设计如图14.19所示的直齿圆柱齿轮减速器的输出轴（Ⅱ轴）。已知传递功率 $P=7\text{kW}$，输出轴的转速 $n=310\text{r/min}$，从动齿轮的分度圆直径 $d=260\text{mm}$，齿宽 $b=60\text{mm}$，轴承采用深沟球轴承。

14.15　如图14.20所示，传动轴转速 $n=300\text{r/min}$，主动轮 B 输入功率为 $P_B=10\text{kW}$，从动轮 A、C、D 输出入功率分别为 $P_A=5\text{kW}$、$P_C=3\text{kW}$、$P_D=2\text{kW}$，绘制扭矩图，并指出 T_{max} 的值。

14.16　如图14.21所示为两级展开式斜齿圆柱齿轮减速器的传动简图，已知中间轴的传递功率 $P=15\text{kW}$，转速 $n_2=500\text{r/min}$，齿轮2、3的分度圆直径分别为：$d_2=$

286mm，$d_3=92$mm，宽度分别为：$B_2=75$mm，$B_3=115$mm，螺旋角 $\beta_2=11°58'8''$。设计此中间轴结构，按弯扭合成强度条件验算轴的强度，并精确校核该轴的危险截面是否安全。

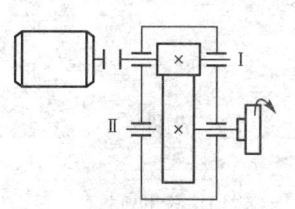

图 14.19　直齿圆柱齿轮减速器

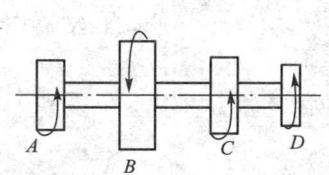

图 14.20

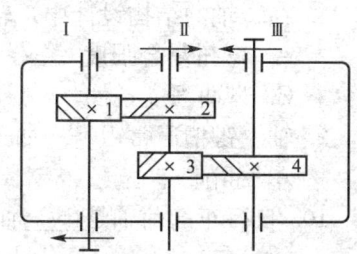

图 14.21　两级展开斜齿圆柱齿轮减速器

模 拟 试 题

14.1　填空题

1. 根据轴上受载荷性质，轴可分为_____、_____、_____3 种。
2. 按轴受的载荷不同可将轴分为 3 类：其中_____称为心轴，_____称为传动轴，_____称为转轴。
3. 在转轴的结构设计中，轴的最小直径 $d_{\min}$ 是按_____初步确定的。

14.2　选择题

1. 某 45 钢轴的刚度不足，可采取____措施来提高其刚度。
   A. 改用 40Cr 钢　　　　　　　　B. 淬火处理
   C. 增大轴径　　　　　　　　　　D. 增大圆角半径
2. 在轴的疲劳强度计算时，对于一般单向转动的转轴，其弯曲应力应按____考虑，而扭转剪应力通常按____考虑。
   A. 脉动循环　　　　　　　　　　B. 静应力
   C. 非对称循环　　　　　　　　　D. 对称循环
3. 计算轴的公式中 $M_e=\sqrt{M^2+(\alpha T)^2}$ 中折合计算系数 α，是考虑 T 对 M 的____。
   A. 大小不同　　　　　　　　　　B. 方向不同
   C. 类型不同　　　　　　　　　　D. 循环特性不同
4. 轴的弯扭组合强度计算公式 $M_e=\sqrt{M^2+(\alpha T)^2}$ 中的 α 是表示____的系数。
   A. 弯矩折合系数　　　　　　　　B. 扭矩折合系数
   C. 许用应力折合系数
5. 将碳钢轴改成合金钢轴，其他条件均不变，则轴的____。
   A. 刚度与强度均提高　　　　　　B. 刚度提高，强度基本不变
   C. 强度提高，刚度基本不变　　　D. 刚度与强度均不提高
6. 在轴的结构设计中，为保证轴上零件能紧靠轴肩定位，必须使轴肩根部的圆角半径____轴上零件孔的倒角高度。
   A. 大于　　　　　　B. 等于　　　　　　C. 小于

7. 采取____的措施不能有效地改善轴的刚度。
   A. 改用其他高强度钢材　　　　　　B. 改变轴的直径
   C. 改变轴的支承　　　　　　　　　D. 改变轴的结构
8. 在转轴的结构设计中，轴的最小直径 d_{min} 是按____初步确定的。
   A. 弯扭复合强度　　　　　　　　　B. 扭转强度条件
   C. 弯曲强度条件　　　　　　　　　D. 联轴器内径
9. 轴上键槽通常由____加工得到。
   A. 插削　　　　B. 拉削　　　　C. 钻及铰　　　　D. 铣削
10. 自行车的前轴是____轴。
    A. 转轴　　　　B. 心轴　　　　C. 传动轴　　　　D. 阶梯轴
11. 只有____才能使轮毂在轴上得到准确的轴向定位。
    A. 圆螺母　　　　B. 轴肩　　　　C. 轴套
12. 对轴进行表面强化处理，可以提高轴的____。
    A. 静强度　　　　B. 刚度　　　　C. 疲劳强度　　　　D. 抗冲击能力
13. 现取 45 号钢设计了一根常温下使用的轴，校核后发现只有刚度差 10% 左右，采取____方法或解决。
    A. 等直径合金钢　　　　　　　　　B. 等直径 20 号钢
    C. 同材料，加大直径　　　　　　　D. 表面淬火
14. 轴常用材料是____。
    A. 碳钢　　　　B. 青铜　　　　C. 轴承合金　　　　D. 合金钢
15. 转轴是指____。
    A. 实心轴　　　　　　　　　　　　B. 空心轴
    C. 同时受转矩和弯矩的轴　　　　　D. 机器中的旋转轴

14.3　是非题

1. 按扭矩估算轴径的公式只适用于轴上弯矩很小且可以忽略不计的场合。（　　）
2. 在做转轴的强度计算时，最危险的截面必定是弯矩最大的截面。（　　）
3. 对轴进行表面强化处理，可以提高轴的刚度。（　　）
4. 某 45 钢轴的刚度不足，可采取改用 40Cr 钢措施来提高其刚度。（　　）
5. 根据轴按承受载荷不同的分类，自行车前轴为心轴。（　　）
6. 传动轴只承受扭转作用，不受或者受较小的弯曲。（　　）

第15章 弹簧

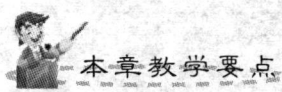 本章教学要点

知识要点	掌握程度	相关知识
弹簧的类型与特性线	掌握弹簧的类型与特性线	弹簧的类型与特性线，弹簧的结构与制造
圆柱形螺旋拉伸、压缩弹簧和扭转弹簧的应力和变形计算	掌握圆柱形螺旋拉伸、压缩弹簧和扭转弹簧的应力和变形计算	弹簧应力分析与强度计算，圆柱螺旋弹簧常用旋绕比C，弹簧的刚度计算，弹簧的稳定性计算
圆柱形螺旋拉伸、压缩弹簧和扭转弹簧的结构尺寸确定和材料的选择	了解圆柱形螺旋拉伸、压缩弹簧和扭转弹簧的结构尺寸确定和材料的选择	圆柱形螺旋拉伸、压缩弹簧和扭转弹簧的结构尺寸确定和材料的选择

导入案例

弹簧的用途非常广泛，常用的弹簧有圆柱形螺旋拉伸、压缩弹簧和扭转弹簧。根据弹簧的变形与力的关系，又分为线性弹簧和非线性弹簧。例如汽车在行经不平路面时保持轮胎的贴地性需要硬的弹簧来保持，作为悬吊系统或底盘与地面的缓冲，也就是维持舒适性，需要软的弹簧来保持！一硬一软是相互冲突，因此汽车采用了非线性弹簧，在不同的阶段有不同的弹性系数正好满足这个要求，如图15.1所示。而弹簧秤要完全满足力与变形呈正比，因而采用的是线性弹簧，如图15.2所示。

图 15.1　轿车用非线性减振弹簧　　　　图 15.2　弹簧秤用的线性弹簧

15.1　概　　述

弹簧是一种应用很广的弹性元件，是利用材料的弹性和结构特点，通过变形和储存能量而工作的机械零件。在载荷的作用下它可以产生较大的弹性变形，将机械功或动能转变为变形能，在恢复变形时，又把变形能转变为机械功或动能。

弹簧的这个功用使它可以用于以下几个方面。

(1) 缓冲与减振。如汽车、火车车厢下的减振弹簧，联轴器中的吸振弹簧等。

(2) 储存及输出能量。如钟表、玩具的发条，枪闩用弹簧等。

(3) 控制机构的运动。如内燃机气缸的阀门弹簧，制动器、离合器中的控制弹簧等。

(4) 测量力的大小。如测力器和弹簧秤中的弹簧。

弹簧的种类很多，最常用的弹簧有螺旋拉伸弹簧、螺旋压缩弹簧和扭转弹簧。

15.2 圆柱螺旋弹簧的类型与特性线、制造及许用应力

15.2.1 弹簧的类型与特性线

弹簧的种类很多，按照弹簧受载后的变形不同有 4 种不同的形式：拉伸弹簧、压缩弹簧、扭转弹簧和弯曲弹簧等。按照弹簧形状的不同可分为 8 种不同形式：螺旋弹簧、碟形弹簧、环形弹簧、板弹簧和平面涡卷弹簧（简称盘簧）、橡胶弹簧、空气弹簧和扭杆弹簧等。

常用的弹簧类型和特性见表 15-1。

表 15-1 常用的弹簧类型和特性

名称	圆截面圆柱螺旋弹簧			圆锥形螺旋弹簧
	压缩弹簧	拉伸弹簧	扭转弹簧	圆锥螺旋压缩弹簧
弹簧简图				
弹簧特性线	F 直线型 λ		T 直线型 φ	F 增强型 λ
弹簧性能	特性呈线性，定刚度，结构简单适用面广，制造容易，应用最广泛		承受扭转作用，产生扭转变形，用于各种装置压紧和储能	特性呈非线性，变刚度，消除共振能力强。结构紧凑。用于较大载荷和减振作用
其他弹簧				
名称	蝶形压缩弹簧	环形弹簧	涡卷弹簧	弯曲板弹簧
弹簧简图				

名称	蝶形压缩弹簧	环形弹簧	涡旋弹簧	弯曲板弹簧
弹簧特性线	F-λ 曲线（滞回）	F-λ 曲线（滞回）	T-φ 直线	F-λ 曲线（滞回）
弹簧性能	刚度和承载能力大，用于载荷很大、轴向尺寸受限制的缓冲器及需要保持稳定作用力的场合（如离合器）等	缓冲和吸振能力大，适用于机车车辆、锻压设备和起重机等的缓冲器	轴向尺寸很小，用于仪器、仪表的储能装置	缓冲和减振能力好，用于各种车辆的缓冲器

(1) 弹簧的特性线和刚度 设弹簧所承受的力或扭矩分别用 F 和 T 表示，弹簧的纵向变形和扭转变形分别用 λ 和 φ 表示。称使弹簧产生单位变形所需的载荷为弹簧的刚度，则有：

拉伸和压缩弹簧的刚度为

$$k_F = dF/d\lambda \tag{15-1}$$

扭转弹簧的刚度为

$$k_T = dT/d\varphi \tag{15-2}$$

F 与 λ 或 T 与 φ 之间的关系曲线称弹簧的特性线（表 15-1）。具有直线型特性线的弹簧其刚度值为常数，称为定刚度弹簧。特性线为曲线或折线时，称为变刚度弹簧。例如圆锥形螺旋弹簧的特性线为渐增型曲线，当载荷达到一定值时，其刚度急剧增加，从而起到保护弹簧的作用。弹簧的刚度及特性线，对弹簧类型的选择和弹簧的设计具有重要作用。

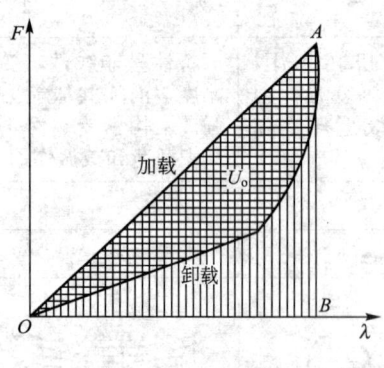

图 15.3 弹簧变形能

(2) 弹簧的变形能（弹簧功） 设计缓冲和减振弹簧时，需考虑弹簧变形时所储存的能量。加载过程中弹簧所吸收的能量称为变形能，如图 15.3 中 OAB 面积所示。拉、压弹簧的变形能为 $U = \int_0^\lambda F(\lambda)d\lambda$，扭转弹簧的变形能为 $U = \int_0^\varphi F(\varphi)d\varphi$，当特性线为直线时，拉、压弹簧与扭转弹簧的变形能分别为

$$U = \frac{F\lambda}{2} = \frac{k_F \lambda^2}{2} \tag{15-3}$$

$$U = \frac{T\varphi}{2} = \frac{k_T \varphi^2}{2} \tag{15-4}$$

弹簧的变形能与弹簧材料的疲劳极限应力、弹性模量及弹簧类型等有关。弹簧在工作过程中，若存在摩擦，将因摩擦而消耗一部分能量 U_0（如图 15.3 中网格部分面积），因此，加载和卸载过程的特性线不重合。弹簧工作过程中因摩擦而消耗能量的现象称为阻尼作用。阻尼作用大的弹簧能够吸收大量的冲击能，吸振和缓冲能力强。如环形弹簧、碟形

弹簧、多板弹簧等,就是利用弹簧片之间的摩擦,把动能转化成热能而减振和缓冲的。

U_0 和 U 的比值 $R(R=U_0/U)$ 称为阻尼系数。R 越大表明弹簧吸振能力越强。

弹簧设计的主要内容是根据弹簧的承载和变形等要求,结合给定空间的大小,选择弹簧的类型,进行弹簧的强度计算、刚度计算及其几何尺寸的计算,确定弹簧的结构参数等。

15.2.2 圆柱螺旋弹簧的结构

螺旋弹簧中应用最广泛的是圆截面圆柱形压缩弹簧、圆截面圆柱形拉伸弹簧和圆截面圆柱形扭转弹簧等3种,弹簧的制作有冷卷与热卷两种,弹簧钢丝直径 $d\leqslant 8$mm 一般用冷卷,而 $d>8$mm 用热卷。圆柱螺旋弹簧的类型、端部结构形式、代号及应用见表 15-2。

表 15-2　圆柱螺旋弹簧的端部结构

类型	代号	简图	端部结构	应用范围	类型	代号	简图	端部结构	应用范围
冷卷压缩弹簧(Y)	Y_I		两端圈并紧并磨平 支承圈数 $n_2=1$~2.5	用于承受载体较大、要求各圈受力均匀及垂直度要求较高的弹簧材料 $d\geqslant 0.5$mm	热卷压缩弹簧(RY)	RY_I		两端圈并紧并磨平 $n_2=1$~1.5	不适用于特殊性能的弹簧
	Y_{II}		两端圈并紧不磨 $n_2=1.5$~2	用于钢丝直径较细、弹簧指数较大的情况;弹簧基本可直立,但各圈受力不太均匀		RY_{II}		两端圈制扁并紧,磨平或不磨 $n_2=1.5$~2.5	
					冷卷拉伸弹簧(L)	L_I		半圆钩环	结构简单,但钩环弯折处应力较大,易折断,弹簧应力减小,一般多用于拉力不太大的情况材料 $d\geqslant 0.5$mm 推荐采用 L_I、L_{II}、L_{III}
						L_{II}		圆钩环	
						L_{III}		圆钩环压中心	
	Y_{III}		两端圈不并紧 $n_2=0$~1	一般用于弹簧指数大而又不太重要的弹簧材料 $d\geqslant 0.5$mm		L_{IV}		偏心圆钩环	
						L_V		长臂半圆钩环	
						L_{VI}		长臂小圆钩环	

(续)

类型	代号	简图	端部结构	应用范围	类型	代号	简图	端部结构	应用范围
冷卷拉伸弹簧(L)	$L_{Ⅶ}$		拧入带钩环的螺旋块	为可调式拉簧，一般多用于受力大、钢丝直径较粗($d>$5mm)的情况，可调节长度，但结构复杂	扭转弹簧(N)	$N_Ⅰ$		外臂扭转	为冷卷圆剖面圆柱扭转弹簧，剖面直径$d\geqslant$0.5mm端部结构型式依装配要求选用
	$L_{Ⅷ}$		绕成圆锥形，锥端内配置可转动的钩环	弹簧不弯钩环，许用应力较大，结构比$L_{Ⅶ}$型简单		$N_Ⅱ$		内臂扭转	
热卷拉伸弹簧(RL)	$RL_Ⅰ$		半圆钩环	不适用于特殊性能的情况		$N_Ⅲ$		中心臂扭转	
	$RL_Ⅱ$		圆钩环			$N_Ⅳ$		平列双扭	推荐采用$N_Ⅰ$、$N_Ⅱ$、$N_Ⅴ$
	$RL_Ⅲ$		圆钩环压中心			$N_Ⅴ$		直臂扭转	
						$N_Ⅵ$		单臂弯曲扭转	

15.2.3 弹簧的制造

螺旋弹簧的制造工艺：①卷绕；②钩环制作或两端加工；③热处理；④工艺试验及强压、喷丸等强化处理。

卷绕的方法有冷卷和热卷两种。弹簧钢丝直径在 8mm 以下用冷卷法，8mm 以上用热卷法。冷卷弹簧多采用经预热处理的冷拉优质碳素弹簧钢丝，卷成后只需低温回火以消除内应力。热卷的温度根据弹簧钢丝直径的不同在 800～1000℃范围内选择，卷成后需进行淬火及回火处理。

为了提高弹簧的承载能力，可进行强压处理或喷丸处理，压缩弹簧的强压处理方法是：在弹簧卷成后用超过弹簧材料弹性极限的载荷把它压缩到各圈相接触并保持 6～48 h，在弹簧钢丝内产生塑性变形和与工作应力相反的残余应力，使弹簧工作时的最大应力下降，从而提高弹簧的承载能力。喷丸处理是用钢丸或铁丸以一定速度(50～80m/s)喷击弹簧，使其表面冷作硬化，产生有益的残余应力。强压处理后的弹簧不必再进行热处理。强压处理对长期振动、高温或腐蚀性介质中工作的弹簧不适用。

此外，弹簧还须进行工艺试验及精度、冲击、疲劳等试验，以检验弹簧是否符合技术要求。

15.2.4 弹簧的材料及许用应力

常用的弹簧材料有碳素弹簧钢、合金弹簧钢、不锈钢，铜合金、镍合金和弹性合金等。它们的弹性性能、硬度、使用温度和应用范围见表 15-3。主要弹簧材料的使用性能和许用应力见表 15-4，冷拉碳素弹簧钢丝的抗拉强度极限见表 15-5，65Mn 弹簧钢丝的拉伸强度极限见表 15-6。按载荷性质及使用中的重要程度，弹簧可分为 3 类：Ⅰ类是用于承受载荷循环次数在 10^6 次以上的变载荷的弹簧；Ⅱ类是用于承受载荷循环次数在 $10^3 \sim 10^6$ 次之间的变载荷或承受冲击载荷的弹簧，以及承受静载荷的重要弹簧；Ⅲ类是用于承受载荷循环次数在 10^3 次以下的变载荷弹簧或承受静载荷的一般弹簧。碳素弹簧钢丝材料的力学性能按强度高低分 B、C、D 级：B 级用于一般弹簧，C 级用于低应力弹簧，D 级用于较高应力弹簧，碳素弹簧钢丝的抗拉强度极限 σ_B 与其材料的力学性能组别及钢丝直径 d 有关。常用弹簧钢丝的直径系列见表 15-7。

表 15-3 螺旋弹簧常用材料的弹性性能、硬度、使用温度和应用范围

标准号	标准名称	牌号	直径规格 /mm	切变模量 G 弹性模量 E/MPa	推荐硬度范围 /HRC	推荐温度范围 /℃	性　能
GB 4357	碳素弹簧钢丝	25～80 40Mn～70Mn	B级：0.08～14.0 C级：0.08～14.0 D级：0.08～6.0	$G= 79\times10^3$ $E= 206\times10^3$	—	$-40 \sim 130$	强度高，性能好，B 级用于低应力弹簧，C 级用于中等应力弹簧，D 级用于高应力弹簧
YB/T 5101 (GB 4358)	琴钢丝	60～80 T8MnA～T9A 60Mn～70Mn	G1组：0.08～6.0 G2组：0.08～6.0 F组：2.0～5.0				强度高，韧性好。用于重要的小弹簧，G2 组较 G1 组强度高，F 组主要用于阀门弹簧
YB/T 5102 (GB 4359)	阀门用油淬火回火碳素弹簧钢丝	65Mn 70	2.0～6.0			$-40 \sim 150$	强度高，性能好。用于内燃机阀门弹簧或类似用途弹簧
YB/T 5103 (GB 4360)	油淬火回火碳素弹簧钢丝	55、60、60Mn 65、65Mn、70 70Mn、75、80	A类、B类 2.0～12.0				强度高，性能好。适用于普通机械性弹簧。B 类较 A 类强度高
YB/T 5104 (GB 4361)	油淬火回火硅锰弹簧钢丝	60Si2MnA	A类、B类、C类 2.0～14.0			$-40 \sim 200$	强度高，弹性好，易脱碳。用于较高负荷的弹簧。A 类用于一般用途弹簧，B 类用于一般用途和汽车悬挂弹簧，C 类用于汽车悬挂弹簧

表 15-4　主要弹簧材料的使用性能和许用应力

簧丝种类			油淬火回火钢丝	碳素钢丝	不锈钢丝	青铜丝
许用应力 $[\tau]$	压缩弹簧	Ⅲ类	$0.55\sigma_B$	$0.50\sigma_B$	$0.45\sigma_B$	$0.40\sigma_B$
		Ⅱ类	$(0.40\sim0.47)\sigma_B$	$(0.38\sim0.45)\sigma_B$	$(0.34\sim0.38)\sigma_B$	$(0.30\sim0.35)\sigma_B$
		Ⅰ类	$(0.35\sim0.40)\sigma_B$	$(0.35\sim0.38)\sigma_B$	$(0.28\sim0.34)\sigma_B$	$(0.25\sim0.30)\sigma_B$
	拉伸弹簧	Ⅲ类	$0.44\sigma_B$	$0.40\sigma_B$	$0.36\sigma_B$	$0.32\sigma_B$
		Ⅱ类	$(0.32\sim0.38)\sigma_B$	$(0.30\sim0.36)\sigma_B$	$(0.27\sim0.30)\sigma_B$	$(0.24\sim0.28)\sigma_B$
		Ⅰ类	$(0.28\sim0.32)\sigma_B$	$(0.24\sim0.30)\sigma_B$	$(0.22\sim0.27)\sigma_B$	$(0.20\sim0.24)\sigma_B$
许用弯曲应力 $[\sigma]$	扭转弹簧	Ⅲ类	$0.80\sigma_B$		$0.75\sigma_B$	
		Ⅱ类	$(0.60\sim0.68)\sigma_B$		$(0.55\sim0.65)\sigma_B$	
		Ⅰ类	$(0.50\sim0.60)\sigma_B$		$(0.45\sim0.55)\sigma_B$	

注：① 本表不适用于直径 $d<1$mm 的弹簧钢丝。
② 表中 σ_B 值取抗拉强度的下限值。
③ 对受Ⅰ类载荷的弹簧，表中给出的是 τ_s。

表 15-5　冷拉碳素弹簧钢丝的抗拉强度极限 σ_B

簧丝直径 d/mm	抗拉强度 σ_B/MPa		
	B 组	C 组	D 组
0.3	2010~2400	2300~2700	2640~3040
0.6	1760~2160	2110~2500	2450~2840
0.8	1710~2060	2010~2400	2400~2840
1.0	1660~2010	1960~2300	2300~2690
1.2	1620~1960	1910~2250	2250~2550
1.6	1570~1860	1810~2160	2110~2400
2.0	1470~1760	1710~2010	1910~2200
2.5	1420~1710	1660~1960	1760~2060
3.0	1370~1670	1570~1860	1710~1960
3.5	1320~1620	1570~1810	1660~1910
4.0	1320~1620	1520~1760	1620~1860
5.0	1320~1570	1470~1710	1570~1810
6.0	1220~1470	1420~1660	1520~1760
8.0	1170~1420	1370~1570	—

注：摘自 GB/T4357—2009。

表 15-6　65Mn 弹簧钢丝的拉伸强度极限 σ_B

钢丝直径 d/mm	1~1.2	1.4~1.6	1.8~2	2.2~2.5	2.8~3.4
σ_B/MPa	1800	1750	1700	1650	1600

表 15-7 弹簧钢丝直径系列（GB/T1358—2009）　　　　　（单位：mm）

0.5	(0.55)	0.6	(0.65)	0.7	0.8	0.9	1
3	(3.2)	3.5	(3.8)	4	(4.2)	4.5	5
16	(18)	20	(22)	25	(28)	30	(32)
1.2	(1.4)	1.6	(1.8)	2	(2.2)	2.5	(2.8)
(5.5)	6	(7)	8	(9)	10	12	(14)
35	(38)	40	(42)	45	50	(55)	60

15.3　圆柱螺旋压缩(拉伸)弹簧的设计计算

15.3.1　弹簧应力分析与强度计算

圆柱螺旋压缩弹簧和拉伸材料的应力状态完全相同，以压缩弹簧为例来分析应力。

如图 15.4 所示，弹簧承受工作载荷 F 后，在通过弹簧轴线的弹簧截面上，作用有切向力 F 和扭矩 $T(T=FD/2)$。该弹簧材料由于螺旋升角的影响是椭圆，这给计算带来很大麻烦。但对于升角比较小的螺旋弹簧，为了简化计算，近似认为是圆截面。因此对于切向力 F 引起的切应力为

$$\tau_F = \frac{4F}{\pi d^2} \tag{15-5}$$

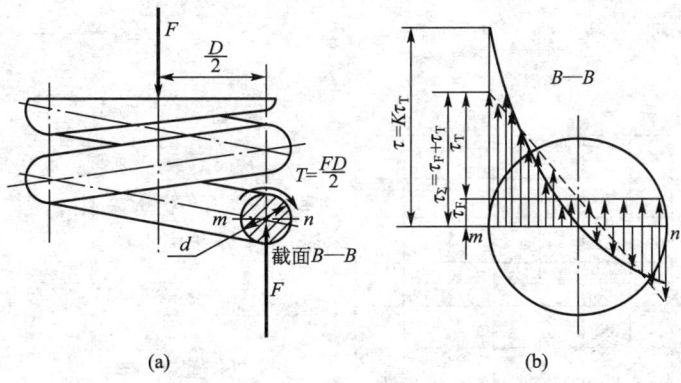

图 15.4　圆柱螺旋压缩弹簧的受力和应力分析

扭矩 T 引起的扭应力为

$$\tau_T = \frac{T}{W_T} = \frac{FD/2}{\pi d^3/16} = \frac{8FD}{\pi d^3} \tag{15-6}$$

弹簧内侧应力是两者之和，外侧应力是两者之差，因此弹簧最大应力在弹簧内侧为

$$\tau_\Sigma = \tau_F + \tau_T = \frac{T}{W_T} = \frac{4F}{\pi d^2} + \frac{8FD}{\pi d^3}$$

令 $D/d=C$(弹簧的旋绕比)，则有

$$\tau_{\Sigma} = \frac{8FC}{\pi d^2}\left(1 + \frac{1}{2C}\right) \tag{15-7}$$

式(15-7)中当 C 较大时 $1/2C$ 对弹簧应力影响较小，在计算时可以忽略不计。以上分析计算是在视弹簧材料为直杆的条件下进行的，而实际条件为曲杆，考虑弹簧钢丝升角和曲率对弹簧钢丝中应力的影响，引入曲度系数 K，对于圆截面弹簧钢丝，曲度系数 K 可按下式计算：

$$K = \frac{4C-1}{4C-4} + \frac{0.615}{C} \tag{15-8}$$

所以

$$\tau = K\frac{8FC}{\pi d^2} \tag{15-9}$$

由式(15-9)可以看出，影响弹簧材料应力大小的因素除了与载荷 F 和弹簧钢丝直径 d 有关以外，还与弹簧的旋绕比 C 有关。弹簧的旋绕比 C 可以按照表15-8来选择。

表 15-8 圆柱螺旋弹簧常用旋绕比 C

弹丝 d/mm	0.1~0.4	0.5~1	1.2~2.2	2.5~6	7~16	18~40
C	7~14	5~12	5~10	4~10	4~8	4~6

根据强度条件 $\tau_{max} \leq [\tau]$ 带入式(15-9)可以得到计算弹簧钢丝直径的计算公式为

$$d \geq \sqrt{\frac{8KFC}{\pi[\tau]}} \tag{15-10}$$

值得注意的是，式(15-10)中旋绕比 C，许用应力 $[\tau]$ 与弹簧钢丝直径 d 有关，因此计算时必须采用试算法。

15.3.2 弹簧的变形计算

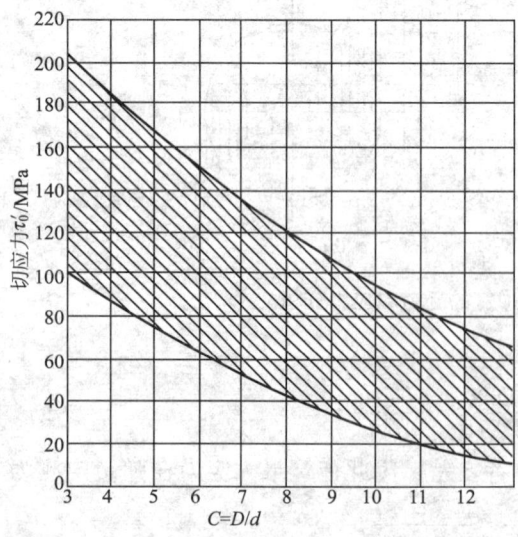

图 15.5 拉伸弹簧的初应力

1. 弹簧的轴向变形

受载后由于螺旋弹簧的扭曲变形，导致弹簧的轴向变形，由材料力学可知，其变形量的计算公式为

压缩弹簧 $\quad \lambda = \dfrac{8FC^3 n}{Gd} \tag{15-11}$

拉伸弹簧 $\lambda = \dfrac{8(F-F_0)C^3 n}{Gd} \tag{15-12}$

式中，G 为弹簧材料的剪切模量。冷卷拉伸弹簧因无淬火处理，故均有一定的初拉力 F_0。各圈间留有间隙及经淬火的弹簧，则没有初拉力 $F_0 = 0$。初拉力按下式计算：

$$F_0 = \frac{\pi d^3 \tau'_0}{8KD} \tag{15-13}$$

式中，τ'_0 为推荐初应力，在图15.5阴影区内选取。

2. 弹簧的刚度

弹簧刚度是产生单位变形量的弹簧载荷，它是表征弹簧弹性大小的主要参数。圆柱螺旋弹簧的特性线为直线，故其刚度为常量，计算式为

$$k = \frac{F}{\lambda} = \frac{Gd}{8C^3 n} \tag{15-14}$$

由式(15-14)可知，影响螺旋弹簧刚度的因素有弹簧材料剪切模量 G，弹簧钢丝直径 d，旋绕比 C 和弹簧有效圈数 n，其中旋绕比 C 的影响最大(3 次方)，旋绕比 C 值越小，弹簧刚度越大。

3. 弹簧有效圈数的计算

弹簧的工作变形量或刚度一般由工作要求确定的，旋绕比要考虑制造工艺、弹簧安装空间、重量等因素选定，经选定材料、由强度计算出弹簧钢丝的直径 d 后，影响弹簧轴向变形或刚度的主要因素就是弹簧的有效圈数，由式(15-14)得螺旋弹簧的有效圈数的计算式为

压缩弹簧
$$n = \frac{Gd\lambda}{8FC^3} = \frac{Gd}{8kC^3} \tag{15-15}$$

拉伸弹簧
$$n = \frac{Gd\lambda}{8(F-F_0)C^3} = \frac{Gd}{8kC^3} \tag{15-16}$$

若 $n \leqslant 15$ 圈，n 应取 0.5 的整倍数，若 $n > 15$ 圈，n 应取整数

综上所述，可以总结为：根据工作环境选取弹簧材料和旋绕比；根据强度计算弹簧钢丝直径；根据刚度计算圈数。

15.3.3 弹簧的疲劳强度计算

圆柱螺旋弹簧在交变载荷作用下，其应力为非对称循环交变应力。设 F_1 为安装载荷，F_2 为工作时的最大载荷。当弹簧所受载荷在 F_1 与 F_2 之间不断循环变化时，由式(15-9)可知，弹簧内部最大和最小切应力分别为

$$\tau_{\max} = K \frac{8FC}{\pi d^2} F_2 \tag{15-17}$$

$$\tau_{\min} = K \frac{8C}{\pi d^2} F_1 \tag{15-18}$$

疲劳强度的计算安全系数及强度条件为

$$S = \frac{\tau_0 + 0.75\tau_{\min}}{\tau_{\max}} \geqslant S_F \tag{15-19}$$

式中，τ_0 为弹簧材料的脉动循环剪切疲劳极限，MPa，按变载荷作用次数查表 15-9；S_F 为许用安全系数。当弹簧的设计计算和材料的力学性能数据精确性高时，取 $S_F = 1.3 \sim 1.7$；精确性低时，取 $S_F = 1.8 \sim 2.2$。

表 15-9　弹簧材料的脉动循环剪切疲劳极限 τ_0

载荷作用次数 N	10^4	10^5	10^6	10^7
τ_0	$0.45\sigma_B$	$0.35\sigma_B$	$0.33\sigma_B$	$0.30\sigma_B$

注：① 此表适用于优质钢丝、不锈钢丝、铍青铜和硅青铜，但对于硅青铜、不锈钢丝，当 $N=10^4$ 时，$\tau_0=0.45\sigma_B$。
② 对喷丸处理的弹簧，表中数值可提高 20%。
③ σ_B 为弹簧材料的拉伸强度极限，MPa。

15.3.4　圆柱螺旋压缩弹簧的稳定性计算

压缩弹簧的自由高度 H_0 与中径 D 的比值 b ($b=H_0/D$) 称为长细比。长细比 b 值较大时，弹簧受力后较易发生较大的侧向弯曲而失去稳定性，如图 15.6 所示，这是不允许的。为了保证压缩弹簧的稳定性，其长细比 b 应满足下列要求：两端固定时，$b<5.3$；一端固定、另一端铰支时，$b<3.7$；两端均为铰支时，$b<2.6$。

当长细比 b 值不满足上述要求时，应进行稳定性验算。保证不失稳的临界载荷应满足

$$F_C \geqslant (2\sim2.5)F_{max} \quad (15-20)$$

式中，F_C 为不失稳的临界载荷，$F_C=C_U k_F H_0$。其中 C_U 为不稳定系数，查图 15.7。

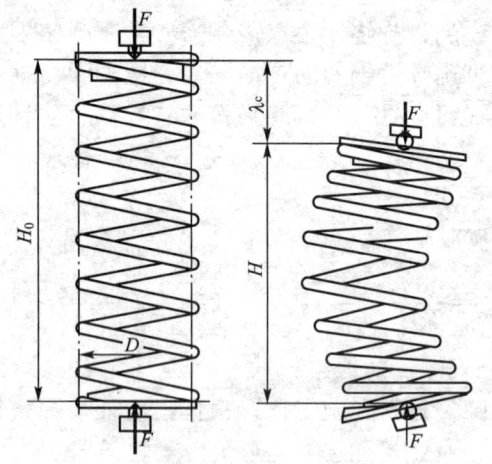

图 15.6　压缩弹簧失稳简图

若式(15-20)不被满足，应重新选取参数，改变 b 值，提高 F_C。如受条件限制不能改变参数时，可加导杆或导套(图 15.8)，或采用组合弹簧。导杆或导套与弹簧间的间隙(直径差) c 查表 15-10。

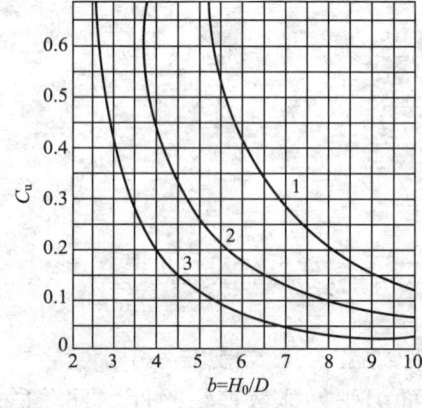

图 15.7　不稳定系数线图
1—两端固定；2—一端固定，一端回转；3—两端回转

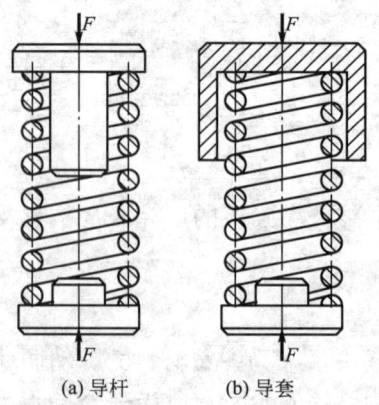

图 15.8　导杆与导套
(a) 导杆　(b) 导套

表 15-10 导杆(导套)与弹簧间的间隙

中径 D/mm	≤5	>5~10	>10~18	>18~30	>30~50	>50~80	>80~120	>120~150
间隙 c/mm	0.6	1	2	3	4	5	6	7

15.3.5 圆柱螺旋弹簧的典型工作图

1. 螺旋压缩弹簧工作图

图 15.9 所示为压缩螺旋弹簧图例，此外还要求在图样中注明技术要求与设计参数。技术要求包括弹簧总圈数 n_1、有效圈数 n、弹簧钢丝展开长度 L、旋向(左旋、右旋不标)、弹簧热处理硬度、抗拉极限强度、弹簧类别、表面处理要求等。

2. 螺旋拉伸弹簧工作图

图 15.10 所示为拉伸螺旋弹簧图例，其中图(a)为无预应力拉伸弹簧特性线，图(b)为有预应力拉伸弹簧特性线。F_0 是使有预应力拉伸弹簧开始变形时所加的初拉力，其预变形为 λ_0。可见在同样载荷 F 作用下，有预应力拉伸弹簧所产生的变形比无预应力时小。

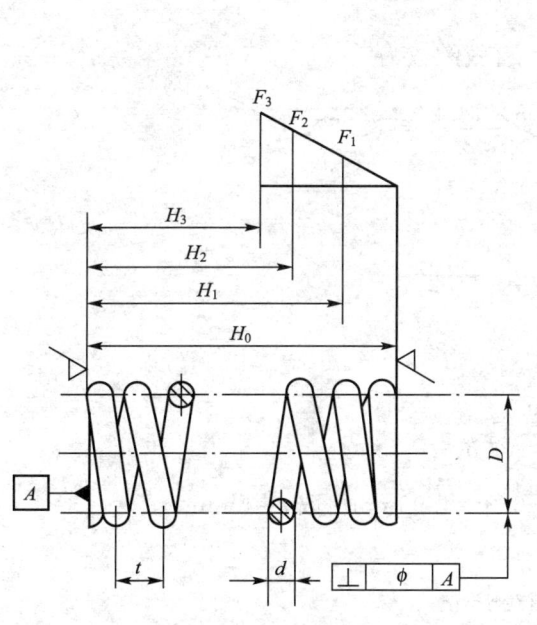

图 15.9 压缩螺旋弹簧图例

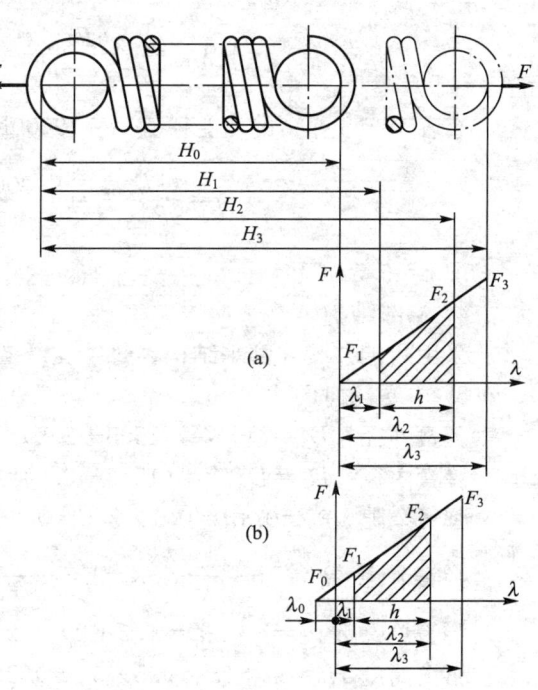

图 15.10 拉伸螺旋弹簧图例

[例 15.1] 设计一阀用圆柱螺旋压缩弹簧。已知：弹簧的安装载荷 $F_{min}=70$N；最大工作载荷 $F_{max}=235$N；弹簧的工作行程 $h=10$mm；弹簧的外径不得大于 18mm；载荷循环次数 $N=10^3$。

解：

1）选择弹簧材料确定许用应力

弹簧为普通弹簧，应力不高，选用 65 碳素弹簧钢丝 C 组；$N=10^3$，属于Ⅱ类弹簧；初设弹簧钢丝直径 $d=2.5$ mm；由表 15-5 查得 $\sigma_B=1660\sim1960$ MPa，取 $\sigma_B=1800$ MPa；由表 15-4 查得 $[\tau]=(0.38\sim0.45)\sigma_B=685\sim810$ MPa，取 $[\tau]=750$ MPa。

2）计算弹簧钢丝直径

依题意，弹簧中径 $D=D_2-d=(18-2.5)=15.5$ mm；旋绕比 $C=D/d=15.5/2.5=6.2$（符合表 15-8 推荐）；曲度系数

$$K=\frac{4C-1}{4C-4}+\frac{0.165}{C}=\frac{4\times6.2-1}{4\times6.2-4}+\frac{0.165}{6.2}=1.17$$

弹簧钢丝直径

$$d\geqslant\sqrt{\frac{8KFC}{\pi[\tau]}}=\sqrt{\frac{8\times1.17\times235\times6.2}{\pi\times750}}=2.41\text{mm}$$

与初设值 $d=2.5$ mm 吻合

3）计算弹簧圈数

刚度为常量。故有 $\dfrac{F_{\max}}{\lambda_{\max}}=\dfrac{F_{\max}-F_{\min}}{h}$，于是

$$\lambda_{\max}=\frac{hF_{\max}}{F_{\max}-F_{\min}}=\frac{10\times235}{235-70}=14.24\text{mm}$$

查表 15-3 弹簧的切变模量 $G=79000$ MPa；有效圈数为

$$n=\frac{G d \lambda_{\max}}{8F_{\max}C^3}=\frac{79000\times2.5\times14.24}{8\times235\times6.2^3}=6.277$$

取 $n=6.5$

4）端部结构

采用两端并紧并磨平结构，每端支承圈圈数 $n_z=1.25$。

5）主要几何尺寸

弹簧外径　$D_2=D+d=(15.5+2.5)=18$ mm。

弹簧内径　$D_1=D-d=(15.5-2.5)=13$ mm。

弹簧余隙　$\delta_1=0.1d=0.1\times2.5=0.25$ mm，取 $\delta_1=0.3$ mm。

弹簧节距　$t=d+\dfrac{\lambda_{\max}}{n}+0.3=2.5+\dfrac{14.24}{6.5}+0.3=4.99$ mm，取 $t=5$ mm

弹簧总圈数 $n_1=n+2n_z=6.5+2\times1.25=9$

自由高度 $H_0=nt+2d=6.5\times5+2\times2.5=37.5$ mm

螺旋升角　$\alpha=\arctan\dfrac{t}{\pi D}=\arctan\dfrac{5}{\pi\times15.5}=5.86°$

展开长度 $L\approx\dfrac{\pi D n_1}{\cos\alpha}=\dfrac{\pi\times15.5\times9}{\cos5.86°}\approx441$ mm

其他验算从略。

工作图如图 15.11 所示。

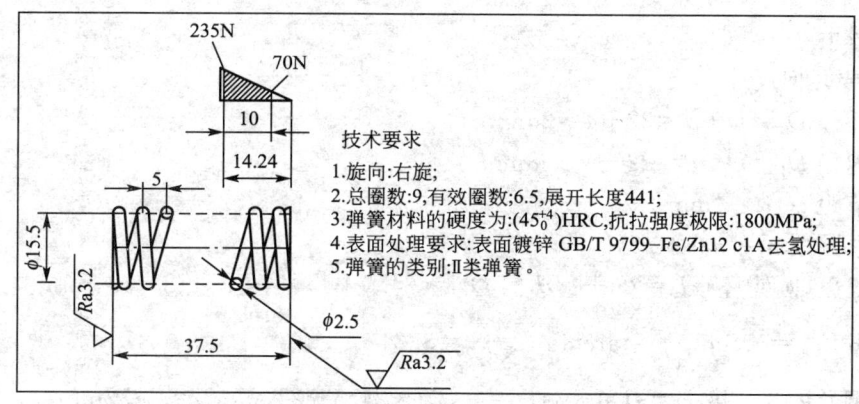

图 15.11 压缩螺旋弹簧工作图

[**例 15.2**] 设计一承受循环载荷的螺旋拉伸弹簧，载荷循环次数 N 在 10^5 次以内。安装载荷 $F_{min}=210$N，工作载荷 $F_{max}=500$N，工作行程 $h=\lambda_{max}-\lambda_{min}=30\pm2$mm，采用 LⅡ圆钩环。要求弹簧外径 $D_2 \leqslant 26$mm。

解：

1) 选择弹簧材料确定许用应力

弹簧为普通弹簧，应力中等，选用Ⅱ类油淬火回火碳素弹簧钢丝；$N \leqslant 10^5$，属于Ⅱ类弹簧；初设弹簧钢丝直径 $d=4$mm；由表 15-5 查得 $\sigma_B=1520 \sim 1760$MPa，取 $\sigma_B=1600$MPa；由表 15-4 查得，$[\tau]=(0.40 \sim 0.47)\sigma_B=640 \sim 752$MPa，取 $[\tau]=700$MPa。

2) 计算弹簧钢丝直径

依题意，弹簧中径 $D=D_2-d=26-4.0=22$mm；旋绕比 $C=D/d=22/4=5.5$（符合表 15-8 推荐）；曲度系数

$$K=\frac{4C-1}{4C-4}+\frac{0.615}{C}=\frac{4\times5.5-1}{4\times5.5-4}+\frac{0.615}{5.5}=1.28$$

弹簧钢丝直径

$$d=\sqrt{\frac{8KFC}{\pi[\tau]}}=\sqrt{\frac{8\times1.28\times500\times5.5}{\pi\times700}}=3.58\text{mm}$$

按表 15-7 取标准值 $d=4.0$mm，与初设值吻合。

3) 计算弹簧圈数

弹簧刚度

$$k=\frac{F_{max}-F_{min}}{h}=\frac{500-210}{30}=9.67\text{N/mm}$$

查表 15-3，切变模量 $G=79000$MPa，则弹簧有效圈数

$$n=\frac{Gd}{8kC^3}=\frac{79000\times4}{8\times9.67\times5.5^3}=24.55$$

取 $n=24.5$。

实际刚度 $k=\frac{Gd^4}{8D^3n}=\frac{79000\times4^4}{8\times22^3\times24.5}=9.69\text{N/mm}$

实际行程 $h=\dfrac{F_{max}-F_{min}}{k}=\dfrac{500-210}{9.69}=29.93\text{mm}$

符合要求。

4) 主要几何尺寸

弹簧外径 $D_2=D+d=22+4=26\text{mm}$

弹簧内径 $D_1=D-d=22-4=18\text{mm}$

弹簧节距 $t=d=4\text{mm}$

弹簧总圈数 $n_1=n=24.5$

自由长度（圆钩环）$H_0=(n+1)d+2D_1=(24.5+1)\times 4+2\times 18=138\text{mm}$

螺旋升角 $\alpha=\arctan\dfrac{t}{\pi D}=\arctan\dfrac{4}{\pi\times 22}=3.31°$

弹簧钢丝展开长度 $L=\pi Dn+2\pi D=\pi\times 22\times 24.5+2\times\pi\times 22\approx 1832\text{mm}$

5) 初拉力

参考相关资料选取初拉力 $F_0=100\text{N}$

安装变形量 $\lambda_{min}=\dfrac{F_{min}-F_0}{k}=\dfrac{210-100}{9.69}=11.35\text{mm}$

工作变形量 $\lambda_{max}=\dfrac{F_{max}-F_0}{k}=\dfrac{500-100}{9.69}=41.28\text{mm}$

6) 结构参数

安装长度 $H_1=H_0+\lambda_{min}=138+11.35=149.35\text{mm}$

工作长度 $H_2=H_0+\lambda_{max}=138+41.28=179.28\text{mm}$

其他验算从略。

工作图如图 15.12 所示。

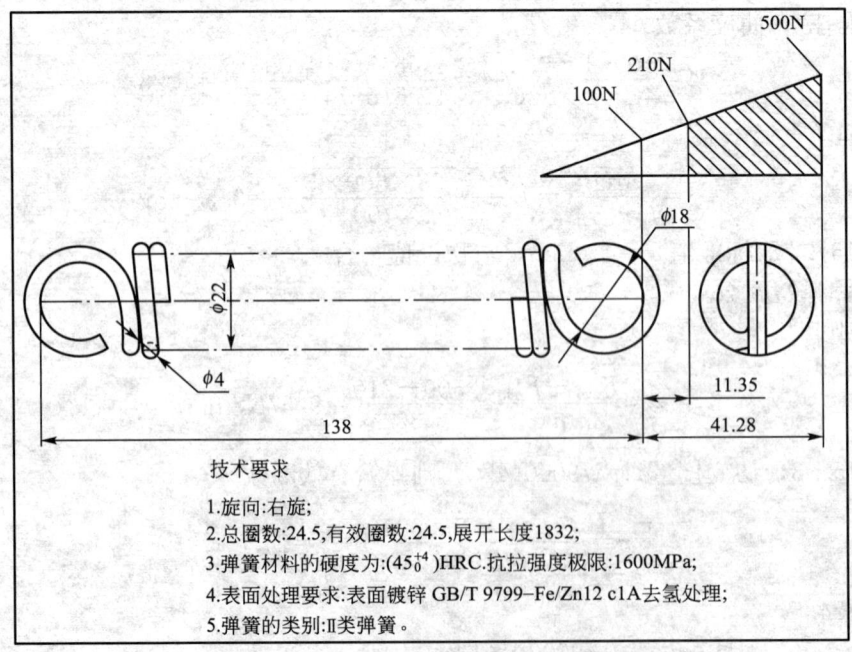

图 15.12 拉伸螺旋弹簧工作图

15.4 圆柱螺旋扭转弹簧的设计计算

15.4.1 圆柱螺旋扭转弹簧的结构及几何参数

1. 圆柱螺旋扭转弹簧的结构

扭转弹簧常用于压紧、储能或传递扭矩。它的两端带有用于安装或加载的杆臂或挂钩,如图 15.13 所示。在自由状态下,各圈间留有间隙 $\delta=0.1\sim0.5\text{mm}$,以免扭转变形时邻圈相互摩擦。扭转弹簧的最大工作应力也不得超过其材料的弹性极限。通常,最小扭矩(安装扭矩 $T_{\min}=(0.1\sim0.5)T_{\max}$,而最大工作扭矩 $T_{\max}\leqslant(0.8\sim0.9)T_{\lim}$($T_{\lim}$ 为弹簧的极限扭矩)。

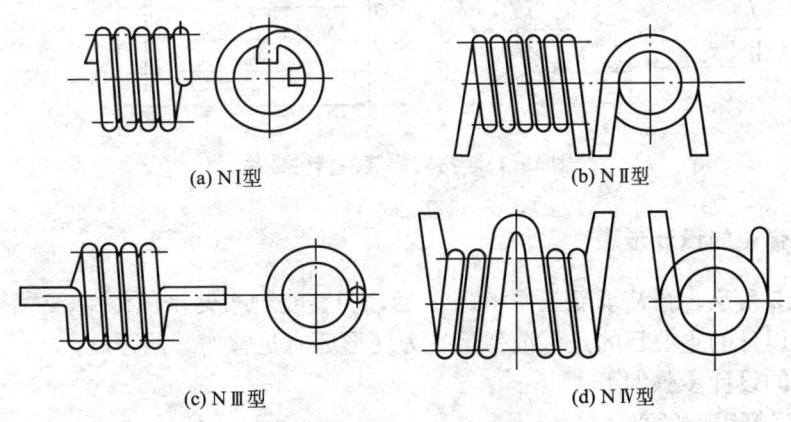

图 15.13 扭转螺旋弹簧

2. 圆柱螺旋扭转弹簧的主要几何参数

如图 15.14 所示,圆柱螺旋扭转弹簧的主要几何参数:①弹簧材料直径 d;②弹簧中径 D、内径 D_1、外径 D_2;③弹簧的节距 t;④弹簧的总圈数 n、有效圈数 n;⑤螺旋角 α;⑥弹簧的自由长度 H_0;⑦弹簧的自由角度 φ_0。

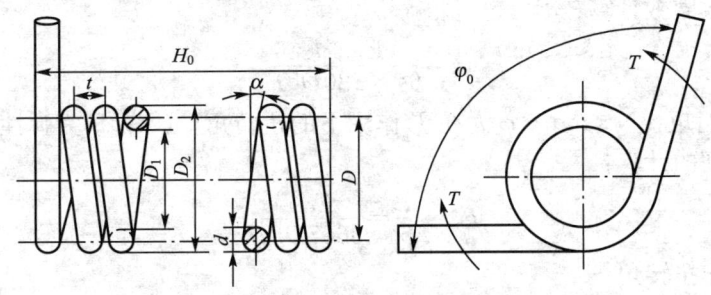

图 15.14 圆柱螺旋扭转弹簧的主要几何参数

弹簧的自由角度 φ_0 为无载荷时两扭臂的夹角,可根据需要确定。其他参数的含义同

15.3 节。

15.4.2 弹簧的特性曲线

由于扭转弹簧的工作应力要在其材料的弹性极限范围内才能正常工作,因此当扭转弹簧受到转矩 T 的作用时,转矩 T 与扭转角 φ 之间应为直线关系,其特性曲线如图 15.15 所示。图中各符号的含义如下:T_{min}、T_{max}、T_{lim} 分别是最小、最大和极限工作扭矩,N·mm;φ_{min}、φ_{max}、φ_{lim} 分别在 T_{min}、T_{max}、T_{lim} 作用下扭转角,(°);l、l' 为支承臂展开长度,mm。

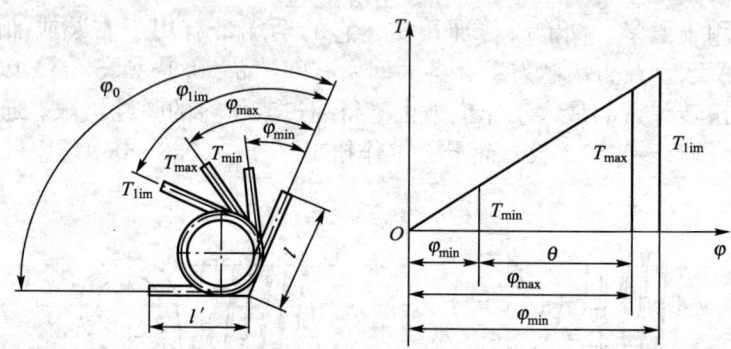

图 15.15 扭转弹簧的特性曲线

15.4.3 扭转弹簧的设计步骤

如图 15.15 所示,弹簧承受工作扭矩 T 后,弹簧受到扭转挤压作用,弹簧材料向内受到弯曲变形。设计的主要目的是保证弹簧受力变形后有足够的弯曲强度。

扭转弹簧的设计步骤如下。

(1) 扭转弹簧钢丝的直径计算:

$$d \geqslant \sqrt[3]{\frac{32 T_{max} K_1}{\pi [\sigma]}} \tag{15-21}$$

式中,$[\sigma]$ 为材料许用弯曲应力,MPa;K_1 为曲度系数,$K_1 = \dfrac{4C-1}{4C-4}$;T_{max} 为最大工作扭矩,N·mm。

计算结果应该符合表 15-7 尺寸系列值。

(2) 弹簧有效圈数计算:

$$n = \frac{E \pi d^4 \varphi}{64 \times 180 D_2 T} \tag{15-22}$$

式中,T 为工作扭矩,N·mm;φ 为在 T 作用下的扭转角,(°);E 为弹性模量,MPa。

(3) 弹簧刚度的计算:

$$k_T = \frac{T}{\varphi} = \frac{E d^4}{3667 D_2 n} \tag{15-23}$$

(4) 最大工作扭转角:

$$\varphi_{max} = \frac{T_{max}}{k_T} \tag{15-24}$$

(5) 预加扭矩:

$$T_{\min}=k_T\varphi_{\min} \tag{15-25}$$

(6) 工作极限扭矩：

$$T_{\lim}=\frac{\pi d^3\sigma_{\lim}}{32K_1} \tag{15-26}$$

式中，$\sigma_{\lim}$ 为工作极限弯曲应力，MPa，Ⅱ类弹簧：$\sigma_{\lim}=0.625\sigma_B$，Ⅲ类弹簧：$\sigma_{\lim}=0.8\sigma_B$。

(7) 工作极限扭转角：

$$\varphi_{\lim}=\frac{T_{\lim}}{k_T} \tag{15-27}$$

(8) 节距：$t=d+\delta$，δ 为圈间间隙（一般取 0.5mm）。

(9) 螺旋角：$\alpha=\arctan\dfrac{t}{\pi D_2}$

(10) 自由长度：$H_0=nt+d$

(11) 弹簧展开长度：$L=\dfrac{\pi D_2 n}{\cos\alpha}+$ 弹簧支承臂长度

为了减缓螺旋弹簧的残余应力，扭转弹簧的旋向应与外加扭矩方向相同。

[例 15.3] 设计一扭转弹簧，已知预压扭矩 $T_{\min}=1800\text{N}\cdot\text{mm}$，最大工作扭矩 $T_{\max}=6000\text{N}\cdot\text{mm}$，工作时的转角 $\theta=\varphi_{\max}-\varphi_{\min}=35°$，按工作要求自由扭转角 $\varphi_0=122°$，Ⅱ类弹簧。

解：

(1) 计算弹簧钢丝直径 d。

① 选择材料。选用碳素弹簧钢丝 B 级，查表 15-3 得 $E=206\times10^3\text{MPa}$。

② 确定许用弯曲应力 $[\sigma]$。Ⅱ类弹簧按表 15-4 查得 $[\sigma]=0.6\sim0.68\sigma_B$，取 $[\sigma]=0.6\sigma_B$，设 $d=4.5\text{mm}$，查表 15-5 取 $\sigma_B=1320\text{MPa}$，故 $[\sigma]=0.6\sigma_B=0.6\times1320=792\text{MPa}$。

③ 选取弹簧指数 $C=6$。

④ 确定 d。

$$K_1=\frac{4C-1}{4C-4}=\frac{4\times6-1}{4\times6-4}=1.15$$

$$d\geqslant\sqrt[3]{\frac{32T_2K_1}{\pi[\sigma]}}=\sqrt[3]{\frac{32\times6000\times1.15}{\pi\times792}}=4.46\text{mm}，取 d=4.5\text{mm}$$

与假设相符。

(2) 弹簧中径 D_2、外径 D、实际旋绕比 C：

$$D_2=Cd=6\times4.5=27\text{mm}，取 D_2=28\text{mm}$$

$$D=D_2+d=28+4.5=32.5\text{mm}$$

$$C=\frac{D_2}{d}=\frac{28}{4.5}=6.22，与假设相符合。$$

(3) 弹簧有效圈数 n：

$$T=T_{\max}-T_{\min}=6000-1800=4200\text{N}\cdot\text{mm}$$

$$n=\frac{E\pi d^4\varphi}{64\times180°D_2 T}=\frac{206\times10^3\times\pi\times4.5^4\times35°}{64\times180°\times28\times4200}=6.85$$

取 $n=7$

(4) 弹簧刚度是 k_T：

$$k_T = \frac{T}{\varphi} = \frac{Ed^4}{3667 D_2 n} = \frac{206 \times 10^3 \times 4.5^4}{3667 \times 28 \times 7} = 118 \text{N} \cdot \text{mm}/(°)$$

(5) 最大工作转角 φ_{max}：

$$\varphi_{max} = \frac{T_{max}}{k_T} = \frac{6000}{118} = 50.8°$$

(6) 实际的预加扭矩 T_{min}：

$$\varphi_{min} = \varphi_{max} - \theta = 50.8° - 35° = 15.8°$$
$$T_{min} = k_T \varphi_{min} = 118 \times 15.8° = 1864 \text{N} \cdot \text{mm} \approx 1800 \text{N} \cdot \text{mm}$$

(7) 计算弹簧工作极限扭矩 T_{lim}。

Ⅱ类弹簧：$\sigma_{lim} = 0.625 \sigma_B = 0.625 \times 1320 = 825 \text{MPa}$

$$T_{lim} = \frac{\pi d^3 \sigma_{lim}}{32 K_1} = \frac{\pi \times 4.5^3 \times 825}{32 \times 1.15} = 6.41 \times 10^3 \text{N} \cdot \text{mm}$$

(8) 工作极限扭转角 φ_{lim}：

$$\varphi_{lim} = \frac{T_{lim}}{k_T} = \frac{6.41 \times 10^3}{118} = 54.3°$$

(9) 节矩 t。

选取 $\delta = 0.5$mm，则 $t = d + \delta = 4.5 + 0.5 = 5$mm

(10) 计算弹簧的自由长度 H_0：

$$H_0 = nt + d = 7 \times 5 + 4.5 = 39.5 \text{mm}$$

(11) 求弹簧的螺旋升角 α：

$$\alpha = \arctan \frac{t}{\pi D_2} = \arctan \frac{5}{\pi \times 28} = 3°15'$$

(12) 求钢丝的展开长度 L。

设弹簧支承臂长度为 $l + l' = 55$mm，则

$$L = \frac{\pi D_2 n}{\cos \alpha} = \frac{\pi \times 38 \times 7}{\cos 3°25'} + 55 = 671 \text{mm}$$

(13) 工作图（如图 15.16 所示）。

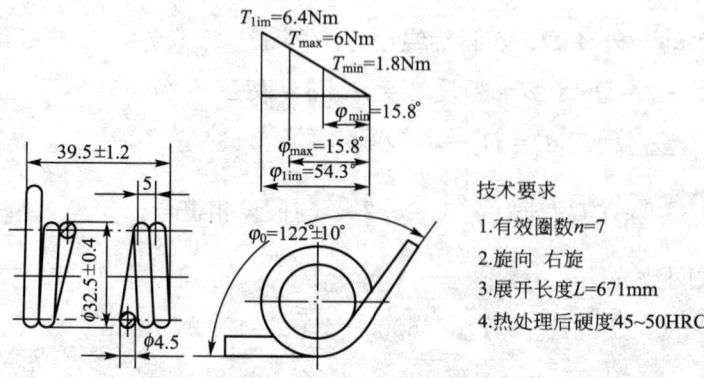

图 15.16　扭转弹簧工作图

习 题

15.1 弹簧有哪些类型?试说明所见过的弹簧分别属于哪类弹簧?各自的功用是什么?

15.2 对弹簧材料有哪些主要要求?常用的弹簧材料有哪些牌号?

15.3 如果圆柱压缩(拉伸)螺旋弹簧的轴向载荷固定不变,可采取哪些措施来增大弹簧的变形量?

15.4 什么是圆柱螺旋弹簧的旋绕比 C?C 值的大小对弹簧的强度、刚度及制造工艺各有什么影响?

15.5 弹簧的强度、刚度分别受哪些因素的影响?改变弹簧强度、刚度的措施有哪些?

15.6 弹簧的特性线有什么作用?试以弹簧工作图中的特性线为例做具体说明。

15.7 圆柱拉、压螺旋弹簧受载后,弹簧钢丝剖面上将产生哪些内力和应力?

15.8 有 A、B 两个弹簧,弹簧钢丝材料、直径 d 及工作圈数 n 均相同,中径 D_A 大于 D_B,试分析:

(1) 当载荷 F 以相同增量不断增大时,哪个弹簧先坏?

(2) 当载荷 F 相同时,哪个弹簧的变形大?

15.9 圆柱拉、压螺旋弹簧最先出现疲劳裂纹的部位是弹簧钢丝的内侧还是外侧?为什么?

15.10 Ⅱ类圆柱压缩螺旋弹簧,材料为 B 级碳素弹簧钢丝,$D=40$mm,$d=5$mm,$n=6$。试求该弹簧所能承受的最大工作载荷 F_{max} 以及相应的变形量 λ_{max}。

15.11 要求一圆柱压缩螺旋弹簧工作时能承受的最大工作载荷 $F_{max}=500$N,最小工作载荷 $F_{min}=200$N,工作行程 $h=20$mm,属Ⅱ类弹簧,一般工作环境,两端为固定支座,要求弹簧外径 $D_2<31$mm。试设计该弹簧。

15.12 试设计一圆柱压缩螺旋弹簧。已知 $F_{max}=700$N,$\lambda_{max}=50$mm,弹簧套在直径为 22mm 的轴上工作,要求最大外径小于 42mm,自由高度不超过 165mm,端部并紧磨平。

15.13 设计一圆柱拉伸螺旋弹簧,当 $F_{max}=400$N,$F_{min}=200$N 时,$\lambda_{max}=30$mm,$\lambda_{min}=20$mm。载荷平稳,$N<10^3$ 次。

15.14 一圆柱螺旋压缩弹簧,外径 $D_2=33$mm,弹簧钢丝直径 $d=3$mm,有效圈数 $n=5$,最大工作载荷 $F_{max}=100$N,弹簧材料为 B 级碳素弹簧钢丝,载荷性质为Ⅲ类。试校核该弹簧的强度,计算最大变形量 λ_{max}。

15.15 设计液压阀中的圆柱螺旋压缩弹簧(图 15.17),并绘制弹簧工作图。已知:最小工作载荷 $F_{min}=100$N;最大工作载荷 $F_{max}=150$N;阀芯的工作行程 $h=8$mm;Ⅱ类载荷;由于结构上的原因要求弹簧外径 $D_2 \leq 25$mm。

15.16 圆柱螺旋扭转弹簧用在 760mm 宽的门上,如图 15.18 所示。当关门后,手把上加 4.5N 的推力 F 能把门打开,当门转到 180° 时,手把上的力为 13.5N,若材料的许用弯曲应力为 $[\sigma_B]=1100$MPa,求:①该弹簧的弹簧钢丝直径 d 和中径 D;②所需的初扭转角 φ_{min};③弹簧的工作圈数 n。

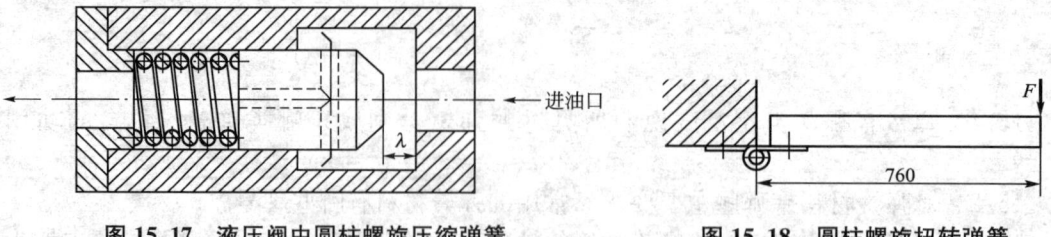

图 15.17　液压阀中圆柱螺旋压缩弹簧　　　　图 15.18　圆柱螺旋扭转弹簧

模 拟 试 题

15.1　填空题

1. 弹簧材料的Ⅰ类、Ⅱ类、Ⅲ类是按_____来分的，同一材料的Ⅱ类弹簧的许用切应力值高于_____类弹簧的许用值。

15.2　选择题

1. 下列材料不能用来做弹簧的是____。
   A. 70　　　　　　　B. 65Mn　　　　　　C. HT250　　　　　　D. 50CrV
2. 一螺旋压缩弹簧，其簧丝直径 $d=6$mm，安装时要套在直径为 30mm 的心棒上，则弹簧旋绕比 C 的最小值为____。
   A. 5.5　　　　　　　B. 6　　　　　　　　C. 6.5　　　　　　　D. 7
3. 圆柱螺旋弹簧指数(旋绕比) $C=$____。
   A. 中径/簧丝直径　　　　　　　　　　　B. 有效圈数/簧丝直径
   C. 自由高度/有效圈数
4. 弹簧材料、簧丝直径及有效工作圈数一定时，若 C 增大一倍，则弹簧刚度 k_F 变为原来的____。
   A. 2 倍　　　　　　B. 1/8 倍　　　　　　C. 8 倍　　　　　　　D. 1/2 倍
5. 碳素弹簧钢丝的拉伸极限随弹簧钢丝直径的增大而____。
   A. 增大　　　　　　B. 不变　　　　　　　C. 减小
6. 下列材料中能用来做弹簧的是____。
   A. 65Mn　　　　　　B. HT150　　　　　　C. 35　　　　　　　　D. 20Cr

15.3　是非题

1. 两弹簧长度之比是 3∶2，中径之比是 3∶2，其他参数相同，则在同样大小的轴向拉力作用下，它们产生的伸长量之比也是 3∶2。（　　）

参 考 文 献

[1] 徐锦康. 机械设计 [M]. 北京：高等教育出版社，2004.
[2] 王宁侠. 机械设计 [M]. 北京：机械工业出版社，2010.
[3] 程友联，杨文堤. 机械设计 [M]. 武汉：华中科技大学出版社，2004.
[4] 吴宗泽，高志. 机械设计 [M]. 2 版. 北京：高等教育出版社，2009.
[5] 陆凤仪，钟守炎. 机械设计 [M]. 北京：机械工业出版社，2007.
[6] 王世刚，王树才. 机械设计实践与创新 [M]. 北京：国防工业出版社，2009.
[7] 陶栋材. 现代设计方法 [M]. 北京：中国石化出版社，2010.
[8] 安琦. 机械设计 [M]. 上海：华东理工大学出版社，2009.
[9] 彭文生，李志明，黄华梁. 机械设计 [M]. 2 版. 北京：高等教育出版社，2008.
[10] 徐龙祥，周瑾. 机械设计 [M]. 北京：高等教育出版社，2008.
[11] 谢江. 机械设计 [M]. 北京：国防工业出版社，2009.
[12] 濮良贵，纪名刚. 机械设计 [M]. 8 版. 北京：高等教育出版社，2006.
[13] 机械设计手册编委会. 机械设计手册：齿轮传动 [M]. 4 版. 北京：机械工业出版社，2007.
[14] 机械设计实用手册编委会. 机械设计实用手册 [M]. 2 版. 北京：机械工业出版社，2009.
[15] 王少怀. 机械设计手册. 中册 [M]. 北京：电子工业出版社，2006.
[16] 秦伟缩. Charles E. Wilson，J. Peter Sadler. Kinematics and Dynamics of Machinery [M]. 重庆：重庆大学出版社，2005.
[17] 黄平. 常用机械零件及机构图册 [M]. 北京：化学工业出版社，1999.
[18] 吕宏，王慧. 机械设计 [M]. 北京：北京大学出版社，2009.
[19] 陈立德. 机械设计基础 [M]. 2 版. 北京：高等教育出版社，2009.
[20] 孔凌嘉. 简明机械设计手册 [M]. 北京：北京理工大学出版社，2008.
[21] 成大先. 机械设计手册 [M]. 北京：化学工业出版社，2004.
[22] 张展. 齿轮设计与实用数据速查 [M]. 北京：机械工业出版社，2009.
[23] 叶伟昌. 机械设计及自动化简明设计手册 [M]. 2 版. 北京：机械工业出版社，2008.
[24] 吴宗泽. 机械设计教程 [M]. 北京：高等教育出版社，2006.
[25] 许菊若. 机械设计 [M]. 北京：化学工业出版社，2005.
[26] 李育锡. 机械设计课程设计 [M]. 北京：高等教育出版社，2008.
[27] 张磊，王冠五. 机械设计 [M]. 北京：冶金工业出版社，2011.
[28] 卜炎. 机械设计 [M]. 北京：高等教育出版社，2010.
[29] 宋宝玉，王黎钦. 机械设计 [M]. 北京：高等教育出版社，2009.
[30] 杨明忠，朱家诚. 机械设计 [M]. 武汉：武汉理工大学出版社，2001.
[31] 李良军. 机械设计 [M]. 北京：高等教育出版社，2010.

北京大学出版社教材书目

✧ 欢迎访问教学服务网站 www.pup6.com，免费查阅已出版教材的电子书(PDF 版)、电子课件和相关教学资源。

✧ 欢迎征订投稿。联系方式：010-62750667，童编辑，13426433315@163.com，pup_6@163.com，欢迎联系。

序号	书　名	标准书号	主　编	定价	出版日期
1	机械设计	978-7-5038-4448-5	郑 江，许 瑛	33	2007.8
2	机械设计	978-7-301-15699-5	吕 宏	32	2013.1
3	机械设计	978-7-301-17599-6	门艳忠	40	2010.8
4	机械设计	978-7-301-21139-7	王贤民，霍仕武	49	2014.1
5	机械设计	978-7-301-21742-9	师素娟，张秀花	48	2012.12
6	机械原理	978-7-301-11488-9	常治斌，张京辉	29	2008.6
7	机械原理	978-7-301-15425-0	王跃进	26	2013.9
8	机械原理	978-7-301-19088-3	郭宏亮，孙志宏	36	2011.6
9	机械原理	978-7-301-19429-4	杨松华	34	2011.8
10	机械设计基础	978-7-5038-4444-2	曲玉峰，关晓平	27	2008.1
11	机械设计基础	978-7-301-22011-5	苗淑杰，刘喜平	49	2013.6
12	机械设计基础	978-7-301-22957-6	朱 玉	38	2013.8
13	机械设计课程设计	978-7-301-12357-7	许 瑛	35	2012.7
14	机械设计课程设计	978-7-301-18894-1	王 慧，吕 宏	30	2014.1
15	机械设计辅导与习题解答	978-7-301-23291-0	王 慧，吕 宏	26	2013.12
16	机械原理、机械设计学习指导与综合强化	978-7-301-23195-1	张占国	63	2014.1
17	机电一体化课程设计指导书	978-7-301-19736-3	王金娥　罗生梅	35	2013.5
18	机械工程专业毕业设计指导书	978-7-301-18805-7	张黎骅，吕小荣	22	2012.5
19	机械创新设计	978-7-301-12403-1	丛晓霞	32	2012.8
20	机械系统设计	978-7-301-20847-2	孙月华	32	2012.7
21	机械设计基础实验及机构创新设计	978-7-301-20653-9	邹旻	28	2014.1
22	TRIZ 理论机械创新设计工程训练教程	978-7-301-18945-0	蒯苏苏，马履中	45	2011.6
23	TRIZ 理论及应用	978-7-301-19390-7	刘训涛，曹 贺等	35	2013.7
24	创新的方法——TRIZ 理论概述	978-7-301-19453-9	沈萌红	28	2011.9
25	机械工程基础	978-7-301-21853-2	潘玉良，周建军	34	2013.2
26	机械 CAD 基础	978-7-301-20023-0	徐云杰	34	2012.2
27	AutoCAD 工程制图	978-7-5038-4446-9	杨巧绒，张克义	20	2011.4
28	AutoCAD 工程制图	978-7-301-21419-0	刘善淑，胡爱萍	38	2013.4
29	工程制图	978-7-5038-4442-6	戴立玲，杨世平	27	2012.2
30	工程制图	978-7-301-19428-7	孙晓娟，徐丽娟	30	2012.5
31	工程制图习题集	978-7-5038-4443-4	杨世平，戴立玲	20	2008.1
32	机械制图(机类)	978-7-301-12171-9	张绍群，孙晓娟	32	2009.1
33	机械制图习题集(机类)	978-7-301-12172-6	张绍群，王慧敏	29	2007.8
34	机械制图(第 2 版)	978-7-301-19332-7	孙晓娟，王慧敏	38	2014.1
35	机械制图	978-7-301-21480-0	李凤云，张 凯等	36	2013.1
36	机械制图习题集(第 2 版)	978-7-301-19370-7	孙晓娟，王慧敏	22	2011.8
37	机械制图	978-7-301-21138-0	张 艳，杨晨升	37	2012.8
38	机械制图习题集	978-7-301-21339-1	张 艳，杨晨升	24	2012.10
39	机械制图	978-7-301-22896-8	臧福伦，杨晓冬等	60	2013.8
40	机械制图与 AutoCAD 基础教程	978-7-301-13122-0	张爱梅	35	2013.1
41	机械制图与 AutoCAD 基础教程习题集	978-7-301-13120-6	鲁 杰，张爱梅	22	2013.1
42	AutoCAD 2008 工程绘图	978-7-301-14478-7	赵润平，宗荣珍	35	2009.1
43	AutoCAD 实例绘图教程	978-7-301-20764-2	李庆华，刘晓杰	32	2012.6
44	工程制图案例教程	978-7-301-15369-7	宗荣珍	28	2009.6
45	工程制图案例教程习题集	978-7-301-15285-0	宗荣珍	24	2009.6
46	理论力学（第 2 版）	978-7-301-23125-8	盛冬发，刘 军	38	2013.9
47	材料力学	978-7-301-14462-6	陈忠安，王 静	30	2013.4

48	工程力学(上册)	978-7-301-11487-2	毕勤胜，李纪刚	29	2008.6
49	工程力学(下册)	978-7-301-11565-7	毕勤胜，李纪刚	28	2008.6
50	液压传动（第2版）	978-7-301-19507-9	王守城，容一鸣	38	2013.7
51	液压与气压传动	978-7-301-13179-4	王守城，容一鸣	32	2013.7
52	液压与液力传动	978-7-301-17579-8	周长城等	34	2011.11
53	液压传动与控制实用技术	978-7-301-15647-6	刘 忠	36	2009.8
54	金工实习指导教程	978-7-301-21885-3	周哲波	30	2014.1
55	金工实习(第2版)	978-7-301-16558-4	郭永环，姜银方	30	2013.2
56	机械制造基础实习教程	978-7-301-15848-7	邱 兵，杨明金	34	2010.2
57	公差与测量技术	978-7-301-15455-7	孔晓玲	25	2012.9
58	互换性与测量技术基础(第2版)	978-7-301-17567-5	王长春	28	2014.1
59	互换性与技术测量	978-7-301-20848-9	周哲波	35	2012.6
60	机械制造技术基础	978-7-301-14474-9	张 鹏，孙有亮	28	2011.6
61	机械制造技术基础	978-7-301-16284-2	侯书林 张建国	32	2012.8
62	机械制造技术基础	978-7-301-22010-8	李菊丽，何绍华	42	2014.1
63	先进制造技术基础	978-7-301-15499-1	冯宪章	30	2011.11
64	先进制造技术	978-7-301-22283-6	朱 林，杨春杰	30	2013.4
65	先进制造技术	978-7-301-20914-1	刘 璇，冯 凭	28	2012.8
66	先进制造与工程仿真技术	978-7-301-22541-7	李 彬	35	2013.5
67	机械精度设计与测量技术	978-7-301-13580-8	于 峰	25	2013.7
68	机械制造工艺学	978-7-301-13758-1	郭艳玲，李彦蓉	30	2008.8
69	机械制造工艺学	978-7-301-17403-6	陈红霞	38	2010.7
70	机械制造工艺学	978-7-301-19903-9	周哲波，姜志明	49	2012.1
71	机械制造基础(上)——工程材料及热加工工艺基础(第2版)	978-7-301-18474-5	侯书林，朱 海	40	2013.2
72	制造之用	978-7-301-23527-0	王中任	30	2013.12
73	机械制造基础(下)——机械加工工艺基础(第2版)	978-7-301-18638-1	侯书林，朱 海	32	2012.5
74	金属材料及工艺	978-7-301-19522-2	于文强	44	2013.2
75	金属工艺学	978-7-301-21082-6	侯书林，于文强	32	2012.8
76	工程材料及其成形技术基础（第2版）	978-7-301-22367-3	申荣华	58	2013.5
77	工程材料及其成形技术基础学习指导与习题详解	978-7-301-14972-0	申荣华	20	2013.1
78	机械工程材料及成形基础	978-7-301-15433-5	侯俊英，王兴源	30	2012.5
79	机械工程材料（第2版）	978-7-301-22552-3	戈晓岚，招玉春	36	2013.6
80	机械工程材料	978-7-301-18522-3	张铁军	36	2012.5
81	工程材料与机械制造基础	978-7-301-15899-9	苏子林	32	2011.5
82	控制工程基础	978-7-301-12169-6	杨振中，韩致信	29	2007.8
83	机械工程控制基础	978-7-301-12354-6	韩致信	25	2008.1
84	机电工程专业英语(第2版)	978-7-301-16518-8	朱 林	24	2013.7
85	机械制造专业英语	978-7-301-21319-3	王中任	28	2012.10
86	机械工程专业英语	978-7-301-23173-9	余兴波，姜 波等	30	2013.9
87	机床电气控制技术	978-7-5038-4433-7	张万奎	26	2007.9
88	机床数控技术(第2版)	978-7-301-16519-5	杜国臣，王士军	35	2014.1
89	自动化制造系统	978-7-301-21026-0	辛宗生，魏国丰	37	2014.1
90	数控机床与编程	978-7-301-15900-2	张洪江，侯书林	25	2012.10
91	数控铣床编程与操作	978-7-301-21347-6	王志斌	35	2012.10
92	数控技术	978-7-301-21144-1	吴瑞明	28	2012.9
93	数控技术	978-7-301-22073-3	唐友亮 余 勃	45	2014.1
94	数控技术及应用	978-7-301-23262-0	刘 军	49	2013.10
95	数控加工技术	978-7-5038-4450-7	王 彪，张 兰	29	2011.7
96	数控加工与编程技术	978-7-301-18475-2	李体仁	34	2012.5
97	数控编程与加工实习教程	978-7-301-17387-9	张春雨，于 雷	37	2011.9
98	数控加工技术及实训	978-7-301-19508-6	姜永成，夏广岚	33	2011.9
99	数控编程与操作	978-7-301-20903-5	李英平	26	2012.8

100	现代数控机床调试及维护	978-7-301-18033-4	邓三鹏等	32	2010.11
101	金属切削原理与刀具	978-7-5038-4447-7	陈锡渠，彭晓南	29	2012.5
102	金属切削机床	978-7-301-13180-0	夏广岚，冯凭	28	2012.7
103	典型零件工艺设计	978-7-301-21013-0	白海清	34	2012.8
104	工程机械检测与维修	978-7-301-21185-4	卢彦群	45	2012.9
105	特种加工	978-7-301-21447-3	刘志东	50	2014.1
106	精密与特种加工技术	978-7-301-12167-2	袁根福，祝锡晶	29	2011.12
107	逆向建模技术与产品创新设计	978-7-301-15670-4	张学昌	28	2013.1
108	CAD/CAM 技术基础	978-7-301-17742-6	刘军	28	2012.5
109	CAD/CAM 技术案例教程	978-7-301-17732-7	汤修映	42	2010.9
110	Pro/ENGINEER Wildfire 2.0 实用教程	978-7-5038-4437-X	黄卫东，任国栋	32	2007.7
111	Pro/ENGINEER Wildfire 3.0 实例教程	978-7-301-12359-1	张选民	45	2008.2
112	Pro/ENGINEER Wildfire 3.0 曲面设计实例教程	978-7-301-13182-4	张选民	45	2008.2
113	Pro/ENGINEER Wildfire 5.0 实用教程	978-7-301-16841-7	黄卫东，郝用兴	43	2011.10
114	Pro/ENGINEER Wildfire 5.0 实例教程	978-7-301-20133-6	张选民，徐超辉	52	2012.2
115	SolidWorks 三维建模及实例教程	978-7-301-15149-5	上官林建	30	2012.8
116	UG NX6.0 计算机辅助设计与制造实用教程	978-7-301-14449-7	张黎骅，吕小荣	26	2011.11
117	CATIA 实例应用教程	978-7-301-23037-4	于志新	45	2013.8
118	Cimatron E9.0 产品设计与数控自动编程技术	978-7-301-17802-7	孙树峰	36	2010.9
119	Mastercam 数控加工案例教程	978-7-301-19315-0	刘文，姜永梅	45	2011.8
120	应用创造学	978-7-301-17533-0	王成军，沈豫浙	26	2012.5
121	机电产品学	978-7-301-15579-0	张亮峰等	24	2013.5
122	品质工程学基础	978-7-301-16745-8	丁燕	30	2011.5
123	设计心理学	978-7-301-11567-1	张成忠	48	2011.6
124	计算机辅助设计与制造	978-7-5038-4439-6	仲梁维，张国全	29	2007.9
125	产品造型计算机辅助设计	978-7-5038-4474-4	张慧姝，刘永翔	27	2006.8
126	产品设计原理	978-7-301-12355-3	刘美华	30	2008.2
127	产品设计表现技法	978-7-301-15434-2	张慧姝	42	2012.5
128	CorelDRAW X5 经典案例教程解析	978-7-301-21950-8	杜秋磊	40	2013.1
129	产品创意设计	978-7-301-17977-2	虞世鸣	38	2012.5
130	工业产品造型设计	978-7-301-18313-7	袁涛	39	2011.1
131	化工工艺学	978-7-301-15283-6	邓建强	42	2013.7
132	构成设计	978-7-301-21466-4	袁涛	58	2013.1
133	过程装备机械基础（第2版）	978-301-22627-8	于新奇	38	2013.7
134	过程装备测试技术	978-7-301-17290-2	王毅	45	2010.6
135	过程控制装置及系统设计	978-7-301-17635-1	张早校	30	2010.8
136	质量管理与工程	978-7-301-15643-8	陈宝江	34	2009.8
137	质量管理统计技术	978-7-301-16465-5	周友苏，杨飒	30	2010.1
138	人因工程	978-7-301-19291-7	马如宏	39	2011.8
139	工程系统概论——系统论在工程技术中的应用	978-7-301-17142-4	黄志坚	32	2010.6
140	测试技术基础(第2版)	978-7-301-16530-0	江征风	30	2014.1
141	测试技术实验教程	978-7-301-13489-4	封士彩	22	2008.8
142	测试技术学习指导与习题详解	978-7-301-14457-2	封士彩	34	2009.3
143	可编程控制器原理与应用(第2版)	978-7-301-16922-3	赵燕，周新建	33	2011.11
144	工程光学	978-7-301-15629-2	王红敏	28	2012.5
145	精密机械设计	978-7-301-16947-6	田明，冯进良等	38	2011.9
146	传感器原理及应用	978-7-301-16503-4	赵燕	35	2014.1
147	测控技术与仪器专业导论	978-7-301-17200-1	陈毅静	29	2013.6
148	现代测试技术	978-7-301-19316-7	陈科山，王燕	43	2011.8
149	风力发电原理	978-7-301-19631-1	吴双群，赵丹平	33	2011.10
150	风力机空气动力学	978-7-301-19555-0	吴双群	32	2011.10
151	风力机设计理论及方法	978-7-301-20006-3	赵丹平	32	2012.1
152	计算机辅助工程	978-7-301-22977-4	许承东	38	2013.8

如您需要免费纸质样书用于教学，欢迎登陆第六事业部门户网(www.pup6.com)填表申请，并欢迎在线登记选题以到北京大学出版社来出版您的大作，也可下载相关表格填写后发到我们的邮箱，我们将及时与您取得联系并做好全方位的服务。